水利水电工程施工企业安全生产管理三类人员继续教育用书

水利水电工程施工安全生产技术

主　　编　王东升　徐培蓁

副 主 编　朱亚光　谭春玲　邢庆如

参编人员　王龙言　邢有峰　岳红震

　　　　　田贺贺　周鲁彦　朱伟超

　　　　　张志鹏

中国矿业大学出版社

内容提要

本书结合最新标准和规范，介绍了水利水电工程施工安全生产技术，内容包括：土石方工程，模板支架工程，混凝土工程，砌筑工程，拆除工程，脚手架工程，疏浚与吹填工程，堤防工程，防火防爆安全技术，施工用电，施工排水，危险化学品安全技术，渠道、闸门与泵站工程，机电设备安装安全技术，事故案例，共15章。

本书是水利水电工程施工企业安全生产管理三类人员继续教育用书之一，既可作为施工企业安全生产管理人员继续教育用书，也可作为建设单位、监理单位和水利水电工程建设类大中专院校的教学及参考用书。

图书在版编目(CIP)数据

水利水电工程施工安全生产技术 / 王东升，徐培蓁主编. —徐州 ：中国矿业大学出版社，2018.4

ISBN 978-7-5646-3936-5

Ⅰ. ①水… Ⅱ. ①王… ②徐… Ⅲ. ①水利水电工程—工程施工—安全技术 Ⅳ. ①TV513

中国版本图书馆 CIP 数据核字(2018)第 075048 号

书　　名　水利水电工程施工安全生产技术
主　　编　王东升　徐培蓁
责任编辑　陈　慧
出版发行　中国矿业大学出版社有限责任公司
　　　　　　（江苏省徐州市解放南路　邮编 221008）
营销热线　(0516)83885307　83884995
出版服务　(0516)83885767　83884920
网　　址　http://www.cumtp.com　**E-mail**:cumtpvip@cumtp.com
印　　刷　日照报业印刷有限公司
开　　本　787×1092　1/16　**印张** 26.5　**字数** 629 千字
版次印次　2018 年 4 月第 1 版　2018 年 4 月第 1 次印刷
定　　价　70.00 元

出版说明

随着我国经济快速发展、科学技术不断进步，水利水电工程的市场需求发生了巨大变化，对安全生产提出了更多、更新、更高的挑战，加之近年来国家不断加大了对安全生产法规的建设力度，新颁布和修订了一系列法律法规和技术标准，建立了一系列安全生产管理制度。为使教育考核工作与现行法律法规和技术标准进行有机接轨，督促水利水电工程施工企业主要负责人、项目负责人和专职安全生产管理人员及时更新安全生产知识，提高安全生产管理能力，依据《中华人民共和国安全生产法》、《建设工程安全生产管理条例》、《水利工程建设安全生产管理规定》、《国务院安委会关于进一步加强安全培训工作的决定》（安委〔2012〕10号）、《关于印发〈水利水电工程施工企业主要负责人、项目负责人和专职安全生产管理人员安全生产考核管理办法〉的通知》（水安监〔2011〕374号）、《水利部办公厅关于进一步加强水利水电工程施工企业主要负责人、项目负责人和专职安全生产管理人员安全生产培训工作的通知》（办安监函〔2015〕1516号）和《山东省水利厅关于进一步加强安全生产培训工作的通知》（鲁水政安字〔2017〕1号）及其他现行法律法规和行业标准规范，我们组织编写了这套“水利水电工程施工企业安全生产管理三类人员继续教育用书”。

本套教材由《水利水电工程安全生产法规与管理知识》、《水利水电工程施工安全生产技术》和《水利水电工程机械安全生产技术》三册组成。在编纂过程中，我们依据《水利水电工程施工企业安全生产管理三类人员考核大纲》，坚持以人为本与可持续发展的原则，突出系统性、针对性、实践性和前瞻性，体现水利水电工程行业发展的新常态、新法规、新技术、新工艺、新材料等内容，使水利水电工程施工企业安全生产管理人员能够比较系统、便捷地掌握安全生产知识和安全生产管理能力。本套教材既可作为施工企业安全生产管理人员继续教育用书，也可作为建设单位、监理单位和水利水电工程建设类大中专院校的教学及参考用书。

本套教材的编写得到了山东省水利厅、中国水利企业协会、清华大学、山东大学、中国海洋大学、青岛理工大学、山东农业大学、山东鲁润职业培训学校、山东海大工程咨询有限公司、山东水安注册安全工程师事务所、山东中英国际工程图书有限公司、中国矿业大学出版社有限责任公司等单位的大力支持，在此表示衷心的感谢。本套教材虽经反复推敲核证，仍难免有不妥甚至疏漏之处，恳请广大读者提出宝贵意见。

编　者

2018 年 4 月

前　言

本书主要依据《关于印发〈水利水电工程施工企业主要负责人、项目负责人和专职安全生产管理人员安全生产考核管理办法〉的通知》(水安监〔2011〕374 号)、《水利部办公厅关于进一步加强水利水电工程施工企业主要负责人、项目负责人和专职安全生产管理人员安全生产培训工作的通知》(办安监函〔2015〕1516 号)和《山东省水利厅关于进一步加强安全生产培训工作的通知》(鲁水政安字〔2017〕1 号)等文件规定和《水利水电工程施工企业安全生产管理三类人员考核大纲》进行编写。

本书参考了相关水利水电工程建设安全生产管理图书,以最新相关标准、规范和文件为基础撰写;在原有课程结构的基础上,优化课程结构框架;根据当前水利水电工程行业的发展情况,吸收最近的技术、工法等的成果,对新工艺、新设备和新方法中涉及的安全生产问题进行了补充;结合水利水电工程行业特点,根据课程内容,精选了相关安全生产案例,以加深印象;突出教材的针对性、时效性和实用性。

本书的编写广泛征求了水利水电行业的主管部门、高等院校和企业等有关专家的意见,并经过多次研讨和修改。山东省水利厅、中国水利企业学会、中国海洋大学、青岛理工大学、山东农业大学、山东鲁润职业培训学校、山东海大工程咨询有限公司、山东水安注册安全工程师事务所等单位对本书的编写工作给予了大力支持;本书在编写过程中参考了大量的教材、专著和相关资料,在此谨向有关作者致以衷心感谢!

限于我们的水平和经验,书中疏漏和错误难免,诚挚希望读者提出宝贵意见,以便完善。

编　者

2018 年 4 月

前　言

目　录

第1章　土石方工程 …… 1
1.1　概述 …… 1
1.2　土石的分类 …… 2
1.3　土石方作业 …… 3
1.4　边坡工程 …… 27
1.5　坝基开挖施工技术 …… 30
1.6　岸坡开挖施工技术 …… 35
考试习题 …… 37

第2章　模板支架工程 …… 40
2.1　概述 …… 40
2.2　材料与构配件 …… 45
2.3　制作与安装 …… 49
2.4　模板拆除与维修 …… 87
2.5　安全管理 …… 92
2.6　安全防护措施 …… 96
2.7　施工人员安全规定 …… 97
考试习题 …… 99

第3章　混凝土工程 …… 104
3.1　概述 …… 104
3.2　钢筋工程 …… 105
3.3　预埋件 …… 122
3.4　混凝土的浇筑与养护 …… 133
3.5　水下混凝土 …… 164
3.6　碾压混凝土坝施工 …… 169
3.7　沥青混凝土 …… 181
3.8　季节施工 …… 188
考试习题 …… 193

第 4 章　砌筑工程 …… 196
4.1　材料 …… 196
4.2　砌筑方法 …… 198
4.3　施工安全技术基本规定 …… 207
4.4　施工安全防护措施 …… 208
4.5　施工人员安全规定 …… 209
考试习题 …… 209

第 5 章　拆除工程 …… 211
5.1　拆除工程施工流程 …… 211
5.2　拆除工程的施工技术 …… 212
5.3　拆除工程的施工安全 …… 213
考试习题 …… 217

第 6 章　脚手架工程 …… 219
6.1　基本规定 …… 219
6.2　脚手架构造要求 …… 221
6.3　脚手架的设计计算 …… 222
6.4　脚手架的搭设与拆除 …… 229
6.5　脚手架的安全技术要求 …… 237
考试习题 …… 242

第 7 章　疏浚与吹填工程 …… 245
7.1　工程简介与基本规定 …… 245
7.2　疏浚施工 …… 246
7.3　吹填施工 …… 249
7.4　水下爆破作业 …… 250
考试习题 …… 251

第 8 章　堤防工程 …… 253
8.1　分类 …… 253
8.2　堤防施工 …… 253
8.3　防汛抢险施工 …… 254
考试习题 …… 255

第 9 章　防火防爆安全技术 …… 257
9.1　防火防爆基本知识 …… 257

9.2 施工现场防火防爆安全技术 …… 261
考试习题 …… 264

第 10 章 施工用电 …… 266
10.1 施工现场临时用电的原则 …… 266
10.2 施工现场临时用电管理 …… 267
10.3 接地装置与防雷 …… 269
10.4 供配电系统 …… 272
10.5 基本保护系统 …… 273
10.6 配电线路 …… 278
10.7 配电装置 …… 279
10.8 用电设备 …… 281
10.9 施工现场用电安全管理 …… 281
10.10 施工现场危险因素防护 …… 300
10.11 安全用电措施和电气防火措施 …… 306
考试习题 …… 307

第 11 章 施工排水 …… 312
11.1 施工导流 …… 312
11.2 施工现场排水 …… 341
11.3 基坑排水 …… 342
11.4 施工排水安全防护 …… 344
11.5 施工排水人员安全操作 …… 348
考试习题 …… 349

第 12 章 危险化学品安全技术 …… 351
12.1 危险化学品基础知识 …… 351
12.2 水利水电施工企业危险品管理 …… 356
考试习题 …… 361

第 13 章 渠道、闸门与泵站工程 …… 363
13.1 渠道 …… 363
13.2 水闸 …… 366
13.3 泵站 …… 369
考试习题 …… 372

第 14 章 机电设备安装安全技术 …… 374
14.1 基本规定 …… 374

14.2 泵站主机泵安装的安全技术 …… 388
14.3 水电站水轮机安装的安全技术 …… 391
14.4 水电站发电机安装的安全技术 …… 396
考试习题 …… 398

第 15 章 事故案例 …… 402
15.1 坍塌事故案例 …… 402
15.2 爆破事故案例 …… 404
15.3 触电事故案例 …… 406
15.4 模板工程事故案例 …… 407

参考文献 …… 411

第1章　土石方工程

本章要点　本章主要介绍了常见土石方工程施工的安全技术，包括土方明挖、土方暗挖、石方明挖、石方暗挖、石方爆破、土石方填筑、边坡开挖等方面的内容，同时简单介绍了土的分类、施工方法等基础知识。

主要依据《建筑施工土石方工程安全技术规范》(JGJ 180—2009)、《建筑基坑支护技术规程》(JGJ 120—2012)、《建筑深基坑工程施工安全技术规范》(JGJ 311—2013)、《建筑边坡工程技术规范》(GB 50330—2013)、《水利水电工程地质勘察规范》(GB 50487—2008)、《水利水电工程施工通用安全技术规程》(SL 398—2007)、《水利水电工程土建施工安全技术规程》(SL 399—2007)、《水利水电工程机电设备安装安全技术规程》(SL 400—2016)、《水利水电工程施工作业人员安全操作规程》(SL 401—2007)、《水利水电工程施工安全防护设施技术规范》(SL 714—2015)、《水利水电工程施工安全管理导则》(SL 721—2015)、《爆破安全规程》(GB 6722—2014)、《建筑施工安全技术统一规范》(GB 50870—2013)、《土方与爆破工程施工及验收规范》(GB 50201—2012)、《盾构法隧道施工及验收规范》(GB 50446—2017)等标准、规范，以及《水利水电施工技术》(苗兴皓主编)、《水利水电工程施工技术》(韦庆辉主编)等教材。

1.1　概　述

在水利工程中，土石方开挖广泛应用于场地平整和削坡，水工建筑物(水闸、坝、溢洪道、水电站厂房、泵站建筑物等)地基开挖，地下洞室(水工隧洞，地下厂房，各类平洞、竖井和斜井)开挖，河道、渠道、港口开挖及疏浚，填筑材料、建筑石料及混凝土骨料开采，围堰等临时建筑物或砌石、混凝土结构物的拆除等。因而，土石方工程是水利工程建设的主要项目，存在于整个工程的大部分建设过程。

土石方作业受作业环境、气候等影响较大，并存在施工队伍多处同时作业等问题，管理比较困难，因而在土石方施工过程中易引发安全生产事故。在土石方工程施工的过程中，容易发生的伤亡事故主要有坍塌、机械伤害、高处坠落、物体打击、触电等。要确保水利水电土石方工程的施工安全，一般应遵循以下基本规定：

(1) 土石方工程施工应由具有相应的工程承包资质及安全生产许可证的企业承担。

(2) 土石方工程应编制专项施工开挖支护方案，必要时应进行专家论证，并应严格按照施工组织方案实施。

(3) 施工前应针对安全风险进行安全教育及安全技术交底。特种作业人员必须持证上岗,机械操作人员应经过专业技术培训。

(4) 施工现场发现危及人身安全和公共安全的隐患时,必须立即停止作业,排除隐患后方可恢复施工。

(5) 在土方施工过程中,当发现古墓、古物等地下文物或其他不能辨认的液体、气体及异物时,应立即停止作业,做好现场保护,并报有关部门处理后方可继续施工。

1.2 土石的分类

土石的种类繁多,其工程性质会直接影响土石方工程的施工方法、劳动力消耗、工程费用和保证安全的措施,应予以重视。

1.2.1 按开挖方式分类

土石按照坚硬程度和开挖方法及使用工具分为松软土、普通土、坚土、砂砾坚土、软石、次坚石、坚石、特坚石等八类,见表 1-1。

表 1-1　土石的工程分类表

土的分类	土的级别	岩、土名称	重力密度/(kN/m³)	抗压强度/MPa	坚固系数 f	开挖方法及工具
一类土(松软土)	Ⅰ	略有黏性的砂土、粉土、腐殖土及疏松的种植土,泥炭(淤泥)	6～15	—	0.5～0.6	用锹,少许用脚蹬或用板锄挖掘
二类土(普通土)	Ⅱ	潮湿的黏性土和黄土,软的盐土和碱土,含有建筑材料碎屑、碎石、卵石的堆积土和种植土	11～16	—	0.6～0.8	用锹、条锄挖掘、需用脚蹬,少许用镐
三类土(坚土)	Ⅲ	中等密实的黏性土或黄土,含有碎石、卵石或建筑材料碎屑的潮湿的黏性土或黄土	18～19	—	0.8～1.0	主要用镐、条锄,少许用锹
四类土(砂砾坚土)	Ⅳ	坚硬密实的黏性土或黄土,含有碎石、砾石(体积在 10%～30%、质量在 25 kg 以下的石块)的中等黏性土或黄土;硬化的重盐土;坚实的白垩;软泥灰岩	19	—	1～1.5	全部用镐、条锄挖掘,少许用撬棍挖掘
五类土(软石)	Ⅴ～Ⅵ	硬的石炭纪黏土;胶结不紧的砾石;软石、节理多的石灰岩及贝壳石灰岩;坚实的白垩;中等坚实的页岩、泥灰岩	12～27	20～40	1.5～4.0	用镐或撬棍、大锤挖掘,部分使用爆破方法
六类土(次坚石)	Ⅶ～Ⅸ	坚硬的泥质页岩;坚实的泥灰岩;角砾状花岗岩;泥灰质石灰岩;黏土质砾岩;云母页岩及砾质页岩;风化的花岗岩、片麻岩及正常岩;滑石质的蛇纹岩;密实的石灰岩;硅质胶结的砾岩;砂岩;砂质石灰岩	22～29	40～80	4～10	用爆破方法开挖,部分用风镐

续表 1-1

土的分类	土的级别	岩、土名称	重力密度/(kN/m³)	抗压强度/MPa	坚固系数 f	开挖方法及工具
七类土(坚石)	Ⅹ～Ⅻ	白云岩;大理石;坚实的石灰岩、石灰质及石英质的砾岩;坚硬的砾质页岩;蛇纹岩;粗粒正长岩;有风化痕迹的安山岩及玄武岩;片麻岩;粗面岩;中粗花岗岩;坚实的片麻岩;辉绿岩;玢岩;中粗正长岩	25～31	80～160	10～18	用爆破的方法开挖
八类土(特坚岩)	ⅩⅣ～ⅩⅥ	坚实的细花岗岩;花岗片麻岩;闪长岩;坚实的玢岩;角闪岩、辉长岩、石英岩、安山岩、玄武岩、最坚实的辉绿岩、石灰岩及闪长岩;橄榄石质玄武岩;特别坚实的辉长岩、石英岩及玢岩	27～33	160～250	18～25以上	用爆破的方法开挖

注:1. 土的级别为相当于一般16级土石分类级别;
2. 坚固系数 f 为相当于普氏岩石强度系数。

1.2.2 按性状分类

土石按照性状亦可分为岩石、碎石土、砂土、粉土、黏性土和人工填土。

(1) 岩石按照坚硬程度分为坚硬岩、较坚硬、较软岩、软岩、极软岩等五类,按照风化程度可分为未风化、微风化、中等风化、强风化和全风化等五类。

(2) 碎石土,为粒径大于2 mm的颗粒含量超过全重50%的土。按形态可分为漂石、块石、卵石、碎石、圆砾和角砾;按照密实度可分为松散、稍密、中密、密实。

(3) 砂土,为粒径大于2 mm的颗粒含量不超过全重50%、粒径大于0.075 mm的颗粒超过全重50%的土。按粒径大小可分为砾砂、粗砂、中砂、细砂和粉砂。

(4) 黏性土,塑性指数大于10且粒径小于等于0.075 mm为主的土,按照液性指数为坚硬、硬塑、可塑、软塑和流塑。

(5) 粉土,介于砂土与黏性土之间,塑性指数(I_p)小于或等于10且粒径大于0.075 mm的颗粒含量不超过全重50%的土。

(6) 人工填土可分为素填土、压实填土、杂填土和冲填土。

1.3 土石方作业

1.3.1 土石方开挖

1. 土方开挖方式

(1) 人工开挖

在我国的水利工程施工中,一些土方量小及不便于机械化施工的地方,用人工挖运比较普遍。挖土用铁锹、镐等工具。

人工开挖渠道时,应自中心向外,分层下挖,先深后宽,边坡处可按边坡比挖成台阶状，待挖至设计要求时，在进行削坡。应尽可能做到挖填平衡，必须弃土时，应先规划堆土区，做到先挖后倒，后挖近倒，先平后高。一般下游应先开工，并不得阻碍上游水量的排泄，以保证水流畅通。开挖主要有两种形式：

① 一次到底法

适用于土质较好，挖深 2～3 m 的渠道。开挖时应先将排水沟挖到低于渠底设计高程 0.5 m 处，然后再按阶梯状逐层向下开挖，直至渠底。

② 分层下挖法

此法适用于土质不好且挖深较大的渠道。中心排水沟是将排水沟布置在渠道中部，先逐层挖排水沟，再挖渠道，直至挖到渠底为止，如图 1-1(a)所示。如渠道较宽，可采用翻滚排水沟，如图 1-1(b)所示。这种方法的优点是排水沟分层开挖，沟的断面小，土方量少，施工较安全。

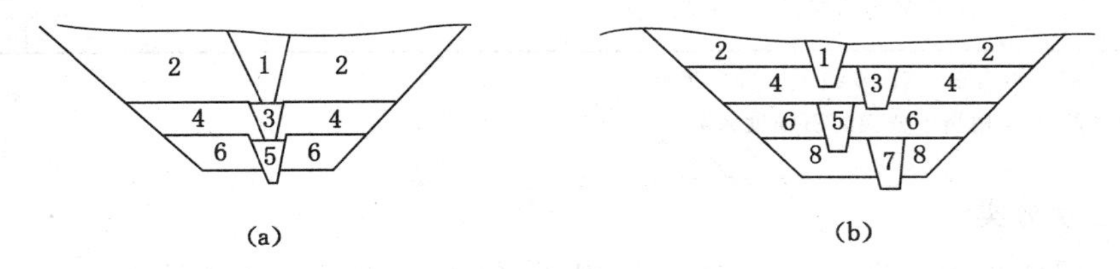

图 1-1 分层下挖法

(a) 中心排水沟；(b) 翻滚排水沟

1～8——开挖顺序；1、3、5、7——排水

(2) 机械开挖

开挖和运输是土方工程施工两项主要过程，承担这两个过程施工的机械是各类挖掘机械、铲运机械和运输机械。

1) 挖掘机械

挖掘机械的作用主要是完成挖掘工作，并将所挖土料卸在机身附近或装入运输工具。挖掘机械按工作机构可分为单斗式或多斗式两类。

① 单斗式挖掘机

单斗式挖掘机由工作装置、行驶装置和动力装置等组成。工作装置有正向铲、反向铲、拉铲和抓铲等。工作装置可用钢索或液压操作。行驶装置一般为履带式或轮胎式。动力装置可分为内燃机拖动、电力拖动和复合式拖动等几种类型。单斗式挖掘机的分类如下：

a. 正向铲挖掘机。钢索操纵的正向铲挖掘机由支杆、斗柄、铲斗、拉杆、提升索等构件组成。该种挖掘机通过推压和提升完成挖掘，开挖断面是弧形，最适于挖停机面以上的土方，也能挖停机面以下的浅层土方。由于稳定性好，铲土能力大，可以挖各种土料及软岩、岩渣进行装车。它的特点是循环式开挖，由挖掘、回转、卸土和返回等构成一个工作循环，生产率的大小取决于铲斗大小和循环时间长短。正铲的斗容从 5 至数十立方米，工程中常用 1～4 m^3。基坑土方开挖常采用正面开挖，土料场及渠道土方开挖常用侧面开挖，还要考虑与运输工具配合问题。

正向铲挖掘机每一工作循环包括挖掘、回转、卸料和返回等四个过程,如图1-2所示。挖掘时先将铲斗放到工作面底部(Ⅰ)的位置;然后在将铲斗自下而上提升的同时,使斗柄向前推压,在工作面上挖出一条弧形挖掘带(Ⅱ、Ⅲ),当铲斗装满土料,再将铲斗后退,离开工作面(Ⅳ);然后回转挖掘机上部机构至车厢处,开斗门,将土卸出(Ⅴ、Ⅵ);此后在回转挖掘机上部机构,同时放下铲斗,进行第二次循环。当挖掘机在一个停机位置上时,将能挖掘的土壤全部挖完后,再前进至另一停机位置。

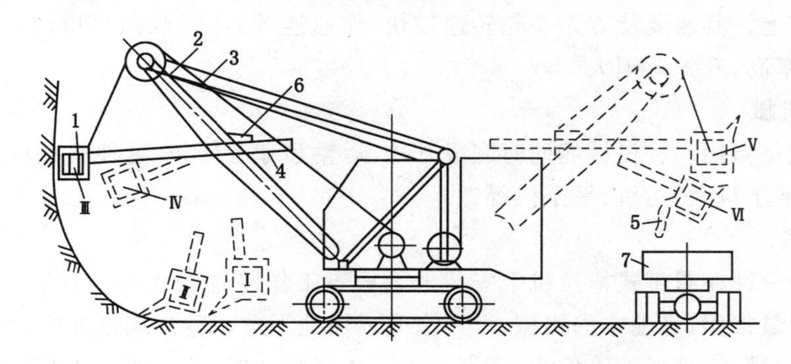

图1-2 正向铲挖掘机

1——铲斗;2——支杆;3——提升索;4——斗柄;5——斗底;6——鞍式轴承;
7——车辆;Ⅰ、Ⅱ、Ⅲ、Ⅳ——挖掘过程;Ⅴ、Ⅵ——装卸过程

挖掘的工作面,即挖掘机挖土时的工作空间称为撑子。根据撑子的布置不同,正向铲挖掘机有三种作业方式:① 正向挖土,侧向卸土;② 正向挖土,后方卸土;③ 侧向挖土,侧向卸土。至于采用哪种作业方式,应根据施工条件确定。

b. 反向铲挖掘机。能用来开挖停机面以下的土料,挖土时由远而近,就地卸土或装车,适用于中、小型沟渠清基、清淤等工作。由于稳定性及铲土能力均比正向铲差,只用来挖Ⅰ、Ⅱ级土,硬土要先进行预松。反向铲的斗容有0.5 m^3、1.0 m^3、1.6 m^3 三种,目前大斗容已超过3 m^3。在沟槽开挖中,在沟端站立倒退开挖,当沟槽较宽时,采用沟侧站立,侧向开挖。

c. 拉铲挖掘机。拉铲挖掘机的铲斗用钢索控制,利用臂杆回转将铲斗抛至较远距离,回拉牵引索,靠铲斗自重下切铲土装满铲斗,然后回转装车或卸土。挖掘半径、卸土半径、卸土高度较大,最适用于水下土砂及含水量大的土方开挖,在大型渠道、基坑及水下砂卵石开挖中应用广泛。开挖方式有沟端开挖和沟侧开挖两种,当开挖宽度和卸土半径较小时,用沟端开挖;开挖宽度大,卸土距离远,用沟侧开挖。

d. 抓铲挖掘机。抓铲挖掘机靠铲斗自由下落中斗瓣分开切入土中,抓取土料合瓣后提升,回转卸土。它适用于挖掘窄深型基坑或沉井中的水下淤泥开挖,也可用于散粒材料装卸,在桥墩等柱坑开挖中应用较多。

② 多斗式挖掘机

多斗式挖掘机是有多个铲土斗的挖掘机械。它能够连续地挖土,是一种连续工作的挖掘机械。按其工作方式不同,分为链斗式和斗轮式两种。

a. 链斗式挖掘机

链斗式挖掘机最常用的型式是采砂船，它是一种构造简单，生产率高，适用于规模较大的工程，可以挖河滩及水下砂砾料的多斗式挖掘机。

b. 斗轮式挖掘机

斗轮式挖掘机的斗轮装在斗轮臂上，在斗轮上装七八个铲土斗，当斗轮转动时，下行至拐弯时挖土，上行运土至最高点时，土料靠自重和旋转惯性卸入受料皮带上，转送到运输工具或料堆上。其主要特点是斗轮转速较快，作业连续，斗臂倾角可以改变，并做 360°回转，生产效率高，开挖范围大。

2）铲运机械

铲运机械是指用一种机械能同时完成开挖、运输和卸土任务，这种具有双重功能的机械，常用的有推土机、铲运机、平土机等。

① 推土机

推土机是一种在履带式拖拉机上安装推土板等工作装置而成的一种铲运机械，是水利水电建设中最常用、最基本的机械，可用来完成场地平整，基坑、渠道开挖，推平填方，堆积土料，回填沟槽，清理场地等作业，还可以牵引振动碾、松土器、拖车等机械作业。它在推运作业中，距离不能超过 60～100 m，挖深不宜大于 1.5～2.0 m，填高小于 2～3 m。

推土机按安装方式分为固定式和万能式；按操纵方式分为钢索操纵和液压操纵；按行驶方式分为履带式和轮胎式。固定式推土机的推土板，仅能上下升降，强制切土能力差，但结构简单，应用广泛；万能式推土机不仅能升降，还可左右、上下调整角度，用途多。

② 铲运机

铲运机是一种能连续完成铲土、运土、卸土、铺土、平土等工序的综合性土方工程机械，能开挖黏土、砂砾石等，适用于大型基坑、渠道、路基开挖，大型场地的平整，土料开采，填筑堤坝等。

铲运机按牵引方式分为自行式和拖式；按操纵方式分为钢索操纵和液压操纵；按卸土方式分为自由卸土、强制卸土、半强制卸土。铲运机土斗较大，但切土能力相对不足。为了提高生产效率，可采取下坡取土、硬土预松、推土机助推等方法。

③ 装载机

装载机是一种工作效率高、用途广泛的工程机械。它不仅可对堆积的松散物料进行装、运卸作业，还可以对岩石、硬土进行轻度的铲掘工作，并能用于清理、刮平场地及牵引作业。如更换工作装置，还可完成堆土、挖土、松土、起重以及装载棒状物料等工作，因此被广泛应用。

装载机按行走装置可分为轮胎式和履带式两种；按卸载方式可分为前卸式、后卸式和回转式三种；按铲斗的额定重量可分为小型（<1 t）、轻型（1～3 t）、中型（4～8 t）和重型（>10 t）等四种。

3）水力开挖机械

水力开挖机械有水枪式开挖和吸泥船开挖。

① 水枪式开挖

水枪式开挖是利用水枪喷嘴射出的高速水流切割土体形成泥浆，然后输送到指定地点的开挖方法。水枪可在平面上回转360°，在立面上仰俯50°～60°，射程达20～30 m，切割分解形成泥浆后，沿输泥沟自流或由吸泥泵经管道输送至填筑地点。利用水枪开挖土料场、基坑，节约劳力和大型挖运机械，经济效益明显。水枪开挖适于砂土、亚黏土和淤泥。可用于水力冲填筑坝。对于硬土，可先进行预松，提高水枪挖土的工效。

② 吸泥船开挖

吸泥船开挖是利用挖泥船下的绞刀将水下土方绞成泥浆，再由泥浆泵吸起，经浮动输泥管运至岸上或运泥船。

4）土石料开挖运输方案

坝料的开挖运输，是保证上坝强度的重要环节之一。开挖运输方案主要根据坝体结构、布置特点、坝料性质、填筑强度、料场特性、运输距离、施工设备等多方面因素选定。比较常用的开挖运输方案有以下几种：

① 正向铲开挖，自卸汽车运输上坝。

通常运距小于10 km。自卸汽车运输能力高，设备通用性强，能直接铺料，机动灵活，管理方便，设备易获得，在高土石坝施工中得到了广泛应用。在施工布置上，正向铲一般采取立面开挖，汽车运输道路可布置成循环路线。可避免或者减少倒车时间，正向铲采用60°～90°的转角侧向卸料，回转角度小，生产率高，能充分发挥正向铲与汽车的效率。

② 正向铲开挖，履带式运输机运输上坝。

履带式运输机爬坡能力强，架设容易，运输费用低，比自卸汽车运输费低1/3～1/2，运输能力高。其合理运距小于10 km，可直接从料场上坝；也可与自卸汽车配合，做长距离运输。

③ 斗轮式挖掘机开挖，履带式运输机运输，转自卸汽车上坝。

对于填筑方量大、上坝强度高的土石坝，若两场储量大而集中，可采用斗轮式挖掘机开挖，其生产效率高，具有连续挖掘、装料的优点。

④ 采砂船开挖，有轨机车运输，转带式运输机上坝。

国内大、中型水利工程建设，广泛采取采砂船开采水下砂石料，配合运输设备运输。

坝料的开挖运输方案很多，必须结合工程施工的具体条件，组织挖、装、运、卸的机械化联合作业，提高机械利用效率，减少坝料的转运次数；各种坝料辅助铺筑方法及设备应尽量一致，减少辅助设施，充分利用地形条件，进行统筹规划和布置。

(3) 机械化施工的基本原则

① 充分发挥主要机械的作业。

② 挖运机械应根据工作特点配套选择。

③ 机械配套要有利于使用、维修和管理。

④ 加强维修管理工作，充分发挥机械联合作业的生产力，提高其时间利用系数。

⑤ 合理布置工作面，改善道路条件，减少连续的运转时间。

(4) 机械化施工方案选择

土石方工程量大，挖、运、填、压等多个工艺环节环环相扣，因而选择机械化施工方案通常应考虑以下原则：

① 适应当地条件，保证施工质量，生产能力满足整个施工过程的要求。

② 机械设备机动、灵活、高效、低耗、运行安全、耐久可靠。

③ 通用性强，能承担先后施工的工程项目，设备利用率高。

④ 机械设备要配套，各类设备均能充分发挥效率，特别应注意充分发挥主导机械的效率。

⑤ 应从采料工作面、回车场地、路桥等级、卸料位置、坝面条件等方面创造相适应的条件，以便充分发挥挖、运、填、压各种机械的效能。

2. 石方开挖方式

从水利工程施工的角度考虑，选择合理的开挖顺序，对加快工程进度和保障施工安全具有重要作用。

(1) 开挖程序

水利水电的石方开挖，一般包括岸坡和基坑的开挖。岸坡开挖一般不受季节的限制，而基坑开挖则多在围堰的防护下施工，也是主体工程控制性的第一道工序。石方开挖程序及适用条件见表1-2。

表1-2　石方开挖程序和适用条件

开挖程序	安排步骤	适用条件
自上而下开挖	先开挖岸坡，后开挖基坑；或先开挖边坡，后开挖底板	用于施工场地狭窄、开挖量大且集中的部位
自下而上开挖	先开挖下部，后开挖上部	用于施工场地较大、岸边（边坡）较低缓或岩石条件许可，并有可靠技术措施
上下结合开挖	岸坡与基坑，或边坡与底板上下结合开挖	用于有较宽阔的施工场地和可以避开施工干扰的工程部位
分期或分段开挖	按照施工工段或开挖部位、高程等进行安排	用于分期导流的基坑开挖或有临时过水要求的工程项目

(2) 开挖方式

① 基本要求

在开挖程序确定之后，根据岩石的条件、开挖尺寸、工程量和施工技术的要求，拟定合理的开挖方式，基本要求是：

a. 保证开挖质量和施工安全。

b. 符合施工工期和开挖强度的要求。

c. 有利于维护岩体完整和边坡稳定性。

d. 可以充分发挥施工机械的生产能力。

e. 辅助工程量小。

② 各种开挖方式的适用条件

按照破碎岩石的方法，主要有钻爆开挖和直接应用机械开挖两种施工方法。20世纪80年代，国内外出现一种用膨胀剂做破碎岩石材料的“静态破碎法”。

a. 钻爆开挖。钻爆开挖是当前广泛采用的开挖施工方法。开挖方式有薄层开挖、分层开挖、全断面一次开挖和特高梯段开挖等。钻爆法开挖适用条件及其优缺点见表1-3。

表1-3 钻爆法开挖适用条件及其优缺点

开挖方式	特点	适用条件	优缺点
薄层开挖	爆破规模小	一般开挖深度<4 m	风、水、电和施工道路布置简单；钻爆灵活，不受地形条件限制；生产能力低
分层开挖	按层作业	一般层厚>4 m，是大方量石方开挖常用方式	几个工作面可以同时作业，生产能力高；在每一分层上都布置风、水、电和出渣道路
全断面开挖	开挖断面一次成型	用于特定条件下	单一作业，集中钻爆，施工干扰小；钻爆作业占用时间长
特高梯段开挖	梯段高20 m以上	用于高陡岸坡开挖	一次开挖量大，生产能力高；集中出渣，辅助工程量小；需要相应的配套机械设备

b. 直接机械开挖：使用带有松土器的重型推土机破碎岩石，一次破碎约0.6～1.0 m。该法适用于施工场地宽阔，大方量的软岩石方工程。优点是没有钻爆作业，不需要风、水、电辅助设施，不但简化了布置，而且施工进度快，生产能力高；缺点是不适宜破碎坚硬岩石。

c. 静态破碎法：在炮孔内装入破碎剂，利用药剂自身的膨胀力，缓慢地作用于孔壁，经过数小时后，使介质开裂。该法适用于设备附近、高压线下已经开挖与浇筑过渡段等特定条件下的开挖与岩石切割或拆除建筑物。其优点是安全可靠，没有爆破所产生的公害；缺点是破碎效率低，开裂时间长，对于大型和复杂工程，使用破碎剂时，还要考虑使用机械挖除等联合作业手段，或与爆破配合，才能提高效率。

3. 土石方开挖安全规定

土石方开挖作业的基本规定是：

① 土石方开挖施工前，应掌握必要的工程地质、水文地质、气象条件、环境因素等勘测资料，根据现场的实际情况，制订施工方案。施工中应遵循各项安全技术规程和标准，按施工方案组织施工，在施工过程中注重加强对人、机、物、料、环等因素的安全控制，保证作业人员、设备的安全。

② 开挖过程中应注意工程地质的变化，遇到不良地质构造和存在事故隐患的部位应及时采取防范措施，并设置必要的安全围栏和警示标志。

③ 开挖程序应遵循自上而下的原则，并采取有效的安全措施。

④ 开挖过程中，应采取有效的截水、排水措施，防止地表水和地下水影响开挖作业和施工安全。

⑤ 应合理确定开挖边坡比，及时制订边坡支护方案。

(1) 土方明挖

土方明挖的种类主要有：有边坡的挖土作业、有支撑的挖土作业、土方挖运作业、土方爆破开挖作业和土方水力开挖作业。

① 有边坡的挖土作业应遵守下列规定：

a. 人工挖掘土方应遵守下列规定：

——开挖土方的操作人员之间，应保持足够的安全距离，横向间距不小于 2 m，纵向间距不小于 3 m。

——开挖应遵循自上而下的原则，不应掏根挖土和反坡挖土。

b. 高陡边坡处作业应遵守下列规定：

——作业人员应按规定系好安全带。

——边坡开挖中如遇地下水涌出，应先排水，后开挖。

——开挖工作应与装运作业面相互错开，应避免上、下交叉作业。

——边坡开挖影响交通安全时，应设置警示标志，严禁通行，并派专人进行交通疏导。

——边坡开挖时，应及时清除松动的土体和浮石，必要时应进行安全支护。

c. 施工过程当中应密切关注作业部位和周边边坡、山体的稳定情况，一旦发现裂痕、滑动、流土等现象，应停止作业，撤离现场作业人员。

d. 滑坡地段的开挖，应从滑坡体两侧向中部自上而下进行，不应全面拉槽开挖，弃土不应堆在滑动区域内。

e. 开挖时应有专职人员监护，随时注意滑动体的变化情况。已开挖的地段，不应顺土方坡面流水，必要时坡顶应设置截水沟。

f. 在靠近建筑物、设备基础、路基、高压铁塔、电杆等构筑物附近挖土时，应制订防坍塌的安全措施。

g. 开挖基坑（槽）时，应根据土壤性质、土壤含水量、土的抗剪强度、挖深等要素，设计安全边坡及马道。

h. 在不良气象条件下，不应进行边坡开挖作业。

i. 当边坡高度大于 5 m 时，应在适当高程设置防护栏栅。

② 有支撑的挖土作业应遵守下列规定：

a. 挖土不能按规定放坡时，应采取固壁支撑的施工方法。

b. 在土壤正常含水量下所挖掘的基坑（槽），如系垂直边坡，其最大挖深，在松软土质中不应超过 1.2 m、在密实土质中不应超过 1.5 m，否则应设固壁支撑。

c. 操作人员上下基坑（槽）时，不应攀登固壁支撑，人员通行应设通行斜道或搭设梯子。

d. 雨后、春、秋冻融以及处于爆破区爆破以后，应对支撑进行认真检查，发现问题，及时处理。

e. 拆除支撑前应检查基坑（槽）帮情况，并自上而下逐层拆除。

③ 土方挖运作业应遵守下列规定：

a. 人工开挖时，工具应安装牢固；在挖运时，开挖土方作业人员之间的安全距离，不应小于 2 m；在基坑（槽）内向上部运土时，应在边坡上挖台阶，其宽度不宜小于 0.7 m，不应利用挡土支撑存放土、石、工具或站在支撑上传运。

b. 人工挖土、配合机械吊运土方时，应配备有施工经验的人员统一指挥。

c. 采用大型机械挖土时，应对机械停放地点、行走路线、运土方式、挖土分层、电源架设等进行实地勘察，并制订相应的安全措施。

d. 大型设备通过的道路、桥梁或工作地点的地面基础，应有足够的承载力。否则应采取加固措施。

e. 在对铲斗内积存料物进行清除时，应切断机械动力，清除作业时应有专人监护，机械操作人员不应离开操作岗位。

④ 土方爆破作业应遵守下列规定：

a. 土方爆破开挖作业，应制订爆破设计方案。

b. 爆破工作开始前，应明确规定安全警戒线，制定统一的爆破时间和信号，并在指定地点设安全哨，执勤人员应有红色袖章、红旗和口笛。

c. 松动或抛掷大体积的冻土时，应合理选择爆破参数，并确定安全控制措施和控制范围。

⑤ 土方水力开挖作业应遵守下列规定：

a. 开挖前，应对水枪操作人员、高压水泵运行人员，进行冲、采作业安全教育，并对全体作业人员进行安全技术交底。

b. 利用冲采方法形成的掌子面不宜过高，最终形成的掌子面高度不宜超过 5 m，当掌子面过高时可利用爆破法或机械开挖法，先使土体坍落，再布置水枪冲采。

c. 水枪布置的安全距离（指水枪喷嘴到开始冲采点的距离）不宜小于 3 m，同层之间距离保持 20～30 m，上、下层之间枪距保持 10～15 m。

d. 冲土应充分利用水柱的有效射程（不宜超过 6 m）。作业前，应根据地形、地貌，合理布置输泥渠槽、供水设备、人行安全通道等，并确定每台水枪的冲采范围、冲采顺序以及有关技术安全措施。

（2）土方暗挖

一般常用机械进行挖装、运卸作业，采用全断面隧洞掘进机开挖隧洞，在土质松软岩层中可用盾构法施工。

① 土方暗挖应遵守下列规定：

a. 应按施工组织设计和安全技术措施规定的开挖顺序进行施工。

b. 作业人员达到工作地点时，应首先检查工作面是否处于安全状态，并检查支护是否牢固，如有松动的石、土块或裂缝应予以清除或支护。

c. 工具应安装牢靠。

② 土方暗挖洞口施工应遵循下列规定：

a. 应有良好的排水设施。

b. 应及时清理洞脸，及时锁口。在洞脸边坡外应设置挡渣墙或积石槽，或在洞口设置钢或木结构防护棚，其顺洞轴方向伸出洞口外长度不应小于 5 m。

c. 洞口以上边坡和两侧应采用锚喷支护或混凝土永久支护措施。

③ 土方暗挖应遵循“管超前、严注浆、短开挖、强支护、快封闭、勤量测、速反馈”的施工原则。

④ 开挖过程中，如出现整体裂缝或滑动迹象时，应立即停止施工，将人员、设备尽快撤离工作面，视开裂或滑动程度采取不同的应急措施。

⑤ 土方暗挖的循环应控制在 0.5～0.75 m 内，开挖后应及时喷素混凝土加以封闭，尽

快形成拱圈，应在安全受控的情况下，方可进行下一循环的施工。

⑥ 站在土堆上作业时，应注意土堆的稳定，防止滑坍伤人。

⑦ 土方暗挖作业面应保持地面平整、无积水，洞壁两侧下边缘应设排水沟。

⑧ 洞内使用内燃机施工设备，应配有废气净化装置，不应使用汽油发动机施工设备。进洞深度大于洞径5倍时，应采取机械通风措施，送风能力应满足施工人员正常呼吸需要[3 m^3/(人·min)]，并能满足冲淡、排除燃油发动机和爆破烟尘的需要。

(3) 石方明挖

石方开挖，除松软岩石可用松土器以凿裂法开挖外，一般需以爆破的方法进行松动、破碎。

① 机械凿岩时，应采用湿式凿岩或装有能够达到国家工业卫生标准的干式捕尘装置。否则不应开钻。

② 开钻前，应检查工作面附近岩石是否稳定，是否有瞎炮。发现问题应立即处理，否则不应作业。不应在残眼中继续钻孔。

③ 供钻孔用的脚手架，应搭设牢固的栏杆。开钻部位的脚手板应铺满绑牢，板厚应不小于5 cm。

④ 开挖作业开工前应将设计边线外至少10 m范围内的浮石、杂物清除干净，必要时坡顶应设截水沟，并设置安全防护栏。

⑤ 对开挖部位设计开口线以外的坡面、岸坡和坑槽开挖，应进行安全处理后再作业。

⑥ 对开挖深度较大的坡(壁)面，每下降5 m，应进行一次清坡、测量、检查。对断层、裂隙、破碎带等不良地质构造，应按设计要求及时进行加固或防护，应避免在形成高边坡后进行处理。

⑦ 进行撬挖作业时应遵守下列规定：

a. 严禁站在石块滑落的方向撬挖或上下层同时撬挖。

b. 在撬挖作业的下方严禁通行，并应有专人监护。

c. 撬挖人员应保持适当间距。在悬崖、35°以上陡坡上作业应系好安全绳、佩戴安全带，严禁多人共用一根安全绳。撬挖作业宜在白天进行。

⑧ 高边坡作业时应遵守下列规定：

a. 高边坡施工搭设的脚手架、排架平台等应符合设计要求，满足施工负荷，操作平台应满铺牢固，临空边缘应设置挡脚板，并应经验收合格后，方可投入使用。

b. 上下层垂直交叉作业的中间应设有隔离防护棚或者将作业时间错开，并应有专人监护。

c 高边坡开挖每梯段开挖完成后，应进行一次安全处理。

d. 对断层、裂隙、破碎带等不良地质构造的高边坡，应按设计要求及时采取锚喷或加固等支护措施。

e. 在高边坡底部、基坑施工作业上方边坡上应设置安全防护措施。

f. 高边坡施工时应有专人定期检查，并应对边坡稳定进行监测。

g. 高边坡开挖应边开挖、边支护，确保边坡稳定和施工安全。

⑨ 石方挖运作业时应遵守下列规定：

a. 挖装设备的运行回转半径范围以内严禁人员停留。

b. 电动挖掘机的电缆应有防护措施，人工移动电缆时，应戴绝缘手套和穿绝缘靴。

c. 爆破前，挖掘机应退出危险区避炮，并做好必要的防护。

d. 弃碴地点靠边沿处应有挡轮木和明显标志，并设专人指挥。

(4) 石方暗挖

石方暗挖是不对地表进行开挖的情况下(一般入口和出口有小面积的开挖)，进行地下洞室、隧道的施工。该方法对地表的干扰小，具有较高的社会经济效果。下面主要介绍洞室开挖、斜竖井开挖和不良地质地段开挖的安全注意事项。

① 洞室开挖作业应遵守下列规定：

a. 洞室开挖的洞口边坡上不应存在浮石、危石及倒悬石。

b. 作业施工环境和条件相对较差时，施工前应制订全方位的安全技术措施，并对作业人员进行交底。

c. 洞口削坡，应按照明挖要求进行。不应上下同时作业，并应做好坡面、马道加固及排水等工作。

d. 进洞前，应对洞脸岩体进行察看，确认稳定或采取可靠措施后方可开挖洞口。

e. 洞口应设置防护棚。其顺洞轴方向的长度，可依据实际地形、地质和洞型断面选定，不宜小于 5 m。

f. 自洞口计起，当洞挖长度不超过 15～20 m 时，应依据地质条件、断面尺寸，及时做好洞口永久性或临时性支护。支护长度不宜小于 10 m。当地质条件不良，全部洞身应进行支护时，洞口段则应进行永久性支护。

g. 暗挖作业中，一旦遇到不良地质构造或易发生塌方地段、有害气体逸出及地下涌水等突发事件，应即令停工，作业人员撤至安全地点。

h. 暗挖作业设置的风、水、电等管线路应符合相关安全规定。

i. 每次爆破后，应立即进行全方位的安全检查，并清除危石、浮石，若发现非撬挖所能排除的险情时，应果断地采取其他措施进行处理。洞内进行安全处理时，应有专人监护，及时观察险石动态。

g. 处理冒顶或边墙滑脱等现象时应遵守下列规定：

——应查清原因，制订具体施工方案及安全防范措施，迅速处理。

——地下水十分活跃的地段，应先治水后治塌。

——应准备好畅通的撤离通道，备足施工器材。

——处理工作开始前，应先加固好塌方段两端未被破坏的支护或岩体。

——处理坍塌，宜先处理两侧边墙，然后再逐步处理顶拱。

——施工人员应位于有可靠的掩护体下作业，且作业的整个过程中有专人现场监护。

——应随时观察险情变化，及时修改或补充原订措施计划。

——开挖与衬砌平行作业时的距离，应按设计要求控制，但不宜小于 30 m。

② 斜、竖井开挖作业应遵守下列规定：

a. 竖井的井口附近，应在施工前做好修整，并在周围修好排水沟、截水沟，防止地面水侵入井中。竖井井口平台应比地面至少高出 0.5 m。在井口边应设置不低于 1.4 m 规定高度的防护栏，挡脚板高应不小于 35 cm。

b. 在井口及井底部位应设置醒目的安全标志。

c. 当工作面附近或井筒未衬砌部分发现有落石、支撑发生响动或大量涌水等其他失稳异常表现时，工作面施工人员应立即从安全梯或使用提升设备撤出井外，并报告处理。

d. 斜、竖井采用自上而下全断面开挖方法时应遵守下列规定：

——井深超过 15 m 时，上下人员宜采用提升设备。

——提升设施应有专门设计方案。

——应锁好井口，确保井口稳定。应设置防护设施，防止井台上弃物坠入井内。

——漏水和淋水地段，应有防水、排水措施。

e. 竖井采用自上而下先打导洞再进行扩挖时应遵守下列规定：

——井口周边至导井口应有适当坡度，便于扒渣。

——爆破后必须认真处理浮石和井壁。

——采取有效措施，防止石渣砸坏井底棚架。

——扒渣人员应系好安全带，自井壁边缘石碴顶部逐步下降扒渣。

——导井被堵塞时，严禁到导井口位置或井内进行处理，以防止石渣坠落砸伤。

③ 不良地质地段开挖作业应遵守下列规定：

a. 根据设计工程地质资料制订施工技术措施和安全技术措施，并应向作业人员进行交底。作业现场应有专职安全人员进行监护作业。

b. 不良地质地段的支护应严格按施工方案进行，应待支护稳定并验收合格后方可进行下一工序的施工。

c. 当出现围岩不稳定、涌水及发生塌方情况时，所有作业人员应立即撤至安全地带。

d. 施工作业时，岩石既是开挖的对象，又是成洞的介质，为此施工人员应充分了解围岩性质和合理运用洞室体型特征，以确保施工安全。

e. 施工时应采取浅钻孔、弱爆破、多循环，尽量减少对围岩的扰动。应采取分部开挖，及时进行支护。每一循环掘进应控制在 0.5～1.0 m。

f. 在完成一开挖作业循环时，应全面清除危石，及时支护，防止落石。

g. 在不良地质地段施工，应做好工程地质、地下水类型和涌水量的预报工作，并设置排水沟、积水坑和充分的抽排水设备。

h. 在软弱、松散破碎带施工，应待支护稳定后方可进行下一段施工作业。

i. 在不良地质地段施工应按所制订的临时安全用电方案实施，设置漏电保护器，并有断、停电应急措施。

1.3.2 土石方爆破

1. 一般规定

(1) 土石方爆破工程应由具有相应爆破资质和安全生产许可证的企业承担。爆破作业人员应取得有关部门颁发的资格证书，做到持证上岗。爆破工程作业现场应由具有相应资格的技术人员负责指导施工。

(2) 爆破前应对爆区周围的自然条件和环境状况进行调查，了解危及安全的不利环境因素，采取必要的安全防范措施。

(3) 爆破作业环境有下列情况时，严禁进行爆破作业：

① 爆破可能产生不稳定边坡、滑坡、崩塌的危险；

② 爆破可能危及建(构)筑物、公共设施或人员的安全；

③ 恶劣天气条件下。

(4) 爆破作业环境有下列情况时，不应进行爆破作业：

① 药室或炮孔温度异常，而无有效针对措施；

② 作业人员和设备撤离通道不安全或堵塞。

(5) 装药工作应遵守下列规定：

① 装药前应对药室或炮孔进行清理和验收；

② 爆破装药量应根据实际地质条件和测量资料计算确定；当炮孔装药量与爆破设计量差别较大时，应经爆破工程技术人员核算同意后方可调整；

③ 应使用木质或竹质炮棍装药；

④ 装起爆药包、起爆药柱和敏感度高的炸药时，严禁投掷或冲击；

⑤ 装药深度和装药长度应符合设计要求；

⑥ 装药现场严禁烟火和使用手机。

(6) 填塞工作应遵守下列规定：

① 装药后必须保证填塞质量，深孔或浅孔爆破不得采用无填塞爆破；

② 不得使用石块和易燃材料填塞炮孔；

③ 填塞时不得破坏起爆线路；发现有填塞物卡孔应及时进行处理；

④ 不得用力捣固直接接触药包的填塞材料或用填塞材料冲击起爆药包；

⑤ 分段装药的炮孔，其间隔填塞长度应按设计要求执行。

(7) 严禁硬拉或拔出起爆药包中的导爆索、导爆管或电雷管脚线。

(8) 爆破警戒范围由设计确定。在危险区边界，应设有明显标志，并派出警戒人员。

(9) 爆破警戒时，应确保指挥部、起爆站和各警戒点之间有良好的通信联络。

(10) 爆破后应检查有无盲炮及其他险情。当有盲炮及其他险情时，应及时上报并处理，同时在现场设立危险标志。

2. 作业要求

主要介绍了浅孔爆破、深孔爆破以及光面爆破或预裂爆破三种爆破方法的作业要求。

(1) 浅孔爆破

① 浅孔爆破宜采用台阶法爆破。在台阶形成之前进行爆破时应加大警戒范围。

② 装药前应进行验孔，对于炮孔间距和深度偏差大于设计允许范围的炮孔，应由爆破技术负责人提出处理意见。

③ 装填的炮孔数量，应以当天一次爆破为限。

④ 起爆前，现场负责人应对防护体和起爆网路进行检查，并对不合格处提出整改措施。

⑤ 起爆后，应至少 5 min 后方可进入爆破区检查。当发现问题时，应立即上报并提出处理措施。

(2) 深孔爆破

① 深孔爆破装药前必须进行验孔，同时应将炮孔周围（半径 0.5 m 范围内）的碎石、杂物清除干净；对孔口岩石不稳固者，应进行维护。

② 有水炮孔应使用抗水爆破器材。

③ 装药前应对第一排各炮孔的最小抵抗线进行测定，当有比设计最小抵抗线差距较大的部位时，应采取调整药量或间隔填塞等相应的处理措施，使其符合设计要求。

④ 深孔爆破宜采用电爆网路或导爆管网路起爆，大规模深孔爆破应预先进行网路模拟试验。

⑤ 在现场分发雷管时，应认真检查雷管的段别编号，并应由有经验的爆破工和爆破工程技术人员连接起爆网路，并经现场爆破和设计负责人检查验收。

⑥ 装药和填塞过程中，应保护好起爆网路；当发生装药卡堵时，不得用钻杆捣捅药包。

⑦ 起爆后，应至少经过 15 min 并等待炮烟消散后方可进入爆破区检查。当发现问题时，应立即上报并提出处理措施。

（3）光面爆破或预裂爆破

① 高陡岩石边坡应采用光面爆破或预裂爆破开挖。钻孔、装药等作业应在现场爆破工程技术人员指导监督下，由熟练爆破工操作。

② 施工前应做好测量放线和钻孔定位工作，钻孔作业应做到“对位准、方向正、角度精”。

③ 光面爆破或预裂爆破宜采用不耦合装药，应按设计装药量、装药结构制作药串。药串加工完毕后应标明编号，并按药串编号送入相应炮孔内。

④ 填塞时应保护好爆破引线，填塞质量应符合设计要求。

⑤ 光面（预裂）爆破网路采用导爆索连接引爆时，应对裸露地表的导爆索进行覆盖，降低爆破冲击波和爆破噪声。

3. 土石方爆破的安全防护及器材管理

（1）爆破安全防护措施、盲炮处理及爆破安全允许距离应按现行国家标准《爆破安全规程》（GB 6722）的相关规定执行。

（2）爆破器材的采购、运输、贮存、检验、使用和销毁应按现行国家标准《爆破安全规程》（GB 6722）的有关规定。

1.3.3 土石方填筑

（1）土石方填筑的一般要求包括：

① 土石方填筑应按施工组织设计进行施工，不应危及周围建筑物的结构或施工安全，不应危及相邻设备、设施的安全运行。

② 填筑作业时，应注意保护相邻的平面、高程控制点，防止碰撞造成移位及下沉。

③ 夜间作业时，现场应有足够照明，在危险地段设置明显的警示标志和护栏。

（2）陆上填筑应遵守下列规定：

① 用于填筑的碾压、打夯设备，应按照厂家说明书规定操作和保养，操作者应持有效的上岗证件。进行碾压、打夯时应有专人负责指挥。

② 装载机、自卸车等机械作业现场应设专人指挥，作业范围内不应有人平土。

③ 电动机械运行，应严格执行“三级配电两级保护”和“一机、一闸、一漏、一箱”要求。

④ 人力打夯时工作人员精神应集中，动作应一致。

⑤ 基坑(槽)土方回填时，应先检查坑、槽壁的稳定情况，用小车卸土不应撒把，坑、槽边应设横木车挡。卸土时，坑槽内不应有人。

⑥ 基坑(槽)的支撑，应根据已回填的高度，按施工组织设计要求依次拆除，不应提前拆除坑、槽内的支撑。

⑦ 基础或管沟的混凝土、砂浆应达到一定的强度，当其不致受损坏时方可进行回填作业。

⑧ 已完成的填土应将表面压实，且宜做成一定的坡度以利排水。

⑨ 雨天不应进行填土作业。如需施工，应分段尽快完成，且宜采用碎石类土和砂土、石屑等填料。

⑩ 基坑回填应分层对称，防止造成一侧压力，引起不平衡，破坏基础或构筑物。

⑪ 管沟回填，应从管道两边同时进行填筑并夯实。填料超过管顶 0.5 m 厚时，方可用动力打夯，不宜用振动辗压实。

(3) 水下填筑应遵守下列规定：

① 所有施工船舶航行、运输、驻位、停靠等应参照水下开挖中船舶相关操作规程的内容执行。

② 水下填筑应按设计要求和施工组织设计确定施工程序。

③ 船上作业人员应穿救生衣、戴安全帽，并经过水上作业安全技术培训。

④ 为了保证抛填作业安全及抛填位置的准确率，宜选择在风力小于 3 级、浪高小于 0.5 m 的风浪条件下进行作业。

⑤ 水下理坡时，船上测量人员和吊机应配合潜水员，按“由高到低”的顺序进行理坡作业。

1.3.4　土石方施工安全防护设施

1. 土石方开挖施工的安全防护设施

(1) 土石方明挖施工应符合下列要求：

1) 作业区应有足够的设备运行场地和施工人员通道。

2) 悬崖、陡坡、陡坎边缘应有防护围栏或明显警告标志。

3) 施工机械设备颜色鲜明，灯光、制动、作业信号、警示装置齐全可靠。

4) 凿岩钻孔宜采用湿式作业，若采用干式作业必须有捕尘装置。

5) 供钻孔用的脚手架，必须设置牢固的栏杆，开钻部位的脚手板必须铺满绑牢，架子结构应符合有关规定。

(2) 在高边坡、滑坡体、基坑、深槽及重要建筑物附近开挖，应有相应可靠防止坍塌的安全防护和监测措施。

(3) 在土质疏松或较深的沟、槽、坑、穴作业时应设置可靠的挡土护栏或固壁支撑。

(4) 坡高大于 5 m、小于 100 m，坡度大于 45°的低、中、高边坡和深基坑开挖作业，应符合下列规定：

1) 清除设计边线外 5 m 范围内的浮石、杂物。

2）修筑坡顶截水天沟。

3）坡顶应设置安全防护栏或防护网，防护栏高度不得低于 2 m，护栏材料宜采用硬杂圆木或竹跳板，圆木直径不得小于 10 cm。

4）坡面每下降一层台阶应进行一次清坡，对不良地质构造应采取有效的防护措施。

（5）坡高大于 100 m 的超高边坡和坡高大于 300 m 的特高边坡作业，应符合下列规定：

1）边坡开挖爆破时应做好人员撤离及设备防护工作。

2）边坡开挖爆破完成 20 min 后，由专业爆破工进入爆破现场进行爆后检查，存在哑炮及时处理。

3）在边坡开挖面上设置人行及材料运输专用通道。在每层马道或栈桥外侧设置安全栏杆，并布设防护网以及挡板。安全栏杆高度要达到 2 m 以上，采用竹夹板或木板将马道外缘或底板封闭。施工平台应专门设置安全防护围栏。

4）在开挖边坡底部进行预裂孔施工时，应用竹夹板或木板做好上下立体防护。

5）边坡各层施工部位移动式管、线应避免交叉布置。

6）边坡施工排架在搭设及拆除前，应详细进行技术交底和安全交底。

7）边坡开挖、甩渣、钻孔产生的粉尘浓度按规定进行控制。

（6）隧洞洞口施工应符合下列要求：

1）有良好的排水措施。

2）应及时清理洞脸，及时锁口。在洞脸边坡外侧应设置挡渣墙或积石槽，或在洞口设置网或木构架防护棚，其顺洞轴方向伸出洞口外长度不得小于 5 m。

3）洞口以上边坡和两侧岩壁不完整时，应采用喷锚支护或混凝土永久支护等措施。

（7）洞内施工应符合下列规定：

1）在松散、软弱、破碎、多水等不良地质条件下进行施工，对洞顶、洞壁应采用锚喷、预应力锚索、钢木构架或混凝土衬砌等围岩支护措施。

2）在地质构造复杂、地下水丰富的危险地段和洞室关键地段，应根据围岩监测系统设计和技术要求，设置收敛计、测缝计、轴力计等监测仪器。

3）进洞深度大于洞径 5 倍时，应采取机械通风措施，送风能力必须满足施工人员正常呼吸需要[3 m^3/(人·min)]，并能满足冲淡、排除爆炸施工产生的烟尘需要。

4）凿岩钻孔必须采用湿式作业。

5）设有爆破后降尘喷雾洒水设施。

6）洞内使用内燃机施工设备，应配有废气净化装置，不得使用汽油发动机施工设备。

7）洞内地面保持平整、不积水、洞壁下边缘应设排水沟。

8）应定期检测洞内粉尘、噪声、有毒气体。

9）开挖支护距离：Ⅱ类围岩支护滞后开挖 10～15 m，Ⅲ类围岩支护滞后开挖 5～10 m，Ⅳ类、Ⅴ类围岩支护紧跟掌子面。

10）相向开挖的两个工作面相距 30 m 爆破时，双方人员均需撤离工作面。相距 15 m 时，应停止一方工作。

11）爆破作业后，应安排专人负责及时清理洞内掌子面、洞顶及周边的危石。遇到有害气体、地热、放射性物质时，必须采取专门措施并设置报警装置。

(8) 斜、竖井开挖应符合下列要求：

1) 及时进行锁口。

2) 井口设有高度不低于1.2 m的防护围栏。围栏底部距0.5 m处应全封闭。

3) 井壁应设置人行爬梯。爬梯应锁定牢固，踏步平齐，设有拱圈和休息平台。

4) 施工作业面与井口应有可靠的通信装置和信号装置。

5) 井深大于10 m应设置通风排烟设施。

6) 施工用风、水、电管线应沿井壁固定牢固。

2. 爆破施工安全防护设施

(1) 工程施工爆破作业周围300 m区域为危险区域，危险区域内不得有非施工生产设施。对危险区域内的生产设施设备应采取有效的防护措施。

(2) 爆破危险区域边界的所有通道应设有明显的提示标志或标牌，标明规定的爆破时间和危险区域的范围。

(3) 区域内设有有效的音响和视觉警示装置，使危险区内人员都能清楚地听到和看到警示信号。

3. 土石方填筑施工安全防护设施

(1) 土石方填筑机械设备的灯光、制动、信号、警告装置齐全可靠。

(2) 截流填筑应设置水流流速监测设施。

(3) 向水下填掷石块、石笼的起重设备，必须锁定牢固，人工抛掷应有防止人员坠落的措施和应急施救措施。

(4) 自卸汽车向水下抛投块石、石渣时，应与临边保持足够的安全距离，应有专人指挥车辆卸料，夜间卸料时，指挥人员应穿反光衣。

(5) 作业人员应穿戴救生衣等防护用品。

(6) 土石方填筑坡面碾压、夯实作业时，应设置边缘警戒线，设备、设施必须锁定牢固，工作装置应有防脱、防断措施。

(7) 土石方填筑坡面整坡、砌筑应设置人行通道，双层作业设置遮挡护栏。

1.3.5　土石方施工作业人员安全规定

1. 推土机司机

(1) 司机应经专业培训，并经考试合格取证后方可上岗操作。

(2) 操作前应检查确认：燃油、润滑油、液压油等符合规定，各系统管路无泄漏，各部机件无脱落、松动或变形；各操纵杆和制动踏板的行程、履带的松紧度或轮胎气压符合要求；设备的前后灯工作正常。

(3) 发动机启动前应做好下列准备工作：

① 检查发动机机油油位。

② 检查液压油和燃油箱的油位。

③ 检查冷却水箱的水位。

④ 检查风扇皮带的张紧度。

⑤ 检查空气滤清器指示器。

⑥ 检查各润滑部位并加添润滑油。

⑦ 将离合器分离，将各操纵杆置于停车位置。

(4) 起动发动机时，严禁采用拖、顶的方式进行启动。

(5) 发动机启动后应注意下列事项：

① 怠速运转 5 min 以上使水温达到运行温度后方可运行。

② 查看各指示灯、仪表指针，读数均处于正常范围内。

③ 检查离合器、刹车和液压操作系统等应灵活可靠。

④ 无异常的振动、噪声、气味。

⑤ 机油、燃油、液压油和冷却水应无渗漏现象。

⑥ 发动机运转正常后蜂鸣器鸣叫应自行消失；在行驶或作业中蜂鸣器鸣叫时，应立即停车检查，排除故障。

(6) 发动机运转时，严禁在推土机机身下面进行任何作业。

(7) 推土机行驶前，严禁有人站在履带或刀片的支架上。应检查设备四周无障碍物，确认安全，方可启动。设备在运转中严禁任何人员上下或传递物件。

(8) 推土机在横穿铁路或交通路口时，应左瞻右望，应注意火车、汽车和行人，确认安全后方可通过。在路口设有警戒栏岗处严禁闯关。通过桥、涵、堤、坝等，应了解其相应的承载能力，低速行驶通过。

(9) 推土机上、下纵坡的坡度不应超过 35°，横坡行驶的坡度不应超过 10°。

(10) 推土机在深沟、基坑及其他高处边缘地带作业时，应谨慎驾驶，铲刀不应越出边缘，重型推土机铲刀距边缘不宜小于 1.5 m。后退时，应先换挡，方可提升铲刀进行倒车。

(11) 进行保养检修或加油时，应放下刀片关闭发动机。如需检查刀片时，应把刀片垫牢，刀片悬空时，严禁探身于刀片下进行检查。

(12) 给推土机加油时，严禁抽烟或接近明火，加油后应将油渍擦净。

(13) 推树作业时，树干不应倒向推土机及高空架设物。推屋墙或围墙时，其高度不宜超出 2.5 m。严禁推带有钢筋或与地基基础连接体的混凝土桩等建筑物。

(14) 在陡坡上行驶时，严禁拐死弯。推土机上下坡或超越障碍物时应采用低速挡，上坡不应换挡；推土机下长坡时，应以低速挡行驶，严禁空挡滑行。

(15) 推土机在工作中发生陷车时，严禁用另一台推土机的刀片在前后顶推。

(16) 推土机发生故障时，无可靠措施不应在斜坡上进行修理。

(17) 数台机械在同一工作面作业时，应保持一定距离：前后相距不少于 8 m，左右相距在 1.5 m 以上。

(18) 作业时，应观察四周无障碍。

(19) 牵引其他机械设备时，钢丝绳应连接可靠，并应有专人负责指挥。起步时，应鸣号低速慢行，待钢丝绳拉紧后方可逐渐加大油门。在坡道或长距离牵引时，应采用牵引杆连接。

(20) 操作人员离机时，应把刀片降到地面，将变速杆置于空挡位置，再接合主离合器。

(21) 原地旋转和转急弯时，应在降低发动机转速的情况之下进行。

(22) 越障碍物时，应低速行驶，至障碍物顶部，在将要向前倾倒的瞬间将车停住，待履带前端缓慢着地后再平稳前进。

(23) 上坡途中当发动机突然熄灭时，应首先将铲刀放置地面，或锁住制动踏板，待机子停稳后断开主离合器，将变速杆放在空挡位置，然后继续启动发动机。严禁溜车启动。

(24) 推土机在深沟、基坑或陡坡地带作业时，应有专人指挥引导。

(25) 在崎岖地面应低速行驶，刀片宜控制在离地面约 400 mm 即可，不应上升过高，以保持车身稳定。

(26) 推土机短距离行驶距离不宜超过 10 km，应注意检查和润滑行走装置。

(27) 当推土作业遭到过大阻力，履带产生打滑或发动机出现减速现象时，应立即停止铲推，不应强行作业。

(28) 推土机停机应遵守下列规定：

① 推土机应停放在平坦、安全无任何障碍，且不影响其他车辆通行的地方，严禁停在可能塌方或受洪水威胁的地段。

② 将主离合器分离、落下铲刀，踏下制动踏板，变速杆及进退杆置于空挡位置，再接合主离合器。如在坡上停车时，应在履带下端嵌入止滑挡块。

③ 若停机时间较长，应使发动机低速空转 5 min 后停止；停机前，不应将发动机转速升高。

④ 在非紧急情况下不应用减压杆停止发动机。

⑤ 寒冷季节应将机身泥土洗净，停于干燥或较硬的地方，放净未加防冻液的冷却水，放泄燃油系统内的积水，将液压缸活塞杆表面的水滴擦净。

2. 挖掘机司机

(1) 挖掘机司机应经专业培训，并经考试合格持证上岗操作。

(2) 给设备加油时，周边应无明火，严禁吸烟。

(3) 发动机启动后，任何人员不应站在铲斗和履带上。

(4) 挖掘机在作业时，应做到“八不准”：

① 不准有一轮处于悬空状态，用以“三条腿”的方式进行作业。

② 不准以单边铲斗斗牙来硬啃岩体的方式进行作业。

③ 不准以强行挖掘大块石和硬啃固石、根底的方式进行作业。

④ 不准用斗牙挑起大块石装车的方式进行作业。

⑤ 铲斗未撤出掌子面，不准回转或行走。

⑥ 运输车辆未停稳前不准装车。

⑦ 铲斗不准从汽车驾驶室上方越过。

⑧ 不准用铲斗推动汽车。

(5) 严禁铲斗在满载物料悬空时行走。装料中回转时，不应采用紧急制动。

(6) 铲斗应在汽车车厢上方的中间位置卸料，不应偏装。卸料高度以铲斗底板打开后不碰及车厢为宜。

(7) 挖掘机在回转过程中，严禁任何人上、下机和在臂杆的回转范围内通行及停留。

(8) 运转中应随时监听各部件应无异常声响，并监视各仪表指示是否在正常范围。

(9) 运转中严禁在转动部位进行注油、调整、修理或清扫工作。

(10) 严禁用铲斗进行起吊作业,操作人员离开工作岗位应将铲斗落地。

(11) 严禁利用挖掘机的回转作用力来拉动重物和车辆。

(12) 挖掘机不宜进行长距离行驶,最长行走距离不应超过 5 km。

(13) 在行走前,应对行走机构进行全面保养。查看好路面宽度和承载能力,扫除路上障碍,与路边缘应保持适当距离。行走时,臂杆应始终与履带同一方向,提升、推压、回转的制动闸均应在制动位置上。铲斗控制在离地面 0.5～1.5 m 为宜。行走过程每隔 45 min 应停机检查行走机构并加注滑润油。电动挖掘机还应检查行走电动机的运转情况。

(14) 上、下坡道时,严禁中途变速或空挡滑行。

(15) 当转弯半径较小时,应分次转弯,不应急拐。

(16) 通过桥涵时,应了解允许载重吨位并确认可靠后方可通行。

(17) 行走中通过风、水、管路及电缆等明设线路和铁道时应采取加垫等保护措施。

(18) 冬季行走遇冰冻、雪天时,轮胎式挖掘机行车轮应采取加装防滑链等防滑措施。

(19) 电动挖掘机应遵守下列规定:

① 严禁非作业人员接近带电的设备。

② 挖掘机行走时,应检查行走电动机运行温度情况和电缆无损坏,人力挪移电缆时,人员应穿绝缘胶鞋和戴绝缘手套。

③ 所有的电气设备,应由专业电气人员进行操作。

④ 处于接通电源状态的电器装置,严禁进行任何检修工作。

⑤ 电器装置跳闸时,不应强行合闸,应待查明原因排除障碍后方可合闸。

⑥ 应定期检查设备的电器部分、电磁制动器、安全装置灵敏可靠。

⑦ 在有水的工作面挖渣时,应防止电源接线盒进水,接线盒距离水面的高度不应少于 20 cm。

(20) 停机应遵守下列规定:

① 挖掘机应停放在坚实、平坦、安全的地方,严禁停在可能塌方或受洪水威胁的地段。

② 停放就位后,将铲斗落地,起重臂杆倾角应降至 40°～50°位置。

③ 以内燃机为动力的挖掘机,停机前应先脱开主离合器,空转 3～5 min,待发动机逐渐减速后再停机。当气温在 0 ℃以下时,应放净未加防冻液的冷却水。

④ 长时间停车时,应做好一次性维护保养工作。对发动机各润滑部位应加注润滑油,堵严各进排气管口和各油水管口。

⑤ 上述作业完毕应进行一次全面检查,确认妥当无误后将门窗关闭加锁。

3. 铲运机司机

(1) 操作人员应经过专业培训,经考试合格持证上岗工作。

(2) 铲运机作业时,不应急转弯进行铲土。

(3) 铲运机正在作业时,不应以手触摸该机的回转部件;铲斗的前后斗门未撑牢、垫实、插住以前,不应从事保养检修等工作。

(4) 驾驶员将要离开设备时,应将铲斗放到地面,将操纵杆放在空挡位置,关闭发动机。

(5) 在新填的土堤上作业时，至少应离斜坡边缘 1 m 以上，下坡时不应以空挡滑行。

(6) 铲运机在边缘倒土时，离坡边至少不应小于 30 cm，斗底提升不应高过 20 cm。

(7) 铲运机在崎岖的道路上行驶转弯时，铲斗不应提得太高。在检修和保养铲斗时，应用防滑垫垫实铲斗。

(8) 铲运机运行中，严禁任何人上、下机械，传递物件，拖把上、机架上、铲斗内均不应有人坐立。

(9) 清除铲斗内积土时，应先将斗门顶牢或将铲斗落地再进行清扫。

(10) 多台拖式铲运机同时作业时，前后距离不应小于 10 m；多台自行式铲运机同时作业时，两机间距不应小于 20 m，铲土时，前后距离可适当缩短，但不应小于 5 m，左右距离不应小于 2 m。

(11) 多台铲运机在狭窄地区或道路上行走时，后机不应强行超越；两车会车时，彼此间应保持适当距离并减速行驶。

(12) 在坡度较大的斜坡，不应倒车、铲运或卸土。

(13) 作业完毕，应对铲运机内外及时进行清洁、滑润、调整、紧固和防腐的例行保养工作。

(14) 交接班时，交接双方应做好“五交”、“三查”。即：

① 交生产任务，施工条件及质量要求；

② 交机械运行及保养情况；

③ 交随机工具及油料、配件消耗情况；

④ 交事故隐患及故障处理情况；

⑤ 交安全措施及注意事项；

⑥ 查机械运行及保养情况；

⑦ 查机械运行记录准确完善；

⑧ 查随机工具齐全；

⑨ 发现问题，应查明原因，协商处理，重大问题应向有关部门报告。

4. 装载机司机

(1) 司机应经过专业技术培训，经考试合格，持证后方可单独操作。

(2) 在操作设备时，应戴工作帽，将长发置于帽子里。

(3) 发动机每次启动时间不应大于 10 s；一次启动未成功，应等 1 min 后可再次启动，若三次启动不成功，应检查原因，排除故障后方可再次启动。

(4) 装载机不应在倾斜度较大或形成倒悬体的场地上作业，挖掘时，掌子面不应留伞檐，不应挖顽石；不应利用铲斗吊重物或载人，推料时不应转向。

(5) 检查燃油或加油时，严禁吸烟和用明火实施照明。

(6) 装载机行驶时，应将铲斗提升离地面 50 cm 左右，行驶中不应无故升降或翻转铲斗，行驶速度应控制在 20 km/h 以内，行驶中驾驶室门外不应载人站人。

(7) 装载时应低速进行，不应以将铲斗高速猛冲插入料堆的方式装料。铲挖时铲斗切入不宜过深，宜控制在 15～20 cm。

(8) 在斜坡路上停车,不应踩离合器,而应使用制动踏板。

(9) 应经常检查整机储气罐及压力表、安全阀等零部件运行情况。

(10) 停机时应停放在平坦、坚实的地面上,不妨碍其他车辆通行的地方,并将铲斗落地。

(11) 交接班时,交接双方应做好"五交"、"三查"。

(12) 寒冷季节应全部放净未加防冻液的冷却水,在更换加有防冻液的冷却水时,应先清洗冷却系统,防冻液的配制应比当地最低气温低10°。

5. 拖拉机司机

(1) 司机应经过专业技术培训,经考试合格,持证后方可单独操作。

(2) 拖拉机的使用宜定人定机,严禁将设备交给不熟悉本机性能的他人操作。

(3) 设备运转时,严禁进行润滑、调整和维修作业,严禁用手触及各回转、转动等部位。

(4) 严禁酒后作业,加油时严禁吸烟。

(5) 当拖拉机通过狭路、桥涵、隧洞、陡坡、急弯岔道、崎岖路面、盘山道路、傍山险路、危险路段、铁路与公路平交道时,应一人操作运行,一人进行引路和指挥。

(6) 拖拉机作牵引时,应使用销子连接,启动与后退均应缓慢。上坡时应事先换挡变速,不应高速冲坡。下坡时严禁放空挡溜放,而应用低速挡控制行驶。

(7) 不应在超过20°的斜坡路面上行驶,在高低不平的坚硬地面或有石渣的路面作业时,不应高速急转弯和拐死弯。

(8) 通过有水地段或水中作业时,水面应低于油底壳。当班作业完毕应及时对设备进行全面的检查、维护和清洁、润滑、调整、紧固、防腐等保养工作。

(9) 工作完毕应怠速停车,不应用减压杆停车。在寒冷季节停车,应将车停在干燥和较硬的地面上,待水温降到50～60 ℃后,放净未加防冻液的冷却水,排放燃油系统的积水并及时添加燃油。液压操纵的设备,应擦净液压缸活塞杆表面的水滴。

6. 振动碾司机

(1) 振动碾司机应经过专业技术培训,经考试合格,持证后方可单独操作。

(2) 作业前,应检查和调整振动碾各部位及作业参数,保证设备的正常技术状况和作业性能。

(3) 在振动碾发动机没有熄火、碾轮无支垫三角止滑木的情况下,严禁在机身下进行检修和从事润滑、调整和维修等其他工作。

(4) 振动碾应停放在平坦、坚实并对交通及施工作业无妨碍的地方。停放在坡道上时,前后轮应垫稳三角止滑木。

(5) 振动碾工作时,为振动碾做辅助工作的其他人员,应与司机密切配合,不应在辗轮前方行走或作业,应在辗轮行走的侧面,并应注意压路机转向。

(6) 在行驶作业中,当机上蜂鸣器发生鸣叫时,应立即停车检查,待故障排除后方可继续进行工作。

(7) 不应在超过20°的斜坡路面上强行行驶。

(8) 作业完毕应及时做好振动碾的清洁、润滑、调整、紧固和防腐作业。

7. 爆破工

（1）爆破作业人员应经过专业培训，掌握操作技能，并应经当地设区的市级公安部门考核合格取得相应类别和作业范围、级别的“爆破作业人员许可证”后，方可从事爆破作业。

（2）爆破工应遵守下列规定：

① 保管所领取的爆破器材，不应遗失或转交他人，不应擅自销毁和挪作他用。

② 按照爆破指令单和爆破设计规定进行爆破作业。

③ 严格遵守《爆破安全规程》。

④ 爆破后检查工作面，发现盲炮和其他不安全因素应及时上报或处理。

⑤ 爆破结束后，应将剩余的爆破器材如数及时交回爆破器材库。

⑥ 定期接受爆破知识和安全操作的培训教育。

（3）爆破器材的加工应遵守下列要求：

① 在进行起爆管和导爆管加工时，应在单独专用的加工房内进行，同时应远离爆破器材库，其安全距离应符合有关规定；加工好的起爆管和导爆管应分开存放，导爆管上应系上警示标志，加工起爆管时，应用特制的紧口钳子夹紧管体口部边缘。

② 在切割导爆索时，应用锋利的刀子，严禁用钳子、石头、铁器砸切。已放入炮孔中的导爆索严禁切割。对结块炸药的粉碎，应用木器碾压碎，严禁用铁器和石头砸碎。

③ 电雷管在使用前，应检查其导电性，并按电阻大小来选配。

④ 严禁爆破人员身穿化纤类服装和带钉子的鞋，不应携带非绝缘电筒或其他金属用具。不应使用手机。

（4）爆破器材领用应遵守下列规定：

① 应严格领退手续，填写爆破单据应真实、明细，注明工程项目及单位、时间、地点、班次、领用数量、发放人、领用人和施工单位，并需发放人、领用人和施工负责人三方签字方能生效，各签字人应对工作面实际耗材的数量负责核实。

② 每班爆破作业工作完成后，应及时清理。经核查实耗数量无误后，将现场用完剩余的爆破器材如数退库登记。

③ 不使用的起爆药包，应由爆破工组长负责按规定退库日后统一销毁处理。

（5）爆破器材的搬运应遵守下列规定：

① 爆破器材在搬运、装卸时，应轻拿轻放，不应抛掷，雷管与炸药不应混装运输。

② 运输爆破器材的汽车不应停留在人员密集的地方，车上应有醒目的警示标志；押车人员严禁吸烟及带火种。

③ 从爆破器材库领出的各种爆破器材送往施工现场时应根据背运人员的体力强弱来负重。

④ 往现场运送爆破器材途中，运送人员严禁吸烟；严禁在明火处休息；不应靠近汽车排气管和电力线路。

⑤ 爆破器材运到工作面时，应与明火、机械设备、电源及供电线路等保持一定的安全距离，并应设专人看守。

（6）爆破作业应遵守下列规定：

① 爆破人员在起爆前，应迅速撤离至安全坚固牢靠的避炮掩蔽体处，所撤退道路上

不应有障碍物。

② 爆破工在爆后应检查：确认有无盲炮；有无危坡、坠石；地下爆破有无冒顶、危石存在，支撑是否被破坏，炮烟是否排除。

③ 用于潮湿工作面的起爆药包，在放入雷管的药卷端口部，应涂防潮剂。在潮湿地点采用电力方法起爆时，应使用防水绝缘材料的雷管起爆。

④ 爆破 5 min 后，方可进入爆破作业地点检查，如不能确认有无盲炮，应经过 15 min 后才可进入爆区检查。

⑤ 所有装好的炮，应一次合闸同时起爆。

⑥ 电力起爆宜使用闸刀开关，装置盒均应装箱上锁，从进入现场装药至起爆的全部时间内，应指定专人负责看管。应听从统一信号来控制合闸时间。

⑦ 如果通上电流而未起爆，则应将母线从电源上解下连成短路，锁上电闸箱，待母线断开 5 min 后，沿母线进入工地检查拒爆原因。

(7) 当隧洞倾斜角大于 30°时，严禁采用火花起爆，应采用电力起爆方式。

(8) 严禁用导爆索当绳子上下吊东西、捆绑炸药和代替安全绳使用。导爆索装好或联网后，应指定专人看守，严禁无关人员进入现场。在爆破作业现场工作面的周边 50 m 范围内严禁有其他施工机械作业。

(9) 在水下或潮湿的条件下使用导爆索时，应将索端涂以防潮剂或戴防潮帽进行密封处理。防水炸药使用前，应对药卷的防水性进行检查。

(10) 电爆网装药前，首先检查工作面的电源，若杂散电流达到 30 mA 以上时，严禁装药联网。

(11) 装药前，爆破工应察看爆破影响范围内施工现场的情况。特别是永久建筑物及设备、机械距离远近，若存在安全隐患应及时采取措施。

(12) 起爆前，应将剩余爆破器材撤出现场，运回仓库，不应藏放于工地。

(13) 爆破工在从事不同级别的洞室、深孔、拆除等各种爆破作业和在深井，含有瓦斯、粉尘，高温等特殊环境下进行上述工程爆破作业时，应遵守《爆破安全规程》有关条款规定和进行分级管理的要求，按爆破设计施工方案和警戒措施要求做好相应的安全防护。

8. 撬挖工

(1) 撬挖工应在爆破查炮确认完毕后，方可进入工作面进行撬挖。撬挖现场工作面应有足够的照明亮度。

(2) 爆破后，对破碎、松散的岩石或孤石，应撬挖清除后，方可进行其他工作。遇有松动大块石人力不能撬除时，可用少量药包进行爆破处理。

(3) 撬挖顺序应按先近后远、先顶部后两侧、先上后下的原则进行；两人以上同时撬挖应保持一定的安全距离。

(4) 撬挖工作面的下方，严禁做其他工作、站人和通行，并应设专人监护、警戒和指挥。

(5) 撬挖时，作业人员应站在安全地点，保障个人安全。如发现岩石破碎极可能有坍落危险时，应立即停止撬挖并设置警示标志，报告有关人员处理。

(6) 撬棍撬大石时，不应将撬棍端紧抵胸腹部；在平地撬大石时，不应将撬棍放在肩上用力。

(7) 正在撬挖工作面的附近,风钻、装岩机及其他震动、噪声较大的施工机械、设备等均应停止运转。

(8) 爆破后在棚架上进行顶部撬挖时,应有防护措施,并详细检查岩石情况,可能掉落的岩石应及时处理。

(9) 蹬梯撬挖时,梯子应牢固可靠,并专人监护。

(10) 使用反铲挖掘机撬挖作业时,应按挖掘机司机有关规定执行。

(11) 在高处撬挖施工,作业人员腰部应系安全绳,并适时对安全绳磨损和拴挂处情况进行受力检查。

9. 锻钎工

(1) 锻钎机操作人员应经过专业培训,并应经考试合格后方可上岗操作。

(2) 锻钎工作应专人开机,其他人员不应擅自动用锻钎设备。

(3) 锻钎机的基础应牢固,在作业前,应检查确认受振动部分无松动、钎模及工具无破裂。在安装或更换模具、调整锤头行程、装换零部件工具时,应先将压缩空气关闭,垫好安全垫,在未垫好前,严禁将手伸入。

(4) 作业前应严格检查锻钎机、各种模子及所用工具是否安全可靠,如发现破损和规格不符合要求时,应立即修理或更换。

(5) 应经常检查各个润滑部位,并加注润滑油,保持足够的润滑油量。

(6) 检查输风管的各连接处是否牢固可靠,供风应达到正常工作的风压。

(7) 锻钎机工作时,严禁清刷和修理,如发现机器工作不正常,应停车后再进行修理。

(8) 操作锻钎机时,严禁使其空击,应注意轻推手闸。

(9) 在风吹钎眼通孔时,吹孔前方不应站人。

(10) 锻钎结束后,应做好下列工作:

① 清扫前,应将炉渣用水浇熄。

② 进行清炉,在未冷却前,即将炉渣清扫干净,同时关好风门。

③ 应将机器内部的凝结水放出,并清扫机器。

④ 司机在下班前,应即将本班运转情况填写清楚。

1.4 边坡工程

边坡工程是为满足工程需要而对自然边坡和人工边坡进行改造的工程,根据边坡对工程影响的时间差别,可分为永久边坡和临时边坡两类;根据边坡与工程的关系,可分为建、构筑物地基边坡、邻近边坡和影响较小的延伸边坡。

1.4.1 边坡稳定因素

1. 边坡稳定因素

边坡失稳坍塌的实质是边坡土体中的剪应力大于土的抗剪强度。凡能影响土体中的剪应力、内摩擦力和凝聚力的,都能影响边坡的稳定。

（1）土类别的影响。不同类别的土，其土体的内摩擦力和凝聚力不同。例如砂土的凝聚力为零，只有内摩擦力，靠内摩擦力来保持边坡的稳定平衡；而黏性土则同时存在内摩擦力和凝聚力。因此不同的土能保持其边坡稳定的最大坡度不同。

（2）土的含水率的影响。土内含水越多，土壤之间产生润滑作用越强，内摩擦力和凝聚力降低，因而土的抗剪强度降低，边坡就越容易失稳。同时，含水率增加，使土的自重增加，裂缝中产生静水压力，增加了土体的内剪应力。

（3）气候的影响。气候使土质变软或变硬，如冬季冻融又风化，可降低土体的抗剪强度。

（4）基坑边坡上附加荷载或者外力的影响，能使土体的剪应力大大增加，甚至超过土体的抗剪强度，使边坡失去稳定而塌方。

2. 土方边坡的最陡坡度

为了防止塌方，保证施工安全，当土方达到一定深度时，边坡应做成一定的深度，土石方边坡坡度的大小和土质、开挖深度、开挖方法、边坡留置时间的长短、排水情况、附近堆积荷载有关。开挖深度越深，留置时间越长，边坡应设计得平缓一些，反之则可陡一些。边坡可以做成斜坡式，亦可做成踏步式。地下水位低于基坑（槽）或管沟底面标高时，挖方深度在 5 m 内，不加支撑的边坡的最陡坡度应符合表 1-4 的规定。

表 1-4　　土石方边坡坡度规定

土的类型	边坡坡度（高：宽）		
	坡顶无荷载	坡顶有静载	坡顶有动载
中密的砂土	1：1.00	1：1.25	1：1.50
中密的碎石类土	1：0.75	1：1.00	1：1.25
硬塑的轻亚黏土	1：0.67	1：0.75	1：1.00
中密的碎石类土（充填物为黏性土）	1：0.50	1：0.67	1：0.75
硬塑的亚黏土、黏土	1：0.33	1：0.50	1：0.67
老黄土	1：0.10	1：0.25	1：0.33
软土（经井点降水后）	1：1.00		

3. 挖方直壁不加支撑的允许深度

土质均匀且地下水位低于基坑（槽）或管沟的底面标高时，其边坡可做成直立壁不加支撑，挖方深度应根据土质确定，最大深度见表 1-5。

表 1-5　　基坑（槽）做成直立壁不加支撑的深度规定

土的类别	挖方深度/m
密实、中密的砂土和碎石类土（充填物为砂土）	1.00
硬塑、可塑的轻亚黏土及亚黏土	1.25
硬塑、可塑的黏土和碎石类土（充填物为黏性土）	1.50
坚硬的黏土	2.00

1.4.2 边坡支护

在基坑或者管沟开挖时，常因受场地的限制不能放坡，或者为了减少挖填的土石方量，工期以及防止地下水渗入等要求，一般采用设置支撑和护壁的方法。

1. 边坡支护的一般要求

(1) 施工支护前，应根据地质条件、结构断面尺寸、开挖工艺、围岩暴露时间等因素进行支护设计，制订详细的施工作业指导书，并向施工作业人员进行交底。

(2) 施工人员作业前，应认真检查施工区的围岩稳定情况，需要时应进行安全处理。

(3) 作业人员应根据施工作业指导书的要求，及时进行支护。

(4) 开挖期间和每茬炮后，都应对支护进行检查维护。

(5) 对不良地质地段的临时支护，应结合永久支护进行，即在不拆除或部分拆除临时支护的条件下，进行永久性支护。

(6) 施工人员作业时，应佩戴防尘口罩、防护眼镜、防尘帽、安全帽、雨衣、雨裤、长筒胶靴和乳胶手套等劳保用品。

2. 锚喷支护

锚喷支护应遵守下列规定：

(1) 施工前，应通过现场试验或依工程类比法，确定合理的锚喷支护参数。

(2) 锚喷作业的机械设备，应布置在围岩稳定或已经支护的安全地段。

(3) 喷射机、注浆器等设备，应在使用前进行安全检查，必要时应在洞外进行密封性能和耐压试验，满足安全要求后方可使用。

(4) 喷射作业面，应采取综合防尘措施降低粉尘浓度，采用湿喷混凝土。有条件时，可设置防尘水幕。

(5) 岩石渗水较强的地段，喷射混凝土之前应设法把渗水集中排出。喷后应钻排水孔，防止喷层脱落伤人。

(6) 凡锚杆孔的直径大于设计规定的数值时，不应安装锚杆。

(7) 锚喷工作结束后，应指定专人检查锚喷质量，若喷层厚度有脱落、变形等情况，应及时处理。

(8) 砂浆锚杆灌注浆液时应遵守下列规定：

① 作业前应检查注浆罐、输料管、注浆管是否完好。

② 注浆罐有效容积应不小于 $0.02\ m^3$，其耐力不应小于 0.8 MPa($8\ kg/cm^2$)，使用前应进行耐压试验。

③ 作业开始(或中途停止时间超过 30 min)时，应用水或 0.5～0.6 水灰比的纯水泥浆润滑注浆罐及其管路。

④ 注浆工作风压应逐渐升高。

⑤ 输料管应连接紧密、直放或大弧度拐弯不应有回折。

⑥ 注浆罐与注浆管的操作人员应相互配合，连续进行注浆作业，罐内储料应保持在罐体容积的 1/3 左右。

(9) 喷射机、注浆器、水箱、油泵等设备，应安装压力表和安全阀，使用过程中如发现破损或失灵时，应立即更换。

(10) 施工期间应经常检查输料管、出料弯头、注浆管以及各种管路的连接部位,如发现磨薄、击穿或连接不牢等现象,应立即处理。

(11) 带式上料机及其他设备外露的转动和传动部分,应设置保护罩。

(12) 施工过程中进行机械故障处理时,应停机、断电、停风;在开机送风、送电之前应预先通知有关的作业人员。

(13) 作业区内严禁在喷头和注浆管前方站人;喷射作业的堵管处理,应尽量采用敲击法疏通,若采用高压风疏通时,风压不应大于 0.4 MPa(4 kg/cm^2),并将输料管放直,握紧喷头,喷头不应正对有人的方向。

(14) 当喷头(或注浆管)操作手与喷射机(或注浆器)操作人员不能直接联系时,应有可靠的联系手段。

(15) 预应力锚索和锚杆的张拉设备应安装牢固,操作方法应符合有关规程的规定。正对锚杆或锚索孔的方向严禁站人。

(16) 高度较大的作业台架安装,应牢固可靠,设置栏杆;作业人员应系安全带。

(17) 竖井中的锚喷支护施工应遵守下列规定:

① 采用溜筒运送喷混凝土的干混合料时,井口溜筒喇叭口周围应封闭严密。

② 喷射机置于地面时,竖井内输料钢管宜用法兰联结,悬吊应垂直固定。

③ 采取措施防止机具、配件和锚杆等物件掉落伤人。

(18) 喷射机应密封良好,从喷射机排出的废气应进行妥善处理。

(19) 宜适当减少锚喷操作人员连续作业时间,定期进行健康体检。

3. 构架支撑

(1) 构架支撑包括木支撑、钢支撑、钢筋混凝土支撑及混合支撑,其架设应遵守下列规定:

① 采用木支撑的应严格检查木材质量。

② 支撑立柱应放在平整岩石面上,应挖柱窝。

③ 支撑和围岩之间,应用木板、楔块或小型混凝土预制块塞紧。

④ 危险地段,支撑应跟进开挖作业面;必要时,可采取超前固结的施工方法。

⑤ 预计难以拆除的支撑应采用钢支撑。

⑥ 支撑拆除时应有可靠的安全措施。

(2) 支撑应经常检查,发现杆件破裂、倾斜、扭曲、变形及其他异常征兆时,应仔细分析原因,采取可靠措施进行处理。

1.5 坝基开挖施工技术

进行岩基开挖,通常是在充分明确坝址的工程地质资料、明确水工设计要求的基础上,结合工程的施工条件,由地质、设计、施工几方面的人员一起进行研究,确定坝基的开挖深度、范围及开挖形态。如发现重大问题,应及时协商处理,修改设计,报上级审批。

1.5.1 坝基开挖的特点

在水利水电工程中坝基开挖的工程量达数万立方米,甚至达数十万、百万立方米,需要大量的机械设备(钻孔机械、土方挖运机械等)、器材、资金和劳力,工程地质复杂多变,如节理、裂隙、断层破碎带、软弱夹层和滑坡等,还受河床岩基渗流的影响和洪水的威胁,需占用相当长的工期,从开挖程序来看属多层次的立体开挖作业。因此,经济合理的坝基开挖方案及挖运组织,对安全生产和加快工程进度具有重要的意义。

1.5.2　坝基开挖的程序

岩基开挖要保证质量,加快施工进度,做到安全施工,必须要按照合理的开挖程序进行。开挖程序因各工程的情况不同而不尽统一,但一般都要以人身安全为原则,遵守自上而下、先岸后坡基坑的程序进行,即按事先确定的开挖范围,从坝基轮廓线的岸坡部分开始,自上而下、分层开挖,直到坑基。

对大、中型工程来说,当采用河床内导流分期施工时,往往是先开挖围护段一侧的岸坡,或者坝头开挖与一期基坑开挖基本上同时进行,而另一岸坝头的开挖在最后一期基坑开挖前基本结束。

对中、小型工程,由于河道流量小,施工场地紧凑,常采用一次断流围堰(全段围堰)施工。一般先开挖两岸坝头,后进行河床部分基坑开挖。对于顺岩层走向的边坡、滑坡体和高陡边坡的开挖,更应按照开挖程序进行开挖。开挖前,首先要把主要地质情况弄清,对可疑部位及早开挖暴露并提出处理措施。对一些小型工程,为了赶工期也有采用岸坡、河床同时开挖的。这时由于上下分层作业,施工干扰大,应特别注意施工安全。

河槽部分采用分层开挖逐步下降的方法。为了增加开挖工作面,扩大钻孔爆破的效果,提高挖运机械的工作效率,解决开挖施工中的基坑排水问题,通常要选择合适的部位先抽槽,即开挖先锋槽。先锋槽的平面尺寸以便于人工或机械装运出渣为度,深度不大于2/3(即预留基础保护层),随后就利用此槽壁作为爆破自由面,在其两侧布设有多排炮孔进行爆破扩大,依次逐层进行。当遇有断层破碎带,应顺断层方向挖槽,以便及早查明情况,作出处理方案。抽槽的位置一般选在地形低较、排水方便及容易引入出渣运输道路的部位,也可结合水工建筑物的底部轮廓,如布置,但截水槽、齿槽部位的开挖应做专题爆破设计。尤其对基础防渗、抗滑稳定起控制作用的沟槽,更应慎重地确定其爆破参数,以防因爆破原因而对基岩产生破坏。

1.5.3　坝基开挖的深度

坝基开挖深度,通常是根据水工要求按照岩石的风化程度(强风化、弱风化、微风化和新鲜岩石)来确定的。坝基一般要求岩基的抗压强度约为最大主应力的20倍左右,高坝应坐落在新鲜微风化下限的完善基岩上,中坝应建在微风化的完整基岩上,两岸地形较高部位的坝体及低坝可建在弱风化下限的基岩上。

岩基开挖深度,并非一挖到新鲜岩石就可以达到设计要求,有时为了满足水工建筑物结构形式的要求,还须在新鲜岩石中继续下挖。如高程较低的大坝齿槽、水电站厂房的尾水管部位等,有时为了减少在新鲜岩石上的开挖深度,可提出改变上部结构形式,以减少开挖工程量。

总之,开挖深度并不是一个多挖几米少挖几米的问题,而是涉及大坝的基础是否坚实可靠、工程投资是否经济合理、工期和施工强度有无保证的大问题。

1.5.4 坝基开挖范围的确定

一般水工建筑物的平面轮廓就是岩基底部开挖的最小轮廓线。实际开挖时，由于施工排水、立模支撑、施工机械运行以及道路布置等原因，常需适当扩挖，扩挖的范围视实际需要而定。

实际工程中扩挖的距离，有从数米到数十米的。

坝基开挖的范围必须充分考虑运行和施工的安全。随着开挖高程的下降，对坡（壁）面应及时测量检查，防止欠挖，并避免在形成高边坡后再进行坡面处理。开挖的边坡一定要稳定，要防止滑坡和落石伤人。如果开挖的边坡太高，可在适当的高程设置平台和马道，并修建挡渣墙和拦渣栅等相应的防护措施。近年来，随着开挖爆破技术的发展，工程中普遍采用预裂爆破来解决或改善高边坡的稳定问题。在多雨地区，应十分注意开挖区的排水问题，防止由于地表水的侵蚀，引起新的边坡失稳问题。

开挖深度和开挖范围确定之后，应绘出开挖纵、横断面及地形图，作为基础开挖施工现场布置的依据。

1.5.5 开挖的形态

重力坝坝段，为了维持坝体稳定，避免应力集中，要求开挖以后基岩面比较平整，高差不宜太大，并尽可能略向上游倾斜。

岩基岩面高差过大或向下游倾斜，宜开挖成一定宽度的平台。平台面应避免向下游倾斜，平台面的宽度以及相邻平台之间的高差应与混凝土浇筑块的尺寸协调。通常在一个坝段中，平台面的宽度约为坝段宽度的 1/3 左右。在平台较陡的岸坡坝段，还应根据坝体侧向稳定的要求，在坝轴线方向也开挖成一定宽度的平台。

拱坝要径向开挖，因此岸坡地段的开挖面将会倾向下游。在这种情况下，沿径向也应设置开挖平台。拱座面的开挖，应与拱的推力方向垂直，以保证按设计要求使拱的推力传向两岸岩体。

支墩坝坝基同样要求开挖比较平整，并略向上游倾斜。支墩之间高差变大时，应该使各支墩能够坐落在各自的平台上，并在支墩之间用回填混凝土或支墩墙等结构措施加固，以维护支墩的侧向稳定。

遇有深槽或凹槽以及断层破碎带情况时，应做专门的研究，一般要求挖去表面风化破碎的岩层以后，用混凝土将深槽或凹槽以及断层破碎带填平，使回填的混凝土形成混凝土塞和周围的基岩一起作为坝体的基础。为了保证混凝土塞和周围基岩的结合，还可以辅以锚筋和按触灌浆等加固措施。

1.5.6 坝基开挖的深层布置

（1）坝基开挖深度

一般是根据工程设计提出的要求来确定的。在工程设计中，不同的坝高对基岩的风化程度的要求也不一样：高坝应坐落在新鲜微风化下限的完整基岩上；中坝应建在微风化的完整基岩上；两岸地形较高部位的坝体及低坝可建在弱风化下限的基岩上。

（2）坝基开挖范围

在坝基开挖时，因排水、立模、施工机械运行及施工道路布置等原因，使得开挖范围比水工建筑物的平面轮廓尺寸略大一些，若岩基底部扩挖的范围应根据时间需要而定。实际工程中放宽的距离，一般数米到数几米不等。基础开挖的上部轮廓应根据边坡的稳定要求和开挖的高度而定。如果开挖的边坡太高，可在适当高程设置平台和马道，并修建挡渣墙等防护措施。

1.5.7 岩基开挖的施工

岩基开挖主要是用钻孔爆破，分层向下，留有一定保护层的方式进行开挖。

坝基爆破开挖的基本要求是保证质量，注意安全，方便施工。

保证质量，就是要求在爆破开挖过程中防止由于爆破震动影响而破坏基岩，防止产生爆破裂缝或使原有的构造裂隙有所发展；防止由于爆破震动影响而损害已经建成的建筑物或已经完工的灌浆地段。为此，对坝基的爆破开挖提出了一些特殊的要求和专门的措施。

为保证基岩岩体不受开挖区爆破的破坏，应按留足保护层（系指在一定的爆破方式下，建筑物基岩面上预留的相应安全厚度）的方式进行开挖。当开挖深度较大时，可采用分层开挖。分层厚度可根据爆破方式、挖掘机械的性能等因素确定。

遇有不利的地质条件时，为防止过大震裂或滑坡等，爆破孔深和最大装药量应根据具体条件由施工、地质和设计单位共同研究，另行确定。

开挖施工前，应根据爆破对周围岩体的破坏范围及水工建筑物对基础的要求，确定垂直向和水平向保护层的厚度。

保护层以上的开挖，一般采用延长药包梯段爆破，或先进行平地抽槽毫秒起爆，创造条件再进行梯段爆破。梯段爆破应采用毫秒分段起爆，最大一段起爆药量应不大于500 kg。

保护层的开挖，是控制基岩质量的关键。基本要求：

(1) 如留下的保护层较厚，距建基面 1.5 m 以上部分，仍可采用中(小)孔径且相应直接的药卷进行梯段毫秒爆破。

(2) 紧靠建基面土 1.5 m 以上的一层，采用手风钻钻孔，仍可用毫秒分段起爆，其最大一段起爆药量应不大于 300 kg。

(3) 建基面土 1.5 m 以内的垂直向保护层，采用手风钻孔，火花起爆，其药卷直径不得大于 32～36 mm。

(4) 最后一层炮孔，对于坚硬、完整岩基，可以钻至建基面终孔，但孔深不得超过 50 cm；对于软弱、破碎岩基，要求留 20～30 cm 的撬挖层。

在安排施工进度时，应避免在已浇的坝段和灌浆地段附近进行爆破作业，如无法避免时，则应有充分的论证和可靠的防震措施。

根据建筑物对基岩的不同要求以及混凝土不同的龄期所允许的质点振速度值(即破坏标准)，规定相应的安全距离和允许装药量。

在邻近建筑物的地段(10 m 以内)进行爆破时，必须根据被保护对象的允许质点振动速度值，按该工程实例的振动衰减规律严格控制浅孔火花起爆的最小装药量。当装药量控制到最低程度仍不能满足要求时，应采取打防震孔或其他防震措施解决。

在灌浆完毕地段及其附近，如因特殊情况需要爆破时，只能进行少量的浅孔火花爆破。还应对灌浆区进行爆前和爆后的对比检查，必要时还须进行一定范围的补灌。

此外，为了控制爆破的地震效应，可采用限制炸药量或静态爆破的办法。也可采用预裂防震爆破、松动爆破、光面爆破等行之有效的减震措施。

在坝基范围进行爆破和开挖，要特别注意安全。必须遵守爆破作业的安全规程。在规定坝基爆破开挖方案时，开挖程序要以人身安全为原则，应自上而下，先岸坡后河槽的顺序进行，即要按照事先确定的开挖范围，从坝基轮廓线的岸坡部分开始，自上而下，分层开挖，直到河槽，如图1-3所示，不得采用自下而上或造成岩体倒悬的开挖方式。但经过论证，局部宽敞的地方允许采用“自下而上”的方式，拱坝坝肩也允许采用“造成岩体倒悬”的方式。如果基坑范围比较集中，常有几个工种平行作业，在这种情况下，开挖比较松散的覆盖层和滑坡体，更应自上而下进行。如稍有疏忽，就可能造成生命财产的巨大损失，这是过去一些工程得到的经验教训，应引以为戒。

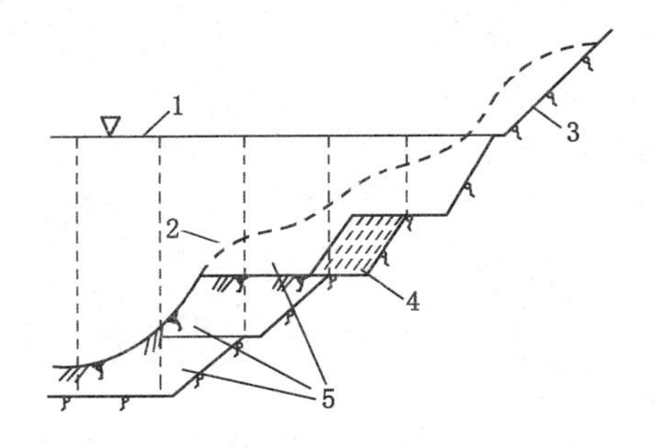

图1-3　坝基开挖程序

1——坝顶；2——原地面线；3——安全削坡；4——开挖线；5——开挖层

河槽部分也要分层、逐步下挖，为了增加开挖工作面，扩大钻孔爆破的效果，解决开挖施工时的基坑排水问题，通常要选择合适的部位，抽槽先进。抽槽形成后，再分层向下扩挖。抽槽的位置，一般选在地形较低，排水方便，容易引入出渣运输道路的部位，常可结合水工建筑物的底部轮廓，如截水槽、齿槽等部位进行布置。但截水槽、齿槽的开挖，应做专题爆破设计。尤其对基础防渗、抗滑稳定起控制作用的沟槽，更应慎重地确定其爆破参数。

方便施工，就是要保证开挖工作的顺利进行，要及时做好排水工作。岸坡开挖时，要在开挖轮廓外围，挖好排水沟，将地表水引走。河槽开挖时，要配备移动方便的水泵，布量好排水沟和集水井，将基坑积水和渗水抽走。同时，还必须从施工进度安排、现场布置及各工种之间互相配合等方面来考虑，做到工种之间互相协调，使人工和设备充分发挥效率，施工现场井然有序以及开挖进度按时完成。为此，有必要根据设备条件将开挖地段分成几个作业区，每个作业区又划分几个工作面，按开挖工序组织平行流水作业，轮流进行钻孔爆破、出渣运输等工作。在确定钻孔爆破方法时，需考虑到炸落石块粒径的大小能够与出渣运输设备的容量相适应，尽量减少和避免二次爆破的工作量。出渣运输路线一端应直接连到各层的开挖工作面的下面，另一端应和通向上、下游堆渣场的运输干线连接起来。出渣运输道路的规划应该在施工总体布置中，尽可能结合场内交通半永久性施工道路干线的要求一并考虑，以节省临时工程的投资。

基坑开挖的废渣最好能加以利用，直接运至使用地点或暂时堆放。因此，需要合理组织弃渣的堆放，充分利用开挖的土石方。这不仅可以减少弃渣占地，而且还可以节约资金，降低工程造价。

不少工程利用基坑开挖的弃渣来修筑土石副坝和围堰，或将合格的砂石料加工成混凝土骨料，做到料尽其用。另外，在施工安排有条件时，弃渣还应结合农业上改地造田充分利用。为此，必须对整个工程的土石方进行全面规划，综合平衡，做到开挖和利用相结合。通过规划平衡，计算出开挖量中的使用量及弃渣量，均应有堆存和加工场地。弃渣的堆放场地，或利用于填筑工程的位置，应有沟通这些位置的运输道路，使其构成施工平面图的一个组成部分。

弃渣场地必须认真规划，并结合当地条件做出合理布局。弃渣不得恶化河道的水流条件，或造成下游河床淤积；不得影响围堰防渗，抬高尾水和堰前水位，阻滞水流；同时，还应注意防止影响度汛安全等情况的发生。特别需要指出的是：弃渣堆放场地还应力求不占压或少占压耕地，以免影响农业生产。临时堆渣区，应规划布置在非开挖区或不干扰后续作业的部位。

近年来，在岩石坝基开挖中，国内一些工程采用了预裂爆破、扇形爆破开挖等新技术，获得了优良的开挖质量和较好的经济效应，目前正在日益广泛地推广应用。

1.6　岸坡开挖施工技术

平原河流枢纽的岩坡较低较缓，其开挖施工方法与河床开挖无大的差别。高岸坡开挖方法大体上可分为分层(梯段)开挖法、深孔爆破开挖法和辐射孔开挖法三类。

1.6.1　分层开挖法

这是应用最广泛的一种方法，即从岸坡顶部起分梯段逐层下降开挖。主要优点是施工简单，用一般机械设备可以进行施工。对爆破岩块大小和岩坡的振动影响均较容易控制。

岸坡开挖时，如果山坡较陡，修建道路很不经济或根本不可能时，则可用竖井出渣或将石渣堆于岸坡脚下，即将道路通向开挖工作面是最简单的方法。

(1) 道路出渣法

岸坡开挖量大时，采用此法施工，层厚度根据地质、地形和机械设备性能确定，一般不宜大于 15 m。如岸坡较陡，也可每隔 40 m 高差布置一条主干道(即工作平台)。上层爆破石渣抛弃工作平台或由推土机推至工作平台，进行二次转运。如岸坡陡峭，道路开挖工程量大，也要由施工隧洞通至各工作面。采用预裂爆破或光面爆破形成岸坡壁面。

(2) 竖井出渣法

当岸坡陡峭无法修建道路，而航运、过木或其他原因在截流前不允许将岩渣推入河床内时，可采用竖井出渣法。图 1-4 为意大利柳米耶坝坑道竖井出渣岸坡开挖图。工程施工时在截流前不允许将石渣抛入河床，而岸坡很陡无法修建道路，岸坡开挖高度达 135 m

以上，右岸开挖量为4.4万m^3，左岸为1.8万m^3，左右岸均开挖有斜井，斜井与平洞相连通。上面用小间距钻孔爆破，使岩石成为小碎块，用推土机将其推入斜井内，再经平洞运走。这种方法一般应用在开挖量不太大的地方，当挖方量很大时，只能作为辅助设施。

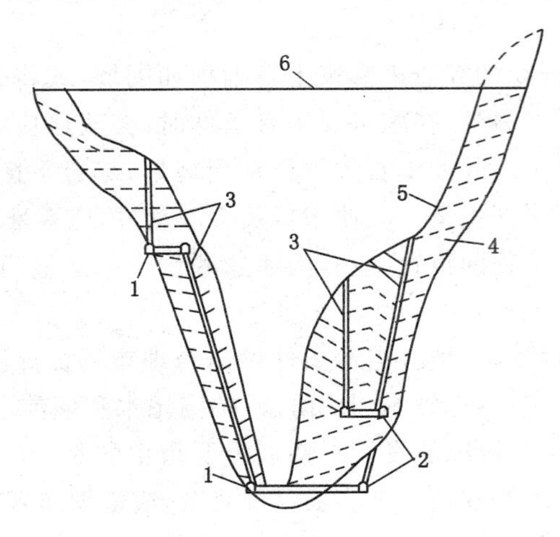

图1-4　意大利柳米耶坝坑道竖井出渣岸坡开挖图

1——坑道；2——运输洞；3——竖井；4——开挖设计线；5——地面线；6——坝顶

(3) 抛入河床法

这是一种由上而下的分层开挖法，无道路通至开挖面，而是用推土机或其他机械将爆破石渣推入河床内，再由挖掘机装汽车运走。这种方法应用较多，但需在河床允许截流前抛填块石的情况下才能运用。这种方法的主要问题是爆破前后机械设备均需撤出或进入开挖面，很多工程都是将浇筑混凝土的缆式起重机先装好，钻机和推土机均由缆机吊运。

一些坝因河谷较窄或岸坡较陡，石渣推入河床后，不能利用沿岸的道路出渣，只好开挖隧洞至堆渣处，进行出渣。

(4) 由下而上分层开挖

当岩石构造裂隙发育或地质条件等因素导致边坡难以稳定，不便采用由上而下的开挖法时，可考虑由下而上分层开挖。这种方法的优点主要是安全，混凝土浇筑时，应在上面留一定的空间，以便上层爆破时供石渣堆积。

1.6.2　深孔爆破开挖法

高岸坡用几十米的深孔一次或二三次爆破开挖，其优点是减少爆破出渣交替所耗时间，提高挖掘机械的时间利用率。钻孔可在前期进行，对加快工程建设有利，但深孔爆破技术复杂，难保证钻孔的精确度，装药、爆破都需要较好的设备和措施。

1.6.3　辐射孔爆破开挖法

辐射孔爆破开挖法也是加快施工进度的一种施工方法，在矿山开采时使用较多。为了争取工期，加快坝基开挖进度，一般采用辐射孔爆破开挖法。

高岸坡开挖时，为保证下部河床工作人员与机械安全，必须对岸坡采取防护措施。一般采用喷混凝土、锚杆和防护网等措施。喷混凝土是常用方法，不但可以防止块石掉落，对软弱易风化岩石还可起到防止风化和雨水湿化剥落的作用。锚杆用于岩石破碎或有构造裂隙可能引起大块岩体滑落的情况,以保证安全。防护网也是常用的防护措施。防护网可贴岸坡安设,也可与岸坡垂直安设。外国常用的有尼龙网、有孔的金属薄板或钢筋网,多悬吊于锚杆上。当与岸坡垂直安设时,应在相距一定高度处安设,以免高处落石击破防护网。

考试习题

一、单项选择题(每小题有4个备选答案,其中只有1个是正确选项)

1. 下列属于碎石的是( )。

A. 为粒径大于2 mm的颗粒含量不超过全重50%的土

B. 塑性指数大于10且粒径小于等于0.075 mm为主的土

C. 塑性指数(I_p)小于或等于10且粒径大于0.075 mm的颗粒含量不超过全重50%的土

D. 卵石

正确答案:D

2. 土石方开挖程序应遵循( )的原则,并采取有效的安全措施。

A. 自上而下　B. 自下而上　C. 自前而后　D. 以上均可

正确答案:A

3. 当开挖边坡高度大于( )时,应在适当高程设置防护栏栅。

A. 10 m　B. 5 m　C. 4 m　D. 2 m

正确答案:B

4. 开挖作业开工前应将设计边线外至少( )范围内的浮石、杂物清除干净,必要时坡顶应设截水沟,并设置安全防护栏。

A. 10 m　B. 5 m　C. 4 m　D. 2 m

正确答案:A

5. 人工开挖土方时,两个人的操作间距应保持( )。

A. 1 m　B. 1～2 m　C. 2～3 m　D. 3.5～4 m

正确答案:C

6. 爆破警戒范围由设计确定。在危险区边界,应设有明显标志,并派出( )。

A. 主要负责人　B. 安全管理人员　C. 警戒人员　D. 作业人员

正确答案:C

7. 土石方填筑时电动机械运行,应严格执行( )要求。

A. "三级配电两级保护"和"一机、一闸、一漏、一箱"

B. "三级配电两级保护"

C. "一机、一闸、一漏、一箱"

D. "三级配电"

正确答案:A

8. 为了保证抛填作业安全及抛填位置的准确率，宜选择在风力小于(　　)级、浪高小于 0.5 m 的风浪条件下进行作业。

A. 6　　B. 3　　C. 4　　D. 5

正确答案:B

9. 斜、竖井开挖井口设有高度不低于(　　)的防护围栏。

A. 1.0 m　　B. 1.2 m　　C. 1.5 m　　D. 1.8 m

正确答案:B

10. 工程施工爆破作业周围(　　)区域为危险区域，危险区域内不得有非施工生产设施。对危险区域内的生产设施设备应采取有效的防护措施。

A. 600 m　　B. 400 m　　C. 300 m　　D. 500 m

正确答案:C

11. 爆破作业人员应经过专业培训，掌握操作技能，并应经当地设区的市级(　　)考核合格取得相应类别和作业范围、级别的"爆破作业人员许可证"后，方可从事爆破作业。

A. 公安部门　　B. 安全监督管理部门

C. 水政安全部门　　D. 安全生产监督管理局

正确答案:A

二、多项选择题(每小题至少有 2 个是正确选项)

1. 土石方开挖施工前，应掌握必要的(　　)等勘测资料，根据现场的实际情况，制订施工方案。

A. 工程地质　　B. 水文地质　　C. 气象条件　　D. 环境因素

正确答案:ABCD

2. 土方暗挖洞口施工应遵循下列(　　)规定。

A. 应有良好的排水实施

B. 应及时清理洞脸，及时锁口。在洞脸边坡外应设置挡渣墙或积石槽，或在洞口设置钢或木结构防护棚，其顺洞轴方向伸出洞口外长度不应小于 5 m

C. 洞口以上边坡和两侧应采用锚喷支护或混凝土永久支护措施

D. 洞口可以不采取支护措施

正确答案:ABC

3. 利用冲采方法形成的掌子面不宜过高，最终形成的掌子面高度不宜超过 5 m，当掌子面过高时可利用(　　)，先使土体坍落，再布置水枪冲采。

A. 人工开挖　　B. 爆破法开挖　　C. 机械开挖　　D. 以上均可

正确答案:BC

4. 竖井的井口附近，应在施工前做好修整，并在周围修好(　　)，防止地面水侵入井中。

A. 排水沟　　B. 截水沟　　C. 防护墩　　D. 防护栏

正确答案:AB

5. 土石方爆破工程应由具有相应(　　)的企业承担。

A. 危险化学品使用资质　　B. 施工资质

C. 安全生产许可证　　　　D. 爆破资质

正确答案:CD

6. 高岸坡开挖方法大体上可分为(　　)三类。

A. 分层(梯段)开挖法　　　　B. 深孔爆破开挖法

C. 辐射孔开挖法　　　　D. 人工开挖法

正确答案:ABC

三、判断题(答案 **A** 表示说法正确,答案 **B** 表示说法不正确)

1. 进行撬挖作业人员可多人共用一条安全绳。(　　)

正确答案:B

2. 高边坡施工时应有专人定期检查,并应对边坡稳定进行监测。(　　)

正确答案:A

3. 不良地质地段的支护应严格按施工方案进行,应待支护稳定即可进行下一工序的施工。(　　)

正确答案:B

4. 高边坡和深基坑开挖作业时,坡顶应设置安全防护栏或防护网,防护栏高度不得低于 2 m。(　　)

正确答案:A

5. 挖土放坡的坡度,要根据工程地质和土坡高度,结合当地同类土体的稳定坡度值确定。(　　)

正确答案:A

第2章　模板支架工程

本章要点　本章主要介绍了扣件式钢管模板支架的设计、构造、安装、拆除及检查验收等内容，对门式、碗扣式、盘扣式钢管模板支架及木支撑、桁架、悬挑、跨空等几种模板支架的基本构造和管理做了简单介绍。

主要依据《水利水电工程施工作业人员安全操作规程》(SL 401—2007)、《水利水电工程施工安全防护设施技术规范》(SL 714—2015)、《水利水电工程施工安全管理导则》(SL 721—2015)和《混凝土结构工程施工规范》(GB 50666—2011)等标准、规范。

2.1　概　　述

模板工程是指新浇筑混凝土成型的模板以及支撑模板的一整套构造体系。其中，接触混凝土并控制预定尺寸、形状、位置的构造部分称为模板，支持和固定模板的杆件、桁架、连接件、金属附件、工作便桥等构成支撑体系，对于滑动模板、自升模板则增设了提升动力装置、提升架及操作平台等系统。

一直以来，传统的模板支架普遍使用木支撑。直到20世纪初，英国人首先应用了钢管支架，并逐步完善发展为扣件式钢管支架，这才使模板支撑系统第一次走出了使用木支撑的历史。由于这种支架具有加工简便、拆装灵活、搬运方便、通用性强等特点，很快推广应用到世界各地。目前，这种钢管支架依然是应用最为普遍的模板支架之一。

30年代，瑞士人发明了一种单管式可调钢支柱，即利用螺管装置调节钢支柱的高度。由于这种支柱结构简单、装拆灵活，出现伊始便受到大家的青睐。80年代末，为增加钢支柱的使用功能，不少国家在钢支柱的转盘和顶部附件上作了改进，使钢支柱的使用功能大大增加，有的还在底部附设了可折叠的三脚架，使这种单管支柱可以独立安装。

50年代，美国人研制成功了一种门型支架，由于它装拆简单、承载性能好、安全可靠，很快被欧洲、日本等国家先后引进，并进行了系列改进，形成了目前的门型体系，这种模板支架体系于80年代初期引入我国。

60年代，承插型钢管支架得以开发，这种支架与扣件式钢管支架基本相似，通过在立杆上焊接多个插座替代了扣件。目前，这种架体型式中的碗扣式模板支架和盘扣式模板支架已在我国得到普遍应用。

近些年来，各种新型模板支撑技术正朝着多样化、标准化、系列化的方向发展，盘销式模板支架、楔槽式模板支架等技术日臻成熟，更在大量的建筑施工现场得以成功应用。

模板支撑系统，特别是梁板混凝土在浇筑过程中一旦坍塌，往往会造成群死群伤事故，不仅给人民的生命财产带来严重损失，也严重危及企业的生存和发展。同时，模板支撑系统也是事故多发的一个分项工程，在建筑施工安全事故中一直占有较高的比重。据住房和城乡建设部统计，2013年全国房屋建筑和市政工程建设中共发生较大生产安全事故25起，死亡102人，其中模板支架坍塌事故13起，死亡54人，分别占52.0%和52.9%。近年来，虽然国务院安委会、住房和城乡建设部持续开展了以预防建筑施工高大模板支撑体系坍塌为重点的专项整治，但依然没有从根本上遏制此类事故的发生。因此，进一步规范和加强对模板工程的安全管理仍然是当前建筑施工安全生产工作的重要课题。

2.1.1 基本组成

模板工程通常由面板、支架和连接件等三部分组成。

（1）面板，即直接接触新浇筑混凝土的承力板，包括拼装板和加肋楞带板，通常有木模板、钢模板、钢木组合模板、铝合金模板和塑料模板等。

（2）支架，即支撑和固定面板用的楞梁、立杆、连接件、斜撑、剪刀撑和水平联系杆等构件的总称。

（3）连接件，即面板与楞梁的连接、面板自身的拼接和支架结构自身的连接等所使用的零配件，包括卡销、螺栓、扣件、卡具、拉杆等。

2.1.2 模板分类

目前，对于模板还没有一套完整、系统的分类标准，特别是20世纪90年代以来，各类新型模板的不断出现，更让模板分类工作变得越发困难起来。通常情况下，我们习惯按照模板的制作材料不同、使用功能不同、组装方式和施工工艺的做法不同，以及模板完成的效果不同等方式对模板进行分类。

1. 按照制作材料不同分

按照制作材料不同，模板一般可分为木模板、钢模板、钢木组合模板、铝合金模板和塑料模板等。

（1）木模板

木模板即是用于混凝土浇筑成型的木质模具，主要包括竹胶板、木胶板、建筑夹板和覆膜建筑模板等。木模板主要有以下特点：

① 重量轻、面积大，便于现场搬运，减少了拼缝，适合于清水混凝土工艺施工；

② 板面平整光滑，可锯、可钻、耐低温，有利于冬期施工；

③ 浇筑物件表面光滑美观，不污染混凝土表面，可省去墙面二次抹灰工艺；

④ 拆装方便，操作简单，施工速度快；

⑤ 可随意切割成所需的特殊规格，以及做成变曲平面模板，特别是在异型结构施工方面的应用，更凸显出木模板的优越性。

但是，木模板也存在着较多不足：

① 周转次数超过4次后易发生翘曲，周转频次不高；

② 支设时需要较多的格栅、背楞等辅助设施，且容易脱胶、起鼓、起壳、开裂，重新拼装时，板缝难以处理；

③ 经受不起水浸，特别是在水浸泡后暴晒，容易造成变形，从而导致混凝土表面高低不平；

④ 管理不到位，或者使用操作不当，容易造成大量的浪费，从而增加成本。

(2) 钢模板

钢模板即是用于混凝土浇筑成型的钢制模板，习惯上将其分为组合钢模板和全钢大模板等。

1) 组合钢模板具有以下特点：

① 使用较为普遍，尤其北方地区用量较大，适用于各种现浇钢筋混凝土结构工程施工；

② 可事先按设计要求组拼成梁、柱、墙、楼板的大型模板，整体吊装就位，也可散装、散拆，操作方便；

③ 施工简单，通用性强，易拼装，周转次数多。

但组合钢模板的一次性投资较大，拼缝多，易变形，拆模后一般都要进行二次抹灰，个别部位还需要进行剔凿，较难控制一次施工质量。

2) 全钢大模板具有以下特点：

① 节约材料，节约了二次抹灰用料；

② 提高了工效，且全钢大模板经过改装后可重复周转使用；

③ 消除了板底抹灰质量通病；

④ 施工条件简单，易于操作；

⑤ 缩短了施工工期；

⑥ 与组合钢模板相比，全钢大模板的周转次数多，工序少，机械操作性好。

但全钢大模板的一次性投入大，周转使用到其他工程时，需要根据建筑结构形式进行改装，施工成本较大。

(3) 钢木组合模板

钢木组合模板即是由金属框架和木质面板组成的新型模板。

钢木组合模板具有以下特点：

① 浇筑成型后的混凝土表面较为平整、光滑，后期粉刷时投入的材料和人工少，制造成本低；

② 接头数量较少，连接可靠，混凝土的外观质量容易得到保证；

③ 工艺简单，连接件数量少，避免了连接件的丢失。

但是，钢木组合模板体系的缺点也比较明显，当前，国家产业政策从保护环境的角度出发，已经对木制品进行了限制，从而使钢木组合模板体系的发展受到了严重制约；同时，钢木组合模板也存在着胶合板抗弯强度低、不利于机械化施工等问题。

(4) 铝合金模板

铝合金模板即是把 4 mm 厚的铝合金板焊接到专门设计的铝合金骨架上，并以此形成的整体强度和刚度较高的金属模板。铝合金模板主要有以下特点：

① 重量轻、施工方便、效率高；

② 强度高、稳定性好、承载力高；

③ 拆模后混凝土表面效果好；

④ 重复使用次数多，平均使用成本低；

⑤ 标准性及通用性强；

⑥ 低碳减排，回收价值高。

但铝合金模板的使用也有其局限性，主要表现在以下几个方面：

① 要体现铝合金模板的经济性，要求建筑物的标准层不能少于25层，否则，使用铝合金模板的成本过高；

② 铝合金模板在设计时，需要保证结构图纸与建筑图纸吻合无误，且图纸一旦确定就不能修改，否则势必会因变更而导致成本的增加；

③ 由于一次性投入成本较大，目前，铝合金模板还无法在地下室、转换层等非标准层，以及弧形梁板等施工部位得到推广并应用。

(5) 塑料模板

塑料模板是以聚丙烯等硬质塑料为基材，加入玻璃纤维、剑麻纤维、防老化助剂等增强材料挤压而成的复合材料。塑料模板具有以下特点：

① 平整光洁。模板拼接严密平整，脱模后混凝土结构表面度、光洁度均超过现有清水模板的技术要求，不需二次抹灰，省工省料。

② 安装简便。其重量轻，工艺适应性强，可以锯、刨、钻、钉，可随意组成任何几何形状，能满足各种形状建筑支模需要。

③ 脱模简便。混凝土不沾板面，无需脱模剂，轻松脱模，容易清理。

④ 稳定耐候。机械强度高，在－20～＋60 ℃气温条件下，不收缩、不湿胀、不开裂、不变形，尺寸稳定，耐碱防腐，阻燃防水，拒鼠防虫。

⑤ 利于养护。模板不吸水，无需特殊养护或保管。

⑥ 可变性强。种类、形状、规格可根据需要定制。

⑦ 降低成本。周转次数多，使用成本低。

⑧ 节能环保。边角料和废旧模板全部可以回收，是一种节能型环保产品。

2. 按照使用功能不同分

按照使用功能不同，模板一般可分为通用组合式模板，现场加工、拼装模板，全钢大模板，滑动模板，爬升模板，飞模和隧道模等。

(1) 通用组合式模板

通用组合式模板是按照模数进行设计的，在工厂内加工成型，有完整的、配套使用的通用配件，具有通用性强、装拆方便、周转次数多等特点，包括组合钢模板、钢框竹(木)胶合板模板、塑料模板、铝合金模板等。

通用组合式模板在现浇混凝土结构施工过程中，能事先按照设计要求组拼成梁、柱、墙、板的大型模板整体吊装就位，也可散装、散拆。

(2) 现场加工、拼装模板

现场加工、拼装模板是指其板面采用木模板、胶合板(木胶合板、竹胶合板)、铝合金、塑料等材料加工而成，并通过连接件与龙骨、立杆进行连接的模板工程。

(3) 全钢大模板

全钢大模板是指模板尺寸和面积较大且有足够承载能力，整装整拆的大型模板。

全钢大模板主要由板面系统、支撑系统、操作平台系统及连接件等组成，分为整体式大模板、拼装式大模板，以及桁架式大模板、筒形大模板、外墙大模板等，具有以下特点：

① 工艺简单，施工速度快；

② 机械化施工程度高；

③ 工程质量好。

但全钢大模板施工工艺也存在着一次性消耗量大、通用性差、易受到机械起重量和气候等因素影响等缺点。

(4) 滑动模板

滑动模板施工是根据施工对象的平面尺寸和形状在地面组装好模板提升架和操作平台，以滑模千斤顶、电动提升机或手动提升器为提升动力，带动模板（或滑框）沿着混凝土（或模板）表面滑动，通过混凝土分层浇筑，从而完成混凝土构件施工的一种施工工艺，简称滑模施工。

(5) 爬升模板

爬升模板简称爬模，是通过附着装置支撑在建筑结构上，以液压油缸或千斤顶为爬升动力，以导轨为爬升轨道，随着建筑结构逐层爬升、循环作业的一种施工工艺。

爬升模板是继大模板、滑动模板之后，钢筋混凝土竖向结构施工的一种新工艺。由于它综合了大模板和滑模施工工艺的优点，因而，施工中可以使模板不落地、混凝土表面质量易于保证，且施工节奏快捷、有效，尤其适用于一些形态复杂及垂直度偏差控制较严的高耸建（构）筑物竖向结构施工。

(6) 飞模

飞模是一种大型工具式模板，因其外形如桌，故又称桌模或台模。由于它可以借助起重机械从已浇筑完混凝土的楼板下吊运飞出转移到上层重复使用，故称飞模。

飞模主要由平台板、支撑系统（包括梁、支架、支撑、支腿等）和其他配件（如升降和行走机构等）组成，适用于大开间、大柱网、大进深的现浇钢筋混凝土楼盖施工，尤其适用于现浇板柱结构（无柱帽）楼盖的施工。

飞模的规格尺寸，主要根据建筑物结构的开间（柱网）和进深尺寸以及起重机械的吊运能力来确定，一般按开间（柱网）乘以进深尺寸设置一台或多台。

(7) 隧道模

隧道模是一种组合式定型钢制模板，是用来同时浇筑房屋的纵横墙体、楼板及上一层的导墙混凝土结构的模板体系。由于这种模板的外形像隧道，故称之为隧道模。若把许多隧道模排列起来，则一次浇筑就可以完成一个楼层的楼板和全部墙体。这种模板体系较适用于开间大小都统一的建筑结构施工。

采用隧道模施工的结构构件表面光滑，能达到清水混凝土的效果，与传统模板相比，隧道模的穿墙孔位少，稍加处理即可进行油漆、贴墙纸等装饰作业。

3. 按照组装方式和施工工艺的做法不同分

按照组装方式和施工工艺的做法不同，模板一般可分为组合式模板、竹木散装式模板、工具式模板和永久式模板等。

(1) 组合式钢模板

组合式钢模板由钢模板和配件两部分组成。

① 钢模板的肋高为55 mm,宽度、长度和孔距采用模数制设计。钢模板经专用设备轧制成型并焊接,采用配套的通用配件,能组合拼装成不同尺寸的板面和整体模架。

② 组合钢模板包括宽度为100～300 mm、长度为450～1 500 mm的组合小钢模;宽度为350～600 mm、长度为450～1 800 mm的组合宽面钢模板;宽度为750～1 200 mm、长度为450～2 100 mm的组合轻型大模板。

(2) 竹木散装式模板

以竹、木为主要材料,在结构部位现配现支的非定型化模板,主要由面板、背楞和通过连接件与之相连接的支撑系统组成。

(3) 工具式模板

工具式模板是由具有一定模数的若干类型的板块、角模、支撑和连接件组成的模板体系,可以拼出多种尺寸和形状,以适应多种类型建筑物的梁、柱、板、墙、基础和设备基础等施工需要,也可以用它拼成大模板、隧道模和滑模、爬模、飞模等。

(4) 永久式模板

永久式模板是指在一些施工过程中起模板作用而浇筑混凝土后又是结构本身组成部分的预制板材,如常用的异形(波形、密肋形等)金属薄板(亦称压型钢板)、预应力混凝土薄板、玻璃纤维水泥模板、钢桁架型混凝土板等。

4. 按照模板完成的效果不同分

按照模板完成的效果不同,模板一般可分为清水模板、毛面模板和装饰混凝土模板等。

(1) 清水模板

清水模板是以优质的桦木、杨木、松木、杉木、桉木等板材为材料,表面采用防水性强的酚醛树脂浸渍,经过高温热压而成的木胶合板模板,使用这种模板浇筑的混凝土,其表面平整光滑、色泽均匀、棱角分明、无碰损和污染,因而,人们也常常把这种模板称之为“清水模板”。

(2) 毛面模板

毛面模板是指在清理干净的模板上涂刷一层专用胶,并粘贴上一层渗水透气的多功能模板布而成的模板。

(3) 装饰混凝土模板

装饰混凝土模板是近几年流行于欧、美等国家的一种绿色环保工艺,即通过对模板进行一定程度的改造,从而在混凝土形成后,通过色彩、色调、质感、款式、纹理、机理和不规则线条的创意设计,图案与颜色的有机组合,能够在混凝土表面创造出各种天然大理石、花岗岩、砖、瓦、木地板等效果。

2.2 材料与构配件

模板的材料宜选用钢材、竹木材料、高分子材料等,模板支架的材料宜选用钢材等,尽量少用木材。

2.2.1 钢材

模板材料的质量应符合下列要求：当采用钢材时，宜采用Q235钢材，其质量应符合《碳素结构钢》(GB/T 700)的有关规定；连接件可采用Q345低合金高强度结构钢，其质量应符合《低合金高强度结构钢》(GB/T 1591)的规定；采用冷弯薄壁型钢时，其质量应符合《冷弯薄壁型钢结构技术规范》(GB 50018)的有关规定。

1. 组合钢模板

(1) 组合钢模板的各类材料，其材质应符合现行国家标准《碳素结构钢》(GB/T 700)、《低合金高强度结构钢》(GB/T 1591)的规定。

(2) 组合钢模板的钢材品种和规格应符合现行国家标准《组合钢模板技术规范》(GB/T 50214)的规定，制作前，其出厂材质应按照现行国家标准的有关要求进行复检，并应填写检验记录。

(3) 现场不得使用改制再生钢材加工的钢模板。

(4) 连接件应采用镀锌表面处理，镀锌厚度不应小于0.05 mm，不得有漏镀缺陷。

(5) 组合钢模板及其配件的制作质量、规格尺寸和检验标准应符合现行国家标准《组合钢模板技术规范》(GB/T 50214)的规定。

2. 全钢大模板

(1) 全钢大模板的面板应选用厚度不小于5 mm的钢板制作，材质不应低于Q235A钢的性能要求，模板的肋和背楞应采用型钢、冷弯薄壁型钢等制作，材质应与面板的材质同一型号，以保证其焊接性能和结构性能。

(2) 全钢大模板的钢吊环分为焊接式和装配式两种形式。焊接式钢吊环应采用Q235A的钢材，并应具有足够的安全储备，严禁使用冷加工钢筋制作。焊接式钢吊环加工制作时，应合理选用焊条型号，焊缝长度和焊缝高度应符合设计要求，并采用满焊；装配式吊环与全钢大模板之间采用螺栓连接时必须采用双螺母。

(3) 全钢大模板的对拉螺栓应有足够的承担施工荷载的强度，应采用不低于Q235A的钢材加工制作。

(4) 整体式电梯井筒模应支拆方便、定位准确，并应设置专用的操作平台，以保证施工安全。

(5) 全钢大模板其他部件的加工制作、允许偏差及检验方法等，应符合现行行业标准《建筑工程大模板技术规程》(JGJ 74)的有关规定。

3. 支架用钢材

目前，以钢材作为主要材质的模板支架主要有扣件式钢管模板支架、门式钢管模板支架、碗扣式钢管模板支架、盘扣式钢管模板支架，以及桁架式模板支架、悬挑式模板支架、跨空式模板支架等。

(1) 扣件式钢管模板支架

① 钢管的规格为$\phi 48.3\times 3.6$，其材质应符合现行国家标准《碳素结构钢》(GB/T 700)中Q235A级钢的规定，并应按照现行国家标准《直缝电焊钢管》(GB/T 13793)、《低压流体输送用焊接钢管》(GB/T 3091)和现行行业标准《建筑施工扣件式钢管脚手架安全技术规范》(JGJ 130)的规定对其进行检查并验收。

② 连墙件应采用钢管或型钢加工制作，采用型钢加工制作时，其材质应符合现行国家标准《碳素结构钢》(GB/T 700)中Q235B级钢或《低合金高强度结构钢》(GB/T 1591)中Q235级钢的规定。

③ 扣件应采用可锻铸铁或铸钢加工制作，其质量和性能应符合现行国家标准《钢管脚手架扣件》(GB 15831)的规定。采用其他材料制作的扣件，应经试验证明其质量符合该标准的规定后方可使用。

(2) 门式钢管模板支架

① 门架、加固杆与配件的钢管应采用现行国家标准《直缝电焊钢管》(GB/T 13793)或《低压流体输送用焊接钢管》(GB/T 3091)中规定的普通钢管，其材质应符合现行国家标准《碳素结构钢》(GB/T 700)中Q235级钢的规定。加固杆宜采用$\phi 48.3\times 3.6$的钢管。

② 门式模板支架用钢管的平直度允许偏差不应大于管长的1/500，钢管不得接长使用，不应使用带有硬伤或严重锈蚀的钢管。门式模板支架立杆、横杆钢管壁厚的负偏差不应超过0.2 mm，钢管壁厚存在负偏差时，应选用热镀锌钢管。

③ 扣件应采用可锻铸铁或铸钢加工制作，其质量和性能应符合现行国家标准《钢管脚手架扣件》(GB 15831)的规定。采用其他材料制作的扣件，应经试验证明其质量符合该标准的规定后方可使用。

④ 连墙件应采用钢管或型钢加工制作，采用型钢加工制作时，其材质应符合现行国家标准《碳素结构钢》(GB/T 700)中Q235B级钢或《低合金高强度结构钢》(GB/T 1591)中Q235级钢的规定。

⑤ 门架与配件的质量类别判定、标志、抽样检查等，应符合现行行业标准《建筑施工门式钢管脚手架安全技术规范》(JGJ 128)的规定。

(3) 碗扣式钢管模板支架

① 碗扣式模板支架用钢管的材质和性能应符合现行国家标准《直缝电焊钢管》(GB/T 13793)、《低压流体输送用焊接钢管》(GB/T 3091)中Q235A级普通钢管的要求，并应符合现行国家标准《碳素结构钢》(GB/T 700)的规定。

② 上碗扣、可调底座及可调托撑的螺母应采用可锻铸铁或铸钢加工制作，其材质和性能应符合现行国家标准《可锻铸铁件》(GB/T 9440)中KTH 330-08及《一般工程用铸造碳钢件》(GB/T 11352)中ZG 270-500的规定。

③ 下碗扣、横杆接头、斜杆接头应采用碳素铸钢加工制作，其材质和性能应符合现行国家标准《一般工程用铸造碳钢件》(GB/T 11352)中ZG 230-450的规定。

④ 采用钢板热冲压整体成型的下碗扣，其钢板的材质和性能应符合现行国家标准《碳素结构钢》(GB/T 700)中Q235A级钢的要求，板材厚度不得小于6 mm，并应经600～650 ℃的时效处理。严禁利用废旧锈蚀钢板改制。

⑤ 碗扣式钢管支架主要构配件的种类、规格，以及质量标准、制作要求、检查验收标准等，应当符合现行行业标准《建筑施工碗扣式钢管脚手架安全技术规范》(JGJ 166)的规定。

(4) 承插型盘扣式钢管支架

承插型盘扣式钢管支架有多种称谓，如圆盘式钢管支架、菊花盘式钢管支架、插盘式钢管支架、轮盘式钢管支架以及扣盘式钢管支架等。

① 承插型盘扣式钢管支架的构配件除有特殊要求外，其材质和性能应符合现行国家标准《低合金高强度结构钢》(GB/T 1591)、《碳素结构钢》(GB/T 700)和《一般工程用铸造碳钢件》(GB/T 11352)的规定。

② 连接盘、扣接头、插销以及可调螺母的调节手柄采用碳素铸钢制造时，其材质和性能不得低于现行国家标准《一般工程用铸造碳钢件》(GB/T 11352)中 ZG 230-450 的屈服强度、抗拉强度和延伸率的要求。

③ 钢管的外径允许偏差、钢管的壁厚允许偏差，以及其他主要构配件的材质等，均应符合现行行业标准《建筑施工承插型盘扣式钢管支架安全技术规程》(JGJ 231)的相关规定。

(5) 其他形式的模板支架

① 作为承重结构，桁架式模板支架所采用的钢材应具有一定的抗拉强度、伸长率、屈服强度和硫、磷含量的合格保证，应优先采用 Q235 钢和 Q345 钢，同时，对焊接结构尚应具有碳含量的合格保证。

② 对桁架式模板支架、悬挑式模板支架、跨空式模板支架所采用的钢材还应具有冷弯试验的合格保证。

4. 其他通用构配件、连接件及连接材料

(1) 底座、可调托撑及其可调螺母等，均应采用可锻铸铁或铸钢加工制作，其材质和性能应符合现行国家标准《可锻铸铁件》(GB/T 9440)和《一般工程用铸造碳钢件》(GB/T 11352)的相关规定。

① 可调托撑的螺杆外径不得小于 36 mm，其直径与螺距应符合现行国家标准《梯形螺纹 第 2 部分：直径与螺距系列》(GB/T 5796.2)和《梯形螺纹 第 3 部分：基本尺寸》(GB/T 5796.3)的规定。

② 可调托撑的螺杆与支托间的焊接应牢固，焊缝高度不得小于 6 mm；可调托撑的螺杆与螺母旋合长度不得少于 5 扣，螺母厚度不得小于 30 mm。

③ 可调托撑的受压承载力设计值不应小于 40 kN，支托的板厚不应小于 5 mm。

(2) 连接用的普通螺栓，其材质、性能及加工制作等，均应符合现行国家标准《六角头螺栓 C 级》(GB/T 5780)和《六角头螺栓》(GB/T 5782)的规定。

(3) 普通螺栓的机械性能应符合现行国家标准《紧固件机械性能 螺栓、螺钉和螺柱》(GB/T 3098.1)的规定。

(4) 连接薄钢板或其他金属板所采用的自攻螺钉应符合自钻自攻螺钉现行国家标准(GB/T 15856.1～4)、《紧固件机械性能 自钻自攻螺钉》(GB/T 3098.11—2002)或自攻螺钉现行国家标准(GB 5282～5285)的规定。

(5) 焊接材料的选用应符合下列规定：

① 手工焊接用的焊条，应符合现行国家标准《非合金钢及细晶粒钢焊条》(GB/T 5117)或《热强钢焊条》(GB/T 5118)的规定。

② 选择的焊条型号应与主体结构的金属力学性能相适应。

③ 当 Q235 钢和 Q345 钢相互焊接时，应采用与 Q235 钢相适应的焊条。

2.2.2 木材

模板材料的质量应符合下列要求：木材种类可根据各地区实际情况选用，材质不宜低于三等材。腐朽、严重扭曲、有蛀孔等缺陷的木材，脆性木材和容易变形的木材，均不得使用。木材应提前备料，干燥后使用，含水率宜为18%～23%。水下施工用的木材，含水率宜为23%～45%。

2.2.3 竹、木胶合模板板材

模板材料的质量应符合下列要求：当采用胶合板时，其质量应符合《混凝土模板用胶合板》(GB/T 17656)的有关规定。

1. 外观质量要求

(1) 进场的胶合模板除应具有出厂质量合格证外，还应保证其外观及尺寸合格。

(2) 胶合模板板材的表面应平整光滑，具有防水、耐磨、耐酸碱的保护膜，并应有保温性能好、易脱模和可两面使用等特点。

(3) 板材厚度不应小于12 mm，并应符合现行国家标准《混凝土模板用胶合板》(GB/T 17656)的规定。

2. 含水率要求

胶合模板各层板的原材含水率不应大于15%，且同一胶合模板各层原材间的含水率差别不应大于5%。

3. 黏合剂要求

胶合模板应采用耐水胶，其胶合强度不应低于木材或竹材顺纹抗剪和横纹抗拉的强度，并应符合环境保护的要求。

4. 技术性能

(1) 竹胶合模板的静曲强度、弹性模量、冲击强度、胶合强度和握钉力应符合现行国家标准《普通胶合板》(GB/T 9846)的相关要求。

(2) 常用木胶合模板的厚度一般为12 mm、15 mm、18 mm，其在不浸泡、不蒸煮，室温水浸泡，沸水煮24 h时的剪切强度，以及其含水率、密度和弹性模量等技术性能应符合现行国家标准《普通胶合板》(GB/T 9846)的有关要求。

(3) 常用复合纤维模板的厚度一般为12 mm、15 mm、18 mm，其静曲强度、垂直表面抗拉强度、72 h吸水率、72 h吸水膨胀率、耐酸碱腐蚀性、耐水汽性能和弹性模量等技术性能应符合现行国家标准《普通胶合板》(GB/T 9846)的有关要求。

2.3 制作与安装

2.3.1 一般规定

1. 技术准备要求

(1) 应审查专项施工方案与施工说明书中有关荷载大小、计算方法、节点构造和安全技术措施等，专项施工方案的审批手续应齐全。

(2) 应进行全面的安全技术交底，操作班组应熟悉专项施工方案与施工说明书，并应做好模板及支架安装作业的分工准备。

(3) 采用滑模、爬模、飞模、隧道模等特殊模板施工时,所有参加作业的人员必须经过专门的技术培训,经考试合格后方可上岗。

(4) 应对模板和配件进行挑选、检测,不合格者应剔除,并应运至现场指定地点堆放。

(5) 备齐操作所需的一切安全防护设施和器具。

(6) 当支架搭设高度超过 5 m 时,应选用钢管模板支架或桁架模板支架,不得采用木立柱模板支架。当支架搭设高度不大于 5 m 时,方可采用木立柱模板支架。

2. 制作要求

(1) 模板应按图加工、制作。通用性强的模板应制作成定型模板,面板、背楞的截面高度应统一。

(2) 制作模板时,应保证工程结构和构件各部位形状、尺寸和相互位置的正确,面板拼缝应严密,以防止漏浆。模板制作的允许偏差,应符合模板设计规定,不得超过表 2-1 的规定。

表 2-1　　模板制作的允许偏差

<table>
<tr><th colspan="3">偏差项目</th><th>允许偏差/mm</th></tr>
<tr><td rowspan="6">木模板</td><td colspan="2">小型模板:长和宽</td><td>±2</td></tr>
<tr><td colspan="2">大型模板(长、宽大于 3 m):长和宽</td><td>±3</td></tr>
<tr><td colspan="2">大型模板对角线</td><td>±3</td></tr>
<tr><td rowspan="2">模板面平整度</td><td>相邻两板面高差</td><td>0.5</td></tr>
<tr><td>局部不平(用 2 m 直尺检查)</td><td>3</td></tr>
<tr><td colspan="2">面板缝隙</td><td>1</td></tr>
<tr><td rowspan="5">钢模、复合模板及胶木(竹)模板</td><td colspan="2">小型模板:长和宽</td><td>±2</td></tr>
<tr><td colspan="2">大型模板(长、宽大于 2 m):长和宽</td><td>±3</td></tr>
<tr><td colspan="2">大型模板对角线</td><td>±3</td></tr>
<tr><td colspan="2">模板面局部不平</td><td>2</td></tr>
<tr><td colspan="2">连接配件的孔眼位置</td><td>±1</td></tr>
</table>

注:1. 异型模板(蜗壳、尾水管等)、永久性模板、滑动模板、移置模板、装饰混凝土模板等特种模板,其制作的允许偏差,按有关规定和要求执行。

2. 定型组合钢模板制作的允许偏差,按有关标准执行。

3. 表中木模板是指在面板上不敷盖隔层的木模板。用于混凝土非外露的模板和被用来制作复合模板的木模板的制作偏差可比表中的允许偏差适当放宽。

4. 复合模板是指在木模面板上敷盖隔层的模板。

(3) 钢模板面板及活动部分应涂防锈油脂,但面板所涂防锈油脂不得影响混凝土表面颜色。其他部分应涂防锈漆。木面板应贴镀锌铁皮或其他隔层。

(4) 当混凝土的外露表面采用木模板时,宜做成复合模板。

(5) 模板及支架应具有足够的承载能力、刚度和稳定性,应能可靠承受新浇混凝土自重和侧压力以及施工过程中所产生的荷载。

(6) 与通用钢管支架匹配的专用支架,应按图加工制作。搁置于支架顶端可调托撑上的主楞，可采用木方、木工字梁或截面对称的型钢制作。

(7) 模板及支架的安装应按专项施工方案与施工说明书所要求的顺序进行拼装。

3. 基础施工要求

(1) 竖向模板和支架立杆支撑安装在基土上时，应加设垫板，垫板应有足够的强度和支撑面积，且应中心承载。

(2) 基土应坚实，并应有排水措施。对湿陷性黄土、膨胀土应有防水措施；对冻胀性土应有防冻胀措施；对软土地基，必要时可采用堆载预压的方法调整模板面板安装高度；对特别重要的结构工程可采用混凝土、打桩等措施，防止支架下沉。

(3) 当满堂或共享空间模板支架的高度超过 8 m 时，若地基基础达不到承载要求，无法防止支架下沉时，应先施工地面下的工程，再分层回填夯实基土，浇筑地面混凝土垫层，达到强度后方可安装模板及支架。

(4) 现浇多层或高层建筑物、构筑物时，其上层模板支架的安装应符合下列规定：

① 下层楼板应具有承受上层施工荷载的承载能力，否则应对下层楼板采取加固措施；

② 上层支架立杆应对准下层支架立杆，并应在立杆底部铺设垫板；

③ 当采用悬臂吊模板、桁架支模等工艺时，其支撑结构的承载能力和刚度必须符合专项施工方案所规定的构造要求。

(5) 对梁和板安装二次支撑前，上部不得有施工荷载，支撑的位置必须正确。安装后传给支撑或连接件的荷载不应超过其允许值。

(6) 支架应支承在坚实的地基或老混凝土上，并应有足够的支承面积；地基承载能力应能满足支架传递荷载的要求，必要时应对地基进行加固处理。斜撑应防止滑动。竖向模板和支架的支撑部分，当安装在基土上时应加设垫板，且基土应坚实并有排水措施。对湿陷性黄土应有防水措施，对冻胀性土应有防冻融措施。

(7) 支架立柱底地基承载力应按下列公式计算：

$$P=\frac{N}{A}\leqslant m_{f}f_{ak} \tag{2-7}$$

式中 P——立柱底垫木的底面平均压力；

N——上部立柱传至垫木顶面的轴向压力设计值；

A——垫木与地面接触面积；

m_{f}——立柱垫木地基承载力折减系数，应按表 2-2 采用；

f_{ak}——地基土承载力设计值，应按《建筑地基基础设计规范》(GB 50007)或工程地质报告提供的数据采用。

表 2-2 地基土承载力折减系数

地基土类别	折减系数	
	支承在原土上时	支承在回填土上时
碎石土、砂土、多年填积土	0.8	0.4
粉土、黏土	0.9	0.5
岩石、混凝土	1.0	—

4. 安装要求

(1) 模板安装前,应按设计图纸测量放样,重要结构应多设控制点,以利于检查校正。

(2) 模板安装过程中,应经常保持足够的临时固定设施,以防倾覆。

① 安装模板及支架时,应进行测量放线,并应采取定位措施,以保证模板及支架安装位置准确。

② 现浇钢筋混凝土梁、板,当跨度大于 4 m 时,模板应起拱;当设计无具体要求时,起拱高度宜为全跨长度的 1/1 000～3/1 000,起拱不得减少构件的截面高度。

(3) 当承重焊接钢筋骨架和模板一起安装时,应符合下列规定:

① 梁的侧模、底模必须固定在承重焊接钢筋骨架的节点上。

② 安装钢筋模板组合体时,吊索应按模板设计的吊点位置绑扎。

(4) 模板及支架应具有足够的承载能力、刚度和稳定性,应能可靠承受新浇混凝土自重和侧压力以及施工过程中所产生的荷载。

① 模板与混凝土的接触面,以及各块模板接缝处,应平整、密合,以保证混凝土表面的平整度和混凝土的密实性。

② 建筑物分层施工时,应逐层校正下层偏差,模板下端与已浇混凝土不应有错台和缝隙。

(5) 施工时,已安装好的模板上的实际荷载不得超过设计值。对已承受荷载的模板支架及附件不得随意拆除或移动。

(6) 一般情况下,除设计另有规定的,模板支架的立杆应与其底部垫板保持垂直。当立杆的底部与垫板或立杆的顶部与受力基准面确需有一定角度的倾斜时,应采取可靠措施,确保支点稳定,支撑底脚处须采取防滑移措施。

(7) 组合钢模板、滑升模板等的构造和安装,应符合现行国家标准《组合钢模板技术规范》(GB/T 50214)和《滑动模板工程技术规范》(GB 50113)的相关规定。

(8) 模板安装的允许偏差,应根据结构物的安全、运行条件、经济和美观等要求确定。永久性模板、滑移模板、移置模板、装饰混凝土模板等特种模板,其安装的允许偏差,按结构设计要求和模板设计要求执行。一般大体积混凝土模板、一般现浇结构模板和预制构件模板的安装偏差应分别满足表 2-3、表 2-4 和表 2-5 的要求。

表 2-3　　一般大体积混凝土模板安装的允许偏差　　mm

偏差项目		混凝土结构的部位	
		外露表面	隐蔽内面
模板平整度	相邻两面板错台	2	5
	局部不平(用 2 m 直尺检查)	5	10
板面缝隙		2	2
结构物边线与设计边线	外模板	0,－10	15
	内模板	＋10,0	
结构物水平截面内部尺寸		±20	
承重模板标高		＋5,0	

续表 2-3

偏差项目		混凝土结构的部位	
		外露表面	隐蔽内面
预留孔洞	中心线位置	5	
	截面内部尺寸	+10,0	

注:1. 外露表面、隐蔽内面系指相应模板的混凝土结构表面最终所处的位置。

2. 高速水流区、流态复杂部位、机电设备安装部位的模板,除参照本表要求外,还必须符合有关专项设计的要求。

表 2-4　　一般现浇结构模板安装的允许偏差　　mm

偏差项目		允许偏差
轴线位置		5
底模上表面标高		+5,0
截面内部尺寸	基础	±10
	柱、梁、墙	+4,-5
层高垂直	全高≤5 m	6
	全高>5 m	8
相邻两面板高差		2
表面局部不平(用 2 m 直尺检查)		5

表 2-5　　预制构件模板安装的允许偏差　　mm

偏差项目		允许偏差
长度	板、梁	±5
	薄腹梁、桁架	±10
	柱	0,-10
	墙板	0,-5
宽度	板、墙板	0,-5
	梁、薄腹梁、桁架、柱	+2,-5
高度	板	+2,-3
	墙板	0,-5
	梁、薄腹梁、桁架、柱	+2,-5
板的对角线差		7
拼板表面高低差		1
板的表面平整(2 m 长度上)		3
墙板的对角线差		5
侧向弯曲	梁、板、柱	L/1 000 且≤15
	墙板、薄腹梁、桁架	L/1 500 且≤15

注:L 为构架长度(mm)。

(9) 永久性模板、滑动木板。移置模板、清水混凝土模板等特种模板,其模板安装的允许偏差,按结构设计要求和模板设计要求执行。

5. 水平固定要求

(1) 对竖向构件的模板及支架,应根据混凝土一次浇筑高度和浇筑速度,采取有效的抗侧移、抗浮和抗倾覆措施。

(2) 对水平构件的模板及支架,应结合不同的支架和模板面板形式,采取支架间、模板间及模板与支架间的有效拉结措施。

(3) 对可能承受较大风荷载的模板,应采取防风措施。

6. 安全技术要求

(1) 模板上严禁堆放超过设计荷载的材料及设备。混凝土浇筑时,应按模板设计荷载控制浇筑顺序、浇筑速度及施工荷载,及时清除模板上的杂物。

(2) 混凝土浇筑过程中,应安排专人负责经常检查、调整模板的形状及位置,使其与设计线的偏差不超过模板安装允许偏差绝对值的1.5倍,并每班做好记录。对承重模板,应加强检查、维护;对重要部位的承重模板,还应由有经验的人员进行监测。模板如有变形、位移,应立即采取措施,必要时停止混凝土浇筑。

(3) 混凝土浇筑过程中,应随时监视混凝土下料情况,不得过于靠近模板下料、直接冲击模板;混凝土罐登机具不得撞击模板。

(4) 对模板及其支架应定期维修。

(5) 拼装高度为2 m以上的竖向模板,不得站在下层模板上拼装上层模板。安装过程中应设置临时固定设施。当模板安装高度超过2 m时,必须采取防坠落措施,除操作人员外,施工区域下方不得站人。

(6) 安装模板时,安装所需各种配件应置于工具箱或工具袋内,严禁散放在模板或脚手板上;安装所用工具应系挂在作业人员身上或置于所配带的工具袋中,不得掉落。

(7) 吊运模板时,必须符合下列规定:

① 作业前应检查绳索、卡具、模板上的吊环,必须完整有效,在升降过程中应设专人指挥,统一信号,密切配合。

② 吊运大块或整体模板时,竖向吊运不应少于2个吊点,水平吊运不应少于4个吊点。吊运必须使用卡环连接,并应稳起稳落,待模板就位连接牢固后,方可摘除卡环。

③ 吊运散装模板时,必须码放整齐,待捆绑牢固后方可起吊。

④ 严禁起重机在架空输电线路下面工作。

⑤ 遇5级及以上大风时,应停止一切吊运作业。

(8) 木料应堆放在下风向,离火源的距离不得小于30 m,且料场四周应设置灭火器材。

2.3.2 扣件式钢管模板支架的构造与安装

如图2-1所示,扣件式钢管模板支架主要由垫板,底座,立杆,纵、横扫地杆,纵、横水平杆,竖向剪刀撑和水平剪刀撑,斜撑,之字撑,以及可调托撑、次楞和主楞等组成。

1. 立杆的构造与安装

(1) 每根立杆的底部应设置底座或垫板,垫板的厚度不得小于50 mm。

(2) 模板支架的立杆间距应根据计算确定，楼板模板支架的立杆间距通常为 0.8～1.2 m。

(3) 梁和板的支架立杆，其纵、横向间距应当相等或成倍数。

(4) 当梁底立杆均在梁宽范围以内时，应按照如下方式设置梁底立杆：

① 当梁底采用 1 排支撑立杆时，立杆宜设在梁的中心线处；

② 当梁底采用 2 排支撑立杆时，立杆宜设在离梁横断面外边缘 1/4 处；

④ 当梁底采用 3 排支撑立杆时，立杆宜设在离梁横断面外边缘 1/6 处；

⑤ 当梁底采用 4 排支撑立杆时，立杆宜设在离梁横断面外边缘 1/8 处。

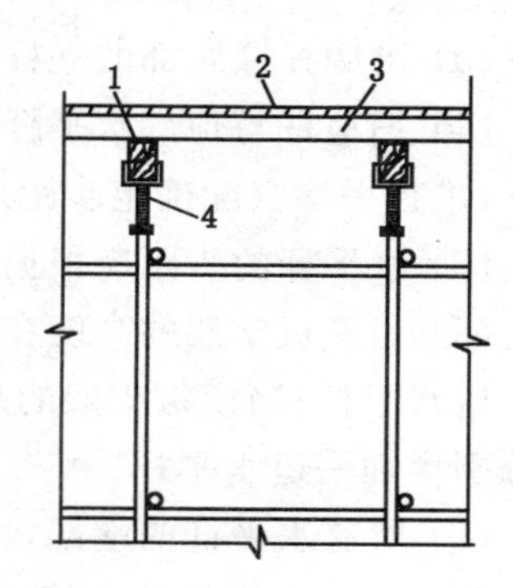

图 2-1　扣件式钢管模板支架基本构造示意图

1——主楞；2——模板底板；3——次楞；4——可调托撑

(5) 处于梁底下的支架立杆，必须按荷载计算结果进行设置。如需要采取加密措施时，因立杆间距过密而不便于施工操作，也可采用双立杆支架；双立杆每层高度内相邻立杆的接头应错开设置，立杆的接头位置应避开架体中间 1/3 高度范围内，立杆接头应采用对接扣件，且上、下各加一个旋转扣件。

(6) 梁底下的支撑立杆应与梁侧及板下立杆之间设置贯通的纵、横向水平杆，并通过扣件与相交的立杆进行连接。

(7) 当立杆底部不在同一高度时，高处的纵向(或横向)扫地杆应向低处延伸，延伸长度不少于 2 跨，高低差不得大于 1 m，立杆距边坡上边缘不得小于 0.5 m。

(8) 立杆严禁搭接接长，必须采用对接扣件进行对接，相邻两立杆的对接接头不得在同步内，且对接接头沿竖向错开的距离不得小于 500 mm，各接头中心距主节点不宜大于步距的 1/3。

(9) 严禁将上段的钢管立杆与下段的钢管立杆错开固定在水平杆上。

(10) 支架立杆应垂直设置，如设计另有规定，支架立杆与垂线确需成一定角度倾斜或支架立杆的基础表面倾斜时，应采取确保支点稳定的可靠措施。

(11) 可调底座、可调托撑的螺杆伸出长度不应超过 200 mm，插入立杆内的长度不得小于 150 mm。可调托撑与主楞两侧间如有间隙，必须楔紧，螺杆外径与立杆钢管内径的间隙不得大于 3 mm，安装时应保证上下同心。

(12) 立杆伸出顶层水平杆中心线至支撑点的长度不应超过 500 mm。

(13) 满堂模板支架的搭设高度不应超过 30 m，对于超过 30 m 的模板支架应另行专门设计。

2. 扫地杆、水平杆的构造与安装

(1) 纵、横向扫地杆，纵、横向水平杆应当用直角扣件固定在支架立杆上。

(2) 纵向扫地杆距地面的高度不得超过 200 mm，横向扫地杆应设置在紧靠纵向扫地杆下方的立杆上。

(3) 可调托撑底部的立杆顶端应沿纵、横向各设置一道水平杆。

(4) 扫地杆与顶部水平杆之间的距离，在满足模板设计所确定的水平杆步距要求条件下，进行平均分配确定步距后，应在每一步距处的纵横向各设一道水平杆。

(5) 水平杆的步距应根据计算决定，通常为 1.2～1.8 m。

(6) 当模板支架的高度在 8～20 m 时，应在最顶步距两水平杆中间沿纵、横方向各加设一道水平杆；当模板支架的高度超过 20 m 时，应在最顶两步距水平杆中间沿纵、横方向分别增加一道水平杆。

(7) 所有水平杆的端部均应与四周建筑物顶紧顶牢。无处可顶时，应在水平杆端部和中部沿竖向方向设置连续式剪刀撑。

(8) 在混凝土框架、剪力墙等结构施工时，应充分利用框架柱、剪力墙等结构的作用，框架柱、剪力墙等结构的模板及支架不应过早拆除，应和梁板模板支架形成一个刚性连接的整体。同时，宜在框架柱、剪力墙等结构混凝土具备了足够强度后，再进行梁板混凝土浇筑。

(9) 扫地杆、水平杆宜采用搭接接长，并应符合下列规定：

① 两根相邻水平杆的接头不应设置在同步或同跨内；不同步或不同跨两个相邻接头在水平方向错开的距离不应小于 500 mm；接头中心至主节点的距离不应大于立杆间距的 1/3。

② 搭接长度不应小于 800 mm，应等间距设置不少于 2 个旋转扣件固定；端部扣件盖板边缘至搭接扫地杆、水平杆杆端的距离不应小于 100 mm。

3. 主楞、次楞的构造与安装

(1) 支架顶部可调托撑上方的主楞、次楞为木材的，其材质应符合现行国家标准《木结构设计规范》(GB 50005)中Ⅱa 级材质的规定。

主楞木方截面不应小于 100 mm×100 mm，次楞木方截面不应小于 50 mm×100 mm。

(2) 主楞、次楞为型钢或钢管的，其材质均应符合现行国家标准《碳素结构钢》(GB/T 700)的相关规定。

4. 连墙件的构造与安装

扣件式钢管模板支架的高宽比不应大于 3；当高宽比大于 3，或高大模板支架的高宽比大于 2，或支架高度超过 5 m 时，应在支架的四周和中间与建筑结构进行刚性连接，连墙件水平间距应为 6～9 m，竖向间距应为 2～3 m。

在无建筑结构部位应采取预埋钢管等措施与建筑结构进行刚性连接，在有空间部位，模板支架宜超出顶部加载区投影范围向外延伸 2～3 跨。

5. 剪刀撑的构造与安装

(1) 楼盖为无梁楼盖、密肋梁楼盖、模壳楼盖、叠合箱网梁楼盖等结构型式的，宜按照如下满堂模板和共享空间模板支架的搭设构造要求设置剪刀撑。

① 如图 2-2 和图 2-3 所示，当支架的搭设高度小于 8 m 时，在支架外侧周围应设由下至上的竖向连续式剪刀撑；中间在纵横向应每隔 10 m 左右设由下至上的竖向连续式剪刀撑，其宽度宜为 4～6 m，并在剪刀撑部位的顶部水平杆、底部扫地杆处设置水平剪刀撑。

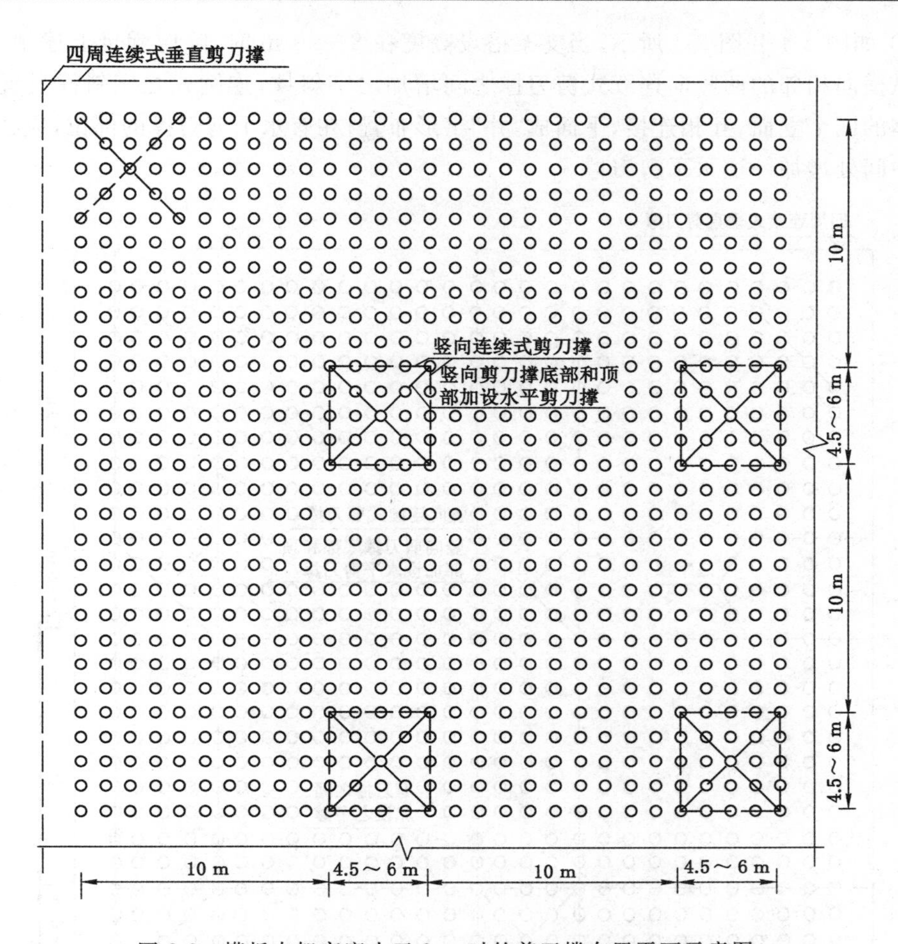

图 2-2　模板支架高度小于 8 m 时的剪刀撑布置平面示意图

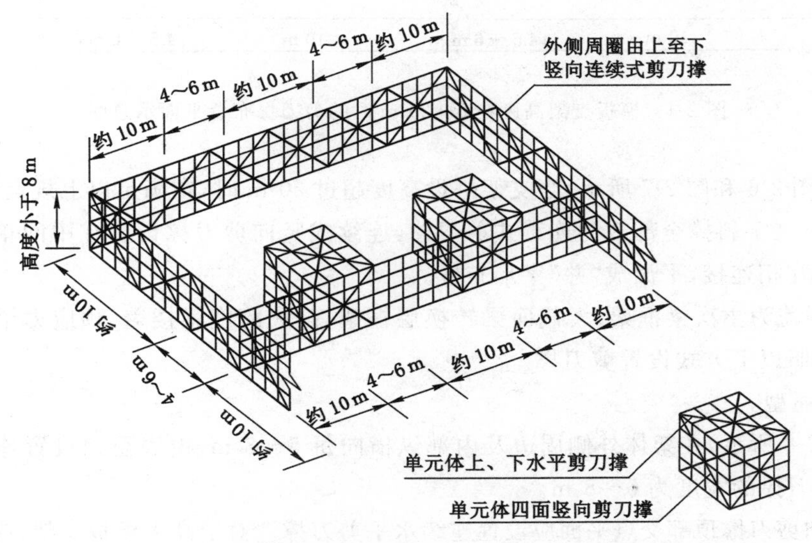

图 2-3　模板支架高度小于 8 m 时的剪刀撑布置轴测图

② 如图 2-4 和图 2-5 所示，当支架搭设高度在 8～20 m 时，除应满足上述规定外，还应在纵横向相邻的两竖向连续式剪刀撑之间增加之字斜撑，连续式之字斜撑设置在中间单元体的四个立面，互相连接，平面成“井”字形布置；在有水平剪刀撑的部位，应在每个剪刀撑中间处增加一道水平剪刀撑。

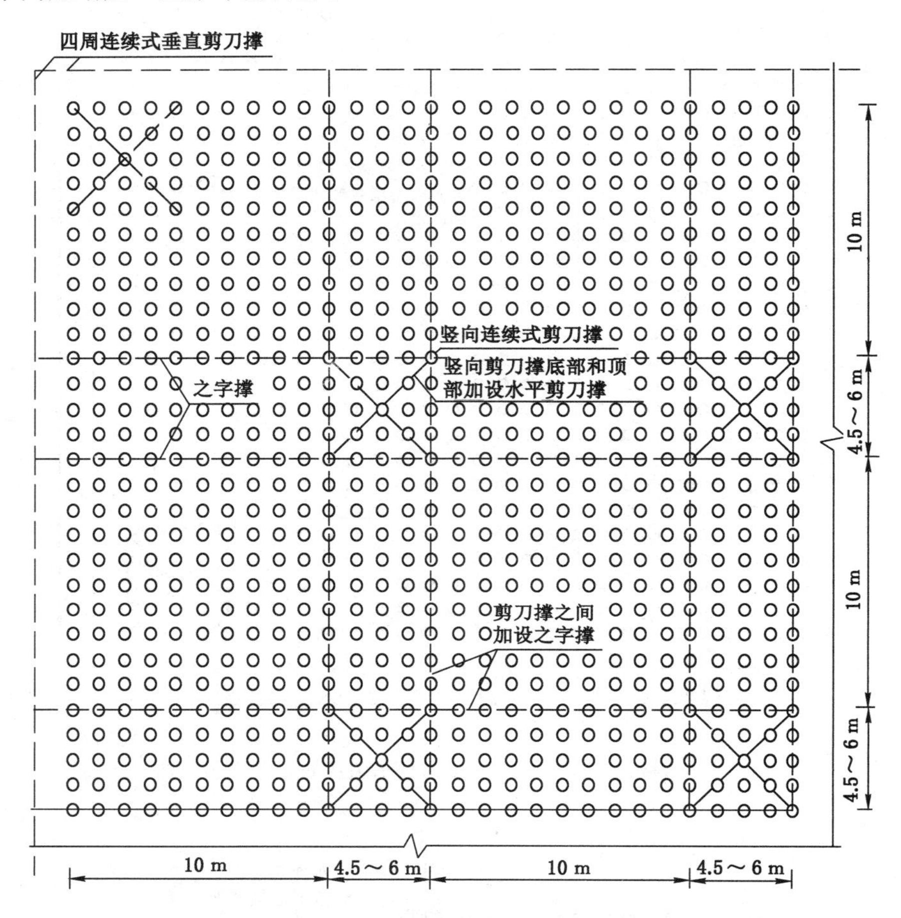

图 2-4　模板支架高度在 8～20 m 时的剪刀撑布置平面示意图

③ 如图 2-6 和图 2-7 所示，当支架搭设高度超过 20 m 时，在满足以上规定的基础上，还应将所有之字斜撑全部改为连续式剪刀撑，连续式竖向剪刀撑设置在中间单元体的四个立面上，互相连接，平面成“井”字形布置。

(2) 楼盖为主次梁框架、大截面梁转换层框架、高大跨度梁楼盖、预应力梁等结构型式时，应按照以下方式设置剪刀撑。

1) 普通型。

如图 2-8 所示，在架体外侧周边及内部纵横向每 5～8 m，由底至顶设置连续式竖向剪刀撑，剪刀撑的宽度为 5～8 m。

在竖向剪刀撑顶部交点平面应设置连续水平剪刀撑。对于高大模板支架，应在扫地杆部位设置水平剪刀撑。水平剪刀撑至架体底平面距离与水平剪刀撑间距不宜超过 8 m。

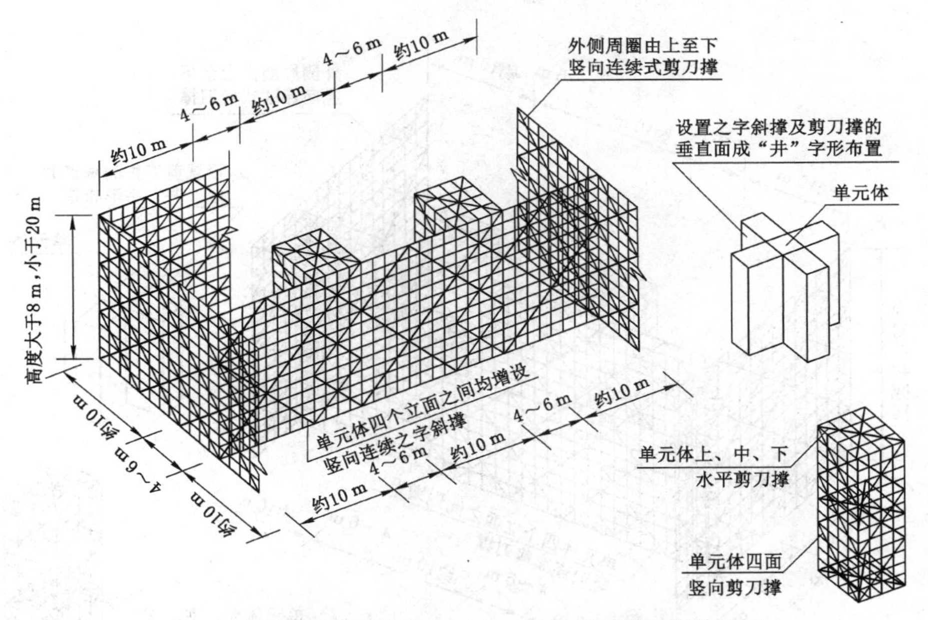

图 2-5 模板支架高度在 8～20 m 时的剪刀撑布置轴测图

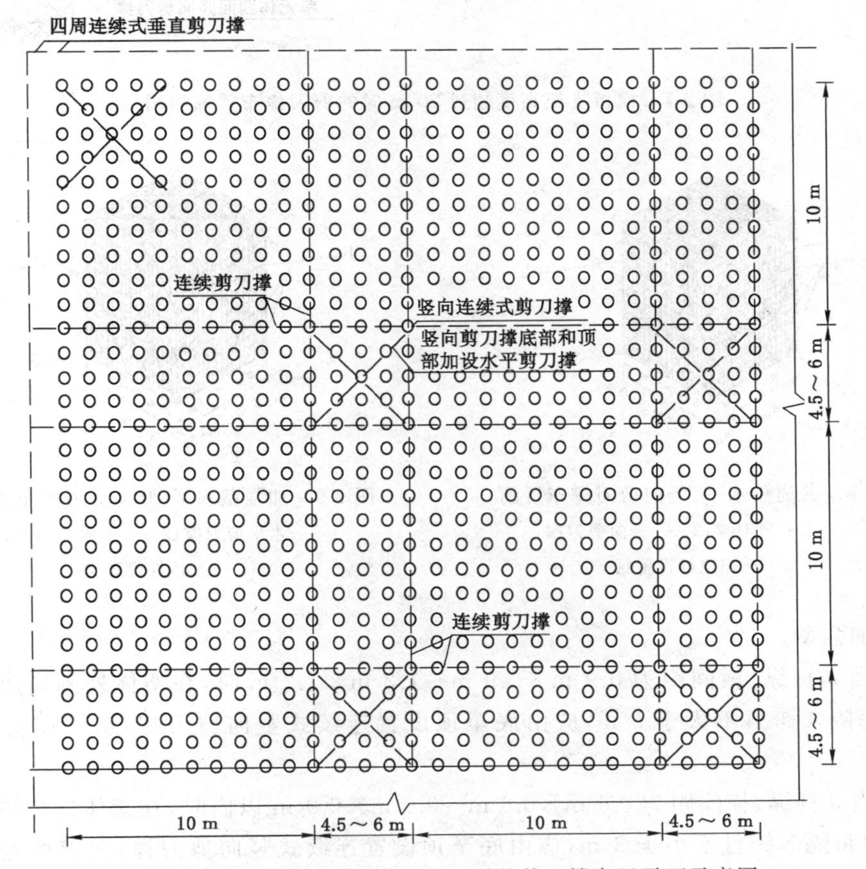

图 2-6 模板支架高度超过 20 m 时的剪刀撑布置平面示意图

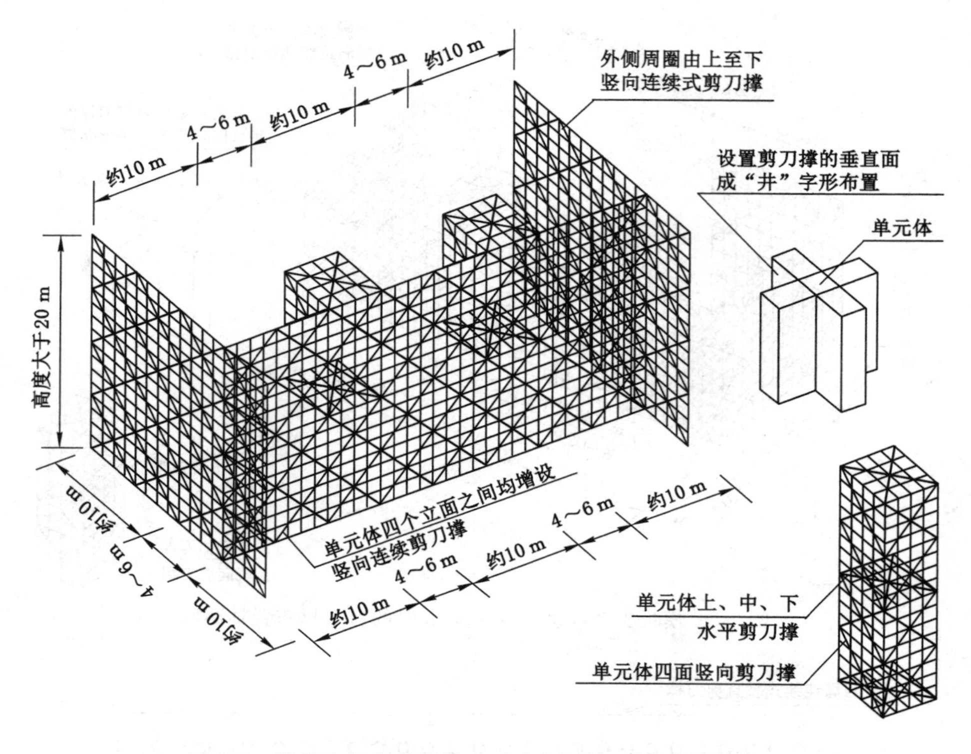

图 2-7　模板支架高度超过 20 m 时的剪刀撑布置轴测图

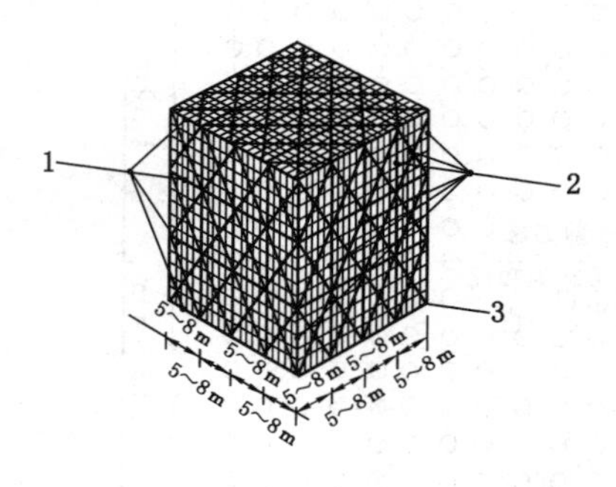

图 2-8　普通型水平、竖向剪刀撑布置图

1——水平剪刀撑；2——竖向剪刀撑；

3——扫地杆设置层

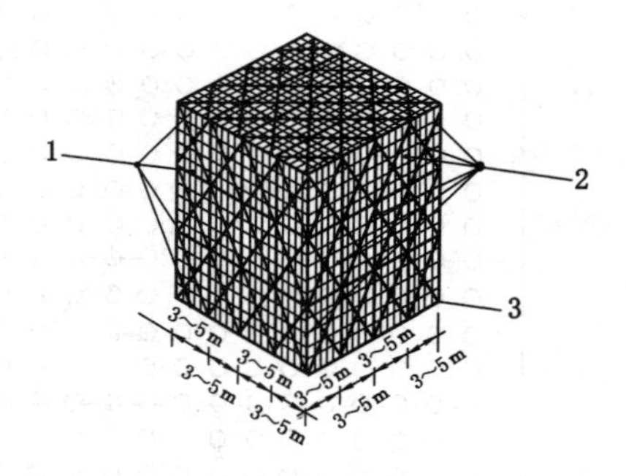

图 2-9　加强型水平、竖向剪刀撑布置图

1——水平剪刀撑；2——竖向剪刀撑；

3——扫地杆设置层

2）加强型。

① 当立杆纵、横间距为 0.9 m×0.9 m～1.2 m×1.2 m 时，在架体外侧周边及内部纵横向每隔 4 跨且不大于 5 m，应由底至顶设置连续式竖向剪刀撑，剪刀撑宽度应为 4 跨。

② 当立杆纵、横间距为 0.6 m×0.6 m～0.9 m×0.9 m 以内时，在架体外侧周边及内部纵横向每隔 5 跨且不小于 3 m，应由底至顶设置连续式竖向剪刀撑，剪刀撑宽度应为 5 跨。

③ 当立杆纵、横间距为 0.4 m×0.4 m～0.6 m×0.6 m 以内时，在架体外侧周边及内部纵横向每 3～3.2 m，应由底至顶设置连续竖向剪刀撑，剪刀撑宽度应为 3～3.2 m。

④ 除按照“普通型”设置水平剪刀撑外，水平剪刀撑至架体底平面距离与水平剪刀撑间距不宜超过 6 m。剪刀撑宽度应为 3～5 m。如图 2-9 所示。

(3) 竖向剪刀撑斜杆与地面的倾角应为 45°～60°，水平剪刀撑与支架纵（或横）向水平杆的夹角应为 45°～60°，剪刀撑斜杆宜采用搭接接长，搭接长度不应小于 800 mm，并应采用不少于 2 个旋转扣件固定。端部扣件盖板的边缘至杆端距离不应小于 100 mm。

(4) 剪刀撑应用旋转扣件固定在与之相交的水平杆或立杆上，旋转扣件中心线至主节点的距离不宜大于 150 mm。

(5) 以下情况下，需在原有剪刀撑设置的基础上另行增设剪刀撑，以增强架体的稳定：

① 当单根立杆承受荷载≥12 kN 时，应沿此立杆的排列方向设置竖向剪刀撑。

② 楼盖高度有错层变化，下部架体相连，上部架体有相应的高低差时，应在架体高度变化处增设竖向剪刀撑，由底至顶连续设置。

③ 由于地基承载力不同，或地基有不同的沉降变形趋势时，应在地基变化处，增设竖向剪刀撑，由底至顶连续设置。

④ 地基的高低差超过一个步距的，应在此变化处增设竖向剪刀撑，由底至顶连续设置。

6. 其他要求

(1) 对高大模板支架的结构材料应按要求进行验收、抽检和检测，并留存记录资料。

① 现场应对进场的承重杆件、连接件等材料的产品合格证、生产许可证、检测报告进行复核，并对其表面观感、重量等物理指标进行抽检。

② 对承重杆件的外观抽检数量不得低于搭设用量的 30%，发现质量不符合标准、情况严重的，要进行 100%的检验，并由监理见证，随机抽取外观检验不合格的材料送法定专业检测机构进行检测。

③ 现场应对扣件螺栓的紧固力矩进行抽查，抽查数量应符合现行行业标准《建筑施工扣件式钢管脚手架安全技术规范》(JGJ 130)的规定，对梁底扣件应进行 100%检查，确保扣件螺栓的拧紧力矩在 40～65 N·m之间。

(2) 模板支架应为独立的系统，禁止与物料提升机、施工升降机、塔式起重机等起重设备的钢结构架体及其附着设施相连接；禁止与脚手架、物料周转平台等架体相连接。

(3) 模板、钢筋及其他材料等施工荷载放置在模板支架上时，应均匀堆置，放平放稳。施工总荷载不得超过模板支撑系统设计荷载要求。

(4) 模板支架在使用过程中，立杆底部不得松动悬空，不得任意拆除任何杆件，不得松动扣件，也不得用作缆风绳的拉接。

(5) 施工过程中，应对模板支架重点检查以下项目：

① 立杆底部基础应回填夯实；

② 垫木应满足设计要求；

③ 底座位置应正确，可调托撑的螺杆伸出长度应符合规定；

④ 立杆的规格尺寸和垂直度应符合要求，不得出现偏心荷载；

⑤ 扫地杆、水平杆、剪刀撑等设置应符合规定，固定可靠；

⑥ 安全网和各种安全防护设施符合要求。

(6) 混凝土浇筑时应做好以下工作：

① 混凝土浇筑前，施工单位项目技术负责人、项目总监确认具备混凝土浇筑的安全生产条件后，签署混凝土浇筑令，方可浇筑混凝土。

② 浇筑混凝土时，应先浇筑墙、柱等竖向结构构件，然后浇筑梁、板等水平结构构件；宜在墙、柱混凝土达到一定强度后，再浇筑梁、板混凝土。

当浇筑区域结构有高差时，宜先浇筑低区部分，再浇筑高区部分。

③ 混凝土梁的施工应采用从跨中向两端对称进行分层浇筑，每层厚度不得大于400 mm。

④ 浇筑过程应有专人对高大模板支架进行观测，发现有松动、变形等情况，必须立即停止浇筑，撤离作业人员，并采取相应的加固措施。观测时要注意安全，严禁进入架体内。

2.3.3 盘扣式钢管模板支架的构造与安装

1. 基本构造

承插型盘扣式钢管模板支架主要由以下构件组成，如图 2-10 和图 2-11 所示。

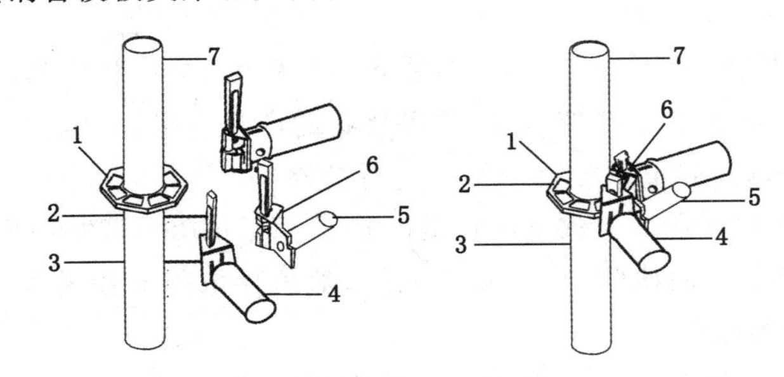

图 2-10　盘扣节点示意图

1——连接盘；2——扣接头插销；3——水平杆杆端扣接头；4——水平杆；5——斜杆；6——斜杆杆端扣接头；7——立杆

(1) 立杆：杆上焊接有连接盘和连接套管的竖向支撑杆件。

(2) 连接盘：焊接于立杆上可扣接 8 个方向扣接头的八边形或圆环形扣板。

(3) 盘扣节点：支架立杆上的连接盘与水平杆、斜杆杆端上的插销连接的部位。

(4) 立杆连接套管：焊接于立杆一端，用于立杆竖向接长的专用外套管。

(5) 立杆连接件：将立杆与立杆连接套管固定防拔脱的专用部件。

(6) 水平杆：两端焊接有扣接头，且与立杆焊接的水平杆件。

(7) 扣接头：位于水平杆或斜杆杆件端头，用于与立杆上的连接盘扣接的部件。

(8) 插销：固定扣接头与连接盘的专用楔形部件。

(9) 斜杆：与立杆上的连接盘扣接的斜向杆件，分为竖向斜杆和水平斜杆两类。

2. 搭设高度要求

模板支架的搭设高度不应大于 24 m，当支架搭设高度大于 24 m 时，应另行专门设计。

3. 杆件选择要求

模板支架应根据专项施工方案计算得出的立杆排架尺寸选用定长的水平杆，并应根据支撑高度组合套插的立杆段、可调托撑和可调底座。

4. 地基与基础要求

(1) 模板支架基础应按专项施工方案进行施工，并应按基础承载力要求进行验收；

(2) 土层地基上的立杆应采用可调底座和垫板，垫板的长度不宜少于 2 跨；

(3) 当地基高差较大时，可利用立杆 0.5 m 节点位差配合可调底座进行调整。

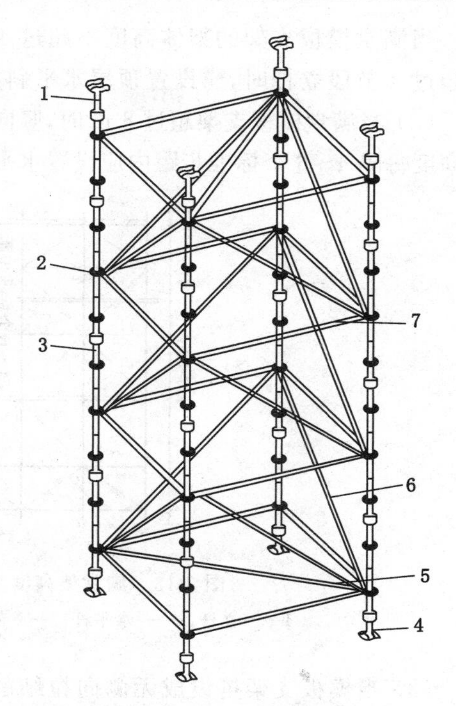

图 2-11　承插型盘扣式模板支架单元示意图

1——可调托撑；2——盘扣节点；3——立杆；4——可调底座；5——水平斜杆；6——竖向斜杆；7——水平杆

5. 斜杆或剪刀撑设置要求

模板支架的斜杆或剪刀撑设置应符合下列规定：

(1) 当满堂模板支架不超过 8 m 时，步距不应超过 1.5 m，架体四周外立面向内的第一跨每层均应设置竖向斜杆，架体整体底层以及顶层均应设置竖向斜杆，并应在架体内部区域每隔 5 跨由底至顶纵、横向均设置竖向斜杆或采用扣件钢管搭设的剪刀撑，如图 2-12所示。

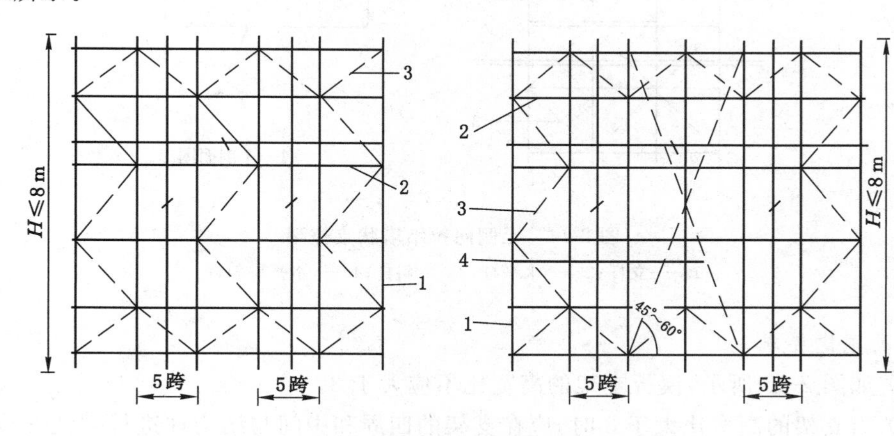

图 2-12　满堂架高度不大于 8 m

(a) 斜杆设置立面图；(b) 剪刀撑设置立面图

1——立杆；2——水平杆；3——扣件钢管剪刀撑

当满堂模板支架的架体高度不超过 4 节段立杆时，可不设置顶层水平斜杆；当架体高度超过 4 节段立杆时，应设置顶层水平斜杆或扣件钢管水平剪刀撑。

(2) 当满堂模板支架超过 8 m 时，竖向斜杆应满布设置，水平杆的步距不得大于 1.5 m，沿高度每隔 4～6 个标准步距内应设置水平层斜杆或扣件钢管剪刀撑，如图 2-13 所示。

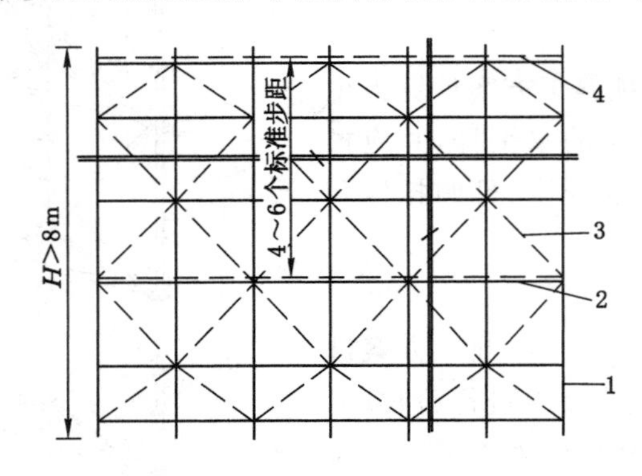

图 2-13　满堂架高度大于 8 m 水平斜杆设置立面图

1——立杆；2——水平杆；3——斜杆；4——水平层斜杆或扣件钢管剪刀撑

(3) 当模板支架搭设成无侧向拉结的独立塔状支架时，架体每个侧面每步距均应设竖向斜杆。当有防扭转要求时，在顶层及每隔 3～4 个步距应增设水平层斜杆或钢管水平剪刀撑，如图 2-14 所示。

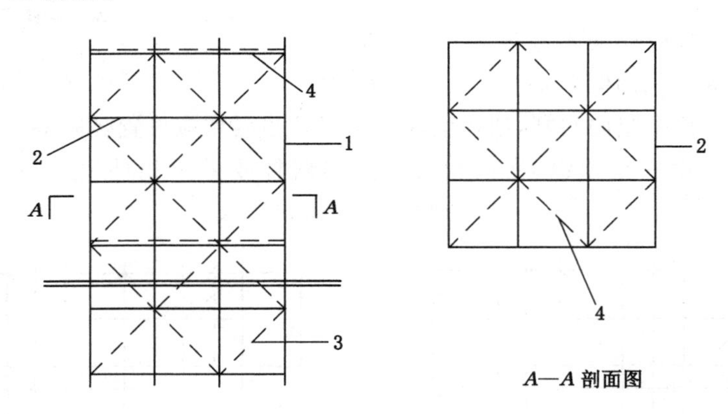

图 2-14　无侧向拉结塔状支撑架

1——立杆；2——水平杆；3——斜杆；4——水平层斜杆

6. 高宽比要求

(1) 如图 2-15 所示，模板支架的高宽比不应大于 3。

(2) 当支架的高宽比大于 3 时，应在支架的四周和中间与结构柱进行刚性连接，连墙件水平间距应为 6～9 m，竖向间距应为 2～3 m。在无结构柱部位应采取预埋钢管等措施与建筑结构进行刚性连接，在有空间部位，模板支架宜超出顶部加载区投影范围向外延伸 2～3 跨。

7. 可调托撑顶部悬臂长度要求

(1) 如图 2-16 所示,模板支架的可调托撑伸出顶层水平杆或双槽钢托梁的悬臂长度严禁超过 650 mm,且丝杆外露长度严禁超过 400 mm,可调托撑插入立杆的长度不得小于 150 mm。

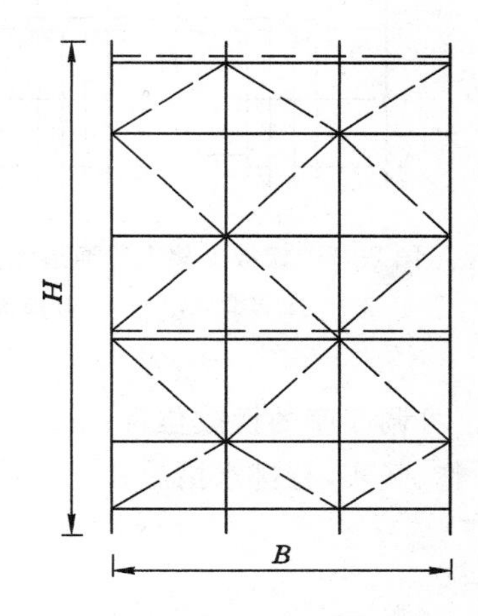

图 2-15　支架的高宽比示意图

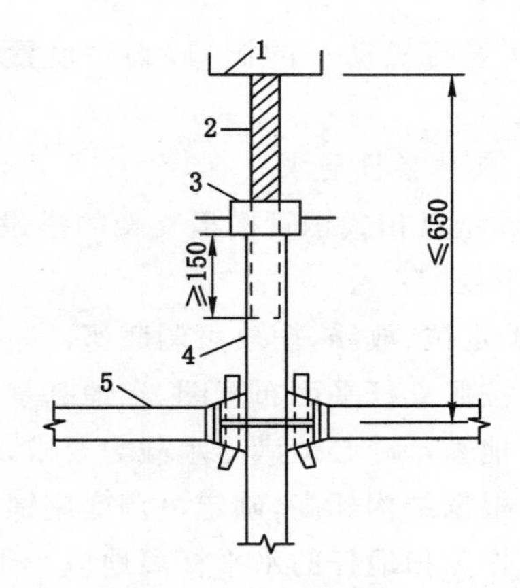

图 2-16　带可调托撑伸出顶层水平杆的悬臂长度

1——可调托撑;2——螺杆;3——调节螺母;
4——立杆;5——水平杆或双槽钢托梁

(2) 高大模板支架的最顶层水平杆步距应比普通模板支架的标准步距缩小一个盘扣间距。

8. 扫地杆设置要求

(1) 模板支架可调底座调节丝杠外露长度不应大于 300 mm,作为扫地杆的最底层水平杆离地高度不应大于 550 mm。

(2) 当单肢立杆荷载设计值不大于 40 kN 时,底层的水平杆步距可按标准步距设置,且应设置竖向斜杆。

(3) 当单肢立杆荷载设计值大于 40 kN 时,底层的水平杆应比标准步距缩小一个盘扣间距,且应设置竖向斜杆。

9. 连墙件设置要求

(1) 模板支架应在立杆周圈外侧和中间有结构柱的部位,按水平间距 6～9 m、竖向间距 2～3 m 与建筑结构设置一个刚性的固结点,在没有结构柱部位应采取预埋钢管等措施与建筑结构进行刚性连接。

(2) 当采用预埋方式设置连墙件时,应提前与相关部门协商,并应按设计要求预埋。

10. 人行通道设置要求

人行通道的搭设应满足下列规定:

(1) 当模板支架体内设置与单肢水平杆同宽的人行通道时,可间隔抽除第一层水平杆和斜杆形成施工人员进出通道,与通道正交的两侧立杆间应设置竖向斜杆。

(2) 当模板支架体内设置与单肢水平杆不同宽人行通道时,应在通道上部架设支撑横梁，如图 2-17 所示，横梁应按跨度和荷载确定。

（3）通道两侧支撑梁的立杆间距应根据计算设置，通道周围的模板支架应连成整体。

（4）洞口顶部应铺设封闭的防护板，两侧应设置安全网。

（5）通行机动车的洞口，必须设置安全警示和防撞设施。

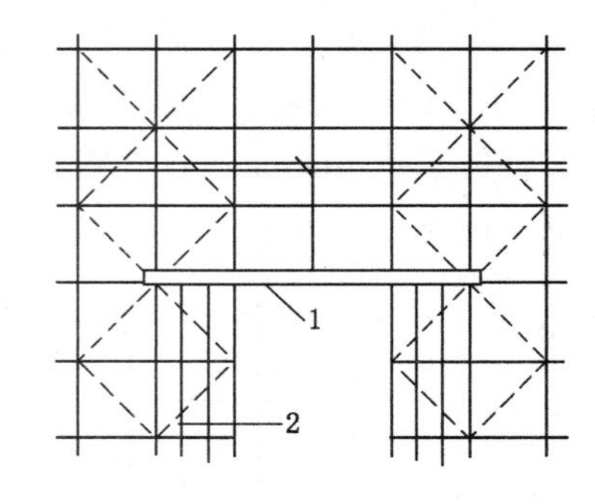

图 2-17　模板支架人行通道设置图

1——支撑横梁；2——立杆加密

11. 架体搭设要求

承插型盘扣式钢管模板支架的搭设顺序及要求应符合以下规定：

（1）定位、放线，摆放可调底座。

① 按照立杆平面布置图，在地基基础上放线，确定可调底座的摆放位置；

② 地基基础必须满足承载力要求，并保证基础平整、坚实，有排水措施；

③ 根据结构标高，确定可调底座螺母初始高度；

④ 作为扫地杆的水平杆离地应小于 550 mm；

⑤ 承载力较大时，应采用垫板以分散上部传力，垫板应平整、无翘曲，不得采用开裂了的垫板；

⑥ 作为高大模板支架时，可调底座应进行加劲处理。

（2）首层立杆安装。

① 安装时，应明确立杆连接套管的位置（在上或在下）；

② 相邻两立杆应采用不同长度规格的钢管，或相邻立杆连接套管颠倒对错，以保证立杆承插对接接头不在同一水平面，接头错开长度应大于 75 mm。

（3）首层横杆安装。

根据专项施工方案，明确横杆步距、规格，即明确安装位置；首层安装时，横杆插销不得先敲紧。

（4）首层架体向四周扩展安装。

（5）组成独立单元。

（6）首层架体水平调节。

① 选择某一立杆，将控制标高引测到立杆，以此标高为首层架体水平控制基准标高；

② 采用水准仪、水平尺、水平管等，旋转可调底座螺母，对各立杆标高进行逐一调节控制。

（7）首层斜杆安装。

① 首层架体水平调节完成后，方可进行首层斜杆安装；

② 斜杆安装时，应与立杆、横杆形成三角形受力体系。

（8）销紧首层横杆、斜杆插销。

① 首层斜杆安装完成后，使用工具将横杆、斜杆插销逐一销紧，销紧程度以插销刻度线为准；

② 插销销紧后，方可进入上层架体安装施工；

③ 插销销紧后，应对可调底座逐一进行检查，旋紧调节螺母，保证立杆确实置于螺母限位凹槽内，且立杆无悬空。

(9) 登高工作梯安装。

① 首层架体安装完成后，需继续向上搭设架体时，应利用工作梯进行登高作业；

② 工作梯挂钩直接挂扣在上下对角的两支横杆上，并锁好安全销；

③ 作为上下施工楼梯使用时，应同步安装专用楼梯防护扶手和平台栏杆。

(10) 登高平台踏板安装。

① 平台踏板挂钩直接挂扣在同平台高度位置的相邻两支横杆上，并锁好安全销；

② 作为施工平台时，踏板应满铺，应控制踏板之间的间隙不宜过大。

(11) 立杆接长安装。

① 立杆之间以承插的方式，往上接长搭设，并错开接头位置；

② 当立杆承受向上的力或整组架体进行吊运时，立杆接长搭接处应采用螺栓等连接销进行连接，且该连接销必须满足相应抗剪切要求。

(12) 横杆安装。

① 根据专项施工方案，明确横杆步距；

② 安装时，架体宜由中间向四周安装。

(13) 斜杆安装。

① 斜杆安装时，应与立杆、横杆形成三角形受力体系；

② 上层斜杆安装时，应保证与对应的下层斜杆同向且相对横杆异侧(上下层斜杆相对横杆内外侧相间)；

③ 斜杆安装完成且插销销紧后，方可进入上层架体安装施工。

(14) 登高工作梯。

① 若楼梯安装在同一单元格内时，上下两层楼梯应以“之”字形交错而上；

② 若楼梯安装不在同一单元格内时，上下两层楼梯之间应铺设踏板，形成安全通道；

③ 上部登高工作梯安装步骤同首层工作梯的安装步骤。

(15) 登高平台安装。

上部登高平台安装步骤同首层登高平台。

(16) 可调托撑安装。

① 根据结构标高，确定可调托撑螺母初始高度，并略低于精确标高 20 mm；

② 立杆顶端应确实置于可调托撑调节螺母限位凹槽内；

③ 根据专项施工方案，应严格控制立杆可调托撑的顶层伸出顶层水平杆的悬臂长度不超过 650 mm，并明确可调托撑开口方向；

④ 作为高大模板支架时，可调托撑应进行加劲处理。

(17) 主龙骨安装。

① 根据专项施工方案，明确主龙骨的设置方向；

② 主龙骨的搭接长度不宜小于 30 mm，且不得小于 15 mm，否则应采取一定措施进行搭接连接；

③ 主龙骨应采取防倾覆措施，如采用木方填塞等；

④ 主龙骨与次龙骨应有可靠连接。

2.3.4 门式钢管模板支架的构造与安装

1. 搭设高度要求

(1) 门式钢管模板支架的搭设高度不应超过 24 m;当超过 24 m 时,应另行专门设计。

(2) 支架的搭设高度应充分考虑现场地基土质情况,并满足现行行业标准《建筑施工门式钢管脚手架安全技术规范》(JGJ 128)的有关要求。

2. 高宽比要求

(1) 模板支架的高宽比不应大于 3。

(2) 当模板支架的高宽比大于 2 时,应设置缆风绳或连墙件等有效措施防止架体倾覆,缆风绳或连墙件的设置应符合下列要求:

① 在架体端部及外侧周边水平间距不应超过 10 m 设置,应与竖向剪刀撑位置对应设置。

② 竖向间距不应超过 4 步设置。

3. 技术准备要求

(1) 支架搭设前,应向搭设和使用人员进行安全技术交底;

(2) 门架与配件、加固杆等在使用前应按照现行行业标准《门式钢管脚手架》(JG 13)和《建筑施工门式钢管脚手架安全技术规范》(JGJ 128)的有关规定进行检查和验收。

(3) 经检验合格的构配件及材料应按品种、规格分类堆放整齐、平稳,并挂牌标识。

(4) 支架搭设场地应平整、坚实,并应符合下列规定:

① 回填土应分层回填,逐层夯实;

② 场地排水应顺畅,不应有积水。

4. 构造要求

(1) 门架的跨距和间距应根据支架的高度、荷载由计算和构造要求确定,门架的跨距不应超过 1.5 m,门架的净间距不应超过 1.2 m。

(2) 模板支架搭设时,应在门架立杆上设置可调托撑和托梁,使门架立杆直接传递荷载,门架立杆上的托梁应具有足够的抗弯强度和刚度。

(3) 可调托撑的调节螺杆高度不应超过 300 mm。底座、可调托撑与门架立杆轴线的偏差不应大于 2.0 mm。

(4) 用于支撑梁模板的门架,可采用平行或垂直于梁轴线的布置方式,如图 2-18 所示。

(5) 当梁的模板支架高度较高或荷载较大时,门架可采用复式(重叠)的布置方式,如图 2-19 所示。

(6) 梁板类结构的模板支架,应分别设计。板支架跨距(或间距)应是梁支架跨距(或间距)的倍数,梁下横向水平加固杆应伸入板支架内不少于 2 根门架立杆,并应与板下门架立杆扣紧。

(7) 模板支架在支架的四周和内部纵横向应按现行行业标准《建筑施工模板安全技术规范》(JGJ 162)的规定与建筑结构柱、墙进行刚性连接,连接点应设在水平剪刀撑或水

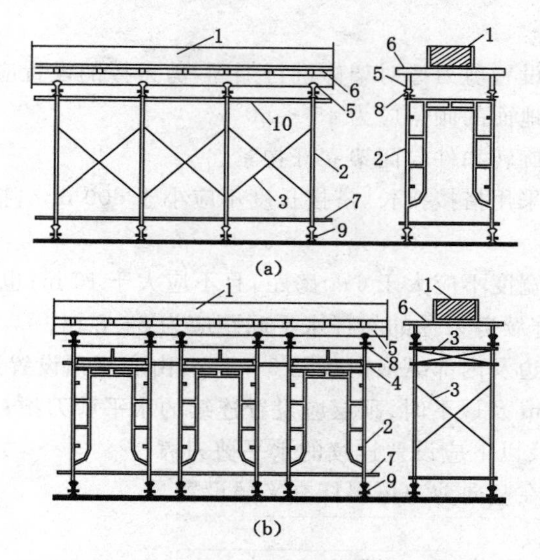

图 2-18　梁模板支架的布置方式(一)

(a) 门架垂直于梁轴线布置;(b) 门架平行于梁轴线布置

1——混凝土梁;2——门架;3——交叉支撑;4——调节架;5——托梁;
6——小楞;7——扫地杆;8——可调托座;9——可调底座;10——水平加固杆

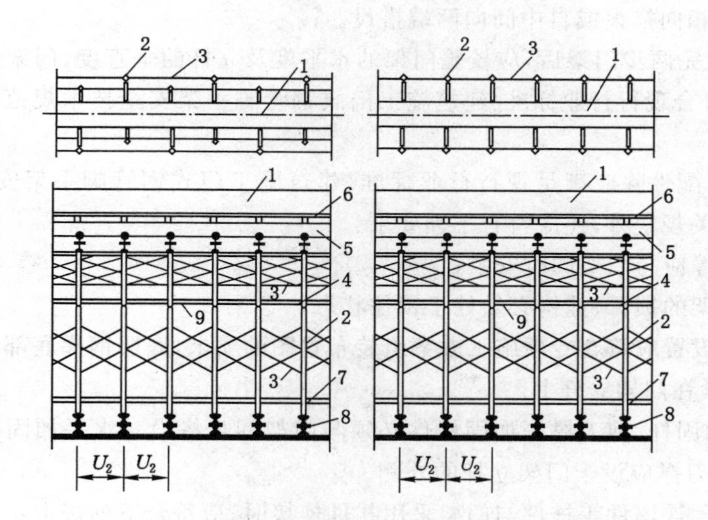

图 2-19　梁模板支架的布置方式(二)

(a) 门架垂直于梁轴线布置;(b) 门架平行于梁轴线布置

1——混凝土梁;2——门架;3——交叉支撑;4——调节架;5——托梁;6——小楞;
7——扫地杆;8——可调底座;9——水平加固杆

平加固杆设置层,并应与水平杆连接。

(8) 在模板支架的底层门架立杆上应分别设置纵向、横向扫地杆,并应采用扣件与门架立杆扣紧。

(9) 模板支架在每步门架两侧立杆上应设置纵向、横向水平加固杆,并应采用扣件与门架立杆扣紧。

(10) 模板支架应设置剪刀撑对架体进行加固,剪刀撑的设置应符合以下规定:

① 剪刀撑斜杆与地面的倾角应为45°~60°。

② 剪刀撑应采用旋转扣件与门架立杆扣紧。

③ 剪刀撑斜杆应采用搭接接长,搭接长度不应小于800 mm,搭接处应采用2个及以上旋转扣件扣紧。

④ 每道剪刀撑的宽度不应大于6个跨距,且不应大于10 m;也不应小于4个跨距,且不应小于6 m。设置连续剪刀撑的斜杆水平间距应为6~8 m。

⑤ 在支架外侧周边及内部纵横向每隔6~8 m,由底至顶设置连续竖向剪刀撑。

⑥ 搭设高度在8 m及以下时,顶层应设置连续的水平剪刀撑;搭设高度超过8 m时,顶层和竖向每隔4步及以下应设置连续的水平剪刀撑。

⑦ 水平剪刀撑应在竖向剪刀撑斜杆交叉层设置。

5. 搭设要求

(1) 支架搭设前,应先在基础上弹出门架立杆位置线,垫板、底座安放位置应准确,标高应一致。

(2) 支架应采用逐列、逐排和逐层的方法搭设。

(3) 门架的组装应自一端向另一端延伸,应自下而上按步搭设,并应逐层改变搭设方向;不应自两端相向搭设或自中间向两端搭设。

(4) 每搭设完两步门架后,应校验门架的水平度及立杆的垂直度,门架的水平度及立杆的垂直度应符合现行行业标准《建筑施工门式钢管脚手架安全技术规范》(JGJ 128)的有关规定。

(5) 门架及配件除应满足现行行业标准《建筑施工门式钢管脚手架安全技术规范》(JGJ 128)的有关规定外,还应符合下列要求:

① 交叉支撑应与门架同时安装;

② 连接门架的锁臂、挂钩必须处于锁住状态;

③ 钢梯的设置应符合专项施工方案组装布置图的要求,底层钢梯底部应加设钢管并应采用扣件扣紧在门架立杆上。

(6) 水平加固杆、剪刀撑等加固杆件必须与门架同步搭设。水平加固杆应设于门架立杆的内侧,剪刀撑应设于门架立杆的外侧。

(7) 加固杆、连墙件等杆件与门架采用扣件连接时,应符合下列规定:

① 扣件规格应与所连接钢管的外径相匹配;

② 扣件螺栓拧紧扭力矩值应为40~65 N·m;

③ 杆件端头伸出扣件盖板边缘长度不应小于100 mm。

(8) 用于模板支架的可调底座、可调托撑,应采取防止砂浆、水泥浆等污物填塞螺纹的措施。

2.3.5 碗扣式钢管模板支架的构造与安装

1. 搭设高度要求

(1) 碗扣式钢管模板支架的搭设高度不应超过24 m。

(2) 当搭设高度大于24 m时，应另行专门设计。

2. 高宽比要求

(1) 模板架的高宽比应小于或等于3。

(2) 当高宽比大于2时，应在支架的四周和中间与结构柱进行刚性连接，连墙件水平间距应为6～9 m，竖向间距应为2～3 m。在无结构柱部位应采取预埋钢管等措施与建筑结构进行刚性连接，在有空间部位，模板支架宜超出顶部加载区投影范围向外延伸2～3跨。

3. 技术准备要求

(1) 支架搭设前，应向搭设和使用人员进行安全技术交底。

(2) 对进入现场的各种构配件，使用前应按照现行国家标准《碗扣式钢管脚手架构件》(GB 24911)和现行行业标准《建筑施工碗扣式钢管脚手架安全技术规范》(JGJ 166)的有关规定进行复检。

(3) 对经检验合格的构配件应按品种、规格分类放置在堆料区或码放在专用架上，清点好数量备用；堆料场地排水应畅通，不得有积水。

(4) 模板支架搭设场地应平整、坚实，有排水措施。

(5) 支架基础必须按专项施工方案进行施工，按基础承载力要求进行验收。

(6) 当地基高低差较大时，可利用立杆0.6 m节点位差进行调整。

(7) 土层地基上的立杆应采用可调底座和垫板，垫板的厚度应不小于50 mm，长度应不少于立杆间距的2倍。

4. 构造要求

(1) 支架应根据专项施工方案计算得出的立杆排架尺寸选用定长的水平杆，并应根据支撑高度组合套插的立杆段、可调托撑和可调底座。

(2) 应根据所承受的荷载选择立杆的间距和步距，底层纵、横向水平杆作为扫地杆，距地面高度应小于或等于350 mm，立杆底部应设置底座。

(3) 立杆上端可调螺杆伸出顶层水平杆的长度不得大于700 mm。

(4) 模板支架的斜杆及剪刀撑设置应符合下列要求：

① 当立杆间距大于1.5 m时，应在拐角处设置通高专用斜杆，中间每排每列应设置通高“八”字形斜杆或剪刀撑。

② 当立杆间距小于或等于1.5 m时，模板支撑架四周应从底到顶连续设置竖向剪刀撑；中间纵、横向应由底至顶连续设置竖向剪刀撑，其间距应小于或等于4.5 m。

③ 剪刀撑的斜杆与地面夹角应在45°～60°之间，斜杆应每步与立杆扣接。

④ 当模板支撑架高度大于4.8 m时，顶端和底部必须设置水平剪刀撑，中间水平剪刀撑设置间距应小于或等于4.8 m。

(5) 应按照要求设置连墙件，连墙件的设置应符合以下规定：

① 应在立杆周圈外侧和中间有结构柱的部位，按水平间距6～9 m、竖向间距2～3 m与建筑结构设置一个刚性的固结点，在没有结构柱部位应采取预埋钢管等措施与建筑结构进行刚性连接；

② 当采用预埋方式设置连墙件时，应提前与相关部门协商，并应按设计要求预埋；

③ 连墙件应设置在支架的碗扣节点处，当采用钢管扣件做连墙件时，连墙件应与立杆连接，连接点距碗扣节点距离不应大于 150 mm；

④ 连墙件应采用可承受拉、压荷载的刚性结构，连接应牢固、可靠。

(6) 模板下方应放置次楞与主楞，次楞与主楞应按受弯杆件设计计算。支架立杆上端应采用可调托撑，支撑应在主楞底部。

5. 搭设要求

(1) 支架的搭设应按专项施工方案，在专人指挥下，统一进行。

(2) 应按照专项施工方案的要求弹线定位，底座和垫板应准确地放置在定位线上，底座的轴心线应与地面垂直。

(3) 底座放置完成后，应分别按照先立杆后横杆再斜杆的顺序搭设。

(4) 连墙件的搭设应在支架搭设过程中同步施工。

(5) 在多层楼板上连续设置模板支架时，应保证上下层的支架立杆在同一轴线上。

6. 人行通道设置要求

模板支撑架设置人行通道时，如图 2-20 所示，应符合下列规定：

(1) 通道上部应架设专用横梁，横梁结构应经过设计计算确定；

(2) 横梁下的立杆应加密，并应与架体连接牢固；

(3) 通道宽度应小于或等于 4.8 m；

(4) 门洞及通道顶部必须采用木板或其他硬质材料全封闭，两侧应设置安全网；

(5) 通行机动车的洞口，必须设置防撞击设施。

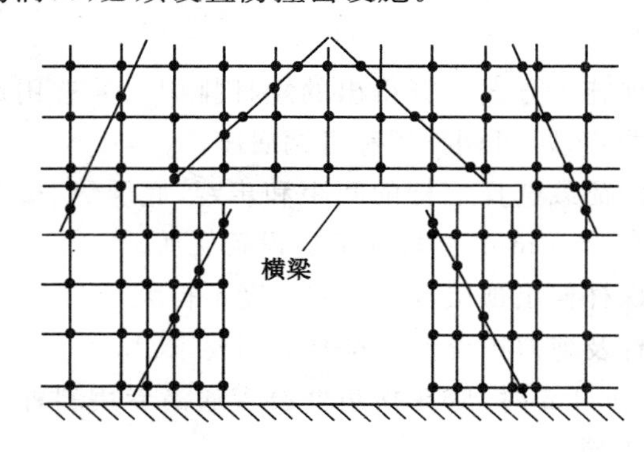

图 2-20　模板支架人行通道设置

2.3.6　木立柱模板支架的构造与安装

1. 材料选择

采用木立柱模板支架时，其材质的选择应符合以下规定：

(1) 立杆、斜撑、剪刀撑、抛撑应选用剥皮杉木或落叶松，其材质性能应符合现行国家标准《木结构设计规范》(GB 50005)中规定的承重结构原木Ⅲa 材质等级的质量标准。

(2) 纵向水平杆、横向水平杆及连墙件应选用剥皮杉木或落叶松，其材质性能应符合现行国家标准《木结构设计规范》(GB 50005)中规定的承重结构原木Ⅱa 材质等级的质量标准。

(3) 连接用的绑扎材料应选用 8 号镀锌钢丝或回火钢丝，且不得有锈蚀斑痕；用过的钢丝严禁重复使用。

(4) 受力杆件的规格应符合下列规定：

① 立杆的梢径不得小于 70 mm，大头直径不得大于 180 mm，长度不宜小于 6 m；

② 纵向水平杆所采用的杉杆梢径不应小于 80 mm，红松、落叶松梢径不应小于 70 mm，长度不宜小于 6 m；

③ 横向水平杆的梢径不得小于 80 mm，长度宜为 2.1～2.3 m。

2. 搭设高度要求

(1) 木立柱模板支架的搭设高度不应超过 5 m。

(2) 当支模高度大于 5 m 时，模板支架不宜采用木立柱模板支架，宜采用桁架模板支架或钢管模板支架。

3. 结构要求

(1) 立杆宜选用整料，当不能满足要求时，立杆的接头不宜超过 1 个，并应采用对接夹板接头进行连接，封顶立杆的大头应朝上，并用双股绑扎。

(2) 立杆底部的结构应符合下列规定：

① 立杆底部一般应埋地。

② 当立杆无法埋地时，支架搭设前，立杆底部的地基土应夯实，底部应加设垫木。

③ 采用垫块垫高立杆时，不得使用单码砖垫高，垫高高度不得超过 300 mm。

④ 立杆底部与垫木间应设置硬木对角楔调整标高，并应用铁钉将其固定在垫木上。

(3) 立杆的顶部应设置支撑头。

(4) 在立杆底距地面 200 mm 处，应沿纵横方向设扫地杆。扫地杆与顶部水平杆的间距，在满足模板设计所确定的水平杆步距要求条件下，进行平均分配确定步距后，在每一步距处纵横向应各设一道水平杆。

(5) 扫地杆、水平杆、剪刀撑应采用 40 mm×50 mm 木条或 25 mm×80 mm 的木板条与立杆钉牢。严禁使用板皮替代拉杆。

(6) 木立柱模板支架的扫地杆、水平杆及剪刀撑均应采用搭接接长，且应采用铁钉钉牢。

(7) 当模板支架四周有建筑结构时，其扫地杆和纵、横向水平杆均应与建筑结构顶紧。

(8) 所有单立杆支撑应在底垫木和梁底模板的中心，并应与底部垫木和顶部梁底模板紧密接触，且不得承受偏心荷载。

(9) 木立柱模板支架应按照要求设置剪刀撑，并应符合下列规定：

① 四周外排立杆必须设剪刀撑，中间每隔三排立杆必须沿纵横方向设通长剪刀撑；

② 剪刀撑必须由底至顶连续设置，底部应与地面抵紧；

③ 当架体高于 4 m 时，在四角及中间每隔 15 m 处，于剪刀撑斜杆的每一端部位置，均应加设与竖向剪刀撑同宽的水平剪刀撑。

④ 剪刀撑的斜杆端部应置于立杆与纵、横向水平杆相交的节点处，与纵向水平杆或横向水平杆绑扎牢固。中部与立杆及纵、横向水平杆各相交处均应绑扎牢固。

(10) 应按照要求设置连墙件，连墙件的设置应符合以下规定：

① 应在立杆周圈外侧和中间有结构柱的部位，按水平间距6～9 m、竖向间距2～3 m与建筑结构设置一个刚性的固结点，在没有结构柱部位应采取预埋钢管等措施与建筑结构进行刚性连接；

② 当采用预埋方式设置连墙件时，应提前与相关部门协商，并应按设计要求预埋；

③ 连墙件应采用可承受拉、压荷载的刚性结构，连接应牢固、可靠；

④ 连墙件宜采用预埋件和工具化、定型化的连接构造。

(11) 当仅为单排木立杆作为模板支架时，应在单排立杆的两边每隔 3 m 加设斜支撑，且每边不得少于 2 根，斜支撑与地面的夹角应为60°。

2.3.7 桁架式模板支架的构造与安装

1. 搭设高度

(1) 桁架式模板支架的搭设高度不宜大于 50 m；

(2) 当搭设高度超过 50 m 时，应另行设计。

2. 地基基础要求

支架的地基基础应符合下列规定：

(1) 搭设场地应坚实、平整，并应有排水措施；

(2) 支撑在地基土上的立杆下应设具有足够强度和支撑面积的垫板；

(3) 混凝土结构层上应设可调底座或垫板；

(4) 对承载力不足的地基土或楼板，应进行加固处理；

(5) 对冻胀性土层，应有防冻胀措施；

(6) 湿陷性黄土、膨胀土、软土应有防水措施。

3. 构造要求

(1) 单元桁架的竖向斜杆布置可采用对称式和螺旋式，如图 2-21 所示，且应在单元桁架各面布置。

水平斜杆应间隔 2～3 步布置一道，底层及顶层应布置水平斜杆。

(2) 桁架式模板支架的单元桁架组合方式可采用矩阵形或梅花形，如图 2-22 所示，单元桁架之间的每个节点应通过水平杆连接。

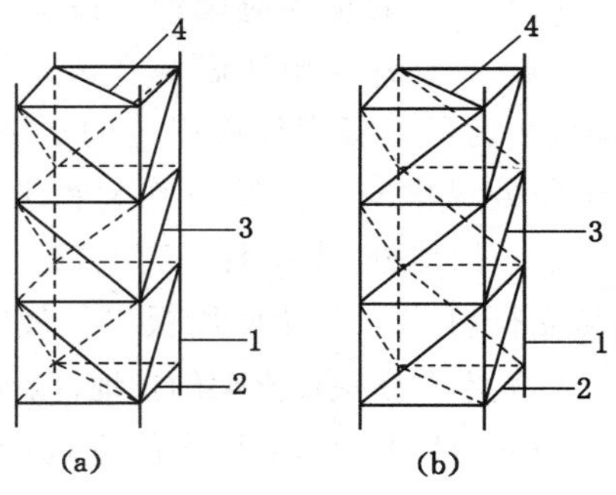

图 2-21 单元桁架斜杆布置立面图

(a) 对称式；(b) 螺旋式

1——立杆；2——水平杆；3——竖向斜杆；4——水平斜杆

(3) 桁架式模板支架的斜杆布置应符合下列规定：

① 外立面应满布竖向斜杆，如图 2-23(a)所示；

② 模板支架周边应布置封闭的水平斜杆，间隔不应超过 6 步，如图 2-23(b)所示；

③ 顶层应满布水平斜杆；

④ 扫地杆层应满布水平斜杆。

(4) 采用伸缩式桁架模板支架时，其搭接长度不得小于 500 mm，上下弦连接销钉规格、数量应按设计规定，并应采用不少于 2 个 U 形卡或钢销钉销紧，2 个 U 形卡距或销距不得小于 400 mm。

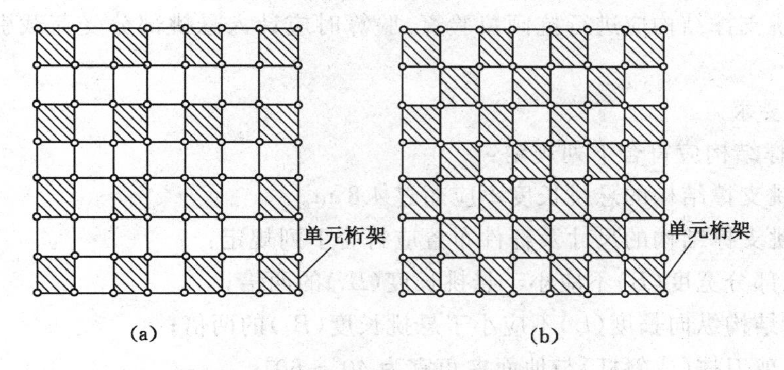

图 2-22　单元桁架组合方式布置平面图

(a) 矩形阵；(b) 梅花阵

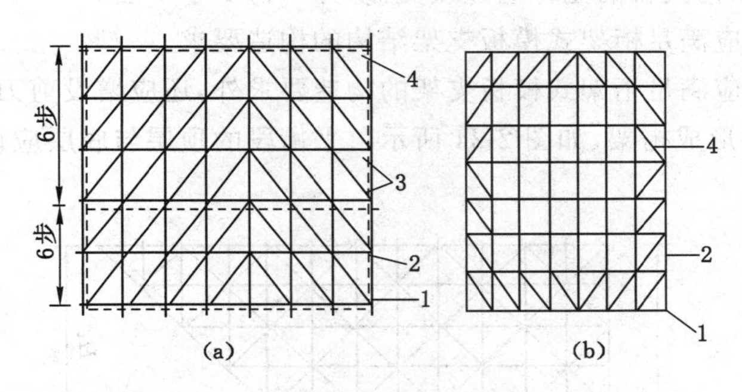

图 2-23　桁架式模板支架斜杆布置图

(a) 外立面图；(b) 平面图

1——立杆；2——水平杆；3——竖向斜杆；4——水平斜杆

(5) 桁架式模板支架的间距设置应与模板设计图一致。

(6) 桁架式模板支架应具有足够的强度。

(7) 当桁架式模板支架采用多榀成组布置时，在其下弦折角处必须另外加设水平撑。

2.3.8　悬挑式模架支架的构造与安装

1. 设计要求

(1) 悬挑支撑结构的竖向荷载设计值(p_t)应符合式(2-8)的要求：

$$p_t \leqslant p_{t,max} \tag{2-8}$$

式中　p_t——悬挑部分的竖向荷载设计值(含悬挑部分自重)，kN/m²；

$p_{t,max}$——悬挑部分的竖向荷载限值，kN/m²，可查表取得。

(2) 落地部分支撑结构的设计计算应符合下列规定：

① 应按现行行业标准《建筑施工临时支撑结构技术规范》(JGJ 300)中框架式支撑结构或桁架式支撑结构进行设计计算。

② 落地部分立杆稳定性验算时应计入悬挑部分受竖向荷载引起的附加轴力，总高度应取支撑结构的高度，并按现行行业标准《建筑施工临时支撑结构技术规范》(JGJ 300)计算立杆附加轴力设计值。

(3) 悬挑支撑结构应进行抗倾覆验算,验算时应计入悬挑部分受荷载引起的附加倾覆力矩。

2. 构造要求

悬挑支撑结构应符合下列规定:

(1) 悬挑支撑结构的悬挑长度不应超过4.8 m。

(2) 悬挑支撑结构的尺寸及杆件布置应符合下列规定:

① 落地部分宽度(B)不应小于悬挑长度(B_t)的两倍;

② 支撑结构纵向长度(L)不应小于悬挑长度(B_t)的两倍;

③ 竖向剪刀撑(或斜杆)与地面夹角宜为40°～60°;

④ 多层悬挑结构模板的上下立杆应保持在同一条垂直线上;

⑤ 多层悬挑结构模板的立杆应连续支撑,并不得少于3层。

(3) 落地部分应满足桁架式模板支架结构的构造要求。

(4) 平衡段除应满足桁架式模板支架的构造要求外,还应增设剪刀撑或斜杆,使沿悬挑方向的每排杆件形成桁架,如图2-24所示。平衡段的顶层与底层应设置水平剪刀撑或满布水平斜杆。

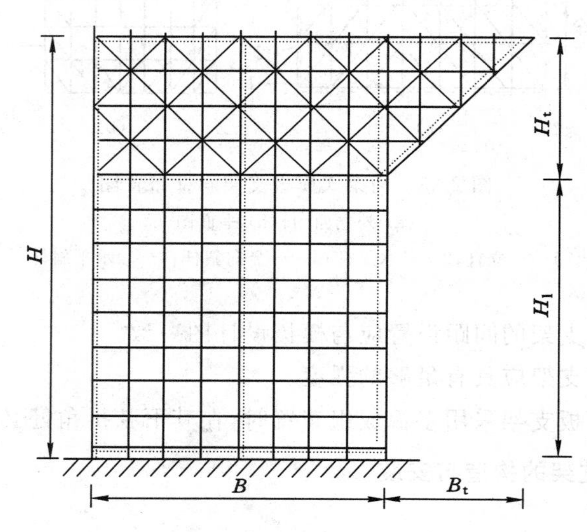

图2-24 悬挑支撑结构剖面图

(5) 悬挑部分沿悬挑方向的每排杆件应形成桁架。悬挑部分顶层及悬挑斜面应设置剪刀撑或满布斜杆。

(6) 悬挑部分的竖向斜杆倾角宜为40°～60°。

(7) 悬挑部分不应采用扣件传力。

(8) 使用前应进行荷载试验。

2.3.9 跨空式模板支架的构造与安装

1. 设计要求

(1) 悬挑支撑结构的竖向荷载设计值(p_s)应符合式(2-9)的要求:

$$p_s \leqslant p_{s,max} \tag{2-9}$$

式中　p_s——跨空部分的竖向荷载设计值(含跨空部分自重),kN/m^2;

$p_{s,max}$——跨空部分的竖向荷载限值,kN/m^2,可查表取得。

(2) 落地部分支撑结构的设计计算应符合下列规定:

① 应按现行行业标准《建筑施工临时支撑结构技术规范》(JGJ 300)中框架式支撑结构或桁架式支撑结构进行设计计算;

② 落地部分立杆稳定性验算时应计入跨空部分受竖向荷载引起的附加轴力,总高度应取支撑结构的高度,并按现行行业标准《建筑施工临时支撑结构技术规范》(JGJ 300)计算立杆附加轴力设计值。

2. 构造要求

跨空支撑结构应符合下列规定:

(1) 跨空支撑结构的跨空长度不应超过 9.6 m;

(2) 跨空支撑结构的尺寸及杆件布置应符合下列规定:

① 落地部分宽度(B)不应小于跨空跨度(B_s);

② 竖向剪刀撑(或斜杆)与地面夹角宜为 40°～60°。

(3) 落地部分应满足桁架式模板支架结构的构造要求。

(4) 平衡段除应满足桁架式模板支架的构造要求外,还应增设剪刀撑或斜杆,使沿跨空方向的每排杆件形成桁架,如图 2-25 所示。平衡段的顶层与底层应设置水平剪刀撑或满布水平斜杆。

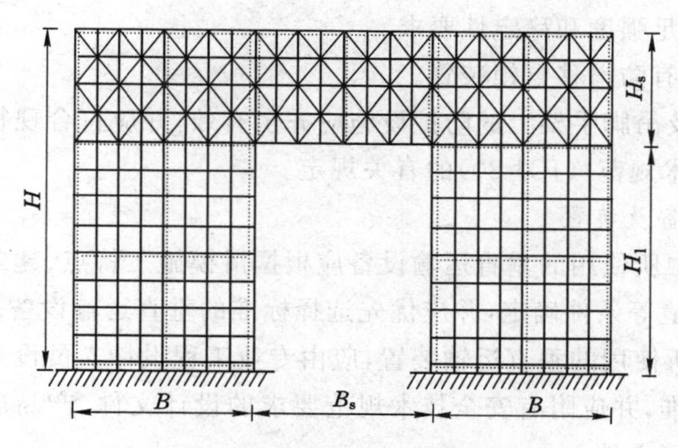

图 2-25　跨空支撑结构剖面图

(5) 跨空部分沿跨空方向的每排杆件应形成桁架。跨空部分顶层与底层应设置剪刀撑或满布斜杆。

(6) 跨空部分的竖向斜杆倾角宜为 40°～60°。

(7) 跨空部分不应采用扣件传力。

(8) 使用前应进行荷载试验。

2.3.10　滑动模板的构造与安装

1. 滑动模板的构造

滑动模板一般由工作平台、内外模板、混凝土平台、工作吊篮和提升设备等部件和设备组成。

（1）模板可用钢、木等材料，为了减少滑升时模板与混凝土之间的摩阻力，通常做成顶边比底边小 6～10 mm 的梯形板。

（2）模板的外侧一般用围圈框紧，围圈和千斤顶提升架相连接，千斤顶则支撑在圆钢杆上。

（3）提升架之间应设置操作平台，模板两侧需悬挂吊脚手架，以便于人员操作和行走。

（4）高压油泵和自动控制装置应当放置在操作平台上，当千斤顶爬升时，可通过提升架把模板和操作平台一并提升。

2. 滑模装置的制作与安装

（1）滑模装置制作前，应绘制或编写完整的加工图、施工安装图、设计计算书及技术说明，并应报设计单位审核批准。

（2）滑模装置应按照设计图纸加工制作；当有变动时，应出具相应的设计变更文件。

（3）制作滑模装置的材料应有质量合格文件，其品种、规格等应符合设计要求。机具、器具应有产品合格证。

（4）滑模装置各部件的制作、焊接及安装质量应经检验合格，并应进行荷载试验，其结果应符合设计要求。滑模装置如需进行改装时，改装后应重新进行验收。

（5）液压千斤顶和支撑杆应符合下列规定：

① 千斤顶的工作荷载不应大于额定荷载；

② 支撑杆应满足强度和稳定性要求；

③ 千斤顶应具有防滑移自锁装置。

（6）操作平台及吊脚手架上的防护设施应齐全有效，并应符合现行行业标准《建筑施工高处作业安全技术规范》（JGJ 80）的有关规定。

3. 垂直运输设备及装置

（1）滑模施工中所使用的垂直运输设备应根据滑模施工特点、建筑物的形状、施工高度及周边地形与环境等条件确定，并应优先选择标准的垂直运输设备通用产品。

（2）滑模施工所使用的垂直运输装置，应由专业工程设计人员设计，设计单位的技术负责人应予审核批准，并应附有安全技术规范要求的设计文件、产品质量合格证明、安装及使用维修说明书等文件。

（3）垂直运输装置应由设计单位提出检测项目、检测指标与检测条件，使用前应由使用单位组织有关设计、制作、安装、使用及监理单位共同检测验收。检测验收合格后，参与验收的各单位和人员应签字确认。

（4）在高耸构筑物滑模施工中，当采用随升井架平台及柔性滑道与吊笼作为垂直运输工具时，应做详细的安全及防坠设计。

（5）吊笼的柔性滑道应按设计要求安装测力装置，并应由专人操作和检查。

4. 通信与信号

（1）在滑模专项施工方案中，应对滑模操作平台、工地办公室、垂直及水平运输的控制室、供电、供水、供料等部位的通信联络制定相应的技术措施和管理制度。

(2) 通信联络装置安装完成后，应在试滑前进行检验和试用，合格后方可正式使用。

5. 防雷

(1) 滑模施工中应采取必要的防雷措施。

(2) 施工中，应定期对防雷装置进行检查，发现问题应及时维修。

6. 滑模施工

(1) 滑模施工前，应按照现行行业标准《液压滑动模板施工安全技术规程》(JGJ 65)的有关要求对滑模装置进行安全检查。

(2) 操作平台上不得超载，材料堆放的位置、数量等应符合专项施工方案的要求。

(3) 指挥人员应在确认无滑升障碍的情况下，发出滑升指令。

(4) 施工中，滑模装置如发生变形、松动，以及出现滑升障碍时，应立即停止作业，并采取纠正措施。

(5) 混凝土的出模强度应控制在0.2～0.4 MPa，当出模混凝土发生流淌或局部坍落时，应立即进行停滑处理。当混凝土的出模强度偏高时，应增加中间滑升次数。

(6) 混凝土施工应均匀布料、分层浇筑、分层振捣，并应根据气温变化和日照情况，调整每层的浇筑起点、走向和施工速度，每个区段上下层的混凝土强度应均衡，每次浇筑的厚度不应大于200 mm。

(7) 滑升过程中，操作平台应保持水平，各千斤顶的相对高差不得大于40 mm。相邻两个提升架上千斤顶的相对标高差不得大于20 mm。

(8) 施工中支撑杆的接头应符合下列规定：

① 结构层同一平面内，相邻支撑杆接头的竖向间距应大于1 m；支撑杆接头的数量不应大于总数的25%，其位置应均匀分布。

② 工具式支撑杆的螺纹接头应拧紧到位。

③ 榫接或作为结构钢筋使用的非工具式支撑杆接头，在其通过千斤顶后，应进行等强度焊接。

(9) 当支撑杆设在结构体外时应有相应的加固措施，支撑杆穿过楼板时应采取传力措施。当支撑杆空滑施工时，根据对支撑杆的验算结果，应进行加固处理。

(10) 滑模施工中，操作平台上应保持整洁，并及时清理。

2.3.11 爬升模板的构造与安装

1. 爬升模板的构造

爬升模板，即爬模，是一种适用于现浇钢筋混凝土竖直或倾斜结构施工的模板工艺，如墙体、桥梁、塔柱等，可分为“有架爬模”(即模板爬架子、架子爬模板)和“无架爬模”(即模板爬模板)两种。

目前已逐步发展形成了“模板与爬架互爬”、“爬架与爬架互爬”和“模板与模板互爬”三种新的工艺。其中，“模板与爬架互爬”工艺应用最为普遍。

爬升模板由大模板、爬升支架和爬升设备三部分组成。

(1) 大模板

1) 面板一般用组合钢模板组拼，或由薄钢板焊接而成，也可用木(竹)胶合板、塑料模板、铝合金模板等组拼。

2）模板的高度一般为建筑标准层层高加 100～300 mm，模板下端需加设橡胶衬垫，以防止漏浆。

3）模板的宽度可根据混凝土墙的宽度和施工段的划分确定，其分块要与爬升设备的能力相适应。

4）根据爬升模板的工艺要求，大模板上应设置两套吊点。一套吊点（一般为两个吊环）用于制作和吊运，焊接在横肋或竖肋上；另一套吊点用于模板爬升，应与爬架吊点位置相对应，一般在模板拼装时进行安装。

5）大模板上的附属装置。

① 爬升装置是用于安装模板和固定爬升设备的专用装置，常用的爬升设备一般有倒链和液压千斤顶等。

② 外附脚手架和悬挂脚手架，设在模板外侧，供模板拆除，爬升，安装就位，校正固定，穿墙螺栓安装和拆除，墙面清理和封堵穿墙螺栓孔等作业时使用。

③ 校正螺栓支撑是一个用于校正、固定模板的工具。爬升前应予拆卸，就位后应及时安装。每个爬架上有两组校正螺栓支撑，模板的上、下端各一对。

（2）爬升支架

1）爬升支架由支承架、附墙架（底座）以及吊模扁担、千斤顶架（或吊环）等部件组成。

2）爬升支架是承重结构，主要依靠附墙架（底座）固定在下层的钢筋混凝土墙体上，并随着施工层的上升而升高，主要起到悬挂模板、爬升模板和固定模板的作用，应具有一定的强度、刚度和稳定性。

3）爬升支架的构造应满足以下要求：

① 爬升支架顶端高度一般应超出上一层楼层高度 0.8～1.0 m，以保证模板能爬升到待施工层位置的高度。

② 爬升支架的总高度（包括附墙架），一般应为 3～3.5 个楼层高度，其中附墙架应设置在待拆模板层的下一层。

为了便于运输和装拆，爬升支架应采取分段（标准节）组合，用法兰盘连接为宜。为了便于操作人员在支承架内上下，支承架的尺寸一般不应小于 650 mm×650 mm，且附墙架（底座）底部应设有操作平台，周围应设置安全防护设施。

④ 附墙架（底座）与墙体的连接应采用不少于 4 个附墙连接螺栓，螺栓的间距和位置尽可能与模板的穿墙螺栓孔相符，以便于该穿墙螺栓孔能作为附墙架的固定连接孔。附墙架的位置如果在窗口处，亦可利用窗台作支承。

⑤ 为了确保模板紧贴墙面，爬升支架的支承部分要离开墙面 0.4～0.5 m，使模板在拆模、爬升和安装时有一定的活动余地。

⑥ 吊模扁担、千斤顶架（或吊环）的位置要与模板上的相应装置处在同一竖线上，以提高模板的安装精度，使模板或爬升支架能竖直向上爬升。

（3）爬升设备

爬升设备是爬升模板的动力，常用的爬升设备有电动葫芦、倒链、液压千斤顶等，其起重能力一般应为计算值的两倍以上。

2. 爬升模板的安装

(1) 进入现场的爬升模板系统(大模板、爬升支架、爬升设备、脚手架、附件等),应按照专项施工方案及设计图纸要求进行验收,合格后方可使用。

(2) 检查工程结构上预埋螺栓孔的直径和位置是否符合图纸要求,有偏差时,应提前采取措施,然后才能安装爬升模板。

(3) 爬升模板的安装顺序是:底座→立杆→爬升设备→大模板→模板外侧吊脚手架。

(4) 底座安装时,应对部分穿墙螺栓临时固定,待标高校正完成后,方可固定全部的穿墙螺栓。

(5) 立杆宜在地面上组装成为一个整体,垂直度校正之后,才能固定全部与底座相连接的螺栓。

(6) 模板安装时,应先进行临时固定,待就位校正后,方可正式固定。

(7) 安装吊装模板的设备时,可使用现场已经安装就位的起重机械设备。

(8) 模板安装完毕后,应对所有连接螺栓和穿墙螺栓进行紧固检查,并应经试爬升验收合格后,方可投入使用。

(9) 所有穿墙螺栓均应由外向内穿入,并在内侧进行紧固。

3. 爬升模板的爬升

(1) 爬升前,应首先对爬升设备的位置、牢固程度、吊钩及连接杆件等进行检查,确认符合要求后方可正式爬升。

(2) 正式爬升前,应首先拆除相邻大模板及脚手架间的连接杆件,使各个爬升模板单元彻底分开。

(3) 爬升大模板时,应先收紧千斤顶或钢丝绳,吊住大模板或支架,然后拆除大模板上的穿墙螺栓,并检查再无任何连接,卡环和安全钩无问题,调整好大模板或爬升支架的重心,使其保持垂直,开始爬升。

(4) 爬升时,操作人员应站在固定件上,不得站在爬升件上随模板或支架爬升,爬升过程中应防止晃动与扭动。

(5) 爬升时要稳起、稳落和平稳就位,防止大幅度摆动和碰撞。应注意不要使爬升模板与其他构件卡住,若发现类似现象,应立即停止爬升,待故障排除后,方可继续爬升。

(6) 每个单元的爬升,应在一个工作台班内完成,不宜中途交接班。每个单元爬升完毕后,应及时进行固定。

(7) 遇五级及以上大风时,应停止爬升作业。

(8) 爬升完毕后,应将小型机具和螺栓清理干净,不得堆放在操作架上。

4. 安全管理

(1) 爬模施工中,所有设备必须按照专项施工方案的要求进行配置。

(2) 施工中要统一指挥,并应设置警戒区,保证通信设施的良好与畅通,同时,现场应做好原始记录。

(3) 模板每爬升一次,现场应检查一次,保证其拧紧力矩在50～60 N·m之间。

(4) 液压设备应由专人操作。

(5) 模板爬升前必须拆尽相互间的连接件,使爬升时各单元能独立爬升。爬升完毕后，应及时安装好连接件，保证爬升模板固定后的整体性。

(6) 大模板爬升或支架爬升时，脚手架上或爬架上必须设置可靠的安全防护设施。拆下的穿墙螺栓要及时放入专用箱内，严禁随手乱放，严禁高空向下抛物。

(7) 爬升中吊点的位置和固定爬升设备的位置不得随意更动，固定必须安全可靠，操作方便。

(8) 在安装、爬升和拆除过程中，不得进行交叉作业，且不得随意中断每一单元的作业。不允许爬升模板在不安全状态下过夜。

(9) 作业中出现障碍时应立即查清原因，必须在排除障碍后方可继续作业。

(10) 脚手架上不应堆放材料、建筑垃圾等。

(11) 倒链的链轮盘、倒卡和链条等，如有扭曲或变形，应停止使用。操作时不准站在倒链的正下方。

(12) 不同组合和不同功能的爬升模板，其安全要求不尽相同，应根据现场所使用设备和工艺特点，制定专门的安全技术措施。

(13) 组合并安装好的爬升模板，金属件要涂刷防锈漆，模板面要涂刷脱模剂。每爬升一次，应清理一次。尤其要注意检查下端防止漏浆的橡皮压条是否完好。

(14) 所有穿墙螺栓孔都应安装螺栓。特殊情况下，如个别螺栓无法安装时，必须采取有效措施。

(15) 绑扎钢筋时，应注意穿墙螺栓的位置及其固定要求。

(16) 内模安装就位并拧紧穿墙螺栓后，应及时调整内、外模的垂直度，使其符合要求。

(17) 每层大模板均应按位置线安装就位，对标高要层层调整。

(18) 大模板爬升时，新浇混凝土的强度不应低于 1.2 N/mm^2。支架爬升时的附墙架穿墙螺栓受力处的混凝土强度应达到 10 N/mm^2 以上。

(19) 每步脚手架间应设置爬梯，作业人员应由爬梯上下，进入爬架后应在爬架内上下，严禁攀爬模板、脚手架和爬架外侧。

2.3.12 飞模的构造与安装

1. 构造与制作

(1) 飞模主要由平台板、支撑系统(包括梁、支架、支撑、支腿等)和其他配件(如升降和行走机构等)组成。

(2) 飞模的规格尺寸，主要根据建筑物结构的开间(柱网)和进深尺寸以及起重机械的吊运能力来确定，一般按开间(柱网)乘以进深尺寸设置一台或多台。

(3) 飞模的制作组装必须按设计图进行。

2. 安装及使用管理

(1) 施工准备

① 飞模宜在现场组装，组装飞模的场地应平整。

② 按照施工设计对飞模平面布置的要求，弹出飞模位置线。飞模坐落的楼(地)面应平整、坚实，无障碍物，预留的孔洞必须盖好。

③ 飞模的部件和零配件(包括辅助设备)，应按设计所规定的数量和质量进行验收。

凡发现有变形、断裂、漏焊、脱焊等质量问题，应经修整后方可使用。

④ 面板使用木(竹)胶合板时，要准备好板面封边剂及模板脱模剂等。

另外，飞模施工必需的量具，如钢卷尺、水平尺等以及吊装所用的钢丝绳、安全卡环等和其他手工用具，如扳手、锤子、螺丝刀等，均应事先做好准备。

(2) 安装工艺

1) 组装

按照设计图纸对飞模体系进行组装。

2) 吊装

① 先在楼(地)面上弹出飞模支设的边线，并在墨线相交处分别测出标高，标出标高的误差值。

② 飞模应按预先编好的序号顺序就位。

飞模就位后，即将面板调至设计标高，然后垫上垫块，并用木楔楔紧。当整个楼层标高调整一致后，再用U形卡将相邻飞模连接。

④ 飞模就位经验收合格后，方可进行下道工序。

3) 脱膜

① 脱模前，先将飞模之间的连接件拆除，然后将升降运输车推至飞模水平支撑下部合适位置，拔出伸缩臂架，并用伸缩臂架上的钩头螺栓与飞模水平支撑临时固定。

② 退出支垫木楔，拔出立杆伸缩腿插销，同时下降升降运输车，使飞模脱模并降低到最低高度。如果飞模面板局部被混凝土粘住，可用撬棍撬动。

③ 脱模时，应由专人统一指挥，使各道工序顺序同步进行。

4) 转移

① 飞模由升降运输车用人力运至楼层出口处。

② 飞模出口处可根据需要安设外挑操作平台。

③ 当飞模运抵外挑操作平台上时，可利用起重机械将飞模吊至下一流水施工段就位，同时撤出升降运输车。

3. 安全管理

(1) 施工前，对施工人员应事先进行安全技术和操作工艺交底，进行必要的工种培训。

(2) 组装好的飞模，在使用前应进行一次试吊，以检验各部件有无隐患。

(3) 飞模就位后，其外侧应立即设置护身栏，高度可根据需要确定，但不得小于1.2 m，外侧须加设安全网。同时设置好楼层防护栏杆。

(4) 上料前，所有支撑都应支设好(包括临时支撑或支腿)，同时要严格控制施工荷载。上料不得太多或过于集中，必要时应进行验算。

(5) 升降飞模时，应统一指挥，步调一致，信号明确，最好采用步话机联络。所有操作人员服从统一指挥。

(6) 上下信号工应分工明确。

(7) 飞模采用地滚轮推出时，前面的滚轮应高于后面的滚轮1～2 cm，防止飞模向外滑移，严禁外侧吊点不挂钩前，将飞模向外倾斜。

(8) 飞模外推时,必须挂好安全绳,由专人掌握。安全绳要慢慢松放,其一端要固定在建筑物的可靠部位上。

(9) 挂钩工人在飞模上操作时,必须系好安全带,并挂设在上层的预埋吊环上。挂钩工人操作时,不得穿塑料鞋或硬底鞋,以防滑倒摔伤。

(10) 飞模起吊时,任何人不准站在飞模上,操作电动平衡吊具的人员应站在楼面上操作,要等飞模完全平衡后再起吊,塔吊转臂要慢,不允许斜吊飞模。

(11) 五级以上的大风天气时,现场应停止飞模吊装工作。夜间或雨雪天气时,现场应当停止飞模吊装作业。

(12) 飞模吊装时,必须使用安全卡环,不得使用吊钩。起吊时,所有飞模的附件应事先固定好,不准在飞模上存放物料,以防高空物体坠落伤人。

(13) 飞模出模时,下层需设安全网,尤其使用滚杠出模时,更应注意防止滚杠坠落。

(14) 在竹木板面上实施电气焊时,要配足灭火器,设专人监护,防止发生火灾事故。

(15) 飞模在施工一定阶段后,应仔细检查各部件有无损坏现象,同时应对所有的紧固件进行一次加固。

2.3.13 隧道模的构造与安装

1. 分类

(1) 隧道模分全隧道模和半隧道模两种。

(2) 全隧道模的基本单元是一个完整的隧道模板,半隧道则是由若干个单元角模组成的,然后用两个半隧道模对拼而成为一个完整的隧道模。

(3) 在使用上全隧道模不如半隧道模灵活,对起重设备的要求也较高,故逐渐被半隧道模所取代。

2. 隧道模的构造

隧道模的基本构件为单元角模,包括横墙模板、纵墙模板、角模顶板、插板、堵头面板、螺旋千斤顶、滚轮、顶板斜支撑、垂直支撑杆、穿墙螺栓、定位块等基本部件。

隧道模的主要配件包括支卸平台、外山墙工作平台、楼梯间工作平台、导墙模板、垂直缝伸缩模板、吊装用托梁及悬托装置、配套小型用具等。

3. 安装过程管理

(1) 施工前,对参加施工的人员应事先进行安全技术和操作工艺交底,进行必要的工种培训。

(2) 专项施工方案应根据工程实际,合理划分施工段,组织好钢筋绑扎、模板安拆、混凝土浇筑等流水程序。

(3) 组装好的半隧道模应按编号顺序吊装就位,并应将 2 个半隧道模顶板边缘的角钢用连接板和螺栓进行连接。

(4) 在墙体钢筋绑扎完成后,半隧道模的安装应间隔进行,以便检查预埋管线和预留孔洞的位置、数量及墙内杂物的清除。

(5) 合模后应采用千斤顶升降模板的底沿,按导墙上所确定的水准点调整到设计标高,并应采用斜支撑和垂直支撑调整模板的水平度和垂直度,再将连接螺栓拧紧,拧紧力矩应符合专项施工方案的要求。

(6) 支卸平台构架的支设必须符合下列规定：

① 支卸平台的设计应便于支卸平台吊装就位，平台的受力应合理。

② 平台桁架中立杆下面的垫板，必须落在楼板边缘以内 400 mm 左右，并应在楼层下相应位置加设临时垂直支撑。

③ 支卸平台台面的顶面，必须和混凝土楼面齐平，并应紧贴楼面边缘。相邻支卸平台间的空隙不得过大。

④ 支卸平台外周边应按照现行行业标准《建筑施工高处作业安全技术规范》(JGJ 80)的有关要求设置安全护栏，并挂设安全网。

(7) 山墙作业平台的安装应符合下列规定：

① 隧道模拆除吊离后，应将特制的 U 形卡承托对准山墙的上排对拉螺栓孔，从外向内插入，并用螺帽紧固。U 形卡承托的间距不得大于 1.5 m。

② 将作业平台吊至已埋设的 U 形卡位置就位，并将平台每根垂直杆件上的 $\phi30$ 水平杆件落入 U 形卡内，平台下部靠墙的垂直支撑用穿墙螺栓紧固。

③ 每个山墙作业平台的长度不应超过 7.5 m，且不应小于 2.5 m，并应在端头分别增加外挑 1.5 m 的三角平台。

④ 作业平台外周边应按照现行行业标准《建筑施工高处作业安全技术规范》(JGJ 80)的有关要求设置安全护栏，并挂设安全网。

2.3.14　普通模板的构造与安装

1. 基础及地下工程模板

(1) 地面以下支模应先检查土壁的稳定情况，当有裂纹及塌方危险迹象时，应采取安全防护措施后，方可下人作业。

(2) 当深度超过 2 m 时，操作人员应设梯上下。

(3) 距基槽(坑)上口边缘 1 m 内不得堆放模板。向基槽(坑)内运料应使用起重机、溜槽或绳索；运下的模板严禁立放在基槽(坑)土壁上。

(4) 斜支撑与侧模的夹角不应小于 45°，支在土壁的斜支撑应加设垫板，底部的对角楔木应与斜支撑连牢。高大长脖基础若采用分层支模时，其下层模板应经就位校正并支撑稳固后，方可进行上一层模板的安装。

(5) 在有斜支撑的位置，应在两侧模间采用水平撑连成整体。

2. 柱模板

(1) 现场拼装柱模时，应适时地安设临时支撑进行固定，斜撑与地面的倾角宜为 60°，严禁将大片模板系在柱子钢筋上。

(2) 待四片柱模就位组拼经对角线校正无误后，应立即自下而上安装柱箍。

(3) 若为整体预组合柱模，吊装时应采用卡环和柱模连接，不得采用钢筋钩代替。

(4)柱模校正(用四根斜支撑或用连接在柱模顶四角带花篮螺栓的缆风绳，底端与楼板钢筋拉环固定进行校正)后，应采用斜撑或水平撑进行四周支撑，以确保整体稳定。

(5) 当高度超过 4 m 时，应群体或成列同时支模，并应将支撑连成一体，形成整体框架体系。当需单根支模时，柱宽大于 500 mm 的，应在每边的同一标高上设置不少于 2 根的斜撑或水平撑。斜撑与地面的夹角宜为 45°～60°，下端尚应有防滑移的措施。

(6) 角柱模板的支撑，除了需满足以上要求外，还应在里侧设置能承受拉力和压力的斜撑。

3. 墙模板

(1) 当采用散拼定型模板支模时，应自下而上进行，必须在下一层模板全部紧固后，方可进行上一层安装。当下层不能独立安设支撑件时，应采取临时固定措施。

(2) 当采用预拼装的大块墙模板进行支模安装时，严禁同时起吊 2 块模板，并应边就位、边校正、边连接，固定后方可摘钩。

(3) 安装电梯井内墙模前，必须在板底下 200 mm 处牢固地满铺一层脚手板。

(4) 模板未安装对拉螺栓前，板面应向后倾一定角度。

(5) 当钢楞长度需接长时，接头处应增加相同数量和不小于原规格的钢楞，其搭接长度不得小于墙模板宽或高的 15%～20%。

(6) 拼接时的 U 形卡应正反交替安装，间距不得大于 300 mm；两块模板对接接缝处的 U 形卡应满装。

(7) 对拉螺栓与墙模板应垂直，松紧应一致，墙厚尺寸应正确。

(8) 墙模板内外支撑必须坚固、可靠，应确保模板的整体稳定。当墙模板外面无法设置支撑时，应在里面设置能承受拉力和压力的支撑。多排并列且间距不大的墙模板，当其与支撑互成一体时，应采取措施，防止灌筑混凝土时引起邻近模板变形。

4. 独立梁和整体楼盖梁结构模板

(1) 安装独立梁模板时应设安全操作平台，并严禁操作人员站在独立梁底模或柱模支架上操作及上下通行。

(2) 底模与横楞应拉结好，横楞与支架、立杆应连接牢固。

(3) 安装梁侧模时，应边安装边与底模连接，当侧模高度多于 2 块时，应采取临时固定措施。

(4) 起拱应在侧模内外楞连接牢固前进行。

(5) 单片预组合梁模，钢楞与板面的拉结应按设计规定制作，并应按设计吊点试吊无误后，方可正式吊运安装，侧模与支架支撑稳定后方准摘钩。

5. 楼板或平台板模板

(1) 当预组合模板采用桁架支模时，桁架与支点的连接应固定牢靠，桁架支承应采用平直通长的型钢或木方。

(2) 当预组合模板块较大时，应加钢楞后方可吊运。当组合模板为错缝拼配时，板下横楞应均匀布置，并应在模板端穿插销。

(3) 单块模板就位安装，必须待支架搭设稳固、板下横楞与支架连接牢固后进行。

(4) U 形卡应按设计规定安装。

6. 其他结构模板

(1) 安装圈梁、阳台、雨篷及挑檐等模板时，其支撑应独立设置，不得支搭在施工脚手架上。

(2) 安装悬挑结构模板时，应搭设脚手架或悬挑工作台，并应设置防护栏杆和安全网。作业处的下方不得有人通行或停留。

（3）烟囱、水塔及其他高大构筑物的模板，应编制专项施工设计和安全技术措施，并应详细地向操作人员进行交底后方可安装。

（4）在危险部位进行作业时，操作人员应系好安全带。

2.4　模板拆除与维修

2.4.1　一般规定

（1）模板拆除作业时，应严格按照专项施工方案的要求组织实施，拆除前应做好以下准备工作：

① 应对将要拆除的模板支架进行拆除前的检查；全面检查模板支架的基础沉降情况，连接件的拧紧、锁紧情况，连墙件设置情况，以及其他加固情况等是否符合构造要求；

② 应根据拆除前的检查结果，补充完善专项施工方案中有关支架拆除的顺序和安全技术措施，经审批后方可实施；

③ 拆除前应对施工操作人员组织进行安全技术交底；

④ 应清除模板支架上的材料、杂物及地面障碍物。

（2）拆除模板的时间应按照现行国家标准《混凝土结构工程施工质量验收规范》(GB 50204)的规定执行，即在混凝土强度能够保证其表面及棱角不因拆除模板而受损坏时(大于 1 N/mm^2)，可以拆除不承重的侧模板。承重模板的拆除，应根据构件的受力情况、气温、水泥品种及振捣方法等确定。冬期施工的拆模，应符合专门规定。

① 现浇混凝土模板拆除时的混凝土强度，应符合设计要求；当设计无具体要求时，侧模，混凝土强度能保证其表面和棱角不因拆除模板而受损坏方可拆除。混凝土强度符合表 2-6 的规定时方可拆除底模。

表 2-6　现浇结构拆模时所需混凝土强度

结构类型	结构跨度/m	按设计的混凝土强度标准的百分率计/%
板	≤2	≥50
	>2，≤8	≥75
	>8	≥100
梁、拱、壳	≤8	≥75
	>8	≥100
悬臂构件	≤2	≥75
	>2	≥100

注：本标准中“设计的混凝土强度标准值”是指与设计混凝土强度等级相应的混凝土立方体抗压强度标准值。

② 预制构件模板拆除时的混凝土强度，应符合设计要求。当设计无具体要求时，侧模，在混凝土强度能保证构件不变形、棱角完整时，方可拆除；芯模或预留空洞的内模，在混凝土强度能保证构件和孔洞表面不发生塌陷和裂缝后，方可拆除；底模，当构件跨度不大于 4 m 时，在混凝土强度达到设计强度标准值的 50%后，方可拆除；当构件跨度大于 4 m 时，在混

凝土强度达到设计强度标准值的75%后，方可拆除。

(3) 当混凝土未达到规定强度或已达到设计规定强度，需提前拆模或承受部分超设计荷载时，必须经过计算和项目技术负责人确认其强度能够承受此荷载后，方可予以拆除。

(4) 拆模时的混凝土强度应以同龄期的、同养护条件的混凝土试块试压强度为准。当楼板上有施工荷载时，应对楼板及模板支架的承载能力和变形进行验收。

(5) 在承重焊接钢筋骨架作配筋的结构中，承受混凝土重量的模板应在混凝土达到设计强度的25%后方可拆除承重模板。当在已拆除模板的结构上加置荷载时，应另行核算。

(6) 大体积混凝土的拆模时间除应满足混凝土强度要求外，还应使混凝土内外温差降低到25 ℃以下方可拆模，否则应采取有效措施，使拆模与养护措施密切配合，如边拆除边用草袋子覆盖，或边拆除边回填土方覆盖等，防止产生温度裂缝。

(7) 后张预应力混凝土结构的侧模宜在施加预应力之前拆除，底模应在施加预应力之后拆除。当设计有规定时，应按规定执行。

(8) 当楼板上遇有后浇带时，其受弯构件的底模应在后浇带混凝土浇筑完成并达到规定强度后方可拆除。如需在后浇带浇筑之前拆模，必须对后浇带两侧进行支顶。

(9) 模板的拆除工作应设专人指挥。多人同时操作时，应明确分工、统一行动，且应具有足够的操作面。作业区应设围栏，非拆模人员不得入内，并有专人负责监护。

(10) 拆模的顺序应与支模顺序相反，应先拆非承重模板，后拆承重模板，自上而下逐层拆除，严禁上下同时作业。

(11) 拆除钢楞、木楞、钢桁架时，应在其下面临时搭设防护支架，拆下的楞梁及桁架应先落在临时防护支架上。

(12) 拆模过程中，若发现混凝土有较大的孔洞、夹层、裂缝，以及影响结构或构件安全等质量问题时，应暂停拆除作业，在与项目技术负责人研究处理后方可继续拆除。

(13) 模板拆除作业过程中严禁用大锤和撬棍硬砸、硬撬。拆下的模板构配件严禁向下抛掷。应做到边拆除、边清理、边运走、边码堆。

(14) 连墙件、剪刀撑等杆件必须随模板支架逐层拆除，严禁先将连墙件、剪刀撑整层或数层拆除后再拆其他模板支架；分段拆除的模板支架高差大于两步时，应增设连墙杆或剪刀撑等杆件，首先对架体进行加固。

(15) 当模板支架拆至下部最后一根立杆的高度时，水平杆与立杆应同时拆除，或者先在适当位置搭设临时抛撑进行加固，然后再拆除连墙件。

(16) 当模板支架采取分段拆除时，对不拆除的模板支架应按照现场情况及相关规定，在未拆除部分的架体上补设连墙件、竖向剪刀撑、水平剪刀撑及横向斜撑等。

(17) 对已拆除的模板、支架及构配件等应及时运走或妥善堆放，严防操作人员因扶空、踏空而发生事故。模板拆除后，其临时堆放处距离楼层边沿的距离不得小于1 m，且堆放高度不得超过1 m。楼层边口、通道口、脚手架边缘处，严禁堆放任何拆下的物件。

(18) 拆模过程中如遇中途停歇，应将已松动、悬空、浮吊的模板或支架进行临时支撑牢固或相互连接稳固；对于已松动又很难临时固定的构配件必须一次拆除。

(19) 已拆除了模板的结构,应在混凝土强度达到设计强度值后方可承受全部设计荷载。若在未达到设计强度以前,需在结构上加置施工荷载时,应另行核算,强度不足时,应加设临时支撑。

(20) 拆模的架子应与模板支架分开架设,不能拉结在一起,作业前及作业过程中应及时进行检查,及时将拆模架与准备拆除的模板支架之间的拉结解除,防止因拆除模板支架而影响脚手架的安全性。

(21) 拆下的模板、支架及配件应及时清理维修。暂时不用的模板应分类堆存,妥善保管;钢模应做好防锈处理,设仓库存放。大型模板堆放时,应垫平放稳,并适当加固,以免翘曲变形

(22) 遇5级或5级以上大风时,应暂停室外的高处作业。雨、雪、霜后应先清扫施工现场,然后方可进行模板拆除工作。

(23) 有芯钢管立杆运出前应先将芯管抽出或用销卡固定。

(24) 对有钉子的模板要及时拔掉其上面的钉子,或使其钉子尖朝下。对已拆下的钢楞、木楞、桁架、立杆及其他零配件等,应及时运到指定地点,及时清除板面上黏结的灰浆,对变形和损坏的钢模板及配件应及时修复。对暂不使用的钢模板,板面应刷防锈油(钢模板脱模剂),背面补涂防锈漆,并应按规定及时检查、整修与保养,按品种、规格分别存放。

(25) 拆除作业面遇有预留洞口、管沟、电梯井口、楼梯口或临边等高低差较大处时,应按照现行行业标准《建筑施工高处作业安全技术规范》(JGJ 80)的有关要求及时盖好、拦好并处理好,防止发生坠落事故。

2.4.2 普通模板拆除

1. 条形基础、杯形基础、独立基础或设备基础的模板拆除

(1) 拆除前,应先检查基槽(坑)土壁的安全状况,发现有松软、龟裂等不安全因素时,应在采取安全防范措施后,方可进行作业。

(2) 拆下的模板及支架等应随拆随运,不得在离槽(坑)上口边缘1 m以内堆放。

(3) 模板拆除过程时,施工人员必须站在安全的地方。

(4) 拆除楞梁及模板应由上而下,由表及里,按照先拆内外楞梁、再拆木面板的顺序实施拆除,作业过程中应避免上下交叉作业;对钢模板的拆除应先拆钩头螺栓和内外钢楞,再拆U形卡和L形插销,拆下的钢模板应稳妥地传递到地面上,不得随意抛掷。

(5) 对拆下的小型零配件应随手装入工具袋内或小型箱笼内,不得随处乱扔。

(6) 基础模板拆除完毕后,应安排专人彻底清理一次,当基础四周失落的零配件全部清理干净后,方可进行防水及回填等工作。

2. 柱模板拆除

柱模板的拆除可采用分散拆除和分片拆除两种方法。

(1) 分散拆除的顺序为:拆除拉杆或斜撑→自上而下拆除柱箍或横楞→拆除竖楞→自上而下拆除配件及模板→运走→分类堆放→清理→拔钉→钢模维修→刷防锈油或脱模剂→入库备用。

(2) 分片拆除的顺序为:拆除全部支撑系统→自上而下拆除柱箍及横楞→拆除柱角U形卡→分2片或4片拆除模板→原地清理→刷防锈油或脱模剂→分片运至新支模地点

备用。

(3) 分片拆除柱模板时，一般应在拆除四角 U 形卡前做好四边临时支撑，待吊钩挂好后，方可拆除临时支撑，并脱模起吊。

(4) 柱模板拆除作业时，拆下的模板及配件不得向地面抛掷。

3. 墙模板拆除

(1) 单块组拼墙模板的拆除：拆除斜撑或斜拉杆→自上而下拆除外楞及对拉螺栓→分层自上而下拆除木楞或钢楞及零配件和模板→运走分类堆放→拔钉清理→清理检修后刷防锈油或脱模剂→入库备用。

(2) 预组拼墙模板的拆除：拆除全部支撑系统→拆卸大块墙模接缝处的连接型钢及零配件→拧去固定埋设件的螺栓及大部分对拉螺栓→挂上吊装绳扣并略拉紧吊绳→拧下剩余对拉螺栓→用方木均匀敲击大块墙模立楞及钢模板使其脱离墙体→用撬棍轻轻外撬大块墙模板使其全部脱离→指挥起吊→运走→清理→刷防锈油或脱模剂备用。

(3) 拆除每一大块墙模的最后 2 个对拉螺栓后，作业人员应撤离到大模板的下侧，也可在大模板底部安设支腿，防止大模板倾倒。对个别大块模板拆除后产生局部变形者，应及时进行整修。

(4) 大块模板起吊时速度要慢，应保持垂直，严禁模板碰撞墙体。

4. 梁、板模板拆除

(1) 梁、板模板应先拆梁侧模，再拆板底模，最后拆除梁底模，并应分段分片进行，严禁成片撬落或成片拉拆。

(2) 拆除跨度较大的梁下支架时，应从跨中依次向两端对称地拆除；拆除跨度较大的挑梁下支架时，应从外侧向里侧逐步拆除。

(3) 立杆拆除时，严禁将梁底板与立杆连在一起向一侧整体拉倒。

(4) 拆除时，作业人员应站在安全的地方进行操作，严禁站在已拆或松动的模板上进行拆除作业，严禁站在悬臂结构边缘敲拆下面的底模。

(5) 拆除模板时，严禁用铁棍或铁锤乱砸，已拆下的模板应妥善传递或用绳钩放至地面。

(6) 对于多层楼板模板支架的拆除，当上层及以上楼板正在浇注混凝土时，下层楼板上的模板支架拆除，应根据下层楼板结构混凝土强度的实际情况，经过计算确定。跨度在 4 m 及以上的梁下需予以保留，且间距不应大于 3 m。

(7) 待分片、分段的模板全部拆除后，方允许将模板、支架、零配件等按指定地点运出堆放，并进行拔钉、清理、整修、刷防锈油或脱模剂，入库备用。

2.4.3 爬升模板拆除

(1) 拆除爬模时应有拆除方案，且应由技术负责人签署意见，应向有关人员进行安全技术交底后，方可实施拆除。

(2) 拆除时要设置警戒区。要有专人统一指挥，专人监护，严禁交叉作业。拆下的物件，要及时清理运走。

(3) 拆除时应先清除脚手架上的垃圾杂物，拆除连接杆件，经检查安全可靠后，方可大面积拆除。

(4) 拆除爬升模板的顺序为:拆除悬挂脚手架→拆除爬升设备→拆除大模板→拆除爬升支架。

(5) 拆除爬升模板的设备可利用施工用起重机械设备。

(6) 已拆除的物件应及时清理、整修和保养,并运至指定地点备用。

(7) 遇5级以上大风应停止拆除作业。

2.4.4 飞模拆除

(1) 脱模时,梁、板混凝土强度等级应符合相关规范及专项施工方案的设计要求。

(2) 飞模的拆除顺序、行走路线和运到下一个支模地点的位置,均应按飞模设计的有关规定进行。

(3) 拆除时,应先用千斤顶顶住下部水平连接管,再拆去木楔或砖墩(或拔出钢套管连接螺栓,提起钢套管)。推入可任意转向的四轮台车,松千斤顶使飞模落在台车上,随后推运至主楼板外侧搭设的平台上,用塔吊吊至上层重复使用。若不需重复使用时,应按普通模板的方法拆除。

(4) 飞模拆除时必须有专人指挥,飞模尾部应绑安全绳,安全绳的另一端应套在坚固的建筑结构上,且在推运时应徐徐放松。

(5) 飞模推出后,飞模出口处应根据需要安设外挑操作平台,楼层外边缘应立即搭设临边防护栏杆。

(6) 当飞模运抵外挑操作平台上时,可利用起重机械将飞模吊至下一流水施工段就位,同时撤出升降运输车。

2.4.5 隧道模拆除

(1) 拆除前应对作业人员进行安全技术交底和技术培训。

(2) 拆除导墙模板时,应在新浇混凝土强度达到1.0 N/mm^2 后,方准拆模。

(3) 拆除隧道模应按下列顺序进行:

① 新浇混凝土强度应在达到承重模板拆模要求后,方准拆模。

② 应采用长柄手摇螺帽杆将连接顶板的连接板上的螺栓松开,并应将隧道模分成2个半隧道模。

③ 拔除穿墙螺栓,并旋转垂直支撑杆和墙体模板的螺旋千斤顶,让滚轮落地,使隧道模脱离顶板和墙面。

④ 放下支卸平台防护栏杆,先将一边的半隧道模推移至支卸平台上,然后再推另一边半隧道模。

⑤ 为使顶板不超过设计允许荷载,经设计核算后,应加设临时支撑系统。

2.4.6 特殊模板拆除

(1) 对于拱、薄壳、圆穹屋顶和跨度大于8 m的梁式结构,应按设计规定的程序和方式从中心沿环圈对称地向外或从跨中对称地向两边均匀放松模板支架立杆。

(2) 拆除圆形屋顶、筒仓下漏斗模板时,应从结构中心处的支架立杆开始,按同心圆层次对称地拆向结构的周边。

(3) 拆除带有拉杆拱的模板时,应在拆除前预先将拉杆拉紧。

2.5 安全管理

(1) 模板支架搭设前应编制专项施工方案，结构设计应进行计算，并应按规定进行审核、审批。

支架搭设高度超过 8 m 及以上、跨度 18 m 及以上、施工总荷载 15 kN 及以上和集中线荷载 20 kN 及以上的高大模板支撑系统的专项施工方案，应按照规定组织专家论证。

(2) 从事支架搭设及拆除作业的人员，应经过专业安全技术培训，并经考核合格的专业架子工。从事高处作业人员，应定期体检，不符合要求的不得从事高处作业。

(3) 安装和拆除模板时，操作人员应佩戴安全帽、系安全带、穿防滑鞋。安全帽和安全带应定期检查，不合格者严禁使用。

(4) 模板及配件进场时，应有出厂合格证或检验报告，安装前，应对所用部件（立杆、楞梁、吊环、扣件等）认真检查，不合格者不得使用。

(5) 支架基础应坚实、平整，承载力应符合设计要求，并应能承受支架上部的全部荷载。

(6) 支架底部应按规定设置底座或垫板，垫板的规格应符合规范要求。

(7) 支架底部纵、横向扫地杆的设置应符合相关规范要求。

(8) 基础应采取排水设施，并应排水畅通。

(9) 当支架在楼面结构上时，应对楼面结构进行强度验算，必要时应对楼面结构采取加固措施。

(10) 当模板支架的高宽比大于规定值时，应按规定设置连墙件、缆风绳或采用增加架体宽度的加强措施。

(11) 立杆伸出顶层水平杆中心线至支撑点的长度应符合相关规范要求。

(12) 浇筑混凝土时应对架体基础沉降、架体变形进行监控，基础沉降、架体变形应在规定允许范围内。

(13) 施工均布荷载、集中荷载应在设计允许范围内。

(14) 浇筑混凝土时，应对混凝土堆积高度进行控制。当施工作业面采用布料机等辅助设施浇筑混凝土时，放置布料机等设施底部的架体应当进行加固，以满足荷载要求。

(15) 进行混凝土浇筑作业时，应确保使浇筑顺序和分层浇筑厚度满足相关规范及专项施工方案的要求。

(16) 模板支架搭设、拆除前应进行安全技术交底，并应有交底记录，履行签字手续。

(17) 模板支架搭设完毕，及进入下一道施工工序前，现场应按照规定组织对架体进行验收，验收应有量化内容，并经责任人签字确认。

(18) 模板支架的立杆应采用对接、套接或承插式连接方式，并应符合规范要求。

(19) 水平杆的连接及支架的立杆步距等，应符合相关规范的要求。

(20) 剪刀撑斜杆采用搭接时，其搭接长度不应小于 1 m。

(21) 杆件各连接点的紧固应符合相关规范的要求。

(22) 可调底座、可调托撑的螺杆直径应与立杆内径匹配，配合间隙应符合相关规范要求。

(23) 螺杆旋入螺母内的长度不应少于5倍的螺距。

(24) 模板支架拆除前结构的混凝土强度应达到设计要求。

(25) 模板支架拆除时应设置警戒区，并应设专人监护。

(26) 在高处安装和拆除模板时，周围应设必要的操作平台。在临街面及交通要道地区，尚应设警示牌，派专人进行监护。

(27) 作业时，模板和配件不得随意堆放，模板应放平、放稳，严防滑落。脚手架或操作平台上临时堆放的模板不得超过脚手架或操作平台的承载能力，连接件应放在工具袋中，不得散放在脚手板或操作平台上。

(28) 多人共同操作或扛抬组合钢模板时，必须密切配合、协调一致、互相呼应。

(29) 临时照明设施的电压不得超过36 V；特别潮湿的环境下，以及构成模板支架的材料为金属材料时，临时照明设施的电压不得超过12 V。临时照明设施及机电设备的移动线路应采用绝缘橡胶套电缆线。

(30) 有关避雷、防触电和架空输电线路的安全距离应符合现行行业标准《施工现场临时用电安全技术规范》(JGJ 46)的有关规定。

(31) 施工用的临时照明和动力线应采用绝缘线和绝缘电缆线，且不得直接固定在钢模板上。

(32) 夜间施工时，应有足够的照明，并应制定夜间施工的安全措施。

(33) 模板安装高度在2 m及以上时，应符合现行行业标准《建筑施工高处作业安全技术规范》(JGJ 80)的有关规定。

(34) 严禁将模板支撑系统与脚手架或操作平台等架体进行连接。

(35) 支模过程中如遇中途停歇，应将已就位模板或支架连接稳固，不得浮搁或悬空。拆模中途停歇时，应将已松扣或已拆松的模板、支架等拆下，防止构件突然坠落。

(36) 作业人员严禁攀登模板、斜撑杆、拉条或绳索等，不得在高处的墙顶、独立梁或在其模板上行走。

(37) 模板施工中，应设专人进行检查，发现问题应及时报告。当遇险情时，应立即停工和采取应急措施；待排除险情后，方可继续施工。

(38) 寒冷地区冬期施工用钢模板时，不宜采用电热法加热混凝土，否则应采取防触电措施。

(39) 在大风地区或大风季节施工时，模板应有抗风的临时加固措施。

(40) 当遇大雨、大雾、沙尘、大雪或5级以上大风等恶劣天气时，应停止露天高处作业。5级及以上风力时，应停止高空吊运作业。雨、雪停止后，应及时清除模板和地面上的积水及冰雪。

(41) 木模板施工作业时应遵守下列规定：

1) 支、拆模板时，不应在同一垂直面内立体作业。无法避免立体作业时，应设置专项安全防护设施。

2) 高处、复杂结构模板的安装与拆除，应按施工组织设计要求进行，应有安全措施。

3) 上下传送模板，应采用运输工具或用绳子系牢后升降，不应随意抛掷。

4）模板的支撑，不应支撑在脚手架上。

5）支模过程中，如需中途停歇，应将支撑、搭头、柱头板等连接牢固。拆模间歇时，应将已活动的模板、支撑等拆除运走并妥善放置，以防扶空、踏空导致事故。

6）模板上如有预留孔（洞），安装完毕后应将孔（洞）口盖好。混凝土构筑物上的预留孔（洞），应在拆模后盖好。

7）模板拉条不应弯曲，拉条直径不应小于 14 mm，拉条与锚环应焊接牢固；割除外露螺杆、钢筋头时，不应任其自由下落，应采取安全措施。

8）混凝土浇筑过程中，应设专人负责检查、维护模板，发现变形走样，应立即调整、加固。

9）拆模时的混凝土强度，应达到《水工混凝土施工规范》（SL 677）所规定的强度。

10）高处拆模时，应有专人指挥，并标出危险区；应实行安全警戒，暂停交通。

11）拆除模板时，严禁操作人员站在正拆除的模板上。

（42）使用后的木模板应拔除铁钉，分类堆放。若为露天堆放，顶面应遮防雨篷布。

（43）钢模板施工时应遵守下列规定：

1）对拉螺栓拧入螺帽的丝扣应有足够长度，两侧墙面模板上的对拉螺栓孔应平直相对，穿插螺栓时，不应斜拉硬顶。

2）钢模板应边安装边找正，找正时不应用铁锤猛敲或撬棍硬撬。

3）高处作业时，连接件应放在箱盒或工具袋中，严禁散放；扳手等工具应用绳索系挂在身上，以免掉落伤人。

4）组合钢模板装拆时，上下应有人接应，钢模板及配件应随装拆随转运，严禁从高处扔下。中途停歇时，应把活动件放置稳妥，防止坠落。

5）散放的钢模板，应用箱架集装吊运，不应任意堆捆起吊。

6）用铰链组装的定型钢模板，定位后应安装全部插销、预撑等连接件。

7）架设在钢模板、钢排架上的电线和使用的电动工具，应使用安全电压电源。

（44）使用后的钢模、钢构件应符合下列规定：

1）使用后的钢模、桁架、钢楞和立杆应将黏结物清理洁净，清理时严禁采用铁锤敲击。

2）清理后的钢模、桁架、钢楞、立杆，应逐块、逐榀、逐根进行检查，发现翘曲、变形、扭曲、开焊等必须修理完善。

3）清理整修好的钢模、桁架、钢楞、立杆应刷防锈漆。

4）钢模板及配件，使用后必须进行严格清理检查，已损坏断裂的应剔除，不能修复的应报废。螺栓的螺纹部分应整修上油，然后应分别按规格分类装在箱笼内备用。

5）钢模板及配件等修复后，应进行检查验收。凡检查不合格者应重新整修。待合格后方可使用。

6）钢模板由拆模现场运至仓库或维修场地时，装车不宜超出车栏杆，少量高出部分必须拴牢，零配件应分类装箱，不得散装运输。

7）经过维修、刷油、整理合格的钢模板及配件，如需运往其他施工现场或入库，须分类装车，并经接收单位进行确认。

8）装车时，应轻搬轻放，不得相互碰撞。卸车时，严禁成捆从车上推下和拆散抛掷。

9）钢模板及配件应存放在室内或敞篷内，露天堆放时应码放成垛，其底部应距地面100 mm，顶面应遮盖防雨篷布或塑料布。

（45）大模板施工时应遵守下列规定：

1）各种类型的大模板，应按设计制作，每块大模板上应设有操作平台、上下梯道、防护栏杆以及存放小型工具和螺栓的工具箱。

2）放置大模板前，应进行场内清理，长期存放应用绳索或拉杆连接牢固。

3）未加支撑或自稳角不足的大模板，不应倚靠在其他模板或构件上，应卧倒平放。

4）安装和拆除大模板时，吊车司机、指挥、挂钩和装拆人员应在每次作业前检查索具、吊环。吊运过程中，严禁操作人员随大模板起落。

5）大模板安装就位后，应焊牢拉杆、固定支撑。未就位固定前，不应摘钩，摘钩后不应再行撬动；如需调正，撬动后应重新固定。

6）在大模板吊运过程中，起重设备操作人员不应离岗。模板吊运过程应平稳流畅，不应将模板长时间悬置空中。

7）拆除大模板，应先挂好吊钩，然后拆除拉条和连接件。拆模时，不应在大模板或平台上存放其他物件。

（46）滑动模板施工时应遵守下列规定：

1）滑升机具和操作平台，应按照施工设计的要求进行安装。平台四周应有防护栏杆和安全网。

2）操作平台应设置消防、通信和供人上下的设施，雷雨季节应设置避雷装置。

3）操作平台上的施工荷载应均匀对称，严禁超载。

4）操作平台上所设的洞孔，应有标志明显的活动盖板。

5）施工电梯，应安装柔性安全卡、限位开关等安全装置，并规定上下联络信号。

6）施工电梯与操作平台衔接处，应设安全跳板，跳板应设扶手或栏杆。

7）滑升过程中，应每班检查并调整水平、垂直偏差，防止平台扭转和水平位移。应遵守设计规定的滑升速度与脱模时间。

8）模板拆除应均匀对称，拆下的模板、设备应用绳索吊运至指定地点。

9）电源配电箱，应设在操纵控制台附近，所有电气装置均应接地。

10）冬季施工采用蒸汽养护时，蒸汽管路应有安全隔离设施。暖棚内严禁明火取暖。

11）液压系统如出现泄露时，应停车检修。

12）平台拆除工作，应遵守本节有关规定。

（47）钢模台车施工时应遵守下列规定：

1）钢模台车的各层工作平台，应设防护栏杆，平台四周应设挡脚板，上下爬梯应有扶手，垂直爬梯应加护圈。

2）在有坡度的轨道上使用时，台车应配置灵敏、可靠的制动（刹车）装置。

3）台车行走前，应清除轨道上及其周围的障碍物，台车行走时应有人监护。

（48）混凝土预制模板施工时应遵守下列规定：

1）预制场地的选择，场区的平面布置，场内的道路、运输和水电设施，应符合《水利水电工程施工组织设计规范》(SL 303)的有关规定。

2）预制混凝土的生产与浇筑，应遵守有关规定。

3）预制模板存放时应用撑木、垫木将构件安放平稳。

4）吊运和安装应遵守(45)的有关规定。

5）混凝土预制模板之间的砂浆勾缝，作业人员宜在模板内侧进行。如确需在模板外侧进行时，应遵守高处作业的规定。

2.6 安全防护措施

(1) 模板加工厂(车间)应采取相应安全防火措施，并符合以下要求：

① 车间厂房与原材料储堆之间应留不小于 10 m 的安全距离

② 储堆之间应设有路宽不小于 3.5 m 的消防车道，进出口畅通。

③ 车间内设备与设备之间、设备与墙壁等障碍物之间的距离不得小于 2 m。

④ 设有水源可靠的消防栓，车间内配有适量的灭火器。

⑤ 场区入口、加工车间及重要部位应设有醒目的“严禁烟火”的警告标志。

⑥ 加工厂内配置不少于两台泡沫灭火器、0.5 m^2 沙池、10 m^3 水池和消防桶。消防器材不应挪作他用。

⑦ 木材烘干炉池建在指定位置，远离火源，并安排专人值班、监督。

(2) 木材加工机械安装运行应符合以下规定：

① 每台设备均装有事故紧急停机单独开关，开关与设备的距离应不大于 5 m，并设有明显的标志。

② 刨车的两端应设有高度不低于 0.5 m，宽度不少于轨道宽 2 倍的木质防护栏杆。

③ 应配备有锯片防护罩、排屑罩、皮带防护罩等安全防护装置，锯片防护罩底部与工件的间距不应大于 20 mm，在机床停止工作时防护罩应全部遮盖住锯片。

④ 锯片后离齿 10～15 mm 处安装齿形楔刀。

⑤ 电刨子的防护罩不得小于刨刀宽度。

⑥ 应配备足够供作业人员使用的防尘口罩和降噪耳塞。

(3) 大型模板加工与安装应符合以下规定：

① 大型模板应设有专用吊耳。应设宽度不小于 0.4 m 的操作平台或走道，其临空边缘设有钢防护栏杆。

② 高处作业安装模板时，模板的临空面下方应悬挂水平宽度不小于 2 m 的安全网，配有足够的安全带、安全绳。

(4) 模板拆除的安全防护应符合下列规定：

① 拆除高度在 5 m 以上的模板时，宜搭设脚手架，并设操作平台，不得上下在同一垂直面操作。

② 拆除模板应用长撬棒，拆除拼装模板时，操作人员不应站在正在拆除的模板上。

③ 拆模时必须设置警戒区域，并派人监护。

④ 拆模操作人员应采取佩戴安全带、保险绳等双保险措施。安全带、保险绳不得系

挂在正在拆除的模板上。

(5) 滑模安装使用应符合以下规定：

① 滑模卷扬机必须通过安全计算设安全配重。

② 操作平台的宽度不宜小于0.8 m,临空边缘设置防护栏杆,下部悬挂水平防护宽度不小于2 m的安全网,操作平台上所设的孔洞,应有标志明显的活动盖板。

③ 操作平台应设有联络通信信号装置和供人员上下的设施。

④ 提升人员或物料的简易罐笼与操作平台衔接处,应设有宽度不小于0.8 m的安全跳板,跳板应设扶手或钢防护栏杆。

⑤ 独立建筑物滑模在雷雨季节施工时,应设有避雷装置,接地电阻不宜大于10 Ω。

(6) 钢模台车使用应符合以下规定：

① 钢模台车的各层应设有宽度不小于0.5 m的操作平台,平台外围应设有钢防护栏杆和挡脚板,上下爬梯应有扶手,垂直爬梯应加设护圈。

② 钢模台车运行的轨道必须采用膨胀螺栓或插筋固定。

③ 钢模台车行走时,必须在前后15 m的范围外设置安全警示带,禁止行人通行,并挂“台车行走工作,禁止施工车辆、非工作人员通行”的标示牌。

2.7 施工人员安全规定

(1) 用手锯锯开小木料时,应用脚踏牢木料的一端,当锯近末端时应轻拉。

(2) 凿眼时,凿不能过度倾斜,凿柄和木料之间的角度不能太大。

(3) 斧头劈削木料时,应防止木料硬节弹出。

(4) 使用斧头或铁锤时应检查木柄,木柄应牢固。

(5) 有钉子的木板,应将钉子砸弯或拔出。

(6) 工作室内不得吸烟。

(7) 操作电刨、电锯等电动机具前,应先对绝缘进行检查,绝缘应良好,防护装置应齐备、有效,机件连接应牢固可靠,冷却水管应通畅。经检查试车合格后,方可正式操作。

(8) 使用电刨、电锯等电动木工机具时,应遵守电动机具的安全操作规定。

(9) 模板及材料运输应遵守下列规定：

1) 搬运前,应根据实际情况选择合适的交通路线,并检查沿路路况,沿路应无障碍物。

2) 搬运模板及模板构件,应放在指定的地点并码放整齐,在脚手架上放料应均匀摆开,不得超过负荷。

3) 使用平(拖)车搬运大(特种定型)模板时,应对模板进行可靠的固定,若有“三超”(超长、超高、超重)时应事先检查交通线路,做好沿线的安全工作。

(10) 模板安装应遵守下列规定：

1) 作业前应检查模板、支撑等构件,模板、支撑等构件应符合安全要求,钢模板应无严重锈蚀和变形,木模板及支撑材质应合格。

2) 模板工程作业高度在2 m及以上时应设置安全防护设施,高空作业应挂好安全带。

3）登高作业应遵守 SL 398 的有关规定。

4）支模应按工序进行，模板没有固定前，不得进行下道工序。

5）作业时，木工工具应放在工具袋或工具套中，上下传递应用绳子吊送，不得抛掷。

6）起吊模板前，应检查模板结构，木板结构应牢固。起吊时，应经专人指挥。

7）不得在悬吊式模板和高空独木上行走；不得在模板拉杆和支撑上攀爬。

8）不得使用不合格的材料。顶撑应垂直，底端平整坚实，并加垫木。木楔应钉牢，并用横顺拉杆和剪刀撑固定。

9）基础及地下工程模板安装时，应检查基坑边坡的稳定情况，应无裂缝或塌方的危险，基坑上口边沿 1 m 以内不得堆放模板及材料；向槽（坑）内运送模板等构件时，不得抛掷。使用起重机械运送时，起重构件下方不得站人。上下平台应设梯子，模板材料应平放，不得靠立在槽（坑）边上，分段支模时，应随时加固。

10）模板的立柱顶撑应设牢固拉杆，不得与不牢靠的临时物件相连接，模板安装过程中不得间歇，柱头、搭头、立柱顶撑、拉杆等应安装牢固成整体后，作业人员方可离开。

11）立柱支模，每根立柱接头以及斜拉杆及水平拉杆的接头不应超过两个。采用双层支柱时，应先将下层固定后再支上层，上下应垂直对正，并加斜撑。

12）支立柱模板，应随立随用双面斜撑固定。组装立柱模板时，四周应设牢固支撑，如柱模在 6 m 以上，应将几个柱模连成整体。支设独立梁模应搭设临时操作平台，不得站在柱模上操作和在主梁底模上行走和立侧模。

13）支立圈梁、阳台、挑檐、雨罩模板时，其支柱斜撑均应支实，拉杆应牢固，应设立脚手架和作业平台，操作人员应挂牢安全绳。

14）楼板顶留孔洞应加盖板，或挂安全网，并设警示标志。

15）使用桁架支模和吊模时应严格检查，发现严重变形、螺栓松动等应及时修复。

（11）模板拆除应遵守下列规定：

1）模板的拆除，应按分段分层从一端拆退。

2）在拆除小钢模板组成的顶板模板时，不得将支柱全部拆除后一次性拉拽拆除。已拆活动的模板应一次性连续拆完，方可停歇，完工前，不得留下松动和悬挂的模板。

3）拆支柱时应先拆板柱，后拆梁的支柱。拆除时不得硬撬、硬砸，不应采用大面积同时撬落。

4）拆模作业时，应设警戒区，下方不得有人进入。拆模作业人员应站在平稳牢固的地方，保持自身平衡，不得猛撬。

5）拆除梁、桁架等预制构件模板时，应随时插加顶撑支牢。

6）拆下的模板应用溜槽或拉绳徐徐溜放，并及时清理。

7）调运大型整体模板时，应拴接牢固，且吊点平衡。吊装、运输大型模板时，应用卡环连接，就位后应拉结牢固稳定可靠后，方可拆除吊环。

8）拆电梯井大型孔洞模板时，下层应设置安全网等防坠落措施，并设警戒人员。

9）大模板拆除时应遵守《水利水电工程土建施工安全技术规程》（SL 399—2007）中 8.2.3条的有关规定。

考试习题

一、单项选择题(每小题有4个备选答案,其中只有1个是正确选项)

1. 碗扣式模板支架的下碗扣采用钢板热冲压整体成型时,其板材厚度不得小于(　　)。

A. 5 mm　　B. 6 mm　　C. 7 mm　　D. 8 mm

正确答案:B

2. 用于扣件式钢管模板支架的可调托撑,其螺杆外径不得小于(　　)。

A. 30 mm　　B. 36 mm　　C. 48 mm　　D. 50 mm

正确答案:B

3. 用于模板支架的可调托撑,其支托的板厚不应小于(　　),受压承载力设计值不应小于(　　)。

A. 5 mm,40 kN　　B. 3 mm,20 kN

C. 5 mm,20 kN　　D. 3 mm,40 kN

正确答案:A

4. 一般情况下,当模板支架的搭设高度超过(　　)时,现场不得采用木支撑模板支架。

A. 8 m　　B. 5 m　　C. 20 m　　D. 24 m

正确答案:B

5. 模板支架立杆安装在基土上时,应加设(　　)。

A. 木块　　B. 垫板　　C. 预制块　　D. 红砖

正确答案:B

6. 吊运大块或整体模板时,竖向吊运不应少于(　　)个吊点,水平吊运不应少于(　　)个吊点。

A. 1,2　　B. 2,2　　C. 2,3　　D. 2,4

正确答案:D

7. 现场的木料应堆放在下风向,离火源的距离不得小于(　　)。

A. 5 m　　B. 10 m　　C. 20 m　　D. 30 m

正确答案:D

8. 扣件式钢管模板支架的梁下支撑立杆,应在梁侧及板下立杆之间设置贯通的(　　)。

A. 竖向、水平剪刀撑　　B. 连墙件

C. 纵、横向水平杆　　D. 双立杆

正确答案:C

9. 当扣件式钢管模板支架的立杆底部不在同一高度时,高处的扫地杆应向低处延伸,延伸长度不得少于(　　)跨,高低差不得大于(　　),立杆距边坡上边缘不得小于(　　)。

A. 2,1 m,0.5 m　　B. 3,1 m,1 m

C. 2,0.5 m,0.5 m　　D. 2,0.5 m,1 m

正确答案:A

10. 扣件式钢管模板支架的高度在8～20 m时,应在最顶步距两水平杆中间沿纵、横方向上各加设一道(　　)。

A. 水平杆　　B. 斜撑　　C. 之字撑　　D. 水平剪刀撑

正确答案:A

11. 扣件式钢管模板支架的高宽比大于3,或支架高度超过5 m时,应在支架的四周和中间与建筑结构进行刚性连接,连墙件水平间距应为(　　),竖向间距应为(　　)。

A. 4～8 m,4～8 m　　B. 5～10 m,2～3 m

C. 6～9 m,2～3 m　　D. 6～9 m,3～4 m

正确答案:C

12. 扣件式钢管模板支架的水平剪刀撑与支架纵(或横)向水平杆的夹角应为(　　)。

A. 45°～60°　　B. 40°～60°

C. 30°～45°　　D. 根据架体的纵、横间距确定

正确答案:A

13. 盘扣式钢管模板支架的搭设高度不应超过(　　),否则应另行专门设计。

A. 20 m　　B. 24 m　　C. 30 m　　D. 50 m

正确答案:B

14. 对于碗扣式钢管模板支架,当立杆间距大于(　　)时,应在拐角处设置通高专用斜杆,中间每排每列应设置通高八字形斜杆或剪刀撑。

A. 0.5 m　　B. 1.8 m　　C. 1.5 m　　D. 1 m

正确答案:C

15. 对于碗扣式钢管模板支架,当立杆间距不大于(　　)时,支架的中间纵、横向应设置间距不大于(　　)的竖向剪刀撑。

A. 1.5 m,4.5 m　　B. 1.2 m,4.8 m

C. 1.5 m,6 m　　D. 1.8 m,4.5 m

正确答案:A

16. 木立柱模板支架的立杆接头不应超过(　　)个。

A. 4　　B. 3　　C. 1　　D. 2

正确答案:C

17. 跨空式模板支架的跨空长度不应超过(　　)。

A. 10.8 m　　B. 9.6 m　　C. 5.4 m　　D. 12.4 m

正确答案:B

18.现场基坑上口边缘(　　)内不得堆放模板。

A. 2 m　　B. 1 m　　C. 2.8 m　　D. 0.8 m

正确答案:B

19. 模板工程作业高度在(　　)及以上时应设置安全防护设施,高空作业应挂好安全带。

A. 2 m　　B. 1 m　　C. 3 m　　D. 5 m

正确答案:A

20. 支、拆模板时遇(　　)级及以上风力时,应停止高空吊运作业。

A. 4　　B. 5　　C. 3　　D. 6

正确答案:B

21. 拆除大模板,应先挂好(　　),然后拆除拉条和连接件。

A. 安全绳　　B. 防护网　　C. 吊钩　　D. 吊索

正确答案:C

二、多项选择题(每小题至少有2个是正确选项)

1. 一般模板工程通常由(　　)等组成。

A. 面板　　B. 支架　　C. 加固件　　D. 连接件　　E. 螺栓

正确答案:ABD

2. 下列关于模板支架直接搭设在基土上时,对基础进行处理的陈述,正确的有(　　)。

A. 对湿陷性黄土、膨胀土应有防水措施

B. 对冻胀性土应有防冻胀措施

C. 对软土地基可堆载预压以调整模板安装高度

D. 对特别重要的结构工程应采取打桩等措施

E. 基土应坚实,并有排水措施

正确答案:ABCDE

3. 当支架高度在8～20 m时,对于无梁楼盖结构型式的扣件式钢管模板支架,其剪刀撑应满足(　　)等要求。

A. 支架外侧周圈应设由下至上的竖向连续式剪刀撑

B. 中间在纵横向应每隔10 m左右设由下至上的竖向连续式剪刀撑

C. 在竖向连续式剪刀撑部位的顶步水平杆处设水平剪刀撑

D. 在纵横向相邻的两竖向连续式剪刀撑之间增加之字斜撑

E. 在顶部水平杆处有水平剪刀撑部位的每个剪刀撑中间处增加一道之字撑

正确答案:ABCD

4. 对于立杆纵、横间距为0.6 m×0.6 m～0.9 m×0.9 m的扣件式高大模板支架,当楼盖为主次梁框架结构型式时,应设"加强型"剪刀撑,并应满足(　　)等要求。

A. 架体外侧周边及内部纵横向每隔5跨,应由底至顶设置连续式竖向剪刀撑

B. 在竖向连续式剪刀撑顶部交点平面应设置连续水平剪刀撑

C. 在扫地杆部位设置水平剪刀撑

D. 水平剪刀撑至架体底平面距离与水平剪刀撑间距不应超过8 m

E. 水平剪刀撑的宽度应为3～5 m

正确答案:ABCE

5. 对于门式钢管模板支架,其构造应满足(   )等要求。

A. 应在门架立杆上设置可调托撑和托梁

B. 底座、可调托撑与门架立杆轴线的偏差不应大于 5 mm

C. 用作梁模板支架时,门架可平行或垂直于梁轴线方向布置

D. 当梁的模板支架较高时,门架可采用复式布置

E. 梁下横向水平加固杆应伸入板支架内不少于 2 根门架立杆

正确答案:ACDE

6. 支架搭设(   )的高大模板支撑系统的专项施工方案,应按照规定组织专家论证。

A. 高度超过 8 m 及以上　　B. 跨度 18 m 及以上

C. 施工总荷载 15 kN 及以上　　D. 集中线荷载 20 kN 及以上

正确答案:ABCD

7. 大型模板加工与安装应符合以下(   )规定。

A. 大型模板应设有专用吊耳

B. 应设宽度不小于 0.40 m 的操作平台或走道,其临空边缘设有钢防护栏杆

C. 高处作业安装模板时,模板的临空面下方应悬挂水平宽度不小于 3.00 m 的安全网,配有足够安全带、安全绳

D. 高处作业安装模板时,模板的临空面下方应悬挂水平宽度不小于 2.00 m 的安全网,配有足够安全带、安全绳

正确答案:ABD

8. 模板拆除应遵守下列(   )规定。

A. 模板的拆除,应按分段分层从一端拆退

B. 在拆除小钢模板组成的顶板模板时,不得将支柱全部拆除后一次性拉拽拆除。已拆活动的模板应一次性连续拆完,方可停歇,完工前,不得留下松动和悬挂的模板

C. 拆支柱时应先拆梁的支柱,后拆板柱。拆除时不得硬撬、硬砸,不应采用大面积同时撬落

D. 拆模作业时,应设警戒区,下方不得有人进入。拆模作业人员应站在平稳牢固的地方,保持自身平衡,不得猛撬

正确答案:ABD

三、判断题(答案 A 表示说法正确,答案 B 表示说法不正确)

1. 模板支架的基础处应有良好的排水措施。(   )

正确答案:A

2. 拼装高度为 2 m 以上的竖向模板,应站在下层模板上拼装上层模板。(   )

正确答案:B

3. 盘扣式钢管模板支架的地基高差较大时,可利用立杆 0.5m 节点位差配合可调底座进行调整。(   )

正确答案:A

4. 门式钢管模板支架的底层门架立杆上应分别设置纵向、横向扫地杆，并应采用扣件与立杆加强杆扣紧。　　（　　）

正确答案:B

5. 绑扎木立柱模板支架的材料，应选用8号镀锌钢丝，用过的钢丝严禁重复使用。

（　　）

正确答案:A

6. 木立柱模板支架的封顶立杆大头应朝下，并双股绑扎。　　（　　）

正确答案:B

7. 对于木立柱模板支架，当采用垫块垫高立杆时，垫高高度不得超过400 mm。　　（　　）

正确答案:B

8. 搭设高度超过5 m时，可以采用木立柱模板支架系统。　　（　　）

正确答案:B

9. 现场拼装柱模时，安设的临时支撑与地面的倾角宜为60°。　　（　　）

正确答案:A

10. 模板拆除后，其临时堆放处距楼层边沿的距离不得小于1 m。　　（　　）

正确答案:A

11. 在临街面及交通要道地区安装和拆除模板时，应设警示牌，派专人监护。　　（　　）

正确答案:A

12. 寒冷地区冬期施工用钢模板时，宜采用电热法加热混凝土进行保温。　　（　　）

正确答案:B

第3章 混凝土工程

本章要点 本章主要介绍混凝土工程的材料生产，钢筋的加工连接和绑扎，预埋件、混凝土的运输和浇筑，以及水下混凝土、沥青混凝土、碾压混凝土坝施工和季节施工等内容。

主要依据《水利水电工程施工作业人员安全操作规程》(SL 401—2007)、《水利水电工程施工安全防护设施技术规范》(SL 714—2015)、《水利水电工程土建施工安全技术规程》(SL 399—2007)、《水利水电工程施工通用安全技术规程》(SL 398—2007)、《水工沥青混凝土施工规范》(SL 514—2013)、《水利水电工程施工技术》(第3版)、《土石坝碾压式沥青混凝土心墙施工技术》、《水利水电工程施工技术全书》(第3卷 混凝土工程 第7册 混凝土施工)、《水利水电工程施工技术全书》(第3卷 混凝土工程 第6册 钢筋与预埋件)、《水下灌筑混凝土》、《水工沥青混凝土》、《水利工程施工》编制。

3.1 概 述

3.1.1 混凝土的发展史与工程应用

如今水泥混凝土是土木工程上一种司空见惯的建筑材料，至21世纪初全世界水泥混凝土的年用量已达100亿t，然而它的发展历史并不遥远。1796年古希腊人和罗马人用粘土含量为20%～25%的石灰石煅烧后磨细，制得能抵抗水侵蚀的高强度天然水泥，从此，罗马水泥问世。1824年英国泥瓦工约瑟夫·阿斯普丁(Joseph Aspdin)申请了生产波特兰水泥(Portland Cement)的专利，从此进入了人工配制水硬性胶凝材料的新阶段。1850年法国人朗波特(Lambot)发明了钢筋混凝土，弥补了混凝土抗拉强度与抗折强度不足的缺陷。1918年艾布拉姆斯(D. A. Abrams)提出了水灰比理论。1928年法国弗莱西奈(Freyssinet)发明了预应力钢筋混凝土施工工艺，并提出了混凝土徐变与收缩理论。1960年前后各国外加剂的研究成果大量涌现，为流态自密混凝土和泵送混凝土的发展创造了条件。1963年，美籍华人林同炎教授提出了“荷载平衡设计法”，使预应力混凝土的结构概念更加明确，设计方法更加简便。混凝土的施工方法在现场分仓浇筑的基础上也在不断发展改进，薄层碾压浇筑、预制装配、喷锚支护、滑模施工等新工艺相继出现。随后混凝土的有机化研究为聚合物混凝土和树脂混凝土在特种工程的应用开辟了道路。随着科学技术的进步，混凝土正朝着高强度、高耐久性、低能耗、多用途和轻型的方向发展。

今天，混凝土及钢筋混凝土生产技术日臻完善，在交通、工民建、水利、化工、原子能和军事等工程上都有广泛应用。在水利水电工程中混凝土的用量尤为巨大，使用范围几乎涉及所有的水工建筑物，如大坝、水闸、水电站、抽水站、隧洞、港口、桥梁、堤防、护岸和渠系建筑物等。

3.1.2 混凝土的特点

混凝土能在土木工程中获得广泛应用，是因为它有如下优点：

(1) 混凝土拌和物具有一定的和易性和可塑性；

(2) 硬化后的混凝土抗压强度高、耐久性好；

(3) 除水泥外，其余组成材料来源广泛、价格低廉，经济性明显；

(4) 可按需要配制不同性能的混凝土，可改造性强。

混凝土的应用也受到一定的限制，是因为它存在如下缺点：

(1) 抗拉强度低、韧性差和抗侵蚀性弱；

(2) 钢材、水泥、木材的耗用量大，工程投资较多；

(3) 施工环节多，质量控制难度大。

3.1.3 施工过程

混凝土工程的施工环节包括：

(1) 砂石骨料的采集、加工、贮存与温控，掺和料、外加剂和水泥的贮存，拌和水的温控；

(2) 模板和钢筋的加工制作、运输与架设；

(3) 混凝土的制备、运输、浇捣和养护。

3.1.4 混凝土施工的基本规定

(1) 施工前，施工单位应根据相关安全生产规定，按照施工组织设计确定的施工方案、方法和总平面布置制订行之有效的安全技术措施，报合同指定单位审批并向施工人员交底后，方可施工。

(2) 施工中，应加强生产调度和技术管理，合理组织施工程序，尽量避免多层次、多单位交叉作业。

(3) 施工现场电气设备和线路(包括照明和手持电动工具等)应绝缘良好，并配备触电保护装置。

(4) 施工现场高处作业应严格遵守 SL 398 第 5 章“安全防护设施”的有关规定。

3.2 钢筋工程

3.2.1 钢筋的加工

钢筋的加工包括调直、去锈、配料、画线、剪切、弯曲、冷加工处理(冷拉、冷拔、冷轧)等。

1. 调直和去锈

盘条状的细钢筋，通过绞车冷拉调直后方可使用。呈直线状的粗钢筋，当发生弯曲时才需用弯筋机调直，直径在 25 mm 以下的钢筋可在工作台上手工调直。

钢筋除锈的主要目的是为了保证其与混凝土间的握裹力。因此，在钢筋使用前需对钢筋表层的鱼鳞锈、油渍和漆皮加以清除。去锈的方法有多种，可借助钢丝刷或砂堆手工除锈，也可用风砂枪或电动去锈机机械除锈，还可用酸洗法化学除锈。新出厂的或保管良好的钢筋一般不需除锈。采用闪光对焊的钢筋，其接头处则要用除锈机严格除锈。

2. 配料与画线

钢筋配料是指施工单位根据钢筋结构图计算出各钢筋的直线下料长度、总根数以及钢筋总重量，从而编制出钢筋配料单，作为备料加工的依据。施工中确因钢筋品种或规格与设计要求不相符合时，须征得设计部门同意并按规范指定的原则进行钢筋代换。从降低钢筋损耗率考虑，钢筋配料要按照长料长用、短料短用和余料利用的原则下料。画线是指按照配料单上标明的下料长度用粉笔或石笔在钢筋应剪切的部位进行勾画的工序。

（1）下料长度计算。

钢筋的外包尺寸与轴线长度之间存在一个差值，称为量度差值。在计算下料长度时，必须扣除该差值，公式如下：

下料长度＝各段外包尺寸之和－量度差值＋两端弯钩增长值

每个弯钩增长值视加工方式而定，采用人工弯曲时为 $6.25d$，用机械弯曲时为 $5d$。

而量度差值的大小与转角 α 大小、钢筋直径 d 及弯转内直径 D 有关。钢筋最小弯转直径 D_{min} 应符合表 3-1 的规定。

表 3-1　　钢筋最小弯转直径

弯角 α/(°)	90	45	60	90
量度差值	$0.35d$	$0.5d$	$0.75d$	d

① 有受拉光圆钢筋的末端应做 180°半圆弯钩，弯转内直径不得小于 $2.5d$；

② Ⅱ级及其以上钢筋的端头，当设计要求弯转 90°时，当钢筋直径小于 16 mm 时，其最小弯转内直径为 $5d$；当钢筋直径大于 16 mm 时，最小弯转内直径为 $7d$；

③ 弯起钢筋处的圆弧内半径宜大于 $12.5d$。

（2）钢筋代换。

1）当构件设计是按强度控制时，可进行等强度代换。若所需代换钢筋的设计强度和总面积为 R_{g1} 和 A_{g1}，代换后的钢筋的设计强度和总面积为 R_{g2} 和 A_{g2}，则应使：

$$R_{g2}A_{g2} \geqslant R_{g1}A_{g1} \tag{3-1}$$

2）当构件按最小配筋率配筋时，可按等面积代换，即 $A_{g2} \geqslant A_{g1}$，若所需代换钢筋的直径和根数为 d_1 和 n_1，代换后的钢筋的直径和根数为 d_2 和 n_2，则

$$n_2 d_2^2 \geqslant n_1 d_1^2 \tag{3-2}$$

3）对受弯构件，代换后的钢筋按原排数布置不下而需要增加排数时，就会减少构件的有效高度而使截面抗弯能力降低，所以应采取等弯矩代换。当钢筋混凝土构件截面宽度为 b、弯曲抗压强度为 R_w 时，若所需代换钢筋的设计强度和总面积为 R_{g1} 和 A_{a1}，代换后的钢筋的设计强度和总面积为 R_{g2} 和 A_{a2}，钢筋代换前后钢筋合力至截面受压边缘的距

离分别为 h_{01} 和 h_{02}，则

$$R_{g2}A_{g2}[h_{02}-R_{g2}/(2R_{w}b)]\geqslant R_{g1}A_{g1}[h_{01}-R_{g1}/(2R_{w}b)] \tag{3-3}$$

4）当构件按抗裂性要求控制，代换后还应进行抗裂度验算。

5）梁的纵向受力筋与弯起筋应分别代换，以保证斜截面强度。

6）用不同直径代换时，同一截面内，同品种直径差不得大于 5 mm。

代换还应满足构造方面的要求以及设计中提出的一些特殊要求。

3. 切断与弯曲

钢筋切断有手工切断、剪切机剪断和氧炔焰切割等方式。手工切断一般只能用于直径不超 12 mm 的钢筋，12～40 mm 直径的钢筋一般都采用剪切机剪断，而直径大于 40 mm 的圆钢则采用氧炔焰切割或用型材切割机切割。

钢筋的弯制包括画线、试弯、弯曲成型等工序。钢筋弯制分手工弯制和机械弯制两种，但手工弯制只能弯制直径小于 20 mm 的钢筋。近来，除了直径不大的箍筋外，一般钢筋均采用机械弯制。图 3-1 为钢筋的机械弯曲过程示意图。

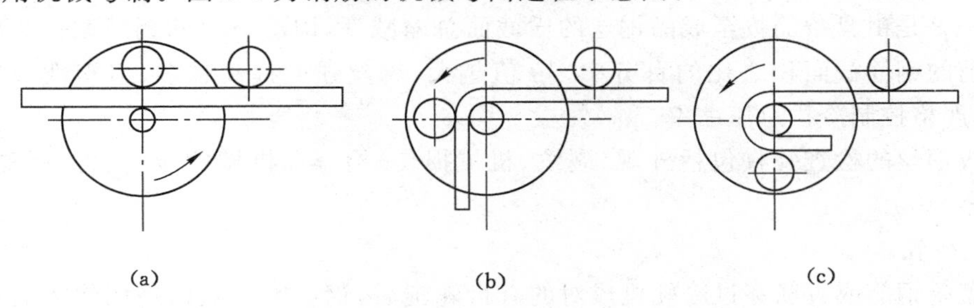

图 3-1　钢筋的机械弯曲

(a) 初始状态；(b) 弯曲 90°；(c) 弯曲 180°

弯制过的钢筋需用铅丝归类绑扎，并挂上注明编号和使用位置的标签。

4. 冷加工处理

钢筋冷加工是指在常温下对钢筋施加一个大于屈服点强度而小于极限强度的外力使钢筋产生变形；当外力去除后，钢筋因改变了内部晶体结构的排列产生永久变形；经过一段时间之后，钢筋的强度得到较大的提高。钢筋冷加工处理的目的在于提高钢筋强度和节约钢材用量。

钢筋冷加工的方法有三类：冷拉、冷拔和冷轧。

(1) 冷拉

钢筋的冷拉需要在冷拉机械上进行。除了盘条状钢筋需要进行冷拉调直外，有时为了提高钢筋的屈服强度需要专门进行冷拉，对于直径在 12 mm 以下的盘条钢筋若冷拉后钢筋长度增加 4%～6%，则可节约钢筋约 20%。

钢筋的冷拉控制有单控和双控两种。单控只需要控制钢筋的伸长率；双控不仅要控制钢筋的伸长率，同时还要控制冷拉应力。如钢筋已达到控制应力而冷拉率未超过允许值则认为合格；如钢筋已达到允许的冷拉率，而冷拉应力还小于控制值，则该批钢筋应降低强度使用。

钢筋冷拉卸荷后，在内应力的作用下其晶体组织自行调整的过程叫时效。时效后屈

服强度进一步提高。时效分自然时效和人工时效两种。将冷拉后的Ⅰ、Ⅱ钢筋在常温下放置 15～20 h 即可完成自然时效；而将冷拉后的Ⅰ、Ⅱ级钢筋放在 100 ℃温度下经 2 h 就可完成人工时效。但是Ⅲ、Ⅳ级钢筋不能完成自然时效，一般通过通电加热至 150～300 ℃，保持 20 min 便可完成人工时效。

(2) 冷拔

将直径小于 10 mm 的Ⅰ级光面钢筋在常温下用强力从冷拔机的钨合金拔丝模孔中以 0.4～4.0 m/s 的速度拔过，因钢筋轴向被拉伸而径向被压缩，钢筋的抗拉强度可提高 50%～90%，硬度也有所提高，但塑性降低。钢筋冷拔工艺需经过轧头、剥亮（去除表面的氧化铁锈）和拔丝的过程。

经多次强力冷拔的钢筋，称为冷拔低碳钢丝。其甲级品用作预应力筋，乙级品可用于焊接骨架、焊接网片或用作构造筋等。冷拔钢丝的制作并非一次完成，经数次冷拔使钢筋截面逐步缩小，但每拔一次，钢筋直径的缩减宜控制在 $d_0/d=1.1\sim1.15$。

除原料钢筋的内在质量外，冷拔总压缩率便是影响冷拔钢丝质量的主要因素。冷拔总压缩率 β 是由盘条筋拔至成品钢丝的横截面总缩减率，即冷拔后的钢筋截面缩减面积与冷拔前的钢筋截面积之比的百分率。β 值越大，钢丝强度提高越多，但塑性降低也越多，故需严格控制冷拔总压缩率。

冷拔钢丝的检查验收包括外观（裂纹、机械损伤）检查和机械性能（拉力、反复弯曲）试验。

(3) 冷轧。

将盘条钢筋或直筋穿过冷轧机成对的有齿轧辊后，钢筋因受双向挤压作用而产生凹凸有致的变形。经冷轧的钢筋，屈服点强度可提高 350 MPa，但塑性降低，同时因增大了钢筋表面的展开面积而提高了钢筋与混凝土的握裹力。

3.2.2 钢筋接头的连接

水利工程中钢筋连接方式包括焊接和机械连接，常用的焊接常采用闪光对焊、电弧焊、电阻点焊、电渣压力焊和气压焊等方法，有时也用埋弧压力焊。钢筋机械连接方法主要有钢筋套筒挤压连接、锥螺纹套筒连接等。

1. 钢筋焊接

采用焊接代替绑扎，可改善结构受力性能，提高功效，节约钢材，降低成本。结构的有些部位，如轴心受拉和小偏心受拉构件中的钢筋接头，应焊接。普通混凝土中直径大于 22 mm 的钢筋和轻骨料混凝土中直径大于 25 mm 的 HRB400 级钢筋，均宜采用焊接接头。

钢筋的焊接质量与钢材的可焊性、焊接工艺有关。在相同的焊接工艺条件下，能获得良好焊接质量的钢材，称其在这种条件下的可焊性好，相反则称其在这种工艺条件下的可焊性差。钢筋的可焊性与其含碳极含金属元素的数量有关。含碳、锰数量增加，则可焊性差；加入适量的钛，可改善焊接性能。焊接参数和操作水平也影响焊接质量，即使可焊性差的钢材，若焊接工艺适宜，也可获得良好的焊接质量。

(1) 闪光对焊

闪光对焊是利用对焊机将两段钢筋对头接触，通以低压强电流，待钢筋端部加热变软后，轴向加压顶锻形成对焊接头。因钢筋在加热过程中会产生闪光故称闪光对焊。闪光对焊一般在钢筋加工厂进行，主要用于不同直径(截面比小于1.5)或相同直径的钢筋接长，且能保持轴心一致。由于其加工成本低，焊接质量好，工效较高，所以热轧钢筋的接长往往采用闪光对焊。只有在工程现场不具备对焊条件时，才代之以电弧焊或其他焊接方法。表3-2为常用对焊机的技术规格。

表3-2 常用对焊机的技术规格

型号	UN_1-25	UN_1-75	UN_1-100	UN_1-150
额定容量/(kV·A)	25	75	100	150
额定暂载率/%	20	20	20	20
初级电压/V	220/990	220/380	380	380
次级空载电压/V	1.76～3.52	3.52～7.04	4.5～7.6	4.05～8.1
最大送料行程/mm	20	30	40～50	27
钳口最大距离/mm	50	80	80	10～100
连续闪光焊接时最大直径/mm	14	22	25	25
预热闪光焊接时最大直径/mm	20	36	40	50
焊接生产率/(次/h)	110	75	20～30	80
冷却水消耗量/(L/h)	120	200	200	200

钢筋对焊根据钢筋品种、直径、端面平整度及对焊机的容量不同，可采用连续闪光焊、预热—闪光焊和闪光—预热—闪光焊等工艺。对Ⅳ级钢筋中可焊性差的高强钢筋宜用强电流焊接，焊后还需进行通电热处理，以改善接头的塑性。

1）连续闪光焊。将钢筋夹紧在电极的两钳口上后，闭合电源。然后使两钢筋端面轻微接触。闪光一开始，就徐徐移动钢筋使其全面接触。如对焊机容量较大，足以将整个端面加热到熔化形成金属蒸汽的温度，则可以形成连续闪光，待钢筋端头一定范围内处于熔融的白热状态时，随即轴向加压顶锻形成牢固接头。连续闪光焊可获得较好的焊接质量。连续闪光焊宜焊接直径在22 mm以内的Ⅰ～Ⅲ级钢筋和16 mm直径以内的Ⅳ级钢筋。

2）预热—闪光焊。如果对焊机的容量不够大，则应先断续闪光，使其预热到适当的温度后，再使端面持续全面接触，进行连续闪光和顶锻。

3）闪光—预热—闪光焊。直径大的钢筋多采用闪光—预热—闪光焊进行焊接。其工艺过程是先进行连续闪光以闪平钢筋端部；再将接头做周期性的闭合与断开，借助断续闪光预热钢筋；接着进行连续闪光；最后加压顶锻。

闪光对焊的工艺参数有：调伸长度、闪光留量、闪光速度、顶锻留量、顶锻压力、顶锻速度和变压器组次等。

(2) 电弧焊

交流或直流弧焊机能使焊条与焊件在接触时产生高温电弧而熔化，待其冷却凝固以形成焊缝或接头，这种焊接工艺称为电弧焊。

钢筋焊接时应根据钢材等级和接头形式来选用焊条。电弧焊在一般情况下采用碱性或酸性焊条均可，但重要结构的钢筋焊接宜使用低轻型碱性焊条。焊接电流的大小取决于钢筋和焊条的直径。

钢筋电弧焊的接头形式有搭接焊、帮条焊和坡口焊。根据工程实际情况，钢筋接头处可采用单面焊或双面焊、平焊或立焊进行焊接。电弧焊的质量检验包括外观检查、拉力测试和非破损（超声波、γ 射线、X 射线等）检验。

电弧焊因其设备便于移动且操作简单，因此在工程现场使用得比较广泛，多用于钢结构焊接、钢筋骨架焊接、钢筋接头、钢筋与铜板的焊接、装配式结构接头的焊接等。

（3）电阻点焊

用于交叉钢筋焊接的电阻点焊，在工程中可代替绑扎焊接钢筋骨架和钢筋网。相互交叉的钢筋在焊接时，因接触点电阻较大通电后金属受热而熔化，在电极加压下可使钢筋接触点焊牢。

按使用场合不同，点焊机分为单点式、多头式、手提式和悬挂式。单点式点焊机用于较粗钢筋的焊接；多头式点焊机用于钢筋网焊接；手提式点焊机多用于施工现场；悬挂式点焊机用于钢筋骨架或钢筋网的焊接。

电阻电焊的工艺参数为电流强度、通电时间和电极压力。大电流（120～360 A/mm^2）、短通电时间（0.1～0.5 s）称为强参数焊接；小电流（80～120 A/mm^2）、长通电时间（0.5 s 至数秒）称为弱参数焊接。点焊冷拉钢筋或冷拔钢丝必须用强参数，以避免因焊接升温而降低冷加工获得的强度。除点焊直径较大的热轧钢筋因焊机功率不足而采用弱参数外，一般钢筋点焊均采用强参数。电极压力的大小取决于钢筋直径，直径越大电极压力随之增大。

点焊不同直径的钢筋时，应按小直径钢筋选择焊接参数。

钢筋点焊的操作程序是：选择焊接参数→调整变压器级次→调整焊接（预压、通电、锻压）时间→调整电极行程→合闸通电→焊接。

点焊的质量检查有外观检查和强度检验两项。目测时焊点应无脱落、漏焊、裂缝、气孔、空洞、烧伤，熔化金属均匀饱满，制品尺寸正确误差在 10 mm 以内。热轧钢筋焊点与冷处理钢筋焊点均应进行抗剪试验，冷处理钢筋焊点还应进行抗拉试验。

（4）电渣压力焊

电渣压力焊是利用电流通过渣池产生的电阻热将钢筋端部熔化，再施加压力使钢筋焊牢，该焊接方法多用于现浇钢筋混凝土结构内竖向钢筋的焊接接长。

电渣压力焊的施焊机具主要是弧焊机和焊接夹具，弧焊机的选用与焊接钢筋的直径有关，焊接直径不大于 22 mm 的钢筋宜采用 20 kV·A 的交流弧焊机，焊接直径大于 22 mm 的钢筋宜采用 40 kV·A 的交流弧焊机。焊接夹具由焊剂盒、上钳口（活动电极）、下钳口（固定电极）和加压机构（手柄、标尺、滑动架等）组成。

电渣压力焊主要包括引弧、稳弧和顶锻三个过程。施焊前，先将钢筋端部 120 mm 范围内的铁锈除尽。夹具夹牢于下部钢筋上，上部扶直的钢筋夹牢于活动电极上，上下钢筋之间放入一小段电焊条或钢丝球作导电剂。装上药盒并装满焊药后，接通电路并操纵手柄引弧（用电弧引燃）。经历一定时间，使之形成渣池并使钢筋熔化（稳弧），再用手柄下送上部钢筋。断电后通过顶锻排除夹渣和气泡，冷却后形成钢筋接头。最后拆除药盒、夹具并清除焊渣。

电渣压力焊的工艺参数有焊接电流、渣池压力和通电时间，根据钢筋直径加以选择。

钢筋焊接后应对接头进行外观质量检查和试样拉力试验。

现在，有一种套管压接的方法，适用于所有场合所有规格的变形钢筋的连接。套管压接法多用于受作业空间限制不能采用电弧焊的地方，也比电渣焊更加简便可靠。

(5) 埋弧压力焊

埋弧压力焊多用于钢筋与铜板作T形接头焊接。它利用覆盖于焊接剂中焊接点处产生的高温电弧，熔化接触点处的金属，经加压顶锻形成焊件接头。

施焊前，用电磁吸盘(固定电极)将钢板固定在台面上，在拟焊接的部位放上焊剂盒，并将钢筋放在钳口(活动电极)内夹紧，放满焊剂后接通电源，将钢筋抬升1～3 mm引弧，再操纵手柄使钢筋徐徐下沉，待钢板出现熔池后加压顶锻并断电。焊件冷却后，需敲去焊渣。

(6) 气压焊

气压焊是利用氧气和乙炔气，按一定的比例混合燃烧的火焰，将被焊钢筋两端加热，使其达到热塑状态，经施加适当压力，使其接合的固相焊接法。钢筋气压焊适用于14～40 mm热轧钢筋，也能进行不同直径钢筋间的焊接，还可用于钢轨接。被焊材料有碳素钢、低合金钢、不锈钢和耐热合金等。钢筋气压焊设备轻便，可进行水平、垂直、倾斜等全方位焊接，具有节省钢材、施工费用低廉等优点。

钢筋气压焊接机由供气装置(氧气瓶、溶解乙炔瓶等)、多嘴环管加热器、加压器(油泵、顶压油缸等)、焊接夹具及压接器等组成，如图3-2和图3-3所示。

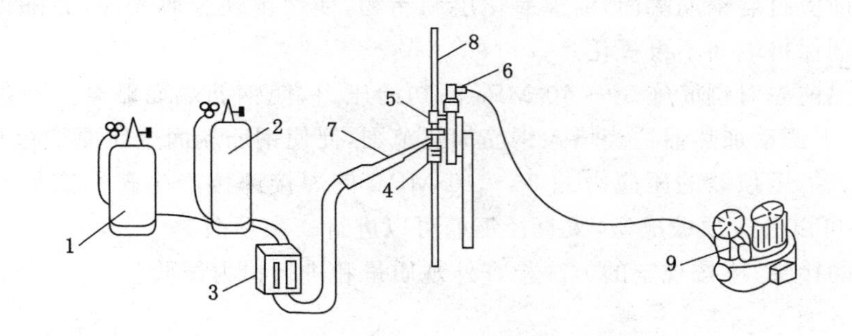

图3-2 气压焊接设备示意图

1——乙炔；2——氧气；3——流量计；4——固定卡具；5——活动卡具；6——压接器；7——加热器与焊炬；8——被焊接的钢筋；9——电动油泵

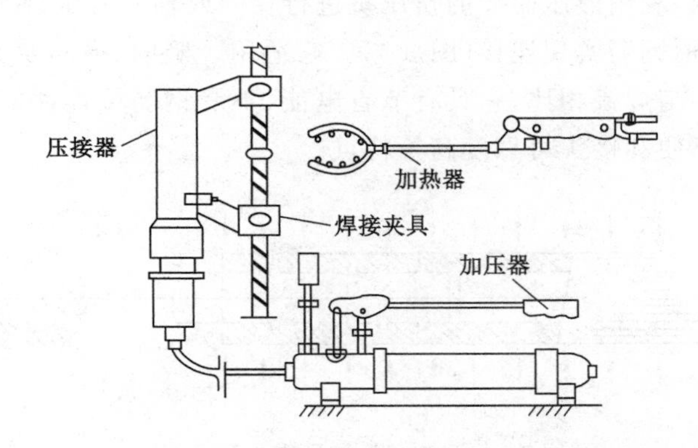

图3-3 钢筋气压焊机

气压焊接钢筋是利用乙炔-氧混合气体燃烧的高温火焰对已有初始压力的两根钢筋端面接合处加热，使钢筋端部产生塑性变形，并促使钢筋端面的金属原子互相扩散，当钢筋加热到 1 250～1 350 ℃（相当于钢材熔点的 80%～90%，此时钢筋加热部位呈橘黄色，有白亮闪光出现）时进行加压顶锻，使钢筋内的原子得以再结晶而焊接在一起。

钢筋气压焊接属于热压焊。在焊接加热过程中，加热温度为钢材熔点的 80%～90%，钢材未呈熔化液态，且加热时间较短，钢筋的热输入量较少，所以不会出现钢筋材质劣化倾向。

加热系统中的加热能源是氧和乙炔。系统中的流量计用来控制氧和乙炔的输入量，焊接不同直径的钢筋要求不同的流量。加热器用来将氧和乙炔混合后，从喷火嘴喷出火焰加热钢筋，要求火焰能均匀加热钢筋，有足够的温度和功率并且安全可靠。

加压系统中的压力源为电动油泵（亦有手动油泵），使加压顶锻时压力平稳。压接器是气压焊的主要设备之一，要求它能准确、方便地将两根钢筋固定在同一轴线上，并将油泵产生的压力均匀地传递给钢筋达到焊接的目的。施工时压接器需反复装拆，要求它质量轻、构造简单和装拆方便。

气压焊接的钢筋要用砂轮切割机断料，不能用钢筋切断机切断，要求端面与钢筋轴线垂直。焊接前应打磨钢筋端面，清除氧化层和污物，使之出现金属光泽，并随即喷涂一薄层焊接活化剂保护端面不再氧化。

钢筋加热前先对钢筋施 30～40 MPa 的初始压力，使钢筋端面贴合。当加热到缝隙密合以后，上下摆动加热器适当增大钢筋加热范围，促使钢筋端面金属原子相互渗透也便于加压顶锻。加压顶锻的压应力约 34～40 MPa，使焊接部位产生塑性变形。直径小于 22 mm 的筋可以一次顶锻成型，大直径钢筋可以进行二次顶锻。

气压焊的接头，应按规定的方法检查外观质量和进行拉力试验。

2. 机械连接

钢筋机械连接常用挤压连接和锥螺纹套管连接两种形式，是近年来大直径钢筋现场连接的主要方法。

(1) 钢筋挤压连接。钢筋挤压连接亦称钢筋套筒冷压连接。它是将需连接的变形钢筋插入特制钢套筒内，利用液压驱动的挤压机进行径向或轴向挤压，使钢套筒产生塑性变形，使它紧紧咬住变形钢筋实现连接（图 3-4）。它适用于竖向、横向及其他方向的较大直径变形钢筋的连接。与焊接相比，它具有节省电能、不受钢筋可焊性能的影响、不受气候影响、无明火、施工简便和接头可靠度高等特点。

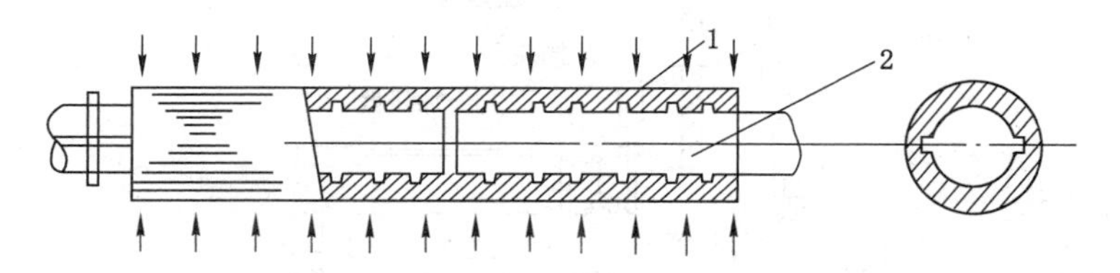

图 3-4　钢筋径向挤压连接原理图

1——钢套筒；2——被连接的钢筋

钢筋挤压连接的工艺参数，主要是压接顺序、压接力和压接道数。压接顺序从中间逐道向两端压接。压接力要能保证套筒与钢筋紧密咬合，压接力和压接道数取决于钢筋直径、套筒型号和挤压机型号。

(2) 钢筋套管螺纹连接。钢筋套管螺纹连接分锥套管和直套管螺纹两种形式。钢套管内壁用专用机床加工有螺纹，钢筋的对端头亦在套丝机上加工有与套管匹配的螺纹。连接时，在对螺纹检查无油污和损伤后，先用手旋入钢筋，然后用扭矩扳手紧固至规定的扭矩即完成连接。它施工速度快、不受气候影响、质量稳定、对中性好。

(3) 直螺纹钢筋连接。直螺纹钢筋连接是通过滚轮将钢筋端头部分压圆并一次性滚出螺纹和套筒，通过螺纹连接形成的钢筋机械接头。直螺纹钢筋连接工艺流程为：确定滚丝机位置→钢筋调直、切割机下料→丝头加工→丝头质量检查(套丝帽保护)→用机械扳手进行套筒与丝头连接→接头连接后质量检查→钢筋直螺纹接头送检。

钢筋丝头加工步骤如下：

1) 按钢筋规格所需的调整试棒并调整好滚丝头内孔最小尺寸。

2) 按钢筋规格更换涨刀环，并按规定的丝头加工尺寸调整好剥肋直径尺寸。

3) 调整剥肋挡块及滚压行程开关位置，保证剥肋及滚压螺纹的长度符合丝头加工尺寸的规定。

4) 钢筋丝头长度的确定。确定原则：以钢筋连接套筒长度的一半为钢筋丝扣长度，由于钢筋的开始端和结束端存在不完整丝扣，初步确定钢筋丝扣的有效长度，见表3-3。允许偏差为0～2P(P为螺距)，施工中一般按0～1P控制。

表3-3　　钢筋丝头加工参数

钢筋直径/mm	有效螺纹数量/扣	有效螺纹长度/mm	螺距/mm
18	9	27.5	2.5
20	10	30	2.5
22	11	32.5	2.5
25	11	35	3.0
28	11	40	3.0
32	13	45	3.0

钢筋连接时用扳手或管钳对钢筋接头拧紧，只要达到力矩扳手调定的力矩值即可，见表3-4。

表3-4　　套筒连接参数

钢筋直径/mm	≤16	18～20	22～25	28～32	36～40
拧紧扭矩/(N·m)	100	160	230	320	360

3.2.3 钢筋的绑扎

1. 钢筋的绑扎接头

根据施工规范规定：直径在25 mm以下的钢筋接头，可采用绑接头。轴心受压、小偏心受拉构件和承受振动荷载的构件中，钢筋接头不得采用绑扎接头。

钢筋绑扎应遵守以下规定：

(1) 搭接长度不得小于表 3-5 规定的数值。

表 3-5　　钢筋绑扎接头的最小搭接长度

钢筋级别	HPB300 级	HRB400 级
受拉区	$30d$	$40d$
受压区	$20d$	$30d$

(2) 受拉区域内的光面钢筋绑扎接头的末端，应做弯钩。

(3) 梁、柱钢筋的接头，如采用绑扎接头，则在绑扎接头的搭接长度范围内应加密钢箍。当搭接钢筋为受拉钢筋时，箍筋间距不应大于 $5d$(d 为两搭接钢筋中较小的直径)；当搭接钢筋为受压钢筋时，箍筋间距不应大于 $10d$。

钢筋接头应分散布置，配置在同一截面内的受力钢筋，其接头的截面积占受力钢筋总截面积的比例应符合下列要求：

(1) 绑扎接头在构件的受拉区中不超过 25%，在受压区中不超过 50%。

(2) 焊接与绑扎接头距钢筋弯起点不小于 $10d$，也不位于最大弯矩处。

(3) 在施工中如分辨不清受拉、受压区时，其接头设置应按受拉区的规定。

(4) 两根钢筋相距在 $30d$ 或 50 cm 以内，两绑扎接头的中距在绑扎搭接长度以内，均作同一截面。

直径不大于 12 mm 的受压 HPB300 级钢筋的末端，以及轴心受压构件中任意直径的受力钢筋的末端，可不做弯钩，但搭接长度不应小于 $30d$。

2. 钢筋的现场绑扎

(1) 熟悉施工图纸

通过熟悉图纸，一方面校核钢筋加工中是否有遗漏或误差；另一方面也可以检查图纸中是否存在与实际情况不符的地方，以便及时改正。

(2) 核对钢筋加工配料单和料牌

在熟悉施工图纸的过程中，应核对钢筋加工配料单和料牌，并检查已加工成型的规格、形状、数量、间距是否和图纸一致。

(3) 确定安装顺序

钢筋绑扎与安装的主要工作内容包括放样划线、排筋绑扎、垫撑铁和保护层垫块、检查校正及固定预埋件等。为保证工程顺利进行，在熟悉图纸的基础上，要考虑钢筋绑扎安装顺序。板类构件排筋顺序一般先排受力钢筋后排分布钢筋；梁类构件一般先排纵筋(摆放有焊接接头和绑扎接头的钢筋应符合规定)，再排箍筋，最后固定。

(4) 做好材料、机具的准备

钢筋绑扎与安装的主要材料、机具包括钢筋钩、吊线垂球、木水平尺、麻线、长钢尺、钢卷尺、扎丝、垫保护层用的砂浆垫块或塑料卡、撬杆、绑扎架等。对于结构较大或形状较复杂的构件，为了固定钢筋还需一些钢筋支架、钢筋支撑。

扎丝一般采用 18～22 号铁丝或镀锌铁丝，见表 3-6。扎丝长度一般以钢筋钩拧 2～3 圈后，铁丝出头长度为 20 cm 左右。

表 3-6　绑扎用扎丝

钢筋直径/cm	<12	12～25	>25
铁丝型号	22 号	20 号	18 号

混凝土保护层厚度，必须严格按设计要求控制。控制其厚度可用水泥砂浆垫块或塑料卡。水泥砂浆垫块的厚度应等于保护层厚度；平面尺寸当保护层厚度不大于 20 mm 时为 30 mm×30 mm、大于 20 mm 时为 50 mm×50 mm。在垂直方向使用垫块，应在垫块中埋入两根 20 号或 22 号铁丝，用铁丝将垫块绑在钢筋上。

（5）放线

放线要从中心点开始向两边量距放点，定出纵向钢筋的位置。水平筋的放线可放在纵向钢筋或模板上。

3. 钢筋的绑扎

钢筋的绑扎应顺直均匀、位置正确。钢筋绑扎的操作方法有一面顺扣法、十字花扣法、反十字扣法、兜扣法、缠扣法、兜扣加缠法和套扣法等，较常用的是一面顺扣法，如图 3-5 所示。

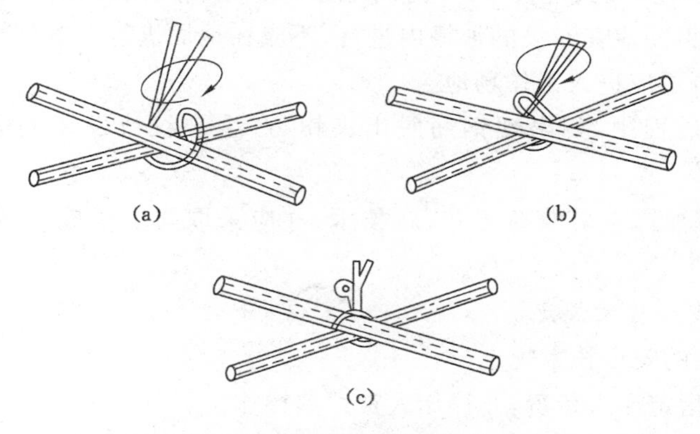

图 3-5　钢筋一面顺扣绑扎法

一面顺扣法的操作步骤是：首先将已切断的扎丝在中间折合成 180°弯，然后将扎丝清理整齐。绑扎时，执在左手的扎丝应靠近钢筋绑扎点的底部，右手拿住钢筋钩，食指压在钩前部，用钩尖端钩住扎丝底扣处，并紧靠扎丝开口端。绕扎丝拧转两圈半，在绑扎时扎丝扣伸出钢筋底部要短，并用钩尖将铁丝扣紧。

为防止钢筋网（骨架）发生歪斜变形，相邻绑扎点的绑扣应采用八字形扎法，如图 3-6 所示。

3.2.4　钢筋工程的安全技术规定

1. 钢筋加工安全技术规定

（1）钢筋加工场地应平整，操作平台应稳固，照明灯具应加盖网罩。

(2) 使用机械调直、切断、弯曲钢筋时，应遵守机械设备的安全技术操作规程。

(3) 切断铁筋，不应超过机械的额定能力。切断低合金钢等特种钢筋，应用高硬度刀具。

(4) 机械弯筋时，应根据钢筋规格选择合适的板柱和挡板。

(5) 调换刀具、板柱、挡板或检查机器时，应关闭电源。

(6) 操作台上的铁屑应及时清除，应在停车后用专用刷子清除，不应用手抹或口吹。

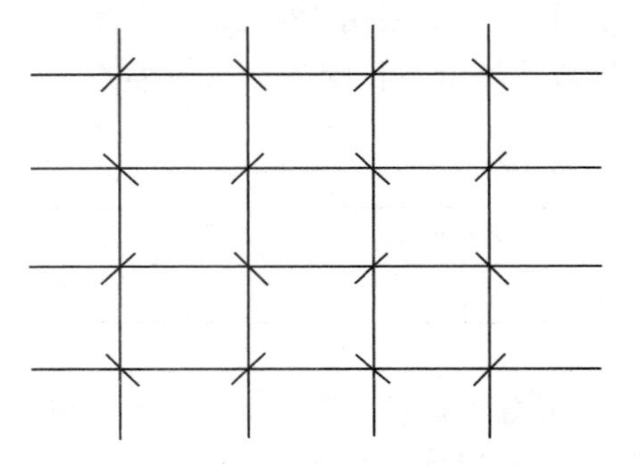

图 3-6　钢筋网绑扣扎法

(7) 冷拉钢筋的卷扬机前，应设置防护挡板，没有挡板时，卷扬机与冷拉方向应布置成 90°，并采用封闭式导向滑轮。操作者应站在防护挡板后面。

(8) 冷拉时，沿线两侧各 2 m 范围为特别危险区，人员和车辆不应进入。

(9) 人工绞磨拉直，不应用胸部或腹部去推动绞架杆。

(10) 冷拉钢筋前，应检查卷扬机的机械状况、电气绝缘情况、各固定部位的可靠性和夹钳及钢丝绳的磨损情况，如不符合要求，应及时处理或更换。

(11) 冷拉钢筋时，夹具应夹牢，并露出足够长度，以防钢筋脱出或崩断伤人。冷拉直径 20 mm 以上的钢筋应在专设的地槽内进行，不应在地面进行。机械转动的部分应设防护罩。非作业人员不应进入工作场地。

(12) 在冷拉过程中，如出现钢筋脱出夹钳、产生裂纹或发生断裂情况时，应立即停车。

(13) 钢筋除锈时，应采取新工艺、新技术，并应采取防尘措施或佩戴个人防护用品(防尘面具或口罩)。

2. 钢筋连接安全技术规定

(1) 电焊焊接的安全技术规定

1) 对焊机应指定专人负责，非操作人员严禁操作。

2) 电焊焊接人员在操作时，应站在所焊接头的两侧，以防焊花伤人。

3) 电焊焊接现场应注意防火，并应配备足够的消防器材。特别是高仓位及栈桥上进行焊接或气割，应有防止火花下落的安全措施。

4) 配合电焊作业的人员应戴有色眼镜和防护手套。焊接时不应用手直接接触钢筋。

(2) 气压焊焊接的安全技术规定

1) 气压焊的火焰工具、设施，使用和操作应参照气焊的有关规定执行。

2) 气压焊作业现场宜设置操作平台，脚手架应牢固，并设有防护栏杆，上下层交叉作业时，应有防护措施。

3) 气压焊油泵、油压表、油管和顶压油缸等整个液压系统各连接处不应漏油，应采取措施防止因油管爆裂而喷出油雾，引起燃烧或爆炸。

4) 气压焊操作人员应戴防护眼镜；高空作业时，应系安全带。

5）工作完毕，应把全部气压焊设备、设施妥善安置，防止留下安全隐患。

(3) 机械连接的安全技术规定

1）在操作镦头机时严禁戴长巾、留长发。

2）开机前应对滚压头的滑块、滚轮卡座、导轨、减速机构及滑动部位进行检查并加注润滑油。

3）镦头机设备应接地，线路的绝缘应良好，且接地电阻不应大于 4 Ω。

4）使用热镦头机应遵守以下规定：压头、压模不应松动，油池中的润滑油面应保持规定高度，确保凸轮充分润滑。压丝扣不应调解过量，调解后应用短钢筋头试镦。操作时，与压模之间应保持 10 cm 以上的安全距离，工作中螺栓松动需停机紧固。

5）使用冷镦头机应遵守以下规定：工作中应保持冷水畅通，水温不应超过 40 ℃。发现电极不平、卡具不紧，应及时调整更换；搬运钢筋时应防止受伤；作业后应关闭水源阀门；冬季宜将冷却水放出，并且吹净冷却水以防止阀门冻裂。

3. 钢筋运输的安全技术规定

(1) 搬运钢筋时，应注意周围环境，以免碰伤其他作业人员。多人抬运时，应用同一侧肩膀，步调一致，上、下肩应轻起轻放，不应投扔。

(2) 由低处向高处(2 m 以上)人力传送钢筋时，宜每次传送 1 根。多根一起传送时，应捆扎结实，并用绳子扣牢提吊。传送人员不应站在送钢筋的垂直下方。

(3) 吊运钢筋应绑扎牢固，并设稳绳。钢筋不应与其他物件混吊。吊运中不应在施工人员上方回转和通过，应防止钢筋弯钩钩人、钩物或掉落。吊运钢筋网或钢筋构件前，应检查焊接或绑扎的各个节点，如有松动或漏焊，应经处理合格后方能吊运。起吊时，施工人员应与所吊钢筋保持足够的安全距离。

(4) 吊运钢筋，应防止碰撞电线，二者之间应有一定的安全距离。施工过程中，应避免钢筋与电线或焊线相碰。

(5) 用车辆运输钢筋时，钢筋应与车身绑扎牢固，防止运输时钢筋滑落。

(6) 施工现场的交通要道，不应堆放钢筋。需在脚手架或平台上存放钢筋时，不应超载。

4. 钢筋绑扎安全技术规定

(1) 钢筋绑扎前，应检查附近是否有照明、动力线路和电气设备。如有带电物体触及钢筋，应通知电工拆迁或设法隔离；对变形较大的钢筋在调直时，高仓位、边缘处应系安全带。

(2) 在高处、深坑绑扎钢筋和安装骨架，应搭设脚手架和马道。

(3) 在陡坡及临空面绑扎钢筋，应待模板立好，并与埋筋拉牢后进行，且应设置牢固的支架。

(4) 绑扎钢筋和安装骨架，遇有模板支撑、拉杆及预埋件等障碍物时，不应擅自拆除、割断。应拆除时，应取得施工负责人的同意。

(5) 起吊钢筋骨架，下方严禁站人，应待骨架降落到离就位点 1 m 以内，才可靠近。就位并加固后方可摘钩。

(6) 绑扎钢筋的铅丝头，应弯向模板面。

(7) 严禁在未焊牢的钢筋上行走。在已绑好的钢筋架上行走时,宜铺设脚手板。

3.2.5 安全防护措施

(1) 钢筋加工厂(车间)的基本规定:

1) 设有相应的材料、成品或半成品堆放场地。

2) 电力线路电线绝缘良好,禁止采用裸线。

3) 照明灯具设有防护网罩。

(2) 钢筋加工设备安装运行应符合以下规定:

1) 设备与墙壁、设备与设备之间的距离不得小于 1.50 m。

2) 每台设备应设有独立的事故紧急停机开关和漏电保护器,事故紧急停机开关应装设在醒目、易操作的位置,且有明显标志。

3) 冷拉钢筋的卷扬机前及另一端应设置木防护挡板,其宽度不应小于 3.00 m,高度不小于 1.80 m,并设置孔径为 20 cm 的观察孔,或者卷扬机与冷拉方向布置成 90°,并采用封闭式导向滑轮。

4) 冷拉作业沿线应设置宽度不小于 4.00 m,设置明显警告标志的工作区域。

5) 对焊机应设有宽度不小于 1.0 m,长度不小于对焊机长度的绝缘操作平台。

6) 所有加工设备接地、接零可靠。

7) 露天布置时,所有开关箱、设备电气开关均应有可靠的防雨设施。

(3) 钢筋除锈加工应有相应除尘设施,备有个体防尘用品。

(4) 在 2.00 m 以上高处、深坑绑扎钢筋和安装骨架时,应搭设相应脚手架和马道平台,并配有满足使用需要的安全带、安全绳。

(5) 钢筋绑扎焊接施工中,电焊机应接地可靠、电缆线绝缘良好并装有漏电保护器。

3.2.6 施工人员安全规定

(1) 除锈作业应遵守下列规定:

1) 作业时应戴好防尘口罩、防护镜等防护用品。操作人员应站在上风的地方,在下风的地方不得有人停留。

2) 利用旋转钢丝刷除锈时,手离旋转刷不得小于 10 cm。

3) 带钩的钢筋不得上机除锈。

4) 除锈应在基本调直后进行,操作时应放平握紧,站在钢丝刷侧面。

5) 钢筋的除锈工作应在人少的地方进行。

(2) 钢筋人工平直应遵守下列规定:

1) 作业前应检查矫正器,矫正器应牢固,扳口无裂口,锤柄应坚实。

2) 钢筋解捆时,作业人员不得站在弹出的一面。

3) 在回直时应把扳手把平,若钢筋有扭转不平时,应将扳手适当使力。

4) 在进行人工平直钢筋时,抡锤人员周围应无其他人。

5) 抡锤人不得戴手套。

6) 抡锤人的对面不得有人,不得两人面对面进行抡锤操作。

7) 不得用小直径工具弯动大直径的钢筋。

(3) 钢筋机械调直应遵守下列规定：

1) 操作人员应熟悉钢筋调直机的构造、性能、操作和保养方法。

2) 作业前应检查主要结合部位的牢固性和转动部分的润滑情况，机械上不得有其他物件和工具。

3) 料架料槽应安装平直，应对准导向筒、调至筒和下切刀的中心线。

4) 应用手转动飞轮，检查传动机构和工作装置，调整间隙，紧固螺栓，确认正常后，启动空运转，并应检查轴承无异响，齿轮啮合良好，运转正常后方可作业。

5) 应按调直钢筋的直径，选用适当的调直块及传动速度。调直块的孔径应比钢筋直径大 2～5 mm，传动速度应根据钢筋直径选用，直径大的应选用慢速，经调整合格，方可送料。

6) 在调直块未固定、防护罩未盖好前不得送料；作业中，不得打开各部防护罩并调整间隙。

7) 当钢筋送入后，手与曳轮应保持一定距离，不得接近。

8) 送料前，应将不直的钢筋端头切除。导向筒前应安装一根 1 m 长的钢管，钢筋应先穿过钢管再送入调直前端的导孔内。

9) 经过调直后的钢筋如仍有慢弯，可逐渐加大调直块的偏移量，直到调直为止。

10) 钢筋调直到末端时，人员应躲开。

11) 作业中如发现传动部分有不正常的声音等情况，应立即停车检查，不得使用。

12) 应经常注意轴承的温度，如果温升超过 60 ℃时，应停机检查原因。

13) 机械作业时，操作人员不得离开工作岗位。

(4) 钢筋切断应遵守下列规定：

1) 安放切断机时，应选择较坚实的地面，安装平稳，固定式切断机应有可靠的基础，移动式切断机作业时应楔紧行走轮。

2) 接送料的工作台面应和切刀下部保持水平，工作台的长度可根据加工材料的长度确定。

3) 启动前，应检查并确认切刀无裂纹、刀架螺栓紧固、防护罩牢靠，然后用手传动皮带轮，检查齿轮啮合间隙，调整切刀间隙。

4) 启动后，应先空转，检查各传动部分及轴承运转正常后，方可作业。

5) 机械未达到正常转速时不得切除。切料时应使用切刀的中下部位，紧握钢筋对准刃口迅速投入，操作者应站在固定刀片一侧用力压住钢筋。不得用两手握住钢筋送料。

6) 不得剪切直径及强度超过机械铭牌规定的钢筋和烧红的钢筋。一次切断多根钢筋时，其总面积应在规定范围内。

7) 剪切低合金钢时，应更换高硬度的切刀，剪切直径应符合铭牌规定。

8) 切断短料时，手与切刀之间的距离应保持在 15 cm 以上，如手握端小于 40 cm 时，应采用套管或夹具将钢筋短头压住和夹牢。

9) 运转中，不得用手直接清除切刀附近的断头和杂物。钢筋摆动周围和切刀周围，非作业人员不得停留。

10) 当发现机械运转不正常、有异常声响和切刀歪斜时应立即停机检修。

11) 作业后，应切断电源，并清除切刀间的杂物，进行整机清洁。

12）液压传动式切断机作业前，应检查并确认液压油位及电动机旋转方向符合要求。启动后，应空载运转，松开放油阀，排尽液压缸体内的空气，方可进行切筋。

13）手动液压式切断机使用前，应将放油阀按顺时针方向旋紧，切割完毕后，应立即按顺时针方向旋松。作业中，手应持稳切断机，并戴好绝缘手套。

14）操作机器，应由专人负责，其他人员不得擅自开动。

（5）钢筋人工弯曲应遵守下列规定：

1）作业前应先对扳子等工具进行检查，工具应良好。

2）拉扳子的人，应在扳口卡好后才能用劲拉，不得用力过猛。

3）同一工作台上，两头弯钢筋时应互相配合。

4）工作区四周，不得随便堆放材料和站人。

（6）钢筋机械弯曲应遵守下列规定：

1）安置钢筋弯曲机时，应选择较坚实的地面，安装平稳，铁轮应用三角木块塞好，四周应有足够搬动钢筋的场地。

2）作业前，应对各部机件进行检查，情况正常后方可开机。

3）导线应绝缘良好，并应装设好触漏电保护器装置。

4）机器的使用应由专人负责。

5）作业前应试车检查回转方向，作业时先将钢筋插好，然后开车回转。

6）应根据钢筋直径大小选择速度，并随时注意电动机的速度，必要时应停机冷却。

7）检查修理或清洁保养工作，均应在停机、切断电源后进行。

8）钢筋应贴紧挡板，注意放入插头的位置和回转方向。

9）弯曲长钢筋时，应有专人扶住，并站在钢筋弯曲方向的外面，互相配合，不得拖拉。

10）调头弯曲，应防止碰撞人和物更换插头、加油和清理，均应停机后进行。

11）工作台和弯曲机台面应保持水平，作业前应准备好各种芯轴及工具。

12）应按钢筋工加工的直径和弯曲半径的要求装好相应规格的芯轴和成型挡铁轴，芯轴直径应为钢筋直径的2.5倍，挡铁轴应有轴套。

13）挡铁轴的直径和强度不得小于被弯钢筋的直径和强度。不直的钢筋，不得在弯曲机上弯曲。

14）应检查并确认芯轴、挡铁轴、铁盘等无裂纹和损伤，防护罩坚固可靠，空载运行正常后，方可作业。

15）作业时应将钢筋需要弯一端插入转盘固定销的间隙内，另一端紧靠机身固定销，并用手压紧，应检查机身固定销并确认安放在挡住钢筋的一侧，方可开动。

16）不得在作业中更换芯轴、销子和变换角度以及调速，也不得进行清扫和加油。

17）不得弯曲超过机械铭牌规定直径的钢筋。在弯曲未经冷拉或带有锈皮的钢筋时，应戴防护镜。

18）弯曲高强度或低合金钢筋时，应按机械铭牌规定换算最大允许直径并应调换相应的芯轴。

19）在弯曲钢筋的作业半径内和机身不设固定销的一侧不得站人。弯曲好的半成品，应堆放整齐，弯钩不得朝上。

20）转盘换向时，应待停稳后进行。

21）作业后，应及时清除转盘机插入座孔内的铁锈杂物。

（7）钢筋冷轧应遵守下列规定：

1）冷轧机操作工人需经过专业培训，熟悉冷轧构造、性能以及保养和操作方法，方可进行操作。

2）作业前，应仔细检查传动部分、电动机、轧辊。

3）在送料前，应先开动机器，空载试运转正常后，方可作业。

4）冷轧钢筋前，应先了解被轧钢筋的硬度，不得冷轧超过规定硬度的钢筋。

5）轧辊转动前，两手不得靠近轧辊。轧出的钢筋，不得往外硬拉。

6）送料时，不得使钢筋在导管内重叠。

7）在送料口前方和出料口后方，均应装置导槽。

（8）钢筋冷拉应遵守下列规定：

1）应根据冷拉钢筋的直径，合理选用卷扬机。卷扬钢丝绳应经封闭导向滑轮并和被拉钢筋水平方向成直角。卷扬机的位置应使操作人员能见到全部冷拉场地。

2）冷拉场地应在两端地锚外侧设置警戒区，并应安装防护栏及警示标志。无关人员不得在此停留。操作人员在作业时应离开钢筋 2 m 以外。

3）用配置控制的设备应与滑轮匹配，并应有指示起落的记号，没有指示信号时应有专人指挥。配重框提起时的高度应限制在离地面 30 cm 以内，配重架四周应设栏杆及警示标志。

4）作业前，应检查冷压夹具，夹具应完好，滑轮、拖拉小车应润滑灵活，拉钩、地锚及防护装置均应齐全牢固。确认良好后，方可作业。

5）卷扬机操作人员应看到指挥人员发出的信号，并待无关人员离开后方可作业。冷拉应缓慢、匀速，当有停车信号或见到有人进入危险区时，应立即停拉，并稍稍放松卷扬机钢丝绳。

6）用延伸率控制的装置，应装设明显的限位标志，并应有专人指挥。

7）夜间作业的照明设施应装设在张拉危险区外，当需要装设在场地上空时，其高度应超过 5 m，灯泡应加防护罩，导线不得采用裸线。

8）作业后应放松卷扬机钢丝绳，落下配重，切断电源，锁好开关箱。

（9）钢筋运输与堆放应遵守下列规定：

1）人工搬运钢筋时应动作一致，在起落、停止和上下坡道或拐弯时，应互相呼应，步伐稳慢。应注意钢筋头尾摆动。

2）搬运及堆放钢筋时，钢筋与电力线路应保持安全距离。

3）人工垂直运送钢筋时，应搭设马道和防护栏，并应先对绳索绑扣等机具进行检查，绳索绑扣等机具应牢固。上边接料人员应挂好安全带，站在护身栏内操作，吊运时垂直下方不得站人。

4）吊运钢筋时，应捆绑牢固，吊点应设置合理，宜设在钢筋长度的 1/4 处，吊运时钢筋应平稳上升，不得超重起吊，不得单吊点起吊。

5）起吊钢筋或钢骨架时，下方不得站人，待钢筋骨架降落至离地面或运转平台安装标高 1 m 以内，人员方可靠近工作，待就位加固后，方可摘钩。

6）钢筋在运输和储存时，应保留标牌，并按类别批次分别堆放整齐，避免修饰和污染。

7）钢筋火骨架堆放时，应垫方木或混凝土块。堆放带有弯钩的半成品，最上一层钢筋的弯钩，应朝上。

8）临时堆放钢筋，不得过分集中，应考虑承载平台的承载能力。在新浇混凝土强度未达到 1.2 MPa 前，不得堆放钢筋。

9）还应遵守 SL 399—2007 中 8.3.3 条的有关规定。

（10）电焊、对焊机（包括镦头机）应遵守下列规定：

1）操作人员应经专业技术培训，考试合格后持证上岗。

2）焊机应设在干燥的地方，平稳牢固，应有可靠的接地装置，导线绝缘良好。

3）焊接前，应根据钢筋截面调整电压，发现焊头漏电，应立即检修。

4）操作时应戴防护眼镜和手套，并站在橡胶板或木板上。工作棚应用防护材料搭设，棚内不得堆放易燃、易爆物品，并备有灭火器材。

5）对焊机断路器的接触点、电极（铜头），应定期检查修理。冷却水管保持通畅，不得漏水和超过规定温度。

（11）钢筋连接应遵守下列规定：

1）焊机与气压焊接应遵守 SL 399—2007 中 8.3.2 第一款与 SL 398 的有关规定。

2）机械连接应遵守 SL 399—2007 中 8.3.2 条第 3 款的规定。

（12）钢筋绑扎应遵守下列规定：

1）高处绑扎钢筋，应搭有稳固的脚手架和工作平台。

2）在脚手架或平台上放置钢筋时不得超过规定重量。

3）在低处向上传递钢筋时，每次只传递一根，若用绳索往上吊时，其绳索应有足够的强度，绑扎应牢固。

4）与电焊工配合作业时，不得正视电焊弧光。

5）钢筋不得和电线接触，夜晚照明线应架高走边。

6）使用的工器具、零星材料等不得放在钢筋上。

7）在起吊预制的钢筋和骨架前，应对其进行检查，其本身的结构和各部件的连接应牢固可靠。

8）在洞内绑扎顶拱钢筋时，应在拱模两头外侧搭设脚手架，并铺好脚手板。

9）钢筋往顶拱运送时，不得强往里推。

3.3 预　埋　件

3.3.1 止水带

用作止水带的金属材料有紫铜片、不锈钢片、铝片，非金属材料有橡胶、聚氯乙烯（塑料）等。

1. 金属止水带

紫铜止水带的厚度为0.8～1.2 mm。作用水头高于140 m时宜采用复合型铜止水带。紫铜止水带的抗拉强度不小于205 MPa，伸长率不小于20%，冷弯180°不裂缝；在冷弯0°～60°时，连续张闭50次，无裂纹。紫铜止水带的化学成分和物理力学性能要满足《铜及铜合金带材》(GB/T 2059—2008)的规定。紫铜止水片形状和结构尺寸见表3-7。

表3-7　紫铜止水片形状和结构尺寸表

序号	形状	代号	结构尺寸/mm			
			下料宽度 B	计算宽度 b	鼻高 h	厚度 δ
1	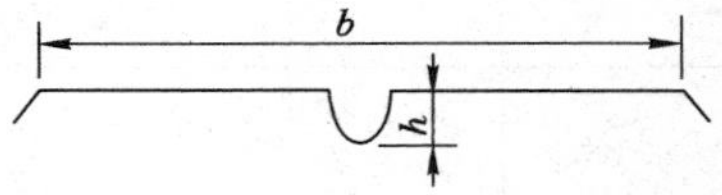 b, h	U	500	400	30～40	1.2～1.5
2	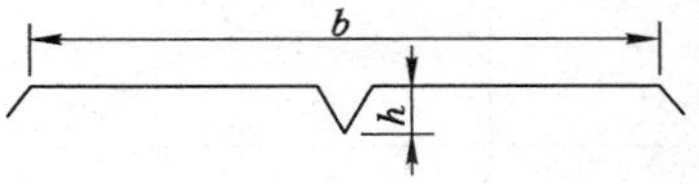 b, h	V	460	360	30～40	1.2～1.5
3	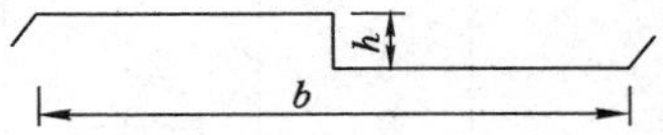 h, b	Z	410	360	30～40	1～1.2
4	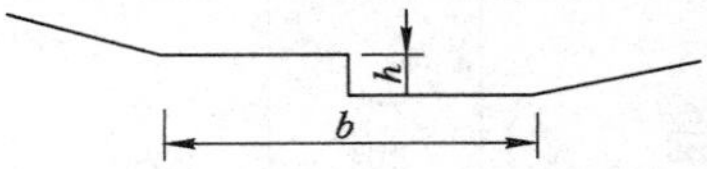 h, b	Z	350	300	30～40	1
5	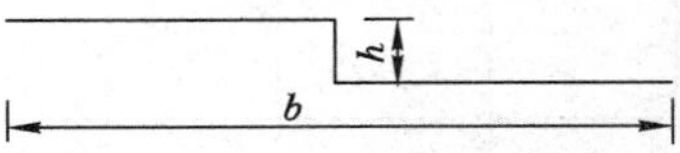 h, b	Z	300	250	30～40	1

不锈钢止水带的拉伸强度不小于205 MPa，伸长率不小于35%，其化学成分和物理力学性能满足《不锈钢冷轧钢板和钢带》(GB 3280—2007)的要求。

2. 橡胶和聚氯乙烯止水带

橡胶和聚氯乙烯(塑料)止水带的厚度为6～12 mm；当水压力和接缝位移较大时，在止水带下设置支撑体。橡胶或聚氯乙烯止水带嵌入混凝土中的宽度一般为120～260 mm。中心变形型止水带一侧有不少于2个止水带肋，肋高、肋宽不小于止水带的厚度。橡胶止水带形状和尺寸见表3-8，聚氯乙烯(塑料)止水带形状和尺寸见表3-9。

表3-8　橡胶止水带形状和尺寸表

序号	形状	产品编号	宽度/mm	厚度/mm
1	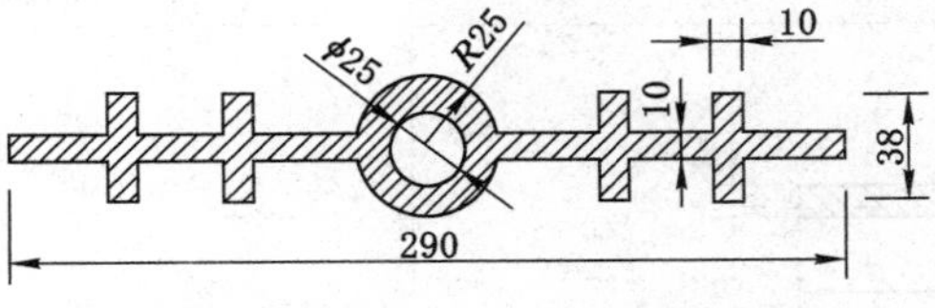 φ25, R25, 10, 10, 38, 290	127▲	290	10

续表 3-8

序号	形状	产品编号	宽度/mm	厚度/mm
2	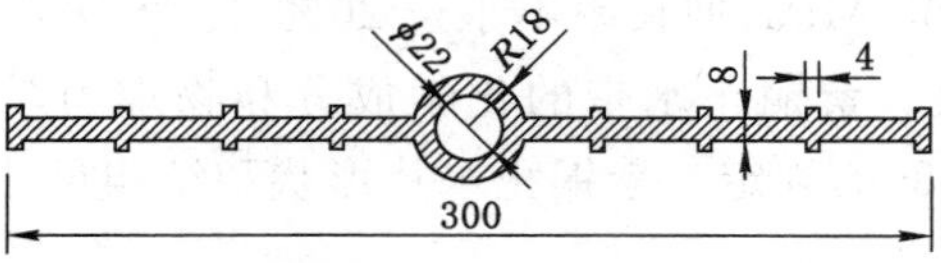 ϕ22 R18 8 4 300	400▲	300	8
3	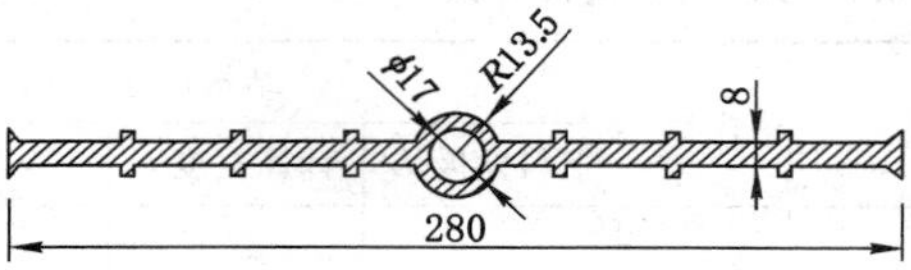 ϕ17 R13.5 8 280	401▲	280	8
4	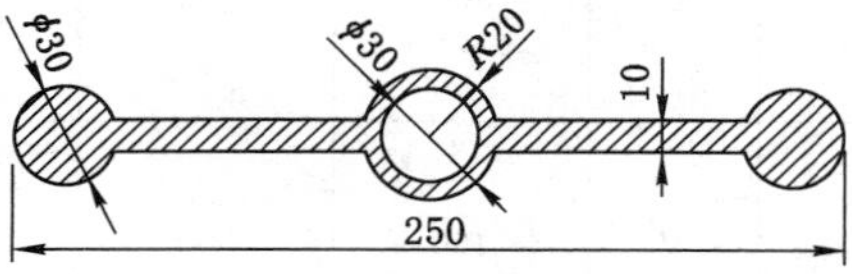 ϕ30 ϕ30 R20 10 250	403▲	250	10
5	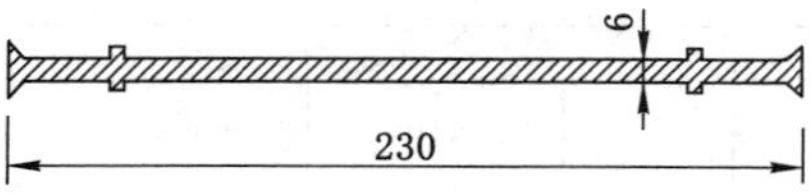 6 230	402	230	6
6	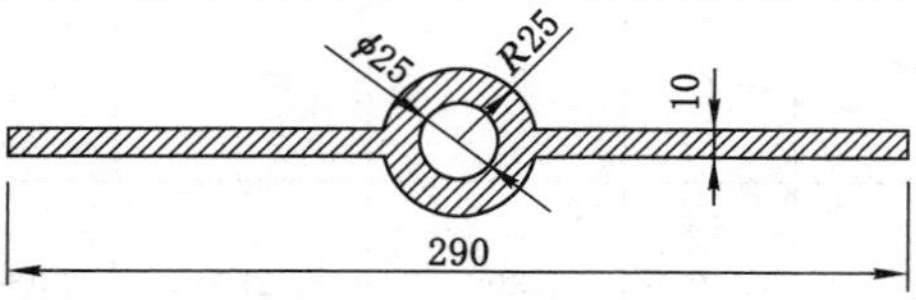 ϕ25 R25 10 290	404	290	10
7	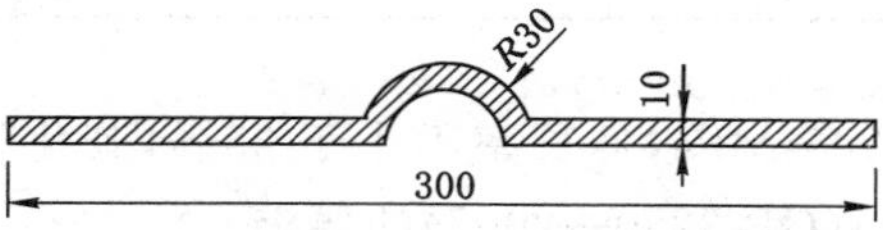 R30 10 300	409	300	10
8	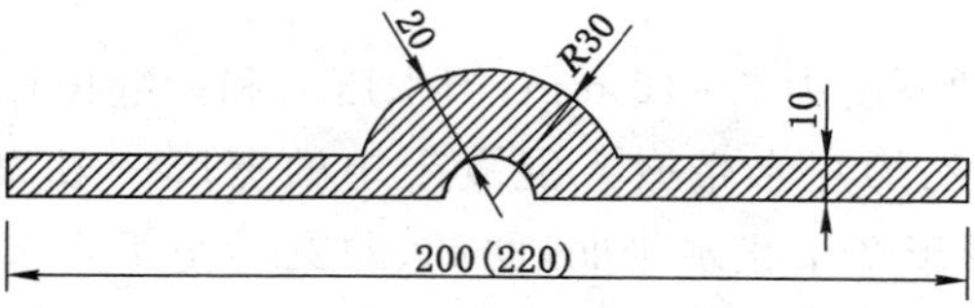 20 R30 10 200(220)	126	200	10
9		413	220	10
10	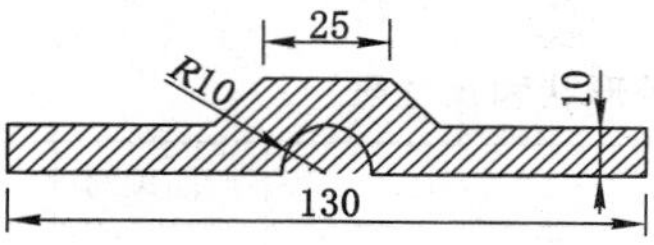 25 R10 10 130	408	130	10
11	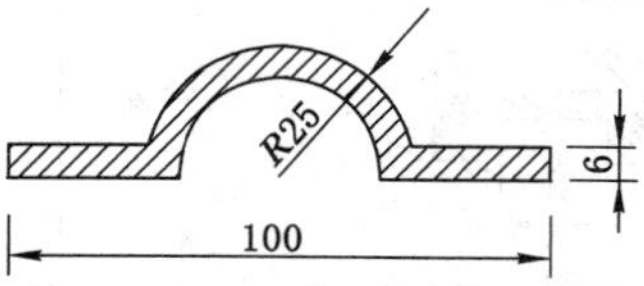 R25 6 100	165	100	6

表 3-9　　聚氯乙烯(塑料)止水带形状和尺寸表

序号	形状	型号	宽度/mm	厚度/mm	质量/(kg/m)
1	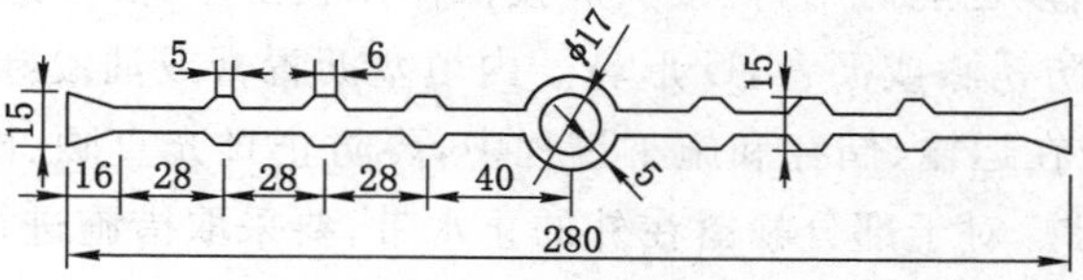	651	280±10	7±1.5	3.5±0.3
2	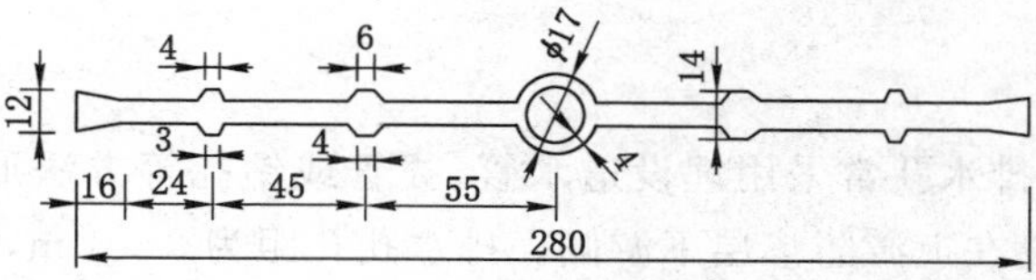	652	280±10	7±1.5	3.4±0.3
3	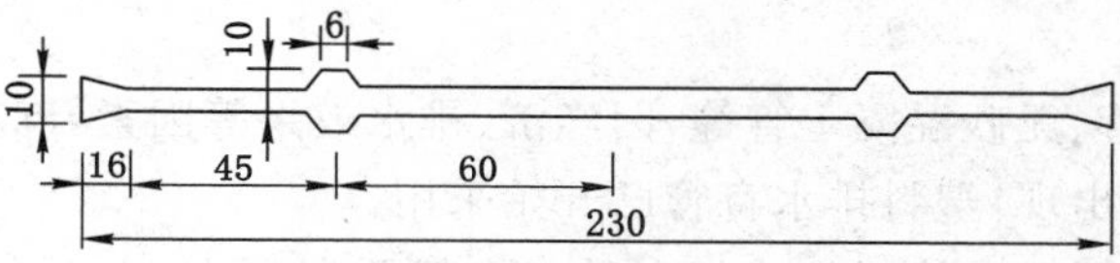	653	230±10	6±1.5	4.7±0.2
4	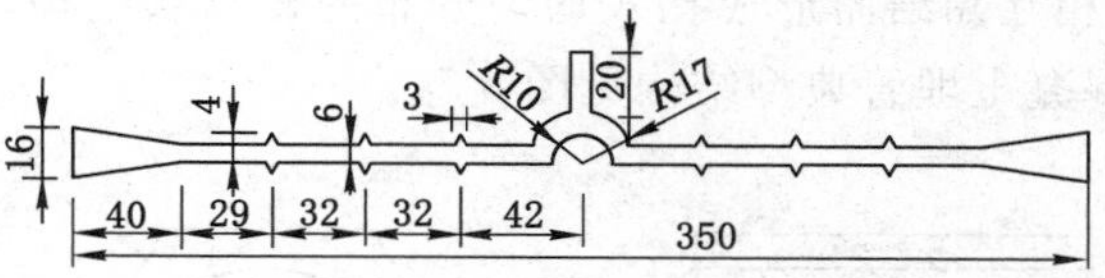	654	350	6±1.5	4±0.4
5	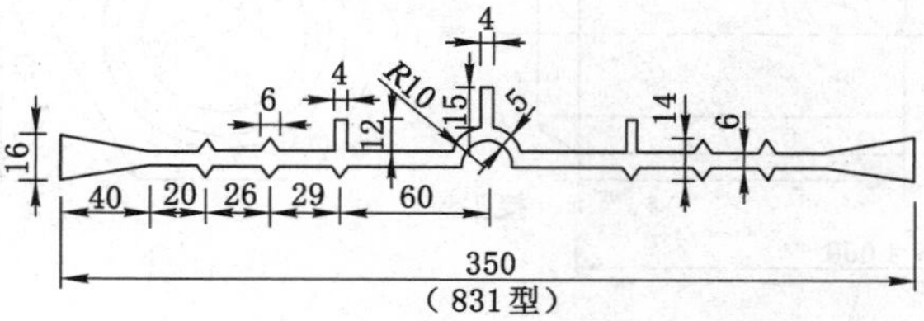 (831型)	葛洲坝-831	350	6±1.5	4±0.1
6	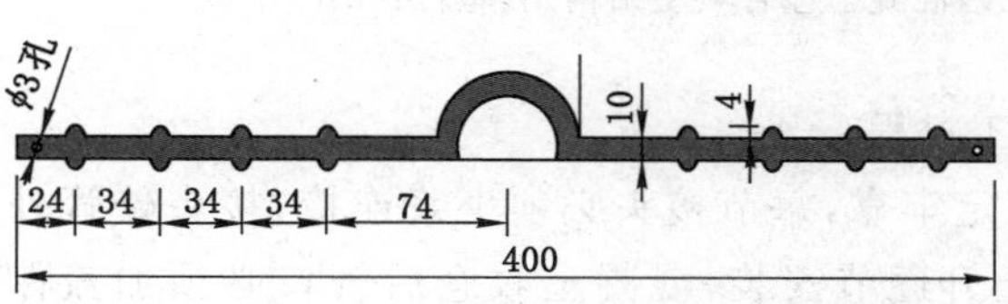	83-Ω	400	10	
7	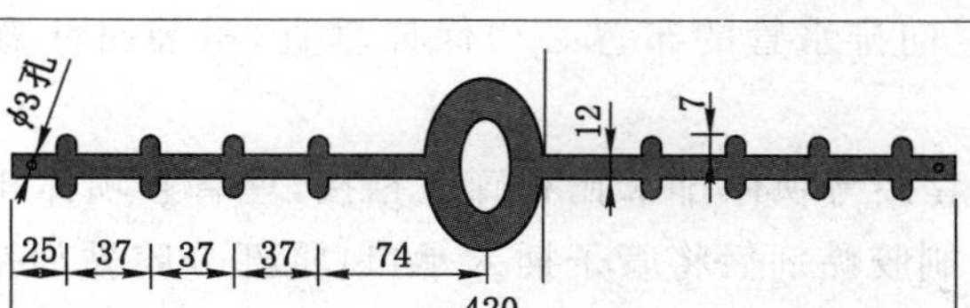	83-0	420	12	

3. 安装与保护

根据止水带在坝体内的位置，其安装、埋设要求如下：

(1) 止水带安装埋设：止水带安装，分一次安装就位和两次成型就位。两次成型可以提高立模、拆模速度，止水带伸缩段也能对中，但接头焊接操作比较困难，要注意质量。另外，金属止水带的伸缩段要刷涂防锈漆或沥青，U 形鼻子内填塞沥青膏或油浸麻绳。

(2) 橡胶和聚氯乙烯止水带在运输、储存和施工过程中，要防止日光直晒、雨雪浸淋，并避免与油脂、酸、碱等物质接触。对于部分暴露在外的止水带，要采取措施进行保护，防止破坏。采用复合型止水带时，要对复合的密封止水材料进行保护，对于在现场复合的止水带，尽快浇筑混凝土。

3.3.2 坝体排水管

经过工程实践与总结，坝体排水孔常采用埋设透水管、拔管或钻孔等方法形成，混凝土重力坝坝内竖向排水管一般设在上游防渗层下游侧。排水孔孔距为 2～3 m，埋管和拔管的孔径为 15～20 cm，钻孔的孔径为 76～102 mm。

1. 埋管

传统的埋管有多孔性麻花管、无砂混凝土管等，因经济、排水效果等因素，麻花管已不常采用。随着新技术、新材料的出现，塑料排水盲管已开始采用。

无砂混凝土是由粗骨料、水泥和水拌制而成的一种多孔轻质混凝土，它不含细骨料，由粗骨料表面包覆一薄层水泥浆相互黏结而形成孔穴均匀分布的蜂窝状结构，故具有透气、透水和重量轻等特点。无砂混凝土埋管典型结构见图 3-7。

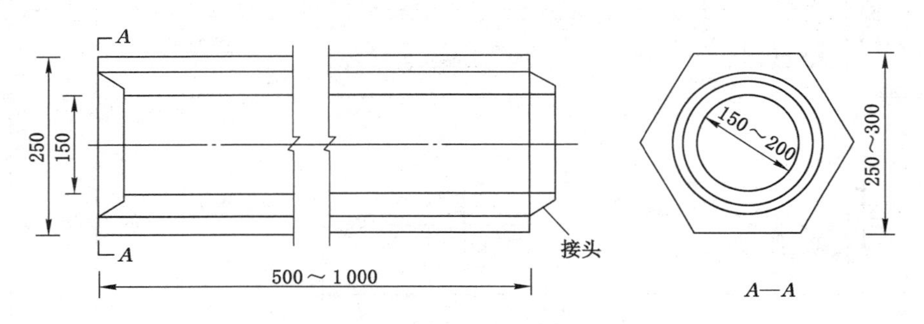

图 3-7 无砂混凝土埋管典型结构图(单位：cm)

(1) 无砂混凝土埋管结构施工过程

1) 安装。测量定位准确，固定牢靠，每节接头必须坐浆连接，接头处管外裹一层土工布进行封闭。随仓内混凝土上升逐节安装，混凝土收仓后管口必须加盖保护。在下管安装时，管接头必须处理好，竖向排水管的布置必须保证垂直，吊装时注意避免碰撞无砂管。

2) 连接。一般采取承插式、套接与坝体排水孔和廊道相接，埋管和坝体排水孔间的缝隙用砂浆勾缝。或者承插口涂刷胶黏剂后将管子插入承口，将部分胶黏剂挤出。套接的排水管接头立管和横管均应按规定设固定支架，确保连接严密。

(2) 排水盲管施工过程

1）加工。按照图纸的断面尺寸要求，放样确定排水盲管的位置，根据盲管设计要求长度，采用切割机下料，保证切口平整。

2）安装。测量定位准确，可以采取吊车配合人工安装。管接头必须处理好，固定牢靠，竖向排水管的布置必须保证垂直，根据混凝土上升逐节安装，混凝土收仓后管口必须包裹保护。盲管布设采用短筋固定的方法，每 1 m 左右一道，严格控制其坐标。将钢筋点焊成 U 形，放置排水盲管，然后在管上面另外焊接一根短钢筋使其形成“井”字结构进行定位和固定，防止排水盲管在混凝土施工过程中的变形、移位和上浮。

3）连接。盲管一般采取套接，管与管的接头处用硬质 PVC 黏合剂挤涂好，再套上 PVC 接头、三通或四通管连接。必要时接头处涂刷一层沥青，将土工布黏贴在沥青上，确保混凝土浇筑时水泥浆液不能渗入。端部与坝体排水孔和廊道相接一般情况采取承插式，承插口涂刷胶黏剂后将管插入承口，将部分胶黏剂挤出。

4）混凝土浇筑。浇筑前应进行一次专项检查，确保盲管接头连接严密，浇筑段固定牢靠。混凝土的下料和振捣时，在管周围应同步对称进行；在混凝土振捣过程中，应有专人全过程负责振捣和观察，避免漏振、过振，避免盲管偏位和上浮现象的发生。

2. 拔管

坝体排水拔管多为垂直或接近垂直方向，拔管分为钢拔管和木拔管两种。采用钢拔管施工操作安装可靠，但成本高。采用木拔管施工操作安装方便，成本较钢管低，但木拔管在混凝土施工中易损伤，且周转次数少，拆除不当容易造成坝体排水孔堵塞，后期疏通处理困难，形成质量隐患，因此相对钢拔管已较少采用。

（1）木拔管

木拔管包括主块模板、脱式木条、芯条、铰接板和螺栓。具体结构见图 3-8。

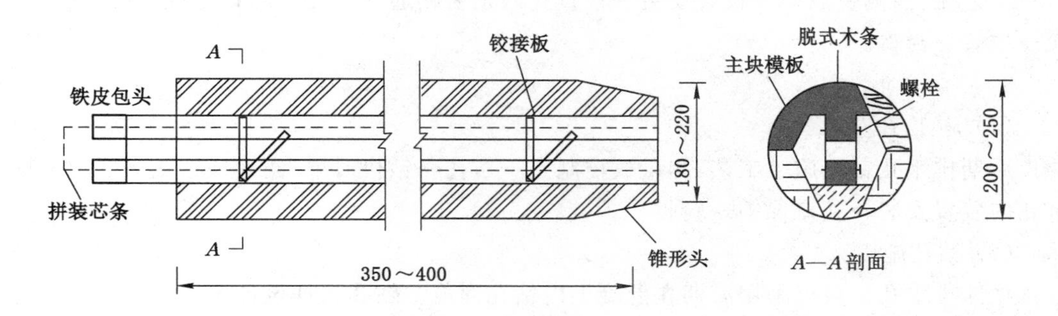

图 3-8 木拔管结构示意图

安装时先用铁丝将主块模板和脱式木条箍好，并插入芯棒，撑紧脱式木条。安装时，管外涂隔离剂，根据设计位置采用钢筋支撑架设。拆除次序与安装次序相反。拆模一般在混凝土龄期 30 h 左右进行（夏季适当提前，冬季适当推后），以混凝土终凝后强度又不是太高时为宜，根据混凝土试验结果和现场试拔情况控制。成孔后在排水孔顶面及时加盖保护，以防砂石、水泥浆等进入堵塞。

（2）钢拔管

钢拔管采用管径为 150～200 mm、长 1.5～2 m 的无缝钢管加工，由管身和管盖组成，底部呈锥形,锥度在2%左右,锥口处的圆变锥段制作要光滑顺畅。管外壁涂刷隔离剂(如黄油)。传统钢拔管设置简易起吊支架,钢管端用钢板封口,在钢板外侧中央制作一个吊耳,直径大的一端装有把手,便于转动和提升;钢拔管采用液压拔管机拔管时,由液压系统、拔管架和卡键组成受力件,采取三脚架和倒链进行拔管时,由支架、吊环、固定套头和倒链组成。具体结构见图3-9。

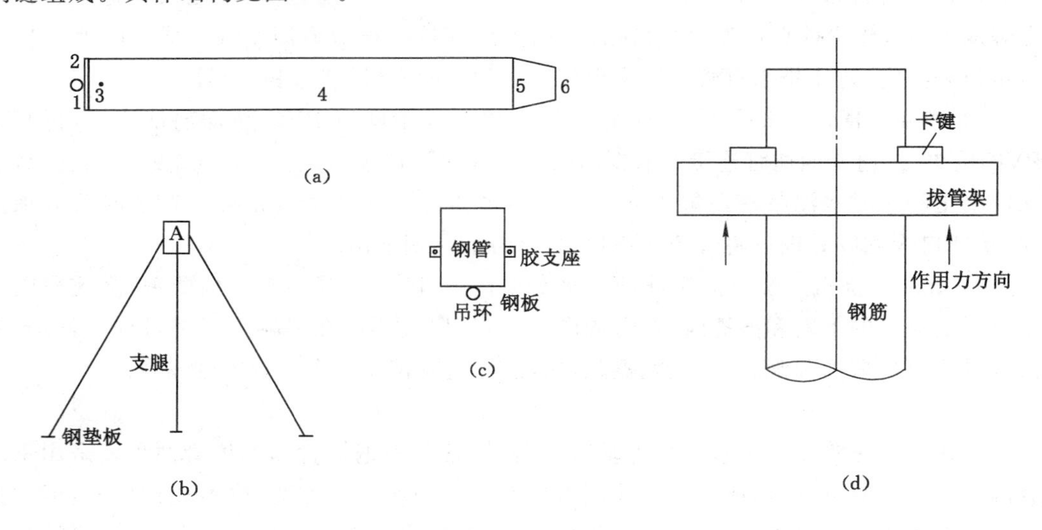

图3-9 钢拔管结构示意图

(a) 钢拔管结构示意图;(b) 脚手架结构示意图;(c) 拔管机拉拔示意图

1——吊耳;2——厚度不小于10 mm的钢板;3——圆孔;4——刚拔管;5——椎管段;6——封底

工艺流程:测量放样→拔管安装→检查孔内是否畅通→混凝土卸料、摊铺→混凝土浇筑→拔管→封口。

3. 后期钻孔

(1) 施工工艺

后期排水孔钻孔施工工艺:测量放控制点→布孔→钻机对中、调平→钻孔→冲洗→排水孔内装置安装→孔口保护→验收。

(2) 钻孔施工

坝体排水孔也可以采用后期在混凝土内钻孔形成。钻孔根据设计尺寸及钻孔条件选用轻型潜孔钻机或地质钻机成孔。

测量放出排水孔的孔位控制线、高程,钢尺配合放出各孔位并做好标示,对排水孔统一编号,确定坝体内已埋设施位置,施工应避免钻坏坝体内的各种设施。

开钻前对钻机孔向、顶角进行复核,准确无误后再行开钻,钻孔过程中每5～10 m测量一次孔斜,确保钻孔偏斜符合要求。

详细记录钻孔过程中混凝土情况、岩石破碎程度、钻孔过程的快慢及钻孔过程中的异常情况,为钻孔孔内保护提供必要的基础资料。成孔后一般采用风水联合脉动冲洗,将孔底和黏附在孔壁内的充填物冲出孔外,直至回水澄清10 min后结束,然后采用钢板封盖或木塞封堵排水孔,以免砂石、水泥浆等进入堵塞。

3.3.3　坝基岩面埋管

1. 塑料排水管

(1) 塑料排水盲管结构。塑料排水盲管是将热塑性合成树脂加热熔化后通过喷嘴挤压出纤维丝叠置在一起,并将其相接点熔结而成的三维立体多孔材料(国际上称复合土工排水材)。在主体外包裹土工布作为滤膜,用于坝体排水的常用有多孔圆形、中空圆形两种结构形式,具有多种尺寸规格,常见的有外径150 mm、200 mm两种。塑料排水盲管典型结构见图3-10。

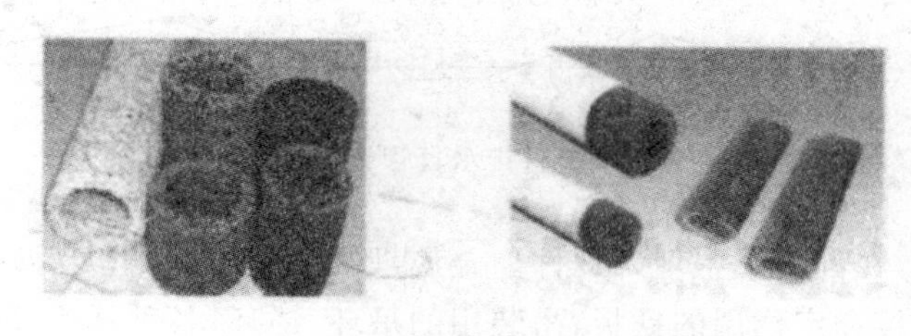

图3-10　塑料排水盲管典型结构图

(2) 材料检测。包括目测外观;游标卡尺进行内外径偏差测定;采用符合国标要求的专用试验设备进行刚度、通水率测定,符合相关要求方可入场。

(3) 施工工艺。一般基础面埋设纵横向塑料盲管管网或竖向设盲管,盲管通常由土工膜覆盖,水泥砂浆或细石混凝土压覆。

一般施工程序为:基面沟槽开挖→基岩面清理→沟槽底部砂卵石找平→盲管铺设→土工膜覆盖→垫层混凝土浇筑。考虑到现场具体施工情况,也可垫层混凝土先行施工,则垫层混凝土浇筑时预留沟槽,在埋设盲管时把沟槽底部混凝土彻底凿除干净。

(4) 施工方法。在清理干净的基岩面按设计尺寸进行放样,在沟槽部位采用人工将清洗干净的砂卵石或碎石摊铺、找平和压实。根据盲沟设计要求长度,采用切割机下料,现场采用四通PVC管连接成管网,采用插筋将其固定于设计位置。盲管外面采用土工膜包裹,铺设好的土工膜应松紧适度,自然平顺,不应绷拉过紧,外侧随即采用水泥砂浆压覆。在管口安装PVC排水管接头,利用定位桩加固,待施工完成定位后,按设计要求进行素混凝土垫层施工。垫层混凝土施工时派专人进行看护,保证混凝土浇筑密实、盲管不受损伤。将每个PVC管用提前加工的钢筋套牢、保护,保证排水管位置、方向和坡度准确,对PVC管孔口进行堵塞、包裹保护。排水盲沟网端部设PVC套管接入廊道,混凝土施工前固定预埋,塑料排水盲管施工见图3-11。

2. 无砂混凝土管

坝基岩面减压排水无砂混凝土管一般外包土工布,并在四周铺设砂石反滤层,其施工工艺为:坝基找平或沟槽开挖→土工布及无砂管敷设→反滤层回填。具体制作和施工方法参照"埋管"和"塑料排水盲管"进行。

3.3.4　金属埋件

金属埋件包括通常预埋件和后加埋件,通常的金属埋件是在混凝土开仓前安装固定或在混凝土浇筑时埋入,是在第一道工序安装,后续工序完成后使用;后加埋件是在混凝

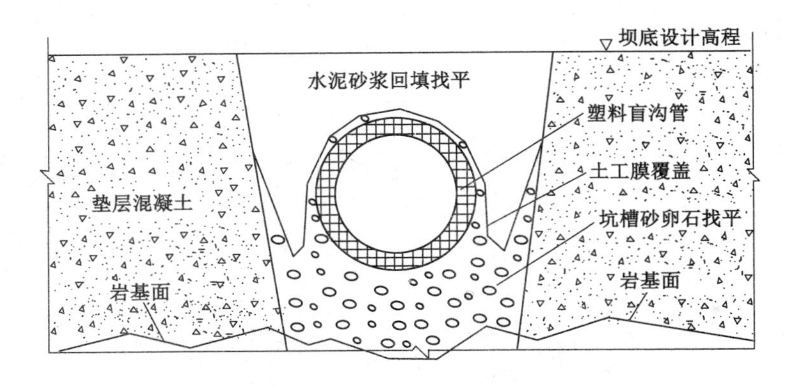

图 3-11　塑料排水盲管施工示意图

土达到相当强度后，在混凝土中埋入埋件。金属埋件主要有：预埋地脚螺栓，锚固或支撑用的插筋、锚筋，连接和定位用的铁板，吊装用的吊环、锚环，各种扶手、爬梯、栏杆埋件等。

1. 安装施工

（1）地脚螺栓预埋

预埋螺栓固定的方法有两种：先固定支架后调整螺栓（即先粗调，后微调）；先在支架上固定螺栓后安装调整支架，两者施工方法基本一致。大型螺栓预埋一般采用第一种方法。

1）施工准备。准备地脚螺栓安装的主要工具，预埋件基础施工完成，准备好调整支架，地脚螺栓应进行清洗，螺栓顶上应钻好中心孔。

2）螺栓安装架就位。将螺栓安装架按其型号规格进行编号，运至现场，逐个吊放在承台相应位置并根据基础承台上已画好的十字中心线，将螺栓架调整到中心位置。

3）螺栓安装架定位。用测量仪器测出每个钢架顶面四角的实际标高，将钢架底标高调整好后，再将钢架下部与基础承台顶面四角的金属埋件焊接固定。

4）找正螺栓固定板。由测量人员依次定出各横向及纵向轴线。挂上中心线后，调整螺栓固定板的高度达到图样的要求并点焊定位，检查无误则将螺栓固定板焊接固定。

5）穿地脚螺栓。按施工图上标出的螺栓规格和标高，把螺栓穿到固定板上，并把螺栓高度旋到接近标高处。

6）地脚螺栓的找正。螺栓标高拉好后，由测量人员逐个检查，做好标记。人工微调螺栓使螺栓顶中心眼最终到达中心位置，并且使螺栓竖向垂直度偏差小于设计允许值（一般为 1/1 000）。

7）地脚螺栓的固定。找正螺栓中心和垂直度后，把螺母点焊在固定板上，检查无误后分成几个方向焊在固定架上。

8）螺栓丝口保护。安装完毕，经检查全部符合要求后，及时对所有螺栓上部的丝杆采取保护措施。

9）记录。安装过程中应详细做好相应的施工记录，真实反映地脚螺栓的型号、规格等内容。

（2）插筋与钢板预埋

1）施工准备。按施工图的要求事先加工好锚板及插筋，钢板埋件的四周应除去毛刺，并加工成光边。插筋和预埋钢板接触的部分如采用U形结构一般用双面焊，直接焊接则采用T形焊。测量人员依次定出埋设位置和高程，安置于需要的位置。

2）插筋施工。按设计要求进行钻孔，然后采用风吹洗干净。化学锚栓法施工工艺是将锚固剂放入锚固孔并推至孔底，用专用安装夹具将插筋插至孔底；注浆法施工工艺，是将插筋插至孔底，采用注浆器将拌和均匀的砂浆注入，保证浆液填塞饱满，插筋埋设后，孔口需加楔子，避免碰撞。

3）表面预埋件固定。预埋件位于现浇筑混凝土表面，平板型预埋件尺寸较小，可将预埋件直接绑扎在主筋上，面积大的预埋件施工时，除用插筋固定外，其上部点焊角钢适当补强，必要时在锚板上钻孔排气甚至钻捣振孔。

4）侧面预埋件固定。预埋件位于混凝土侧预埋件面积较小时，可利用螺栓紧固卡子普通铁钉或木螺丝将预先打孔的埋件固定在木模板上，或将预埋件的插筋接长，绑扎固定。预埋件面积较大时，可在预埋件内侧焊接螺帽，用螺栓穿过锚板和模板与螺帽连接并固定。

5）埋设在构件上表面的钢板埋件，短边大于300 mm时宜开设排气孔，预先钻好2～6个排气（水）孔，孔径20 mm左右，均匀布置使钢板下混凝土浇筑密实。

6）对处于混凝土浇筑面上，锚板平面尺寸大于400 mm×400 mm的预埋件，应按施工图要求在锚板中部适当位置设置直径不小于300 mm的排气溢浆孔；如果没设计图，排气溢浆孔设置见图3-12。

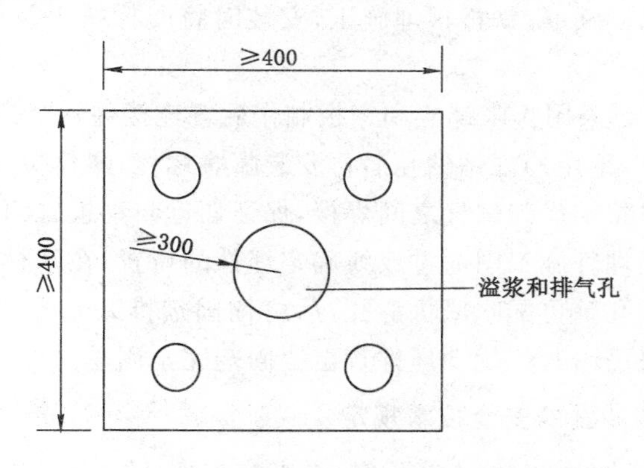

图3-12 排气溢出浆孔设置图

7）对于HRB335级锚筋当锚固长度不足时，可以按照增加横向插筋的方法进行处理，但必须经设计单位同意后采取。锚筋锚固长度加强施工见图3-13，保证弯钩内侧混凝土浇筑质量；插筋与弯钩部位一般应贴紧焊牢，施工困难时可以贴紧绑扎牢靠；采取成组的锚筋时应视预埋件所在结构部位，在弯钩部位设置必要的构造钢筋，预防混凝土表面开裂。

（3）吊钩及铁环预埋施工

1）施工准备。为方便吊装，楼板等钢筋混凝土板内预留铁环吊点，在吊车梁等大型吊件设置吊钩，吊钩（铁环）按设计材料、型号进行加工。吊环应采用HPB235钢筋端部

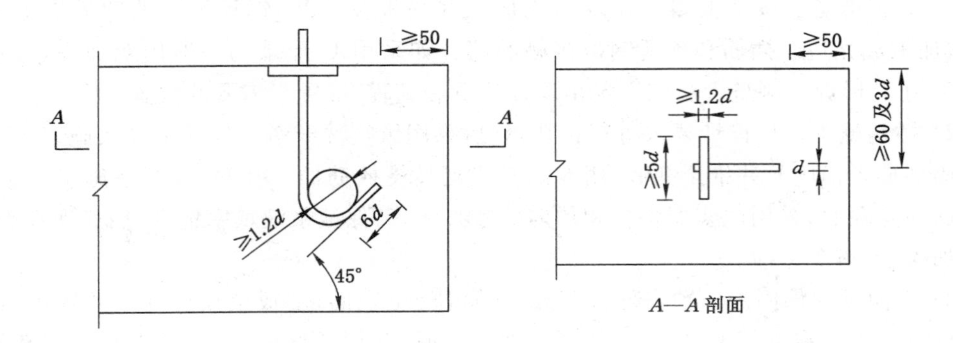

图 3-13 钢筋锚固长度加强施工图

加弯钩，不得使用冷处理钢筋，且尽量不用含碳量较多的钢筋，吊钩宜采用冷弯。

2）埋设。首先进行测量定位，吊钩（铁环）的设置位置应按设计图集对称定点，预环设置双向吊点，吊钩锚入梁内不少于 30d，安装的吊环和铁环与钢筋连接处点焊吊环应居构件中间埋入，并不得歪斜。露出环圈不宜太高或太矮，为保证卡环装拆方便，一般高度 15 cm 左右或按设计要求外留。

（4）爬梯扶手及栏杆预埋件施工

1）预埋件施工。预埋件通常由锚板（钢板或型钢）和固定在混凝土中的锚固筋组成，在混凝土仓内测量确定埋件位置，用锚固筋固定锚板，根据混凝土收仓面高程确定锚板埋设高程，具体施工方法同插筋、铁板预埋施工，安装时将爬梯扶手及栏杆下端与预埋件焊接连接。

2）后加埋件施工。采用膨胀螺栓和钢板制作后置连接件，首先在楼梯地面或基础面上放线，确定位置，然后采用冲击钻钻孔后再安装膨胀螺栓，螺栓保持足够的长度，螺栓定位后将螺母拧紧，同时将螺母与螺杆之间焊接，保证螺母与钢板之间牢固。采用锚板加化学锚栓进行预埋，按照埋件施工图通过放线确定埋件的位置，在基材中相应位置钻孔至设计深度，采取硬毛刷刷孔壁再配吹风机清孔，后将锚固剂推入钻孔，采取电锤将螺杆强力旋转推至孔底或适当位置，避免扰动埋件直至锚固剂完全固化。

3.3.5 预埋件、打毛和冲洗的安全技术规定

（1）吊运各种预埋件及止水、止浆片时，应绑扎牢靠，防止在吊运过程中滑落。

（2）所有预埋件的安装应牢固、稳定，以防脱落。

（3）焊接止水、止浆片时，应遵守焊接的有关安全技术操作规程。

（4）多人在同一工作面打毛时，应避免面对面近距离操作，以防飞石、工具伤人。不应在同一工作面上下层同时打毛。

（5）使用风钻、风镐打毛时，应遵守风钻、风镐安全技术操作规程。

（6）高处使用风钻、风镐打毛时，应用绳子将风钻、风镐拴住，并挂在牢固的地方。

（7）用高压水冲毛，应在混凝土终凝后进行。风、水管应安装控制阀，接头应用铅丝扎牢。

（8）使用冲毛机前，应对操作人员进行技术培训，合格后方可进行操作；操作时，应穿

戴防护面罩、绝缘手套和长筒胶靴。

(9) 冲毛时,应防止泥水溅到电气设备或电力线路上。工作面的电线灯头应悬挂在不妨碍冲毛的安全高度。

(10) 使用刷毛机刷毛前,操作人员应遵守刷毛机的安全操作规程。

(11) 操作人员应在每班作业前检查刷盘与钢丝束连接的牢固性。一旦发现松动,应及时紧固,以防止钢丝断丝、飞出伤人。

(12) 手推电动刷毛机的电线接头、电源插座、开关钮应有防水措施。

(13) 自行式刷毛机仓内行驶速度应控制在 8.2 km/h 以内。

3.4 混凝土的浇筑与养护

3.4.1 混凝土的运输与入仓

1. 混凝土运输的基本要求

混凝土的运输能力要与搅拌、浇筑能力相适应,并以最短的时间和最少的转运次数将质量合格的混凝土从拌和楼(站)运往浇筑地点。混凝土运输的具体要求是:

(1) 防止在运输过程中骨料离析,措施是避免振荡、减少转运、控制自由下落高度和浇筑前二次拌匀等。

(2) 防止混凝土配合比改变,措施是防止砂浆漏失、避免日晒雨淋、拌和均匀不泌水等。

(3) 防止混凝土发生初凝,措施是为避免冷缝产生要控制运输时间和注意初凝时间的季节性变化等。

(4) 满足混凝土入仓温度的要求,措施是按浇筑强度及时供应混凝土、防止外界气温的不利影响等。

(5) 防止混凝土入仓有差错,措施是避免入仓混凝土的品种和强度等级混杂或错用。

2. 混凝土的水平运输

混凝土水平运输包括轨道运输、汽车运输、翻斗车运输、胶轮车运输、皮带机运输和管道压运等方案。水平运输方案的选择,主要与浇筑方案、拌和楼的位置、取料方式、地形条件等因素有关。

(1) 轨道运输

有轨机车拖运装载立罐的平板车,因其运输能力大、运输震动小、管理方便,故这种混凝土运输方式在大中型水利工程获得广泛应用。机车轨距主要取决于混凝土运输的强度、构件运输要求和现场布置条件。在我国,大型工程一般多采用 1 435 mm 的准轨线路,中、小型工程多用 1 000 mm 窄轨线路。

提升或搬运吊罐需借助起重设备,因此要确保吊钩、钢丝绳、吊罐的吊耳和放料口的完好。吊罐不得漏浆,应经常清洗。

轨道运输也存在一些缺点,如:要求混凝土工厂与混凝土浇筑供料点之间高差小、线路的纵坡小、转弯半径大,对复杂的地形变化适应性差。轨道土建工程量大,修建工期长,造价较高等。

(2) 汽车运输

运输混凝土的汽车主要有混凝土搅拌车、后卸汽车、侧卸汽车、料罐车(即汽车运送卧罐)等。汽车运输混凝土机动灵活,对地形变化适应性强,道路修建的工程量小且费用较低,缺点是能源消耗大,运输费用较高,不易管理,事故率较高。

从保证混凝土质量考虑,运输混凝土要使用专用车,车厢要平滑密闭不漏浆,装料厚度不应小于 0.4 m;直接运输混凝土入仓的车辆要将轮胎冲洗干净,必要时从栈桥进仓;卸料后应及时清洗车厢或料罐;要保持运输道路的平整通畅。

(3) 皮带机运输

运用皮带机可将混凝土直接运送入仓,也可供混凝土转运。皮带机运输适用于浇筑品种较为单一的大体积混凝土或较狭窄的仓面,也便于仓面分料,但对布设水平钢筋的部位须慎用。皮带机运输对地形适应性强,操作方便,制作成本低,生产率高。

采用皮带机运送混凝土时,要避免砂浆流失,必要时适当增大砂率;皮带机卸料处应设置挡板、刮板和卸料导管;布料要均匀,堆料高度应控制在 1 m 以内;混凝土的垂直下落高度要严格控制,一般应不大于 1.5 m;溜管高度和运送混凝土的坍落度应经过试验论证;为避免不利气候条件的影响,露天皮带机需采取搭设盖棚或隔热保温等措施。

3. 混凝土的垂直运输

混凝土垂直运输主要依靠起重机械,如门机、塔机、缆机和履带式起重机等。

(1) 门机、塔机配合栈桥

门机和塔机是大型水利水电工程使用得最多的一种垂直起吊设备,它们与横桥配合是进行混凝土垂直运输最常用的方式。

门式起重机的机身下有一可供运输车辆通过的门架(图 3-14),其起重重臂可上扬收拢,操纵灵便而且定位准确。高架门机的轨上高度大,从而增大了起重机的工作空间,尤其适合于高坝施工,如图 3-15 所示。塔式起重机(图 3-16)滑动的起重小车可改变起重幅度,塔机的稳定性、起重能力和生产率都比门机低。

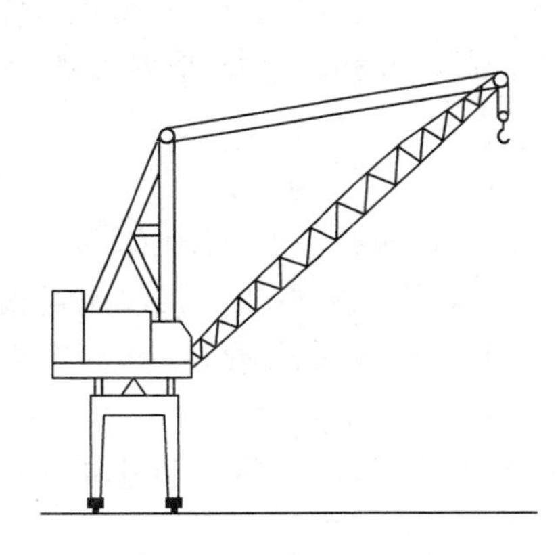

图 3-14　门式起重机

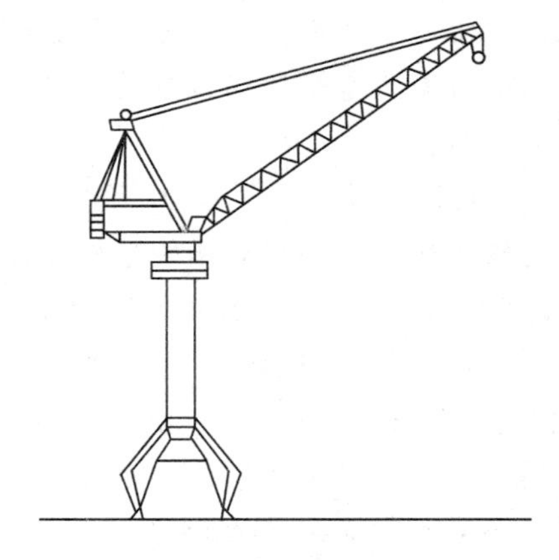

图 3-15　高架门式起重机

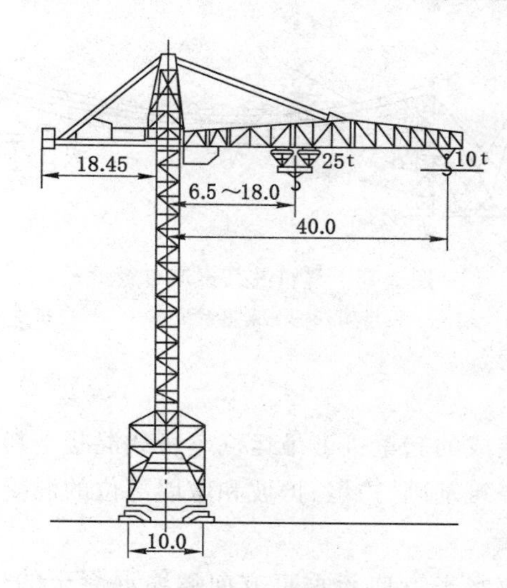

图 3-16　塔式起重机(单位:m)

架设栈桥是为了扩大起重机工作范围,给起重与运输机械提供行驶路线,并增加浇筑高度。栈桥布置型式如图 3-17 所示,有单线栈桥,双线栈桥,主、辅栈桥,多线多高程栈桥,坝外栈桥等。

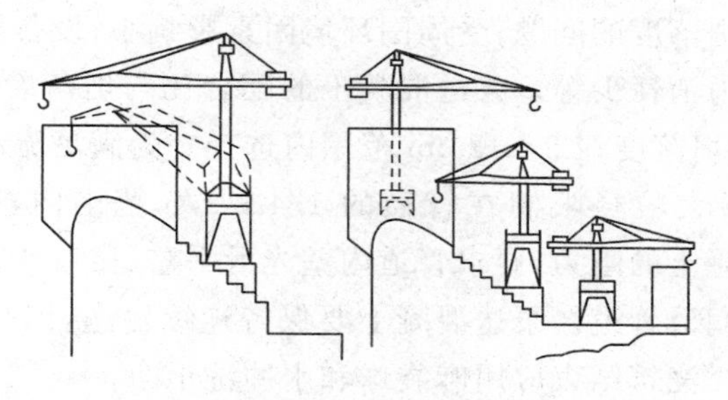

图 3-17　栈桥式起重机

(2) 缆机

在高山峡谷地区修建混凝土高坝多采用缆机,其布置形式有平移式、辐射式和混合式。缆索起重机(见图 3-18)的承重缆索架设在首尾两个可以移动的钢塔架的顶部,其上行驶的起重小车由牵引索牵引移动,起重索则起吊重物,安装监控电视的操纵室布设于首塔之内。承重索由抗拉耐磨的高强钢丝制成,质量要求极为严格。缆机跨度为 600～1 000 m,起重提升速度为 100～290 m/min,起重小车行驶速度为 360～670 m/min,其混凝土吊运能力达 8～12 罐/h。在我国,自 1980 年以来,缆机的应用相当普遍,如龙羊峡、白山、安康、东江、东风、万家寨等工程均使用缆机起吊物件。

缆机的主要优点是:① 安装不占主体工程工期,架立也不占浇筑部位;② 不受导流、基坑过水和度汛的影响,因此年浇筑日增多;③ 浇筑仓位多,控制面积大,设备利用率高;④ 使用期长,生产率高。它的缺点是:① 设置钢塔架平台所需工程量和资金多;② 受地形限制,通用性差;③ 设备的设计制造周期长。

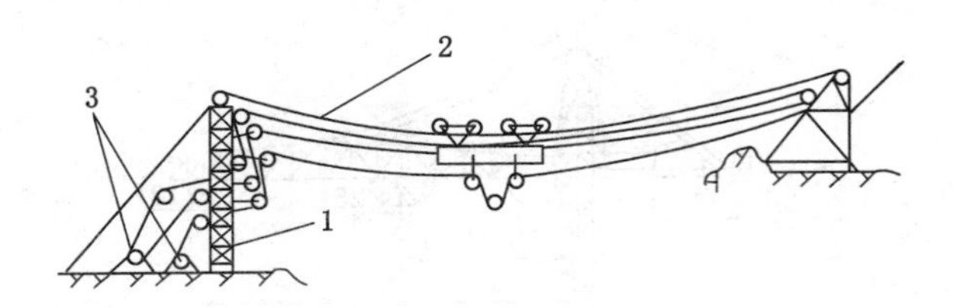

图 3-18　缆机及其索道布置示意

1——钢塔架；2——索道系统；3——卷扬机

(3) 履带式起重机

由履带式挖掘机改装成的起重机可吊运汽车所载混凝土料罐，虽起吊高度不大，但运转灵活，能负载行驶，在浇筑基础、护坦、护坡和墩墙部位的混凝土时应用较多。

4. 混凝土的连续运输

工程上可以一并完成水平方向与垂直方向运输混凝土的机械有：混凝土泵（管道运输）、汽车（综合运输）、塔带机（连续运输）和风动装置（压送运输）等。

(1) 泵送混凝土

在钢筋稠密和仓面狭小等难以浇筑的部位，多采用混凝土泵管道输送颗粒级配小而坍落度大的混凝土。泵送混凝土具有许多优点，如：在压力作用下能提高密实性和强度，不会发生离析和降低坍落度的问题；受周围环境因素影响小；设备简单、辅助设施少、运输效率高、浇筑方便、劳力消耗少等。泵送混凝土的配合比与坍落度要经试验确定，最小水泥用量为 300 kg/m^3，坍落度在 8～18 cm 范围内选择。为满足流动性的要求需掺入加气剂或塑化剂，粗骨料最大粒径限制在管径的 1/4～2/5 范围内，砂率宜控制在 40%～50%。为减小泵送混凝土的阻力，要求管道内壁光滑平整、接口严密平顺、轴线对齐一致，并先用水泥浆或砂浆润滑管道。泵送混凝土要保持连续输送，因故间歇要及时清洗以免残留混凝土堵塞管道。浇筑结束应用麻袋球和水冲洗干净。

(2) 塔带机运输混凝土

塔带机集水平运输与垂直运输于一体，是塔机和带式输送机的有机组合，它主要由塔式起重机和带式输送机系统组成。带式输送机系统由四条皮带机组成，即喂料皮带，转料皮带和内、外布料皮带。转料平台可沿塔柱不断爬升，满足混凝土大坝不断升高的要求。通过搭机的旋转和小车的变幅运动，可以不断变换卸料点的位置，实现仓面均匀布料。布料皮带的覆盖范围较大，布料半径可达 80～100 m。

与塔带机连接的皮带机，可以一直延伸至拌和楼，每隔一定距离，设支撑柱，皮带机可以通过柱上的液压顶升装置上升或下降，适应混凝土大坝的施工要求。

现代运送混凝土的皮带机具有以下特点：一是带速较高，达 3～4 m/s；二是皮带机的槽角较大（不小于 45°），可以比较有效地防止在坡度较大的情况下混凝土下滑；三是采用硬质合金材料整体刮刀，刮刀与皮带机采用可调压紧装置，确保刮净水泥浆；四是转料点的设计要能使混凝土再混合；五是卸料橡胶管约束作用，可使混凝土在下料过程中避免分离。图 3-19 为三峡大坝施工使用的美国罗泰克（ROTEC）公司生产的 TC2400 型塔带机。

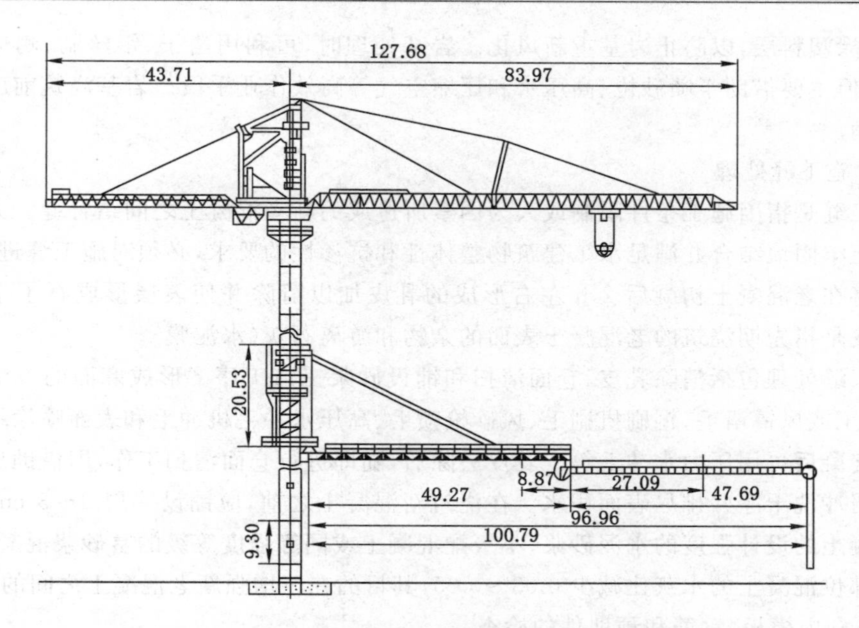

图3-19 美国罗泰克(ROTEC)公司生产的TC2400型塔带机(单位:m)

混凝土供料采用汽车送料至受料斗,然后由两条跨度分别为90 m和120 m的皮带机喂料,最大坡角达26.3°,输送能力最大可达6.38 m^3/min。塔带机可以用来运送干硬性及坍落度较小的常态混凝土,并可运送骨料最大粒径为150 mm的混凝土。

5. 混凝土入仓

采用起重机进行混凝土垂直运输时,通常都是通过混凝土吊罐入仓。泵送混凝土和皮带机输送的混凝土可以直接入仓,或通过一段溜槽入仓。无论通过什么手段入仓,混凝土自由落体的高度都不得大于2 m。当混凝土卸料高度大于2 m时,要通过溜筒来降低混凝土下落的速度,以防止混凝土发生离析。

3.4.2 混凝土的浇筑

混凝土浇筑的施工过程包括:浇筑仓面的准备、混凝土的入仓铺料、平仓振捣和养护。

1. 浇筑仓面的准备

浇筑仓面的准备工作包括基础面的处理、施工缝处理、立模和架设钢筋等。

(1) 基础面处理

土基处理的基本要求是使土基具有一定的温度和承载能力。砂砾地基的处理方法是,先清除杂物,整平基面,再洒水浸湿(15 cm深)使其湿度与最优强度时的湿度相符,并浇厚混凝土垫层(厚度10～20 cm),以防漏浆。对于软土基,应避免破坏或扰动原状土壤,先铺碎石(厚10～20 cm)垫底。盖上湿砂(厚约5 cm),压实后,再浇厚混凝土垫层(厚度10～20 cm)。对于湿陷性黄土,应采取专门的处理措施。

岩基处理的总体要求是保证基岩面坚固、清洁和完好。岩基面处理的方法是,先清除表面的风化层、松软岩石、棱角、反坡以及杂物、泥土等,并用高压水或压缩空气清扫岩面残留的碎屑、油渍和污物,再用压缩空气吹至岩面无积水,最后铺盖湿麻袋,或铺刷水泥砂浆，或喷涂塑料层，以防止岩基重新风化。岩基处理时，可利用凿子、钢丝刷、鹤嘴锄等手工工具，但主要借助于喷砂枪、高压水和压缩空气等高效作业手段。岩基浇筑前应保持洁净与温润。

(2) 施工缝处理

施工缝是指因施工条件限制或人为因素所造成的新老混凝土之间结合缝。为保证新老混凝土牢固地结合并满足水工建筑物整体性和抗渗性的要求，必须对施工缝进行处理，任务是将在老混凝土初凝后 2 h 左右形成的乳皮加以清除并使表层形成石子半露的麻面。乳皮是指先期浇筑的老混凝土表面的杂物和游离石灰(水泥膜)。

施工缝处理包括消除乳皮、仓面清扫和铺设砂浆三道工序。形成麻面的方法多种多样，有人工或风镐凿毛、铜刷机刷毛、风砂枪喷毛、高压水冲毛机冲毛和表面喷涂缓凝剂待混凝土终凝后再用压力水冲毛等。乳皮去除后，随即进行仓面清扫工作，即借助压力水将乳皮碎屑冲洗干净并排尽表面积水。在浇筑新混凝土之前，应铺设一层 2～3 cm 厚的稍高于混凝土的设计强度的水泥砂浆、小级配混凝土或同等强度等级的富砂浆混凝土，水灰比较该部位混凝土的水灰比减少 0.03～0.05，其目的在于增强新老混凝土之间的黏结。

(3) 仓内模板、钢筋和预埋件的检查

模板架立后需检查的内容包括定位的准确性、支撑的牢固性、拼装的严谨性、板面的洁净性、脱模剂涂刷的均匀性以及弯曲拉条的纠正情况等。钢筋安装后，应检查其保护层厚度、位置、规格和数量的准确性以及绑焊的牢固性。另外，对止水，预埋件也应特别关注。预埋件分为两类，一类是安装设备所需要预埋的螺栓、套筒等，要采取可靠的固定措施以保证其位置的准确性。另一类预埋件是供永久观测用的各类传感器，要确保传感器不因混凝土的浇筑振捣而受到损坏。

(4) 仓面布置的检查

仓面布置要满足从开仓至收仓正常浇筑的条件，对其检查的主要内容有：施工所需的工具设备配备数量及其完好率、照明器材与插座布设情况及其安全性、水电及压缩空气供应的可靠性、劳动组合的合理性等。

2. 入仓铺料

混凝土入仓铺料方式有平层铺筑法、阶梯铺筑法和斜层铺筑法。

平层法是沿仓面的长边逐条逐层有序、连续地撒水平铺填，如图 3-20(a)所示。铺料层厚与拌和能力、振捣器性能、混凝土浇筑速度、运距和气温有关，一般为 30～50 cm。当采用振捣器组振捣时，层厚可达 70～80 cm。对于低流态混凝土及大型强力振捣设备时，浇筑层厚度通过试验加以确定。

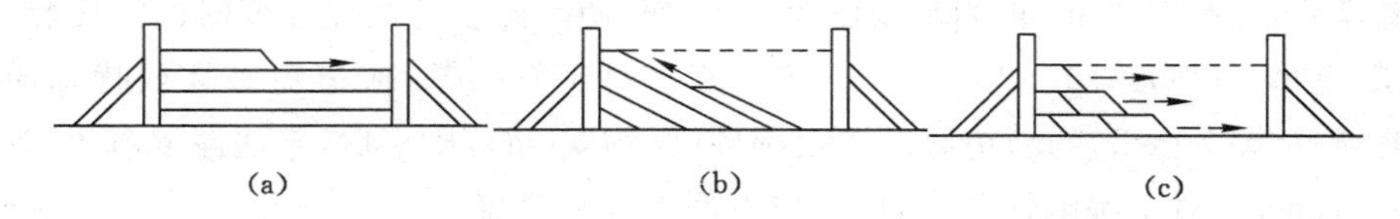

图 3-20　混凝土铺料方式

(a) 平层法；(b) 斜层法；(c) 阶梯法

需要指出的是，当下层混凝土已经初凝时再浇筑的上层混凝土无法与下层混凝土结合为一体，因为下层混凝土表面形成的乳皮无法在振捣时消失，这种因层间间歇时间过长而形成的软弱结合面称为冷缝。冷缝是一种严重的质量事故，因为混凝土结合面上的抗剪强度、抗拉强度和抗渗能力均有明显的下降。一般用混凝土初凝时间作为不产生冷缝的控制标准。

阶梯法浇筑的前提是薄层浇筑，根据吊运混凝土的设备能力和散热的需要，浇筑块高控制在 1.5 m 以内，浇筑层厚度则小于 0.6 m。每一浇筑条的宽度为 2～3 m，阶梯上表面暴露部分宽度为 1 m 左右，斜面坡度不陡于 1:2。采用斜层法浇筑时，层面坡度控制在 10°以内。

3. 平仓与振捣

(1) 平仓

所谓平仓，就是在保证分料均匀和有效防止混凝土分离的前提下将卸入仓内成堆的混凝土摊铺到要求的厚度。小型仓面一般采用人工持锹平仓或借助振捣器平仓，大型仓面则用推土机平仓。需要指出的是，振捣器平仓不能代替下道工序振捣。

(2) 振捣

振捣的目的是使混凝土获取最大的密实性，是保证混凝土质量和各项技术指标的根本措施和关键工序。

混凝土振捣的方式有多种。在施工现场使用的振捣器有内部振捣器、表面振捣器和附着式振捣器，使用得最多的是内部振捣器。而内部振捣器又分为电动式振捣器、风动式振捣器和液压式振捣器。大型水利工程中普遍采用成组振捣器。表面振捣器只适合薄层混凝土使用，如路面、大坝顶面、护坦表面、渠道衬砌等。附着式振捣器只适合用于结构尺寸较小而配筋密集的混凝土构件，如柱、墙壁等。在混凝土构件预制厂，多用振动台进行工厂化生产。振捣器的振动效果相当明显，在振捣器小振幅（1.1～2 cm）和高频率（5 000～12 000 r/ min）的振动作用下，混凝土拌和物的内摩擦力大为下降，流动性明显增强，骨料在重力作用下因滑移而相互排列紧密，砂浆流淌填满空隙的同时空气泡逸出，从而使浇筑仓内的混凝土趋于密实并加强了混凝土与钢筋的紧密结合。

振动影响圈直径一般为振捣棒直径的 10 倍左右。为了避免漏振，应使振点呈格形或梅花形排列，振点间距约为影响半径的 1～1.5 倍，井然有序地按振点进行垂直振捣，并应使振捣器插入下层混凝土 5～10 cm，以利上下层混凝土的结合。振动过程中振捣器应与模板保持 1/2 影响半径的距离，振捣器也不得触及钢筋和预埋件。混凝土振捣时间以 15～25 s 为宜，不得欠振或过振，振捣时间短则难以振捣密实，振捣时间过长会引起混凝土分离。

当混凝土坍落度较大而振捣层不超过 20 cm 时，或在振捣器难以操作的部位，也可运用捣杆、捣铲或平头锤进行人工辅助捣实，但质量较差。

如果混凝土拌和物振捣已经充分，则会出现一些迹象：混凝土中粗骨料停止下沉、气泡不再上升、表面平坦泛浆。判断已经硬化成型的混凝土是否密实，应通过钻孔压水试验来检查，若渗水率 $\omega < 10\ cm^3/(min \cdot m \cdot m)$，则说明混凝土浇筑质量较好。

4. 混凝土的浇筑程序

在混凝土开仓浇筑前，要对浇筑仓位进行统筹安排，以便井然有序地进行混凝土浇筑。安排浇筑仓位时，必须考虑的问题有：① 便于开展流水作业；②避免在施工过程中产生相互干扰；③ 尽可能地减少混凝土模板的用量；④ 加大混凝土浇筑块的散热面积；⑤ 尽量减小地基的不均匀沉陷。

水利工程的实践表明，水工建筑物的构造比较复杂，混凝土的分块尺寸普遍较大，混凝土温度控制的要求相当严格，土建工程与安装工程的目标一致性尤为突出。因此，工程界对于各浇筑仓位施工顺序的安排都极为重视，比较成熟的浇筑程序有：对角浇筑、跳仓浇筑、错缝浇筑和对称浇筑（见图 3-21）。

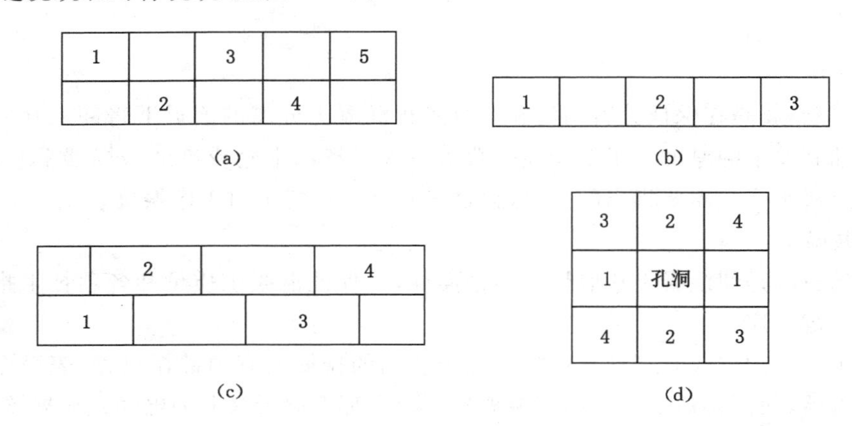

图 3-21　混凝土浇筑仓位安排

(a) 对角浇筑；(b) 跳仓浇筑；(c) 错缝浇筑；(d) 对称浇筑

3.4.3　混凝土的保护和养护

1. 混凝土养护

混凝土浇筑完毕后，在一个相当长的时间内，应保持其适当的温度和足够的湿度，以形成混凝土良好的硬化条件，这就是混凝土的养护工作。混凝土表面水分不断蒸发，如不设法防止水分损失，水化作用未能充分进行，混凝土的强度将受到影响，还可能产生干缩裂缝。因此，混凝土养护的目的：一是创造有利条件，是水泥充分水化，加速混凝土硬化；二是防止混凝土成型后因曝晒、风吹、干燥等自然因素影响，出现不正常的收缩、裂缝等现象。

(1) 混凝土养护方法

水工混凝土常用的养护方法主要有：洒水（喷雾）养护、覆盖养护、围水养护、铺膜养护、喷膜养护、蒸汽养护、热水养护、电热养护、太阳能养护和化学剂养护等。

1) 洒水（喷雾）养护。洒水养护是指采用人工洒水、花管自流、机具喷射、滴灌给水、仓面喷雾等方式，湿润混凝土表面。

① 人工洒水。人工洒水适用于任何部位，有利于控制水流，可防止长流水对机电安装的影响。但由于施工供水系统的水压力有限和施工部位交通不便，人工洒水的劳动强度较大，洒水范围受到限制，一般难以保持混凝土表面始终湿润。

② 花管自流。利用在塑料管或钢管上钻有小孔的喷淋管（花管）进行自流养护。一

般方法是:在管径 25 mm 的塑料管或钢管(因塑料管成本低,且钻孔较容易,一般采用塑料管较多)上,每隔 150～300 mm 钻直径 1～5 mm 的小孔后,悬挂在模板或外露拉条上进行流水养护。从小孔中流出的微量水流,洒在养护面上,在混凝土表面形成"水套"(见图 3-22)。给花管不停地通水,便可保持长流水养护。

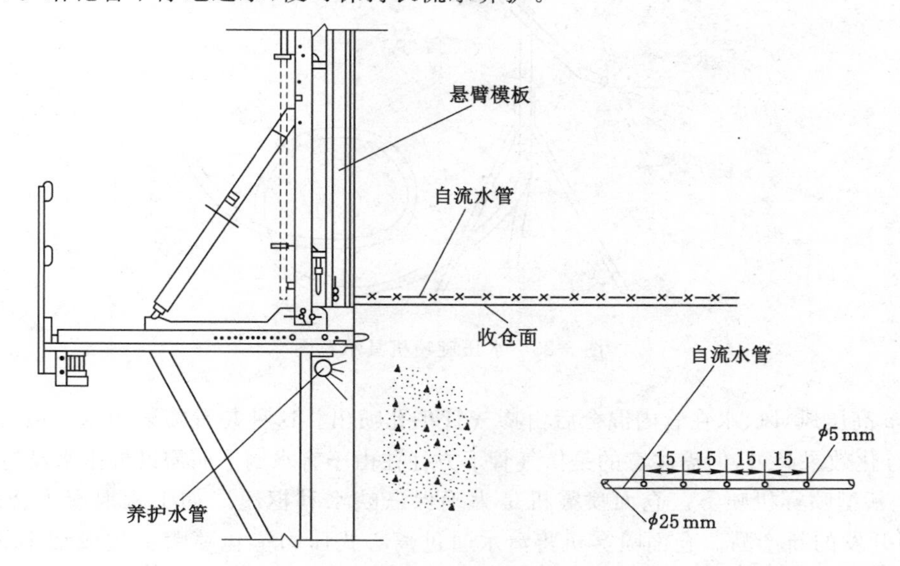

图 3-22 悬挂在模板下口的自流养护水管示意图(单位:cm)

花管自流养护适用于水工建筑物的混凝土立面和溢洪道、护坦以及闸室的底板等。自流养护由于受水压力、混凝土表面平整度以及蒸发速度的影响,养护效果不稳定,必要时需辅以人工洒水养护。因浇筑仓面一般平整度较差,仓面难以做到全部有流水。同时,对相邻坝段混凝土施工有较大干扰,故而实施时有一定难度。

③ 机具喷射。机具喷射是利用供水管道中的水压力推动固定在支架上的特殊喷头在混凝土表面进行旋喷和摆喷。喷头可以自行加工,也可以利用农业灌溉中的机具。三峡水利枢纽工程工地上使用的水压旋喷机具见图 3-23。旋喷洒水养护适合于 28 d 以内的较长间歇期仓面养护。

④ 滴灌给水。在夏季高温条件下,混凝土养护工作难度较大,不仅需设专人洒水养护,而且在高温条件下,混凝土易处于缺水状态,这样混凝土的强度难以达到设计要求。为此,采用滴灌带对其进行养护,不仅节约用水,而且降低了养护成本,使混凝土面始终处于湿润状态,提高了混凝土板的质量。在公伯峡水电站面板坝面板施工时,采用了滴渗保湿、土工膜保温的养护措施。每一块混凝土面板浇筑完成,混凝土初凝后用厚 8 mm 复合土工膜覆盖。同时,在面板上布设滴渗设施进行保湿养护。

⑤ 仓面喷雾。

a. 掺气管喷雾。掺气管喷雾是在仓面上空形成一层雾状隔热层,使仓面混凝土在浇筑过程中减少阳光直射强度,降低仓面环境温度,对减少混凝土在浇筑振捣过程中温度回升有较好效果。掺气管喷雾是将掺气管固定在仓面两侧模板上,沿管长每 50 cm 钻一个 2 mm 小孔,将有孔方向对向仓面上方,仰角 20°～30°。掺气管外接 0.4～0.6 MPa 高压水及 0.6～

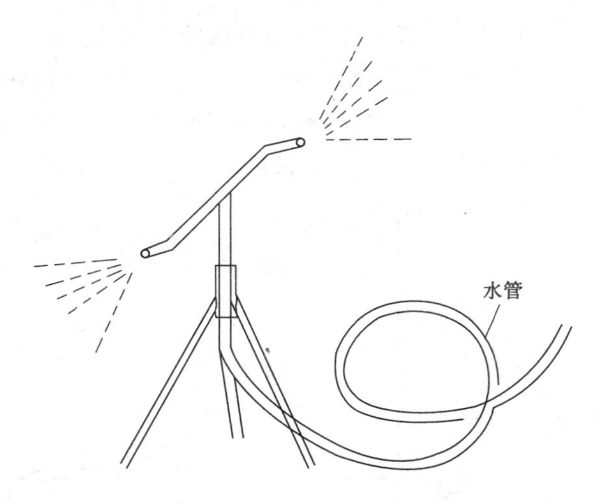

图 3-23　水压旋喷机具示意图

0.8 MPa 高压风，风、水在管内混合后由掺气管小孔喷出。这种装置喷射距离一般可达 8～10 m，雾化效果尚可，但需注意的是掺气管下方往往由于有水滴下而需设置排水设施。

b. 新型喷雾机喷雾。仓面喷雾机是为确保三峡水利枢纽二期工程混凝土浇筑质量而研制开发的新产品。仓面喷雾机将清水通过离心式压力雾化喷嘴雾化成细小雾滴后，用风力将雾滴均匀吹送到混凝土浇筑面上方形成雾层：一方面雾滴吸热蒸发；另一方面雾层阻隔阳光直射，从而降低浇筑面上环境温度。1999 年夏季，新型喷雾机在三峡水利枢纽工程泄洪坝段和左厂坝段施工仓面经过短期的试用和摸索后，迅速用于仓面降温保湿，为保障夏季混凝土浇筑质量发挥了重要作用。

2）覆盖浇水养护。

对于已经浇筑到顶部的平面和长期停浇的部位，可采用覆盖养护。覆盖的材料，根据实际情况可选用水、粒状材料和片状材料。粒状和片状材料不仅可以用于混凝土养护，而且也有隔热保温和混凝土表面保护的作用。覆盖粒状材料和片状材料养护时，需给覆盖材料浸水并始终要保持覆盖材料处于水饱和状态，即可满足养护要求。

① 仓面蓄水。蓄水养护方法简单方便、效果稳定，且具有散热保湿及降低大体积混凝土内外温差的效果，适用于短期不再上升和已浇到顶的部位。但蓄水养护要求混凝土收仓面基本水平，需要经常补充水量。

② 粒状材料覆盖。粒状材料可用于顶平面的长期养护。常用材料有沙、沙土、砂砾料和土石混合料等，覆盖厚度一般为 30～50 cm。覆盖粒状材料，还可以防止寒潮对混凝土表面的冲击以及外来物体撞击混凝土表面，适用于平面和坡度不大的斜面养护，但事后清渣工作量大。

③ 片状材料覆盖。

a. 草帘、草带及麻袋片。在以往的工程施工中，使用广泛的片状养护材料是草帘、草袋、麻袋等吸水材料。这些材料成本较低，可用于平面、斜面和侧立面的覆盖养护，还具有保温作用。但草帘、草袋、麻袋片易于腐烂且易燃，既增加了清渣工作量和对混凝土表面的污染，又不利于防火。

b. 土工布。土工布又称土工织物，它是由合成纤维通过针刺或编织而成的透水性土工合成材料。成品为布状，一般宽度为4～6 m，长度为50～100 m。土工布分为有纺土工布和无纺土工布。土工布具有优越的透水性、过滤性、耐用性、耐酸碱性，不腐蚀、不虫蛀、抗氧化、质量轻、使用方便、施工简单。近年来，在许多工程中使用土工布覆盖并浸水的方式对混凝土进行养护，养护效果良好。

c. 保湿塑料薄膜。在无风或风小的情况下可采用塑料膜覆盖养护方法，以不透水的塑料膜来保持混凝土中的水，满足混凝土强度增长的需求。对于闸墩、桥墩、厂房梁等结构近年来多采用塑膜包裹养护方法，使混凝土表面保持湿润，实现养护目的。该方法为：混凝土脱模后，应先在混凝土表面洒水湿润，然后立即用塑料薄膜将混凝土构筑物裹严实，用胶带纸或线绳等粘(扎)紧，塑料薄膜要紧贴混凝土表面，不漏缝、不透风。在养护期限内，混凝土表面自始至终要出现水珠水印。为使混凝土表面保持湿润状态，向塑料薄膜内喷淋洒水，要经常检查薄膜的完整性。如发现有塑膜开脱破裂等现象，要时修补完整。

d. 聚乙烯高发泡材料覆盖。聚乙烯高发泡材料是近年来发展起来的用于混凝土养护的新材料。它具有良好的保温性能，因此是一种具有保温和保湿两种养护功能的覆盖养护材料。聚合物片材的种类从养护的功效区分，可分为闭孔和开孔结构材料。闭孔结构的材料为均厚的蜂窝壁，紧密相连没有空隙，因此材料具有较好的保温隔湿性能。开孔结构材料，孔隙相连，吸水性强。根据两种材料的不同特性，闭孔材料在使用时，采用内贴方式，混凝土浇筑前，贴压在模板内侧，拆模后片材留在混凝土表面和混凝土紧密相贴，可有效防止混凝土水分蒸发；开孔结构的材料在使用时，采用外挂的方式，混凝土浇筑完毕拆模后，挂贴在混凝土表面，用水淋湿，在混凝土表面营造一个湿润的小环境，及时补充混凝土表面水分。聚合物片材成本较高，主要用作混凝土保温，结合混凝土养护作用。

④ 模板保湿。模板也具有一定的保温隔湿的功效，在允许的情况下，混凝土浇筑完毕后，模板保留一段时间，对养护混凝土也是有利的，留模养护以木模板效果最佳。可采取带模包裹，浇水，喷淋洒水或通蒸气等措施进行保温、保湿养护；要保证模板接缝处不至失水干燥。为保证顺利拆模，可在混凝土浇筑24～48 h后，略微松开模板，并继续浇水养护至规定时间。

3）化学养护剂养护。

混凝土养护剂又称混凝土养生液，是一种涂膜材料，喷洒在混凝土表面后固化，形成一层致密的薄膜，使混凝土表面与空气隔绝，大幅度降低水分从混凝土表面蒸发损失，从而利用混凝土中自身的水分最大限度地完成水化作用，达到养护的目的。其喷洒量决定于产品和需要达到的效果，应按产品说明或试验确定。

混凝土养护剂是由有机高分子材料与无机碱金属硅酸盐合成的一种新型胶状养护剂。该养护剂喷涂在混凝土表面，不仅可在混凝土表面迅速形成覆盖薄膜，同时，可与混凝土浅层游离氢氧化钙作用，在渗透层内形成致密、坚硬表层，阻止水泥混凝土中水分蒸发，使水泥充分水化而达到自养目的。

用养护剂的目的是保护混凝土，因为在混凝土硬化过程中其表面失水，混凝土会产生收缩，导致裂缝，称作塑性收缩裂缝。在混凝土终凝前，无法洒水养护，使用养护剂就是较好的选择。有些混凝土结构，洒水保湿比较困难，也可以采用养护剂保护。

混凝土养护是表面保湿，养护剂的实质作用是"保护"，而不是"养护"。因为，养护概念不仅要防止混凝土水分损失，还要补充水分帮助水泥水化，使强度健康增长。养护剂的种类和作用机理：养护剂可分为成膜型和非成膜型两类，前者在混凝土表面形成不透水的薄膜，阻止水分蒸发；后者依靠渗透、毛细管作用，达到养护混凝土的目的。成膜型养护剂主要有4大类：① 水玻璃类，主要成分为硅酸钠，喷洒到混凝土表面后，与混凝土中的氢氧化钙形成硅酸钙，封闭混凝土表面空隙，达到养护目的；② 乳液类，主要包括石蜡乳液、沥青乳液和高分子乳液，喷洒到混凝土表面后，水分蒸发形成不透水薄膜；③ 溶剂类，如过氯乙烯溶液，喷洒到混凝土表面后形成塑料薄膜；④ 复合型，将无机类材料和有机高分子材料复合，具有双重作用机理。

非成膜型养护剂的主要成分是多羟基脂肪烃衍生物，依靠渗透作用在混凝土表面达到养护效果。它与混凝土表面无化学反应，不影响混凝土表面后期装饰。

(2) 混凝土养护时间

塑性混凝土应在浇筑完毕6～18 h内开始洒水养护，低流动性混凝土宜在浇筑完毕后立即喷雾养护，并及早开始洒水养护，混凝土养护时间，不宜少于28 d，有特殊要求的部位宜适当延长养护时间。混凝土养护时间的长短，取决于混凝土强度增长和所在结构部位的重要性，不同水泥品种的混凝土强度增长率可参考有关资料。

2. 混凝土表面保护

(1) 混凝土表面保护作用

混凝土表面保护主要指：夏季高温季节混凝土表面养护，低温季节混凝土表面保温，冬季低温季节长间歇混凝土表面浇筑，特殊混凝土中埋设限裂钢筋等一系列综合性防裂措施。其主要目的是对大体积混凝土表面进行保护，提高混凝土表面抗裂性能，避免因混凝土内外温差过大而产生温度裂缝。

1) 混凝土表面防裂的要求。引起表面裂缝的原因是干缩和温度应力。干缩引起表面裂缝一般仅数厘米深度，主要靠养护解决。引起表面拉应力的温度因素有：气温变化、水化热和初始温差。气温变化主要有：气温骤降、气温年变化和日变化。在混凝土施工过程中，有时要留一些缺口供过水之用，与低温水接触后，在缺口的底部与两侧，往往会出现裂缝。

理论与实践经验都表明，表面保护是防止表面裂缝的最有效措施，特别是混凝土浇筑初期内部温度较高时尤应注意表面保护。混凝土表面保温后保温层应达到的等效放热系数值，可根据坝址气温骤降及气温年变化等情况通过计算确定。

① 气温骤降时的保护要求。在低温季节和气温骤降季节，混凝土应进行早期保护。表面保护的气温变化标准，按《混凝土重力坝设计规范》(SL 319—2005)的规定："日平均气温在2～4 d内连续下降6～9 ℃时，28 d龄期内的混凝土表面，必须采取保温措施。"

② 在年气温变化较大的地区，为减小混凝土表层温度在施工期内的年变化幅度，应对上下游坝面进行长期保护。

③ 低温季节，新浇混凝土产生水化热温升，内部温度较高，寒潮会使混凝土表面温度下降过快，为减小混凝土表面温度梯度和内外温差，必须在混凝土表面设置符合保温要求的保护层。

④ 高温季节，为防止外界高温热量向混凝土内部倒灌，防止新浇混凝土内部温度超

过坝体设计允许最高温度，必须在混凝土表面及时覆盖防晒隔热材料。

⑤ 低温季节，对于孤立上升、散热较快的坝块，为延缓混凝土降温速度，减少新老混凝土上、下层的约束温差，对连续上升的混凝土坝块必须进行表面保护。

⑥ 秋冬季节来临之前，对于导流底孔、竖井、廊道和尾水管等坝体空洞应力集中的部位，应加强保护。

⑦ 基坑过水，采取过水围堰导流方式的工程，汛期洪水淹没基坑时，较低的水温对混凝土温度影响较大，对于新浇混凝土内部温度还未冷却下来的大坝过水缺口、护坦、闸室底板等防裂要求高、薄而长的条块，应采取覆盖保温措施。

2）混凝土外观保护。施工期间混凝土外观保护应结合混凝土养护、保温等措施，保护混凝土表面不受损坏。混凝土外观受损的主要原因有：

① 水流冲刷。当坝体采用分期导流和缺口导流方式时，汛期水流冲刷混凝土表面，对过水坝面外露的埋件和混凝土龄期不足的闸室底板、护坦等部位，有可能造成破坏。

② 物体坠落。在高空作业情况下，尺寸较大孔口的侧墙及顶板在施工时，下坠物体易损坏底板混凝土表面。因此，导流底孔底板等外观要求较高的部位，在设置混凝土养护和保温层时，应结合混凝土外观的保护要求，选择具有缓冲作用的材料。

③ 水化学污染。施工期间，仓面冲洗、养护等作业所产生的废水中的铁锈、钙离子会对长期流水的坝面造成污染，在坝面留下难以清除的水渍，影响混凝土外观。

（2）混凝土表面保护分类

混凝土表面保护按保护目的不同，其分类见表3-10。

表3-10　混凝土表面保护分类表

分类		持续时间	保护目的
表面防裂	短期保护	3～15 d	防止混凝土早期由于寒潮和拆模引起温度骤降而发生的表面裂缝
	长期保护	数月至数年	减少气温年变化的影响
	低温保护	根据当地气候，数月不等	防裂及防冻
	高温保护	数天	防止气温倒灌
外观保护	度汛保护	汛期	防止水流冲刷及推移质泥沙损坏混凝土表面
	施工期保护	整个施工期	防止坠落物体和化学污染损坏混凝土表面

（3）混凝土表面保护材料

混凝土表面保护材料，按形状分类见表3-11。

表3-11　混凝土表面保护材料分类表

材料分类	材料名称	适用范围
粒状材料	木锯屑、沙、炉渣、砂性土	平面
片状材料	草帘、聚乙烯片材、尼龙编织布、塑料气垫薄膜	平面、侧立面
板状材料	刨花板、聚苯板、纸板、木模板	侧立面
喷涂材料	膨胀珍珠岩	平面、侧立面

（4）混凝土表面保护施工方法

混凝土表面保护覆盖的施工方法，根据保护材料的不同特性，一般采用平铺法、外挂法、外贴法、内模法和喷涂法。

① 平铺法。平铺法用于建筑物的平面部位，如水工建筑物的闸室、流道底板、建筑物的顶平面和需要临时保护的水平施工缝。平铺法可选用粒状材料，如木屑、砂和砂型土等，也可用片状材料如草帘和尼龙保温被等材料。

② 外挂法。外挂法主要适用于建筑物的侧立面，如坝体的上下游立面、闸室侧墙竖直施工缝等。外挂法一般选用片状材料，如尼龙编织布、聚乙烯片材、复合保温被等。

③ 外贴法。外贴法就是拆模后，将保温材料钉铆或粘贴在混凝土表面上，形成混凝土的表面保护。对于混凝土表面平整度要求很高，溢流坝面或其他特殊要求的混凝土面，则应以外贴为宜。此外，在高温季节浇筑的混凝土而要到低气温季节或寒潮来临前才需要表面保护时，应采用外贴。

④ 内模法。对于混凝土保护要求较高和需长期保护的部位，可采用内贴法进行混凝土表面保护。其方法是在模板内侧安装保护材料，混凝土浇筑完毕，模板拆除后，内贴材料留置在混凝土表面与混凝土紧密相贴，形成保温层，可具有良好的保温效果。内贴法一般以板状保温材料为主，如膨胀珍珠岩板、刨花板、泡沫聚乙烯板，也可用片状材料。

⑤ 喷涂法。喷涂法适用于需长期保护的混凝土表面，或无法使用其他方法的部位，如建筑物内部形状特殊的空腔、坝顶启闭机排架、门机大梁等截面尺寸较小的建筑物表面。

3.4.4 混凝土浇筑与养护的安全技术规定

1. 混凝土运输的安全技术规定

（1）混凝土水平运输基本规定

1）用汽车运送混凝土应遵守下列规定：

① 运输道路应满足施工组织设计要求。

② 不应超载、超速、酒后及疲劳驾车，应谨慎驾驶，应熟悉运行区域内的工作环境。

③ 不应在陡坡上停放，需要临时停车时，应打好车塞，驾驶员不应远离车辆。

④ 驾驶室内不应乘坐无关人员。

⑤ 搅拌车装完料后严禁料斗反转，斜坡路面满足不了车辆平衡时，不应卸料。

⑥ 装卸混凝土的地点，应有统一的联系和指挥信号。

⑦ 车辆直接入仓卸料时，卸料点应有挡坎，应防止在卸料过程中溜车，应有安全距离。

⑧ 自卸车应保证车辆平稳、观察有无障碍后，方可卸车；等卸料后大箱落回原位后，方可起架行驶。

⑨ 自卸车卸料卸不净时，作业人员不应爬上未落回原位的车厢上进行处理。

⑩ 夜间行车，应适当减速，并应打开灯光信号。

2）采用轨道运输方式、使用机车牵引装运混凝土的车辆应遵守下列规定：

① 机车司机应经过专门技术培训，并经过考试合格后方可驾驶。

② 装卸混凝土时应听从信号员的指挥，运行中应按沿途标志操作运行。信号不清、

路况不明时，应停止行驶。

③ 通过桥梁、道岔、弯道、交叉路口、复线段会车和进站时应加强瞭望，不应超速行驶。

④ 在栈桥上限速行驶，栈桥的轨道端部应设信号标志和车挡等拦车装置。

⑤ 两辆机车在同一轨道上同向行驶时，均应加强瞭望，特别是位于后面的机车应随时准备采取制动措施，行驶时两车相距不应小于 60 m；两车同用一个道岔时，应等对方车辆驶出并解除警示后或驶离道岔 15 m 以外双方不致碰撞时，方可驶进道岔。

⑥ 交通频繁的道口，应设专人看守道口两侧，应设移动式落地栏杆等装置防护，危险地段应悬挂“危险”或“禁止通行”警示标志，夜间应设红灯示警。

⑦ 机车和调度之间应有可靠的通信联络，轨道应定期进行检查。

⑧ 机车通过隧洞前，应鸣笛警示。

3）混凝土泵输送入仓应遵守下列规定：

① 混凝土泵应设置在场地平整、坚实，具有重型车辆行走条件的地方，应有足够的场地保证混凝土供料车的卸料与回车。

② 混凝土泵的作业范围内，不应有障碍物、高压电线，应有高处作业的防范措施。

③ 安置混凝土泵车时，应将其支腿完全伸出，并插好安全栓。软弱场地应在支腿下垫枕木，以防止混凝土泵的移动或倾翻。

④ 混凝土输送泵管架设应稳固，泵管出料口不应直接正对模板，泵头宜接软管或弯头。应按照混凝土泵使用安全规定进行全面检查，符合要求后方能运转。

⑤ 溜槽、溜管给泵卸料时应有信号联系，垂直运输设备给泵卸料时宜设卸料平台，不应采用混凝土蓄能罐直接给料。卸料应均匀，卸料速度应与泵输出速度相匹配。

⑥ 设备运行人员应遵守混凝土泵安全操作规程，供料过程中泵不应回转，进料网不应拆卸，不应将棉纱、塑料等杂物混入进料口，不应用手清理混凝土或堵塞物，混凝土输送管道应定期检查（特别是弯管和锥形管等部位的磨损情况），以防爆管。

⑦ 当混凝土泵出现压力升高且不稳定，油温升高、输送管有明显振动等现象，致使泵送困难时，应立即停止运行，并采取措施排除。检修混凝土泵时，应切断电源并有人监护。

⑧ 混凝土泵运行结束后，应将混凝土泵和输送管清洗干净。在排除堵塞物、重新泵送或清洗混凝土泵前，混凝土泵的出口应朝安全方向，以防堵塞物或废浆高速飞出。

4）塔（顶）带机入仓应遵守下列规定：

① 塔带机和皮带机输送系统基础应做专门的设计。

② 塔带机的运行、操作与维修人员，须经专门技术培训，了解塔（顶）带机构造性能，熟悉操作方法、保养规程和起重作业信号规则，具有相当熟练的操作技能，经考试合格后，方可独立操作，严禁无证上岗。

③ 报话指挥人员，应熟悉起重安全知识和混凝土浇筑、布料的基本知识，做到指挥果断、吐词清晰、语言规范。

④ 机上应配备相应的灭火器材，工作人员应会正确地检查和使用。当发现火情时，应立即切断电源，用适当的灭火器材灭火。

⑤ 机上严禁使用明火。检修须焊、割时，周围应无可燃物，并有专人监护。

⑥ 塔带机运行时，与相邻机械设备、建筑物及其他设施之间应有足够的安全距离，无法保证时应采取安全措施。司机应谨慎操作，接近障碍物前减速运行，指挥人员应严密监视。

⑦ 当作业区的风速有可能连续 10 min 达 14 m/s 左右，或大雾、大雪、雷雨时，应暂停布料作业，将皮带机上混凝土卸空，并转至顺风方向。当风速大于 20 m/s 时，暂停进行布料和起重作业，并应将大臂和皮带机转至顺风方向，把外布料机置于支架上。

⑧ 应依照维护保养周期表，做好定期润滑、清理、检查及调试工作。

⑨ 严禁在运转过程中，对各转动部位进行检修或清理工作。

⑩ 在塔机工况下进行起重作业时，应遵守起重作业的安全操作规程。

⑪ 塔带机和皮带机输送系统各主要部位作业人员，不应缺岗。

⑫ 开机前，应检查设备的状况以及人员到岗等情况。如果正常，应按铃 5 s 以上警示后，才能开机。停机前，应把受料斗、皮带上混凝土卸完，并清洗干净。

5）塔带机入仓应遵守下列规定：

① 设备放置位置应稳定、安全，支撑应牢固、可靠。

② 驾驶、运行、操作与维修人员，须经技术培训，了解本机构造性能，熟悉驾驶规定、操作方法、保养规程和作业信号规则，具有相当熟练的操作技能，经考核合格后，方可操作，严禁无证上岗。

③ 设备从一个地点转移到另一个地点，折叠部分和滑动部分应放回原位，并定位锁紧，不应超速行驶。

④ 在塔带机支腿撑开之前，塔带机应处于“行走状态”（伸缩臂和配重臂都缩回）。

⑤ 在伸展配重臂和伸缩臂之前，应撑开承力支腿。

⑥ 塔带机输送机的各部分应与电源保持一定的距离。

⑦ 伸缩式皮带机和给料皮带机不应同时启动，辅助动力电动机和盘发动机不应同时启动，以免发电机过载。

⑧ 塔带机各部位回转或运行时，各部位应有人监护、指挥。

⑨ 应避免皮带重载启动。皮带启动前应按铃 5 s 以上示警。

⑩ 一旦有危险征兆出现（包括雷、电、暴雨等），应即刻中断塔带机的运行。正常停机前，应把受料斗内、皮带上混凝土卸完，并清洗干净。

6）布料机入仓应遵守下列规定：

① 布料机布置位置应平整，基础应牢固，安装、运行时应遵守该设备的安全操作技术规程。

② 布料机覆盖范围内应无障碍物、高压线等危险源的影响。

③ 布料机的操作控制柜（台）应布置在布料机附近的安全位置，电缆摆放应规范、整齐。

④ 布料机下料时，振捣人员应离下料处一定距离。待布料机旋转离开后，方可振捣混凝土。

⑤ 布料机在伸缩或旋转过程中，应有专人负责指挥。皮带机正下方不应有人活动，以免皮带机上掉下的骨料伤人。

(2) 混凝土垂直运输的基本规定

1) 无轨移动式起重机(轮胎式、履带式)应符合下列安全技术要求:

① 操作人员应身体健康,无精神病、高血压、心脏病等疾病。

② 操作人员应经过专业技术培训、经考试合格后持证上岗,熟悉所操作设备的机械性能及相关要求,遵守无轨移动式起重机的安全操作规程。

③ 轮胎式起重机应配备上盘、下盘司机各1名。

④ 应保证起重机内部各零件、总成的完整,如有丢失应补全或恢复。

⑤ 起重机上配备的变幅指示器、重量限制器和各种行程限位开关等安全保护装置不应随意拆封,不应以安全装置代替操作机构进行停车。

⑥ 起重机吊运混凝土时,司机不应从事与操作无关的事情或闲谈。

⑦ 夜间浇筑时,机上及工作地点应有充足的照明。

⑧ 遇上6级及以上大风或雷雨、大雾天气,应停止作业。

⑨ 轮胎式起重机在公路上行驶时,应执行汽车的行驶规定。

⑩ 轮胎式起重机进入作业现场,应检查作业区域和周围的环境。应放置在作业点附近平坦、坚实的地面上,支腿应用垫木垫实。作业过程中不应调整支腿。

⑪ 变幅应平稳,不应猛起臂杆。臂杆可变倾角不应超过制造厂家的安全规定值;如无规定时,最大倾角不应超过78°。

⑫ 应定期检查起吊钢丝绳及吊钩的状况,如果损坏或磨损严重,应及时更换。

2) 轨道式(固定式)起重机(门座式、门架式、塔式、桥式)应符合下列安全技术要求:

① 轨道式(固定式)起重机的轨道基础应做专门的设计,并应满足相应型号设备的安全技术要求。轨道两端应设置限位装置,距轨道两端3 m外应设置碰撞装置。轨道坡度不应超过1/1 500,轨距偏差和同一断面的轨面高差均不应大于轨距的1/1 500,每个季度应采用仪器检查一次。轨道应有良好的接地,接地电阻不应大于10 Ω。

② 司机应身体健康,经检查合格,证明无心脏病、高血压、精神不正常等疾病,并具备高空作业的身体条件。须经专门技术训练,了解机械设备的构造性能,熟悉操作方法、保养规程和起重工作的信号规则,具有相当熟练的操作技能,并经考试合格后,持证方可操作。

③ 新机安装、搬迁以及修复后投入运转时,应按规定进行试运转,经检查合格后方可正式使用。

④ 起重机不应吊运人员及易燃、易爆等危险物品。

⑤ 起吊物件的重量不应超过本机的额定起重量,严禁斜吊、拉吊和起吊埋在地下或与地面冻结以及被其他重物卡压的物件。

⑥ 变幅指示器应灵活、准确。

⑦ 当气温低于零下15 ℃或遇雷雨大雾和6级以上大风时,不应作业。大风前,吊钩应升至最高位置,臂杆落至最大幅度并转至顺风方向,锁住回转制动踏板,台车行走轮应采用防爬器卡紧。

⑧ 机上严禁用明火取暖,用油料清洗零件时不应吸烟。废油及擦拭材料不应随意泼洒。

⑨ 机上应配置合格的灭火装置。电气失火时，应立即切断有关电源，应用绝缘灭火器进行灭火。

⑩ 各电气安全保护装置应处于完好状态。高压开关柜前应铺设橡胶绝缘板。电气部分发生故障，应由专职电工进行检修，维修使用的工作灯电压应在 36 V 以下。各保险丝(片)的额定容量不应超过规定值，不应任意加大，不应用其他金属丝(片)代替。

⑪ 夜间工作，机上及作业区域应有足够的照明，臂杆及竖塔顶部应有警戒信号灯。

⑫ 司机饮酒后和非本机司机均严禁登机操作。

⑬ 设备安装各个结构部分的螺栓扭紧力矩应达到设备规定的要求。焊缝外观及无损检测应满足规范要求。塔机的连接销轴应安装到位并装上开口销。

⑭ 司机应听从指挥人员(信号员)指挥，得到信号后方可操作。操作前应鸣号，发现停车信号(包括非指挥人员发出的停车信号)应立即停车。

⑮ 设备应配置备用电源或其他的应急供电方式，以防起重机在浇筑过程中突然断电而导致吊罐停留在空中。

⑯ 两台臂架式起重机同时运行时，应有专门人员负责协调，以免臂杆相碰。

⑰ 设备安装完毕后应每隔 2～3 年重新刷漆保护一次，以防金属结构锈蚀破坏。

⑱ 各设备的运行区域应遵守所在施工现场的安全管理规定及其他安全要求。

3）缆机(平移式、辐射式、摆塔式)应符合下列安全技术要求：

① 缆机轨道基础应做专门的设计，并应满足相应型号设备的安全技术要求。轨道两端应设置限位器。

② 司机应经过专门技术培训，熟练掌握操作技能，熟悉本机性能、构造和机械、电气、液压的基本原理及维修要求，经考试合格，取得起重机械操作证，持证上岗。

③ 工作时应精力集中，听从指挥。不应擅离岗位，不应从事与工作无关的事情，不应用机上通信设备进行与施工无关的通话。

④ 严禁酒后或精神、情绪不正常的人员上机工作。

⑤ 严禁从高处向下丢抛工具或其他物品，不应将油料泼洒在塔架、平台及机房地面上。高空作业时，应将工具系牢，以免坠落。

⑥ 机上的各种安全保护装置，应配置齐全并保持完好，如有缺损，应及时补齐、修复。否则，不应投入运行。

⑦ 应定期做好缆机的润滑、检查及调试、保养工作。

⑧ 司机应与地面指挥人员协同配合，听从指挥人员信号。但对于指挥人员违反安全操作规程和可能引起危险事故的信号及多人指挥，司机应拒绝执行。

⑨ 起吊重物时，应垂直提升，严禁倾斜拖拉。

⑩ 严禁超载起吊和起吊埋在地下的重物，不应采用安全保护装置来达到停车的目的。

⑪ 不应在被吊重物的下部或侧面另外吊挂物件。

⑫ 夜间照明不足或看不清吊物或指挥信号不清的情况下，不应起吊重物。

4）吊罐入仓应遵守以下规定：

① 使用吊罐前，应对钢丝绳、平衡梁(横担)、吊锤(立罐)、吊耳(卧罐)、吊环等起重部

件进行检查，如有破损，严禁使用。

② 吊罐的起吊、提升、转向、下降和就位，应听从指挥。指挥人员应由受过训练的熟练工人担任，指挥人员应持证上岗。指挥信号应明确、准确、清晰。

③ 起吊前，指挥人员应得到两侧挂罐人员的明确信号，才能指挥起吊；起吊时应慢速，并应在吊离地面30～50 m时进行检查，在确认稳妥可靠后，方可继续提升或转向。

④ 吊罐吊至仓面，下落到一定高度时，应减慢下降、转向，并避免紧急刹车，以免晃荡撞击人体。应防止吊罐撞击模板、支撑、拉条和预埋件等。吊罐停稳后，人员方可上罐卸料，卸料人员卸料前应先挂好安全带。

⑤ 吊罐卸完混凝土，应立即关好斗门，并将吊罐外部附着的骨料、砂浆等清除后，方可吊离。摘钩吊罐放回平板车时，应缓慢下降，对准并旋转平衡后方可摘钩；对于不摘钩吊罐放回时，挡壁上应设置防撞弹性装置，并应及时清除搁罐平台上的积渣，以确保罐的平稳。

⑥ 吊罐正下方严禁站人。吊罐在空间摇晃时，不应扶拉。吊罐在仓内就位时，不应斜拉硬推。

⑦ 应定期检查、维修吊罐，立罐门的托辊轴承、卧罐的齿轮，应定期加油润滑。罐门把手、震动器固定螺栓应定期检查紧固，防止松脱坠落伤人。

⑧ 当混凝土在吊罐内初凝，不能用于浇筑时，可采用翻罐方式处理废料，但应采取可靠的安全措施，并有带班人在场监护，以防发生意外。

⑨ 吊罐装运混凝土，严禁混凝土超出罐顶，以防坍落伤人。

⑩ 气动罐、蓄能罐卸料弧门拉绳不宜过长，并应在每次装完料、起吊前整理整齐，以免吊运途中挂上其他物件而导致弧门打开、引起事故。

⑪ 严禁罐下串吊其他物件。

5）溜槽（筒）入仓应遵守下列规定：

① 溜槽搭设应稳固可靠，架子应满足安全要求，使用前应经技术与安全部门验收。溜槽旁应搭设巡查、清理人员行走的马道与护栏。

② 溜槽坡度最大不宜超过60°。超过60°时，应在溜槽上加设防护罩（盖），以防止骨料飞溅。

③ 溜筒使用前，应逐一检查溜筒、挂钩的状况。磨损严重时，应及时更换。溜筒宜采用钢丝绳、铅丝或麻绳连接牢固。

④ 用溜槽浇筑混凝土，每罐料下料开始前，在得到同意下料信号后方可下料。溜槽下部人员应与下料点有一定的安全距离，以避免骨料滚落伤人。溜槽使用过程中，溜槽底部不应站人。

⑤ 下料溜筒被混凝土堵塞时，应停止下料，及时处理。处理时应在专设爬梯上进行，不应在溜筒上攀爬。

⑥ 搅拌车下料应均匀，自卸车下料应有受料斗，卸料口应有控制设施。垂直运输设备下料时不应使用蓄能罐，应采用人工控制罐供料，卸料处宜有卸料平台。

⑦ 北方地区冬季，不宜使用溜槽（桶）方式入仓。

2. 混凝土浇筑的安全技术规定

(1) 浇混凝土前,应全面检查仓内排架、支撑、拉条、模板及平台、漏斗、溜筒等是否安全可靠。

(2) 仓内脚手架、支撑、钢筋、拉条、埋设件等不应随意拆除、撬动,如果需要拆除、撬动时,应经施工负责人的同意。

(3) 平台上所预留的下料孔,不用时应封盖。平台除出入口外,四周均应设置栏杆和挡脚板。

(4) 仓内人员上下应设靠梯,不应从模板或钢筋网上攀登。

(5) 吊罐卸料时,仓内人员应注意避开,不应在吊罐正下方停留或工作。接近下料位置时,应减慢吊罐下降速度。

(6) 在平仓振捣过程中,应观察模板、支撑、拉筋是否变形。如发现变形有倒塌危险时,应立即停止工作,并及时报告有关指挥人员。

(7) 使用大型振捣器和平仓机时,不应碰撞模板、拉条、钢筋和预埋件,以防变形、倒塌。

(8) 不应将运转中的振捣器,放在模板或脚手架上。

(9) 使用电动振捣器,应有触电保护器或接地装置。搬移振捣器或中断工作时,应切断电源。

(10) 湿手不应接触振捣器电源开关,振捣器的电缆不应破皮漏电。

(11) 平仓振捣时,仓内作业人员应思想集中,互相应关照。浇筑高仓位时,应防止工具和混凝土骨料掉落仓外,更不应将大石块抛向仓外,以免伤人。

(12) 吊运平仓机、振捣臂、仓面吊等大型机械设备时,应检查吊索、吊具、吊耳是否完好,吊索角度是否正当。

(13) 冬季仓内用火盆保温时,应明确专人管理,谨防失火。

(14) 下料溜筒被混凝土堵塞时,应停止下料,立即处理。处理时不应直接在溜筒上攀登。

(15) 电气设备的安装、拆除或在运转过程中的故障处理,均应由电工进行。

3. 保护和养护的安全技术规定

(1) 养护应遵守下列规定:

1) 养护用水不应喷射到电线和各种带电设备上。养护人员不应用湿手移动电线。养护水管应随用随关,不应使交通道转梯、仓面出入口、脚手架平台等处有长流水。

2) 在养护仓面上遇有沟、坑、洞时,应设明显的安全标志,必要时铺设安全网或设置安全栏杆,严禁在施工作业人员不易站稳的位置进行洒水养护作业。

3) 采用化学养护剂、塑料薄膜养护时,对易燃有毒材料,应佩戴相关防护用品并做好防护工作。

(2) 表面保护应遵守下列规定:

1) 在混凝土表面保护工作的部位,作业人员应精力集中,佩戴安全防护用品。

2) 混凝土立面保护材料应与混凝土表面贴紧,并用压条压接牢靠,以防风吹掉落伤人。采用脚手架安装、拆除时,应符合脚手架安全技术规程的规定;采用吊篮安装、拆除时，应符合吊篮安全技术规程的规定。

3）混凝土水平面的保护材料应采用重物压牢，防止风吹散落。

4）竖向井（洞）孔口应先安装盖板，然后方可覆盖柔性保护材料，并应设置醒目的警示标志。

5）水平洞室等孔洞进出口悬挂柔性保护材料应牢靠，并应方便人员和车辆的出入。

6）混凝土保护材料不宜采用易燃品，在气候干燥的地区和季节，应做好防火工作。

3.4.5　安全防护措施

1. 混凝土运输的安全防护措施

（1）水平运输

1）施工场内汽车运输道路应符合以下规定：

① 道路纵坡度不宜大于 8%，个别短距离地段最大不得超过 15%；道路回头曲线最小半径不得小于 15 m，路面宽度不得小于施工车辆宽度的 1.5 倍，双车道路面宽度不宜窄于 7.00 m，单车道路面宽度不宜窄于 4.00 m，单车道设有会车位置。

② 在急弯、陡坡等危险路段右侧应设有相应警告标志，叉路、施工生产场所设有指路标志。

③ 高边坡路临空边缘应设有安全墩挡墙及反光警告标志。

④ 弃渣下料临边应设置高度不低于 0.30 m、厚度不小于 0.60 m 的石渣作为车挡。料口下料临边应设置混凝土车挡。

⑤ 配有清扫、维护设备，保持路面完好、整洁、无积水。

⑥ 有工程车辆、大型自卸车专用的停车和清洗车辆场地。

2）机动车辆应符合以下规定：

① 车辆制动、方向、灯光、音响等装置良好、可靠，经政府车检部门检测合格。

② 按规定配备相应的消防器材。

③ 冰雪天气运输应配备有防滑链条、三角木等防滑器材。

④ 油罐车等特种车辆按国家规定配备安全设施，并涂有明显颜色标志。

⑤ 水泥罐车密封良好，不得泄漏。

⑥ 工程车外观颜色鲜明醒目、整洁。

⑦ 车辆在施工区域行驶时，时速不得超过 15 km，洞内时速不超过 8 km，在会车、弯道、险坡段时速不得超过 5 km。

⑧ 自卸车向低洼地区卸料时，后轮与坑边应保持适当安全距离。在陡坎处向下卸料时，应设置牢固的挡车装置，其高度应不低于车轮外线直径的 1/3，长度不小于车辆后轴两侧外轮边缘间距的 2 倍，同时应设专人指挥，夜间设红灯。在有横坡的路面上不应卸料。

⑨ 自卸车车厢未降落复位，严禁行车。当车厢升举，在车辆下做检修维护工作时，应使用有效的撑杆将车厢顶稳，并在车辆前后轮胎处垫好卡木。

3）轨道机车的道路应符合以下要求：

① 路面不积水、积渣，坡度应小于 3%。

② 机车轨道的端部应设有钢轨车挡，其高度不低于机车轮的半径，并设有红色警告

信号灯。

③ 机车轨道的外侧应设有宽度不小于 0.60 m 的人行通道,人行通道为高处通道时,临空边应设置防护栏杆。

④ 机车轨道与现场公路、人行通道等的交叉路口应设置明显的警告标志或设专人值班监护。

⑤ 机车隧洞高度不低于机车以及装运货物设施高度的 1.2 倍,宽度不小于车体以及货物设施最大宽度加 1.20 m。

⑥ 设有专用的机车检修轨道。

⑦ 通信联系信号齐全可靠。

4) 皮带栈桥供料线运输应符合以下安全规定:

① 皮带栈桥供料线必须挂设符合要求的护网,并验收合格方能使用。防护设施应每班检查一次,做好记录。运行时加强巡视,发现破损等可能漏料情况,及时修复处理。

② 凡在供料线上、下方作业的施工单位,在开展安全基础活动时,应将落石伤人作为主要危险源予以控制。

③ 供料线废料及护网的清理,应在指定时间、指定地点弃料,不得随意直接向下抛掷。

④ 因设备原因需临时清理供料线废料时,必须首先通知受影响的相关单位避让后方可进行、并派安全哨现场监护。

⑤ 设备运行时,运行单位必须在布料皮带等易落料部位下方设置专职安全监护人员,及时提醒下方人员、设备避让,严禁滞留。

⑥ 供料线运行时,下方施工单位要派人协助运行单位做好监护工作,并配有明显标识。

⑦ 供料线轴线左右 10 m 范围严禁搭设各类工棚,确因施工需要搭设的必须经相关部门同意,并有可靠的防护措施。布料皮带覆盖范围原则上不应搭设各类工棚。

⑧ 供料线下方严禁停放各种设备,施工运行设备驾驶室顶部及挡风玻璃等易损部位要有防护措施,临时停机时应停在安全地带,运行单位应在塔柱等适当位置挂设警告标识。

⑨ 供料线下方及布料皮带覆盖范围内的主要人行通道,上部必须搭设牢固的防护棚,转梯顶部设置必要防护,在该范围内不应设置非施工必需的各类机房、仓库。

⑩ 供料线运行时,布料皮带、爬坡皮带覆盖范围内应避免安排相对长时间固定部位作业(如塔柱周边),确因施工需要的,作业人员应佩戴高强度头盔(如钢盔),作业人员年龄应控制在 50 岁以下且无职业禁忌。

5) 场内公路、铁路、水路运输应按国家相关标准执行。

6) 运送超宽、超长或重型设备时,事先应组织专人对路基、桥涵的承载能力,弯道半径、险坡以及沿途架空线路高度,桥洞净空和其他障碍物等进行调查分析,确认可靠后方可办理运输事宜。

(2) 垂直运输

1) 各种起重机械必须经国家专业检验部门检验合格。

2）起重机械运行空间内不得有障碍物、电力线路、建筑物和其他设施；空间边缘与建筑物或施工设施或山体的距离应不小2.00 m，与架空输电线路的距离符合相关规定。

3）起重机械设备移动轨道应符合以下规定：

① 距轨道终端3.00 m处应设置高度不小于行车轮半径的极限位移阻挡装置，设置警告标志。

② 轨道的外侧应设置宽度不小于0.50 m的走道，走道平整满铺。当走道为高处通道时，应设置防护栏杆。

③ 轨道外侧应设置排水沟。

4）起重机械安装运行应符合以下规定：

① 起重机械应配备荷载、变幅等指示装置和荷载、力矩、高度、行程等限位、限制及连锁装置。

② 操作司机室应防风、防雨、防晒、视线良好，地板铺有绝缘垫层。

③ 设有专用起吊作业照明和运行操作警告灯光音响信号。

④ 露天工作起重机械的电气设备应装有防雨罩。

⑤ 吊钩、行走部分及设备四周应有警告标志和涂有警示色标。

5）门式、塔式、桥式起重机械安装运行还应符合以下规定：

① 设有距轨道面不高于10 mm的扫轨板。

② 轨道及机上任何一点的接地电阻应不大于4 Ω。

③ 露天布置时，应有可靠的避雷装置，避雷接地电阻应不大于30 Ω。

④ 桥式起重机供电滑线应有鲜明的对比颜色和警示标志。扶梯、走道与滑线间和大车滑线端的端梁下应设有符合要求的防护板或防护网。

⑤ 多层布置的桥式起重机，其下层起重机的滑线应沿全长设有防护板。

⑥ 门、塔式起重机应有可靠的电缆自动卷线装置。

⑦ 门、塔式起重机最高点及臂端应装有红色障碍指示灯和警告标志。

6）轮胎式起重机械在公路上行走还应符合机动车辆的有关标准的规定。

7）使用桅杆式起重机、简易起重机械应符合以下要求：

① 按施工技术和设备要求进行设计安装使用。

② 安装地点应能看清起吊重物。

③ 制动装置可靠且设有排绳器。

④ 设有高度限制器或限位开关。

⑤ 开关箱除应设置过负荷、短路、漏电保护装置外，还应设置隔断开关。

⑥ 固定桅杆的缆风绳不得少于四根。

⑦ 吊篮与平台的连接处应设有宽度不小于0.50 m的走道，边缘设有扶手和栏杆。

⑧ 卷扬机应搭设操作棚。

（3）缆机运输

1）缆机布置应符合以下规定：

① 主副塔架、缆索吊物的运行空间与输电线路的距离应符合相关规定。

② 主副塔架、行走机构边缘与山体边坡之间的距离应不小于1.50 m，不稳定的边坡

应有浆砌石或混凝土挡墙或喷锚支护等护体。

③ 有长、宽均不小于 20 m 的拆装、检修场地。

④ 缆机工作平台开挖后的边坡应设置排水沟，并选择浆砌石、混凝土挡墙、喷锚支护等方式进行防护。轨道栈桥混凝土平台边缘临空高度大于 2.00 m 时，轨道的外侧应设有宽度不小于 1.00 m 的走道，临空面设有防护栏杆。

⑤ 钢轨接地电阻不应大于 4 Ω。

⑥ 分别在距轨道终端 1.00 m 处设置坚固且高度不低于 1.00 m 的止挡设施，分别在距轨道终端 2.00 m 处设有限位开关碰块。

⑦ 轨道纵向坡度不宜大于 5‰，同一轨道及双轨之间高差在全长范围内不得超 2.00 m，轨道中心线弯曲度应不大于 2.00 mm。应避免双轨的接头在同一断面上，错开距离不得小于 1.50 m，接头处应放在轨枕上，接头间隙应不大于 4.00 mm，接头处轨面高差应不超过 0.50 mm。

2）缆机安装运行应符合以下规定：

① 设有从地面通向缆机各机械电气室、检修小车和控制操作室等处所的通道、楼梯或扶梯。所有转动和传动外露部位应装设有防护网罩，并涂上安全色。

② 设有两套以上的通信联络装置和统一音响、灯光指挥信号。

③ 主副塔水平移动位移极限、吊钩上升和下降高度极限、检修小车水平移动极限等各种控制限制装置应齐全有效。

④ 设有可靠的防风夹轨器和扫轨板。轨道应保持畅通，严禁在轨道及附近堆放物品。

⑤ 设有专用照明电源和可靠的工作行灯。

⑥ 主副塔的最高点、吊钩等部位应设有红色信号指示灯或警告标志。钢丝绳、吊钩等吊具应符合相应安全技术标准，并应经常检查。

⑦ 避雷装置可靠，接地电阻不宜大于 10 Ω。电气绝缘良好，接地电阻不大于 4 Ω。

⑧ 设有单独的操作、值班工作室，工作室视线开阔，照明良好，铺有绝缘垫，噪声不大于 75 dB(A)。

⑨ 主副塔机器房、开关控制室、值班室等处所地面应有绝缘措施，配有足量有效的灭火器材。

⑩ 缆机检修小车工作平台四周应设有高度不低于 1.20 m 的钢防护栏杆，底部四周有高度不小于 0.30 m 挡脚板，平台底部满铺，不得有孔洞，并备有供检修作业人员使用的安全绳。

⑪ 多台缆机或缆机与门、塔机等平行、立体布置，应制订严密、可靠的防碰撞措施，两机同时抬吊物件时，应指定专人统一指挥。

⑫ 大件、危险及重要物件的吊运应制订专项安全技术措施。

2. 混凝土浇筑施工安全防护措施

(1) 混凝土仓面清理应符合以下规定：

1）用电线路应使用木杆支撑，高度应不低于 2.50 m，严禁采用裸线或麻皮线，电缆绝缘良好，并装有事故紧急切断开关和漏电保护器。

2）应设宽度不小于 0.50 m 的人行通道、栈桥或简易木梯，通道应通向每一个工作面并畅通。

3）冲洗、冲毛等废水应集中排放。

4）砂罐、冲毛机等压力容器设备应经专业部门检验合格。

5）配有操作人员使用的防护面具、绝缘手套、长筒胶靴等防护用品。

6）高处使用风钻、风镐打毛时，应用绳子将风钻、风镐拴住，并挂在牢固的地方。

7）用高压水冲毛，风、水管应安装控制阀，接头应用铅丝扎牢。

8）工作面的电线灯头应悬挂在不妨碍冲毛的安全高度。

9）手推电动刷毛机的电线接头、电源插座、开关按钮应有防水措施。自行式刷毛机仓内行驶速度应控制在 8.20 km/h 以内。

(2) 混凝土浇筑平台脚手板应铺满、平整，临空边缘应设防护栏杆和挡脚板，下料口在停用时应加盖封闭。

(3) 混凝土电动振捣器，必须绝缘良好，并装设有漏电保护器。

(4) 振捣车、平仓机应有倒车音响装置、醒目颜色及灯光信号。

(5) 泵送混凝土应符合以下要求：

1）输送泵和泵管安装必须稳固。

2）输送泵操作与卸料口距离较远、不能直接观察时，应设置输送泵司机与前盘值班人员通讯联系设备。

3）设置有检查、维护及应急处理泵管的安全通道，通道宽度不小于 0.50 m。

4）在输送泵的锥管、弯管及接头处应设有防止炸裂时混凝土喷出伤人的措施。

5）设置有供维修人员处理泵管堵塞时，防止泵管中的压力水泥浆喷溅伤害的护目镜等个人防护用品。

(6) 皮带机混凝土入仓应符合以下要求：

1）皮带机架设平稳、支撑稳固，伸缩机构灵敏可靠；皮带机的支撑柱不能以仓边模板为支撑基座；皮带机两端应设高度不小于 0.50 m 的挡板。

2）进料斗周围设置宽度不小于 1.20 m 的走道和平台，平台四周设有防护栏杆。

3）设有通向进料斗平台的通道、扶梯或爬梯。

(7) 地下工程混凝土浇筑应符合以下规定：

1）采用溜筒下料时，应有供作业人员处理溜筒堵塞使用的安全设施。

2）平台上预留的孔洞，应设有防护盖。平台四周均应设置栏杆和挡脚板。可能发生坠落的部位应设置安全防护网和警告标志。

3）设有进入各工作面的通道，通道宽度不小于 0.6 m。

4）冬季采取可靠的仓内保温措施，应明确专人管理。设有停电应急照明。用电设备的电源线路应绝缘良好，并装有漏电保护器。

3.4.6　施工人员安全规定

1. 混凝土工（含清基工）

(1) 混凝土工进仓操作时，应戴安全帽，穿胶靴并使用必要防护用品。

(2) 高处作业时，首先检查脚手架、马道平台、栏杆应安全可靠。铺设的脚手板应固定，不得悬空探头。

(3) 手推车向料斗倒料，应有挡车措施，不得用力过猛和撒把。

(4) 用井架运输时，小车把不得伸出笼外，车轮前后应挡牢，稳起稳落。

(5) 下料口应钉挡板，根据实际情况架设护身栏杆。

(6) 机动自卸推斗车，作业前应检查斗车装置完好，刹车应灵活可靠，斗车应清扫干净。

(7) 电瓶机车拖拉斗车运行中，应服从统一指挥、统一信号，跟车人员不得站在两斗车之间。

(8) 在卸混凝土料前，应将斗车刹住，脚应站稳，两手握紧车斗倒料。

(9) 每班工作结束后，使用的斗车应全部洗刷干净。

(10) 使用卷扬机运输混凝土时，卷扬机道应由专人负责斗车挂钩及指挥信号工作。

(11) 料斗垂直提升混凝土时，卸料人员的操作部位应搭设工作平台，周围应设护身栏杆，操作时不得站在溜槽帮上。使用拦截料斗的顶棍，应准确地顶在料斗边的中间。

(12) 多层垂直运输，应装设灯、铃等联系信号。料斗运行时，不得向井筒内伸头探视或伸手招呼。

(13) 使用溜槽、溜筒，应连接牢固，操作平台应有防护栏杆，不得站在溜槽、溜筒边上操作。溜槽、溜筒出料口处不得站人。

(14) 指挥机动自卸斗车、混凝土搅拌车就位卸料时，指挥人员应站在车辆的后侧面指挥，不得直接站在车辆后面。

(15) 用混凝土泵输送混凝土时，管道接头应完好，管道的脚手架应牢固，不得直接与钢筋或模板相连。

(16) 使用立式、卧式吊罐，应在两只吊耳完全挂妥、卸料口关闭后才能起吊。

(17) 卸料应规定联系信号和方式，吊罐下方不得站人，吊罐就位时不得用手或绳硬拉。

(18) 混凝土工还应遵守 SL 399—2007 中 8.5.9 条的有关规定。

(19) 平仓振捣应遵守下列规定：

1) 人工平仓时，作业人员动作应协调一致，使用的铁锹和拉绳应牢固。

2) 机械平仓时，操作人员应经专业培训合格后上岗作业，作业前应检查设备确认完好后作业。平仓时应安排专人指挥和监护，离模板应保持相应的安全距离。

3) 浇筑较高的特殊仓面时，不得更改和调整设计拉杆及支撑的位置。

4) 浇筑无板框架结构梁柱混凝土时，应搭设临时脚手架、作业平台，并设防护栏杆，不得站在模板上或支撑上操作。

5) 浇筑梁板时应搭设临时浇筑平台。

6) 浇筑圈梁、挑檐、阳台、雨罩等混凝土时，外部应设安全网或其他防护措施。

7) 浇筑拱形结构，应自两边拱脚处对称下料振捣。

8) 现支模板浇筑混凝土时，应派专人监视承重支撑杆件，发现异常时应立即停止浇筑，撤离人员，采取处理措施。

(20) 振动器的使用应遵守下列规定：

1) 电动插入式振动器：

① 操作人员应经过必要的用电安全教育，作业人员应穿绝缘鞋(胶鞋)戴绝缘手套。

② 使用振动器前，应经电工检验确认安全后方可使用，开关箱内应装设漏电保护器，插座插头应完好无损，电源线不得破皮漏电。

③ 电缆线应满足操作所需的长度，电缆线上不得堆压物品，不得用电缆线拖拉或吊挂振动器。

④ 使用前应检查各部并确认连接牢固，旋转方向应正确。

⑤ 振动器不得在初凝的混凝土、地板、脚手架和干硬的地面上进行试振。在检修或作业间断时应断开电源。

⑥ 作业时，振动棒软管的弯曲半径不得小于 50 cm，操作时，应将振动棒垂直地沉入混凝土，不得用力硬插斜推或让钢筋夹住棒头，也不得全部插入混凝土中，插入深度不应超过棒长的 3/4，不宜触及钢筋芯管、预埋件和模板。

⑦ 振动棒软管不得出现断裂，当软管使用过久长度增长时，应及时修复或更换。

⑧ 作业停止需移动振动器时，应先关闭电动机，再切断电源，不得用软管拖拉电动机。

⑨ 作业完毕应将电动机(含变频机组)软管振动棒清理干净，并应按规定要求进行保养作业。振动器存放时不得堆压软管，应平直放好，并应对电动机(含变频机组)采取防潮措施。

2) 风洞插入式振捣器：

① 使用风动振捣器前，应先检查风管，其接头应牢固，风管本身应无破损，如有问题应及时处理。风管中的水分，应事先吹净。

② 开振捣器时，先检查风压应满足要求。

③ 接上振捣器，拧紧丝套，将开关慢慢打开，使振捣器转动起来。振捣器使用尖端时，应及时关上风门。

④ 使用振捣器时，振捣棒不得插入过深。应防止振捣器与岩石、钢筋、模板、预埋件等碰撞。

3) 附着式、平板式振动器：

① 附着式、平板式振动器轴承不得承受轴向力，在使用时电动机应保持水平状态。

② 在一个模板上同时使用附着式振动器时，各振动器的频率应保持一致，相对面的振动器应错开安装。

③ 安装时，振动器底板安装螺孔的位置应准确，应防止底脚螺栓安装扭斜而使机壳受损，底脚螺栓应紧固，各螺栓孔的紧固程度应一致。

④ 作业前，应对附着式振动器进行检查和试振，试振不得在干硬或硬质物体上进行。

⑤ 使用时，引出线缆部不得绷直。作业时应随时观察电气设备的漏电保护器和接地或接零装置并确认合格。

⑥ 附着式振动器安装在混凝土模板上时，每次振动时间不应超过 1 min，当混凝土在模内泛浆流动或呈水平状即可停振，不得在混凝土初凝状态时再振。

⑦ 装置振动器的构件模板应坚固牢靠，其面积应与震动器额定振动相适应。

⑧ 平板式振动器作业时，应使平板与混凝土保持接触，使振波有效地振实混凝土，待表面泛浆、不再下沉后，即可缓慢地向前移动，移动速度应能保证混凝土振实出浆。在振的振动器，不得搁置在已凝或初凝的混凝土上。

(21) 凿毛清理养护应遵守下列规定：

1) 混凝土手工凿毛，应先检查锤头柄安装牢固可靠，作业人员应戴防护眼镜。

2) 在较高垂直面上凿毛时，应搭设脚手架和马道板，不得站在预埋件上作业，并系好安全带。

3) 风镐凿毛作业时，应遵守风镐的安全操作规程。

4) 采用混凝土表面处理剂处理毛面时，作业人员应穿戴好工作服、口罩、乳胶手套和防护眼镜，并用低压水冲洗。

5) 在高处作业时，使用工具应放到工具袋内。作业人员应系安全带，拴牢安全绳，并派专人监护。

6) 用风枪清理混凝土表面时，应一人握紧风枪一人辅助，不得单人操作；作业人员应穿戴好工作服、口罩和防护眼镜。在风枪作业范围内，不得有与本作业无关人员。风枪口不得正对人。

7) 冲毛机冲毛和清理仓面作业时，应遵守冲毛机的安全操作规程。

8) 使用覆盖物养护混凝土时，对所有的沟、孔、井等应按规定设牢固盖板或围栏，并设警示标志，不得随便挪动。

9) 电热法养护作业时，应设警示标志、围栏，无关人员不得进入养护区域。

10) 用软管洒水养护时，应将水管接头连接牢固，移动皮管不得猛拽，不应倒行拉移皮管。电气设备应做防护，不得将养护用水喷洒到电闸、灯泡等电气设备上。

11) 蒸汽养护时，作业人员应注意脚下孔洞、磕绊物并防止烫伤。

12) 化学养护剂养护作业时，喷涂人员应穿戴好工作服、口罩、乳胶手套和防护眼镜。

13) 覆盖物养护材料使用完毕后，应及时清理并存放到指定地点，码放整齐。

(22) 料台配料应遵守下列规定：

1) 作业前，应检查所使用的工具牢固可靠。

2) 作业前应矫正磅秤，根据混凝土配料单定好磅秤。

3) 使用机械推送砂石料时，应有专人指挥，卸料口应设挡坎和警戒线。

4) 料堆上不得站人。

5) 地弄、料口、料斗、磅秤等发生故障时，应立即停止作业进行处理。

6) 料口、称料口下料应匀速，非作业人员不得停留。

7) 带式输送机运料作业时，应遵守带式输送机运行安全操作规程，并应经常清扫散落的砂石料。

8) 应定期检查地垄、拌和机台架等建筑的结构稳定情况，发现问题及时处理。

(23) 混凝土搅拌应遵守下列规定：

1) 搅和机工应经过专业培训，并经考试合格后方可上岗操作。

2) 搅和机安装应牢固，机身应平稳，确保安全才能使用。

3）搅和机的齿轮及皮带盘等传动部分，应设置防护罩，电动机应接地良好。

4）作业前，应进行空转运转，检查搅和机的运转方向和各部件工作应正常，检查操作部分应灵活，并应加清水使搅和筒内壁湿润。

5）作业前，应检查传动离合器、制动器、气泵、钢丝绳。

6）在机械运转中，不得用铁锹、木棒等物伸入搅和机内。

7）搅和机的运转部分，应定期加润滑油保养。

8）应经常检查搅和机的运行转数，其转数应和规定的转数一致。

9）每次搅和量不得超过机械铭牌规定的允许范围。

10）作业结束后，应对搅和机进行清洗，然后切断电源。

（24）混凝土施工所产生的废水排放，固体废弃物的收集、临时存放、处置等应符合环境保护的要求。

2. 混凝土泵工

（1）混凝土泵操作人员应执行 SL 399—2007 中第8章相关规定，并应遵守本章规定。

（2）混凝土泵操作人员应经过专业培训，并经考试合格后方可上岗操作。

（3）混凝土泵应安放在平稳坚实的地面上，周围不得有障碍物，在放下支腿并调整后应保持水平和稳定，轮胎应楔紧。

（4）泵送管道的敷设应遵守以下规定：

1）水平泵送管道宜直线敷设。

2）垂直泵送管道不得直接装接在泵的输出口上，应在垂直管前端加装长度不小于20 m的水平管，并在水平管近泵处加装逆止水阀。

3）敷设向上倾斜的管道时，应在输出口上加装一段水平管，其长度不应小于倾斜管高低差的5倍。当倾斜度较大时，应在坡度上端装置排气活阀。

4）泵送管道应有支撑支承固定，在管道和固定物之间应设置木垫作缓冲，不得直接与钢筋或模板相连，管道与管道间应连接牢固，管道接头和卡箍应扣牢密封，不得漏浆，不得将已磨损管道装在后端高压区。

5）泵送管道敷设后，应进行耐压试验。

（5）砂石粒径水泥标号及配合比应按出厂规定，满足泵机可泵性要求。

（6）作业前应检查并确认泵及各部螺栓紧固，防护罩齐全，各部操纵开关、调整手柄、手轮、控制杆、旋塞等均在正确位置，液压系统正常无泄漏，液压油应符合规定，搅拌斗内无杂物，上方的保护网完好无损。

（7）输送管道的管壁厚度应与泵送压力匹配，近泵处应选用优质管子。管道接头密封圈及弯头等应完好无损。高温烈日下应采用湿麻袋或湿草袋遮盖管路，并应及时浇水降温，寒冷季节采用保温措施。

（8）应配备清洗管、清洗用品、接球器及有关装置。开泵前，无关人员应离开管道周围。

（9）启动后，应先空载运转，观察各仪表的指示值，检查泵和搅拌装置的运行情况，确认一切正常后方可作业。泵送前应向料斗加入清水和水泥砂浆润滑泵及管道。

（10）泵送作业中，料斗中的混凝土表面应保持在搅拌轴轴线以下。料斗网格上不得堆满混凝土，应控制供料流量，及时清除超粒径的骨料和异物，不得随意移动隔网。

(11) 当进入料斗的混凝土有离析现象时应停泵，待搅拌均匀后再泵送，当骨料分离严重、料斗内灰浆明显不足时，应剔除部分骨料，另加砂浆重新搅拌。

(12) 泵送混凝土应连续作业，当因供料中断被迫暂停时，停机时间不超过 30 min。暂停时间内应每隔 5～10 min(冬季 3～5 min)做 2～3 个冲程反泵-正泵运动，再次投料泵送前应先将料搅拌。当停泵时间超限时，应排空管道。

(13) 垂直向上泵送中断后再次泵送时，应先进行反向推送，使分配阀内混凝土吸回料斗，经搅拌后再正向泵送。

(14) 泵送运转时，不得将手或铁锹伸入料斗或用手抓握分配阀。当需在料斗或分配阀上作业时，应先关闭电动机和消除蓄能器压力。

(15) 不能随意调整液压系统压力。当油温超过 70℃时，应停止泵送，但仍应使搅拌机叶片和风机运转，待降温后再继续运行。

(16) 水箱内应装满清水，当水质混浊并有较多砂砾时，应及时检查处理。

(17) 泵送时不得开启液压管道，不得调整修理正在运转的部件。

(18) 作业中应对泵送设备和管路进行观察，发现隐患应及时处理。对磨损超过规定的管子、卡箍、密封圈等应及时更换。

(19) 应防止管道堵塞。泵送混凝土应搅拌均匀，控制好坍落度，在泵送过程中不得中途停泵。

(20) 当出现输送管堵塞时，应进行反泵运转，使混凝土返回料斗，当反泵几次仍不能消除堵塞时应在泵机卸载情况下，拆管排除堵塞。

(21) 作业后，应将料斗内和管道内的混凝土全部输出，然后对泵机料口管道进行冲洗。当用压缩空气冲洗管道时，进气阀不应立即开大，只有当混凝土顺利排出时，方可将进气阀开至最大。在管道出口 10 m 内不得站人，并应用金属网篮等收集冲出的清洗球和砂石粒。对凝固的混凝土，应用刮刀清除。

(22) 作业后，应将两侧活塞转到清洗室位置，并涂上润滑油。各部位操作开关、调整手柄、手轮控制杆、旋塞等均应复位。液压系统应卸载。

(23) 混凝土泵的检修、维护和保养工作，应按检修规定执行。

3. 混凝土喷射工

(1) 喷射混凝土和加混凝剂的作业人员，应穿戴工作服、防尘口罩和必要的防护用品。

(2) 喷射混凝土的机械设备，应安设在基础牢固稳定的安全地点。

(3) 喷射混凝土的工作面应有光线充足的照明设备。

(4) 操作人员在操作前应仔细检查各机件、电气设备完好可靠。

(5) 喷射边墙和顶拱使用的台架，应严实坚固，模板厚度不得小于 5 cm，不得有悬空探头板。

(6) 喷射混凝土地段的松动岩石应撬挖干净，撬挖时，在工作区域应做好安全警戒工作。

(7) 喷射混凝土的现场前后，应按规定的专门联系信号进行作业。

(8) 喷射混凝土时，应互相协作，保持各环节的正常运行。

(9) 对喷射作业面，应采取综合性防尘措施降低空气中的含尘量，使粉尘浓度达到国家规定的标准。

(10) 使用带式输送机或机动车辆运输水泥、骨料或干混凝土时，应遵守带式输送机或机动车辆的安全技术操作规程。

(11) 强制式混凝土拌和机操作人员，除遵守普通混凝土拌和机的安全技术操作规程外，还应遵守下列规定：

1) 作业时，进料坑及进料槽钢导轨上，不得站人或放其他物件。

2) 牵引时，进料斗除锁住辊轮外，还应用安全钩扣住。

3) 出料门的启闭操作全系手动，操作中运行人员的手不可离开手柄，人也不得站在手柄甩动的半径内。

4) 当出料门关闭后，应用盖箱上的安全钩将手柄扣牢。

5) 非作业时，进料斗应提高到适当的高度，并用销钩将料斗辊轮锁住。

(12) 混凝土喷射作业应遵守下列安全要求：

1) 作业前，应检查确认喷射机各部件管路和喷嘴完好通畅，应无堵塞、漏气。

2) 作业时应先开进气阀，待压力升到98～196 kPa时，再开电动机。

3) 旋转体与固定机座结合应紧密，如运转中结合板磨损出槽，深度大于2 mm时，应及时更换。

4) 旋转孔发生堵塞，不应用榔头敲打旋转体；不得用风钻清除旋转孔，应停机拆除检修。

5) 联轴节的瓦楞形夹盘中两旁所放的钢珠，不得增加。

6) 风水稳压阀，不得任意拆卸和调整。

7) 风水箱应在允许的压力下工作，排气时不得对人，应保护玻璃指示管。

8) 作业前应检查喷射机、水箱、稳压阀和油水分离器上的压力表和安全阀。

9) 喷射机的喂料筛网，不得任意取下，不得用手或棍棒伸入喂料口。

10) 作业完毕后，应先停止供料，待机器中余料喷射完后，依次停风停水，机件拆除清洗干净。

11) 喷射混凝土的风压，应根据输送距离确定，不大于392 kPa。

12) 每次喷射厚度不得超过1 cm。

13) 喷射时，应一人握紧喷枪一人辅助，不得单人操作；喷嘴应保持与喷砌面垂直，距离为1～1.5 m。

14) 喷射机的电动机工作温度应低于50 ℃。

15) 喷射料宜50～70 m/s高速喷出，喷嘴不得对人，喷射区不得有人。

16) 喷射平台距喷射机的间距小于10 m时，喷射机周围应采取防护措施。

17) 喷射作业区域应设专人监护做好安全警戒，在喷射作业结束前不得有行人、车辆通过。

3.5 水下混凝土

在干地拌制而在水环境中(淡水,海水、泥浆水)灌筑和硬化的混凝土叫作水下灌筑混凝土,简称水下混凝土。采用这种方法形成水中混凝土及钢筋混凝土结构,可以省去因造成干地施工条件所必需的围堰、基础防渗及基坑排水工程。在寒冷和炎热季节,水环境对混凝土硬化具有较适宜的温度条件。在某些无法建成围堰情况下,水下混凝土甚至是形成水中混凝土建筑物的唯一方法。

3.5.1 水下混凝土的运输

运输水下混凝土拌和物的设备,应能防止水泥砂浆流失,隔绝或减少外界环境(温度、雨水等)对混凝土的不良影响,防止分离,能以最少的转运次数迅速地从搅拌地点运往浇筑地点,控制运输时间宜在 20 min 以内(汽车式混凝土搅拌运输车可在 60 min 以内)。

人力手推车、汽车式混凝土搅拌运输车、混凝土泵车(自卸汽车或带立罐汽车)、皮带机、溜槽等都可运输水下混凝土拌和物。至于有轨运输,由于现场布置困难或因混凝土工程量不大,很少采用。混凝土运输应遵守下列规定:

(1) 水下混凝土运输宜采用混凝土搅拌运输车。

(2) 浇灌现场内的入仓方式可选用混凝土泵、罐、溜管等。

(3) 泵送混凝土时,应采取扩大管径、降低输送速度、减少弯头和软管、提向泵送能力等措施。

3.5.2 水下混凝土的灌筑

1. 浇筑前的准备工作

为了确保工程质量与施工安全,灌筑水下混凝土以前,要进行一系列的准备工作。主要有水下清基、水下立模、搭设施工平台及仓面布置等。

(1) 水下清基

不论是在水下覆盖层或岩石基础上建造水工建筑物,一般都需在灌筑水下混凝土前清理水下基础,挖除建筑物基础上的软弱、疏松部分,清除散布在仓面底部的各种杂物,以便改善地基承载力,提高建筑物的稳定性、基础防渗性、抗冲能力和减少沉陷量。

(2) 水下立模

水下灌筑混凝土仓面模板不仅是保证建筑物设计形状和尺寸的必要条件,而且是隔断水域造成静水灌注条件的手段。为了适应水下施工的特殊环境,对水下模板的一般要求是:能满足建筑物的轮廓尺寸要求,能承受未凝固的水下混凝土拌和物的侧压力,在水压力、流速、波浪等作用及其他特殊情况下保持不变形、不渗漏,模板结构应使装拆简便、迅速、经济可靠。

(3) 工作平台

位于浇筑仓面上的工作平台用于运输器材和混凝土等,施工交通和施工操作平台,承受浇筑设备及其操作产生的荷载。用于浇筑水下混凝土用的工作平台分浮式及固定式平台两种。浮式工作平台架设在驳船、浮箱、浮筒上。固定式工作平台通过支架固定在仓面上。

采用导管法浇筑水下混凝土的施工平台一般采用双层面板形成上下两层工作平台。下层专门用于导管升降操作。供水下压浆混凝土施工用的工作平台，一般只设一层面板。

(4) 仓面布置

浇筑水下混凝土用的导管，输送管或柔性管，为便于提升和使混凝土拌和物能从导管中心下落避免分离，应以铅直状态悬吊在工作平台的面板上。但在浇筑斜桩或斜仓面的水下混凝土时，导管只能倾斜布置。若不采取措施，导管内注满混凝土后，会出现重心偏后，产生偏斜，使导管下端管口部分向前跳动，造成混凝土拌和物严重分离。因此需要设置固定斜度的轨道：用若干个滚轮固定斜导管的坡度(图3-24)，并可沿轨道上下滑动，而不会产生偏斜和跳动。

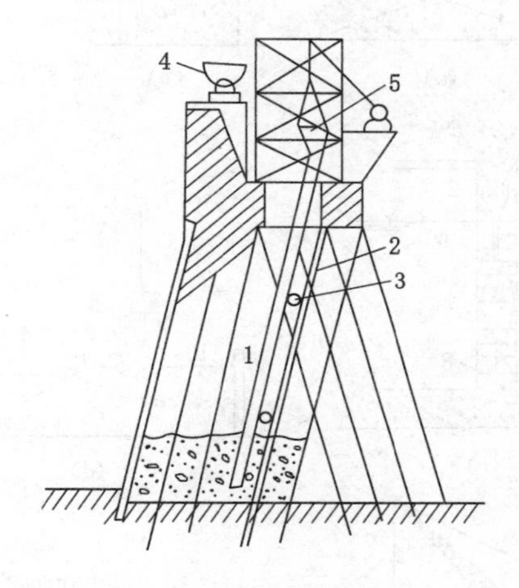

图3-24　斜导管固定方法

1——斜导管；2——轨道；3——滚轮；4——斗车；5——转料漏斗

导管平面布置必须使整个仓面都在导管作用半径范围内(最大作用半径不宜超过4.5 m，导管间距不大于6 m)。

2. 水下灌筑混凝土方法

在水环境中直接形成水下混凝土工程的方法有：水上预制混凝土构件，水下安装，水上拌制混凝土拌和物或胶凝材料，水下灌筑。施工条件具备时，水下混凝土可采用混凝土搅拌车、溜槽、溜筒等直接灌注方法。

水下灌筑混凝土分为：在水上拌制混凝土拌和物，在水环境中浇筑和硬化，形成水下浇筑混凝土(简称为水下混凝土，未硬化前称为水下混凝土拌和物)，在水上拌制胶凝材料(水泥浆或水泥砂浆)，通过灌浆管道填充水下预填骨料间的空隙，硬化后形成水下预填骨料压浆混凝土(简称为水下压浆混凝土，未硬化前称为水下压浆混凝土混合物)。

(1) 水下浇筑混凝土

按照浇筑中隔离环境水影响的技术措施，水下浇筑混凝土方法分为导管法、泵压法、柔性管法、倾注法、开底容器法、装袋迭置法等。

输送混凝土拌和物方式有：断续落下式(开底容器法、装袋迭置法)、连续注入式(混凝土泵压法)、注入式(导管法、柔性管法)、进占式(倾注法)四种。

1) 导管法

导管法是利用刚性不透水管道——导管隔离环境水对输送中的混凝土拌和物的不利影响,通过导管依靠混凝土拌和物自重向水下仓面输送和浇筑混凝土,见图 3-25(a)。

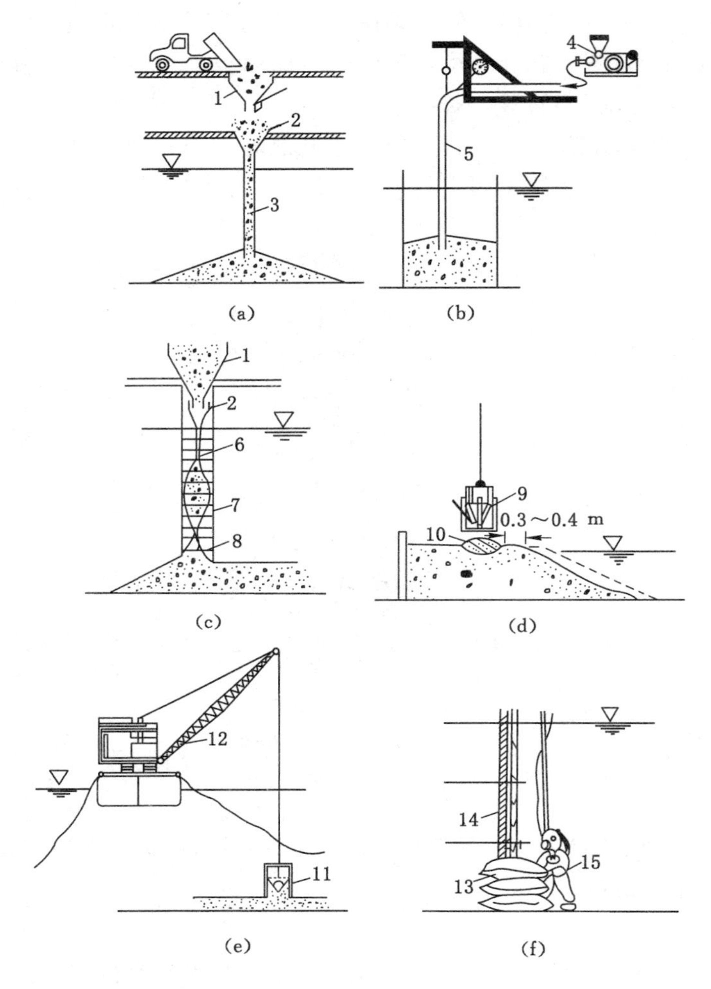

图 3-25　水下混凝土浇筑方法(单位:m)

(a) 导管法;(b) 泵压法;(c) 柔性管法;(d) 倾注法;(e) 开底容器法;(f) 装袋迭置法

1——转料斗;2——承料漏斗;3——导管;4——混凝土泵;5——浇注管;6——柔性管;7——提升链;8——支承环;9——吊罐;10——新浇的水下混凝土;11——开底容器;12——起重机;13——袋装混凝土;14——水下模板;15——潜水员

导管法浇筑时,将导管装置在浇筑部位。顶部有贮料漏斗,并用起重设备吊住,使其可升降。开始浇筑时导管底部要接近地基面,下口有以铅丝吊住的球塞,使导管和贮料斗内可灌满混凝土拌和物,然后剪断铅丝使混凝土在自重作用下迅速排出球塞进入水中。浇筑过程中,导管内应经常充满混凝土,并保持导管底口始终埋在已浇的混凝土内。一面均衡地浇筑混凝土,一面缓缓提升导管,直至结束。采用导管法时,骨料的最大粒径要受到限制,混凝土拌和物需具有良好的和易性及较高的坍落度。如水下浇筑的混凝土量较大,将导管法与混凝土泵结合使用可以取得较好的效果。

① 水下混凝土导管在平面上的布设,应根据每根导管的作用半径和浇筑面积确定。

② 混凝土导管应由装料漏斗及导管、隔水球构成。导管宜优先选用钢管,导管内径应根据浇筑面积、导管作用半径、初灌量确定,不宜小于 200 mm,导管壁厚不宜小于 3 mm;装料漏斗容量应满足首批混凝土浇筑量的需用要求。

③ 导管在使用前应试拼、试压,不得漏水,各节应统一编号,在每节自上而下标识刻度;并在浇筑前进行升降试验,导管吊装设备能力满足安全提升要求。

④ 开始浇筑时,导管底部应接近地基面 300～500 mm,应尽量安置在地基的低洼处。

⑤ 第一罐水下混凝土浇筑时在导管中应设置隔水球将混凝土与水隔开。

⑥ 从首批混凝土浇灌至结束,导管的下端不得拔出已浇筑的混凝土,且导管埋入混凝土内深度不宜小于 1 m。

⑦ 浇筑过程中,混凝土宜连续供应。

⑧ 应根据混凝土面的上升高度及时提升导管,提升速度应与混凝土浇筑速度相适应。

2) 泵压法

泵压法是利用混凝土泵产生的压力推动混凝土拌和物沿输送管、浇注管进入水下浇筑仓面,见图 3-25(b)。泵压法浇灌施工时应遵守下列规定:

① 混凝土泵送前,先在输送管内塞入海绵球等,再泵送砂浆,使混凝土与输送管内的水隔开。

② 混凝土的输送管在浇筑过程中处于充混凝土状态。

③ 在混凝土输送中断时,应将输送管的出口插入已浇筑的混凝土中,埋入深度不宜小于 300 mm。

④ 施工中需移动水下泵管时,输送管的出口端应安装活门或挡板。

⑤ 当浇筑面积较大时,采用挠性软管,由潜水员水下移动浇筑。泵管移动时不得扰动已浇筑的混凝土。

⑥ 泵送结束后,宜及时清洗混凝土泵及泵管。

3) 柔性管法

柔性管法是利用柔性软管隔离环境水对输送中的混凝土拌和物的不利影响,依靠环境水对软管的压力控制混凝土拌和物下落速度,见图 3-25(c)。

4) 倾注法

倾注法是在已浇出水面的混凝土上倾注混凝土拌和物,通过捣动或自然推动使水下混凝土拌和物逐渐赶水推进,见图 3-25(d)。

5) 开底容器法

开底容器法是将水下混凝土拌和物装在能够开底的密闭容器内,通过水层直达浇筑地点开底卸料,见图 3-25(e)。开底容器法浇灌时应遵守下列规定:

① 开底容器宜采用大容器。罐底形状宜采用锥形、方形或圆柱形。

② 浇灌时,开底容器应轻放缓提,当底门打开时,应保证混凝土自由落差不大于

500 mm。

6）模袋法

模袋法是将混凝土拌和物装入袋内，在水内迭置形成水下混凝土块体，见图3-25(f)。模袋法浇筑施工时应遵守下列规定：

① 模袋混凝土基础面应平整，无明显凹凸、尖角等，必要时采用砂或碎石找平，潜水员辅助水下整坡。

② 模袋混凝土的充灌宜用泵送方法，拌制混凝土的骨料最大粒径不宜超过20 mm。

③ 模袋混凝土的充灌速度及压力宜根据模袋大小和充灌要求进行控制。

④ 水下施工需潜水员配合充灌口的连接及浇筑过程中的水下辅助作业。

⑤ 模袋混凝土在充灌过程中出现的不饱满情况可用注入浓浆法进行修补。

⑥ 模袋混凝土灌注完成后应及时做好封口处理。

（2）水下预填骨料压浆混凝土方法

水下预填骨料压浆混凝土的施工程序是：水下立模后，安置灌注管（或抛填粗骨料后，钻孔补埋灌注管），向仓内抛填粗骨料或块石，然后通过灌注管压注胶凝材料，填充预填骨料间的空隙并胶结预填骨料，形成水下压浆混凝土。

分类：根据灌浆压力的产生方式分为通过灰浆泵加压灌注和依靠浆液自重自流灌注两种；按灌浆管形式分为刚性管灌注和柔性管灌注；又可分为双管灌注（带护管筒）及单管灌注（不带护管筒）两种。

3.5.3 水下混凝土施工安全技术规定

（1）设计工作平台时，除考虑工作荷重外，还应考虑溜管、管内混凝土以及水流和风压影响的附加荷重。工作平台应牢固、可靠。

（2）溜管节与节之间应连接牢固，其顶部漏斗及提升钢丝绳的连接处应用卡子加固。钢丝绳应有足够的安全系数。

（3）上下层同时作业时，层间应设防护挡板或其他隔离设施，以确保下层工作人员的安全。各层的工作平台应设防护栏杆。各层之间的上下交通梯子应搭设牢固，并应设有扶手。

（4）混凝土溜管底的活门或铁盘，应防止突然脱落而失控开放，以免溜管内的混凝土骤然下降，引起溜管突然上浮。向漏斗卸混凝土时，应缓慢开启弧门，适当控制下料数量。

3.5.4 安全防护措施

水下混凝土浇筑平台应符合以下规定：

（1）平台边缘应设有钢防护栏杆和挡脚板。

（2）平台与岸或建筑物、构件之间应设置经设计确定的交通栈桥，两侧设置钢防护栏杆。

（3）应配有相应救生衣、救生圈等水上救生防护用品。

3.5.5 施工人员安全规定

（1）潜水员应身体健康，满足潜水工作条件要求，经专业培训考试合格，方能上岗作业。新从事潜水作业时应由有经验的潜水工指导、监护。

（2）潜水作业前应对潜水衣具、加压系统、通信设备、水下作业工具、减压设备、修理工具等进行检查。深水作业时应有医生到场监护，并准备实施医疗保障。

（3）潜水员着装后，应经检查合格方能下水。

（4）潜水作业时，应经专人指挥，并按规定配备信号员、计时员、电话员等。各相关人员不得离岗。

（5）严格遵守下水规定。潜水员应沿潜水梯逐级入水，再沿入水绳下水。不得直接跳入水中。

（6）下潜速度应控制小于10 m/min。在下潜过程中如有受压情况，应停止下潜和排气，并增大供气量（但应防止充气太多发生漂浮），待压力平衡后，再继续下潜。

（7）潜水员在水下作业时，潜水服内应保持一定的气垫。一般以领盘刚托高双肩为宜。

（8）潜水员在多岩石、高低悬殊或有断层的河床上以及急流河段行动时，应谨慎小心，并将情况通知水面人员。

（9）潜水员上升水面时，须按规定逐渐加压。如遇上升水面过程中不能逐级减压时，浮出水面后应立即进入减压箱或减压室减压。

（10）及时处理意外事故。潜水员在水下如发生排气阀损坏或潜水衣破裂，水面应大量供气，与此同时潜水员立即上升出水并采取减压措施。如因故发生供气中断，潜水员应停止排气，立即出水，进行预防性加压处理。水面人员应密切注意潜水员水下信号，以便发生意外时予以援救。

（11）及时处理漂浮。潜水员在下潜或作业行动中发生浮漂，应沉着镇定，通过排气阀排气，同时通知信号员收紧信号绳，不得屏气。水面人员得到潜水员漂浮信息时，应减少供气量，收紧信号绳和软管。帮助潜水员排气时，应保留一定的正浮力。

3.6 碾压混凝土坝施工

碾压混凝土是用振动碾压实的超干硬性混凝土，其水泥用量和用水量都较少，内部掺有一定比例的粉煤灰等粉状掺和料。碾压混凝土筑坝综合了常态混凝土安全性高和抗渗透性强以及土石坝施工效率高和造价低廉的优点，体现出优质、经济和快速的施工特点。碾压混凝土筑坝的主要工序有：搅拌机拌和、自卸汽车及皮带运输机运输、摊铺机薄层摊铺混凝土、振动碾压实等。

3.6.1 发展概况

意大利于1965年修建的高172 m的阿尔佩盖拉坝（Alpa Gera），打破了传统的混凝土坝体分缝分块浇筑的施工方法，采用了全线不分块同时浇筑上升的通仓薄层浇筑新工艺。它采用了汽车运送混凝土拌和料、推土机平仓、振捣器振捣、切缝机切割横缝、上游铺设防渗面板的筑坝方式。这不仅加快了筑坝速度，降低了工程成本，而且也为机械化作业创造了更为有利的条件。尔后，瑞士在大狄克逊坝工程采用了坍落度仅1～3 cm、胶凝材料和用水量较低的干贫混凝土和大型强力振捣器，这不但节省了水泥用量，改善了坝体温度控制条件，而且提高了坝体混凝土的质量。

1970 年美国工程师学会在加州召开了“混凝土快速施工会议”，拉斐尔(J. M. Raphael)提交了一篇题为《最优重力坝》的论文，提出在砂石毛料中加水泥作为填筑材料，用高效率的土石方机械运输和压实方法筑坝的概念。1972 年美国土木工程学会召开了“混凝土坝经济施工会议”，坎农(R.W.Cannon)的论文《用土料压实方法建造混凝土坝》，介绍了无坍落度混凝土振动碾压的试验结果和上下游坝面浇筑富浆混凝土采用水平滑模的设想。1973 年在第 11 届国际大坝会议上，莫法特(A.I.B.Moffat)在《适用于重力坝施工的干贫混凝土研究》的论文中推荐使用干贫混凝土筑坝和机械压实的施工方法以减小造价。

1974 年巴基斯坦塔贝拉坝(Tarbela)的泄洪隧洞出水口被洪水冲垮，修复工作必须在春季融雪之前完成，工期要求十分紧张，施工速度必须极其快速，于是采用天然骨料和低水泥用量拌制的碾压混凝土进行修复，在 42 d 时间里填筑了 35 万 m^3 碾压混凝土，证明了碾压混凝土快速施工是可行的。

不到几年工夫，碾压混凝土坝就从构想转变成现实。1980 年世界上第一座碾压混凝土坝——日本岛地川重力坝问世。该坝高 89 m，上游面用 3 m 厚的常态混凝土起防渗作用。坝体碾压混凝土的胶凝材料用量为 120 kg/m^3，其中粉煤灰占 30%。碾压层厚度为 50 cm 和 70 cm，每一层碾压完毕后，停歇 1～3 d 再继续填筑上升，用切缝机切割形成坝体横缝。这就是世界上第一代实用的碾压混凝土筑坝方法——RCD 方法(roiler compacted dam)。这种新方法与传统的柱状浇筑法相比，在加快建坝速度、降低造价、改善坝体温度场状况和简化温度控制措施等方面均具有明显的优越性，因而在日本很快取得了共识并得到推广应用。

1982 年美国建成了世界上第一座全断面碾压混凝土重力坝——柳溪坝(Willow Creek)。该坝高 52 m，坝长 543 m，不设纵横缝。其内部碾压混凝土的胶凝材料用量仅 66 kg/m^3，压实层厚度为 30 cm，采用连续烧筑法施工，节省了碾压层间的间歇时间。与常态混凝土坝相比，该坝工期缩短约 1 年半，造价节省约 60%，显示出碾压混凝土坝快速经济的巨大优势。在实践中人们逐渐形成了以美国为代表的连续碾压上升筑坝的 RCC 方法(roller compacted concrete)。因其施工速度更为快捷、可应用高效率的大型施工机械在大仓面施工、无需采取混凝土温度控制措施、造价低廉，RCC 方法比日本的 RCD 方法更具优越性。但柳溪坝由于混凝土胶凝材料用量过低，施工工艺也比较粗放，暴露出坝体混凝土均质性较差和碾压层面结合质量不能尽如人意的问题。

在吸取国外碾压混凝土筑坝的经验和教训的基础上，中国自 1978 年相继从坝工设计、温度控制、混凝土材料组成、混凝土配合比到混凝土施工工艺，展开了全面的试验研究和探索工作。

1986 年，福建坑口水电站混凝土重力坝作为中国第一座碾压式凝土重力坝胜利建成。该坝高 56.8 m，坝顶长 122.5 m，混凝土方量为 4.2 万 m^3，不分缝，全断面碾压连续上升，坝体下部碾压层厚度为 56 cm，坝体上部碾压层厚度为 33 cm，胶凝材料用量为 140 kg/m^3，其中粉煤灰占 57%，坝体上游面用 6 cm 厚的沥青砂浆做防渗层。在试验研究、工程实践和借鉴国外先进经验的基础上，中国逐步形成了质量能满足各种技术指标的碾压混凝土筑坝技术，即“高掺粉煤灰、中胶凝材料用量、大仓面薄层铺筑、连续碾压上升”的技术模式。目前，我国已成为世界上建造碾压混凝土坝的主要国家之一。

3.6.2　碾压混凝土坝的技术特点

(1) 采用低稠度干硬混凝土

碾压混凝土拌和物的工作度和可施工性一般用 VC 值(vibrating compaction)来表示，它反映出拌和物的流变特性和振动增实的难易性。在工程上用 VC 值检测碾压混凝土的可碾性，并用以控制碾压混凝土相对压实度。所谓 VC 值，是将拌和物装入规定的拌和筒(内径 240 mm、内高 200 mm)，在规定压重、规定振动频率和振幅的振动台上将碾压混凝土拌和物从开始振动至表面泛浆所需时间(以秒计)。VC 值的主要影响因素有水胶比、单位用浆量、骨料特性及其用量、粉煤灰的特性与掺量、外加剂的品质与掺量、拌和物停留时间等。确定 VC 值时，应兼顾能使混凝土压实又不至于使碾压机具陷车的要求。较低的 VC 值既便于施工，又可提高碾压混凝土的层间结合和抗渗性能。一般将 VC 值控制在 15 s±5 s 较为合适，但随着混凝土制备技术和浇筑作业技术的改进，混凝土的稠度还会逐渐降低。

碾压混凝土采用单轴式或双轴式强制拌和机拌制，投料量仅为正常定额数量的 3/4，拌和时间也需适当延长。为防止水分散失，运输过程中需采取遮盖措施。为减少离析，必须尽量降低卸料落差。

(2) 掺粉煤灰，简化温控措施

干贫碾压混凝土的掺水量少，水泥用量也很少。为保持混凝土有必要的胶凝材料，必须掺入一定数量的粉煤灰。日本 RCD 方法粉煤灰掺量较少，通常少于或等于胶凝材料(水泥与掺和料的总称)总量的 30%。美国 RCC 方法粉煤灰掺量较高，一般为胶凝材料总量的 70%左右。掺入粉煤灰可以减少混凝土的初期发热量并增加混凝土的后期强度，这样既可简化混凝土温控措施，又有能降低工程成本。当前我国碾压混凝土坝采用的干硬混凝土，普遍按照“中胶凝材料，低水泥用量，高掺粉煤灰”的原则拌制，胶凝材料用量一般在 150 kg/m^3 左右，粉煤灰的掺量占胶凝材料的 50%～70%，而且选用的粉煤灰的品质要求为Ⅱ级以上。中胶凝材料用量使得层面泛浆较多，有利于改善层面间结合；但对于高度较低的重力坝，则会造成混凝土强度的过度富裕，可以考虑用较低胶凝材料用量来配制混凝土。

(3) 连续摊铺，缩短作业时间

采用机械摊铺时，拌和机与运料车的数量要相匹配，做到连续摊铺不中断，可以提高效率并缩短工期。摊铺条带混凝土的过程中，应预留 30～50 cm 接缝部位暂不碾压，待相邻部位摊铺完成后一并骑缝碾压。对接缝处的混凝土可添加缓凝剂，保证前后作业的衔接时间。

(4) 采用通仓薄层填筑

碾压混凝土坝采用通仓薄层混筑的优点很明显，它可加大散热面积、取消预埋冷却水管、减少模板工程量、简化仓面作业环节，并有利于加快施工进度。碾压层厚度的确定，不仅受碾压机械性能的影响，还与采用的设计标准和施工方法密切相关。RCD 方法碾压层厚度通常为 50 cm、75 cm、100 cm，间歇上升，层面需做处理；而 RCC 方法碾压层厚在 30

cm左右,层间不做处理、连续碾压上升。

(5) 大坝横缝采用切缝法或形成诱导缝

常态混凝土筑坝一般都设横缝,分成若干坝段以防止裂缝产生。碾压混凝土坝也是如此,但横缝用振动切缝机切割或设置诱导孔等方法形成。坝段锁缝一般采用塑料膜、铁片或干砂等材料填缝。

(6) 靠振动压实机械使混凝土达到密实

普通流态混凝土用振捣器械振捣使混凝土趋于密实,碾压混凝土则靠振动碾压使混凝土达到密实。碾压机械的振动力是一个重要指标,在正式使用之前,碾压机械应通过碾压试验来检验其碾压效果,从而确定碾压遍数及行走的速度。

3.6.3 碾压混凝土坝防渗结构的施工

已建碾压混凝土坝防渗结构的类型主要有常态混凝土防渗碾压混凝土防渗、薄膜防渗、沥青混合料防渗和补偿收缩混凝土防渗。它们都是针对碾压混凝土坝体因施工过程中骨料分离、层间间隔时间过长以及模板内侧的混凝土压实度不够导致其自身抗性能不足而增设的上游防渗面层。

所谓常态混凝土防渗,是指在碾压混凝土铺筑的同时在坝体的上游面或外壳一定宽度范围内浇筑一层常态混凝土以增强防渗效果。RCD一般采用常态混凝土防渗,即“金包银”的结构形式。采用两种混凝土同时作业,不可避免地会产生施工干扰,直接影响施工速度,也因为降低了坝体碾压混凝土的比例而增加了工程造价。日本的碾压混凝土坝将常态混凝土防渗层的厚度控制在2.5～3 m,横缝内设置两道止水片,防渗透效果颇佳。美国的一些碾压混凝土坝则在上游面设置一个“L”形的常态混凝土防渗区,防渗墙体的高度与浇筑层等高,其顶宽为0.3～0.9 m,其上游面有时还敷设防渗薄膜,而垫层层厚为25～75 mm,其底宽为1.2 m,这样的防渗隔层使坝面更为平整美观。

碾压混凝土防渗施工,宜采用二级配富胶凝材料(总量为1.46～177 kg/m^3,其中水泥占2/3),模板边缘浇灌一种特制的胶凝剂(按水∶水泥∶丙乳＝2∶2∶1拌制而成)。施工中需掌握几个要点:① 防渗区内不得卸料,由平仓机将料堆上部细料推至防渗区,并采用人工铺料以保证粗骨料不接触模板;② 为增加层间结合,用履带式拖拉机碾毛已碾平的光滑面,并铺设一层厚度为3～5 mm的水泥浆体;③ 上游面层的水泥砂浆的厚度控制在5～7 cm。

薄膜防渗是指在上游面喷一层合成橡胶乳液(或合成树脂),或在上游面预制模板内侧贴一层聚氯乙烯薄膜等高分子合成材料以增强坝体的防渗性。薄膜的喷涂需掌握的操作要领有:① 严格进行基底处理(清渣、填补缝穴、干燥、控制pH值)和坝面修整;② 涂料要准确称量、按比例掺配、搅拌均匀;③ 逐层(底层、第一层、第二层、面层)均匀喷涂,掌握好层间干燥时间,搭接严密,及时修补缺陷(气孔、起鼓、剥离、破损)。薄膜的粘贴需注意的问题有:① 基底处理后要涂刷基底处理剂(稀释沥青或乳化沥青),干燥后再涂黏结剂(沥青玛蹄脂或BX-404胶);② 薄膜按“自上而下、由此岸向彼岸”或“沿高度分几段”的程序滚压铺设;③ 薄膜与薄膜之间可采用搭接或对接的方式进行粘贴,搭接长度为4～10 cm,对接封条宽度为8～16 cm,两条薄膜之间用错缝铺设;④ 薄膜防渗透层应连成一个整体,并在防渗层表面粘贴一层无纺布以作保护和运行期导渗之用。

沥青混合料防渗层常以钢筋混凝土护面板兼作模板，以防止其流变失稳或遭受机械性破坏，护面板则通过锚筋固定在坝体上。护面板安装前应在其内侧涂刷稀沥青（汽油∶沥青＝7∶3）。防渗层厚度多为5～10 cm，以确保其防渗效果。防渗层与基础及岸坡的连接需要在基岩或常态混凝土垫层中设置截水槽（图3-26），它与坝顶的连接则需设置止水将防渗透层顶部封闭（图3-27）。沥青混合料是由针入度指数在－1～＋2范围的沥青、粉状矿物填料（石粉、水泥、粉煤灰等）、细骨料、粗骨料和作为改性需要的掺料（塑料、橡胶、石棉等）按一定的比例配制而成。沥青混合料的组成材料在拌制前均需要进行加热。沥青先要在加热排管、火池或锅内加热熔化，再进入120 ℃左右的锅内脱水，最后根据施工要求进行低于170 ℃的恒温加热，掺料则在沥青加热过程中掺入搅拌。骨料则需用烘干机或铁锅在180～200 ℃的温度下加热。填料可在烘房或铁锅内加热，温度控制在100 ℃左右。在灰浆拌和机拌制的沥青砂浆或在强制式搅拌机拌制的沥青混凝土，其出机温度应控制在160～190 ℃范围。拌好的沥青混合料可用吊罐或手推保温车运送至坝址，沥青混合料的浇筑温度应保持在140 ℃以上。沥青防渗透层按层高25～50 cm进行分层浇筑，依靠其自重填满空腔，但需借助于捣棒插捣排气。浇筑前，坝面应进行烘干处理。

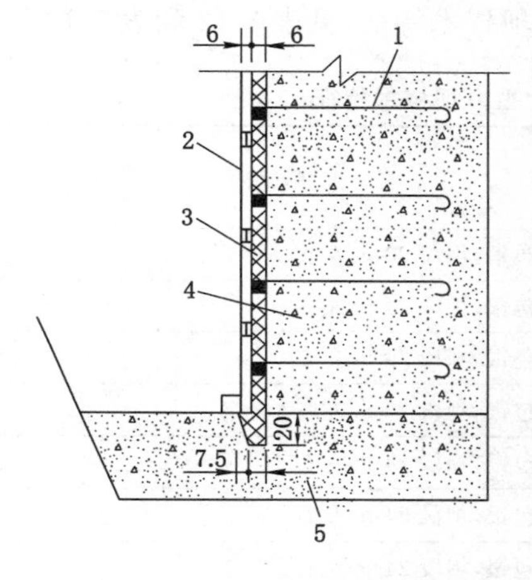

图3-26　垫层上设置截渗槽

1——锚筋；2——护面板；3——防渗层；4——碾压混凝土；5——常态混凝土

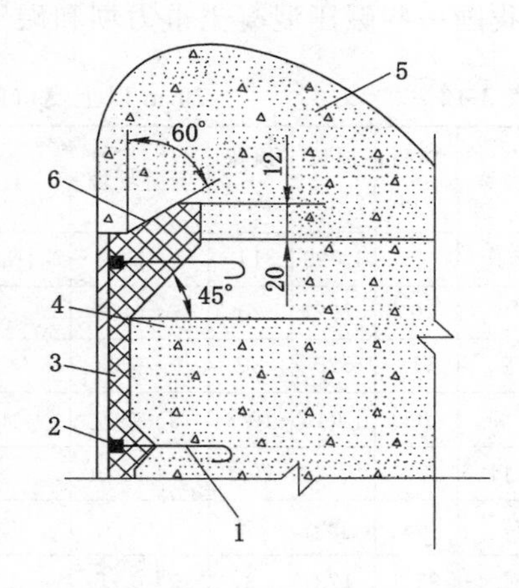

图3-27　沥青防渗层与顶部连接形式

1——锚筋；2——护面板；3——防渗层；4——碾压混凝土；5——常态混凝土；6——止水片

补偿收缩混凝土的组成材料有：① 高强度等级的硅酸盐水泥或硫酸钙膨胀水泥；② CEA（复合膨胀剂）；③ 高弹模的骨料；④ 水。补偿收缩混凝土防渗面板按层高3～4 m选行分层浇筑，自两岸向洞床推进。防渗面板由埋入坝体的锚筋锚固。面板内按15～20 cm的间距埋设ϕ10 mm或ϕ12 mm的螺纹钢筋以形成钢筋网。施工缝处理的方法是在层面凿毛后再铺2～3 cm厚的复合膨胀水泥浆。浇筑完毕2 h后开始持续14 d的养护。

碾压混凝土RCC与RCD方法很重要的一个区别是防渗体结构不同，见图3-28。RCC防渗体的结构形式较多，如在上游面设0.3～0.9 m的二级配碾压混凝土防渗层；6 cm厚的沥青砂浆作防渗层；6 cm厚钢筋混凝土面板防渗层；PVC膜防渗；碾压混凝土表面喷涂防渗材料等。目前很多大坝采用变态混凝土作为上游防渗体，并取得了良好的效果。

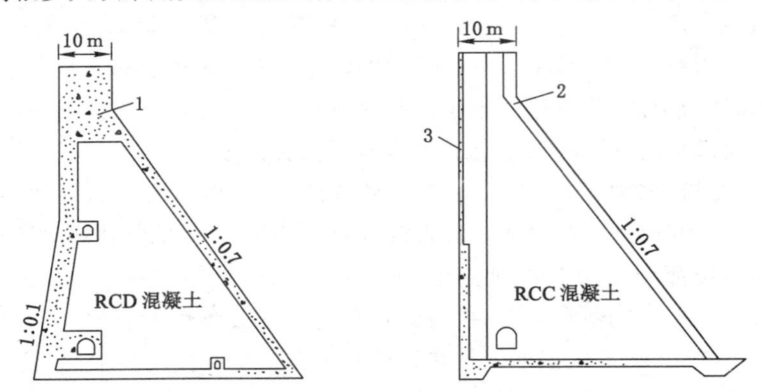

图 3-28　RCD 与 RCC 断面结构形式

(a) RCD 常态混凝土坝断面；(b) RCC 碾压混凝土坝断面

1——常态混凝土；2——周边碾压混凝土；3——沥青防渗面板

我国一些碾压混凝土重力坝和碾压混凝土拱坝技术特征，见表 3-12 和表 3-13。

表 3-12　　70 m 以上高度的碾压混凝土重力坝技术特征

工程名称	坝高/m	顶长/m	顶宽/m	下游坝坡	上游坝坡	构造特点
铜街子	88	1 029	14	1∶0.75	下部 1∶0.2	金包银，坝段 30 m 左右
水口	101	792	20	1∶0.75	竖直	金包银，坝段 24 m 左右
岩滩	111	525	20	1∶0.65	竖直	金包银，坝段 20 m 左右
观音阁	82	1 040	10.3	1∶0.7	竖直	金包银，坝段 20 m 左右
桃林口	82	524	10.3	1∶0.63	竖直	金包银，坝段 24 m 左右
碗窑	83	390	8.5	1∶0.7	竖直	金包银，坝段 24 m 左右
花滩	85.3	173	8	1∶0.75	竖直	金包银，坝段 24 m 左右
涌溪	81	180	8	1∶0.73	竖直	二级配 RCC 防渗，不设横缝
石板水	83	445	12	1∶0.7	竖直	二级配 RCC 防渗，坝段长 20 m 左右
江垭	131	327	12	1∶0.8	竖直	变态混凝土＋二级配，RCC 防渗，坝段长 20 m 左右
汾河	87	250	15	1∶0.75	竖直	变态混凝土＋二级配，RCC 防渗，坝段长 35 m 左右
大朝山	115	480	16	1∶0.7	竖直	变态混凝土＋二级配，RCC 防渗，坝段长 18 m 左右
棉花滩	111	300	7	1∶0.75	竖直	变态混凝土＋二级配，RCC 防渗，坝段长 50 m 左右
通口	73.5	347	7	1∶0.75	竖直	变态混凝土＋二级配，RCC 防渗，坝段长 50 m 左右
百色	130	730	12	1∶0.77	下部 1∶0.2	变态混凝土＋二级配，RCC 防渗，坝段长 2×30 m 左右
索风营	120	250	12	1∶0.7	下部 1∶0.25	变态混凝土＋二级配，RCC 防渗，坝段长 40 m 左右
周宁	73	201	6.5	1∶0.7	竖直	变态混凝土＋二级配，RCC 防渗，坝段长 40 m 左右
龙滩	196	736	67	1∶0.7	下部 1∶0.25	变态混凝土＋二级配，RCC 防渗，坝段长 20 m 左右

表 3-13　　碾压混凝土拱坝技术特征

工程名称	坝高 H/m	顶长 L/m	顶宽 B/m	底宽 B'/m	B/H	L/H	混凝土体积 (RCC/VCC)/m^3	完建或开工年度	防渗结构
普定	75	197	4.5	28	0.37	2.2	103 000/137 000	1993	二级配碾压混凝土
温泉堡	48	187	5.0	14	0.29	3.2	55 000/62 000	1994	PVC 膜面层
溪柄	64	95.5	4.0	12	0.19	1.2	26 000/29 000	1996	二级配 RCC＋变态混凝土＋防渗涂层
红坡	55.2	244	4.5	26	0.47	4.4	70 000/80 000	1998	二级配 RCC＋变态混凝土
石门子	110	171	5.0	30	0.27	1.3	190 000/205 000	2001	二级配 RCC＋变态混凝土＋防渗涂层＋RCC 掺用 MgO
龙首	80	141	5.0	13.5	0.17	1.76	176 000/32 000	2000	二级配 RCC＋变态混凝土＋防渗涂层＋RCC 掺用 MgO
沙牌	132	250	9.5	28	0.21	1.8	349 000/372 000	2002	二级配 RCC＋变态混凝土＋防渗涂层＋RCC 掺用 MgO
蔺河口	100	311	6.0	28	0.28	1.76	223 000/320 000	2000 开工	二级配 RCC＋变态混凝土＋防渗涂层＋下部 RCC 掺用 MgO
招徕河	107	205.5	6.0	18.5	0.17	2.06	180 000/210 000	2002 开工	二级配 RCC＋变态混凝土＋防渗涂层＋下部 RCC 掺用 MgO

3.6.4　碾压混凝土施工工艺

1. 碾压混凝土施工工艺

碾压混凝土施工由于摊铺、振动压实等方法不同于常规混凝土施主，其工艺流程如图 3-29 所示，施工作业流程如图 3-30 所示。

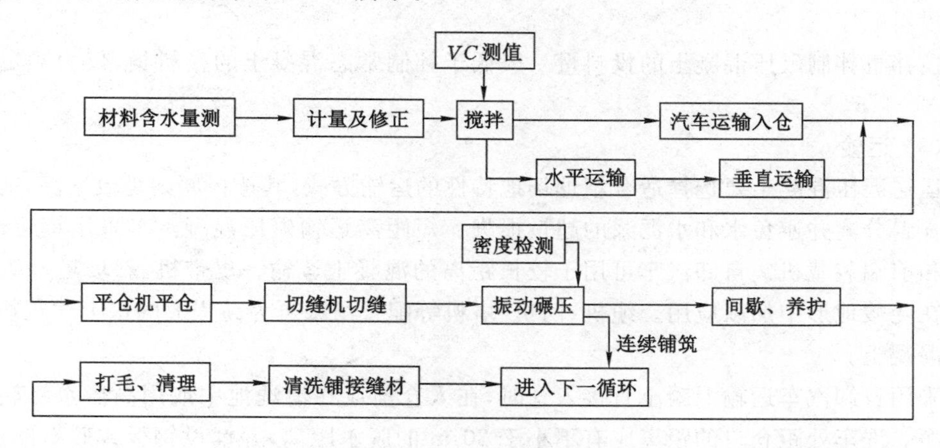

图 3-29　碾压混凝土工艺流程

(1) 现场碾压试验

将临时围堰、护坦或大型临时设备基础等作为试验场地，对室内碾压混凝土配合比设

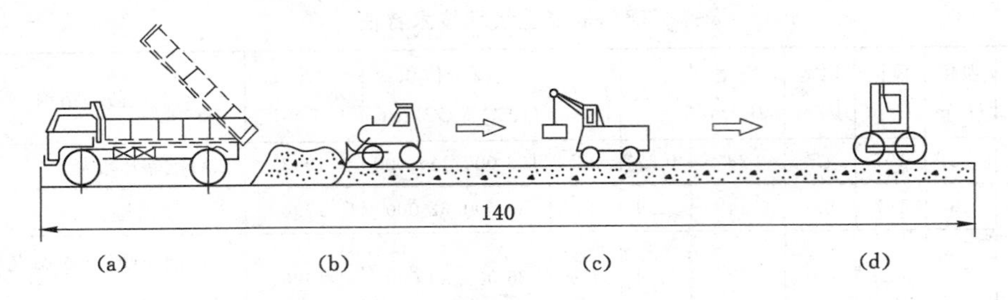

图 3-30　碾压混凝土施工作业流程图

(a) 自卸汽车供料；(b) 平仓机平仓；(c) 切缝机切缝；(d) 振动碾压实

计进行现场碾压试验是完全必要的。通过试验，可以校核与修正碾压混凝土配合比设计，确认碾压混凝土施工各项工艺参数(条带摊铺厚度、宽度与长度、压实厚度及遍数、放置时间等)，确认施工设备配置及其数量，并制定出适合本工程的碾压混凝土施工规程。

(2) 拌和

分批拌制碾压混凝土宜优先选用强制式搅拌设备，也可采用自落式搅拌设备。工业化生产碾压混凝土则选用生产率高的连续式拌和系统或剖分式拌和机。搅拌设备的选用，必须以保证混凝土的搅拌均匀性和满足混凝土填筑能力为基本前提。

碾压混凝土拌和时间的长短，一般应通过现场混凝土拌和均匀性试验确定，但不宜少于 60 s。由于各工程选用的搅拌设备不同以及采用的碾压混凝土配合比存在差别，因此对原材料的投料顺序也应进行拌和试验。我国一些大中型水利水电工程对碾压混凝土的投料顺序也不一致，但都取得了成功。坑口坝采用的是 $2\times1\ m^3$ 锥形倾筒拌和机，人工砂石料，其投料顺序为：(水、外加剂、粗骨料)→(水泥、粉煤灰、砂)。铜子街水电站采用 $4\times1.5\ m^3$ 日本拌和楼，天然砂石料，其投料顺序为：(大石、小石)→(水、木钙、水泥、粉煤灰、砂)→中石→大石。可见，各工程应视工程具体条件并经过拌和试验来确定适宜的碾压混凝土投料顺序。

搅拌机拌制碾压混凝土的投料量一般低于拌制常态混凝土的投料量，仅为额定容量的 2/3～4/5。

(3) 运输

运送碾压混凝土要选择适合坝址场地特性的运输方式，其选择原则是效率高，能有效防止骨料分离并避免水和水泥浆的超量损失。短距离运输碾压混凝土多采用铲运机、推土机和前端装载机。自卸汽车可用于较长距离的混凝土运输。皮带机、斜坡道和真空溜管则在陡峻地形中加以应用。缆机、门机、塔机等配置吊罐可为高程大的水工建筑物运送碾压混凝土。

采用自卸汽车运输混凝土直接入仓时，在入仓前应在清洗池中或用高压水将轮胎清洗干净。洗车处距仓口的距离应有不小于 20 m 的脱水距离，并铺设钢板或砂石路面，防止在行程中再次弄污轮胎。车辆在仓内的行驶速度不应大于 10 km/h，应避免急刹车、急转弯等有损混凝土质量的动作。在大仓面薄层连续铺筑碾压混凝土时，汽车进仓卸料宜采用退铺法按梅花形依次卸料堆放。卸料方法是先卸 1/3 混凝土料，在移动约 1 m 后卸下剩余的混凝土料，卸料要尽可能均匀。料堆旁若出现分离骨料，应利用人工或其他机械将其均匀分散到未碾压的混凝土面上。

真空溜管由受料斗、真空溜管和支承结构组成，它依靠溜管中摩擦阻力和真空度产生的滞流阻力控制混凝土下滑速度，以防止运输混凝土时出现飞溅、堵塞和分离现象。真空溜管的坡度和防止骨料分离措施应通过现场试验确定。

斜坡道是指将高程较大的拌和楼生产的碾压混凝土。通过往返于斜坡上的料斗车运送至高程较低的卸料台，再由自卸汽车在仓面布料。两辆由缆索相连在卷扬机作用下做相反方向运动的底卸式运输车即为料斗车，它们在两条并列的斜坡道上同时往返。虽然这种方式的运输强度不高，但能保证混凝土的内在质量，经济性也明显。

(4) 平仓摊铺

对入仓后的碾压混凝土进行摊铺，是保证碾压混凝土质量的重要手段和必要步骤。其施工控制要点有：① 摊铺层厚度的确定要与振动碾性能相适应；② 防止混凝土拌和料的分离；③ 严格控制上下层间隔时间以免产生冷缝；④ 维护好摊铺作业的环境条件(温度、湿度等)。

碾压混凝土摊铺机械多选用功率较大的推土机，国产上海 200 型和黄河 220 型推土机因其功率较大台班产量可达 600 m^3 以上。推土机摊铺作业时常在推土板两侧加装挡板以减轻混凝土分离，并在推土板上加装激光水准装置以准确控制摊铺厚度。推土机平仓应按“少刮、快提、快下”的操作要领进行，尽量避免仓内混凝土出现凹谷。碾压混凝土一般按条带摊铺，条带宽度根据施工强度确定，一般为 4～12 m(取碾宽的倍数)。推土机的平仓方向一般应与坝轴线平行，分条带平仓。为提高摊铺的均匀性和有效减少分离，每个碾压层应采用多次摊铺的方式，每个摊铺层的厚度约 20 cm(在 17～22 cm 的范围选取)。换言之，厚度 0.35 m 的碾压层分为两次铺料为宜，厚度 0.5 m 的碾压层分为三次铺料为好。摊铺方法宜采用台阶法和斜坡法，如图 3-31 所示。推土机在运行时履带不得破坏已碾压完成的混凝土层面。平仓过的混凝土表面应平整、无凹坑，不允许出现向下游倾斜的平仓面。

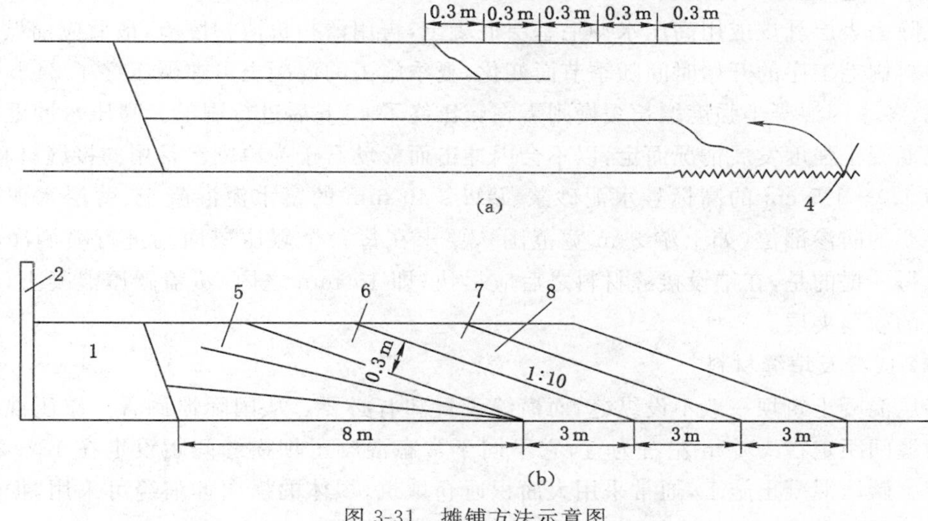

图 3-31　摊铺方法示意图

(a) 台阶法；(b) 斜坡法

1——常态混凝土或变态混凝土；2——模板；3——先一条块砂浆；4——后一条块砂浆；5——第一条带；6——第二条带；7——第三条带；8——斜层(1：10)摊铺、一次碾压

葛洲坝工程局将 T20 自卸汽车装设了铺料器改装成简易的连杆式摊铺机，一次可运载 6.4 m^3 混凝土料，每 15 s 可铺就一层厚度为 0.35 m 的 6.5 m×2.8 m 的条带。由于摊铺机在卸料板的两个侧面都安装了挡板，故能有效地避免粗骨料侧向滚荡产生分离。

(5) 碾压

使碾压混凝土趋于密实的前提条件是先使其液化，故而选用振动力为 1.5～2.5 倍碾重的振动碾施工。碾压混凝土的压实效果一般用相对压实度表示，而相对压实度是指碾压混凝土的实际容重与其理论配合比容重之比。影响振动压实效果的主要因素有：振动碾的重量、振幅与频率、行进速度、起振力、碾压遍数、压实层厚度、混凝土单位体积用水量等。一个条带平仓完成后即可开始碾压。当选用自重 $W>10$ t 的大型滚筒自行式振动碾施工时，其作业行走速度 V 为 1～1.5 km/h；碾压遍数 N 通过现场碾压试验确定，一般为无振 2 遍加有振 6～8 遍；碾压错距宽度大于 0.2 m，端头部位搭接宽度宜大于 1.0～1.5 m。条带从摊铺到碾压完成时间宜控制在 2 h 左右，或 VC 值不小于 30 s。边角部位则用小型振动碾进行压实为宜。一般相对压实度大于 97%时方可进行下一层碾压作业。倘若未能达到设计要求，则应立即重碾，直到满足设计要求为止。对于模板周边无法碾压的工程部位，可采用常态混凝土或变态混凝土施工代换碾压混凝土。所谓变态混凝土，是指在碾压混凝土拌和物铺料过程喷洒相同水灰比的水泥粉煤灰净浆，采用插入式振捣器振捣密实的混凝土。

碾压层厚度的确定与振动碾的工作性能、混凝土系统的生产能力、运输机具的生产效率和浇筑仓面的大小有关。工程实践表明，采用国产振动碾时碾压层厚可定为 30 cm，采用进口振动碾时碾压层厚定为 50 cm 效果较好。

(6) 施工缝面的处理

日本对碾压混凝土采用低浇筑块薄层填筑的施工方法，我国则多采用大仓面连续上升的施工工艺，施工中都必须对施工缝进行认真处理。当碾压混凝土达到一定强度时，用刷毛机除去表层乳皮或用高压水冲毛基层混凝土，再用清扫机清扫废渣，最后应铺设一层接缝材料刷毛工序的开始时间随季节而变化，夏季施工的混凝土可在碾压终了 24 h 后进行刷毛，冬季因混凝土强度增长缓慢则需在碾压终了 48 h 后进行刷毛。高压水冲毛的时间应视混凝土强度发展情况而定，以不会因冲击而松动石子为原则。常用的接缝材料有：厚度为 1.0～1.5 cm 的高标号水泥砂浆、$DM\leqslant 40$ mm 的富水泥混凝土、薄层水泥净浆等。重要的防渗部位(如上游 3 m 宽范围)，要求在每一个碾压层面均进行喷洒净浆处理。值得一提的是，在铺设接缝材料之后应尽快(即 15 min 之内)覆盖碾压混凝土，以免出现新的软弱夹层。

(7) 成缝及填缝材料

碾压混凝土筑坝一般不设纵缝，而横缝设置却有必要。从国际惯例看。碾压混凝土坝的横缝间距定在 100 m 左右为宜，它不同于常态混凝土坝横缝间距设定在 15～20 m 的规定。碾压混凝土施工，通常采用大面积通仓填筑，坝体的横向伸缩缝可采用“振动切缝机造缝”或“设置诱导孔成缝”等方法形成。造缝一般采用“先切后碾”的施工方法，成缝面积不应小于设计面积的 60%，填缝材料一般采用塑料膜、金属片或干砂。诱导孔成缝即是碾压混凝土浇筑完一个升程后，沿分缝线用手风钻钻孔并填砂诱导成缝。

采用切缝机造缝可以充分提高碾压混凝土大仓面碾压的效率。图3-32展示的振动切缝机是利用重11 t的推土机改装而成的，振动机的起振频率为1 500次/min，起振力为3 200～6 400 kg，切缝刀片的尺寸为1 800 mm×1 000 mm×16 mm，切缝深度可达750 mm，切缝缝隙由硬塑料板或铅铁板填入。需要注意的是，对于用常态混凝土浇筑的防渗层一般采用预埋3.2 mm厚的钢板成缝，或设置本模板成缝，而不能使用切缝机。

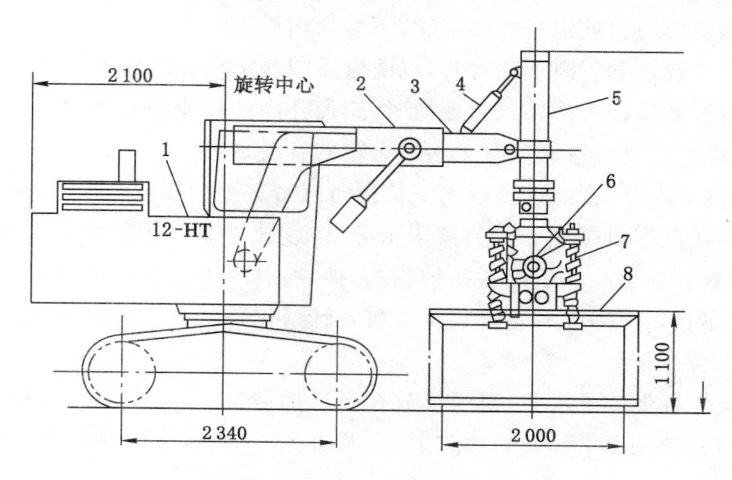

图3-32　振动切缝机(12-HCV-64)

1——基本机械；2——起伏臂；3——伸缩缸；4——倾斜油缸；
5——升降杆；6——驱动马达；7——起振机；8——刀板

(8) 碾压混凝土的养护和防护

碾压混凝土是干硬性混凝土，受外界的条件影响很大。在大风、干燥、高温气候条件下施工，要避免混凝土表面水分散失，应采取喷雾补偿等措施。这样可以在仓面造成局部湿润环境，并可适当延长上下层混凝土的间隔时间。为提高碾压效果，在混凝土拌和时宜适当将 *VC* 值调小。

没有凝固的混凝土遇水会严重降低强度，特别是表层混凝土几乎没有强度，所以在混凝土终凝前，严禁外来水流入。刚碾压完的仓面应采取防雨保护和排水措施，常用的做法是将浇筑面保持轻度倾斜以预定排水方向，以便塑料布覆盖面上的雨水尽快排出仓外。当降雨强度超过3 mm/h时，应停止拌和，并迅速完成进行中的卸料、平仓和碾压作业。

碾压混凝土终凝后立即开始洒水养护。对于水平施工缝和冷缝，洒水养护应持续至上一层碾压混凝土开始铺筑为止；对永久外露面，宜养护28 d以上。刚碾压完的混凝土不能洒水养护，可用毡布遮盖防止因日晒引起的表面水分蒸发，以保证工程质量。

低温季节应对混凝土的外置面进行保温养护，特别在温度骤降的时候，用塑料薄膜上盖麻袋可以产生明显的保温效果。

3.6.5　碾压混凝土施工安全技术规范

(1) 碾压混凝土铺筑前，应全面检查仓内排架、支撑、拉条、模板等是否安全可靠。

(2) 自卸汽车入仓时，入仓口道路宽度、纵坡、横坡以及转弯半径应符合所选车型的性能要求。洗车平台应做专门的设计,应满足有关的安全规定。自卸汽车在仓内行驶时,车速应控制在 5.0 km/h 以内。

(3) 真空溜管入仓时应遵守下列规定:

1) 真空溜管应做专门的设计,包括受料斗、下料口、溜管管身、出料口以及各部分的支撑结构,并应满足有关的安全规定。

2) 支撑结构应与边坡锚杆焊接牢靠,不应采用铅丝绑扎。

3) 出料口应设置垂直向下的弯头,以防碾压混凝土料飞溅伤人。

4) 真空溜管盖破损需修补或者更换时,应遵守高处作业的安全规定。

(4) 皮带机入仓时应遵守混凝土水平运输的有关规定。

(5) 采用核子水分/密度仪进行无损检测时应遵守下列规定:

1) 操作者在操作前应接受有关核子水分/密度仪安全知识的培训和训练,只有合格者方可进行操作。应给操作者配备防护铅衣、裤、鞋、帽、手套等防护用品。操作者应在胸前佩戴胶片计量仪,每 1~2 月更换一次。胶片计量仪一旦显示操作者达到或超过了允许的辐射值,应即停止操作。

2) 严禁操作者将核子水分/密度仪放在自己的膝部,不应企图以任何方式修理放射源,不应无故暴露放射源,不应触动放射源,操作时不应用手触摸带有放射源的杆头等部位。

3) 应派专人负责保管核子水分/密度仪,并应设立专台档案。每隔半年应把仪器送有关单位进行核泄漏情况检测,仪器储存处应牢固地张贴“放射性仪器”的警示标志。

4) 核子水分/密度仪受到破坏,或者发生放射性泄露,应立即让周围的人离开,并远离出事场所,直到核专家将现场清除干净。

5) 核子水分/密度仪万一被盗或被损坏,应及时报告公安部门、制造厂家或者代理商,以便妥善处理。

(6) 卸料与摊铺时应遵守下列规定:

1) 仓号内应派专人指挥、协调各类施工设备。指挥人员应采用红、白旗和口哨发出指令。应由施工经验丰富、熟悉各类机械性能的人担当指挥人员。

2) 采用自卸卡车直接进仓卸料时,宜采用退铺法依次卸料;应防止在卸料过程中溜车,应使车辆保证一定的安全距离。自卸车在起大箱时,应保证车辆平稳并观察有无障碍后,方可卸车。卸完料,大箱应落回原位后,方可起架行驶。

3) 采用吊罐入仓时,卸料高度不宜大于 1.5 m,并应遵守吊罐入仓的安全规定。

4) 搅拌车运送入仓时,仓内车速应控制在 5.0 km/h 以内,距离临空面应有一定的安全距离,卸料时不应用手触摸旋转中的搅拌筒和随动轮。

5) 多台平仓机在同一作业面作业时,前后两机相距不应小于 8 m,左右相距应大于 1.5 m。两台平仓机并排平仓时,两平仓机刀片之间应保持 20~30 cm 间距。平仓前进应以相同速度直线行驶;后退时,应分先后,防止互相碰撞。

6) 平仓机上下坡时,其爬行坡度不应大于 20°;在横坡上作业,横坡坡度不应大于 10°;下坡时,宜采用后退下行,严禁空挡滑行,必要时可放下刀片做辅助制动。

(7) 碾压时应遵守下列规定:

1）振动碾机型的选择，应考虑碾压效率、起振力、滚筒尺寸、振动频率、振幅、行走速度、维护要求和运行的可靠性和安全性。建筑物的周边部位，应采用小型振动碾压实。

2）振动碾的行走速度应控制在 1.0～1.5 km/h。

3）应在振动碾前后、左右无障碍物和人员时才能启动。

4）变换振动碾前进或者后退方向应待滚轮停止后进行。不应利用换向离合器作制动用。

5）两台以上振动碾同时作业，其前后间距不应小于 3 m；在坡道上纵队行驶时，其间距不应小于 20 m。上坡时变速应在制动后进行，下坡时不应脱挡滑行。

6）起振和停振应在振动碾行走时进行；在老混凝土面上行走，不应振动；换向离合器、起振离合器和制动器的调整，应在主离合器脱开后进行，不应在急转弯时用快速挡；不应在尚未起振情况下调节振动频率。

（8）养护过程中，碾压混凝土的仓面采用柱塞泵喷雾器等设备保持湿润时，应遵守这些喷雾设备的相关安全技术规定；应对电线和各种带电设备采用防水措施进行保护。

3.6.6 安全防护措施

（1）自卸汽车入仓道路宽度、纵坡、横坡以及转弯半径应符合所选车型的性能要求。设有满足车辆使用的洗车平台。洗车废水应集中排放。

（2）真空溜管设有供作业人员检查、维护的通道、平台。

（3）配有供核子水分/密度仪操作人员使用的防护铅衣、裤、鞋、帽、手套等防护用品，遵守核子水分/密度仪使用规定。

（4）仓号内应设专人指挥，配备专用指挥工具，协调各类施工设备。

3.7 沥青混凝土

将沥青、矿料与掺料等原材料按适当比例配合比，拌和均匀后成为沥青混合料，再经过压实或浇筑等工艺成型，成为沥青混凝土。沥青混凝土是一种对温度较为敏感的材料，低温下它具有与弹性材料相似的性质，在较高温度下它又表现出明显的黏弹性或塑性的性质。沥青混凝土的性质不仅随温度变化，而且与工作条件有密切的关系，还取决于所用原材料的特性、配合比以及施工质量等因素。在水利工程中，沥青混凝土主要用于堤岸护坡、渠道衬砌、水工结构物的防冲护面、填筑坝和蓄水池的防渗衬砌等。

3.7.1 沥青混混合料的运输

在施工开始前，应对所有运料车驾驶员进行岗前培训，使每个驾驶员均掌握运输路线、运料顺序、工作程序、注意事项以及发生故障时的处理方法，同时要加强汽车保养。

在沥青混合料成品运达工地之前，应对工地具体摊铺位置、运输路线、运距和运输时间、施工条件、摊铺能力以及所需混合料的种类和数量等作详细核对。沥青混合料的运输应遵守以下规定：

（1）沥青混合料运输车辆、斜坡喂料车的容积应与摊铺机的容积配套，运输车辆数量应满足摊铺机摊铺作业的需要。

(2) 料场及场内道路应进行处理并及时维护，确保道路平整，防止沥青混合料在运输过程中因过度颠簸造成离析。

(3) 沥青混合料在运输途中应防止漏料，并减少热量损失，必要时可采取保温措施。

(4) 沥青混合料的运输车箱应保持干净、干燥。车辆需在沥青混凝土面行走时，轮胎应清理干净。

(5) 各种运输机具在转运或卸料时宜降低沥青混合料的落差，防止沥青混合料离析。

(6) 浇筑式沥青混合料宜采用保温料罐运输。

(7) 浇筑式沥青混合料在运输过程中应采取措施，防止产生骨料离析。

(8) 运送沥青混合料的车厢、料罐、料斗等可适当涂刷、喷洒防黏液。

3.7.2 沥青混凝土心墙施工

《水工沥青混凝土施工规范》(SL 514—2013)规定，沥青混凝土心墙施工必须满足设计所规定的各项技术要求，做到技术先进、经济合理、确保质量、安全生产。

1. 沥青混凝土施工的气象条件

(1) 沥青混凝土施工时的风力宜小于4级，日降雨量宜小于5 mm。

(2) 碾压式沥青混凝土应在非降雨(雪)时段施工。

(3) 碾压式心墙施工时气温宜在0 ℃以上，碾压式防渗面板施工时宜在5 ℃以上。

(4) 沥青混凝土心墙不宜在夜间施工，如需夜间施工，应加强照明，并确保施工人员安全和施工质量。

2. 沥青混凝土铺筑前的准备工作

(1) 在基面喷洒乳化沥青前，应按设计要求对基面进行整修和压实。对土质基面应喷洒除草剂，其喷洒时间和喷洒量应通过试验确定。

(2) 斜坡垫层应满足施工人员和摊铺机的行走以及施工期的排水要求。垫层应采用满足设计要求的级配碎石或砂砾石铺筑，最大粒径应不大于80 mm。

(3) 垫层坡面应平整，在3 m长度范围内，碎石垫层不平整度宜不大于20～40 mm。

(4) 碎石垫层可先按设计要求的颗粒级配分层填筑压实，然后用振动碾顺坡碾压，上行振动，下行不振。碾压遍数按设计的密实度应通过碾压试验确定。

(5) 铺筑沥青混合料前，应先在垫层表面喷洒一层乳化沥青，待乳化沥青干燥后，再铺筑沥青混合料。乳化沥青宜用阳离子型乳化沥青，其用量对碎石垫层可为2～3 kg/m^2。乳化沥青干燥后应及时铺筑沥青混凝土，以防灰尘污染。

(6) 心墙底部的混凝土基座应按设计要求施工，经验收合格后方可进行沥青混凝土施工。

(7) 坝基防渗工程，除在廊道内进行的帷幕灌浆外，应在沥青混凝土施工前完成。

3. 沥青混合料铺筑技术要求

(1) 沥青混合料摊铺

1) 沥青混凝土心墙、过渡区以及与过渡层相邻的坝壳料应平起平压，均衡施工，以保证压实质量。心墙与过渡层同相邻坝壳填筑料的高差宜不大于80 cm。

2) 心墙摊铺宜采用将心墙和过渡料一同摊铺的联合摊铺机，摊铺机宜有预压实功能，摊铺速度宜为1～3 m/min，或由现场摊铺试验确定。专用机械难以铺筑的部位或小型工程在缺乏专用机械时可采用人工摊铺，用小型机械压实，但应加强检查，注意压实质量。

3）沥青混合料的施工机具应及时清理，经常保持干净。施工中，应防止柴油类防黏液污染摊铺层面。

4）连续施工时，一日宜铺筑1～2层沥青混凝土。如需多层铺筑，应进行场外试验论证，并保证压实质量和心墙尺寸满足设计要求。

5）在施工现场，心墙中心线应有明确的标识。

6）心墙的人工摊铺段，宜采用钢模板进行施工。钢模板应牢固，拼接严密，尺寸准确。钢模板间的中心线距心墙中心线的偏差应小于5 mm，两侧钢模板的间距应确保心墙的设计厚度。钢模板经定位检查合格后，方可填筑两侧的过渡料。

7）机械摊铺时，施工前应调整摊铺机自带的钢模板宽度以满足设计要求。

8）过渡层的填筑尺寸、填筑材料以及压实质量等均应符合设计要求。

9）人工摊铺过渡料时，填筑前应用防雨布等遮盖心墙表面，遮盖宽度应超出两侧模板300 mm以上。

10）心墙两侧的过渡层铺筑应对称进行，并用小型振动碾同时对称压实，以免钢模移动。距心墙边缘150～200 mm范围内的过渡料应先不碾压，待心墙碾压后温度降至70 ℃时再碾压，或与心墙骑缝碾压。碾压遍数应通过试验确定。

11）过渡层材料的运输宜采用自卸汽车，自卸汽车的容积应考虑过渡层结构及薄层铺筑的特性，其运输能力应与铺筑强度相适应。

12）心墙两侧过渡料压实后的高程应略低于心墙沥青混凝土面，以利于心墙层面排水。

13）沥青混合料摊铺厚度宜不大于28 cm或由摊铺试验确定。平整度应满足设计要求。

14）基础混凝土面上的摊铺宜在午后较高气温时进行。人工摊铺时卸料宜均匀，以减少平仓工作量。平仓时应避免沥青混合料分离。

15）机械摊铺时应经常检测和校正摊铺机的控制系统。每次铺筑前，应按设计和施工要求调校铺筑宽度、厚度等相关参数，防止“超铺”、“漏铺”和“欠铺”现象。

16）机械摊铺时，应确保激光定位仪在整个摊铺过程中稳定不动，以保证过渡料及沥青混合料摊铺平整。

17）沥青混合料的入仓温度应根据不同环境温度通过试验确定，宜为140～165 ℃。

18）在沥青混合料摊铺过程中应随时检测沥青混合料的温度，发现温度不合格的料应及时清除。清除废料时，应防止对下部沥青混凝土的扰动和破坏。

19）沥青混合料摊铺后宜用帆布覆盖，覆盖宽度应超出心墙两侧各30 cm。

（2）沥青混合料碾压

1）沥青混合料碾压宜采用1.0～1.5 t振动碾、过渡层碾压宜采用2.0～2.5 t振动碾。沥青混合料与过渡料的碾压设备不宜混用。

2）碾压时，可先静压两遍，再振动碾压，最后静压收光。碾压遍数应通过试验确定。

3）沥青混合料的碾压温度应考虑施工时的气候条件，按试验确定。初碾温度不宜低于130 ℃，终碾温度不宜低于110 ℃。

4）碾压轮宽度大于心墙宽度时，可采用振动碾在帆布上进行碾压，并应随时将帆布展平。沥青混凝土心墙宽度大于振动碾宽度时，应采用错位碾压方式。碾压遍数应合适，不欠碾，不过碾。

5）机动设备碾压不到的边角和斜坡处，应采用人工夯或振动夯板夯实。

6）碾压时应防止沥青混合料粘在碾面上，可在碾面微量连续洒水防粘。碾面上的黏附物应及时清理。碾压时如发生陷碾，应将陷碾部位的沥青混合料清除，并回填新的沥青混合料。

7）碾压施工过程中，不应将柴油或油水混合液直接撒在层面上。受污染的沥青混合料应予清除。

8）施工遇雨时，应及时用防雨布覆盖沥青混合料，并停业施工。未经压实受雨、浸水的沥青混合料，应予铲除。

9）碾压过程中应及时清除仓面上的污物和冷料块，并用小铲将嵌入沥青混凝土心墙的砾石清除。

10）心墙铺筑后，在心墙两侧3～4 m范围内，不应有10 t以上的机械作业。各种机械不应直接跨越心墙。

（3）心墙接缝及层面处理

1）在已压实的心墙施工面上继续铺筑前，应将施工面清理干净。当心墙层面温度低于70 ℃时，摊铺覆盖前宜将层面加热至70 ℃以上。

2）沥青混凝土心墙宜全线保持同一高程施工，以避免出现横缝。当需设置横缝时，其结合坡度宜不陡于1∶3，坡面应压实。上、下层横缝应错开2 m以上。未经压实的横缝斜坡应予铲除。

3）沥青混凝土表面不宜长时间停歇、暴露，因故停工、停歇时间较长时，应采取覆盖保护措施。

4）沥青混凝土心墙钻孔取芯后，留下的孔洞内应清理干净，并抹干烘干，加热到70 ℃，然后分5 cm一层回填击实。

3.7.3 沥青混凝土施工的安全技术规范

1. 沥青运输规定

（1）液态沥青宜采用液态沥青车运送并应遵守下列规定：

1）用泵抽送热沥青进出油罐时工作人员应避让。

2）向储油罐注入沥青时，当浮标指标达到允许最大容量时，应及时停止注入。

3）满载运行时，遇有弯道、下坡时应提前减速，避免紧急制动；油罐装载不满时，应始终保持中速行驶。

（2）采用吊耳吊装桶装沥青时应遵守下列规定：

1）吊装作业应有专人指挥。沥青桶的吊索应绑扎牢固。

2）吊起的沥青桶不应从运输车辆的驾驶室上空越过，并应稍高于车厢板，以防碰撞。

3）吊臂旋转半径范围内不应站人。

4）沥青桶未稳妥落地前，不应卸、取吊绳。

（3）人工装卸桶装沥青时应遵守下列规定：

1）运输车辆应停放在平坡地段，并拉上手闸。

2）跳板应有足够的强度，坡度不应过陡。

3）放倒的沥青桶经跳板向上（下）滚动装（卸）车时，应在露出跳板两侧的铁桶上各套一根绳索，收放绳索时要缓慢，并应两端同步上下。

4）人工运送液态沥青，装油量不应超过容器的2/3，不应采用锡焊桶装运沥青，并不应两人抬运热沥青。

2. 沥青储存规定

（1）沥青应储存于库房或者料棚内，露天堆放时，应放在阴凉、干净、干燥处，并应搭设席棚或者用帆布遮盖，以免雨水、阳光直接淋晒而影响环保，并应防止砂、石、土等杂物混入。

（2）储存处应远离火源，应与其他易燃物、可燃物、强氧化剂隔离保管，储存处严禁吸烟。

（3）储存沥青的仓库或者料棚以及露天存放处，应有防火设施。防火设备应采用泡沫灭火器、四氯化碳灭火机或砂土等，不应用水喷洒，以免热液流散而扩大火灾范围。

（4）桶装沥青应立放稳妥，以免流失影响环保。

3. 面板、心墙施工的安全技术规范

（1）乳化（稀释）沥青加工采用易挥发性溶剂时，宜将熔化的沥青以细流状缓缓加入溶剂中，沥青温度控制在100 ℃左右，防止溅出伤人，并应特别注意防火。

（2）沥青洒布机作业应遵守下列规定：

1）工作前应将洒布机车轮固定，检查高压胶管与喷油管连接是否牢固，油嘴和节门是否畅通，机件有无损坏。检查确认完好后，再将喷油管预热，安装喷头，经过在油箱内试喷后，方可正式喷洒。

2）乳化（稀释）沥青加工采用易挥发性溶剂时，宜将熔化的沥青以细流状缓缓加入溶剂中，沥青温度控制在100 ℃左右，防止溅出伤人，并应特别注意防火。

3）喷洒沥青时，手握的喷油管部分应加缠旧麻袋或石棉绳等隔热材料。操作时，喷头严禁向上。喷头附近不应站人，不应逆风操作。

4）压油时，速度应均匀，不应突然加快。喷油中断时，应把喷头放在洒布机油箱内，固定好喷管，不应滑动。

5）移动洒布机，油箱中的沥青不应过满。

6）喷洒沥青时，如发现喷头堵塞或其他故障，应立即关闭阀门，等修理完好后再行作业。

（3）人工拌和作业应使用铁壶或长柄勺倒油，壶嘴或勺口不应提得过高，防止热油溅起伤人。

（4）沥青混凝土运输作业应遵守下列规定：

1）采用自卸汽车运输时，大箱卸料口应加挡板（运输时挡板应拴牢），顶部应盖防雨布；运输道路应满足施工组织设计的要求；在社会公共道路上行驶时，驾驶员应熟悉运行区域内的工作环境，严禁酒后、超速、超载及疲劳驾驶车辆。

2）在斜坡上的运输，宜采用专用斜坡喂料车，当斜坡长度较短或者工程规模较小时，可由摊铺机直接运料，或者用缆索等机械运输，但均应遵守相应机械设备的安全技术规定。

3）少量部位采用人工运料时，应穿防滑鞋，坡面应设防滑梯。

4）斜坡上沥青混凝土面板施工应设置安全绳或其他防滑措施。施工机械由坝顶下放至斜坡时，应有安全措施，并建立安全制度。对牵引机械（可移式卷扬台车、卷扬机等）和钢丝绳、刹应经常检查、维修。卷扬机应锚碇牢固，防止倾覆。

（5）沥青混合料摊铺作业应遵守下列规定：

1）应自下至上进行摊铺。

2）驾驶台及作业现场应视野开阔，清除一切有碍工作的障碍物。作业时无关人员不应在驾驶台上逗留。驾驶员不应擅离岗位。

3）运料车向摊铺机卸料时，应协调动作，同步行进，防止互撞。

4）换挡应在摊铺机完全停止时进行，不应强行挂挡和在坡道上换挡或空挡滑行。

5）熨平板预热时，应控制热量，防止因局部过热而变形。加热过程中，应有专人看管。

6）驾驶力求平稳，熨平装置的端头与障碍物边缘的间距不应小于 10 cm，以免发生碰撞。

7）用柴油清洗摊铺机时，不应接近明火。

8）沥青混合料宜采用汽车配保温料罐运输，由起重机吊运卸入模板内或者由摊铺机自身的起重机吊运卸入摊铺机内。应严格遵守起重机的安全技术规定。

9）由起重机吊运卸入模板内的沥青混凝土，应由人工摊铺整平，应有防高温、防烫伤措施。

10）在已压实的心墙上继续铺筑前，应采用压缩空气（风压为 0.3～0.4 MPa）喷吹清除清理干净结合面，应严格遵守空压机的安全技术规定。如喷吹不能完全清除，可用红外线加热器烘烤粘污面，使其软化后铲除。应遵守红外线加热器的安全技术规定。

11）采用红外线加热器加热，沥青混凝土表面温度低于 70 ℃时，应遵守红外线加热器的安全技术规定。采用火滚或烙铁加热时，应使用绝热或隔热手把操作，并应戴手套以防烫伤，不应在火滚滚筒上面踩踏。滚筒内的炉灰不应外泄，工作完毕炉灰应用水浇灭后运往弃渣场。

（6）沥青混凝土碾压作业应遵守下列规定：

1）不应在振动碾没有熄火、下无支垫三角木的情况下，进行机下检修。

2）振动碾应停放在平坦、坚实并对交通及施工作业无妨碍的地方。停放在坡道上时，前后轮应置垫三角木。

3）振动碾前后轮的刮板，应保持平整良好。碾轮刷油或洒水的人员应与司机密切配合，应跟在碾轮行走的后方。

4）多台振动碾同时在一个工作面作业时，前后左右应保持一定的安全距离，以免发生碰撞。

5）振动碾碾压时，应上行时振动，下行时不应振动。

6）机械由坝顶下放至斜坡时，应有安全措施，并建立安全制度。对牵引机械和钢丝绳刹车等，应经常检查、维修。

7）各种施工机械和电器设备，均应按有关安全操作规程操作和养护维修。

(7) 心墙钢模宜应采用机械拆模，采用人工拆除时，作业人员应有防高温、防烫伤、防毒气的安全防护装置。钢模拆除出后应将表面黏附物清除干净，用柴油清洗时，不应接近明火。

(8) 沥青混凝土夏季施工应采取防暑降温措施，合理安排作业时间。

4. 其他施工的安全技术规定

(1) 现浇沥青混凝土施工应遵守下列规定：

1）现浇式沥青混凝土的浇筑宜采用钢模板施工，模板的制作与架设应牢固、可靠。

2）应采用汽车配保温料罐运输沥青混凝土，由起重机吊运卸入模板内。应严格按照保温料罐入仓和起重机吊运的安全技术规定进行操作。

3）现浇式沥青混凝土的浇筑温度应控制在140～160 ℃。应由低到高依次浇筑，边浇筑边采用插针式捣固器捣实。仓内作业人员应有“三防”措施。

(2) 沥青混凝土路面施工应遵守下列规定：

1）沥青洒布车作业应遵守下列规定：

① 检查机械、洒布装置及防护、防火设备是否齐全有效。

② 采用固定式喷灯向沥青箱的火管加热时，应先打开沥青箱上的烟囱口，并在液态沥青淹没火管后，方可点燃喷灯。加热喷灯的火焰过大或扩散蔓延时应立即关闭喷灯，待多余的燃油烧尽后再行使用。喷灯使用前，应先封闭吸油管及进料口，手提喷灯点燃后不应接近易燃品。

③ 满载沥青的洒布车应中速行驶。遇有弯道、下坡时应提前减速，避免紧急制动。行驶时不应使用加热系统。

④ 驾驶员与机上操作人员应密切配合，操作人员应注意自身的安全。作业时在喷洒沥青方向10 m以内不应有人停留。

(3) 房屋建筑沥青施工应遵守下列规定：

1）房屋建筑屋面板的沥青混凝土施工，属于高空作业，应遵守高处作业的规定。

2）高处作业，屋面的边沿和预留孔洞，应设置安全防护装置。

3）屋面板沥青混凝土采用人工摊铺、刮平，用火滚滚压时，作业人员应使用绝热或隔热手把进行操作，并戴好手套、口罩，穿好防护衣、防护鞋。

4）在坡度较大的屋面运油，应穿防滑鞋，设置防滑梯清扫屋面上的砂粒。油桶下设桶垫，应放置平稳。

5）运输设备及工具应牢固，竖直提升时，平台的周边应有防护栏杆。提升时应拉牵引绳，防止油桶晃动，吊运时油桶下方10 m半径范围内严禁站人。

6）配置、贮存和涂刷冷底子油的地点严禁烟火，严禁在30 m以内进行电焊气焊等明火作业。

3.7.4 安全防护措施

(1) 配有供作业人员使用的防毒口罩和耐高温工作鞋、手套、工作服等个人防护用品。

(2) 配有供作业人员饮用的开水、饮料和急救药品。

(3) 设有供作业人员使用的洗浴设施。

(4) 洞内和地下工程沥青混凝土浇筑施工,应设有可靠通风设施。

3.7.5 施工人员安全规定

(1) 施工现场和配料场地应通风良好。操作人员应穿工作服,扎紧袖口,并应戴手套、鞋盖等。应戴防护口罩和防护眼镜,外露皮肤应涂刷防护膏。操作时,不得用手直接揉擦皮肤。

(2) 凡患皮肤病、眼疾、结核病及对刺激过敏的人,不得从事理清工作。施工过程中发生恶心、头晕、过敏等应停止作业。

(3) 装卸、搬运沥青或含有沥青的制品,应使用工具(如货车、手推车)或机械。装卸、搬运的全部过程中,如有散漏粉末的情况,应洒水湿润。

(4) 人工涂刷沥青(堵沥青缝、刷沥青伸缩缝)应备有冷水管,并戴上手套口罩。

(5) 使用汽油喷灯涂刷沥青时,不得将油洒在易燃物上,并应特别注意防火。

(6) 凡装卸过沥青及含有沥青制品的车辆(专用车辆除外)、船舱,均应施以彻底的清扫与刷洗。

(17) 施工现场在临时存放、运输、使用、处置沥青过程中,应有防扬散、防流失、防渗漏或者其他防止污染环境的措施。

3.8 季节施工

3.8.1 冬季施工

1. 低温季节施工划分

我国地域辽阔,地形复杂,气候多变。应根据当地 10 年以上的气象资料确定低温施工期划分和天数,当缺乏当地气象资料时,可借鉴邻近地区的气象资料。如果是平原地区可以利用气候指标图进行估计(内插法),山区则应研究当地山地的气象要素梯度变化特点,并有较多的测站时,才能使用。在气象要素中,对温度、湿度等内插精度较高,对降水、云量等精度较差,对地方性较大的风向、风力、雾等要素精度很低。同时,可以运用气象要素的分布规律性进行推断。如已有气象资料的地点与地形复杂、没有气象资料的地点相距不远,则大气环流、海、陆纬度等对气候造成的影响相差不多,气象要素的水平差异相对于垂直差异来说是不大的,这时,气象要素的差异主要是两地的海拔高度差和地形不同造成的,海拔高度和地形对气象要素产生的变化有一定规律,可以进行推算。有关气象资料有一些经验公式可用。目前,在国家气象局和各地气象台站的网站上大多有全国和各地气象资料的数据,可以检索查询。根据气象资料的分析,我国各地低温季节施工期参考见表 3-14,确定低温季节施工期和施工天数。

表3-14　　我国各地低温季节施工期参考表

工程所在地		施工期日平均温度	施工天数/d	起讫日期
北部寒冷地区	Ⅰ	−20 ℃以下	200～220	10月初至5月上旬
	Ⅱ	−16 ℃以下	180～200	10月上旬至4月中旬
	Ⅲ	−12 ℃以下	160～180	10月下旬至4月上旬
	Ⅳ	−8 ℃以下	140～160	10月下旬至3月下旬
	Ⅴ	−4 ℃以下	105～140	11月上旬至3月中旬
中部温和地区	Ⅵ	0 ℃以下	50～105	11月底至3月初
	Ⅶ	±5 ℃以下	35～50	12月底至2月中旬

2. 低温季节施工标准

凡工程所在地的日平均气温连续5 d稳定在5 ℃以下或最低气温连续5 d稳定在−3 ℃以下时，即进入低温季节施工期。混凝土受到冻害仅仅和温度有关，与施工的地点无关。因此，在规范中以日平均气温作为标准。气温稳定，在气象学上是指在降温的低温季节连续5 d通过某一温度，之后很难再恢复这一温度。气象部门可以提供气温稳定在某一温度的资料，对科学合理确定施工期较为方便。

本章中涉及的气温，除另有注明外，一律为日平均气温。

3. 低温季节混凝土施工要求和措施

(1) 低温季节混凝土施工要求

1) 防冻和防裂

① 防止混凝土早期受冻。在低温季节，当气温低于0 ℃时，新浇混凝土内空隙和毛细管中的水分逐渐冻结。由于水冻结后体积膨胀(约增加9%)，使混凝土结构遭到损坏，最终导致混凝土强度和耐久性能降低。因此，低温季节混凝土施工，首先要防止混凝土早期受冻。

② 防止混凝土表面裂缝。低温季节浇筑混凝土，外界气温较低，若再遇气温骤降(如寒流袭击)，将由于混凝土内外温差过大，使混凝土表面产生裂缝。因此，混凝土的表面保温养护是十分必要的。

③ 注意防止混凝土受冻胀力的破坏。一般在低温季节混凝土施工时不允许有外来水(包括拆模后)，但是，特殊情况有外来水时，当有水体接触混凝土而水的温度低于0 ℃时，水体冻结，对混凝土结构产生冻胀力。如果混凝土结构设计时未考虑冻胀力的作用，应事先分析混凝土结构在冰的冻胀力作用下结构的安全性。当结构有可能破坏时，应事先采取预防措施。例如，在寒冷地区修建的混凝土面板堆石坝的面板混凝土施工期越冬时，面板下游堆石体底部的积水必须采取可靠的措施进行处理，否则这部分积水结冰后冻胀将使混凝土面板破坏。常用的处理措施有两种方法：一是通过预埋的排水管用水泵持续排水，使其经常处于流动状态而不冻；二是在入冬前用保温材料覆盖混凝土面板(最好按设计要求回填面板上游的土)，经热工计算，确认面板下游的积水不会冻结。

2) 混凝土允许受冻结临界强度和混凝土的成熟度

混凝土在正温养护下获得一定强度后再受冻，混凝土结构不致造成破坏，后期强度能继续增长，最终强度可达 28 d 龄期强度的 95%以上。这种受冻以前所应具有的强度，称为允许受冻的临界强度。混凝土允许受冻临界强度是低温季节混凝土拆模、保温、检验混凝土质量的重要标准。混凝土允许受冻临界强度值应满足下列要求：

① 大体积混凝土不应低于 7.0 MPa（大体积内部混凝土应不低于 5.0 MPa，大体积外部混凝土不应低于 10.0 MPa）或成熟度不低于 1 800 ℃·h。

② 非大体积混凝土和钢筋混凝土不应低于设计强度的 85%。

（2）低温季节混凝土施工措施

按照工程所在地区的气象资料，编制专项的施工组织设计和施工技术措施，保证浇筑的混凝土满足设计要求。需要研究确定低温季节施工的起讫日期，要求进行环境及各环节的热工计算，保温材料的调查，配合比、外加剂试验，对掺有外加剂的骨料的试验，混凝土质量检查测量方法及设备，采用成熟度计算混凝土的强度，气温骤降的施工保护措施等，以便做好施工准备。低温季节混凝土工程施工设计和施工措施设计的具体内容应至少包括下列几个方面：

① 正确布置骨料储存及堆放系统，如堆料场形式，温度、湿度的控制，骨料运输方式，及相应的保温措施等。

② 选择骨料预热方法，确定骨料预热数量和预热温度。

③ 选择混凝土拌和系统和运输设备的保温措施。

④ 确定混凝土浇筑块体尺寸（面积和高度）与块体升高速度。

⑤ 研究确定混凝土浇筑施工暖棚形式、仓面温度要求、混凝土浇筑与养护方法以及地基面的加温措施，并应有防火措施。

⑥ 选择保温模板形式和拆模后的保温防裂措施。

⑦ 准备测温仪器，确定测温方法及组织管理。

⑧ 确定采暖方式、采暖温度与供热系统的布置，选择供热锅炉设备。

⑨ 编制各项保温材料、燃料、施工设备、劳动力等计划。

⑩ 编制施工进度计划，核算低温季节施工增加费。

4. 混凝土的浇筑

当预计施工期的日平均气温在 0 ℃以上时，混凝土可在露天浇筑。在寒冷地区施工期预计日平均气温在 −5 ℃以下时，应采用蓄热法或暖棚法浇筑。暖棚法浇筑可考虑吊罐卸料进溜筒入仓或手推车卸料进溜筒入仓。溜筒布置间距应满足暖棚内机械或人工平仓振捣要求。低温季节施工宜提高浇筑强度，避免混凝土受冻和减少保暖热量损失。

低温季节混凝土施工方法主要有：蓄热法（包括综合蓄热法）、暖棚法（蒸汽法、电法）、负温混凝土法和外部加热法。

（1）蓄热法（包括综合蓄热法）。蓄热法是在混凝土的外表面用适当的材料保温，使混凝土缓慢冷却，在受冻前达到所要求的混凝土强度。热源主要靠水泥自身的水化热供给。综合蓄热法是在蓄热法的基础上利用高效能的保温围护材料，使混凝土加热拌和的热量缓慢散失，并充分利用水泥的水化热和掺用相应的外加剂（或短时间加热）等综合措施，使混凝土温度在降至冰点前达到允许的受冻临界强度或承受荷载的强度。

在低温季节混凝土施工中，蓄热法不需设置加热设备。当蓄热法不能满足要求时，应选择综合蓄热法。当室外温度不低于－15 ℃时，地面以下的工程或表面系数不大于5的结构，应优先采用综合蓄热法。

(2) 暖棚法。这是在混凝土结构周围用保温材料搭成暖棚，在棚内安设热风机、蒸汽或电热进行采暖，使混凝土浇筑和养护处于正温条件下。暖棚法施工一般适用于地下工程与混凝土工程量比较集中的部位。暖棚法施工时，棚内各测点温度一般不宜低于5 ℃，各测点应选择具有代表性的位置，在离地面50 cm处必须设点。混凝土施工时，每昼夜测温不应少于4次。

(3) 负温混凝土法。负温混凝土是掺有较大量防冻剂的混凝土，在外界负温条件下浇入不保温的模板中，进行简单覆盖养护，以防混凝土冷却过快和霜雪直接落在混凝土上。这种施工方法，仅适用于栈桥桥墩、挡墙、涵洞等非主要工程部位的无筋混凝土。

采用负温养护法施工的混凝土，宜使用硅酸盐水泥或普通硅酸盐水泥，水工大体积混凝土不能使用硫铝酸混凝土，混凝土浇筑后的起始养护温度不宜低于5 ℃，并应按预计混凝土浇筑7 d内的最低温度选用防冻剂。

(4) 蒸汽加热法。在蓄热法不能满足要求时，可采用蒸汽加热法养护混凝土，使混凝土加快凝结硬化。这种方法适用于各类混凝土结构，但需锅炉等设备，费用较高。蒸汽养护法必须使用低压饱和蒸汽，施工现场有高压蒸汽时，应通过减压或过水装置后使用。使用蒸汽养护法时，水泥用量不宜超过350 kg/m^3，水灰比宜为0.4～0.6，坍落度不宜大于5 cm。

(5) 电热法。电热法是在混凝土结构的内部或外表设置电极通入交变电流对混凝土进行加热，使其尽快达到允许受冻强度。

适用范围：表面积系数$M>5$的混凝土结构；采用其他加热方式不能保证混凝土在受冻前或规定的期限内达到强度要求者；有充足的电源。

3.8.2 雨季混凝土施工

1. 施工管理措施

雨季加强天气变化的观测，密切关注当地的天气预报，合理安排生产任务，尽量把混凝土浇筑安排在无雨天气进行，避免在大雨及暴雨中浇筑混凝土。检查砂石料仓排水情况。运输工具采取防雨、防滑措施。浇筑仓内采取截水、排水、防雨措施，防止周围雨水流入仓内。增加骨料含水率测定频次，适时调整拌和用水量。

2. 施工技术要点

(1) 有抗冲耐磨和抹面要求的混凝土，不应在雨天露天施工。

(2) 在小雨天气浇筑时，应采取下列措施：

1) 适当减少混凝土拌和用水量和出机口混凝土的坍落度，必要时可适当减小水灰比。

2) 做好新浇筑混凝土面尤其是接头部位的保护工作。

(3) 无防雨棚的仓面，中雨及以上的天气不得新开混凝土浇筑仓面。浇筑过程中遇中雨及以上的天气时，应采取下列措施：

1) 遇中雨时，应及时采取遮盖、排水措施，可继续浇筑。

2）遇大(暴)雨时，应立即停止进料，已入仓混凝土应振捣密实后遮盖。

3）雨后应先排除仓内积水，如混凝土能重塑，被雨水冲刷的部位应加铺砂浆后继续浇筑，否则应按施工缝处理。

(4) 浇筑的仓号若遇小雨时，用不透水的彩条布或防雨布覆盖，继续进行混凝土入仓和平仓振捣工作，试验室人员要加密仓面混凝土取样检测次数，并及时联系调整混凝土坍落度，保证拌和物和易性和混凝土浇筑品质。

(5) 浇筑过程中的仓号遇中雨时，立即用防雨布覆盖，防雨布接头搭接严密、不透水，必要时采用黏结或缝合的方法将各仓面防雨布连接成整体。中雨浇筑时，试验室人员同样要加强现场检测，及时联系拌和楼对混凝土出机口坍落度进行调整。此外，浇筑过程中派专人用小型抽水泵将防雨布顶面的降雨积水排出仓外。

(6) 中雨以上天气不新开混凝土浇筑仓号，有抹面要求的混凝土不在雨天施工。正在浇筑的仓号遇大雨时停止浇筑，并及时平整仓面，将已入仓的混凝土振捣密实，然后全仓面覆盖，并随时将积水采用人工或真空泵排出仓外。停浇后的混凝土缝面，视降雨时间长短和混凝土面初凝情况，按要求进行处理，采取雨后继续浇筑或停浇按工作缝处理。

(7) 混凝土运输车辆设帆布防雨棚，防止雨水灌入；运输路段的陡坡、急弯处限速慢行，并采取必要的防滑措施。

3.8.3 季节施工安全技术规定

昼夜平均气温低于5 ℃或最低气温低于−3 ℃时，应编制冬季施工作业计划，并应制订防寒、防毒、防滑、防冻、防火、防爆等安全措施。

1. 低温季节施工基本规定

(1) 冬季施工应做好防冻、保暖和防火工作。

(2) 车间气温低于5 ℃时，应有取暖设备。

(3) 施工道路应采取防滑措施。冰霜雪后，脚手架、脚手板、跳板等应清除积雪或采取防滑措施。

(4) 爆炸物品库房，应保持一定的温度，防止炸药冻结，严禁用火烤冻结的炸药。

(5) 水冷机械、车辆等停机后，应将水箱中的水全部放净或加适当的防冻液。

(6) 室内采用煤、木材、木炭、液化气等取暖时，应符合防火要求，火墙、烟道保持畅通，防止一氧化碳中毒。

(7) 进行气焊作业时，应经常检查回火安全装置、胶管、减压阀，如冻结应用温水或蒸汽解冻，严禁火烤。

2. 混凝土低温季节施工规定

(1) 进行蒸气法施工时，应有防护烫伤措施，所有管路应有防冻措施。

(2) 对分段浇筑的混凝土进行电气加热时，其未浇筑混凝土的钢筋与已加热部分相联系时应做接地，进行养护浇水时应切断电源。

(3) 采用电热法施工，应指定电工参加操作，非有关人员严禁在电热区操作。工作人员应使用绝缘防护用品。

(4) 电热法加热，现场周围均应设立有警示标志和防护栏杆，并有良好照明及信号。加热的线路应保证绝缘良好。

(5) 如采用暖棚法时,暖棚宜采用不易燃烧的材料搭设,并应制订防火措施,配备相应的消防器材,并加强防火安全检查。

3. 夏季施工规定

(1) 夏季作业可适当调整作息时间,不宜加班加点,防止职工疲劳过度和中暑。

(2) 在施工现场和露天作业场所,应搭设简易休息凉棚。生产车间应加强通风,并配备必要的降温设施。施工生产应避开高温时段或采取降温措施。

(3) 夏季施工应采取防暴雨、防雷击、防大风等措施。

(4) 沿海地带施工应制订预防台风侵袭的应急预案。

考试习题

一、单项选择题(每小题有 4 个备选答案,其中只有 1 个是正确选项)

1. 根据施工规范规定:直径在(　　)以下的钢筋接头,可采用绑接头。

A. 30 mm　　B. 25 mm　　C. 35 mm　　D. 20 mm

正确答案:B

2. 直径在(　　)以下的钢筋可在工作台上手工调直。

A. 30 mm　　B. 35 mm　　C. 25 mm　　D. 20 mm

正确答案:C

3. 冷拉时,沿线两侧各(　　)范围为特别危险区,人员和车辆不应进入。

A. 2 m　　B. 3 m　　C. 1 m　　D. 5 m

正确答案:A

4. 钢筋加工厂中设备与墙壁、设备与设备之间的距离不得小于(　　)。

A. 1.00 m　　B. 2.50 m　　C. 2.00 m　　D. 1.50 m

正确答案:D

5. 除锈操作人员应站在(　　)的地方,在(　　)的地方不得有人停留。

A. 上风,下风　　B. 上风,上风

C. 下风,下风　　D. 下风,上风

正确答案:A

6. 起重机吊运混凝土时,遇上(　　)级及以上大风或雷雨、大雾天气,应停止作业。

A. 5　　B. 6　　C. 7　　D. 8

正确答案:B

7. 混凝土运输道路纵坡度不宜大于(　　)。

A. 10%　　B. 7%　　C. 8%　　D. 9%

正确答案:C

8. 车辆在施工区域行驶时,时速不得超过(　　),在会车、弯道、险坡段时速不得超过(　　)。

A. 15 km,10 km　　B. 10 km,5 km

C. 15 km,5 km　　D. 5 km,5 km

正确答案:C

9. 在陡坎处向下卸料时,应设置牢固的挡车装置,其高度应不低于车轮外线直径的(　　)。

A. 1/2　　B. 1/3　　C. 1/5　　D. 1/4

正确答案:B

10. 两台以上振动碾同时作业,其前后间距不应小于(　　)。

A. 6 m　　B. 5 m　　C. 4 m　　D. 3 m

正确答案:D

11. 沥青混合料摊铺作业应(　　)进行摊铺。

A. 自下至上　　B. 自上而下　　C. 自左到右　　D.自右到左

正确答案:A

12. 配置、贮存和涂刷冷底子油的地点严禁烟火,严禁(　　)以内进行电焊气焊等明火作业。

A. 25 m　　B. 30 m　　C. 40 m　　D. 35 m

正确答案:B

13. 车间气温低于(　　)时,应有取暖设备。

A. 6 ℃　　B. 5 ℃　　C. 7 ℃　　D. 4 ℃

正确答案:B

二、多项选择题(每小题至少有 2 个是正确选项)

1. 钢筋切断有(　　)等方式。

A. 手工切断　　B.剪切机剪断

C. 氧炔焰切割　　D. 砂轮机剪断

正确答案:ABC

2. 钢筋冷加工的方法有(　　)。

A. 冷压　　B. 冷拔　　C. 冷拉　　D. 冷轧

正确答案: BCD

3. 水下混凝土在设计工作平台时,应考虑(　　)荷重。

A. 工作荷重　　B. 管内混凝土　　C. 水流　　D. 风压

正确答案: ABCD

4. 水下混凝土浇筑平台应具有(　　)防护措施。

A. 钢防护栏杆　　B. 挡脚板

C. 救生衣　　D. 救生圈

正确答案: ABCD

5. 储存沥青的场所可以采取(　　)灭火方式。

A. 泡沫灭火器　　B. 水

C. 四氯化碳灭火机　　D. 砂土

正确答案: ACD

6. 沥青混凝土在进行碾压作业时，不应在振动碾(　　)的情况下，进行机下检修。

A. 下无支垫三角木　　B. 没有熄火

C. 熄火　　D. 下有支垫三角木

正确答案： AB

7. 采用人工拆除心墙钢模时，作业人员应有(　　)的安全防护装置。

A. 防爆炸　　B. 防烫伤

C. 防高温　　D. 防毒气

正确答案： BCD

8. 凡工程所在地的(　　)时，即进入低温季节施工期。

A. 日平均气温连续 5 d 稳定在 5 ℃以下

B. 最低气温连续 5 d 稳定在−3 ℃以下

C. 日平均气温连续 10 d 稳定在 5 ℃以下

D. 最低气温连续 10 d 稳定在−3 ℃以下

正确答案： AB

三、判断题(答案 A 表示说法正确，答案 B 表示说法不正确)

1. 轴心受压、小偏心受拉构件和承受振动荷载的构件中，钢筋接头可采用绑扎接头。(　　)

正确答案：B

2. 钢筋加工的过程中，操作平台上的铁屑应及时用手抹掉或吹掉。(　　)

正确答案：B

3. 在进行钢筋运输的过程中，严禁传送人员站在运送钢筋的垂直下方。(　　)

正确答案：A

4. 两台振动碾不应在同一坡道上纵队行驶。(　　)

正确答案：B

5. 施工现场的沥青严禁露天存放。(　　)

正确答案：B

6. 混凝土受到冻害仅仅和温度有关，与施工的地点无关。(　　)

正确答案：A

7. 在混凝土施工过程中遇到大雨时，应及时采取遮盖、排水措施，可继续浇筑。(　　)

正确答案：B

第4章 砌筑工程

本章要点 本章主要介绍了砌石工程的基本规定、材料、砌筑要求以及砌筑方法等内容。

主要依据《水利水电工程施工作业人员安全操作规程》(SL 401—2007)、《水利水电工程施工技术》(第三版)、《浆砌石坝施工技术规定》(SD 120—84)、《水利水电工程施工安全防护设施技术规范》(SL 714—2015)、《水利水电工程土建施工安全技术规程》(SL 399—2007)、《水利水电工程施工作业人员安全操作规程》(SL 401—2007)等标准、规范和教材。

4.1 材 料

4.1.1 石料

天然石材具有很高的抗压强度、良好的耐久性和耐磨性,常用于砌筑基础、桥涵、挡土墙、护坡、沟渠、隧洞衬砌及闸坝工程中。石材应选用强度大、耐风化、吸水率小、表观密度大、组织细密、无明显层次,且具有较好抗蚀性的石材。常用的石材有石灰岩、砂岩、花岗岩、片麻岩等。风化的山皮石、冻裂分化的块石禁止使用。

在工地上可通过看、听、称来判定石材质量。看,即观察打裂开的破碎面,颜色均匀致,组织紧密,层次不分明的岩石为好;听,就是用手锤敲击石块,听其声音是否清脆,声音清脆响亮的岩石为好;称,就是通过称量计算出其表观密度和吸水率,看它是否符合要求,一般要求表观密度大于 2 650 kg/m^3,吸水率小于 10%。

水利工程常用的石料有以下几种:

(1) 片石。片石是开采石料时的副产品,体积较小,形状不规则,用于砌体中的填缝或小型工程的护岸、护坡、护底工程,不得用于拱圈、拱座以及有磨损和冲刷的护面工程。

(2) 块石。块石也叫毛料石,外形大致方正,一般不加工或仅稍加修整,大小为 25~30 cm 见方,叠砌面凹入深度不应大于 25 mm,每块质量以不小于 30 kg 为宜,并具有两个大致平行的面。块石一般用于防护工程和涵闸砌体工程。

(3) 粗料石。粗料石外形较方正,截面的宽度、高度不应小于 20 cm,且不应小于长度的 1/4,叠砌面凹入深度不应大于 20 mm,除背面外,其他 5 个平面应加工凿平。粗料石主要用于闸、桥、涵墩台和直墙的砌筑。

(4) 细料石。细料石经过细加工,外形规则方正,宽、厚大于 20 cm,且不小于其长度的

1/3,叠砌面凹入深度不大于 10 mm。细料石多用于拱石外脸、闸墩圆头及墩墙等部位。

(5) 卵石。卵石分河卵石和山卵石两种。河卵石比较坚硬,强度高。山卵石有的已风化、变质,使用前应进行检查,如颜色发黄,用手锤敲击声音不脆,表明已风化变质,不能使用。卵石常用于砌筑河渠的护坡、挡土墙等。

4.1.2 胶凝材料

1. 分类

砌筑施工常用的胶结材料,按使用特点分为砌筑砂浆、勾缝砂浆;按材料类型分为水泥砂浆、石灰砂浆、水泥石灰砂浆、石灰黏土砂浆、黏土砂浆等。处于潮湿环境或水下使用的砂浆应用纯水泥砂浆,如用含石灰的砂浆,虽砂浆的和易性能有所改善,但由于砌体中石灰没有充分的时间硬化,在渗水作用下,将产生水溶性的 $Ca(OH)_2$,容易被渗水带走;砂浆中的石灰在渗水作用下发生体积膨胀结晶,破坏砂浆组织,导致砌体破坏。因此石灰砂浆、水泥石灰砂浆只能用于较干燥的水上工程。石灰黏土砂浆和黏土砂浆只用于小型水上砌体。

(1) 水泥砂浆。常用的水泥砂浆强度等级分为 M20、M15、M10、M7.5、M5、M2.5 等 6 个强度等级。砂子要求清洁,级配良好,含泥量小于 3%。砂浆配合比应通过试验确定。拌和可使用砂浆搅拌机,也可采用人工拌和。砂浆拌和量应配合砌石的速度和需要,一次拌和不能过多,拌和好的砂浆应在 40 min 内用完。

(2) 石灰砂浆。石灰膏的淋制应在暖和不结冰的条件下进行,淋好的石灰膏必须等表面浮水全部渗完,灰膏表面呈现不规则的裂缝后方可使用,最好是淋后两星期再用,使石灰充分熟化。配制砂浆时按配合比(一般灰砂比为 1∶3)取出石灰膏加水稀释成浆,再加入砂中拌和,直至颜色完全均匀一致为止。

(3) 水泥石灰砂浆。水泥石灰砂浆是用水泥、石灰两种胶结材料配合与砂调制成的砂浆。拌和时先将水泥砂子干拌均匀,然后将石灰膏稀释成浆倒入拌和均匀。这种砂浆比水泥砂浆凝结慢,但自加水拌和到使用完不宜超过 2 h;同时由于它凝结速度较慢,不宜用于冬季施工。

(4) 小石混凝土。一般砌筑砂浆干缩率高,密实性差,在大体积砌体中,常用小石混凝土代替一般砂浆。小石混凝土分一级配和二级配两种。一级配采用 20 mm 以下的小石;二级配中粒径 5～20 mm 的占 40%～50%,20～40 mm 的占 50%～60%。小石混凝土坍落度以 7～9 cm 为宜,小石混凝土还可节约水泥,提高砌体强度。

砂浆质量是保证浆砌石施工质量的关键,配料时要求严格按设计配合比进行,要控制用水量;砂浆应拌和均匀,不得有砂团和离析;砂浆的运送工具使用前后均应清洗干净,不得有杂质和淤泥,运送时不要急剧下跌、颠簸,防止砂浆水砂分离。分离的砂浆应重新拌和后才能使用。

2. 作用

(1) 将单个块体黏结成整体,促使构件应力分布均匀。

(2) 填实块体间缝隙,提高砌体保温和防水性能,增加墙体抗冻性能。

3. 砌筑的基本原则

砌体的抗压强度较大,但抗拉、抗剪强度低,仅为其抗压强度的 1/10～1/8,因此砖石砌体常用于结构物受压部位。砖石砌筑时应遵守以下基本原则：

(1) 砌体应分层砌筑，其砌筑面力求与作用力的方向垂直，或使砌筑面的垂线与作用力方向间的夹角小于13°～16°，否则受力时易产生层间滑动。

(2) 砌块间的纵缝应与作用力方向平行，否则受力时易产生楔块作用，对相邻砌块产生产生挤动。

(3) 上、下两层砌块间的纵缝必须互相错开，以保证砌体的整体性，以便传力。

4.2 砌筑方法

4.2.1 干砌石体砌筑

干砌石是指不用任何胶凝材料把石块砌筑起来，包括干砌块(片)石、干砌卵石。干砌石一般用于土坝(堤)迎水面护坡、渠系建筑物进出口护坡及渠道衬砌、水闸上下游护坦、河道护岸等工程。

1. 砌筑前的准备工作

(1) 备料

在砌石施工中为缩短场内运距，避免停工待料，砌筑前应尽量按照工程部位及需要数量分片备料，并提前将石块的水锈、淤泥洗刷干净。

(2) 基础清理

砌石前应将基础开挖至设计高程，淤泥、腐殖土以及混杂的建筑残渣应清除干净，必要时将坡面或底面夯实，然后再进行铺砌。

(3) 铺设反滤层

在干砌石砌筑前应铺设砂砾反滤层，其作用是将块石垫平，不致使砌体表面凹凸不平，减少其对水流的摩阻力；减少水流或降水对砌体基础土壤的冲刷；防止地下渗水逸出时带走基础土粒，避免砌筑面下陷变形。反滤层的各层厚度、铺设位置、材料级配和粒径以及含泥量均应满足规范要求，铺设时应与砌石施工配合，自下而上，随铺随砌，接头处各层之间的连接要层次清楚，防止层间错动或混淆。

2. 干砌石施工

(1) 施工方法

常采用的干砌块石的施工方法有两种，即花缝砌筑法和平缝砌筑法。

1) 花缝砌筑法。花缝砌筑法多用于干砌片(毛)石。砌筑时，依石块原有形状，使尖对拐、拐对尖，相互联系砌成。砌石不分层，一般多将大面向上，如图4-1所示。这种砌法的缺点是底部空虚，容易被水流淘刷变形，稳定性较差，且不能避免重缝、迭缝翘口等毛病。但此法的优点是表面比较平整，故可用于流速不大、不承受风浪淘刷的渠道护坡工程。

2) 平缝砌筑法。平缝砌筑法一般多适用于干砌块石的施工，如图4-2所示。砌筑时将石块宽面与坡面竖向垂直，与横向平行。砌筑前，安放一块石块必须先进行试放，不合适处应用小锤修整，使石缝紧密，最好不塞或少塞石子。这种砌法横向设有通缝，但竖向直缝必须错开。如砌缝底部或块石拐角处有空隙，则应选用适当的片石塞满填紧，以防止底部砂砾垫层由缝隙淘出,造成坍塌。

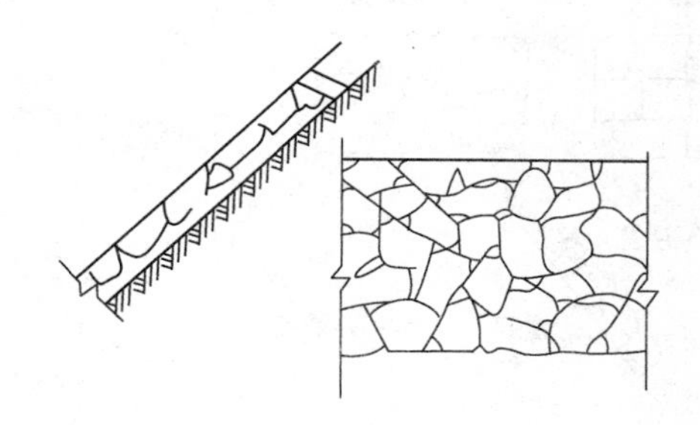

图 4-1 花缝砌筑法示意图

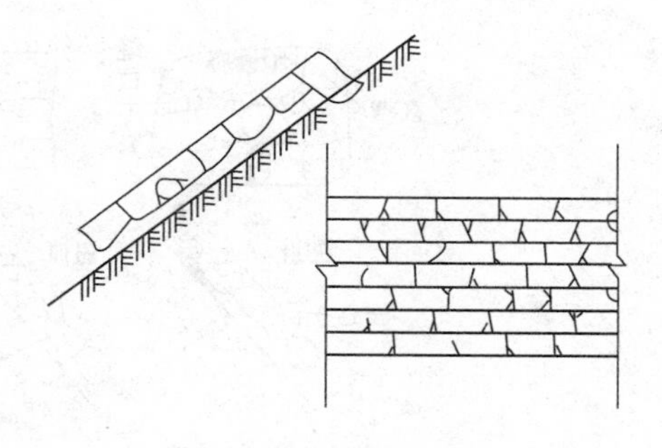

图 4-2 平缝砌筑法示意图

干砌块石是依靠块石之间的摩擦力来维持其整体稳定的。若砌体发生局部移动或变形,将会导致整体破坏。边口部位是最易损坏的地方,所以,封边工作十分重要。对护坡水下部分的封边,常采用大块石单层或双层干砌封边,然后将边外部分用黏土回填夯实,有时也可采用浆砌石埂进行封边。对护坡水上部分的顶部封边,则常采用比较大的方正块石砌成 40 cm 左右宽度的平台,平台后所留的空隙用黏土回填分层夯实(图 4-3)。对于挡土墙、闸翼墙等重力式墙身顶部,一般用混凝土封闭。

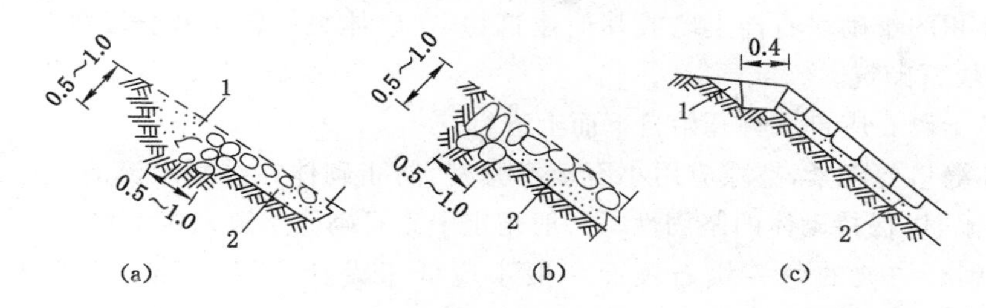

图 4-3 干砌块石封边(单位:m)

(a) 坡面封边;(b) 坡面封边;(c) 坡顶封边

1——黏土夯实;2——垫层

(2) 干砌石的砌筑要点

造成干砌石施工缺陷的原因主要是由于砌筑技术不良、工作马虎、施工管理不善以及测量放样错漏等。缺陷主要有缝口不紧、底部空虚、鼓心凹肚、重缝、飞缝、飞口(即用很薄的边口未经砸掉便砌在坡上)、翘口(上、下两块都是一边厚一边薄,石料的薄口部分互相搭接)、悬石(两石相接不是面的接触,而是点的接触)、浮塞叠砌、严重蜂窝以及轮廓尺寸走样等(图 4-4)。

干砌石施工必须注意以下几点:

1) 干砌石工程在施工前,应进行基础清理工作。

2) 凡受水流冲刷和浪击作用的干砌石工程中采用竖立砌法(即石块的长边与水平面或斜面呈垂直方向)砌筑,以期空隙为最小。

3) 重力式挡土墙施工,严禁先砌好里外砌石面,中间用乱石充填并留下空隙和蜂窝。

4) 干砌块石的墙体露出面必须设丁石(拉结石),丁石要均匀分布。同一层的丁石长

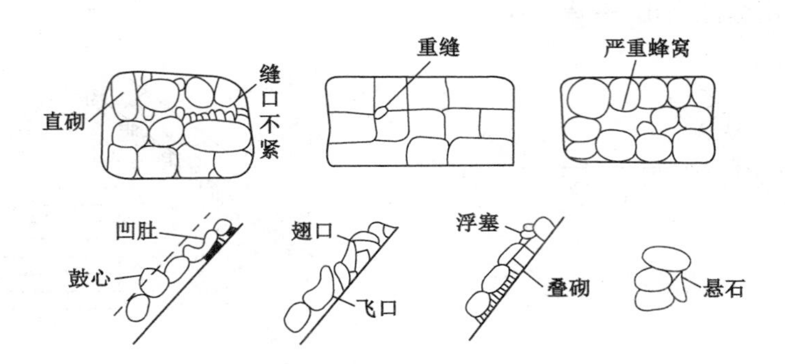

图 4-4 干砌石缺陷种类

度，如墙厚不大于 40 cm，丁石长度应等于墙厚；如墙厚大于 40 cm，则要求同一层内外的丁石相互交错搭接，搭接长度不小于 15 cm，其中一块的长度不小于墙厚的 2/3。

5）如用料石砌墙，则两层顺砌后应有一层丁砌，同一层采用丁顺组砌时，丁石间距不宜大于 2 m。

6）用干砌石做基础，一般下大上小，呈阶梯状，底层应选择比较方整的大块石，上层阶梯至少压住下层阶梯块石宽度的 1/3。

7）大体积的干砌块石挡土墙或其他建筑物，在砌体每层转角和分段部位，应先采用大而平整的块石砌筑。

8）护坡干砌石应自坡脚开始自下而上进行。

9）砌体缝口要砌紧，空隙应用小石填塞紧密，防止砌体在受到水流的冲刷或外力撞击时滑脱沉陷，以保持砌体的坚固性。一般规定干砌石砌体空隙率应不超过30%～50%。

10）干砌石护坡的每一块石顶面一般不应低于设计位置 5 cm，不高出设计位置 15 cm。

3. 干砌石施工安全技术规定

（1）干砌石施工应进行封边处理，防止砌体发生局部变形或砌体坍塌而危及施工人员安全。

（2）干砌石护坡工程应从坡脚自下而上施工，应采用竖砌法（石块的长边与水平面或斜面呈垂直方向）砌筑，缝口要砌紧使空隙达到最小。空隙应用小石填塞紧密，防止砌体受到水流冲刷或外力撞击时滑脱沉陷，以保持砌体的坚固性。

（3）干砌石墙体外露面应设丁石（拉结石），并均匀分布，以增强整体稳定性。

（4）干砌石墙体施工时，不应站在砌体上操作和在墙上设置拉力设施、缆绳等。对于稳定性较差的干砌石墙体、独立柱等设施，施工过程中应加设稳定支撑。

（5）卵石砌筑应采用三角缝砌筑工艺，按整齐的梅花形砌法，六角紧靠，不应有“四角眼”或“鸡抱蛋”（即中间一块大石，四周一圈小石）。石块不应前伏后仰、左右歪斜或砌成台阶状。

（6）砌筑时严禁将卵石平铺散放，而应由下游向上游一排紧挨一排地铺砌，同一排卵石的厚度应尽量一致，每块卵石应略向下游倾斜，严禁砌成逆水缝。

（7）铺砌卵石时应将较大的砌缝用小石塞紧，在进行灌缝和卡缝工作时，灌缝用的石子应尽量大一些，使水流不易淘走；卡缝用小石片，用木榔头或石块轻轻砸入缝隙中，用力不宜过猛，以防砌体松动。

4.2.2 浆砌石体砌筑

浆砌石是用胶结材料把单个的石块联结在一起，使石块依靠胶结材料的黏结力、摩擦力和块石本身重量结合成为新的整体，以保持建筑物的稳固；同时，充填着石块间的空隙，堵塞了一切可能产生的漏水通道。浆砌石具有良好的整体性、密实性和较高的强度，使用寿命更长，还具有较好的防止渗水和抵抗水流冲刷的能力。

浆砌石施工的砌筑要领可概括为"平、稳、满、错"4个字。平，同一层面大致砌平，相邻石块的高差宜小于2～3 cm；稳，单块石料的安砌务求自身稳定；满，灰缝饱满密实，严禁石块间直接接触，错，相邻石块应错缝砌筑，尤其不允许顺水流方向通缝。

1. 砌筑工艺

浆砌石工程砌筑的工艺流程如图4-5所示。

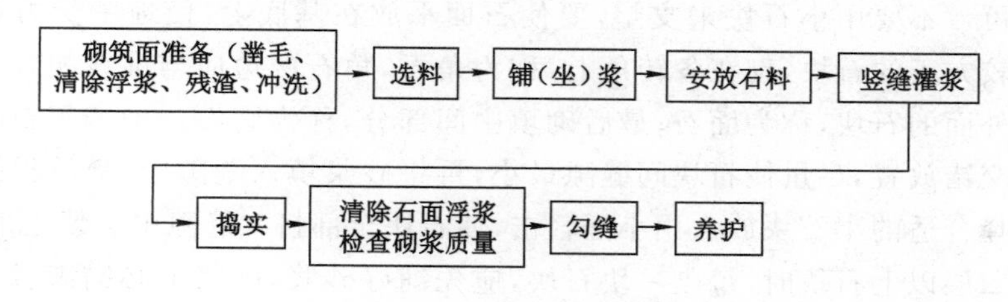

图4-5 浆砌石工艺流程

(1) 铺筑面准备

对开挖成形的岩基面，在砌石开始之前应将表面已松散的岩块剔除，具有光滑表面的岩石须人工凿毛，并清除所有岩屑、碎片、泥沙等杂物。土壤地基按设计要求处理。对于水平施工缝，一般要求在新一层块石砌筑前凿去已凝固的浮浆，并进行清扫冲洗，使新旧砌体紧密结合。对于临时施工缝，在恢复砌筑时，必须进行凿毛、冲洗处理。

(2) 选料

砌筑所用石料，应是质地均匀、没有裂缝、没有明显风化迹象、不含杂质的坚硬石料。严寒地区使用的石料，还要求具有一定的抗冻性。

(3) 铺(坐)浆

对于块石砌体，由于砌筑面参差不齐，必须逐块坐浆、逐块安砌，在操作时还须认真调整，使坐浆密实，以免形成空洞。

坐浆一般只宜比砌石超前0.5～1 m，坐浆应与砌筑相配合。

(4) 安放石料

把洗净的湿润石料安放在坐浆面上，用铁锤轻击石面，使坐浆开始溢出为度。石料之间的砌缝宽度应严格控制，采用水泥砂浆砌筑时，块石的灰缝厚度一般为2 m，料石的灰缝厚度为0.5～2 cm；采用小石混凝土砌筑时，一般为所用骨料最大粒径的2～2.5倍。

安放石料时应注意，不能产生细石架空现象。

(5) 竖缝灌浆

安放石料后，应及时进行竖缝灌浆。一般灌浆与石面齐平，水泥砂浆用捣插棒捣实，待上层摊铺坐浆时一并填满。

(6) 振捣

水泥砂浆常用捣棒人工插捣，小石混凝土一般采用插入式振动器振捣。应注意对角缝的振捣，防止重振或漏振。每一层铺砌完 24～36 h 后(视气温及水泥种类、胶结材料强度等级而定)，即可冲洗，准备上一层的铺砌。

2. 浆砌石施工

(1) 基础砌筑

基础施工应在地基验收合格后方可进行。基础砌筑前，应先检查基槽(或基坑)的尺寸和标高，清除杂物，接着放出基础轴线及边线。

砌第一层石块时，基底应坐浆。对于岩石基础，坐浆前还应洒水湿润。第一层使用的石块尽量挑大一些的，这样受力较好，并便于错缝。石块第一层都必须大面向下放稳，以脚踩不动即可。不要用小石块来支垫，要使石面平放在基底上，使地基受力均匀基础稳固。选择比较方正的石块，砌在各转角上，称为角石，角石两边应与准线相合。角石砌好后，再砌里、外面的石块，称为面石；最后砌填中间部分，称为腹石。砌填腹石时应根据石块自然形状交错放置，尽量使石块间缝隙最小，再将砂浆填入缝隙中，最后根据各缝隙形状和大小选择合适的小石块放入用小锤轻击，使石块全部挤入缝隙中。禁止采用先放小。

接砌第二层以上石块时，每砌一块石块，应先铺好砂浆，砂浆不必铺满、铺到边，尤其在角石及面石处，砂浆应离外边约 4.5 cm，并铺得稍厚一些，当石块往上砌时，恰好压到要求厚度，并刚好铺满整个灰缝。灰缝厚度宜为 20～30 mm，砂浆应饱满。阶梯形基础上的石块应至少压砌下级阶梯的 1/2，相邻阶梯的块石应相互错缝搭接。基础的最上一层石块，宜选用较大的块石砌筑。基础的第一层及转角处和交接处，应选用较大的块石砌筑。块石基础的转角及交接处应同时砌起。如不能同时砌筑又必须留槎时，应砌成斜槎。

块石基础每天可砌高度不应超过 4.2 m。在砌基础时还必须注意不能在新砌好的砌体上抛掷块石，这会使已黏在一起的砂浆与块石受震动而分开，影响砌体强度。

(2) 挡土墙

砌筑块石挡土墙时，块石的中部厚度不宜小于 20 cm；每砌 3～4 皮为一分层高度，每个分层高度应找平一次；外露面的灰缝厚度，不得大于 4 cm，两个分层高度间的错缝不得小于 8 cm(图 4-6)。

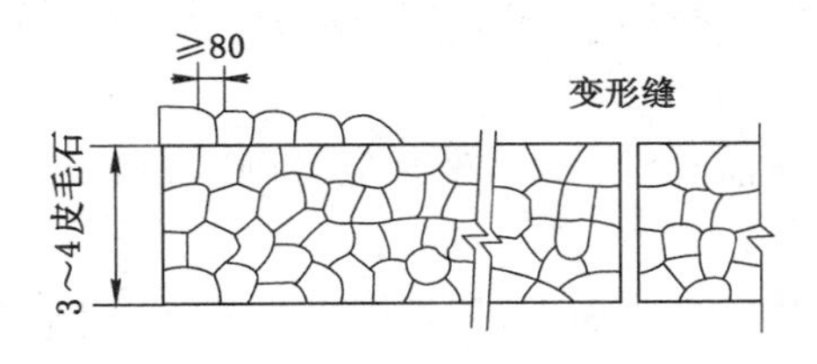

图 4-6　块石挡土墙立面

(3) 桥、涵拱圈

浆砌拱圈一般选用于小跨度的单孔桥拱、涵拱施工，施工方法及步骤如下：

① 拱圈石料的选择。拱圈的石料一般为经过加工的料石，石块厚度不应小于 15 cm。石块的宽度为其厚度的 1.5～2.5 倍，长度为厚度的 2～4 倍，拱圈所用的石料应凿成楔形（上宽下窄），如不用楔形石块时，则应用砌缝宽度的变化来调整拱度，但砌缝厚薄相差最大不应超过 1 cm，每一石块面应与拱压力线垂直。因此拱圈砌体的方向应对准拱的中心。

② 拱圈的砌缝。浆砌拱圈的砌缝应力求均匀，相邻两行拱石的平缝应相互错开，其相错的距离不得小于 10 cm。砌缝的厚度决定于所选用的石料：选用细料石，其砌缝厚度不应大于 1 cm；选用粗料石，砌缝不应大于 2 cm。

③ 拱圈的砌筑程序与方法。拱圈砌筑之前，必须先做好拱座。为了使拱座与拱圈结合好，须用起拱石。起拱石与拱圈相接的面，应与拱的压力线垂直。当跨度在 10 m 以下时，拱圈的砌筑一般应沿拱的全长和全厚，同时由两边起拱石对称地向拱顶砌筑；当跨度大于 10 m 时，则拱圈砌筑应采用分段法进行。分段法是把拱圈分为数段，每段长可根据全拱长来决定，一般每段长 3～6 m。各段依一定砌筑顺序进行（图 4-7），以达到使拱架承重均匀和拱架变形最小的目的。拱圈各段的砌筑顺序是：先砌拱脚，再砌拱顶，然后砌1/4处，最后砌其余各段。砌筑时一定要对称于拱圈跨中央。各段之间应预留一定的空缝，防止在砌筑中拱架变形面产生裂缝，待全部拱圈砌筑完毕后，再将预留空缝填实。

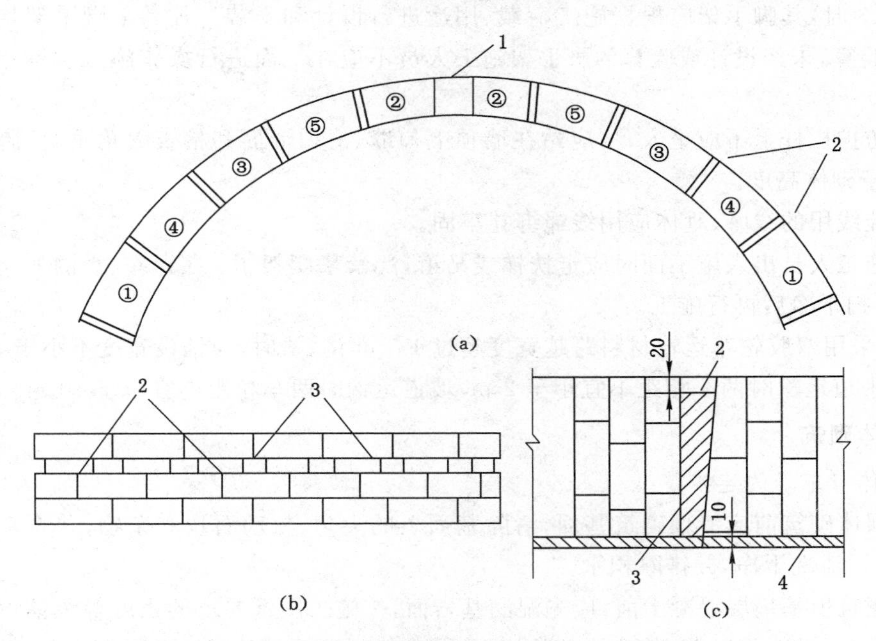

图 4-7 拱圈分段及空缝结构图

(a) 拱圈分段；(b) 空缝平面图；(c) 空缝侧视图

1——拱顶石；2——空缝；3——垫块；4——拱模板

①②③④⑤——砌筑程序

3. 浆砌石施工安全技术规定

(1) 砂浆搅拌机械应符合 JGJ 33 及 JGJ 46 的有关规定，施工中应定期进行检查、维修，保证机械使用安全。

（2）砌筑基础时，应检查基坑的土质变化情况，查明有无崩裂、渗水现象。发现基坑土壁裂缝、化冻、水浸或变形并有坍塌危险时，应及时撤退；对基坑边可能坠落的危险物要进行清理，确认安全后方可继续作业。

（3）当沟、槽宽度小于 1 m 时，在砌筑站人的一侧，应预留不小于 40 cm 的操作宽度；施工人员进入深基础沟、槽施工时应从设置的阶梯或坡道上出入，不应从砌体或土壁支撑面上出入。

（4）施工中不应向刚砌好的砌体上抛掷和溜运石料，应防止砂浆散落和砌体破坏而致使坠落物伤人。

（5）砌筑浆砌石护坡、护面墙、挡土墙时，若石料存在尖角，应使用铁锤敲掉，以防止外露墙面尖角伤人。

（6）当浆砌体墙身设计高度不超过 4 m，且砌体施工高度已超过地面 1.2 m 时，宜搭设简易脚手架进行安全防护，简易脚手架上不应堆放石料和其他材料。当浆砌体墙身设计高度超过 4 m，且砌体施工高度已超过地面 1.2 m 时，应安装脚手架。当砌体施工高度超过 4 m 时，应在脚手架和墙体之间加挂安全网，安全网应随墙体的升高而相应升高，且应在外脚手架上增设防护栏杆和踢脚板。当浆砌体墙身设计高度超过 12 m，且边坡坡率小于 1∶0.3 时，其脚手架应根据施工荷载、用途进行设计和安装。凡承重脚手架均应进行设计或验算，未经设计或验算的脚手架施工人员不应在上面进行操作施工和承担施工荷载。

（7）防护栏杆上不应坐人，不应站在墙顶上勾缝、清扫墙面和检查大角垂直，脚手板高度应低于砌体高度。

（8）挂线用的线坠、垂体应用线绳绑扎牢固。

（9）施工人员出入施工面时应走扶梯或马道，严禁攀爬架子。在遇霜、雪的冬季施工时，应先清扫干净后再行施工。

（10）采用双胶轮车运输材料跨越宽度超过 1.5 m 沟、槽时，应铺设宽度不小于 1.5 m 的马道。平道运输时两车相距不宜小于 2 m，坡道运输时两车相距不宜小于 10 m。

4.2.3 坝体砌筑

1. 坝体与基岩的连接

（1）坝体砌筑前应清理砌筑基面，清除基面上的尖角、松动石块和杂物，并将基础面的污垢、油污清洗干净，并排除积水。

（2）浇筑坝基垫层混凝土前，应先湿润基岩面，按施工图纸要求的强度等级铺设一层厚 30～50 mm 的水泥砂浆，然后浇筑垫层混凝土，垫层混凝土的强度等级不得低于 C15，厚度应大于 300 mm。

（3）垫层混凝土抗压强度达到 2.5 MPa 后，才允许进行坝体砌筑。

（4）坝体与岸坡连接部位的垫层混凝土的施工，宜先砌筑 3～4 层，高 0.8～1.2 m，预留垫层位置，预埋好灌浆管件，后浇填混凝土。

2. 坝体砌筑

（1）坝体砌筑前，应在坝外将石料逐块检查，要求将表面的泥垢、青苔、油质等冲洗干净，并敲除软弱边角。砌筑时，石料必须保持湿润状态。

(2) 坝体砌筑前，应对砌筑基面进行检查，砌筑基面符合设计及施工要求后，方允许在其上砌筑。

(3) 坝体砌筑应采用铺浆法。

(4) 浆砌石坝结构尺寸和位置的砌筑允许偏差，应符合表4-1要求。

表4-1　　浆砌石坝结构尺寸和位置的砌筑允许偏差

<table>
<tr><th>类 别</th><th colspan="2">部 位</th><th>允许偏差/mm</th></tr>
<tr><td rowspan="4">平面控制</td><td rowspan="2">坝面分层</td><td>中心线</td><td>±(5～10)</td></tr>
<tr><td>轮廓线</td><td>±(20～40)</td></tr>
<tr><td rowspan="2">坝内管道</td><td>中心线</td><td>±(5～10)</td></tr>
<tr><td>轮廓线</td><td>±(10～20)</td></tr>
<tr><td rowspan="3">竖向控制</td><td colspan="2">重力坝</td><td>±(20～30)</td></tr>
<tr><td colspan="2">拱坝、支墩坝</td><td>±(10～20)</td></tr>
<tr><td colspan="2">坝内管道</td><td>±(5～10)</td></tr>
</table>

(5) 浆砌石坝体的砌筑质量应达到以下要求：

1) 平整：同一层面应大致砌平，相邻砌石块高差应小于20～30 mm。

2) 稳定：石块安置必须自身稳定，大面朝下，适当摇动或敲击，确保平稳。

3) 密实：严禁石块直接接触，坐浆及竖缝砂浆填塞应饱满密实，铺浆应均匀，竖缝填塞砂浆后应插捣至表面泛浆为止。

4) 错缝：同一砌筑层内，相邻石块应错缝砌筑，不得存在顺流向通缝。上下相邻砌筑的石块，也应错缝搭接，避免竖向通缝。必要时，可每隔一定距离，立置丁石。

5) 砌体缝宽：砂浆砌筑粗料石，其砌体平缝宽度为15～20 mm，竖缝宽度为20～30 mm。

6) 勾缝：砌体表面的砌石缝应采用砂浆勾缝防渗。

3. 浆砌石坝细部结构砌筑

(1) 坝体表面的石料为面石，其余坝体石料为腹石。面石与腹石砌筑应同步上升，若不能同步砌筑时，其相对高差应不大于1 m，结合面应做竖向工作缝处理。不得在面石底面垫塞片石。

(2) 坝体腹石与混凝土的结合面，应用毛面结合。

(3) 坝体外表面为竖直平面，其面石应用粗料石，按丁顺交错排列；顺坡斜面应采用异形石砌筑，如倾斜面允许呈台阶状，可采用粗料石水平砌筑。

(4) 溢流坝面头部曲线及反弧段，应用异形石及高强度等级砂浆砌筑；廊道顶拱用拱石砌筑。

(5) 拱坝、连拱坝内外弧面石，可以采用粗料石，调整竖缝宽度砌成弧形。同一砌缝两端的宽度差：拱坝不超过1 cm、连拱坝不超过2 cm。

(6) 坝体横缝(沉降缝)表面应保持平整竖直。

(7) 连拱坝砌筑，应遵守以下规定：

1) 拱筒与支墩用混凝土连接时，接触面按工作缝处理。

2) 诸拱筒砌筑应均衡上升。当不能均衡上升时，相邻两拱筒的允许高差必须按支墩稳定要求核算。

3) 倾斜拱筒采用斜向砌筑时，宜先在基岩上浇筑具有倾斜面(与拱筒倾斜面垂直)的混凝土拱座，再于其上砌石，石块的砌筑面应保持与斜拱的倾斜面垂直。

(8) 坝面倒悬施工，应遵守以下规定：

1) 用异形石水平砌筑时，应按不同倒悬度逐块加工，对石料编号和对号砌筑；

2) 采用倒阶梯砌筑时，每层挑出方向的宽度不得超过该石块宽度的1/5；

3) 粗料石垂直倒悬面砌筑时，应及时砌筑腹石或浇筑混凝土。

4. 坝体砌筑施工安全技术规定

(1) 应在坝体上下游侧结合坝面施工安装脚手架。脚手架应根据用途、施工荷载、工程安全度汛、施工人员进出场要求进行设计和施工。脚手架和坝体之间应加挂安全网，安全网应随坝体的升高而相应升高，安全网与坝体施工面的高差不应大于1.2 m，同时应在外脚手架上加设防护栏杆和踢脚板。

(2) 结合永久工程需要，应在坝体左右两侧坝肩处的不同高程上设置不少于两层的多层上坝公路。当条件受限制时，应在坝体的一侧坝肩处的不同高程上设置不少于两层的多层上坝公路，以保证坝体安全施工的基本要求和保证施工人员、机械设备、施工材料进出坝体应具备的基本条件。

(3) 垂直运输宜采用缆式起重机、塔吊、门机等设备，当条件受限制时，应由施工组织设计确定垂直运输方式。垂直运输中使用的吊笼、绳索、刹车及滚杠等，应满足负荷要求，吊运时不应超载，发现问题应及时检修。垂直运输物料时应有联络信号，并有专人指挥和进行安全警戒。

(4) 吊运石料、混凝土预制块时应使用专用吊笼，吊运砂浆时应使用专用料斗，吊运混凝土构件、钢筋、预埋件、其他材料及工器具时应采用专用吊具。吊运中严禁碰撞脚手架。

(5) 坝面上作业宜采用四轮翻斗车、双胶轮车进行水平运输，短距离运输时宜采用两人抬运的组合方式进行。

(6) 运送人员、小型工器具至大坝施工面上的施工专用电梯，应设置限速和停电(事故)报警装置。

(7) 进行立体交叉作业时，严禁施工人员在起重设备吊钩运行所覆盖的范围内进行施工作业；若必须在起重设备吊钩运行所覆盖的范围内作业，当起重设备运行时应暂停施工，施工人员应暂时离开由于立体交叉作业而产生的危险区域。

(8) 砌筑倒悬坡时，宜先浇筑面石背后的混凝土或砌筑腹石，且下一层面石的胶结材料强度未达到2.0 MPa以上时，施工人员不应站在倒悬的面石上作业。当倒悬坡率大于0.3时，应安装临时支撑。

4.2.4 其他砌石施工安全技术规定

(1) 修建石拱桥、涵拱圈、拱形渡槽时，承重脚手架应置于坚实的基础之上。承重脚手架安装完成后应加载进行预压，加载预压荷载应由设计确定，未经加载预压的脚手架不应投入砌筑施工。在砌筑施工中应遵循先砌拱脚，再砌拱顶，然后砌 1/4 处，最后砌筑其余各段和按拱圈跨中央对称的砌筑工艺流程。砌筑石拱时，拱脚处的斜面应修整平顺，使其与拱的料石相吻合，以保证料石支撑稳固。各段之间应预留一定的空缝，待全部拱圈砌筑完毕后，再将预留缝填实。

(2) 在浆砌石柱施工中，其上部工程尚未进行或未达到稳定前，应及时进行安全防护。砌筑完成后应加以保护，严禁碰撞，上部工程完工后才能拆除安全防护设施。

(3) 修建渠道进行砌体施工时，应参照 4.1 节和 4.4.1 条的有关内容执行。

4.3 施工安全技术基本规定

(1) 施工人员进入施工现场前应经过三级安全教育，熟悉安全生产的有关规定。

(2) 施工人员在进行高空作业之前，应进行身体健康检查，查明是否患有高血压、心脏病等其他不宜进行高空作业的疾病，经医院证明合格者，方可进行作业。

(3) 进入施工现场应戴安全帽，操作人员应正确佩戴劳保用品，严禁砌筑施工人员徒手进行施工。

(4) 非机械设备操作人员，不应使用机械设备。所使用的机械设备应安全可靠、性能良好，同时设有限位保险装置。

(5) 脚手架应按 GB 50009、JGJ 130 进行设计，未经检查验收不应使用。验收后不应随意拆改或自搭飞跳，如必须拆改时，应制订技术措施，经审批后实施。

(6) 砌筑施工时，脚手架上堆放的材料不应超过设计荷载，应做到随砌随运。

(7) 运输石料、混凝土预制块、砂浆及其他材料至工作面时，脚手架应安装牢固，马道应设防滑条及扶手栏杆。采用两人抬运的方式运输材料时，使用的马道坡度角不宜大于 30°、宽度不宜小于 80 cm；采用四人联合抬运的方式时宽度不宜小于 120 cm。采用单人以背、扛的方式运输材料时，使用的马道坡度角不宜大于 45°、宽度不宜小于 60 cm。

(8) 堆放材料应离开坑、槽、沟边沿 1 m 以上，堆放高度不应大于 1.5 m；往坑、槽、沟内运送石料及其他材料时，应采用溜槽或吊运的方法，其卸料点周围严禁站人。

(9) 进行高空作业时，作业层(面)的周围应进行安全防护，设置防护栏杆及张挂安全网。

(10) 吊运砌块前应检查专用吊具的安全可靠程度，性能不符合要求的严禁使用。

(11) 吊装砌块时应注意重心位置，严禁用起重扒杆拖运砌块，不应起吊有破裂、脱落、危险的砌块。严禁起重扒杆从砌筑施工人员的上空回转；若必须从砌筑区或施工人员的上空回转时，应暂停砌筑施工，施工人员应暂时离开起重扒杆回转的危险区域。

(12) 当现场风力达到 6 级及以上，或因刮风使砌块和混凝土预制构件不能安全就位时，机械设备应停止吊装作业，施工人员应停止施工并撤离现场。

(13) 砌体中的落地灰及碎砌块应及时清理，装车或装袋进行运输，严禁采用抛掷的方法进行清理。

(14) 在坑、槽、沟、洞口等处，应设置防护盖板或防护围栏，并设置警示标志，夜间应设红灯示警。

(15) 严禁作业人员乘运输材料的吊运机械进出工作面,不应向正在施工的作业人员或作业区域投掷物体。

(16) 搬运石料时应检查搬运工具及绳索是否牢固,抬运石料时应采用双绳系牢。

(17) 用铁锤修整石料时,应先检查铁锤有无破裂,锤柄是否牢固。击锤时要按石纹走向落锤,锤口要平,落锤要准,同时要看附近有无危及他人安全的隐患,然后落锤。

(18) 不宜在干砌、浆砌石墙身顶面或脚手架上整修石材,应防止振动墙体而影响安全或石片掉下伤人。制作镶面石、规格料石和解小料石等石材应在宽敞的平地上进行。

(19) 应经常清理道路上的零星材料和杂物,使运输道路畅通无阻。

(20) 遇恶劣天气时,应停止施工。在台风、暴风雨之后应检查各种设施和周围环境,确认安全后方可继续施工。

4.4 施工安全防护措施

4.4.1 房屋墙体砌筑要求

(1) 悬空作业处必须有牢靠的立足处,并设置防护网、栏杆等安全设施。

(2) 悬空作业所用的索具、脚手板、吊篮、吊笼、平台等设备,均应经过技术鉴定或检证方可使用。

(3) 砌基础时,堆放砖块材料应离开坑边 1 m 以上,应设供操作人员上下的梯子。

(4) 墙身砌体高度超过地坪 1.2 m 以上时,应搭设脚手架,在一层以上或高度超过 4 m 时,采用里脚手架必须支搭安全网,采用外脚手架应设护身栏杆和挡脚板。

(5) 脚手架、平台上应设置限载标识。

(6) 砌好的山墙,应采取临时性联系杆等有效加固措施。

(7) 冬期施工时,应先清除脚手板上的冰雪等,才能上架子进行操作。

(8) 雨天作业,应有防雨措施。

(9) 在同一垂直面内上下交叉作业时,必须设置安全隔板。

(10) 人工垂直向上下传递砖块,作业平台宽度应不小于 0.60 m。

(11) 各作业面通道畅通。

4.4.2 挡土墙砌筑要求

(1) 深度超过 1.5 m 基础砌筑,应有防止水浸或塌方的措施,设有送料、砂浆的沟槽。

(2) 距槽帮上口 1 m 以内,严禁堆积土方和材料。砌筑 2 m 以上深基础,应设有梯或坡道。

(3) 应设有通向各作业面的梯道,宽度应满足使用要求并不小于 0.60 m,临边设有防护栏杆。

(4) 采用施工脚手架堆放材料时,应经设计计算,并设置限载标识。

(5) 雨季施工不得使用过湿的石头,以避免砂浆流淌。雨后继续施工时,应复核砌体垂直度。

(6) 冬期施工时,应先清除作业面的冰、积雪等,才能进行操作。

(7) 砌筑高度超过 2 m 时,若挡墙外侧无脚手架平台,应挂设安全网或安全防护栏杆。

(8) 上下同时交叉作业时,应设有防护围栏、防护墙等安全防护设施。

4.4.3 坝、堤砌筑要求

(1) 河堤、水坝基础砌筑时,应有足够的排水措施。

(2) 河堤、水坝基础砌筑时,应有防止水浸或塌方的措施。

(3) 应设有通向各作业面的梯道,宽度应满足使用要求并不小于 0.60 m,临边设有防护栏杆。

(4) 采用机动车运送砌料入仓时,应规划设置专门的卸料场地,堆料与砌筑工作面的安全距离不应小于 10 m。

(5) 砌筑高度超过 2 m 且河堤、水坝上下游面坡度较陡时,若堤、坝外侧无脚手架平台,应挂设安全网或设置安全防护栏杆。

(6) 上下同时交叉作业时,应设有防护围栏、防护墙等安全防护设施。

(7) 夜间施工应有足够的照明。

(8) 设有送料、砂浆的措施。

4.5 施工人员安全规定

(1) 搬运石料应拿牢放稳,绳索工具应牢固。

(2) 两人抬运石料时,应相互配合,动作一致。

(3) 用车子装料不应装得太满。

(4) 往坑槽内运石料时,应确认下方人员躲到安全地点时才可使用溜槽或吊运。

(5) 在脚手架上砌石时,不得使用大锤。修整石块时,应戴防护眼镜,不得两人面对面操作。

(6) 在槽内砌石基础时,应检查两侧边坡土质是否稳定,如有裂缝或坍塌可能发生,应撤出工作面,带采取加固措施后方可进行砌筑。工作面采用机械等手段垂直运输材料时,作业人员还应注意避让上空的吊运路线。

(7) 砌搬毛石应戴手套,搬运时应稳拿稳放,待石块就位平稳后方可松手。

(8) 在 2 m 以上高度砌石时,应遵守 SL 398 的相关规定。

(9) 工作完毕应将脚手架上的石渣碎片清理干净。

(10) 石工除应执行本规定外,还应遵守房屋建筑工程泥瓦工的有关安全操作规定。

考试习题

一、单项选择题(每小题有 4 个备选答案,其中只有 1 个是正确选项)

1. 在进行分层砌筑时,上、下两层砌块间的纵缝必须互相(　　),以保证砌体的整体性，以便传力。

A. 错开　　B. 一致　　C. 无要求　　D. 平行

正确答案：A

2. 护坡干砌石应（　　）进行。

A. 自坡脚开始自下而上　　B. 自坡顶开始自上而下

C. 自岸边开始从左到右　　D. 以上均可

正确答案：A

3. 当沟、槽宽度小于1 m时，在砌筑站人的一侧，应预留不小于（　　）的操作宽度。

A. 60 cm　　B. 50 cm　　C. 40 cm　　D. 30 cm

正确答案：C

4. 当砌体施工高度超过（　　）时，应在脚手架和墙体之间加挂安全网。

A. 5 m　　B. 6 m　　C. 4 m　　D. 7 m

正确答案：C

5. 砌筑房屋墙体在同一垂直面内上下交叉作业时，必须设置（　　）。

A. 安全隔板　　B. 防护网　　C. 安全网　　D. 安全警示标志

正确答案：A

二、多项选择题（每小题至少有2个是正确选项）

1.（　　）只用于小型水上砌体。

A. 石灰黏土砂浆　　B. 水泥砂浆

C. 水泥石灰砂浆　　D. 黏土砂浆

正确答案：AD

2. 坝、堤砌筑应符合下列（　　）规定。

A. 河堤、水坝基础砌筑时，应有足够的排水措施

B. 河堤、水坝基础砌筑时，应有防止水浸或塌方的措施

C. 采用机动车运送砌料入仓时，应规划设置专门的卸料场地，堆料与砌筑工作面的安全距离不应小于10 m

D. 砌筑高度超过2 m且河堤、水坝上下游面坡度较陡时，若堤、坝外侧无脚手架平台，应挂设安全网或设置安全防护栏杆

正确答案：ABCD

三、判断题（答案A表示说法正确，答案B表示说法不正确）

1. 在分层砌筑时，其砌筑面力求与作用力的方向平行。（　　）

正确答案：B

2. 在进行坝体砌筑施工时，施工人员在采取措施后可以在起重设备吊钩运行所覆盖的范围内进行施工作业。（　　）

正确答案：B

第5章 拆除工程

本章要点 本章主要介绍了拆除工程施工流程、拆除工程的施工，以及拆除工程的安全技术与安全防护要求等内容。

主要依据《水利水电土建施工安全技术规程》(SL 399—2007)、《爆破安全规程》(GB 6722—2011)、《水利工程施工》(李天科主编)等标准、规范和教材。

5.1 拆除工程施工流程

5.1.1 施工前准备工作

《水利工程建设安全生产管理规定》(中华人民共和国水利部令第26号)中明确了建设单位、监理单位、施工单位在拆除工程中的安全生产管理责任。建设单位、监理单位应对拆除工程施工安全负检查督促责任；施工单位应对拆除工程的安全技术管理负直接责任。

(1) 建设单位

拆除工程在施工前，建设单位应负责做好影响拆除工程安全施工的各种管线的切断、迁移工作。当建筑外侧有架空线路或电缆线路时，应与有关部门取得联系，采取防护措施，确认安全后方可施工。拆除工程的建设单位与施工单位在签订施工合同时，必须签订安全生产管理协议，明确建设单位与施工单位在拆除工程施工中所承担的安全生产管理责任。

(2) 监理单位

拆除工程在施工前，工程监理单位应根据拆除工程的具体情况编制拆除工程监理实施细则。

(3) 施工单位

拆除工程在施工前，施工单位应对拆除对象的现状进行详细调查，编制施工组织设计，经合同指定单位批准后方可施工；拆除工程在施工前，应对施工作业人员进行安全技术交底。拆除工程的施工应根据现场情况，设置围栏和安全警示标志，并设专人监护，防止非施工人员进入拆除现场。

5.1.2 应急情况处理

在拆除工程作业中，施工单位发现危险性无法判别、文物价值不明的物体时，必须停止施工，采取相应的应急措施，保护现场并应及时向有关部门报告。经过有关部门鉴定后，按照国家和政府有关法规妥善处理。

当拆除工程对周围相邻建筑安全可能产生危险时，必须采取相应保护措施，对建筑内的人员进行撤离安置。

5.2 拆除工程的施工技术

5.2.1 建(构)筑物拆除(含房屋混凝土结构、桥梁、施工支护等)

房屋建筑物的拆除工作也是一项相对比较危险的工作，一般多采用人工拆除、机械拆除、爆破拆除。特别在人工拆除工作中因作业人员违章行为或违背作业程序而造成高处坠落和物体打击事故屡见不鲜。

(1) 首先搭设钢管脚手架封闭拆除，高层拆除完毕后，一层部分再一起进行拆除工作。

(2) 采用手动工具进行人工拆除建筑，施工程序应从上至下，分层拆除，按板、非承重墙、梁、承重墙、柱顺序依次进行或依照先非承重结构后承重结构原则进行拆除。

(3) 屋檐、阳台、雨棚、外楼梯等在拆除施工中容易失稳的外挑构件，先予拆除。

(4) 拆除框架结构建筑，必须按楼板、次梁、主梁、柱子的顺序进行施工。拆除建筑的栏杆、楼梯、楼板等构件，应与建筑结构整体拆除进度相配合，不得先行拆除。

(5) 建筑的承重梁、柱，应在其所承载的全部构件拆除后，再进行拆除。

5.2.2 临建设施拆除

所谓临建设施是工程初期为后续主体施工服务而设置的临时厂房建筑、工厂等生产、生活临时设施，属辅助工程。因属临时设施其设计的标准也相对较低，在经过一段或较长时间的使用，已经完成其使命，可能在其内部的材料质量上、结构上有一定的危险性和隐患的存在，其基本达到使用的年限寿命，因此，对该临建设施的拆除工作也同样存在一定的危险。因此在拆除工作中应十分注意。

(1) 操作人员必须详细了解临建设施结构，制订相应的防护措施、施工计划，严格按照安全施工规范操作，系挂好必要的安全防护用具。

(2) 施工中应按照步骤进行，从上到下，施工现场范围内设置好警戒区，安排专人看护。

(3) 拆除的物品应按照要求码放整齐，带铁钉的板材及其他物品应随拆随清，防止扎伤施工人员。

(4) 外架防护拆除应防止高空坠落，脚手杆应由高至低，横杆拆除应注意外架垮塌。

(5) 临建设施内的电气拆除，应通知施工现场电工配合，不得随意安排其他人员随意拆除，以免发生意外伤害事故。

(6) 拆除过程中需要使用外架、铁梯应采取必要的安全措施。

5.2.3 围堰拆除

围堰是围护水工建筑物施工基坑，避免施工过程中受水流干扰而修建的临时挡水建筑物。在导流任务完成以后，如果未将围堰作为永久建筑物的一部分，围堰的存在妨碍永久水利枢纽的正常运行时，应予以拆除。

按设计要求，需要拆除围堰时，在施工期最后一次汛期过后，上游水位下降时，即可从围堰背水面开始分层挖除或爆破拆除，如图5-1所示。虽然土石围堰相对说来断面较大，但也必须保证依次拆除后所残留的断面能继续挡水和维持稳定，以免发生安全事故，使基坑过早淹没而影响施工。草土围堰水上部分可用人工拆除，水下部分可在埋体挖一个缺口，让水流冲毁或用爆破法拆除。混凝土围堰多用爆破法拆除。钢板桩格型围堰的拆除，首先要用抓斗或吸石器将填料消除，然后用拔桩机起拔钢板桩。

围堰未按设计要求进行拆除或拆除不干净，会影响永久建筑物的施工及正常运转，例如，在采用分段围堰法导流时，如果第一期横向围堰的拆除不符合要求，势必会增加上、下游水位差，从而增加截流工作的难度。

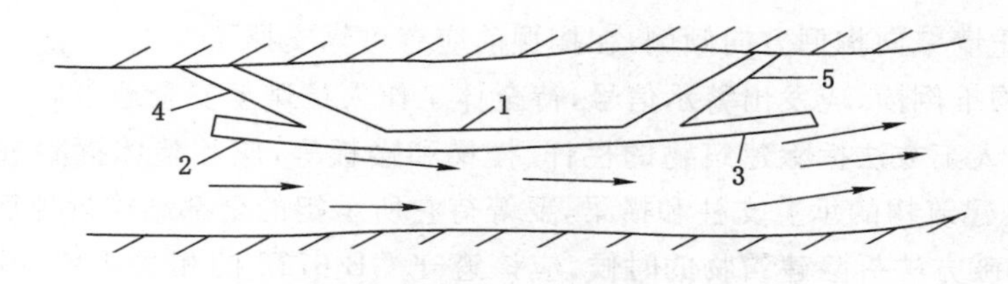

图5-1 设导流墙的围堰布置图

1——纵向围堰；2——上游导流堰；3——下游导流堰；4——上游横向围堰；5——下游横向围堰

5.3 拆除工程的施工安全

5.3.1 安全技术基本规定

(1) 拆除工程在施工前，施工单位应对拆除对象的现状进行详细调查，编制施工组织设计，经合同指定单位批准后，方可施工。

(2) 拆除工程在施工前，应对施工作业人员进行安全技术交底。

(3) 拆除工程的施工应根据现场情况，设置围栏和安全警示标志，并设专人监护，防止非施工人员进入拆除现场。

(4) 拆除工程在施工前，应将电线、瓦斯管道、水道、供热设备等干线通向该建筑物的支线切断或者迁移。

(5) 工人从事拆除工作的时候，应站在脚手架或者其他稳固的结构部分上操作。

(6) 拆除时应严格遵守自上至下的作业程序，高空作业应严格遵守登高作业的安全技术规程。

(7) 在高处进行拆除作业，应遵守SL 398有关高处作业的相关规定，应设置流放槽(溜槽)，以便散碎废料顺槽流下；拆下较大的或者过重的材料，要用吊绳或者起重机械稳妥吊下或及时运走，严禁向下抛掷；拆卸下来的各种材料要及时清理。

(8) 拆除旧桥(涵)时，应先建好通车便桥(涵)或渡口；在旧桥的两端应设置路栏，在路栏上悬挂警示灯，并在路肩上竖立通向便桥或渡口的指示标志。

(9) 拆除吊装作业的起重机司机,应严格执行操作规程。信号指挥人员应按照 GB 5082 的有关规定作业。

(10) 应按照现行国家标准 GB 2894 的规定,设置相关的安全标志。

5.3.2 建(构)筑物拆除(含房屋混凝土结构、桥梁、施工支护等)

(1) 采用机械或人工方法拆除建筑物时,应严格遵守自上而下的作业程序进行,严禁数层同时拆除。当拆除某一部分的时候,应防止其他部分发生坍塌。

(2) 采用机械或人工方法拆除建筑物不宜采用推倒方法,遇有特殊情况必须采用推倒方法的时候,应遵守下列规定:

1) 砍切墙根的深度不能超过墙厚的 1/3,墙的厚度小于两块半砖的时候,不应进行掏掘。

2) 为防止墙壁向掏掘方向倾倒,在掏掘前应有可靠支撑。

3) 建筑物推倒前,应发出警示信号,待全体工作人员避至安全地带后,才能进行。

(3) 采用人工方法拆除建筑物的栏杆、楼梯和楼板等,应和整体拆除进程相配合,不能先行拆除。建筑物的承重支柱和横梁,要等待它所承担的全部结构拆掉后才可以拆除。

(4) 用爆破方法拆除建筑物的时候,应该遵守 GB 6722 的相关规定。用爆破方法拆除建筑物部分结构的时候,应该保证结构部分的良好状态。爆破后,如果发现保留的结构部分有危险征兆,要采取安全措施后,才能进行工作。

(5) 拆除建筑物的时候,楼板上不应有多人聚集和堆放料。

(6) 拆除钢(木)屋架时,应采用绳索将其拴牢,待起重机吊稳后,方可进行气焊切割作业。吊运过程中,应采用辅助绳索控制被吊物处于正常状态。

(7) 建筑基础或局部块体宜采用静力破碎方法进行拆除。当采用爆破法、机械和人工方法拆除时,应参照本章有关的规定执行。

1) 采用静力破碎作业时,操作人员应戴防护手套和防护眼镜。孔内注入破碎剂后,严禁人员在注孔区行走,并应保持一定的安全距离。

2) 严禁静力破碎剂与其他材料混放。

3) 在相邻的两孔之间,严禁钻孔与注入破碎剂施工同步进行。

4) 拆除地下构筑物时,应了解地下构筑物情况,切断进入构筑物的管线。

5) 建筑基础破碎拆除时,挖出的土方应及时运出现场或清理出工作面,在基坑边沿 1 m内严禁堆放物料。

6) 建筑基础暴露和破碎时,发生异常情况,应即时停止作业。查清原因并采取相应措施后,方可继续施工。

(8) 拆除旧桥(涵)时,应先拆除桥面的附属设施及挂件、护栏,宜采用爆破法、机械和人工的方法进行桥梁主体部分的拆除。拆除时,应遵照本章有关的规定执行。

(9) 钢结构桥梁拆除应按照施工组织设计选定的机械设备及吊装方案进行施工。不应超负荷作业。

(10) 施工支护拆除应遵守下列规定:

1) 喷护混凝土拆除时,应自上至下、分区分段进行。

2) 用镐凿除喷护混凝土时,应并排作业,左右间距应不少于 2 m,不应面对面使镐。

3）用大锤砸碎喷护混凝土时，周围不应有人站立或通行。锤击钢钎，抡锤人应站在扶钎人的侧面，使锤者不应戴手套，锤柄端头应有防滑措施。

4）风动工具凿除喷护混凝土应遵守下列规定：

① 各部管道接头应紧固，不漏气；胶皮管不应缠绕打结，并不应用折弯风管的办法作断气之用，也不应将风管置于跨下。

② 风管通过过道，应挖沟将风管下埋。

③ 风管连接风包后要试送气，检查风管内有无杂物堵塞送气时，要缓慢旋开阀门，不应猛开。

④ 风镐操作人员应与空压机司机紧密配合，及时送气或闭气。

⑤ 钎子插入风动工具后不应空打。

5）利用机械破碎喷护混凝土时，应有专人统一指挥，操作范围内不应有人。

5.3.3 临建设施拆除

（1）对大型设施中建筑物的拆除，应遵守5.2节的规定。

（2）对有倒塌危险的大型设施拆除，应先采用支柱、支撑、绳索等临时加固措施；用气焊切割钢结构时，作业人员应选好安全位置，被切割物必须用绳索和吊钩等予以紧固。

（3）施工栈桥拆除，应遵守SL 398有关高处作业的有关规定。

（4）施工脚手架拆除，应遵守SL 398和SL 400有关施工脚手架拆除的规定。

（5）大型施工机械设备拆除应遵守下列规定：

1）大型施工机械设备拆除，应制定切实可行的技术方案和安全技术措施。

2）大型施工机械设备拆除现场，应具有足够的拆除空间，拆除空间与输电线路的最小距离，应符合DL 5162第4.2.15条有关规定。

3）拆除现场的周围应设有安全围栏或色带隔离，并设警告标志。

4）在拆除现场的工作设备及通道上方应设置防护棚。

5）对被拆除的机械设备的行走机构，应有防止滑移的锁定装置。

6）待拆的大型构件，应设有缆风绳加固，缆风绳的安全系数不应小于3.5，与地面夹角应在30°～40°。

7）在高处拆除构件时，应架设操作平台，并配有足够的安全绳、安全网等防护用品。

8）采用起重机械拆除时，应根据机械设备被拆构件的几何尺寸与重量，选用符合安全条件的起重设备。

9）施工机械设备的拆除程序是该设备安装的逆程序，应遵守SL 398第7章的相关安全技术规定。

10）施工机械设备的拆除应遵守该设备维修、保养的有关规定，边拆除、边保养，连接件及组合面应及时编号。

（6）特种设备和设施的拆除，如门塔机、缆机等，应遵守特种设备管理和特殊作业的有关规定。

（7）特种设备和设施的拆除应由有相应资质的单位和持特种作业操作证的专业人员来执行。

5.3.4 围堰拆除

(1) 围堰拆除一般应选择在枯水季节或枯水时段进行。特殊情况下,需在洪水季节或洪水时段进行时,应进行充分的论证。只有论证可行,并经合同指定单位批准后方可进行拆除。

(2) 在设计阶段,应对必须拆除或破除的围堰进行专项规划和设计。

(3) 围堰拆除前,施工单位应向有关方面获取以下资料:

1) 待拆除围堰的有关图纸和资料。

2) 待拆除围堰涉及区域的地上、地下建筑及设施分布情况资料。

3) 当拆除围堰建筑附近有架空线路或电缆线路时,应与有关部门取得联系,采取防护措施,确认安全后方可施工。

(4) 施工单位应依据拆除围堰的图纸和资料,进行实地勘察,并应编制施工组织设计或方案和安全技术措施。

(5) 围堰拆除应制定应急预案,成立组织机构,并应配备抢险救援器材。

(6) 当围堰拆除对周围建筑安全可能产生危险时,应采取相应保护措施,并应对建筑内的人员进行撤离安置。

(7) 在拆除围堰的作业中,应密切注意雨情、水情,如发现情况异常,应停止施工,并应采取相应的应急措施。

(8) 机械拆除应遵守下列规定:

1) 拆除土石围堰时,应从上至下、逐层、逐段进行。

2) 施工中应由专人负责监测被拆除围堰的状态,并应做好记录。当发现有不稳定状态的趋势时,应立即停止作业,并采取有效措施,消除隐患。

3) 机械拆除时,严禁超载作业或任意扩大使用范围作业。

4) 拆除混凝土围堰、岩坎围堰、混凝土心墙围堰时,应先按爆破法破碎混凝土(或岩坎、混凝土心墙)后,再采用机械拆除的顺序进行施工。

5) 拆除混凝土过水围堰时,宜先按爆破法破碎混凝土护面后,再采用机械进行拆除。

6) 拆除钢板(管)桩围堰时,宜先采用振动拔桩机拔出钢板(管)桩后,再采用机械进行拆除。振动拔桩机作业时,应垂直向上,边振边拔;拔出的钢板(管)桩应码放整齐、稳固;应严格遵守起重机和振动拔桩机的安全技术规程。

(9) 爆破法拆除应遵守下列规定:

1) 一、二、三级水利水电枢纽工程的围堰、堤坝和挡水岩坎的拆除爆破,设计文件除按正常设计之外还应经过以下论证:

① 爆破区域与周围建(构)筑物的详细平面图;爆破对周围被保护建(构)筑物和岩基影响的详细论证。

② 爆破后需要过流的工程,应有确保过流的技术措施,以及流速与爆渣关系的论证。

2) 一、二、三级水利枢纽工程的围堰、堤坝和挡水岩坎需要爆破拆除时,宜在修建时就提出爆破拆除的方案或设想,收集必要的基础资料和采取必要的措施。

3) 从事围堰爆破拆除工程的施工单位,应持有爆破资质证书。爆破拆除设计人员应具有承担爆破拆除作业范围和相应级别的爆破工程技术人员作业证。从事爆破拆除施工的作业人员应持证上岗。

4）围堰爆破拆除工程应根据周围环境条件、拆除对象类别、爆破规模，并应按照现行国家标准GB 6722分级。围堰爆破拆除工程施工组织设计应由施工单位编制并上报合同指定单位和有关部门审核，做出安全评估，批准后方可实施。

5）一、二级水利水电枢纽工程的围堰、堤坝和挡水岩坎的爆破拆除工程，应进行爆破振动与水中冲击波效应观测和重点被保护建（构）筑物的监测。

6）采用水下钻孔爆破方案时，侧面应采用预裂爆破，并严格控制单响药量以保护附近建（构）筑物的安全。

7）用水平钻孔爆破时，装药前应认真清孔并进行模拟装药试验，填塞物应用木模楔紧。

8）围堰爆破拆除工程起爆，宜采用导爆管起爆法或导爆管与导爆索混合起爆法，严禁采用火花起爆方法，应采用复式网路起爆。

9）为保护临近建筑和设施的安全，应限制单段起爆的用药量。

10）装药前，应对爆破器材进行性能检测。爆破参数试验和起爆网路模拟试验应选择安全部位和场所进行。

11）在水深流急的环境应有防止起爆网路被水流破坏的安全措施。

12）围堰爆破拆除的预拆除施工应确保围堰的安全和稳定。

13）在紧急状态下，需要尽快炸开围堰、堤坝分洪时，可以由防汛指挥部直接指挥爆破工程的设计和施工，不必履行正常情况下的报批手续。

14）爆破器材的购买、运输、使用和保管应遵守SL 398第8章的有关规定。

15）围堰爆破拆除工程的实施应成立爆破指挥机构，并应按设计确定的安全距离设置警戒。

16）围堰爆破拆除工程的实施除应符合本节的要求外，应按照现行国家标准GB 6722的规定执行。

（10）围堰拆除施工采用的安全防护设施，由专业人员搭设，由施工单位安全主管部门按类别逐项查验，并应有验收记录。验收合格后，方可使用。

考试习题

一、单项选择题（每小题有4个备选答案，其中只有1个是正确选项）

1.（ ）应对拆除工程的安全技术管理负直接责任。

A. 建设单位 B. 施工单位 C. 监理单位 D. 设计单位

正确答案：B

2. 施工单位应全面了解拆除工程的图纸和资料，进行实地勘察，并应编制施工组织设计和（ ）措施。

A. 安全技术 B. 质量规章 C. 质量管理 D. 质量保证

正确答案：A

3. 拆除施工应分段进行，不得（　　）作业。

A. 机械　　B. 人工　　C. 垂直交叉　　D. 多工种

正确答案：C

4. 下列关于机械拆除的要求，错误的是（　　）。

A. 拆除土石围堰时，应从上至下、逐层、逐段进行

B. 拆除混凝土过水围堰时，宜先按爆破法破碎混凝土护面后，再采用机械进行拆除

C. 作业中机械设备可同时做回转、行走两个动作

D. 机械拆除时，严禁超载作业或任意扩大使用范围作业

正确答案：C

二、多项选择题（每小题至少有 2 个是正确选项）

1. 建筑拆除工程的施工方法一般可分为（　　）。

A. 人工拆除　　B. 机械拆除　　C. 爆破拆除　　D. 民用建筑拆除

E. 公用建筑拆除

正确答案：ABC

2. 拆除工程的施工应根据现场情况，设置（　　），并设专人监护，防止非施工人员进入拆除现场。

A. 报警装置　　B. 围栏　　C. 安全警示标志　　D. 防护棚

正确答案：BC

3. 围堰拆除前，施工单位应向有关方面获取（　　）资料。

A. 待拆除围堰涉及区域的地下建筑及设施分布情况资料

B. 待拆除围堰涉及区域的地上建筑及设施分布情况资料

C. 待拆除围堰的有关图纸和资料

D. 当拆除围堰建筑附近有架空线路或电缆线路时，应与有关部门取得联系，采取防护措施，确认安全后方可施工

正确答案：ABCD

三、判断题（答案 A 表示说法正确，答案 B 表示说法不正确）

1. 在拆除作业前，施工单位应检查建筑内各类管线情况，确认全部切断后方可施工。（　　）

正确答案：A

2. 采用机械或人工方法拆除建筑物时，应严格遵守自上而下的作业程序进行，严禁数层同时拆除。（　　）

正确答案：A

3. 围堰拆除施工采用的安全防护设施，由专业人员搭设即可投入使用。（　　）

正确答案：B

第6章　脚手架工程

本章要点　本章主要介绍了脚手架的种类、构造、搭设、拆除及检查验收等内容。

主要依据《水利水电工程土建施工安全技术规程》(SL 399—2007)、《水电工程施工通用安全技术规程》(SL 398—2007)、《建筑施工脚手架安全技术统一标准》(GB 51210—2016)、《水利水电工程安全员培训教材》、《水利水电工程施工作业人员安全操作规程》(SL 401—2007)等标准、规范和教材。

6.1　基本规定

6.1.1　种类划分

(1) 脚手架根据其用途和使用功能可划分为作业脚手架和支承架两大类。

(2) 作业脚手架应根据搭设材料、搭设方法和节点连接方式划分种类，包括以各类脚手架材料和节点连接方式搭设的落地脚手架、悬挑脚手架、附着式升降脚手架、满堂脚手架等。

(3) 支承架应根据搭设材料、节点连接方式和用途划分种类，包括以各类脚手架材料和节点连接方式搭设的结构安装支承架、混凝土浇筑施工模板支承架等。

6.1.2　基本要求

(1) 脚手架的设计、搭设、使用和维护，应使脚手架在使用期内以规定的可靠性且经济的方式满足其功能要求。

(2) 脚手架应满足下列功能要求：

1) 能承受在搭设和使用期内的设计荷载。

2) 结构稳固，不发生影响正常使用的变形。

3) 满足使用要求，具有安全防护功能。

4) 在正常使用条件下，结构性能应保持稳定，不得因施工荷载反复作用而使结构性能发生改变。

(3) 在脚手架设计时，应辨识危险源并制定预案；在使用过程中应注意预防危险的侵害。

(4) 搭设脚手架所使用的材料、构配件应拆装方便，连接可靠，具有良好的互换性，且可重复使用。

(5) 脚手架应是稳定结构体系，架体的构造应满足设计计算模型基本假定条件的要求。

6.1.3 安全等级和安全系数

(1) 脚手架结构设计时，应根据脚手架种类、搭设高度、荷载及结构破坏可能产生后果的严重性，采用不同的安全等级。脚手架安全等级的划分应符合表6-1的规定。

表6-1 脚手架的安全等级

落地作业脚手架		悬挑脚手架		升降脚手架		满堂脚手架		支承架		破坏后果	安全等级
搭设高度/m	荷载/kN	搭设高度/m	荷载/kN	爬升高度/m	荷载/kN	搭设高度/m	荷载/kN	搭设高度/m	荷载		
≤40	—	≤20	—	≤150	—	≤20	—	≤8	≤10 kN/m² 或 ≤15 kN/m	严重	Ⅱ
>40	—	>20	—	>150	—	>20	—	>8	>10 kN/m² 或 >15 kN/m	很严重	Ⅰ

(2) 在脚手架结构或构配件抗力设计值确定时，应符合下列规定：

1) 综合安全系数指标应满足下列要求：

$$\beta = \gamma_u \cdot \gamma_m \cdot \gamma_m'$$

$$强度：\beta \geqslant 1.5$$

$$稳定、倾覆：\beta \geqslant 2.0$$

式中 β——综合安全系数；

γ_u——永久荷载和可变荷载综合安全系数；

γ_m——材料抗力分项系数，按现行国家标准《冷弯薄壁型钢结构技术规范》(GB 50018)的规定取值。

γ_m'——材料强度附加系数，强度取1.03，稳定、倾覆取1.37，新型脚手架稳定取1.5。

2) 当采用新型脚手架体系且无使用经验时，其综合安全系数应满足下式要求：

$$稳定：\beta \geqslant 2.2$$

3) 应将β以抗力调整系数的形式计入专业规范的相应计算公式中。

脚手架结构重要性系数，可按表6-2的规定取值。

表6-2 脚手架结构重要性系数 γ_0

结构重要性系数	承载能力极限状态设计		正常使用极限状态设计
	安全等级		
	Ⅰ	Ⅱ	
γ_0	1.1	1.0	1.0

6.2　脚手架构造要求

6.2.1　一般规定

（1）脚手架应具有完整的组架方法和构造体系，应能满足各种复杂施工工况的需求，并应保证架体牢固、稳定及传力路径清晰合理。

（2）脚手架杆件连接节点应满足其强度和刚度要求，应确保架体杆件连接的安全可靠。

（3）脚手架所用杆件、节点连接件等材料、构配件应能配套使用，能满足各种工况下架体搭设的组架方法和构造要求。

6.2.2　作业脚手架

（1）作业脚手架的宽度不应小于0.8 m，也不宜大于1.2 m。作业层高度不应小于1.7 m，也不宜大于2.0 m。

（2）作业脚手架必须按设计和构造要求设置连墙件，应符合下列要求：

1）连墙件必须采用可承受压力和拉力的构造，并应与建筑结构和架体连接牢固。

2）连墙点应均匀分布，当架体搭设高度在40 m及以下时，每点覆盖面积不得大于36 m^2；当架体搭设高度超过40 m时，每点覆盖面积不得大于27 m^2。

3）连墙点竖向间距不得超过3步，连墙点之上架体的悬臂高度不应超过2步。

4）在架体的转角处或开口型作业脚手架端部，必须增设连墙件，连墙件的垂直间距不应大于建筑物层高，且不应大于4.0 m。

（3）在作业脚手架的外侧立面上应按规定设置剪刀撑或斜杆，并应符合下列要求：

1）在转角处、端部应由底至顶连续设置；

2）悬挑脚手架、附着式升降脚手架在全外侧立面上应连续设置。

（4）作业脚手架底层立杆上应设置纵横向扫地杆。

（5）悬挑脚手架的悬挑支承结构应与建筑结构固定牢固，底层立杆应与悬挑支承结构可靠连接，应在底层立杆上设置纵向扫地杆。

（6）升降脚手架应符合下列规定：

1）竖向主框架、水平支承桁架应采用桁架或刚架结构，杆件连接应采用焊接或螺栓连接。

2）应设有防倾、防坠、同步升降和超载、失载控制装置，防倾、防坠装置应安全可靠。

3）在竖向主框架所覆盖的每个楼层处均应设置一道附墙支座；每个附墙支座应能承担该机位的所有荷载；在使用工况时，竖向主框架应固定在附墙支座上。

（7）作业脚手架搭设距地面高度超过40 m时，应采取抵抗上翻风作用的措施。

6.2.3　支撑架

（1）支承架的立杆间距不宜大于1.5 m，步距不应大于2.0 m。

（2）支承架的高宽比不宜大于3.0，当架体高宽比大于3.0时，应采取防倾覆措施。

（3）支承架的水平杆必须按步纵横向通长满布设置，不得缺失。应在立杆底部设置纵横向扫地杆。

(4) 支承架剪刀撑或斜杆的布置宜均匀对称、连续，倾角宜在45°～60°之间，竖向剪刀撑或斜杆间隔不应大于6跨；每道剪刀撑的宽度不应超过6跨；水平剪刀撑或斜杆间隔不应大于4步。

(5) 高大支承架的搭设，除应符合一般支承架的规定外，尚应符合下列要求：

1) 立杆间距不应大于1.2 m，步距不应大于1.8 m；

2) 在架体外侧周边及内部纵横向间隔不大于6 m应连续设置一道竖向剪刀撑或竖向斜杆；

3) 沿架体高度方向间隔不大于4 m设置一道连续水平剪刀撑或水平斜杆，并应在架体顶部设置；

4) 宜在架体周边、内部设置连墙件与建筑结构拉结。

(6) 当同时满足下列条件时，支承架可不设剪刀撑或斜杆：

1) 搭设高度在5 m以下，架体高宽比小于2.0；

2) 支承架上部荷载均匀分布，永久荷载标准值小于5 kN/m^2 或8 kN/m，且无集中水平荷载；

3) 地基均匀坚实；

4) 立杆与水平杆连接节点抗扭刚度达到20 kN·m/rad以上。

6.3 脚手架的设计计算

脚手架应根据施工荷载经设计计算确定，施工常规负荷量不得超过3.0 kPa。脚手架搭成后，须经施工及使用单位技术、质检、安全部门按设计和规范检查验收合格，方准投入使用。

脚手架基础应牢固，禁止将脚手架固定在不牢固的建筑物或其他不稳定的物件之上，在楼面或其他建筑物上搭设脚手架时，均应验算承重部位的结构强度。

6.3.1 力学基础知识

1. 几何可变体系与几何不可变体系

作为一种平面杆件结构，脚手架是用来支承和传递荷载的，因此，它应能在荷载的作用下保持其自身的几何形状和空间位置相对稳定，习惯上，我们把在不考虑材料应变的假定下，能保持其几何形状和空间位置不变的体系称为几何不变体系。

反之，即使不考虑材料的应变，在荷载的作用下，其几何形状和空间位置仍随之发生改变的体系为几何可变体系。

例如，脚手架的剪刀撑体系，其作用便是把几何可变体系的平行四边形转化为几何不变体系的三角形。

2. 杆件变形

(1) 拉伸和压缩

杆件沿轴线方向受到两个大小相等、方向相反的外力作用时，其将受到轴向拉伸或轴向压缩。

当外力背离杆件方向时，杆件受拉伸而变长，称为轴向拉伸；当外力指向杆件方向时，则使杆件产生缩短变形，称为轴向压缩。构件本身阻止这些变形发生时，会产生一种对抗力，称为内力，单位面积上的内力称为应力。

脚手架体系中，很多杆件是受轴向拉伸或轴向压缩的，如立杆、连墙件等，工程上对只承受轴向拉伸或压缩的杆件称作拉压杆。

(2) 剪切

当作用在杆上的两个大小相等、方向相反的横向力相距很近时，将引起杆件产生剪切变形。剪切变形的特点是：两力作用线间的截面发生相对错动。

(3) 扭转

在一对大小相等、转向相反、作用面与杆轴垂直的力偶作用下，杆件的任意两横截面发生相对转动。

(4) 弯曲

脚手架体系中的纵、横向水平杆等主要杆件是以弯曲变形为主的构件。它们有一个共同的特点，即外力垂直或斜倾于杆件轴线，在这种外力的作用下，杆件的轴线将由直线变成曲线，这种变形即为"弯曲变形"。

(5) 压杆稳定

工程实践中，施工现场常常会发生一些脚手架坍塌事故，究其原因，往往都是由于立杆失稳引起的，即当架体受到较大压力时，立杆突然转弯，使之失去了原来直线形式的平衡状态，并丧失继续承载能力。习惯上，我们称这种变化为稳定性失效，即失稳。

为了研究细长压杆的失稳过程，取一根 4 m 长的脚手架钢管，在钢管端部施加一个逐渐增大的轴向压力 P，如图 6-1(a)所示。

当压力 P 不很大时，钢管保持直线平衡状态。

这时，如果给钢管另行增加一个横向干扰力 Q，钢管便发生微小的弯曲变形，而当去掉干扰力 Q 后，钢管经过若干次摆动，仍恢复为原来的直线形状，如图 6-1(b)所示，钢管原来的直线形状的平衡状态称为稳定平衡。

当压力 P 超过某一数值时，钢管在横向力 Q 的干扰下发生弯曲，而当除去干扰力 Q 后，钢管再也无法恢复到原来的直线形状，在弯曲状态下保持新的平衡，如图 6-1(c)所示，此时钢管原来的直线形状的平衡状态称为不稳定平衡。

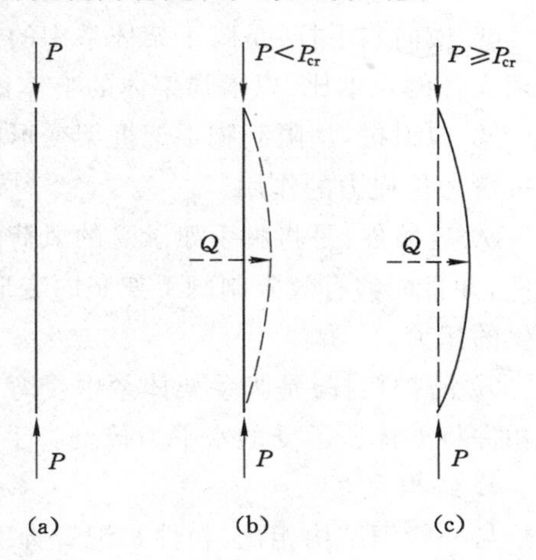

图 6-1　细长压杆的失稳过程示意图

随着压力 P 的逐渐增大，钢管就会从稳定平衡状态过渡到不稳定平衡状态。钢管处于由稳定平衡过渡到不稳定平衡的临界状态时，作用于钢管上的压力称为临界力，以 P_{cr} 表示。

对于脚手架钢管，$P<P_{cr}$ 时处于稳定平衡，$P\geqslant P_{cr}$ 时处于不稳定平衡。

研究发现，杆件失稳后，压力的微小增加都将会引起弯曲变形的显著增大，杆件已丧失了承载能力，并因此导致整个杆件的损坏。但压杆失稳时，应力往往不一定很大，有时甚至很小。可见这种形式的失效，并非强度不足，而是稳定性不够。

3. 各杆件受力分析

脚手架是由各受力杆件组成的结构单元，由横向水平杆、纵向水平杆和立杆等组成承载框架，剪刀撑和连墙件主要是用来保证脚手架的整体刚度和稳定性的，以增加抵抗垂直和水平力的能力。

（1）荷载的传递路径

① 当采用木脚手板、竹串片脚手板等时，脚手板铺设在架体的横向水平杆上，其荷载的传递路径为：脚手板→横向水平杆→纵向水平杆→立杆→地基基础。

② 当采用竹笆等脚手板时，脚手板铺设在架体的纵向水平杆上，其荷载的传递路径为：脚手板→纵向水平杆→横向水平杆→立杆→地基基础。

（2）各杆件受力分析

① 垫板与底座：主要承受压力的作用，将立杆传递的点荷载转换为面荷载，以增加受力面积，提高基础抵抗力。

② 立杆：是脚手架体系中的主要受压、受弯杆件，架体上的所有竖向荷载均通过立杆传递至地基基础。

③ 扫地杆：扫地杆的主要作用是限制脚手架立杆在受偏心力矩的作用下底部发生位移，同时减少由于基础不均匀沉降而造成脚手架倾斜，主要承受拉力和压力。

④ 纵向水平杆：是脚手架体系中的主要受弯、受拉杆件，一是承受作业层传来的荷载，二是约束立杆的长细比，以增强架体的整体稳定性。计算时，一般按三跨连续梁进行计算。

⑤ 横向水平杆：是脚手架体系中的主要受弯杆件，一是承受作业层传来的荷载，二是约束立杆的长细比，以增强架体的整体稳定性。计算时，一般按简支梁进行计算。

⑥ 剪刀撑：是限制脚手架框架变形的主要构件，主要承受拉力和压力，通过旋转扣件的抗滑力传递力的作用。

⑦ 连墙件：是将脚手架承受的风荷载和其他水平荷载有效传递到建筑结构上的主要构件，并且能够有效限制脚手架竖向变形。在承受拉力、压力的同时又要承受拉结点自身产生的扭力。

⑧ 防护栏杆：是脚手架体系中受弯、受拉杆件，设置在外立杆内侧，通过与立杆连接的扣件将架体所承受的水平力传到脚手架立杆上。

4. 结构受力特点

与一般钢结构相比，扣件式钢管脚手架的受力状态有如下特点：

（1）所受荷载变异性较大，例如施工荷载的量值及其分布情况变化较大；

（2）脚手架及其构配件存在较大的初始缺陷，如钢管的初始弯曲、锈蚀，脚手架的搭设尺寸偏差等，一般都大于普通钢结构；

（3）节点刚性存在较大差异，由于扣件连接既不属于铰接，又不属于刚接，而是属于半刚性连接，节点刚性（节点的抗转动能力）大小与扣件质量和拧紧程度密切相关且不易控制，无法准确检测与测量；

（4）连墙件对脚手架的约束存在较大差异。

5. 两种极限状态

脚手架的结构应能同时满足承载能力极限状态和正常使用极限状态的要求。

(1) 承载能力极限状态

承载能力极限状态是指结构构件达到了最大承载能力或产生了使结构构件不能继续承载的过大变形，从而丧失了继续承载的状态。如脚手架的纵横向水平杆因抗弯强度不够而发生断裂、连接扣件因连接强度不足而引起破坏，立杆因稳定承载能力不够而引起架体整体或局部压屈失稳等，都属于超过承载能力极限状态的破坏形式。

(2) 正常使用极限状态

正常使用极限状态是指结构构件达到了正常使用或耐久性的某项规定限值。如脚手架纵横向水平杆的弯曲挠度过大或立杆的长细比过大等，虽不能引起架体或其构件的破坏，但却使脚手架无法正常使用，这些都属于超过正常使用极限状态的形式。

6.3.2　荷载

1. 荷载类别

作用于脚手架上的荷载主要包括以下几种形式：

(1) 永久荷载(恒荷载)

结构自重：包括立杆、水平杆、剪刀撑、横向斜撑和扣件等部件的重量。

构配件自重：包括脚手板、栏杆、挡脚板、安全网等构配件的自重。

(2) 可变荷载(活荷载)

① 施工荷载：包括作业层上的人员、器具和材料的自重。

② 风荷载。

2. 荷载标准值

(1) 永久荷载的标准值

脚手架自重可按脚手架搭设尺寸、钢管的规格计算确定。每米立杆承受的结构自重标准值，脚手板、栏杆与挡脚板自重标准值可查表确定；脚手架吊挂的安全设施，如安全网等的自重标准值应根据实际情况确定。

(2) 可变荷载标准值

① 施工荷载：装修与结构脚手架作业层上的均布活荷载标准值可查表取得；其他用途脚手架的施工均布活荷载标准值应按实际情况确定。

② 风荷载：垂直作用于脚手架表面的风荷载标准值应计算确定，并应根据脚手架的搭设高度和搭设形式，确定挡风系数

$$\omega_k = \mu_z \mu_s \omega_0 \tag{6-1}$$

式中　ω_k——风荷载标准值，kN/m^2；

μ_z——风压高度变化系数，应按现行国家标准《建筑结构荷载规范》(GB 50009)的规定采用；

μ_s——脚手架风荷载体型系数，应按表6-3的规定采用；

ω_0——基本风压值，kN/m^2，应按现行国家标准《建筑结构荷载规范》(GB 50009)的规定采用，取重现期 $n=10$ 对应的风压值。

表 6-3　　脚手架的风荷载体型系数 μ_s

背靠建筑物的状况		全封闭墙	敞开、框架和开洞墙
脚手架状况	全封闭、半封闭	1.0φ	1.3φ
	敞开	μ_{stw}	

3. 荷载效应组合

作用于结构上的可变荷载一般在两种或两种以上，为了保证结构安全，设计时必须根据使用过程中在结构上可能同时出现的荷载，按承载能力极限状态和正常使用极限状态分别进行荷载效应组合，并取各自最不利组合进行计算。荷载效应组合可采用表 6-4 计算取用。

表 6-4　　荷载组合

计算项目	荷载效应组合
纵向、横向水平杆承载力与变形	永久荷载＋施工荷载
脚手架立杆地基承载力 型钢悬挑梁的承载力、稳定与变形	① 永久荷载＋施工荷载
	② 永久荷载＋0.9(施工荷载＋风荷载)
立杆稳定	① 永久荷载＋可变荷载(不含风荷载)
	② 永久荷载＋0.9(可变荷载＋风荷载)
连墙件承载力与稳定	单排架，风荷载＋2.0 kN
	双排架，风荷载＋3.0 kN

6.3.3 计算项目及要求

脚手架的主要承重构件有脚手板，纵、横向水平杆，立杆，连墙件，立杆基础等，按照承载能力极限状态和正常使用极限状态的计算要求，需对表 6-5 中所列项目进行计算。

表 6-5　　扣件式脚手架计算项目

项目		承载能力极限状态	正常使用极限状态	备注
1	脚手板	施工层纵横向水平杆间距符合构造要求时可不必进行计算		
2	纵、横向水平杆	抗弯强度、扣件抗滑承载力计算	弯曲挠度 $\nu \leqslant [\nu]$	
3	立杆	立杆稳定性计算	容许长细比计算 $\lambda \leqslant [\lambda]$	
4	连墙件	连墙件与脚手架、建筑物的连接强度		$\phi 48.3 \times 3.6$ 钢管
5	立杆基础	地基承载力计算		

1. 水平杆计算

纵向、横向水平杆承受竖向荷载作用，按照受弯构件进行计算。通常应计算以下内容：

(1) 纵、横向水平杆的抗弯强度计算：

$$\sigma = \frac{M}{W} \leqslant f \tag{6-2}$$

式中 σ——弯曲正应力；

M——弯矩设计值，N·mm；

W——截面模量，mm^3，可查表取得；

f——钢材的抗弯强度设计值，N/mm^2，可查表取得。

(2) 纵、横向水平杆弯矩设计值，应按下式计算：

$$M = 1.2M_{Gk} + 1.4\sum M_{Qk} \tag{6-3}$$

式中 M_{Gk}——施工脚手板自重产生的弯矩标准值，kN·m；

M_{Qk}——施工荷载产生的弯矩标准值，kN·m。

(3) 水平杆的挠度应不大于其容许挠度，容许挠度值可查表取得。

(4) 扣件的抗滑承载力应不大于扣件的抗滑承载力设计值。

2. 立杆计算

立杆计算应包括稳定性计算、脚手架的允许搭设高度计算和容许长细比计算。

(1) 立杆段的计算位置确定。

① 当脚手架以相同的步距、立杆纵距、立杆横距和连墙件间距搭设时，所有立杆承载情况相同，可选任一立杆的底层部位为计算立杆段。

② 当脚手架搭设尺寸中的步距、立杆纵距、立杆横距、连墙件间距有变化时，这些几何尺寸变大的立杆及其底层部位为计算立杆段。

(2) 立杆的稳定性应符合下列公式要求：

① 不组合风荷载时：

$$\frac{N}{\varphi A} \leqslant f \tag{6-4}$$

组合风荷载时：

$$\frac{N}{\varphi A} + \frac{M_w}{W} \leqslant f \tag{6-5}$$

式中 N——计算立杆段的轴向力设计值，N，应按式(6-6)和式(6-7)进行计算；

φ——轴心受压构件的稳定系数，应根据长细比 λ 查表取得；

λ——长细比，$\lambda = l_0/i$；

l_0——计算长度，mm，应按式(6-8)进行计算；

i——截面回转半径，mm，可查表取得；

A——立杆的截面面积，mm^2，可查表取得；

M_w——计算立杆段由风荷载设计值产生的弯矩，N·mm，可按式(6-9)计算；

f——钢材的抗压强度设计值，N/mm^2，可查表取得。

② 计算立杆段的轴向力设计值 N，应按下式计算：

不组合风荷载时：

$$N = 1.2(N_{G1k} + N_{G2k}) + 1.4\sum N_{Qk} \tag{6-6}$$

组合风荷载时：

$$N = 1.2(N_{G1k} + N_{G2k}) + 0.9 \times 1.4\sum N_{Qk} \tag{6-7}$$

式中 N_{G1k}——脚手架结构自重产生的轴向力标准值；

N_{G2k}——构配件自重产生的轴向力标准值；

$\sum N_{Qk}$——施工荷载产生的轴向力标准值总和，内、外立杆各按一纵距内施工荷载总和的 1/2 取值。

③ 立杆计算长度 l_0 应按下式计算：

$$l_0 = k\mu h \tag{6-8}$$

式中 k——立杆计算长度附加系数；

μ——考虑单、双排脚手架整体稳定因素的单杆计算长度系数，可查表取得；

h——步距。

④ 由风荷载产生的立杆段弯矩设计值 M_w 可按下式计算：

$$M_w = 0.9 \times 1.4 M_{wk} = \frac{0.9 \times 1.4 \omega_k l_a h^2}{10} \tag{6-9}$$

式中 M_{wk}——风荷载产生的弯矩标准值，kN·m；

ω_k——风荷载标准值，kN/m²，应按式(6-1)计算；

l_a——立杆纵距，m。

(3) 脚手架的允许搭设高度[H]应按下列公式计算，并取较小值：

① 不组合风荷载时：

$$[H] = \frac{\varphi A f - (1.2 N_{G2k} + 1.4 \sum N_{Qk})}{1.2 g_k} \tag{6-10}$$

② 组合风荷载时：

$$[H] = \frac{\varphi A f - \left[1.2 N_{G2k} + 0.9 \times 1.4 \left(\sum N_{Qk} + \frac{M_{wk}}{W}\right) \varphi A\right]}{1.5 g_k} \tag{6-11}$$

式中 [H]——脚手架允许搭设高度，m；

g_k——立杆承受的每米结构自重标准值，kN/m，可查表取得。

(4) 立杆容许长细比计算。

立杆作为受压构件，应当计算其长细比，其长细比不应大于其容许长细比，容许长细比可查表取得。

3. 连墙件计算

大量的脚手架倒塌事故，几乎都是由于连墙件设置不足或连墙件被拆除后未及时补救引起的，因此，连墙件的计算作为脚手架计算的重要部分应当引起重视。

连墙件因不同风向可能受拉或受压，不论扣件还是螺栓连接，传力均有偏心作用，为简化计算和安全计，连墙件按轴压杆计算，并对连墙件的强度、稳定性和连接强度进行计算。

(1) 连墙件的强度及稳定性计算

① 强度计算：

$$\sigma = \frac{N_l}{A_c} \leqslant 0.85 f \tag{6-12}$$

$$N_l = N_{lw} + N_0 \tag{6-13}$$

$$N_{lw}=1.4\omega_k A_w \tag{6-14}$$

式中 σ——连墙件应力值，N/mm^2；

A_c——连墙件的净截面面积，mm^2；

N_l——连墙件轴向应力设计值，N；

N_{lw}——风荷载产生的连墙件轴向力设计值；

N_0——连墙件约束脚手架平面外变形所产生的轴向力；

A_w——单个连墙件所覆盖的脚手架外侧面的迎风面积。

② 稳定性计算：

$$\frac{N_l}{\varphi A}\leqslant 0.85f \tag{6-15}$$

式中 φ——连墙件的稳定性系数，应按照连墙件长细比 λ 查表取得；

f——连墙件钢材的强度设计值，N/mm^2，可查表取得。

③ 承载力验算：

连墙件与脚手架、连墙件与建筑结构连接的承载力应不大于其承载力设计值。

④ 扣件抗滑力计算：

当采用钢管扣件做连墙件时，扣件抗滑承载力应不大于其抗滑承载力设计值。

(2) 立杆基础承载力计算

应根据现场的地质勘探报告验算立杆基础的承载能力。

1) 地基承载力特征值的取值要求：

① 当为天然地基时，应按地质报告选用；当为回填土地基时，应对地质勘查报告提供的回填土地基承载力特征值乘以折减系数 0.4。

② 由荷载试验或工程经验确定。

2) 立杆基础底面的平均压力计算：

立杆基础底面的平均压力应满足下式要求：

$$P_k=\frac{N_k}{A}\leqslant f_g \tag{6-16}$$

式中 P_k——立杆基础底面处的平均压力标准值，kPa；

N_k——上部结构传至立杆基础顶面的轴向力标准值，kN；

A——基础底面面积，m^2；

f_g——地基承载力特征值，kPa。

6.4 脚手架的搭设与拆除

6.4.1 一般规定

(1) 脚手架搭设与拆除作业前，应编制专项施工方案，对材料、构配件质量应进行检验，并应向作业人员进行安全技术交底。

(2) 脚手架的搭设或拆除应按顺序施工，应符合下列要求：

1）剪刀撑、斜杆、连墙件等加固件应随架体同步搭设或拆除，严禁滞后安装或先行拆除。

2）架体的安装应符合构造要求，每搭设完一步架体后，应按规定校正杆件的位置。

3）拆除作业应分层、分段，按由上至下、由外至内顺序拆除。

（3）在建筑结构上搭设脚手架时，应对建筑结构进行验算。当在多层楼板上连续搭设支承架时，应分析多层楼板间荷载传递对支承架、建筑结构的影响，上下层支承架的立杆宜对准设置。

（4）脚手架在使用过程中应定期检查维护；对高度超过 40 mm 的作业脚手架、高大支承架和特殊构造的脚手架，在使用过程中应进行监测。

（5）当符合下列条件之一时，宜对脚手架结构进行预压试验：

1）承受重荷载或设计有特殊要求时；

2）需了解杆件内力、架体结构变形分布时；

3）跨空、悬挑等特殊支承架结构；

4）地基为不良的地质条件时；

5）其他危险性较大的脚手架结构。

6.4.2 施工准备

（1）技术人员要对脚手架搭设及现场管理人员进行技术、安全交底，未参加交底的人员不得参与搭设作业；脚手架搭设人员须熟悉脚手架的设计内容。

（2）对钢管、扣件、脚手板、爬梯、安全网等材料的质量、数量进行清点、检查、验收，确保满足设计要求，不合格的构配件不得使用，材料不齐时不得搭设，不同材质、不同规格的材料、构配件不得在同一脚手架上使用。

（3）清除搭设场地的杂物，在高边坡下搭设时，应先检查边坡的稳定情况，对边坡上的危石进行处理，并设专人警戒。

（4）根据脚手架的搭设高度、搭设场地地基情况，对脚手架基础进行处理，确认合格后按设计要求放线定位。

（5）对参与脚手架搭设和现场管理人员的身体状况要进行确认，凡有不适合从事高处作业的人员不得从事脚手架的搭设和现场施工管理工作。

6.4.3 搭设顺序及要求

1. 搭设顺序

（1）单、双排脚手架的搭设应配合施工进度进行，一次搭设高度不应超过相邻连墙件以上两步；如果超过相邻连墙件以上两步，无法设置连墙件时，应采取撑拉、固定等措施与建筑结构进行有效拉结。

（2）封闭型脚手架可在其中一个转角的两侧各搭设一个 1～2 根杆长和 1 根杆高的架体，并按规定要求设置剪刀撑或横向斜撑，形成一个稳定的架体，然后据此向两边延伸，搭设完成后，再分步向上搭设。

（3）搭设顺序：

1）按照专项施工方案要求，清理、检查基底，定位放线、铺垫板、设置底座或标定立杆位置；

2）“一”字形脚手架应从一端开始向另一端延伸搭设，周边脚手架应从一个角部开始并向两边延伸交圈搭设；

3）放置纵向扫地杆（贴近地面的纵向水平杆）；

4）按定位依次竖起立杆，将立杆与纵、横向扫地杆连接固定；

5）装设第1步的纵向和横向水平杆，在校正好立杆的垂直度之后予以固定；

6）加设临时抛撑，抛撑应每隔6根立杆设一道，待连墙件设置固定后拆除；

7）按上述顺序和要求继续向上搭设；

8）架高7步以上时，应随施工进度逐步加设剪刀撑，剪刀撑、横向斜撑和连墙件等杆件应随脚手架的搭设进度同步设置；

9）每搭设完一步脚手架后，应当校正步距、纵距、横距和立杆垂直度；

10）在操作层上铺设脚手板，安装防护栏杆和挡脚板，挂设安全网。

2. 搭设要求

(1) 底座的安放应符合下列要求：

1）底座、垫板均应准确地放在定位线上；

2）垫板应采用长度不少于2跨、厚度不小于50 mm、宽度不小于200 mm的木垫板。

(2) 立杆的搭设应符合下列要求：

1）相邻立杆的对接应符合立杆对接的构造要求；

2）开始搭设立杆时，应每隔6跨设置一根抛撑，直至连墙件安装稳定后，方可根据情况拆除；

3）当架体搭设至有连墙件的主节点时，在搭设完该处的立杆、纵向水平杆、横向水平杆后，应立即设置连墙件。

(3) 纵向水平杆的搭设应符合下列要求：

1）纵向水平杆应随立杆按步搭设，并应采用直角扣件与立杆固定；

2）纵向水平杆的搭设应符合其构造要求；

3）在封闭型脚手架的同一步内，纵向水平杆应四周交圈设置，并应用直角扣件与内外角部位的立杆进行固定。

(4) 横向水平杆的搭设应符合下列要求：

1）横向水平杆的搭设应符合其构造要求；

2）双排脚手架横向水平杆的靠墙一端至墙装饰面的距离不应大于100 mm；

3）单排脚手架应按照其构造要求不得在一些特殊部位进行设置。

(5) 纵横向扫地杆应按照其构造要求进行设置。

(6) 连墙件的安装应符合下列要求：

1）连墙件的安装应随脚手架搭设同步进行，不得滞后安装；

2）当单、双排脚手架施工操作层高出相邻连墙件以上两步时，应采取确保脚手架稳定的临时拉结措施，直到上一层连墙件安装完毕后再根据情况拆除。

(7) 剪刀撑与双排脚手架横向斜撑应随立杆、水平杆等同步搭设，不得滞后安装。

(8) 脚手架门洞应按照其构造要求进行搭设。

(9) 扣件安装应符合下列要求：

1）扣件规格应与钢管外径相同；

2）螺栓拧紧力矩不应小于 40 N·m，且不应大于 65 N·m；

3）在主节点处固定横向水平杆、纵向水平杆、剪刀撑、横向斜撑等用的直角扣件、旋转扣件的中心点的相互距离不应大于 150 mm；

4）对接扣件开口应朝上或朝内；

5）各杆件端头伸出扣件盖板边缘的长度不应小于 100 mm。

（10）作业层、斜道的栏杆和挡脚板的搭设应符合下列要求：

1）栏杆和挡脚板均应搭设在外立杆的内侧；

2）上栏杆上皮高度应为 1.2 m；

3）挡脚板高度不应小于 180 mm；

4）中栏杆应居中设置。

（11）脚手板的铺设应符合下列要求：

1）脚手板应铺满、铺稳，离墙面的距离不应大于 150 mm；

2）采用对接或搭接时均应符合其构造要求，脚手板探头应采用直径 3.2 mm 的镀锌钢丝固定在支承杆件上；

3）在拐角、斜道平台口处的脚手板，应用镀锌钢丝固定在横向水平杆上，防止滑动。

6.4.4 搭设质量及检查验收

（1）检查、验收时段

脚手架及其地基基础应在下列时段进行检查与验收：

1）基础完工及脚手架搭设前；

2）作业层上施加荷载前；

3）每搭设完 6～8 m 高度后；

4）达到设计高度后；

5）遇有 6 级强风及以上风或大雨后，冻结地区解冻后；

6）停用超过一个月；

7）其他特殊情况时。

（2）检查、验收依据

对脚手架及其地基基础的检查、验收应依据下列技术文件：

1）《建筑施工扣件式钢管脚手架安全技术规范》（JGJ 130）；

2）专项施工方案及变更文件；

3）技术交底文件；

4）其他相关文件。

（3）验收的主要内容

脚手架验收以设计和相关规定为依据，验收的主要内容有：

1）脚手架的材料，构配件等是否符合设计和规范要求。

2）脚手架的布置、立杆、横杆、剪刀撑、斜撑、间距、立杆垂直度等的偏差是否满足设计、规范要求。

3）各杆件搭接和结构固定部分是否牢固，是否满足安全可靠要求。

4）大型脚手架的避雷、接地等安全防护、保险装置是否有效。

5）脚手架的基础处理、埋设是否正确和安全可靠。

6）安全防护设施是否符合要求。

（4）脚手架验收方法

脚手架检查验收的方法应按逐层、逐流水段进行。

（5）对构配件的检查、验收

对构配件应按照表6-6的要求进行检查与验收。

表6-6　构配件检查与验收表

项目	要　求	抽检数量	检查方法
钢管	应有产品质量合格证、质量检验报告	750根为一批，每批抽取1根	检查资料
	钢管表面应平直光滑，不应有裂缝、结疤、分层、错位、硬弯、毛刺、压痕、深的划道及严重锈蚀等缺陷，严禁打孔；钢管使用前必须涂刷防锈漆	全数	目测
钢管外径及壁厚	外径48.3 mm，允许偏差±0.5 mm；壁厚3.6 mm，允许偏差±0.36 mm，最小壁厚3.24 mm	3%	游标卡尺测量
扣件	应有生产许可证、质量检测报告、产品质量合格证、复试报告		检查资料
	不允许有裂缝、变形、螺栓滑丝；扣件与钢管接触部位不应有氧化皮；活动部位应能灵活转动，旋转扣件两旋转面间隙应小于1 mm；扣件表面应进行防锈处理	全数	目测
扣件螺栓拧紧力矩	扣件螺栓拧紧力矩值不应小于40 N·m，且不应大于65 N·m		扭力扳手测试
脚手板	新冲压钢脚手板应有产品质量合格证	—	检查资料
	冲压钢脚手板板面挠曲≤12 mm（l≤4 m）或≤16 mm（l>4 m）；板面扭曲≤5 mm（任一角翘起）	3%	钢板尺
	不得有裂纹、开焊与硬弯；新、旧脚手板均应涂防锈漆	全数	目测
	木脚手板材质应符合现行国家标准《木结构设计规范》（GB 50005）中Ⅱa级材质的规定。扭曲变形、劈裂、腐朽的脚手板不得使用	全数	目测
	木脚手板的宽度不宜小于200 mm，厚度不应小于50 mm；板厚允许偏差−2 mm	3%	钢板尺
	竹脚手板宜采用由毛竹或楠竹制作的竹串片板、竹笆板	全数	目测
	竹串片脚手板宜用螺栓将并列的竹片串连而成。连接螺栓的直径宜为3～10 mm，螺栓的间距宜为500～600 mm，螺栓离板端宜为200～250 mm，板宽250 mm，板长2 000 mm、2 500 mm、3 000 mm	3%	钢板尺测量

（6）对地基基础及搭设质量的检查、验收

1）脚手架的地基基础与搭设应符合表6-7的要求，个别部位的尺寸变化应在允许的调整范围内。

表 6-7　　脚手架搭设的技术要求、允许偏差与检验方法

<table>
<tr><th>项次</th><th colspan="2">项目</th><th>技术要求</th><th>容许偏差 Δ/mm</th><th colspan="2">示意图</th><th>检查方法与工具</th></tr>
<tr><td rowspan="5">1</td><td rowspan="5">地基基础</td><td>表面</td><td>坚实平整</td><td rowspan="3">—</td><td colspan="2" rowspan="5">—</td><td rowspan="5">观察</td></tr>
<tr><td>排水</td><td>不积水</td></tr>
<tr><td>垫板</td><td>不晃动</td></tr>
<tr><td rowspan="2">底座</td><td>不滑动</td><td rowspan="2">−10</td></tr>
<tr><td>降沉</td></tr>
<tr><td rowspan="7">2</td><td rowspan="7">单、双排与满堂脚手架立杆垂直度</td><td>最后验收立杆垂直度(20～50 m)</td><td>—</td><td>±100</td><td colspan="2"></td><td rowspan="7">用经纬仪或吊线和卷尺</td></tr>
<tr><td colspan="5">下列脚手架允许水平偏差/mm</td></tr>
<tr><td colspan="2" rowspan="2">搭设中检查垂直度偏差的高度/m</td><td colspan="3">总高度</td></tr>
<tr><td>50 m</td><td>40 m</td><td>20 m</td></tr>
<tr><td colspan="2">$H=2$
$H=10$
$H=20$
$H=30$
$H=40$
$H=50$</td><td>±7
±20
±40
±60
±80
±100</td><td>±7
±25
±50
±75
±100</td><td>±7
±50
±100</td></tr>
<tr><td colspan="5">中间档次用插入法</td></tr>
<tr><td colspan="5"></td></tr>
<tr><td rowspan="7">3</td><td rowspan="7">满堂支撑架立杆垂直度</td><td>最后验收垂直度 30 m</td><td>—</td><td>±90</td><td colspan="2"></td><td rowspan="7">用经纬仪或吊线和卷尺</td></tr>
<tr><td colspan="5">下列满堂支撑架允许水平偏差/mm</td></tr>
<tr><td colspan="2" rowspan="2">搭设中检查偏差的高度/m</td><td colspan="3">总高度</td></tr>
<tr><td colspan="3">30 m</td></tr>
<tr><td colspan="2">$H=2$
$H=10$
$H=20$
$H=30$</td><td colspan="3">±7
±30
±60
±60</td></tr>
<tr><td colspan="5">中间档次用插入法</td></tr>
<tr><td colspan="5"></td></tr>
<tr><td rowspan="3">4</td><td rowspan="3">单双排、满堂脚手架间距</td><td>步距</td><td>—</td><td>±20</td><td colspan="2" rowspan="3">—</td><td rowspan="3">钢板尺</td></tr>
<tr><td>纵距</td><td>—</td><td>±50</td></tr>
<tr><td>横距</td><td>—</td><td>±20</td></tr>
</table>

续表 6-7

项次	项目		技术要求	容许偏差 Δ/mm	示意图	检查方法与工具
5	满堂支撑架间距	步距	—	±20	—	钢板尺
		立距间距	—	±30		
6	纵向水平杆高差	一根杆的两端	—	±20	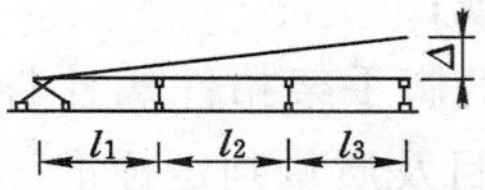	水平仪或水平尺
		同跨内两根纵向水平杆高差	—	±10	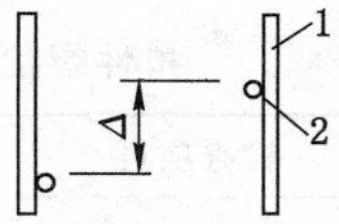	
7	剪刀撑与地面的倾角		45°～60°	—	—	角尺
8	脚手板外伸长度	对接	a=130～150 mm l≤300 mm	—	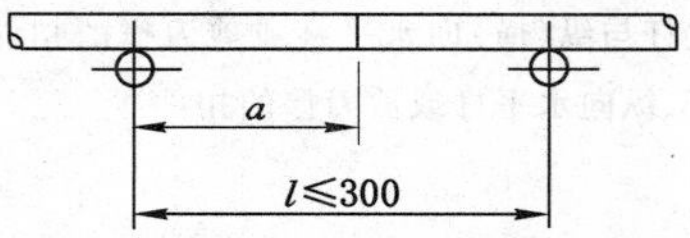	卷尺
		搭接	a≥100 mm l≥200 mm	—	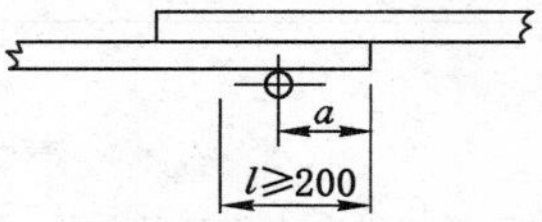	卷尺
9	扣件安装	主节点处各扣件中心点相互距离	a≤150 mm	—	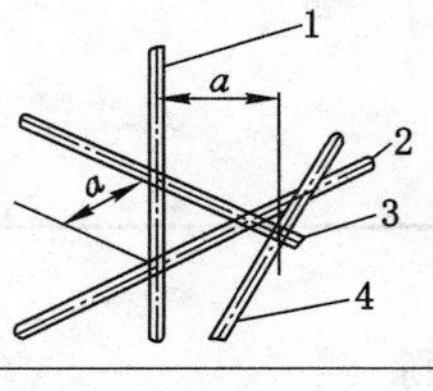	钢板尺
		同步立杆上两个相隔对接扣件的高差	a≥500 mm	—	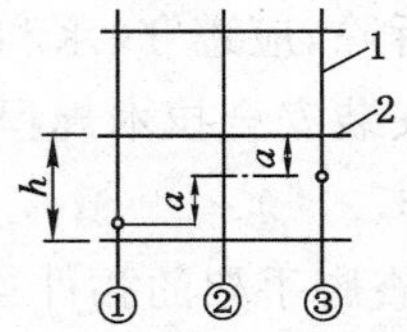	钢卷尺
		立杆上的对接扣件至主节点的距离	a≤h/3	—		
		纵向水平杆上的对接扣件至主节点的距离	a≤l_a/3	—	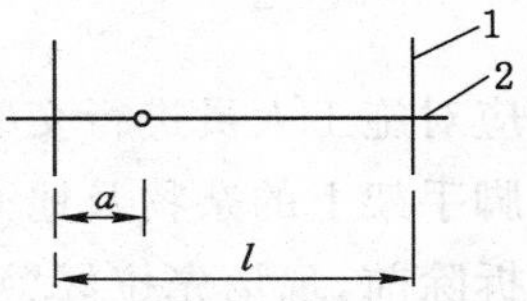	钢卷尺
		扣件螺栓拧紧扭力矩	40～65 N·m	—	—	扭力扳手

注：图中 1——立杆；2——纵向水平杆；3——横向水平杆；4——剪刀撑。

2）除此之外，还应对下列项目进行检查、验收：

① 地基是否积水，底座是否松动，立杆是否悬空；

② 杆件的设置和连接，连墙件、支撑、门洞桁架等的构造是否符合要求；

③ 扣件螺栓是否松动；

④ 立杆的沉降与垂直度的偏差是否符合规范规定；

⑤ 安全防护措施是否符合要求；

⑥ 是否超载；

⑦ 安装后的脚手架扣件螺栓拧紧扭力矩应采用扭力扳手检查，按随机分布抽样进行，抽样检查数目及质量判定标准见表6-8，不合格必须重新拧紧，直至合格为止。

表6-8　扣件螺栓拧紧抽样检查数目及质量判定标准

项次	检查项目	安装扣件数量/个	抽检数量/个	允许的不合格数
1	连接立杆与纵（横）向水平杆或剪刀撑的扣件；接长立杆、纵向水平杆或剪刀撑的扣件	51～90	5	0
		91～150	8	1
		151～280	13	1
		281～500	20	2
		501～1 200	32	3
		1 201～3 200	50	5
2	连接横向水平杆与纵向水平杆的扣件（非主接点处）	51～90	5	1
		91～150	8	2
		151～280	13	3
		281～500	20	5
		501～1 200	32	7
		1 201～3 200	50	10

6.4.5 脚手架拆除

施工脚手架拆除，应遵守《水利水电工程施工通用安全技术规程》（SL 398）和《水利水电工程机电设备安装安全技术规程》（SL 400）有关施工脚手架拆除的规定。

（1）准备工作

1）应全面检查脚手架的扣件连接、连墙件、剪刀撑等是否符合构造要求；

2）应根据检查结果补充完善脚手架专项施工方案中的拆除顺序和措施，经审批后方可实施；

3）拆除前应对施工人员进行交底；

4）应清除脚手架上的杂物及地面障碍物；

5）脚手架拆除前，现场先拉好警戒围栏，现场技术人员和专职安全管理人员应对拆除作业进行巡查，及时纠正违章行为。

（2）拆除程序

1）单、双排脚手架拆除作业必须由上而下逐层进行，严禁上下同时作业。连墙件必须随脚手架逐层拆除，严禁先将连墙件整层或数层拆除后再拆脚手架；分段拆除高差大于两步时，应增设连墙件加固。

2）拆下的架杆、连接件、跳板等材料，应采用溜放，严禁向下投掷。已卸（解）开的脚手杆、板，应一次性全部拆完。

3）当脚手架拆至下部最后一根长钢管的高度时，根据现场需要先在适当位置搭临时支撑加固，后拆连墙件。

4）当脚手架采取分段分立面拆除时，对不拆除的脚手架两端应先设置连墙件和横向支撑加固。

5）各构配件必须及时分段集中运至地面，严禁抛扔；脚手架拆除后，必须做到工完场清，材料堆放整齐、安全稳定，并及时转运。

6）运至地面的构配件应按规定的要求及时检查整修与保养，并按品种、规格随时堆码存放，置于干燥通风处，防止锈蚀。

7）拆除脚手架的工艺流程：

拆安全网→拆防护栏杆→拆挡脚板→拆脚手板→拆横向水平杆→拆纵向水平杆→拆剪刀撑→拆连墙件→拆立杆→杆件传递至地面→清除扣件→按规格堆码→拆横向水平扫地杆→拆纵向水平扫地杆→拆底座→拆垫板。

6.5　脚手架的安全技术要求

6.5.1　一般规定

(1) 脚手架的搭设、维护、拆除等作业，在 2 m 以上的均为高处作业，应严格执行高处作业安全规定，操作时应佩戴安全帽、拴安全带、穿防滑鞋。

(2) 脚手架搭设或拆除人员应按照国家颁发的《特种作业人员安全技术培训考核管理规定》，经考核合格，取得"特种作业人员资格证"后方可上岗。

(3) 三级以上高处作业使用的脚手架应安装避雷装置。附近有配电线路时，应切断电源或采取其他安全措施。

(4) 脚手架的搭设、维护、拆除等工作，应尽量避免在夜间进行，如确需夜间作业，现场应有足够的照明，且夜间搭设脚手架的高度不得超过二级高处作业标准(15 m 以下)。

(5) 对 25 m 以上的大型脚手架、悬空脚手架及特殊安全要求的脚手架，实行责任人负责制，每榀脚手架设专门责任人，负责日常检查、维护，防止人为破坏。

(6) 当有 6 级以上大风和大雨、雪、雾天气时，应停止脚手架搭设和拆除工作。

(7) 脚手架搭设、拆除时，地面应设围栏和警戒标志，并派专人警戒，严禁非作业人员入内。

(8) 不得在脚手架基础及其邻近处进行挖掘作业。

(9) 凡在脚手架上作业的人员必须戴好安全帽、系好安全带、穿防滑鞋，严禁酒后作业。

(10) 根据现场具体环境，在脚手架的外侧及顶部设醒目的安全标志、信号旗(灯)，以防过往车辆及吊机运行中碰撞脚手架。

（11）使用软梯在两器等设备内施工时要有必要的防坠落措施，并要有专人监护。

（12）脚手架搭设人员应执行 SL 398 的有关规定。

6.5.2 脚手架搭设

（1）脚手架在满足使用要求的构架尺寸的同时，应满足以下安全要求：

1）构架结构稳定，构架单元不缺基本的稳定构造杆部件；整体按规定设置斜杆、剪刀撑、连墙件或撑、拉、提件；在通道、洞口以及其他需要加大尺寸（高度、跨度）或承受超规定荷载的部位，根据需要设置加强杆件或构造。

2）联结节点可靠，杆件相交位置符合节点构造规定；联结件的安装和紧固力符合要求。

3）脚手架钢管按设计要求进行搭接或对接，端部扣件盖板边缘至杆端距离不应小于 100 mm，搭接时应采用不少于 2 个旋转扣件固定，无设计说明时搭接长度不应小于 50 cm（模板支撑架立杆搭接长度不应小于 1 m）。

（2）基础（地）和拉撑承受结构。

1）脚手架立杆的基础（地）应平整夯实，具有足够的承载力和稳定性，设于坑边或台上时，立杆距坑、台的边缘不得小于 1 m，且边坡的坡度不得大于土的自然安息角，否则应做边坡的保护和加固处理。

2）脚手架立杆之下不平整、不坚实或为斜面时，须设置垫座或垫板。

3）脚手架的连墙点（锚固点）、撑拉点和悬空挂（吊）点必须设置在能可靠地承受撑拉荷载的结构部位，必要时须进行结构验算，设置尽量不能影响后续施工，以防在后续施工中被人为拆除。

（3）安全防护。

脚手架上的安全防护设施应能有效地提供安全防护，防止架上的物件发生滚落、滑落，防止发生人员坠落、滑倒、物体打击等。

1）作业现场应设安全围护和警示标志，禁止无关人员进入施工区域；对尚未形成或已失去稳定结构的脚手架部位加设临时支撑或其他可靠安全措施；在无可靠的安全带扣挂物时，应设安全带母线或挂设安全网；设置材料提上或吊下的设施，禁止投掷。

2）脚手架的作业面的脚手板必须铺满并绑扎牢固，不得留有空隙和探头板，脚手板与墙面间的距离一般不大于 20 cm；作业面的外侧立面的防护设施根据具体情况确定，可采用立网、护栏、跳板防护。

3）脚手架外侧临空（街）面根据具体情况采用安全立网、竹跳板、篷布等完全封闭，临空（街）面视具体情况设置安全通道，并搭设防护棚。

4）贴近或穿过脚手架的人行和运输通道必须设置防护棚；上下脚手架有高度差的出入口应设踏步和护栏；脚手架的爬梯踏步在必要时采取防滑措施，爬梯须设置扶手。

（4）材料要求：

1）钢管外径应为 48～51 mm，壁厚 3～3.5 mm，长度以 4～6.5 m 和 2.1～2.8 m 为宜，有严重锈蚀、弯曲、裂纹、损坏的不得使用。

2）扣件应有出厂合格证明，凡脆裂、变形、滑丝的不得使用。

3）钢制脚手板应采用厚2～3 mm的3号钢钢板，以长度1.4～3.6 m、宽度23～25 cm、肋高5 cm为宜，两端应有连接装置，板面有防滑孔，凡有裂纹、扭曲的不得使用。

4）铁丝：8#～10#铁丝。

5）软梯用的绳子：麻绳或棕绳，直径30 mm以上，承载力满足要求。

6）严禁使用木架杆和木脚手板。

（5）各种材质的脚手架，其立杆、大横杆及小横杆的间距应符合表6-9的规定。

表6-9　　脚手架各杆间距　　m

脚手架类别	立杆	大横杆	小横杆
钢脚手架	2.0	1.2	1.5
木脚手架	1.5	1.2	1.0
竹脚手架	1.3	1.2	0.75

（6）脚手架的外侧、斜道和平台，应搭设1 m高的防护栏杆和钉18 cm高的挡脚板或防护立网。在洞口、牛腿、挑檐等悬臂结构搭设挑架（外伸脚手架），斜面与墙面夹角不宜大于30°，并应支撑在建筑物的牢固部分，不应支撑在窗台板、窗檐、线脚等地方。墙内大横杆两端都应伸过门窗洞两侧不少于25 cm。挑架所有受力点都应绑双扣，同时应绑防护杆。

（7）斜道板、跳板的坡度不应大于1∶3，宽度不得小于1.5 m，防滑条的间距不应大于30 cm。

（8）木、竹立杆和大横杆应错开搭接，搭接长度不得小于1.5 m。绑扎时小头应压在大头上，绑扣不应少于三道。立杆与大横杆、小横杆相交时，应先绑两根，再绑第三根，不应一扣绑三根。

（9）单排脚手架的小横杆伸入墙内不应少于24 cm；伸出大横杆外不应少于10 cm，通过门窗口和通道时，小横杆的间距大于1 m应绑吊杆，间距大于2 m时吊杆下应加设顶撑。

（10）18 cm厚的砖墙、空斗墙和砂浆强度等级在10号以下的砖墙，不应用单排脚手架。

（11）井架、门架和烟囱、水塔等脚手架，凡高度10～15 m的应设一组缆风绳（4～6根），每增高10 m加设一组。在搭设时应先设临时缆风绳，待固定缆风绳设置稳妥后，再拆除临时缆风绳。缆风绳与地面的夹角应为45°～60°，且应单独牢固地拴在地锚上，并用花篮螺栓调节松紧，调节时应对角交错进行。缆风绳严禁拴在树木或电杆等物上。

（12）搭建完成的脚手架，未经主管人员同意，不应任意改变脚手架的结构和拆除部分杆件。

（13）因其他施工作业改变脚手架的结构和拆除部分杆、扣件时，应进行加固，并经单位技术负责人检查同意后方可进行架上作业。对改变或拆除部位，在加固前应悬挂安全警示标志。

（14）搭设作业，应按下列要求做好自我保护和作业现场人员的保护。

1）高度在 2 m 及以上时，在脚手架上作业人员应绑裹腿、穿防滑鞋和配挂安全带，保证作业的安全。脚下应铺设必要数量的脚手板，并应铺设平稳，且不应有探头板。当暂时无法铺设落脚板时，用于落脚或抓握、把（夹）持的杆件均应为稳定的构架部分，着力点与构架节点的水平距离应不大于 0.8 m，垂直距离应不大于 1.5 m。位于立杆接头之上的自由立杆（尚未与水平杆连接的立杆）不应用作把持杆。

2）脚手架上作业人员应做好分工配合，传递杆件应掌握好重心、平稳传递，用力不应过猛。对每完成的一道工序，应相互询问并确认后，才能进行下一道工序。

3）作业人员应佩戴工具袋，工具用完后装于袋中，不应放在脚手架上。

4）架上材料应随上随用。

5）每次收工以前，所有上架的材料应全部搭设完，不应存留在脚手架上，应形成稳定的构架，不能形成稳定构架的部分应采取临时撑拉措施予以加固。

6）在搭设作业进行中，地面上的配合人员应避开可能落物的区域。

6.5.3 脚手架作业

（1）作业前应注意检查作业环境安全可靠，安全防护设施应齐全有效，确认无误后方可作业。

（2）作业时应注意清理落在架面上的材料，保持架面上规整清洁，不得乱放材料、工具。

（3）在进行撬、拉、推等操作时应注意采取正确的姿势，站稳脚跟，或一手把持在稳固的结构或支持物上。在脚手架上拆除模板时，应采取必要的支托措施。

（4）当架面高度不够，需要垫高时，应采用稳定可靠的垫高办法，且垫高不得超过 50 cm；当垫高超过 50 cm 时，应按搭设规定升高铺板层并相应加高防护设施。

（5）在架面上运送材料应轻搁稳放，不应采用倾倒、猛磕或其他匆忙卸料方式。

（6）严禁在架面上打闹戏耍、退着行走或跨坐在外防护栏杆上休息。

（7）脚手架上作业时，不应随意拆除基本结构杆件或连墙件，因作业时需要应拆除某些杆件或连墙件时，应取得施工主管和技术人员的同意，并采取可靠的加固措施后方可拆除。

（8）在脚手架上作业时，不应随意拆除安全防护设施，未有设置或设置不符合要求时，应补设或改善后，才能上架作业。

6.5.4 脚手架拆除

（1）拆除前应完成以下准备工作：

1）全面检查脚手架的扣件连接、连墙件、支撑体系应符合安全要求。

2）根据检查结果，补充完善排架拆除方案，并经主管部门批准后方可实施。

3）三级、特级及悬空高处作业使用的脚手架拆除时，应事先制定出拆除安全技术措施，并经单位技术负责人批准后方可进行拆除。

4）拆除安全技术措施应由单位工程负责人逐级进行技术交底。

5）应先行拆除或加以保护脚手架上的电气设备和其他管、线路，机械设备等。

6）清除脚手架上杂物及地面障碍物。

(2) 拆除应符合下列要求：

1) 脚手架拆除时，应统一指挥。拆除顺序应逐层由上而下进行，严禁上下同时拆除或自下而上拆除；严禁用将整个脚手架推倒的方法进行拆除。

2) 所有连墙件应随脚手架逐层拆除，严禁先将连墙件整层或数层拆除后再拆除脚手架；分段拆除高差不应大于2步，如高差大于2步，应增设连墙件加固。

3) 当脚手架拆至下部最后一根长钢管的高度(约7.5 m)时，应先在适当位置搭临时抛撑加固，再拆连墙件。

4) 当脚手架采取分段、分立面拆除时，对不拆除的脚手架两端，应先设置连墙件和横向支撑加固。

(3) 卸料应符合下列要求：

1) 拆下的材料，严禁往下抛掷，应用绳索捆牢逐根放下(小型构配件用袋、篓装好运至地面)或用滑车、卷扬机等方法慢慢放下，集中堆放在指定地点。

2) 拆除脚手架的区域内，地面应设围栏和警示标志，并派专人看守，严禁非操作人员入内。在交通要道处应设专人警戒。

3) 运至地面的构配件应按规定的要求及时检查整修和保养，并按品种、规格随时码堆存放，置于干燥通风处。

4) 拆下来的杆件和扣件要随拆、随清、随运，运至地面的构配件应及时检查、整修与保养，并应按品种、规格分别存放。

(4) 拆除其他要求：

1) 拆除过程中，应指派专人进行指挥，当有多人操作时，应明确分工、统一行动，且应具有足够的操作面。

2) 实施拆除作业的人员必须穿戴好个人防护用品，穿防滑鞋上架作业，衣服要轻便，高处作业必须系安全带。

3) 拆除钢管和放下钢管时，必须由2～3人协同操作。拆除纵向水平杆时，应由站在中间的人将钢管向下传递，下方人员接到钢管拿稳拿牢后，上方人员才准松手，严禁往下乱扔各种构配件或料具。

4) 拆架过程中遇有管线阻碍时，不得任意移动，同时应避免踩在滑动的杆件上操作。

5) 脚手架拆除过程中，必须同时将扣件从钢管上拧下，不准将扣件留在被拆下的钢管上。

6) 拆架人员应配备工具套，工具用后必须放在工具套内，手拿钢管时，不准同时拿扳手等工具。

7) 拆脚手架时，作业人员不得坐在架子上或在不安全的地方休息，严禁在作业过程中嬉戏打闹。

8) 拆除过程中如需更换人员，必须重新进行安全技术交底。

9) 严禁在夜间进行脚手架拆除作业。

10) 脚手架拆除过程中，应与技术部门保持密切联系，以便及时纠正施工中所存在的问题。

11) 在电力线路附近拆除脚手架时，应停电进行；不能停电时，应采取有效防护措施。

考试习题

一、单项选择题(每小题有4个备选答案,其中只有1个是正确选项)

1. 脚手架的人行斜道和运料斜道上应设置防滑条,防滑条的间距不应大于(　　)。

A. 300 mm　　B. 400 mm　　C. 450 mm　　D. 500 mm

正确答案:A

2. 落地作业脚手架搭设高度超过(　　)m时,安全等级为Ⅰ级。

A. 30 m　　B. 40 m　　C. 45 m　　D. 50 m

正确答案:B

3. 作业脚手架的宽度宜在(　　)之间。

A. 0.8～1.2 m　　B. 1.7～2.0 m

C. 1.2～2.0 m　　D. 0.8～1.7 m

正确答案:A

4. 作业脚手架连墙点竖向间距不得超过(　　)。

A. 2步　　B. 3步　　C. 3 m　　D. 2 m

正确答案:B

5. 当采用木脚手板时,脚手板铺设在架体的横向水平杆上,其荷载的传递路径为(　　)。

A. 脚手板→纵向水平杆→横向水平杆→立杆→地基基础

B. 脚手板→横向水平杆→纵向水平杆→地基基础

C. 脚手板→横向水平杆→立杆→地基基础

D. 脚手板→横向水平杆→纵向水平杆→立杆→地基基础

正确答案:D

6. (　　)是脚手架体系中的主要受压、受弯杆件,架体上的所有竖向荷载均通过立杆传递至地基基础。

A. 剪力撑　　B. 扫地杆　　C. 立杆　　D. 连墙件

正确答案:C

7. 脚手架螺栓拧紧力矩为(　　)N·m。

A. 30～65　　B. 40～65　　C. 40～75　　D. 50～65

正确答案:B

8. 脚手架搭设或拆除人员取得(　　)后方可上岗。

A. 安装工证书　　B. 高处作业人员资格证

C. 三类人员的证书　　D. 特种作业人员资格证

正确答案:D

9. 下列关于脚手架工程,表述正确的有(　　)。

A. 登高架设作业人员须取得特种操作资格证书后,方可上岗

B. 登高架设作业人员经过企业的安全教育培训合格后,即可上岗

C. 当有 7 级以上大风和大雨、雪、雾天气时，应停止脚手架搭设和拆除工作

D. 脚手架工程的施工方案必须经专家论证

正确答案：A

10. 夜间搭设脚手架的高度不得超过(　　)。

A. 15 m　　B. 20 m　　C. 25 m　　D. 10 m

正确答案：A

11. 下列关于竹脚手架搭设的陈述，正确的是(　　)。

A. 3 根杆件相交的主节点处，应采用一道绑扣将 3 根杆件绑扎在一起

B. 绑扎时小头应压在大头上，绑扣不应少于 3 道

C. 绑扎时大头应压在小头上，绑扣不应少于 3 道

D. 立杆和大横杆应错开搭接，搭接长度不得小于 1.0 m

正确答案：B

二、多项选择题(每小题至少有 2 个是正确选项)

1. 支承架剪刀撑或斜杆的布置需要满足(　　)要求。

A. 宜均匀对称、连续，倾角宜在 45°～60°之间

B. 竖向剪刀撑或斜杆间隔不应大于 6 跨

C. 每道剪刀撑的宽度不应超过 6 跨

D. 水平剪刀撑或斜杆间隔不应大于 4 步

正确答案：ABCD

2. 按照《水利水电工程施工通用安全技术规程》(SL 398)，脚手架搭成后，须经施工及使用单位(　　)按设计和规范检查验收合格，方准投入使用。

A. 技术　　B. 办公室　　C. 质检　　D. 安全部门

正确答案：ACD

3. 对高度超过 40 mm 的(　　)，在使用过程中应进行监测。

A. 作业脚手架　　B. 高大支承架

C. 支撑架　　D. 特殊构造的脚手架

正确答案：ABD

4. 技术人员要对脚手架搭设及现场管理人员进(　　)交底，未参加交底的人员不得参与搭设作业。

A. 财务　　B. 技术　　C. 安全　　D. 人事

正确答案：BC

5. 每搭设完一步脚手架后，应当校正(　　)。

A. 步距　　B. 纵距　　C. 横距　　D. 立杆垂直度

正确答案：ABCD

6. 脚手架检查验收的方法应按(　　)进行。

A. 逐层　　B. 逐流水段　　C. 自上而下　　D. 自下而上

正确答案：AB

三、判断题(答案A表示说法正确,答案B表示说法不正确)

1. 搭设高度5 m以下的支撑架,可不设剪刀撑或斜杆。( )

正确答案:B

2. 拆除作业应分层、分段,按由上至下、由外至内顺序拆除。( )

正确答案:A

3. 栏杆和挡脚板均应搭设在外立杆的外侧。( )

正确答案:B

4. 拆除脚手架可以不检查扣件连接、连墙件、剪刀撑等是否符合构造要求。( )

正确答案:B

5. 可以将连墙件整层拆除后再拆脚手架。( )

正确答案:B

第7章　疏浚与吹填工程

本章要点　本章主要介绍了疏浚工程基本规定，疏浚施工、吹填施工以及水下爆破作业的安全施工要求。

主要依据《水利水电工程施工通用安全技术规程》(SL 398—2007)、《水利水电工程土建施工安全技术规程》(SL 399—2007)、《水利水电工程施工安全防护设施技术规范》(SL 714—2015)、《水利水电工程施工安全管理导则》(SL 721—2015)、《爆破安全规程》(GB 6722—2014)等标准和规范。

7.1　工程简介与基本规定

疏浚工程是指通过机械设备的水下开挖工作，达到行洪、通航、引水、排涝、清污及扩大蓄水容量、改善生态环境等为目的的一种施工作业；吹填工程是由疏浚土的处理发展而来，是指利用机械设备自水下开挖取土，通过泥泵、管线输送以达到填筑坑塘、加高地面或加固、加高堤防等为目的一种施工作业。这两项工程对水工建筑物在管理、维护期间可以发挥正常效益起关键作用。以下即为疏浚与吹填工程基本规定：

(1) 在通航航道内从事疏浚、吹填作业，应在开工前与航政管理(海事)部门取得联系，及时申请并发布航道施工公告。

(2) 施工船舶应取得合法的船舶证书和适航证书，并获得安全签证。

(3) 所有船员必须经过严格培训和学习，熟悉安全操作规程、船舶设备操作与维护规程；熟悉船舶各类信号的意义并能正确发布各类信号；熟悉并掌握应急部署和应急工器具的使用。

(4) 船员应按规定取得相应的船员服务簿和任职资格证书。

(5) 施工前应对作业区内水上、水下地形及障碍物进行全面调查，包括电力线路、通信电缆、光缆、各类管道、构筑物、污染物、爆炸物、沉船等，查明位置和主管单位，并联系处理解决。

(6) 施工时按规定设置警示标志：白天作业，在通航一侧悬挂黑色锚球一个，在不通航一侧悬挂黑色十字架一个；夜间作业，在通航一侧悬挂白光环照灯一盏，在不通航一侧悬挂红光环照灯一盏。

(7) 陆地排泥场围堰与退水口修筑必须稳固、不透水，并在整个施工期间设专人进行巡视、维护。水上抛泥区水深应满足船舶航行、卸泥、调头需要，防止船舶搁浅。

(8) 绞吸式挖泥船伸出的排泥管线(含潜管)的头、尾及每间隔 50 m 位置应显示白色环照灯一盏。

(9) 自航式挖泥船作业时,除显示机动船在航号灯外,还应:白天悬挂圆球、菱形、圆球号型各一个,夜间设置红、白、红光环照灯各一盏。

(10) 拖轮拖带泥驳作业时,应分别在拖轮、泥驳规定位置显示号灯和在航标志。

(11) 施工船舶应配置消防、救生、防撞、堵漏等应急抢险设施;器材和设施应定期进行检查和保养,使之处于适用状态;船队应编制消防、救生、防撞、堵漏等应急部署表,应定期组织应急抢险演练;并按不同区域、不同用途在船体适合部位明示张贴警示标志和放置位置分布图。

(12) 跨航道进行施工作业应得到航政管理部门同意,并采用水下潜管方式敷设排泥管线;施工中随时注意过往船只航行安全,需要时应请航政部门进行水上交通管制。

(13) 同一施工区内有两艘以上挖泥船同时作业时,船体、管线彼此应保持足够的安全距离。

(14) 沿海或近海施工作业,应联系当地气象部门的气象服务;随时掌握风浪、潮涌、暴雨、浓雾的动向,提前采取防范措施;风力大于6级或浪高大于1.0 m时,非自航船应停止作业,就地避风;暴雨、浓雾天气应停止机动船作业。

(15) 施工船舶在施工期间还应遵守下列规定:

1) 船上配置功率足够的无线电通信设备,并保持其技术状态良好。

2) 机舱内严禁带入火种,排气管等高温区域严禁放置易燃易爆物品。在无安全监护条件下,不应在船上进行任何形式的明火作业。

3) 施工船舶的工作平台、行走平台及台阶周围的护栏应完整;行走跳板要搭设牢固,并设有防滑条;各类缆绳应保持完好、清洁。

4) 备用发电机组、应急空压机、应急水泵、应急出口、应急电瓶等应处于完好状态,每周至少检查一次,并将检查结果记入船舶轮机日志;一旦发现问题应及时报告、处理。

5) 冬季施工应注意设备保温,需要时柴油机应加注防冻液,或打开蒸汽管进出阀对循环油柜的润滑油进行加温;各工作平台、行走平台及台阶要增加防滑设施,及时清除表面霜、雪、冰凌;在水上进行作业时必须穿戴救生衣、防滑鞋,并配有辅助船舶协同作业。

6) 夏季施工应注意防暑降温,保持机舱通风设施良好;高温天气在甲板作业时应穿厚底鞋,以防烫伤;应检查船上避雷装置使其保持有效状态,预防雷电突然袭击。

7) 严禁船员作业时间喝酒,同时禁止船员酒后水上作业。

8) 废弃物品(污油、棉纱、生活垃圾等)不应随意抛弃,应放入指定的容器内,定期处置。

7.2 疏浚施工

(1) 挖泥船进场就位应符合下列要求:

1) 挖泥船进场前,应了解沿途航道及水面、水下碍航物的分布情况,必要时安排熟悉水域情况的机动船引航。

2) 自航式挖泥船或由拖轮拖带挖泥船进场时,应缓慢行驶进入施工区域,拖轮的连接缆绳应牢固可靠；行进中做好船舶避让和采取防碰撞措施；就位时，应在船舶完全停稳后再抛定位锚或下定位桩。

3）挖泥船在流速较大的水域就位时，宜采用逆水缓慢上行方式就位；下桩前应测量水深，若水深接近定位桩最大允许深度时，应采取分段缓降方式进行落桩定位。

（2）挖泥船开工前应做下列安全检查：

1）检查全船各部件的紧固情况，对机械运转部位进行全面润滑，保持各机械和部件运转灵活；锚缆、横移缆、提升缆、拖带缆应完好、无破损。

2）检查各操纵杆是否都处在空挡位置，按钮是否处于停止工作位置，仪表显示是否处于起始位置。

3）检查各柴油机及连接件紧固、转动情况，开车前盘车1～2圈无特别重感，才可启动操作。

4）检查冷却系统、柴油机机油和日用油箱油位、齿轮箱与液压油箱油位、蓄电池电位、报警系统中位等是否处于正确和正常状态。

5）检查水、陆排泥管线及接头部位的连接是否可靠、牢固，排泥场运行情况是否正常。

6）从开挖区到卸泥区之间自航或拖航船舶应上、下水各试航一次，同时应测量水深，了解水情和过往船只情况及避让方式。

7）检查抓（铲）斗船左右舷压载水舱是否按规定注入足够的压载水，以防止吊机（斗臂）旋转时造成船体过度倾斜。

8）修船或停工时间较长，恢复生产时应安排整船及各机（含甲板机械）的空车试运行，试运行时间不应少于2 h，保证整船各机械、各部件施工时运转正常。

（3）绞吸式挖泥船常规作业应遵守下列规定：

1）开机时，当主机达到合泵转速要求时，方可按下合泵按钮进行合泵操作，合泵后应缓慢提高主机转速，直至达到泥泵正常工作压力；主机转速超过800 r/min以上时，不应实施合（脱）泵操作。

2）施工中如遇泥泵、绞刀等工作压力仪表显示不正常时，应立即降低主机转速至脱泵，检查分析原因并处置后，再重新进行合泵操作。

3）横移锚缆位于通航航道内时，应加强对过往船只的观察，需要时应放松缆绳让航，防止缆绳对过往船只造成兜底或挂住推进器。

4）挖泥船在窄河道采用岸边地垅固定左右横移缆作业时，应设置醒目的警示标志，并有专人巡视。

5）沿海地区需候潮作业时，施工间隙宜下单桩并收紧锚缆等候，禁止下双桩或绞刀头着地。

（4）吸式挖泥船常规作业应遵守下列规定：

1）开机前，检查并清除耙吸管、绞车、吊架、波浪补偿器等活动部位的障碍物；开机后，听从操纵台驾驶员的指挥，准确无误地将耙头下到泥面，直至正常生产。

2）施工中注意流速、流向，当挖槽与流向有交角时应尽量使用上游一舷的泥耙，下耙前应慢车下放，调正船位。

3）发现船体失控有压耙危险时，应立即提升耙头钢缆，使之垂直水面或定耙平水，并注意与船舷的距离；待船体平稳后再“下耙”进行挖泥施工。

4）卸泥时，在开启泥门前应测试水深，水深值应大于挖泥船卸泥后泥门能正常关闭时的水深值，否则应另选深槽卸泥。

（5）抓斗（铲斗）式挖泥船常规作业应遵守下列规定：

1）必须在泥驳停稳、缆绳泊系完成后才能进行抓（铲）斗作业。

2）抓（铲）斗作业回转区下禁止行人走动；船机收紧或放松各种缆绳要有专人指挥，任何人不应站立于钢缆或锚链之上或紧靠滚筒或缆桩；操作人员要集中注意力，松缆时不宜突然刹车，严防钢缆、链条崩断伤人。

3）施工中因等驳、移锚等暂停作业时，抓（铲）斗不应长时间悬在半空，应将抓（铲）斗落地并锁住开合、升降、旋转等机构，需要时通知主机人员停车。

4）空驳装载时，抓（铲）斗不宜过高，开斗不宜过大，防止因泥团石块下坠力过大损坏泥门、泥门链条或泥浆石块飞溅伤人。

5）作业人员系缆、解缆时，严禁脚踏两船作业，防止突然失足落水。

6）船、驳甲板上的泥浆应随时冲洗，以防人员滑倒。

（6）链斗式挖泥船常规作业应遵守下列规定：

1）每天交接班时，应对斗链、斗销、桥机、锚机、钢缆及各种仪表进行全面检查，确认安全后才可开机启动。

2）链斗运转中，应时刻注意斗桥运行状况，合理控制横移速度，以防止斗链出轨；听到异常声响时应立即放慢转速后停车、提起斗桥，待查明原因并处置后，再重新启动。

3）松放卸泥槽要待泥驳停靠泊系完成后进行；收拢卸泥槽则应在泥驳解缆之前完成，以防卸泥槽触碰驳船或伤人。

4）横移锚缆位于通航航道内时，应对过往船只加强观察，需要时应放松缆绳让航。

5）前移或左右横移锚缆时，若发现绞锚机受力过大，应查看仪表所示负荷量，若拉力超过最大允许负荷量时，应停止继续绞锚，待查明原因并处置后，再继续运转；严禁超负荷运转。

6）挖泥过程中如锚机发生故障，应立即停止挖泥，防止锚机倒运转引发事故。

（7）机动作业船作业应遵守下列规定：

1）作业人员应穿戴救生衣、工作鞋。

2）起吊或拖带用的钢丝绳必须完好，不应使用按规定应报废的钢丝绳。

3）作业过程中应防止钢丝绳断丝头扎手、身体各部位被卷入起锚绞盘等事故发生。

4）工作人员应与承重钢丝绳保持一定距离，防止钢丝绳崩断而导致人员受伤。

（8）高岸土方疏浚时应遵守下列规定：

1）水面以上土层高度超过 3 m 时，不应直接用挖泥船进行开挖；应在上层土体剥离或松动爆破坍塌成一定坡度后，才可用挖泥船垂直岸坡进行开挖；开挖时宜实现边挖边塌，防止大块土方突然坍塌对挖泥船造成冲击或损坏。

2）分层开挖时，在保证挖泥船施工水深的情况下，尽量减少上层的开挖厚度；同时尽可能增加分条的开挖宽度，以减少高岸土体坍塌对挖泥船造成冲击。

3）施工中当发现大块土体将要坍塌时，应立即松缆退船，待坍塌完成后再进船施工。

（9）硬质土方疏浚时应遵守下列规定：

1）采用绞吸式挖泥船开挖硬质土时，应随时观察绞刀或斗轮的切削压力和横移绞车的拉力，当实际压力、拉力超过设备最大允许值时，应及时调整（减小）开挖厚度和放慢横移速度。

2）采用耙吸式挖泥船开挖硬质土时，应根据耙头（高压水检）实际切削能力控制船舶航行速度。

3）采取抓斗或铲斗式挖泥船开挖硬质土时，应根据设备挖掘力大小，控制抓斗或铲斗的挖掘速度和提升速度。

4）采取链斗式挖泥船开挖硬质土时，应根据设备挖掘力大小，控制斗链的转动速度和船舶前移（横）速度。

（10）采用潜管输泥施工时应遵守下列规定：

1）潜管安装完成后应进行压水试验，确保管线无泄漏现象。

2）潜管在航道内敷设或拆除前应提前联系航政部门，及时发布禁航或通航公告；敷设或拆除时应由适航的拖轮与锚艇进行作业，并申请航政部门在航道上、下游进行水上交通管制。

3）潜管端点站及管线固定锚应悬吊红、白色醒目锚飘，并加强对锚位的瞭望观察，出现锚位移动较大时，应及时采取有效措施恢复锚位。

4）施工中应加强对潜管段水域过往船只的瞭望，发现险情时，应及时发出警报信号，同时提升绞刀开始吹清水准备停机，以防不测。

5）潜管在易淤区域作业时，应定期实施起浮作业，以避免潜管被淤埋无法起浮而造成财产损失。

（11）长距离接力输泥施工时应遵守下列规定：

1）长距离接力输泥管线安装必须牢固、密封，穿行线路不影响水陆交通。

2）接力输泥施工应建立可靠的通信联络系统，前后泵之间应设专人随时监控泵前、泵后的真空度和压力值，防止设备超负荷运行造成重大事故。

3）接力泵进、出口排泥管位置高于接力泵时，应在泵前、泵后适当位置安装止回阀，防止突然停机泥浆回流对泵造成冲击，引发事故。

7.3 吹填施工

（1）吹填造地施工应遵守下列规定：

1）初始吹填，排泥管口离围堰内坡脚不应小于 10 m，并尽可能远离退水口。

2）吹填区内排泥管线延伸高程应高于设计吹填高程，延伸的排泥管线离原始地面大于 2 m 时应筑土堤管基或搭设管架，管架应稳定、牢固。

3）吹填区围堰应设专人昼夜巡视、维护，发现渗漏、溃塌等现象及时报告和处理；在人畜经常通行的区域，围堰的临水侧应设置安全防护栏。

4）退水口外水域应设置拦污屏，减少和防治退水对下游关联水体的污染。

（2）围堰内吹填筑堤（淤背）应遵守下列规定：

1）新堤吹填应确保围堰安全，一次吹填厚度根据不同土质控制在0.5～1.5 m，并采用间隙吹填方式，间隙时间根据土质排水性能和固结情况确定。

2）吹填时管线应顺堤布置，需要时可敷设吹填支管；对有防渗要求的围堰，应在堰体内侧铺设防渗土工膜，并在围堰外围开挖截渗沟，以防渗水外溢危及周围农田与房屋。

3）排泥管口或喷口位置离围堰应有一定安全距离，以免危及围堰安全。

（3）建筑物周围采用吹填方式回填土方，应制定相应的施工安全技术措施。施工中发现有危及建筑物和人员安全迹象时，应立即停止吹填，并及时采取有效改进措施妥善处理。

7.4 水下爆破作业

（1）水下爆破作业应由具备相应资质的专业队伍承担。

（2）在通航水域进行水下爆破作业时，应向当地港航监督部门和公安部门申报，并按时发布水下爆破施工通告。

（3）爆破工作船及其辅助船舶，应按规定悬挂特殊信号（灯号）。

（4）在黄昏和夜间等能见度差的条件下，不宜进行水下爆破的装药工作；如确需进行水下爆破作业时，应有足够的照明设施，确保作业安全。

（5）爆破作业船上的工作人员，作业时应穿好救生衣，无关人员不应登上爆破作业船。

（6）爆破工作负责人应根据爆区的地质、地形、水位、流速、流态、风浪和环境安全等情况布置爆破作业。

（7）水下爆破应使用防水的或经防水处理的爆破器材；用于深水区的爆破器材，应具有足够的抗压性能，或采取有效的抗压措施；用于流速较大区的起爆器材还应有足够的抗拉性能，或使用有效的抗拉措施；水下爆破使用的爆破器材应进行抗水和抗压试验，起爆器材还应进行抗拉试验。

（8）水下爆破器材加工和运输应遵守下列规定：

1）水下爆破的药包和起爆药包，应在专用的加工房内或加工船上制作。

2）起爆药包，只可由爆破员搬运；搬运起爆药包上下船或跨船舷时，应有必要的防滑措施；用船只运送起爆药包时，航行中应避免剧烈的颠簸和碰撞。

3）现场运输爆破器材和起爆药包，应专船装运；用机动船装运时，应采取严格的防电、防振、防火、防水、隔潮及隔热等措施。

（9）水下爆破作业时应遵守以下基本规定：

1）水下爆破严禁采用火花起爆。

2）装药及爆破时，潜水员及爆破工不应携带对讲电话机和手电筒上船，施工现场亦应切断一切电源。

3）用电力和导爆管起爆网路时，每个起爆药包内安放的雷管数不宜少于2发，并宜连成两套网路或复式网路同时起爆。

4）水下电爆网路的导线（含主线连接线）应采用有足够强度且防水性和柔韧性良好的绝缘胶质线，爆破主线路呈松弛状态扎系在伸缩性小的主绳上，水中不应有接头。

5）在水流较大、较深的爆破区放电爆连线时，应将连线接头架离水面，以免漏电造成电流不足而导致瞎炮。

6）不宜用铝（或铁）芯线作水下起爆网路的导线。

7）起爆药包使用非电导爆管雷管及导爆索起爆时，应做好端头防水工作，导爆索搭接长度应大于0.3 m。

8）导爆索起爆网路应在主爆线上加系浮标，使其悬吊；应避免导爆索网路沉入水底造成网路交叉，破坏起爆网路。

9）起爆前，应将爆破施工船舶撤离至安全地点。

10）应按设计要求进行爆破安全警戒。

11）盲炮应及时处理，遇有难以处理而又危及航行船舶安全的盲炮，应延长警戒时间，继续处理，直至完毕。

考试习题

一、单项选择题（每小题有4个备选答案，其中只有1个是正确选项）

1. 在通航航道内从事疏浚、吹填作业，应在开工前与（　　）取得联系，及时申请并发布航道施工公告。

A. 安全监督管理部门　　B. 航政管理部门

C. 水政部门　　D. 县级人民政府

正确答案：B

2. 绞吸式挖泥船伸出的排泥管线（含潜管）的头、尾及每间隔（　　）位置应显示白色环照灯一盏。

A. 50 m　　B. 40 m　　C. 60 m　　D. 100 m

正确答案：A

3. 修船或停工时间较长，恢复生产时应安排整船及各机（含甲板机械）的空车试运行，试运行时间不应少于（　　），保证整船各机械、各部件施工时运转正常。

A. 3 h　　B. 2 h　　C. 4 h　　D. 5 h

正确答案：B

4. 初始吹填，排泥管口离围堰内坡脚不应小于（　　），并尽可能远离退水口。

A. 8 m　　B. 10 m　　C. 9 m　　D. 12 m

正确答案：B

5. 爆破工作船及其辅助船舶，应按规定悬挂（　　）。

A. 特殊信号　　B. 警示牌　　C. 警示标志　　D. 警示灯

正确答案：A

二、多项选择题(每小题至少有2个是正确选项)

1. 疏浚工程在施工前应对作业区内水上、水下地形及障碍物进行全面调查，包括(　　)等，查明位置和主管单位，并联系处理解决。

A. 通信电缆　　B. 电力线路　　C. 污染物　　D. 爆炸物

正确答案:ABCD

2. 在通航水域进行水下爆破作业时，应向当地(　　)申报，并按时发布水下爆破施工通告。

A. 港航监督部门　　B. 公安部门

C. 水政部门　　D. 安监部门

正确答案:AB

三、判断题(答案A表示说法正确，答案B表示说法不正确)

1. 水下爆破严禁采用火花起爆。(　　)

正确答案:B

2. 水面以上土层高度超过3 m时，不应直接用挖泥船进行开挖。(　　)

正确答案:A

第8章　堤防工程

本章要点　本章主要介绍了堤防工程的基础知识，同时介绍了堤防施工、防汛抢险施工的安全规定。

主要依据《水利水电工程施工通用安全技术规程》(SL 398—2007)、《水利水电工程土建施工安全技术规程》(SL 399—2007)、《水利水电工程施工安全防护设施技术规范》(SL 714—2015)、《水利水电工程施工安全管理导则》(SL 721—2015)等标准和规范。

8.1　分　　类

堤防是世界上最早广为采用的一种重要防洪工程。筑堤是防御洪水泛滥，保护居民和工农业生产的主要措施。河堤约束洪水后，将洪水限制在行洪道内，使同等流量的水深增加，行洪流速增大，有利于泄洪排沙。堤防还可以抵挡风浪及抗御海潮。

堤防按其修筑的位置不同，可分为河堤、江堤、湖堤、海堤以及水库、蓄滞洪区低洼地区的围堤等；按其功能可分为干堤、支堤、子堤、遥堤、隔堤、行洪堤、防洪堤、围堤(圩垸)、防浪堤等；按建筑材料可分为土堤、石堤、土石混合堤和混凝土防洪墙等。

堤防工程主要包括堤基处理、堤身施工、防渗工程施工、防护工程施工及堤防加固等内容。

8.2　堤防施工

8.2.1　堤防施工工程的基本安全规定

(1) 堤防工程度汛、导流施工，施工单位应根据设计要求和工程需要编制方案报合同指定单位审批，并由建设单位报防汛主管部门批准。

(2) 堤防施工操作人员应戴保护手套和其他必要的劳保用品。

(3) 度汛时如遇超标准洪水，应启动应急预案并及时采取紧急处理措施。

(4) 施工船舶上的作业人员应严格遵守国家有关水上作业的法律、法规和标准。

(5) 土料开采应保证坑壁稳定，立面开挖时，严禁掏底施工。

8.2.2　堤防基础工程施工规定

(1) 堤防地基开挖较深时，应制订防止边坡坍塌和滑坡的安全技术措施。对深基坑支护应进行专项设计，作业前应检查安全支撑和挡护设施是否良好，确认符合要求后，方可施工。

（2）当地下水位较高或在黏性土、湿陷性黄土上进行强夯作业时，应在表面铺设一层厚约50～200 cm的砂、砂砾或碎石垫层，以保证强夯作业安全。

（3）强夯夯击时应做好安全防范措施，现场施工人员应戴好安全防护用品。夯击时所有人员应退到安全线以外。应对强夯周围建筑物进行监测，以指导调整强夯参数。

（4）地基处理采用砂井排水固结法施工时，为加快堤基的排水固结，应在堤基上分级进行加载，加载时应加强现场监测，防止出现滑动破坏等失稳事故的发生。

（5）软弱地基处理采用抛石挤淤法施工时，应经常对机械作业部位进行检查。

8.2.3 堤防抛石施工规定

（1）在深水域施工抛石棱体，应通过岸边架设的定位仪指挥船舶抛石。

（2）陆域软基段或浅水域抛石，可采用自卸汽车以端进法向前延伸立抛，重载与空载汽车应按照各自预定路线慢速行驶，不应超载与抢道。

（3）深水域抛石宜用驳船水上定位分层平抛，抛石区域高程应按规定检查，以防驳船移位时出险。

8.2.4 防护工程施工规定

（1）人工抛石作业时应按照计划制定的程序进行，严禁随意抛掷，以防意外事故发生。

（2）抛石所使用的设备应安全可靠、性能良好，严禁使用没有安全保险装置的机具进行作业。

（3）抛石护脚时应注意石块体重心位置，严禁起吊有破裂、脱落、危险的石块体。起重设备回转时，严禁起重设备工作范围和抛石工作范围内进行其他作业和人员停留。

（4）抛石护脚施工时除操作人员外，严禁有人停留。

8.2.5 堤防加固工程施工规定

（1）砌石护坡加固，应在汛期前完成；当加固规模、范围较大时，可拆一段砌一段，但分段宜大于50 m；垫层的接头处应确保施工质量，新、老砌体应结合牢固，连接平顺。确需汛期施工时，分段长度可根据水情预报情况及施工能力而定，防止意外事故发生。

（2）护坡石沿坡面运输时，使用的绳索、刹车等设施应满足负荷要求，牢固可靠，在吊运时不应超载，发现问题及时检修。垂直运送料具时应有联系信号，专人指挥。

（3）堤防灌浆机械设备作业前应检查是否良好，安全设施及防护用品是否齐全，警示标志设置是否标准，经检查确认符合要求后，方可施工。

（4）当堤防加固采用混凝土防渗墙、高压喷射、土工膜截渗或砂石导渗等施工技术时，均应符合相应安全技术标准的规定。

8.3 防汛抢险施工

（1）防汛抢险施工前，应对作业人员进行安全教育并按防汛预案进行施工。

（2）堤防防汛抢险施工的抢护原则为：前堵后导、强身固脚、减载平压、缓流消浪。施工中应遵守各项安全技术要求，不应违反程序作业。

(3) 堤身漏洞险情的抢护应遵守下列规定：

① 堤身漏洞险情的抢护以“前截后导，临重于背”为原则。在抢护时，应在临水侧截断漏水来源，在背水侧漏洞出水口处采用反滤围井的方法，防止险情扩大。

② 堤身漏洞险情在临水侧抢护以人力施工为主时，应配备足够的安全设施，确认安全可靠，且有专人指挥和专人监护后，方可施工。

③ 堤身漏洞险情在临水侧抢护以机械设备为主时，机械段备应停站或行驶在安全或经加固可以确认较为安全的堤身上，防止因漏洞险情导致设备下陷、倾斜或失稳等其他安全事故。

(4) 管涌险情的抢护宜在背水面，采取反滤导渗，控制涌水，留有渗水出路。以人力施工为主进行抢护时，应注意检查附近堤段水浸后变形情况，如有坍塌危险应及时加固或采取其他安全有效的方法。

(5) 当遭遇超标准洪水或有可能超过堤坝顶时，应迅速进行加高抢护，同时做好人员撤离安排，及时将人员、设备转移到安全地带。

(6) 为削减波浪的冲击力，应在靠近堤坡的水面设置芦柴、柳枝、湖草和木料等材料的捆扎体，并设法锚定，防止被风浪水流冲走。

(7) 当发生崩岸险情时，应抛投物料，如石块、石笼、混凝土多面体、土袋和柳石枕等，以稳定基础、防止崩岸进一步发展；应密切关注险情发展的动向，时刻检查附近堤身的变形情况，及时采取正确的处理措施，并向附近居民示警。

(8) 堤防决口抢险应遵守下列规定：

① 当堤防决口时，除有关部门快速通知附近居民安全转移外，抢险施工人员应配备足够的安全救生设备。

② 堤防决口施工应在水面以上进行，并逐步创造静水闭气条件，确保人身安全。

③ 当在决口抢筑裹头时，应从水浅流缓、土质较好的地带采取打桩、抛填大体积物料等安全裹护措施，防止裹头处突然坍塌将人员与设备冲走。

④ 决口较大采用沉船截流时，应采取有效的安全防护措施，防止沉船底部不平整发生移动而给作业人员造成安全隐患。

考试习题

一、单项选择题(每小题有4个备选答案，其中只有1个是正确选项)

1. 砌石护坡加固规模、范围较大时，可拆一段砌一段，但分段宜大于(　　)。

A. 40 m　　B. 60 m　　C. 50 m　　D. 70 m

正确答案：C

2. 当发生崩岸险情时，应密切关注险情发展的动向，时刻检查附近堤身的变形情况，及时采取正确的处理措施，并向(　　)示警。

A. 附近居民　　B. 政府部门　　C. 公安部门　　D. 安监部门

正确答案：A

二、多项选择题(每小题至少有2个是正确选项)

1. 堤防防汛抢险施工的抢护原则为(　　)。

A. 前堵后导　　B. 强身固脚

C. 减载平压　　D. 缓流消浪

正确答案:ABCD

三、判断题(答案A表示说法正确,答案B表示说法不正确。)

1. 砌石护坡加固,应在汛期前完成。(　　)

正确答案:A

2. 堤身漏洞险情在临水侧抢护以人力施工为主时,只要有专人指挥即可施工。(　　)

正确答案:B

第9章　防火防爆安全技术

本章要点　本章主要介绍了火灾爆炸的基础知识，预防火灾爆炸的基本方法，以及水利水电施工现场防火防爆的安全注意事项。

主要依据《水利水电工程施工通用安全技术规程》(SL 398—2007)、《建筑施工安全技术统一规范》(GB 50870—2013)等标准和规范。

9.1　防火防爆基本知识

防火防爆安全技术是为了防止火灾和爆炸事故的综合性技术，涉及多种工程技术学科，范围广泛，技术复杂。火灾和爆炸是水利水电工程建设安全生产的大敌，一旦发生，极易造成人员的重大伤亡和财产损失。因而要严格控制和管理各种危险物及发火源，消除危险因素，将火灾和爆炸危险控制在最小范围内；发生火灾事故后，作业人员能迅速撤离险区，安全疏散，同时要及时有效地将火灾扑灭，防止蔓延和发生灾害。

9.1.1　燃点、自燃点和闪点

火灾和爆炸的形成，与可燃物的燃点、自燃点和闪点密切有关。

(1) 燃点

燃点是可燃物质受热发生自燃的最低温度。达到这一温度，可燃物质与空气接触，不需要明火的作用，就能自行燃烧。

(2) 自燃点

物质的自燃点越低，发生起火的危险性越大。但是，物质的自燃点不是固定的，而是随着压力、温度和散热等条件的不同有相应的改变。一般压力愈高，自燃点愈低。可燃气体在压缩机中之所以较容易爆炸，原因之一就是因压力升高后自燃点降低了。

(3) 闪点

闪点是易燃与可燃液体挥发出的蒸气与空气形成混合物后，遇火源发生内燃的最低温度。

闪燃通常发生蓝色的火花，而且一闪即灭。这是因为，易燃和可燃液体在闪点时蒸发速度缓慢，蒸发出来的蒸气仅能维持一刹那的燃烧，来不及补充新的蒸气，不能继续燃烧。从消防观点来说，闪燃就是火灾的先兆，在防火规范中有关物质的危险等级划分，就是以闪点为准的。

9.1.2 燃烧和爆炸

正确掌握防火防爆技术，了解形成燃烧和爆炸的基本原理，能有效防止火灾和爆炸的发生。

(1) 燃烧

燃烧是可燃物质与空气或氧化剂发生化学反应而产生放热、发光的现象。在生产生活中，凡是产生超出有效范围的违背人们意志的燃烧，即为火灾。燃烧必须同时具备以下三个基本条件：

1) 凡是与空气中氧或其他氧化剂发生剧烈反应的物质，都称为可燃物。如木材、纸张、金属镁、金属钠、汽油、酒精、氢气、乙炔和液化石油等。

2) 助燃物。凡是能帮助和支持燃烧的物质，都称为助燃物。如氧化氯酸钾、高锰酸钾、过氧化钠等氧化剂。由于空气中含有 21%左右的氧，所以可燃物质燃烧能够在空气中持续进行。

3) 火源。凡能引起可燃物质燃烧的热能源，都称为火源。如明火、电火花、聚焦的日光、高温灼热体，以及化学能和机械冲击能等。

防止以上三个条件同时存在，避免其相互作用，是防火技术的基本要求。

(2) 爆炸

物质由一种状态迅速转变成为另一种状态，并在极短的时间内以机械功的形式放出巨大的能量，或者是气体在极短的时间内发生剧烈膨胀，压力迅速下降到常温的现象，都称为爆炸。爆炸可分为化学性爆炸和物理性爆炸两种。

1) 化学性爆炸

化学性爆炸是物质由于发生化学反应，产生出大量气体和热量而形成的爆炸。这种爆炸能够直接造成火灾。

2) 物理性爆炸

物理性爆炸通常指锅炉、压力容器或气瓶内的物质由于受热、碰撞等因素，使气体膨胀，压力急剧升高，超过了设备所能承受的机械强度而发生的爆炸。

3) 爆炸极限

可燃气体、蒸气和粉尘与空气(或氧气)的混合物，在一定的浓度范围内能发生爆炸。爆炸性混合物能够发生爆炸的最低浓度，称为爆炸下限；能够发生爆炸的最高浓度，称为爆炸上限。爆炸下限和爆炸上限之间的范围，称为爆炸极限。可燃物质的爆炸下限越低，爆炸极限范围越宽，则爆炸的危险性越大。

影响爆炸极限的因素很多。爆炸性混合物的温度越高，压力越大，含氧量越高，以及火源能量超大等，都会使爆炸极限范围扩大。

可燃气体与氧气混合的爆炸范围都比与空气混合的爆炸范围宽，因而更具有爆炸的危险性。

9.1.3 火灾、爆炸的原因

在一般情况下，水利水电施工企业发生火灾、爆炸的原因主要有：

(1) 明火管理不当。无论对生产用火(如焊接等动火作业)，还是对生活用火(如吸烟、使用炉灶等），火源管理不善。

（2）易燃物质燃烧。易燃物品没有根据物质的性质分类储存，库房不符合防火标准，或者管理不善等原因。将性质互相抵触的化学物品放在一起，灭火要求不同的物质放在一起，遇水燃烧的物质放在潮湿地点等。棉纱、油布、沾油铁屑等放置不当，在一定条件下自燃起火。

（3）电气设备火灾。电气设施使用、安装、管理不当引起的火灾。例如，超负荷使用电气设施；电气设施的绝缘破损、老化；电气设施安装不符合防火防爆的要求等。

电气设备绝缘不良，安装不符合规程要求，线路发生短路，超负荷，接触电阻过大等。

（4）工艺布置不合理。易燃易爆场所未采取相应的防火防爆措施，设备缺乏维护、检修，或检修质量低劣。

（5）操作人员违反安全操作规程。作业人员操作失误，造成设备超温超压，或在易燃易爆场所违章动火、吸烟或违章使用汽油等易燃液体。

（6）通风不良发生火灾。生产场所的可燃蒸气、气体或粉尘在空气中达到爆炸浓度并遇火源。

（7）避雷设备装置不当。缺乏检修或没有避雷装置，发生雷击引起失火。

（8）防护设施缺失。易燃易爆生产场所的设备管线没有采取消除静电措施，发生放电火花。

（9）压力容器、气瓶等设备及附件，带故障运行或管理不善，引起事故。

9.1.4　预防火灾爆炸的基本方法

预防火灾爆炸的基本方法有控制可燃物，使其浓度在爆炸极限以外；控制助燃物，隔绝空气或控制氧化剂；消除着火源，加强火种管理；阻止火势蔓延等。

（1）控制可燃物，使其浓度在爆炸极限以外

1）以难燃烧或不燃烧的代替易燃或可燃材料（如用不燃材料或难燃材料做建筑结构、装修材料）；

2）加强通风，降低可燃气体、可燃烧或爆炸的物品采取分开存放、隔离等措施；

3）对性质上相互作用能发生燃烧或爆炸的物品采取分开存放、隔离等措施。

（2）控制助燃物，隔绝空气或控制氧化剂

其原理是限制燃烧的助燃条件，具体方法是：

1）密闭有易燃、易爆物质的房间、容器和设备，使用易燃易爆物质的生产应在密闭设备管道中进行；

2）对有异常危险的生产采取充装惰性气体（如对乙炔、甲醇等生产充装氮气保护）。

（3）消除着火源

其原理是消除或控制燃烧的着火源。具体方法是：

1）在危险场所，动用明火、禁止吸烟、穿带钉子鞋；

2）采用防爆电气设备，安避雷针，装接地线；

3）进行烘烤、热处理作业时，严格控制温度，不超过可燃物质的自燃点；

4）经常润滑机器轴承，防止摩擦产生高温；

5）用电设备应安装保险器，防止因电线短路或超负荷而起火；

6）存放化学易燃物品的仓库，采取相应的防火措施；

7）对汽车等排烟气系统，安装防火帽或火星熄灭器等。

（4）阻止火势蔓延

其原理是不使新的燃烧条件形成，防止或限制火灾扩大。

1）设置防火墙，划分防火分区，使建筑物及贮罐、堆场等之间留足防火间距；

2）在可燃气体管道上安装水封及阻火器等；

3）在有压力的容器上安装安全阀和防爆膜；

4）在能形成爆炸介质（可燃气体、可燃蒸气和粉尘）的厂房设置泄压门窗、轻质屋盖、轻质墙体等。

9.1.5 灭火的基本方法

灭火就是根据起火物质燃烧的方式和状态，采取一定的措施以破坏燃烧必须具备的基本条件，从而使燃烧停止。灭火的基本方法有以下四种：

（1）窒息灭火法

窒息灭火法是阻止空气流入燃烧区或用不燃物质冲淡空气，使燃烧物得不到足够的氧气而熄灭的灭火方法。具体方法是：

1）用沙土、湿麻袋、水泥、湿棉被等不燃或难燃物质覆盖燃烧物；

2）喷洒雾状水、干粉、泡沫等灭火剂覆盖燃烧物；

3）用水蒸气或氮气、二氧化碳等惰性气体灌注发生火灾的区域；

4）密闭燃烧区域（起火建筑、设备和孔洞），降低燃烧区的氧气含量。

（2）隔离灭火法

隔离灭火法是将燃烧物体与附近的可燃物隔离或将可燃物疏散开，燃烧会因缺少可燃物而停止。它适用于各种固体、液体和气体发生的火灾。具体方法有：

1）把火源附近的可燃、易燃、易爆和助燃物品搬走；

2）关闭可燃气体、液体管道的阀门，以减少和阻止可燃物质进入燃烧区；

3）设法阻拦流散的易燃、可燃液体；

4）拆除与火源相连的易燃建筑物，形成防止火势蔓延的空间地带。

（3）冷却灭火法

冷却灭火法属于物理灭火方法，就是将灭火剂直接喷射到燃烧物上，以增加散热量，降低燃烧物的温度于燃点以下，使燃烧停止；或者将灭火剂喷洒在火源附近的物体上，使其不受火焰辐射热的威胁，避免形成新的火点。冷却灭火法是灭火的一种主要方法，常用水和二氧化碳作灭火剂冷却降温灭火。灭火剂在灭火过程中不参与燃烧过程中的化学反应。

（4）抑制灭火法

也称化学中断法，就是使灭火剂参与到燃烧反应过程中，使燃烧过程中产生的游离基消失，而形成稳定分子或低活性游离基，使燃烧反应停止。

含氟、氯、溴的化学灭火剂（如1211等）喷向火焰，让灭火剂参与燃烧反应，产生稳定分子或低活性的游离基，从而抑制燃烧过程，使火迅速熄灭。需要注意的是，一定要将灭火剂准确地喷射在燃烧区内。

在火场上采取哪种灭火方法，应根据火灾现场的具体情况、燃烧物质的性质、燃烧的特点和货场的具体情况，以及灭火器材装备的性能进行选择。

上述四种方法在现场可单独采用，也可同时采用。在选择灭火方法时，一定要视火灾的原因采取适当的方法，不然，就可能适得其反，扩大灾害，如对电器火灾，就不能用水浇的方法，而宜用窒息法；对油火，宜用化学灭火剂等。

9.2　施工现场防火防爆安全技术

施工现场的可燃物质比较多，比如木材、油料等遇到明火均有可能发生火灾，因而施工现场的火灾危险性还是比较大的。

9.2.1　施工现场防火防爆的一般要求

(1) 各单位应建立、健全各级消防责任制和管理制度，组建专职或业务消防队，并配备相应的消防设备，做好日常防火安全巡视检查，及时消除火灾隐患，经常开展消防宣传教育活动和灭火、应急疏散救护的演练。

(2) 根据施工生产防火安全需要，应配备相应的消防器材和设备，存放在明显易于取用的位置。

(3) 根据施工生产防火安全的需要，合理布置消防通道和各种防火标志，消防通道应保持通畅，宽度不应小于 3.5 m。

(4) 宿舍、办公室、休息室内严禁存放易燃易爆物品，未经许可不得使用电炉。

(5) 施工区域需要使用明火时，应将使用区进行防火分隔，消除动火区域内的易燃、可燃物，配置消防器材，并应有专人监护。

(6) 油料、炸药、木材等常用的易燃易爆危险品存放使用场所、仓库，应有严格的防火措施和相应消防设施，严禁使用明火和吸烟。

9.2.2　施工现场的仓库防火

(1) 易着火的仓库应设在水源充足、消防车能驶到的地方，并应设在下风方向；

(2) 易燃露天仓库四周内应有不小于 6 m 的平坦空地作为消防通道，通道上禁止堆放障碍物；

(3) 贮量大的易燃仓库应设 2 个以上的大门，并应将生活区、生活辅助区和堆场分开布置；

(4) 有明火的生产辅助区和生活用房与易燃堆垛之间至少应保持 30 m 的防火间距；

(5) 对易引起火灾的仓库，应将库房内、外按每 500 m^2 的区域分段设立防火墙，把建筑平面划分为若干个防火单元，以便考虑失火后能阻止火势的扩散。

(6) 仓库或堆料场所使用的照明灯与易燃堆垛间至少应保持 1 m 的距离。

(7) 安装的开关箱、接线盒，应距离堆垛外缘不小于 1.5 m，不准乱拉临时电气线路。

(8) 仓库或堆料场严禁使用碘钨灯，以防电气设备起火。

(9) 在易燃物堆垛附近禁止吸烟和使用明火。

(10) 对贮存的易燃货物应经常进行防火安全检查，发现火险隐患，必须及时采取措施，予以消除。

9.2.3 施工现场的防火防爆和消防

1. 施工现场防火一般要求

(1) 施工现场应明确划分用火作业区域，易燃、可燃材料堆放区域，仓库、废品集中站和生活等区域。

(2) 施工现场的道路应畅通无阻，设有夜间照明设施，并加强值班巡逻。

(3) 不准在高压架空线下面搭设临时性建筑物或堆放可燃物品。

(4) 开工前应将消防器材和设施配备好，并应在生活区、仓库、油库等重点防火部位设置消防水管、消防栓、砂箱、铁锹等。

(5) 乙炔瓶与氧气瓶的存放距离不得小于 5 m，与明火的距离不得小于 10 m。

(6) 未经办理动火审批手续，未采取有效安全措施，不得在重点防火部位或区域进行焊割和生火作业。

(7) 用可燃材料做保温层、冷却层、隔音层、隔热层设备的部位，或火星能飞溅到的地方，应采取切实可靠的防火措施。

(8) 冬季施工采用煤炭等取暖，应符合防火要求，并指定专人负责管理。

(9) 制订有施工现场火灾事故应急预案和应急处置措施。

(10) 建立各级负责人消防责任制和防火制度，组织义务消防队，经常检查，发现火灾隐患，必须立即消除。

2. 动火区域的划分

(1) 凡属下列情况之一的属一级动火区域：

1) 油罐、油箱、油槽车和贮存过可燃气体、易燃气体的容器以及连接在一起的辅助设备；

2) 危险性较大的登高焊、割作业；

3) 各种受压设备；

4) 堆有大量可燃和易燃物质的场所。

(2) 凡属下列情况之一的属二级动火：

1) 在具有一定危险因素的非禁火区域内进行临时焊、割等作业；

2) 小型油箱等容器；

3) 登高焊、割作业。

(3) 在非固定的、无明显危险因素的场所进行用火作业，均属三级动火作业。

(4) 施工现场的动火作业，必须执行审批制度。

3. 施工现场防爆注意事项

(1) 爆炸物品贮存

贮存爆炸物品的仓库的厂址应建立在远离施工区域的独立地带，禁止设立在人员聚集的地方。

仓库建筑与周围的水利设施、交通枢纽、桥梁、隧道、高压输电线路、通信线路、输油管道等重要设施的安全距离，必须符合国家有关安全规定。

(2) 电气设备防爆

1）对于Ⅰ类场所，即炸药、起爆药、击发药、火工品贮存和黑火药制造加工、贮存的场所，不应安装电气设备，特殊情况下仅允许安装电机的控制按钮及监视用工仪表，其选型应符合Ⅱ类危险场所电气设备的防爆要求；当生产设备采用电力传动时，电动机应安装在无危险场所，采取隔墙传动；电气照明采用安装在建筑外墙壁龛灯或装在室外的投光灯。

2）对于Ⅱ类场所，即起爆药、击发药、火工品制造的场所，电气设备表面温度不得超过120 ℃，且符合防爆电气设备的有关规定；应采用密闭防爆型、隔爆型、正压型或防爆充油型、本质安全型、增安型（仅限于灯类及控制按钮）。

3）对于Ⅲ类场所，即理化分析成品试验站，应选用密封型、防水防尘型设备。

① 建立出入库检查、登记制度，收存和发放民用爆炸物品必须进行登记，做到账目清楚；

② 储存的民用爆炸物品数量不得超过设计容量，对性质相抵触的民用爆炸物品须分库储存，严禁在库房内存放其他物品；

③ 专用仓库应当指定专人管理、看护，严禁无关人员进入仓库区内，严禁在仓库区内吸烟和用火，严禁把其他容易引起燃烧、爆炸的物品带入仓库区内，严禁在库房内住宿和进行其他活动；

④ 民用爆炸物品丢失，应当立即报告当地公安机关。

4. 施工现场主要场所的消防管理

（1）施工作业区的防火间距：

1）用火作业区距所建的建筑物和其他区域不应小于25 m。

2）仓库区、易燃、可燃材料堆集场距所建的建筑物和其他区域不应小于20 m。

3）易燃品集中站距所建的建筑物和其他区域不应小于30 m。

（2）加油站、油库应遵守下列规定：

1）独立建筑，与其他设施、建筑直接的防火安全距离不应小于50 m。

2）周围应设有高度不小于2.0 m的围墙、栅栏。

3）库区道路应设环形车道，路宽不应小于3.5 m，应设有专门的消防通道，保持畅通。

4）罐体应装有呼吸阀，阻火器等防火安全装置。

5）应安装覆盖库（站）区的避雷装置，且应定期检测，其接地电阻不应大于10 Ω。

6）罐体、管道应设防静电接地装置，接地网、线用40 mm×4 mm扁钢或ϕ10 mm圆钢埋设，且应定期检测，其接地电阻不应大于30 Ω。

7）主要位置应设置醒目的禁火警示标志及安全防火规定标识。

8）应配备相应数量的泡沫、干粉灭火器和砂土等灭火器材。

9）应使用防爆型动力和照明电器设备。

10）库区内严禁一切火源，严禁吸烟及使用手机。

11）工作人员应熟悉使用灭火器材和消防常识。

12）运输使用的油罐车应密封，并有防静电设施。

（3）木材加工厂（场、车间）应遵守下列规定：

1）独立建筑，与周围其他设施、建筑之间的安全防火距离不应小于20 m。

2）安全消防通道保持畅通。

3）原材料、半成品、成品堆放整齐有序，并留有足够的通道，保持畅通。

4）木屑、刨花、边角料等弃物及时清除，严禁置留在场内，保持场内整洁。

5）设有 10 m^3 以上的消防水池、消防栓及相应数量的灭火器材。

6）作业场所内禁止使用明火和吸烟。

7）明显位置设置醒目的禁火警示标志及安全防火规定标识。

5. 施工现场灭火器材的配备

（1）临时设施区，每 100 m^2 配备 2 个灭火器，大型临时设施总面积超过 1 200 m^2 的，应备有消防用的太平桶、积水桶（池）、黄沙池等器材设施；

（2）木工间、油漆间、木（机）具间等，每 25 m^2 应配置 1 个种类合适的灭火机；油库、危险品仓库配备足够数量、种类的灭火机。

考试习题

一、单项选择题（每小题有 4 个备选答案，其中只有 1 个是正确选项）

1.（　　）是阻止空气流入燃烧区或用不燃物质冲淡空气，使燃烧物得不到足够的氧气而熄灭的灭火方法。

A. 窒息灭火法　　B. 冷却灭火法

C. 隔离灭火法　　D. 抑制灭火法

正确答案：A

2. 用沙土、湿麻袋、水泥、湿棉被等不燃或难燃物质覆盖燃烧物属于（　　）。

A. 窒息灭火法　　B. 冷却灭火法

C. 隔离灭火法　　D. 抑制灭火法

正确答案：A

3. 易燃露天仓库四周内应有不小于（　　）的平坦空地作为消防通道，通道上禁止堆放障碍物。

A. 5 m　　B. 6 m　　C. 4 m　　D. 3 m

正确答案：B

4. 乙炔瓶与氧气瓶的存放距离不得小于（　　），与明火的距离不得小于（　　）。

A. 5 m，15 m　　B. 10 m，10 m　　C. 5 m，10 m　　D. 10 m，15 m

正确答案：C

5. 下列哪种情况属于一级动火区域（　　）。

A. 小型油箱等容器

B. 堆有大量可燃和易燃物质的场所

C. 登高焊、割作业

D. 在非固定的、无明显危险因素的场所进行用火作业

正确答案：B

二、多项选择题(每小题至少有2个是正确选项)

1. 火灾和爆炸的形成,与可燃物的(   )密切有关。

A. 爆炸点　　B. 闪点　　C. 自燃点　　D. 燃点

正确答案: BCD

2. 预防火灾爆炸的基本方法有(   )。

A. 控制可燃物,使其浓度在爆炸极限

B. 控制助燃物,隔绝空气或控制氧化剂

C. 阻止火势蔓延

D. 消除着火源,加强火种管理

正确答案: ABCD

三、判断题(答案A表示说法正确,答案B表示说法不正确)

1.把火源附近的可燃、易燃、易爆和助燃物品搬走属于抑制灭火法。(   )

正确答案:B

2. 仓库或堆料场所使用的照明灯与易燃堆垛间至少应保持2 m的距离。(   )

正确答案:B

第10章 施工用电

本章要点 本章主要介绍了施工现场临时用电原则;施工现场临时用电管理;基本供电系统的结构和设置;基本保护系统的组成及设置原则;接地与防雷设置;配电装置结构及使用与维护;配电线路的一般要求和敷设规则;用电设备的使用规则;施工现场危险因素防护;基本用电安全措施和电气防火措施等内容。

主要依据《水利水电工程施工安全防护设施技术规范》(SL 714—2015)、《水利水电工程施工通用安全技术规程》(SL 398—2007)、《水利水电工程安全员培训教材》等标准、规范和教材。

10.1 施工现场临时用电的原则

10.1.1 采用TN-S接零保护系统

TN-S接零保护系统(简称TN-S系统)是指在施工现场临时用电工程中采用具有专用保护零线(PE线)、电源中性点直接接地的220/380 V三相四线制的低压电力系统,或称三相五线系统。该系统的主要技术特点是:

(1) 电力变压器低压侧中性点直接接地,接地电阻值不大于4 Ω。

(2) 电力变压器低压侧共引出5条线,其中除引出三条分别为黄、绿、红的绝缘相线(火线)L_1、L_2、L_3(A、B、C)外,尚须于变压器二次侧中性点(N)接地处同时引出两条零线,一条叫工作零线(浅蓝色绝缘线)(N线),另一条叫作保护零线(PE线)。其中工作零线(N线)与相线(L_1、L_2、L_3)一起作为三相四线制工作线路使用;保护零线(PE线)只作电气设备接零保护使用,即只用于连接电气设备正常情况下不带电的金属外壳、基座等。两种零线(N和PE)不得混用,为防止无意识混用,保护零线(PE线)应采用具有绿/黄双色绝缘标志的绝缘铜线,以与工作零线和相线区别。同时,为保证接零保护系统可靠,在整个施工现场的PE线上还应做不少于3处重复接地,且每处接地电阻值不得大于10 Ω。

10.1.2 采用三级配电系统

所谓三级配电系统是指施工现场从电源进线开始至用电设备中间应经过三级配电装置配送电力,即由总配电箱(配电室内的配电柜)经分配电箱(负荷或若干用电设备相对集中处),到开关箱(用电设备处)分三个层次逐级配送电力。而开关箱作为末级配电装置,与用电设备之间必须实行“一机一闸制”,即每一台用电设备必须有自己专用的控制开关箱,而每一个开关箱只能用于控制一台用电设备。总配电箱、分配电箱内开关电器可设若干分路，且动力与照明宜分路设置。

10.1.3 采用二级漏电保护系统

所谓二级漏电保护是指在整个施工现场临时用电工程中，总配电箱中必须装设漏电保护器，开关箱中也必须装设漏电保护器。这种由总配电箱和所有开关箱中的漏电保护器所构成的漏电保护系统称为二级漏电保护系统。

在施工现场临时用电工程中，除应记住有三项基本原则以外，还应理解有两道防线：一道防线是采用TN-S接零保护系统，另一道防线设立了两级漏电保护系统。在施工现场用电工程中采用TN-S系统，是在工作零线(N)以外又增加了一条保护零线(PE)，是十分必要的。当三相火线用电量不均匀时，工作零线N就容易带电，而PE线始终不带电，那么随着PE线在施工现场的敷设和漏电保护器的使用，就形成一个覆盖整个施工现场防止人身(间接接触)触电的安全保护系统。因此TN-S接零保护系统与两级漏电保护系统一起被称为防触电保护系统的两道防线。

10.2 施工现场临时用电管理

10.2.1 施工现场用电组织设计

施工现场用电设备在5台及以上或设备总容量在50 kW及以上者，应编制用电组织设计。

临时用电组织设计及变更时，必须履行“编制、审核、批准”程序，由电气技术人员负责编制，经相关部门审核及具有法人资格企业的技术负责人批准后实施。变更用电组织设计时应补充有关图纸资料。

临时用电工程必须经编制、审核、批准部门和使用单位共同验收，合格后方可投入使用。

编制用电组织设计的目的是用以指导建造适应施工现场特点和用电特性的用电工程，并且指导所建用电工程的正确使用。用电组织设计应由电气工程技术人员组织编写。

施工现场用电组织设计的基本内容：

(1) 现场勘测

(2) 确定电源进线、变电所或配电室、配电装置、用电设备位置及线路走向

电源进线、变电所或配电室、配电装置、用电设备位置及线路走向的确定要依据现场勘测资料提供的技术条件综合确定。

(3) 进行负荷计算

负荷是电力负荷的简称，是指电气设备(例如变压器、发电机、配电装置、配电线路、用电设备等)中的电流和功率。

负荷在配电系统设计中是选择电器、导线、电缆，以及供电变压器和发电机的重要依据。

(4) 选择变压器

施工现场电力变压器的选择主要是指为施工现场用电提供电力的10/0.4 kV级电力

变压器的型式和容量的选择。

(5) 设计配电系统

配电系统主要由配电线路、配电装置和接地装置三部分组成。其中配电装置是整个配电系统的枢纽,经过配电线路、接地装置的连接,形成一个分层次的配电网络,这就是配电系统。

(6) 设计防雷装置

施工现场的防雷主要是防止雷击,对于施工现场专设的临时变压器还要考虑防感应雷的问题。

施工现场防雷装置设计的主要内容是选择和确定防雷装置设置的位置、防雷装置的型式、防雷接地的方式和防雷接地电阻值。所有防雷冲击接地电阻值均不得大于 30 Ω。

(7) 确定防护措施

施工现场在电气领域里的防护主要是指施工现场外电线路和电气设备对易燃易爆物、腐蚀介质、机械损伤、电磁感应、静电等危险环境因素的防护。

(8) 制订安全用电措施和电气防火措施

安全用电措施和电气防火措施是指为了正确使用现场用电工程,并保证其安全运行,防止各种触电事故和电气火灾事故而制定的技术性和管理性规定。

对于用电设备在 5 台以下和设备总容量在 50 kW 以下的小型施工现场,可以不系统编制用电组织设计,但仍应制定安全用电措施和电气防火措施,并且要履行与用电组织设计相同的“编、审、批”程序。

10.2.2 建筑电工及用电人员

(1) 建筑电工

电工属于特种作业人员,必须是经过按国家现行标准考核合格后,持证上岗工作;其他用电人员必须通过相关安全教育培训和技术交底,考核后方可上岗工作。

(2) 用电人员

用电人员是指施工现场操作用电设备的人员,诸如各种电动建筑机械和手持式电动工具的操作者和使用者。各类用电人员必须通过安全教育培训和技术交底,掌握安全用电基本知识,熟悉所用设备性能和操作技术,掌握劳动保护方法,并且考核合格。

10.2.3 安全技术档案

施工现场用电安全技术档案应包括以下八个方面的内容,它们是施工现场用电安全管理工作重点的集中体现。

(1) 用电组织设计的全部资料。

(2) 修改用电组织设计资料。

(3) 用电技术交底资料。

(4) 用电工程检查验收表。

(5) 电气设备试、检验凭单和调试记录。

(6) 接地电阻、绝缘电阻、漏电保护器、漏电动作参数测定记录表。

(7) 定期检(复)查表。

(8) 电工安装、巡检、维修、拆除工作记录。

临时用电工程定期检查应按分部、分项工程进行,对安全隐患必须及时处理,并应履行复查验收手续。

10.3 接地装置与防雷

10.3.1 接地装置

接地装置是构成施工现场用电基本保护系统的主要组成部分之一,是施工现场用电工程的基础性安全装置。在施工现场用电工程中,电力变压器二次侧(低压侧)中性点要直接接地,PE线要做重复接地,高大建筑机械和高架金属设施要做防雷接地,产生静电的设备要做防静电接地。

1. 接地装置种类

设备与大地做电气连接或金属性连接,称谓接地。电气设备的接地,通常的方法是将金属导体埋入地中,并通过导体与设备做电气连接(金属性连接)。这种埋入地中直接与地接触的金属物体称为接地体,而连接设备与接地体的金属导体称为接地线,接地体与接地线的连接组合就称为接地装置。

(1) 接地体

接地体一般分为自然接地体和人工接地体两种。

① 自然接地体

自然接地体是指原已埋入地下并可兼作接地用的金属物体。例如原已埋入地中的直接与地接触的钢筋混凝土基础中的钢筋结构、金属井管、非燃气金属管道、铠装电缆(铅包电缆除外)的金属外皮等,均可作为自然接地体。

② 人工接地体

人工接地体是指人为埋入地中直接与地接触的金属物体。简言之,即人工埋入地中的接地体。用作人工接地体的金属材料通常可以采用圆钢、钢管、角钢、扁钢,及其焊接件,但不得采用螺纹钢和铝材。

(2) 接地线

接地线可以分为自然接地线和人工接地线。

① 自然接地线

自然接地线是指设备本身原已具备的接地线。如钢筋混凝土构件的钢筋、穿线钢管、铠装电缆(铅包电缆除外)的金属外皮等。自然接地线可用于一般场所各种接地的接地线,但在有爆炸危险场所只能用作辅助接地线。自然接地线各部分之间应保证电气连接,严禁采用不能保证可靠电气连接的水管和既不能保证电气连接又有可能引起爆炸危险的燃气管道作为自然接地线。

② 人工接地线

人工接地线是指人为设置的接地线。人工接地线一般可采用圆钢、钢管、角钢、扁钢等钢质材料,但接地线直接与电气设备相连的部分以及采用钢接地线有困难时,应采用绝缘铜线。

(3) 接地装置的敷设

接地装置的敷设应遵循下述原则和要求：

① 应充分利用自然接地体。当无自然接地体可利用，或自然接地体电阻不符合要求，或自然接地体运行中各部分连接不可靠，或有爆炸危险场所，则需敷设人工接地体。

② 应尽量利用自然接地线。当无自然接地线可利用，或自然接地线不符合要求，或自然接地线运行中各部分连接不可靠，或有爆炸危险场所，则需要敷设人工接地线。

③ 人工接地体可垂直敷设或水平敷设。垂直敷设时，如图 10-1 所示，接地体相互间距不宜小于其长度的 2 倍，顶端埋深一般为 0.8 m；水平敷设时，接地体相互间距不宜小于 5 m，埋深一般不小于 0.8 m。

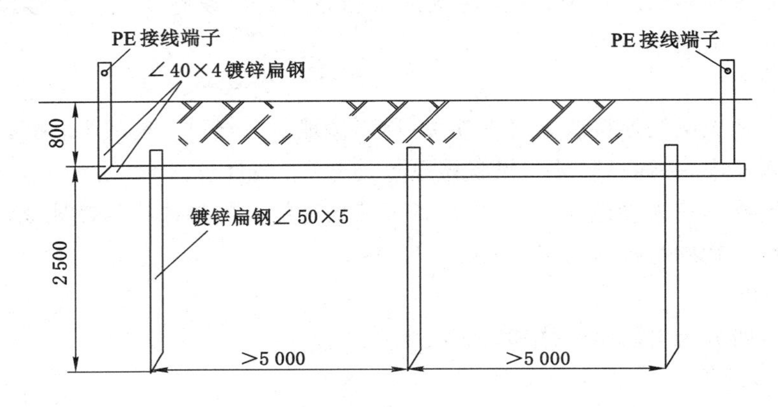

图 10-1　人工接地体做法示意图

④ 人工接地体和人工接地线的最小规格分别见表 10-1 和表 10-2。

表 10-1　　人工接地体最小规格

材料名称	规格项目	最小规格
圆钢	直径/mm	4
钢管	壁厚/mm	3.5
角钢	板厚/mm	4
扁钢	截面/mm^2	48
	板厚/mm	6

注：敷设在腐蚀性较强的场所或土壤电阻率 $\rho \leqslant 100\ \Omega \cdot m$ 的潮湿土壤中的接地体，应适当加大规格或热镀锌。

表 10-2　　人工接地线最小规格

材料名称	规格项目	地上敷设		地下敷设
		室内	室外	
圆钢	直径/mm	5	6	8
钢管	壁厚/mm	2.5	2.5	3.5

续表 10-2

材料名称	规格项目	地上敷设		地下敷设
		室内	室外	
角钢	板厚/mm	2	2.5	4
扁钢	截面/mm^2	24	48	48
	板厚/mm	3	4	8
绝缘铜线	截面/mm^2		1.5	

注:敷设在腐蚀性较强的场所或土壤电阻率 $\rho \leqslant 100\ \Omega \cdot m$ 的潮湿土壤中的接地体应适当加大规格或热镀锌。

⑤ 接地体和接地线之间的连接必须采用焊接,其焊接长度应符合下列要求:

a. 扁钢与钢管(或角钢)焊接时,搭接长度为扁钢宽度的2倍,且至少3面焊接。

b. 圆钢与钢管(或角钢)焊接时,搭接长度为圆钢直径的6倍,且至少2个长面焊接。

⑥ 接地线可用扁钢或圆钢。接地线应引出地面,在扁钢上端打孔或在圆钢上焊钢板打孔用螺栓加垫与保护零线(或保护零线引下线)连接牢固,要注意除锈,保证电气连接。

⑦ 接地线及其连接处如位于潮湿或腐蚀介质场所,应涂刷防潮、防腐蚀油漆。

⑧ 每一组接地装置的接地线应采用两根及以上导体,并在不同点与接地体焊接。

⑨ 接地体周围不得有垃圾或非导体杂物,且应与土壤紧密接触。

应当特别注意,金属燃气管道不能用作自然接地体或接地线,螺纹钢和铝板不能用作人工接地体。

2. 接地的类型

施工现场临时用电工程中,接地主要包括工作接地、保护接地、重复接地和防雷接地四种。

(1) 工作接地

施工现场临时用电工程中,因运行需要的接地(例如三相供电系统中,电源中性点的接地)称为工作接地。在工作接地的情况下,大地作为一根导线,而且能够稳定设备导电部分的对地电压。

(2) 保护接地

施工现场临时用电工程中,因漏电保护需要,将电气设备正常情况下不带电的金属外壳和机械设备的金属构件(架)接地,称为保护接地。在保护接地的情况下,能够保证工作人员的安全和设备的可靠工作。

(3) 重复接地

在中性点直接接地的电力系统中,为了保证接地的作用和效果,除在中性点处直接接地外,还须在中性线上的一处或多处再做接地,称为重复接地。

电力系统的中性点,是指三相电力系统中绕组或线圈采用星形连接的电力设备(如发电机、变压器等)各相的连接对称点和电压平衡点,其对地电位在电力系统正常运行时为零或接近于零。

(4) 防雷接地

防雷装置(避雷针、避雷器、避雷线等)的接地,称为防雷接地。防雷接地的设置主要是用做雷击时将雷电流泄入大地，从而保护设备、设施和人员等的安全。

10.3.2 防雷

（1）防雷装置

雷电是一种破坏力、危害性极大的大自然现象，要想消除它是不可能的，但消除其危害却是可能的。即可通过设置一种装置，人为控制和限制雷电发生的位置，并使其不至于危害到需要保护的人、设备或设施。这种装置称作防雷装置或避雷装置。

（2）防雷部位的确定

参照现行国家标准《建筑物防雷设计规范》(GB 50057—2010)，施工现场需要考虑防止雷击的部位主要是塔式起重机、物料提升机、外用电梯等高大机械设备及钢脚手架、在建工程金属结构等高架设施，并且其防雷等级可按三类防雷对待。防感应雷的部位则是设置现场变电所的进、出线处。

首先应考虑邻近建筑物或设施是否有防止雷击装置，如果有，它们是在其保护范围以内，还是在其保护范围以外。如果施工现场的起重机、物料提升机、外用电梯等机械设备，以及钢管脚手架和正在施工的在建工程等的金属结构，在相邻建筑物、构筑物等设施的防雷装置保护范围以外，则应按规定安装防雷装置。

（3）防雷保护范围

防雷保护范围是指接闪器对直击雷的保护范围。

接闪器防止雷击的保护范围是按“滚球法”确定的，所谓滚球法是指选择一个半径为 h_r，由防雷类别确定的一个可以滚动的球体，沿需要防直击雷的部位滚动，当球体只触及接闪器（包括被利用作为接闪器的金属物），或只触及接闪器和地面（包括与大地接触并能承受雷击的金属物），而不触及需要保护的部位时，则该未被触及部分就得到接闪器的保护。

10.4 供配电系统

施工现场用电工程的基本供配电系统应当按三级设置，即采用三级配电。

10.4.1 系统的基本结构

三级配电是指施工现场从电源进线开始至用电设备之间，应经过三级配电装置配送电力。即由总配电箱（一级箱）或配电室的配电柜开始，依次经由分配电箱（二级箱）、开关箱（三级箱）到用电设备。这种分三个层次逐级配送电力的系统就称为三级配电系统。它的基本结构形式可用一个系统框图来形象化地描述，如图 10-2 所示。

10.4.2 系统的设置原则

三级配电系统应遵守四项规则，即分级分路规则，动、照分设规则，压缩配电间距规则和环境安全规则。

（1）分级分路

1）从一级总配电箱（配电柜）向二级分配电箱配电可以分路。即一个总配电箱（配电柜）可以分若干分路向若干分配电箱配电，每一分路也可分支支接若干分配电箱。

2）从二级分配电箱向三级开关箱配电同样也可以分路。即一个分配电箱也可以分

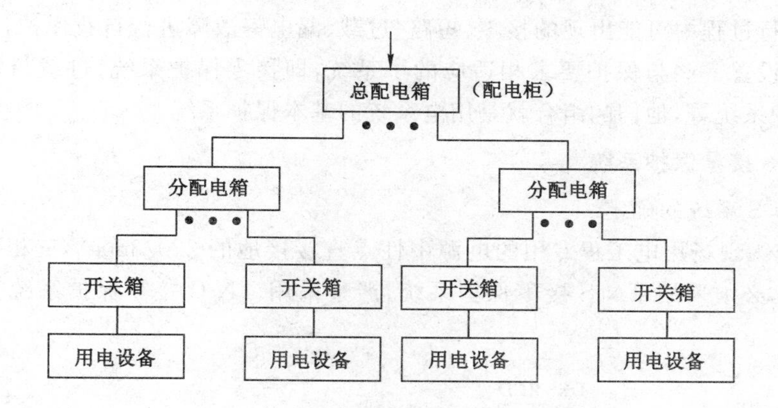

图10-2 施工现场三级配电系统结构示意图

若干分路向若干开关箱配电，而其每一分路也可以支接或链接若干开关箱。

3）从三级开关箱向用电设备配电实行所谓“一机一闸”制，不存在分路问题。即每一开关箱只能连接控制一台与其相关的用电设备（含插座），包括一组不超过30 A负荷的照明器，或每一台用电设备必须有其独立专用的开关箱。

按照分级分路规则的要求，在三级配电系统中，任何用电设备均不得越级配电，即其电源线不得直接连接于分配电箱或总配电箱；任何配电装置不得挂接其他临时用电设备。否则，三级配电系统的结构型式和分级分路规则将被破坏。

（2）动照分设

1）动力配电箱与照明配电箱宜分别设置；若动力与照明合置于同一配电箱内共箱配电，则动力与照明应分路配电。

2）动力开关箱与照明开关箱必须分箱设置，不存在共箱分路设置问题。

（3）压缩配电间距

压缩配电间距规则是指除总配电箱、配电室（配电柜）外，分配电箱与开关箱之间，开关箱与用电设备之间的空间间距尽量缩短。压缩配电间距规则可用以下三个要点说明：

1）分配电箱应设在用电设备或负荷相对集中的区域。

2）分配电箱与开关箱的距离不得超过30 m。

3）开关箱与其供电的固定式用电设备的水平距离不宜超过3 m。

（4）环境安全

环境安全规则是指配电系统对其设置和运行环境安全因素的要求，主要包括对易燃易爆物、腐蚀介质、机械损伤、电磁辐射、静电等因素的防护要求，防止由其引发设备损坏、触电和电气火灾事故。

10.5 基本保护系统

施工现场的用电系统，不论其供电方式如何，都属于电源中性点直接接地的220/380 V三相四线制低压电力系统。为了保证用电过程中系统能够安全、可靠地运行，并对系统本身在运行过程中可能出现的接零、短路、过载、漏电等故障进行自我保护，在系统结构配置中必须设置一些与保护要求相适应的子系统，即接零保护系统、过载与短路保护系统、漏电保护系统等，他们的组合就是用电系统的基本保护系统。

10.5.1 TN-S 接零保护系统

(1) TN-S 系统的确定

1) 在施工现场用电工程专用的电源中性点直接接地的220/380 V三相四线制低压电力系统中，必须采用 TN-S 接零保护系统，严禁采用 TN-C 接零保护系统。如图 10-3 所示。

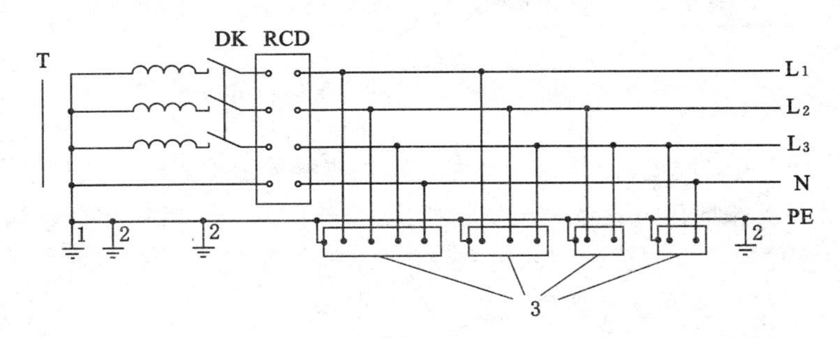

图 10-3 专用变压器供电时 TN-S 接零保护系统示意图

1——工作接地；2——PE 线重复接地；3——设备外壳；T——变压器；

DK——总电源隔离开关；RCD——总漏电保护器

2) 当施工现场与外电线路共用同一供电系统时，电气设备的接地、接零保护应与原系统保持一致。不得一部分设备做保护接零，另一部分设备做保护接地。

当采用 TN 系统做保护接零时，工作零线(N 线)必须通过总漏电保护器，保护零线(PE 线)必须由电源进线零线重复接地处或总漏电保护器电源侧零线处，引出形成局部 TN-S 接零保护系统。如图 10-4 所示。

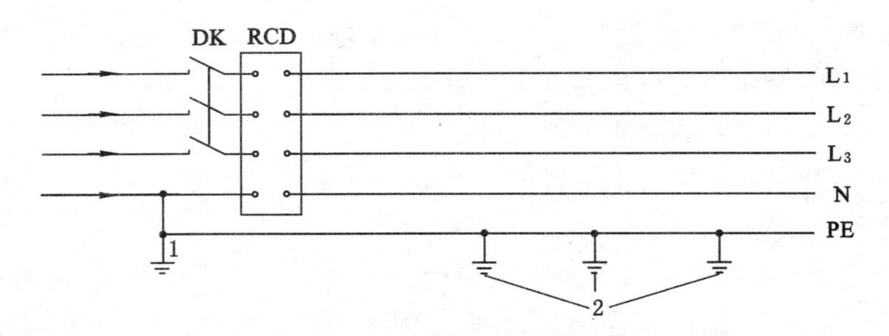

图 10-4 三相四线供电时局部 TN-S 接零保护系统保护零线引出示意图

1——NPE 线重复接地；2——重复接地

3) 供电方采用三相四线供电，且供电方配电室控制柜内有漏电保护器，此时从施工现场配电室总配电箱电源侧零线或总漏电保护器电源侧零线处引出保护零线(PE 线)，如图 10-5 所示，供电方配电室内漏电保护器就会跳闸。于是，有的施工单位电工从施工现场配电室(总配电箱)处的重复接地装置引出 PE 线，如图 10-6 所示，这种做法是不恰当的，因为这样做，施工现场临时用电系统仍属于TT系统。正确的方法是从供电方配电室内控制柜电源侧零线上引出PE线，如图10-7所示。

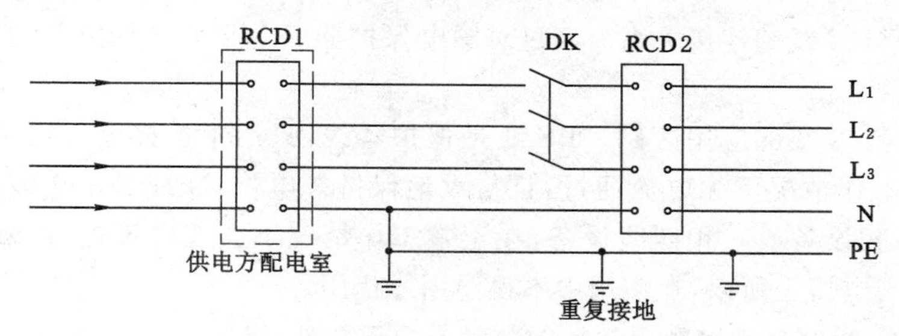

图10-5　从总漏电保护器电源侧零线处引出保护零线示意图

DK——总电源隔离开关；RCD1——供电方配电室内总漏电保护器；

RCD2——施工现场总漏电保护器

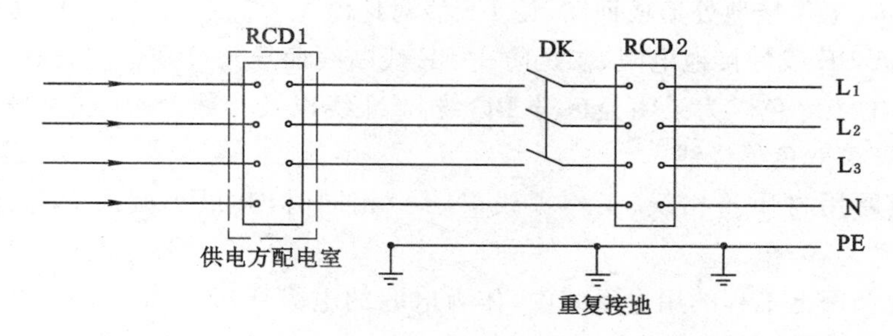

图10-6　从重复接地引出PE线示意图

DK——总电源隔离开关；RCD1——供电方配电室内总漏电保护器；

RCD2——施工现场总漏电保护器

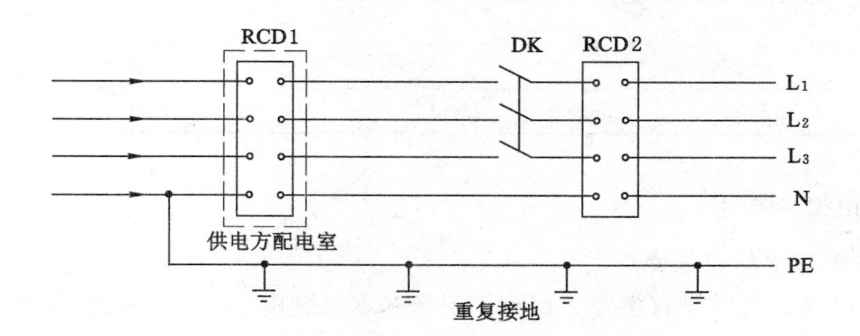

图10-7　从供电方配电室控制柜电源侧零线上引出PE线示意图

DK——总电源隔离开关；RCD1——供电方配电室内总漏电保护器；

RCD2——施工现场总漏电保护器

(2) PE线的设置规则

采用TN-S和局部TN-S接零保护系统时，PE线的设置应遵循下述规则：

1) PE线的引出位置。对于专用变压器供电时的TN-S接零保护系统，PE线必须由工作接地线、配电室(总配电箱)电源侧零线或总漏电保护器(RCD)电源侧零线处引出；

对于共用变压器三相四线供电时的局部 TN-S 接零保护系统，PE 线必须由电源进线零线重复接地处或总漏电保护器电源侧零线处引出。

2）PE 线与 N 线的连接关系。经过总漏电保护器 PE 线和 N 线分开，其后不得再做电气连接。

3）PE 线与 N 线的应用区别。PE 线是保护零线，只用于连接电气设备外露可导电部分，在正常工作情况下无电流通过，且与大地保持等电位；N 线是工作零线，作为电源线用于连接单相设备或三相四线设备，在正常工作情况下会有电流通过，被视为带电部分，且对地呈现电压。所以，在实用中不得混用或代用。

4）PE 线的重复接地。重复接地的数量不少于 3 处，设置重复接地的部位可为：总配电箱（配电柜）处；各分路分配电箱处；各分路最远端用电设备开关箱处；塔式起重机、施工升降机、物料提升机、混凝土搅拌站等大型施工机械设备开关箱处。

重复接地必须与 PE 线相连接，严禁与 N 线相连接，否则 N 线中的电流将会流经大地和电源中性点工作接地处形成回路，使 PE 线对地电位升高而带电。PE 线重复接地的目的，一是降低 PE 线的接地电阻，二是防止 PE 线断线而导致接零保护失效。

5）PE 线的绝缘色。为了明显区分 PE 线和 N 线以及相线，按照国家统一标准，PE 线一律采用绿/黄双色绝缘线。

6）PE 线所用材质与相线、工作零线（N 线）相同时，其最小截面应符合表 10-3 的规定。

在施工现场用电工程的用电系统中，作为电源的电力变压器和发电机中性点直接接地的工作接地电阻值，在一般情况下都取不大于 4 Ω。

表 10-3　　PE 线截面与相线截面的关系

相线芯线截面 S/mm^2	PE 线最小截面$/\text{mm}^2$
$S \leqslant 16$	S
$16 < S \leqslant 35$	16
$S > 35$	$S/2$

10.5.2　漏电保护系统

漏电保护系统的设置要点：

(1) 漏电保护器的设置位置。在施工现场基本供配电系统的总配电箱（配电柜）和开关箱首、末二级配电装置中，设置漏电保护器。其中，总配电箱（配电柜）中的漏电保护器可以设置于总路，也可以设置于分路，但不必重叠设置。

(2) 实行分级、分段漏电保护原则。实行分级、分段漏电保护的具体体现是合理选择总配电箱（配电柜）、开关箱中漏电保护器的额定漏电动作参数。《施工现场临时用电安全技术规范》(JGJ 46—2005)从确保防止人体（间接接触）触电危害角度出发，对设置于开关箱和总配电箱（配电柜）的漏电保护器的漏电动作参数作出了如下规定：

1）开关箱中的漏电保护器，其额定漏电动作电流 $I_{\triangle}$ 为：一般场所 $I_{\triangle} \leqslant 30$ mA，潮湿与腐蚀介质场所 $I_{\triangle} \leqslant 15$ mA；其额定漏电动作时间为 $T_{\triangle} \leqslant 0.1$ s。

2）总配电箱中的漏电保护器，其额定漏电动作电流为 $I_{\triangle}>30$ mA，额定漏电动作时间为 $T_{\triangle}>0.1$ s，但其额定漏电动作电流与额定漏电动作时间的乘积 $I_{\triangle}\cdot T_{\triangle}$ 应不超过安全界限值 30 mA·s，即 $I_{\triangle}\cdot T_{\triangle}\leqslant 30$ mA·s。

3）漏电保护器极数和线数必须与负荷的相数和线数保持一致。

4）漏电保护器必须与用电工程合理的接地系统配合使用，才能形成完备可靠的防触电保护系统。漏电保护器在 TN-S 系统中的配合使用接线方式、方法如图 10-8 所示。

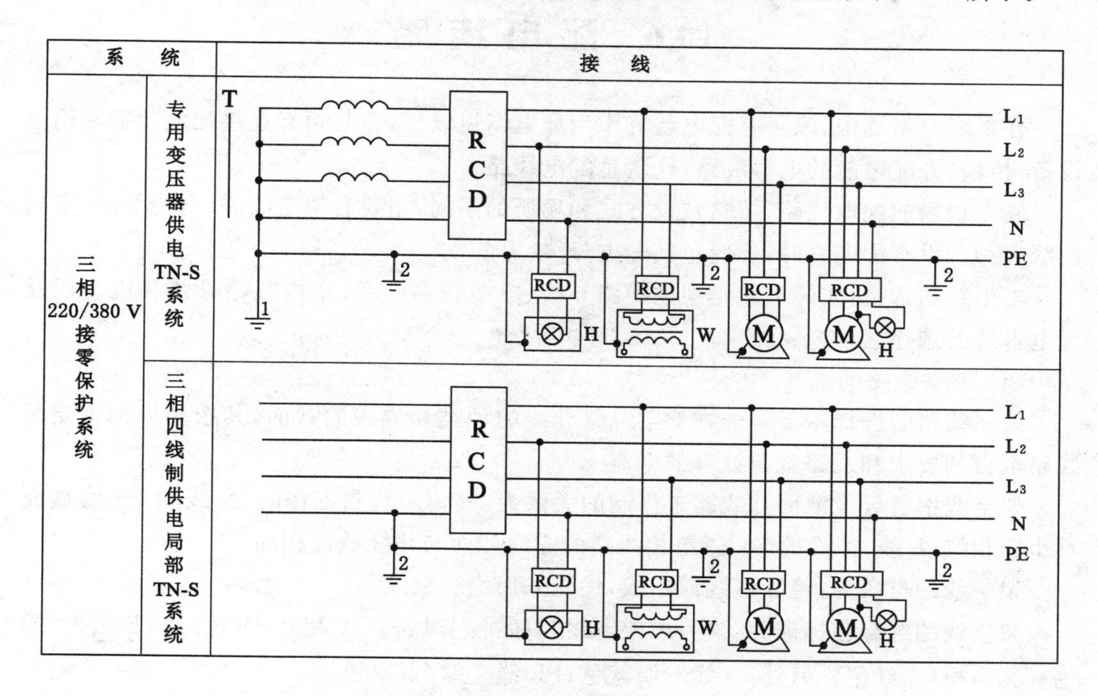

图 10-8 漏电保护器使用接线方法示意图

5）漏电保护器的电源进线类别（相线或零线）必须与其进线端标记一一对应，不允许交叉混接，更不允许将 PE 线当 N 线接入漏电保护器。

6）漏电保护器在结构选型时，宜选用无辅助电源（电磁式）产品，或选用辅助电源故障时能自动断开的辅助电源型（电子式）产品。不能选用辅助电源故障时不能断开的辅助电源型（电子式）产品。

10.5.3 过载短路保护系统

当电气设备和线路因其负荷（电流）超过额定值而发生过载故障，或因其绝缘损坏而发生短路故障时，就会因电流过大而烧毁绝缘，引起漏电和电气火灾。

过载和短路故障使电气设备和线路不能正常使用，造成财产损失，甚至使整个用电系统瘫痪，严重影响正常施工，还可能引发触电伤害事故。所以对过载、短路故障的危害必须采取有效的预防性措施。

预防过载、短路故障危害的有效措施就是在基本供配电系统中设置过载、短路保护系统。过载、短路保护系统可通过在总配电箱、分配电箱、开关箱中设置过载、短路保护电器中实现。这里需要指出，过载、短路保护系统必须按三级设置，即在总配电箱、分配电箱、开关箱及其各分路中都要设置过载、短路保护电器，并且其过载、短路保护动作参数应逐级合理选取，以实现三级保护的选择性配合。用作过载、短路保护的电器主要有各种类型的断路器和熔断器。其中，断路器以塑壳式断路器为宜；熔断器则应选用具有可靠灭弧分段功能的产品，不得以普通熔丝替代。

10.6 配电线路

在供配电系统中，除了有配电装置作为配电枢纽以外，还必须有连接配电装置和用电设备，传输、分配电能的电力线路，这就是配电线路。

施工现场的配电线路，按其敷设方式和场所的不同，主要有架空线路、电缆线路、室内配线三种。设有配电室时，还应包括配电母线。

配电线的选择，实际上就是架空线路导线、电缆线路电缆、室内线路导线和电缆以及配电母线的选择。

(1) 架空线路的选择

架空线路的选择主要是选择架空线路导线的种类和导线的截面，其选择依据主要是线路敷设的要求和线路负荷计算的电流。

架空线中各导线截面与线路工作制的关系为：三相四线制工作时，N线和PE线截面不小于相线(L线)截面的50%；单相线路的零线截面与相线截面相同。

架空线的材质为：绝缘铜线或铝线，优先采用绝缘铜线。

架空线的绝缘色标准为：当考虑架空线相序排列时：L_1(A相)—黄色；L_2(B相)—绿色；L_3(C相)—红色。另外：N线—淡蓝色；PE线—绿/黄双色。

(2) 电缆的选择

电缆的选择主要是选择电缆的类型、截面和芯线配置，其选择依据主要是线路敷设的要求和线路负荷计算的计算电流。

电缆中必须包含全部工作芯线和用作保护零线或保护线的芯线。需要三相四线制配电的电缆线路必须采用五芯电缆。

五芯电缆必须包含淡蓝、绿/黄二种颜色绝缘芯线。淡蓝色芯线必须用作N线；绿/黄双色芯线必须用作PE线，严禁混用。其中，N线和PE线的绝缘色规定，同样适用于四芯、三芯等电缆。而五芯电缆中相线的绝缘色则一般由黑、棕、白三色中两种搭配。

(3) 室内配线的选择

室内配线必须采用绝缘导线或电缆。其选择要求基本与架空线路或电缆线路相同。

除以上三种配线方式外，在配电室里还有一个配电母线问题。由于施工现场配电母线常常采用裸扁铜板或裸扁铝板制作成所谓裸母线，因此其安装时，必须用绝缘子支撑固定在配电柜上，以保持对地绝缘和电磁(力)稳定。母线规格主要由总负荷计算电流确定。考虑到母线敷设有相序规定，母线表面应涂刷有色油漆，三相母线的相序和色标依次为：L_1(A相)—黄色；L_2(B相)—绿色；L_3(C相)—红色。

10.7 配电装置

施工现场的配电装置是指施工现场用电工程配电系统中设置的总配电箱(配电柜)、分配电箱和开关箱。为叙述方便起见,以下将总配电箱和分配电箱合称为配电箱。

10.7.1 配电装置的箱体结构

这里所谓配电装置的箱体结构,主要是指适合于施工现场用电工程配电系统使用的配电箱、开关箱的箱体结构。

(1) 箱体材料

配电箱、开关箱的箱体一般应采用冷轧钢板或阻燃绝缘材料制作,但不得采用木板制作。

采用冷轧钢板制作时,厚度应为1.2～2.0 mm。其中,开关箱箱体钢板厚度应不小于1.2 mm,配电箱箱体钢板厚度应不小于1.5 mm。箱体钢板表面应做防腐处理并涂面漆。

采用阻燃绝缘板,例如环氧树脂纤维木板、电木板等。其厚度应保证适应户外使用,具有足够的机械强度。

(2) 配置电器安装板

配电箱、开关箱内应配置电器安装板,用以安装所配置的电器和接线端子板等。电器安装板应采用金属或非木质阻燃绝缘电器安装板。配电箱、开关箱内的电器(含插座)应先安装在金属或非木质阻燃绝缘电器安装板上,然后方可整体紧固在配电箱、开关箱箱体内。不得将所配置的电器、接线端子板等直接装设在箱体上。

(3) 加装N、PE接线端子板

1) 配电箱、开关箱的电器安装板上必须加装N线端子板和PE线端子板。N线端子板必须与金属电器安装板绝缘;PE线端子板必须与金属电器安装板做电气连接。

进出线中的N线必须通过N线端子板连接,PE线必须通过PE线端子板连接。

2) 配电箱、开关箱的金属箱体,金属电器安装板以及电器正常不带电的金属底座、外壳等必须通过PE线端子板与PE线做电气连接,金属箱门与金属箱体必须通过采用编织软铜线做电气连接。

3) N、PE端子板的接线端子数应与配电箱的进、出线路数保持一致。

4) N、PE端子板应采用紫铜板制作。

(4) 进、出线口

1) 配电箱、开关箱导线的进、出线口应设置在箱体正常安装位置的下底面,并设固定线卡。

2) 进、出线口应光滑,以圆口为宜,加绝缘护套。

3) 导线不得与箱体直接接触。进、出线口应配置固定线卡,将导线加绝缘保护套成束卡固在箱体上。

4) 移动式配电箱和开关箱的进、出线应采用橡皮护套绝缘电缆,不得有接头。

5) 进、出线口数应与进、出线总路数保持一致。

(5)门锁

配电箱、开关箱箱体应设箱门并配锁,以适应户外环境和用电管理要求。

(6)防雨、防尘

配电箱、开关箱的外形结构应具有防雨、防雪、防尘功能,以适应户外环境和用电安全要求。

10.7.2 配电装置的电器配置

(1)总配电箱的电器配置原则

总配电箱的电器应具备电源隔离、正常接通与分断电路,以及短路、过载、漏电保护功能。

1)当总路设置总漏电保护器时,还应装设总隔离开关、分路隔离开关以及总断路器、分路断路器或总熔断器、分路熔断器。若总漏电保护器是同时具备短路、过载、漏电保护功能的漏电断路器,则可不设总断路器或总熔断器。

2)当各分路设置分路漏电保护器时,还应装设总隔离开关、分路隔离开关以及总断路器、分路断路器或总熔断器、分路熔断器。若分路所设漏电保护器是同时具备短路、过载、漏电保护功能的漏电断路器,则可不设分路断路器或分路熔断器。

3)隔离开关应设置于电源进线端,应采用分断时具有可见分断点并能同时断开电源所有极或彼此靠近的单极的隔离电器,不得采用分断时不具有可见分断点的电器。当采用具有可见分断点的断路器时,可不另设隔离开关。

4)熔断器应选用具有可靠灭弧分断功能的产品。

5)总开关电器的额定值、动作整定值应与分路开关电器的额定值、动作整定值相适应。

此外,总配电箱应装设电压表、总电流表、电度表及其他需要的仪表。装设电流互感器时,其二次回路必须与保护零线有一个连接点,且严禁断开电路。

(2)分配电箱的电器配置原则

分配电箱的电器配置在采用二级漏电保护的配电系统中,分配电箱中不要求设置漏电保护器,但电源隔离开关、过载与短路保护电器必须设置。

1)总路应设置总隔离开关,以及总断路器或总熔断器。

2)分路应设置分路隔离开关,以及分路断路器或分路熔断器。

3)隔离开关应设置于电源进线端,并采用分断时具有可见分断点并能同时断开电源所有极或彼此靠近的单极的隔离电器,不得采用分断时不具有可见分断点的电器。当采用分断时具有可见分断点的断路器时,可不另设隔离开关。

(3)开关箱的电器配置原则

每台用电设备必须有各自专用的开关箱,严禁用同一个开关箱直接控制 2 台及 2 台以上用电设备(含插座)。

1)开关箱必须装设隔离开关、断路器或熔断器以及漏电保护器。

2)当漏电保护器是同时具有短路、过载、漏电保护功能的漏电断路器时,可不装设断路器或熔断器。

3)隔离开关应采用分断时具有可见分断点,能同时断开电源所有极的隔离电器,并应设置于电源进线端。当断路器具有可见分断点时,可不另设隔离开关。

10.8 用电设备

用电设备是配电系统的终端设备,是最终将电能转化为机械能、光能等其他形式能量的设备。在施工现场中,用电设备就是直接服务于施工作业的生产设备。

施工现场的用电设备基本上可分四大类,即电动建筑机械、手持式电动工具、照明器和消防水泵等。

通常以触电危险程度来考虑,施工现场的环境条件可分三大类:

(1) 一般场所

相对湿度不大于75%的干燥场所,无导电粉尘场所,气温不高于30 ℃场所,有不导电地板(干燥木地板、塑料地板、沥青地板等)场所等均属于一般场所。

(2) 危险场所

相对湿度长期处于75%以上的潮湿场所,露天并且能遭受雨、雪侵袭的场所,气温高于30 ℃的炎热场所,有导电粉尘场所,有导电泥、混凝土或金属结构地板场所,施工中常处于水湿润的场所等均属于危险场所。

(3) 高度危险场所

相对湿度接近100%场所,蒸汽环境场所,有活性化学媒质放出腐蚀性气体或液体场所,具有两个及以上危险场所特征(如导电地板和高温,或导电地板和有导电粉尘)场所等均属于高度危险场所。

10.9 施工现场用电安全管理

10.9.1 接地(接零)与防雷安全技术

(1) 接地与接零

1) 保护零线除应在配电室或总配电箱处做重复接地外,还应在配电线路的中间处和末端处重复接地。保护零线每一重复接地装置的接地电阻值应不大于10 Ω。

2) 每一接地装置的接地线应采用两根以上导体,在不同点与接地装置做电气连接。不应用铝导体做接地体或地下接地线。垂直接地体宜采用角钢、钢管或圆钢,不宜采用螺纹钢材。

3) 电气设备应采用专用芯线做保护接零,此芯线严禁通过工作电流。

4) 手持式用电设备的保护零线,应在绝缘良好的多股铜线橡皮电缆内。其截面不应小于1.5 mm^2,其芯线颜色为绿/黄双色。

5) Ⅰ类手持式用电设备的插销上应具备专用的保护接零(接地)触头。所用插头应能避免将导电触头误作接地触头使用。

6) 施工现场所有用电设备,除作保护接零外,应在设备负荷线的首端处设置有可靠的电气连接。

（2）防雷

1）在土壤电阻率低于 200 Ω·m 区域的电杆可不另设防雷接地装置，但在配电室的架空进线或出线处应将绝缘子铁脚与配电室的接地装置相连接。

2）施工现场内的起重机、井字架及龙门架等机械设备，若在相邻建筑物、构筑物的防雷装置的保护范围以外，应按表 10-4 的规定安装防雷装置。

表 10-4　　施工现场内机械设备需安装防雷装置的规定

地区年平均雷暴日/d	机械设备高度/m
≤15	≥50
>15，<40	≥32
≥40，<90	≥20
≥90 及雷害特别严重的地区	≥12

3）防雷装置应符合以下要求：

① 施工现场内所有防雷装置的冲击接地电阻值不应大于 30 Ω。

② 各机械设备的防雷引下线可利用该设备的金属结构体，但应保证电气连接。

③ 机械设备上的避雷针（接闪器）长度应为 1～2 m。塔式起重机可不另设避雷针（接闪器）。

④ 安装避雷针的机械设备所用动力、控制、照明、信号及通信等线路，应采用钢管敷设，并将钢管与该机械设备的金属结构体做电气连接。

⑤ 防雷接地机械上的电气设备，所连接的 PE 线必须同时做重复接地，同一台机械电气设备的重复接地和机械的防雷接地可共用同一接地体，但接地电阻应符合重复接地电阻值的要求。

10.9.2　变压器与配电室安全技术

1. 变压器安装与运行

（1）变压器安装

施工用的 10 kV 及以下变压器装于地面时，应有 0.5 m 的高台，高台的周围应装设栅栏，其高度不应低于 1.7 m，栅栏与变压器外廓的距离不应小于 1 m，杆上变压器安装的高度应不低于 2.5 m，并挂“止步，高压危险”的警示标志。变压器的引线应采用绝缘导线。

（2）变压器的运行

变压器运行中应定期进行检查，主要包括下列内容：

① 油的颜色变化、油面指示、有无漏油或渗油现象。

② 响声是否正常，套管是否清洁，有无裂纹和放电痕迹。

③ 接头有无腐蚀及过热现象，检查油枕的集污器内有无积水和污物。

④ 有防爆管的变压器，要检查防爆隔膜是否完整。

⑤ 变压器外壳的接地线有无中断、断股或锈烂等情况。

2. 配电室设置

(1) 一般要求。

1) 配电室应靠近电源,并应设在无灰尘、无蒸汽、无腐蚀介质及振动的地方。

2) 成列的配电屏(盘)和控制屏(台)两端应与重复接地线及保护零线做电气连接。

3) 配电室应能自然通风,并应采取防止雨雪和动物进入措施。

4) 配电屏(盘)正面的操作通道宽度,单列布置应不小于1.5 m,双列布置应不小于2 m;配电屏(盘)后面的维护通道宽度,单列布置或双列面对面布置不小于0.8 m,双列背对背布置不小于1.5 m,个别地点有建筑物结构凸出的地方,则此点通道宽度可减少0.2 m;侧面的维护通道宽度应不小于1 m;盘后的维护通道应不小于0.8 m。

5) 在配电室内设值班室或检修室时,该室距电屏(盘)的水平距离应大于1 m,并应采取屏障隔离。

6) 配电室的门应向外开,并配锁。

7) 配电室内的裸母线与地面垂直距离小于2.5 m时,应采用遮挡隔离,遮挡下面通行道的高度应不小于1.9 m。

8) 配电室的围栏上端与垂直上方带电部分的净距,不应小于0.075 m。

9) 配电室的顶棚与地面的距离不低于3 m;配电装置的上端距天棚不应小于0.5 m。

10) 母线均应涂刷有色油漆,其涂色应符合表10-5规定。

表10-5　　母线涂色表

相别	颜色	垂直排列	水平排列	引下排列
L_1(A)	黄	上	后	左
L_2(B)	绿	中	中	中
L_3(C)	红	下	前	右
N	淡蓝	—	—	—

11) 配电室的建筑物和构筑物的耐火等级应不低于3级,室内应配置砂箱和适宜于扑救电气类火灾的灭火器。

(2) 配电屏应符合以下要求:

1) 配电屏(盘)应装设有功、无功电度表,并应分路装设电流、电压表。电流表与计费电度表不应共用一组电流互感器。

2) 配电屏(盘)应装设短路、过负荷保护装置和漏电保护器。

3) 配电屏(盘)上的各配电线路应编号,并应标明用途标记。

4) 配电屏(盘)或配电线路维修时,应悬挂"电器检修,禁止合闸"等警示标志;停、送电应由专人负责。

(3) 电压为400/230 V的自备发电机组,应遵守下列规定:

1) 发电机组及其控制、配电、修理室等可分开设置;在保证电气安全距离和满足防火要求情况下可合并设置。

2) 发电机组的排烟管道必须伸出室外,机组及其控制配电室内严禁存放贮油桶。

3) 发电机组电源应与外电线路电源连锁,严禁并列运行。

4）发电机组应采用三相四线制中性点直接接地系统和独立设置TN-S接零保护系统，并须独立设置，其接地阻值不应大于4 Ω。

5）发电机供电系统应设置电源隔离开关及短路、过载、漏电保护电器。电源隔离开关分断时应有明显可见分断点。

6）发电机并列运行时，应在机组同期后再向负荷供电。

7）发电机控制屏宜装设下列仪表：交流电压表、交流电流表、有功功率表、电度表、功率因数表、频率表、直流电流表。

10.9.3 线路架设安全技术

1. 架空线路架设

（1）架空线必须采用绝缘导线。

（2）架空线应设在专用电杆上，严禁架设在树木、脚手架及其他设施上。

（3）架空线导线截面的选择应符合下列要求：

1）导线中的计算负荷电流不大于其长期连续负荷允许载流量。

2）线路末端电压偏移不大于其额定电压的5%。

3）三相四线制线路的N线和PE线截面不小于相线截面的50%，单相线路的零线截面与相线截面相同。

4）按机械强度要求，绝缘铜线截面不小于10 mm^2，绝缘铝线截面不小于16 mm^2。

5）在跨越铁路、公路、河流、电力线路挡距内，绝缘铜线截面不小于16 mm^2，绝缘铝线截面不小于25 mm^2。

（4）架空线在一个挡距内，每层导线的接头数不得超过该层导线条数的50%，且一条导线应只有一个接头。

在跨越铁路、公路、河流、电力线路挡距内，架空线不得有接头。

（5）架车线路相序排列应符合下列规定：

1）动力、照明线在同一横担上架设时，导线相序排列是：面向负荷从左侧起依次为L_1、N、L_2、L_3、PE。

2）动力、照明线在二层横担上分别架设时，导线相序排列是：上层横担面向负荷从左侧起依次为L_1、L_2、L_3；下层横担面向负荷从左侧起依次为L_1（L_2、L_3）、N、PE。

（6）架空线路的挡距不得大于35 m。

（7）架空线路的线间距不得小于0.3 m，靠近电杆的两导线的间距不得小于0.5 m。

（8）架空线路横担间的最小垂直距离不得小于表10-6所列数值；横担宜采用角钢或方木，低压铁横担角钢应按表10-7选用，方木横担截面应按80 mm×80 mm选用；横担长度应按表10-8选用。

表10-6　横担间的最小垂直距离　m

排列方式	直线杆	分支或转角杆
高压与低压	1.2	1.0
低压与低压	0.6	0.3

表 10-7　　　　　　　　　　　　**低压铁横担角钢选用表**

导线截面/mm²	直线杆	分支或转角杆	
		二线及三线	四线及以上
16,25,35,50	∟ 50×5	2×∟ 50×5	2×∟ 63×5
70,95,120	∟ 63×5	2×∟ 63×5	2×∟ 70×6

表 10-8　　　　　　　　　　　　**横担长度选用**　　　　　　　　　　　　m

二线	三线、四线	五线
0.7	1.5	1.8

(9) 架空线路与邻近线路或固定物的距离应符合表 10-9 的规定。

表 10-9　　　　　　　　**架空线路与邻近线路或固定物的距离**

<table>
<tr><td>项目</td><td colspan="7">距离类别</td></tr>
<tr><td rowspan="2">最小净空距离/m</td><td colspan="2">架空线路的过引线、接下线与邻线</td><td colspan="2">架空线与架空线电杆外缘</td><td colspan="3">架空线与摆动最大时树梢</td></tr>
<tr><td colspan="2">0.13</td><td colspan="2">0.05</td><td colspan="3">0.50</td></tr>
<tr><td rowspan="4">最小垂直距离/m</td><td rowspan="3">架空线同杆架设下方的通信、广播线路</td><td colspan="3">架空线最大弧垂与地面</td><td rowspan="3">架空线最大弧垂与暂设工程顶端</td><td colspan="2" rowspan="2">架空线与邻近电力线路交叉</td></tr>
<tr><td rowspan="2">施工现场</td><td rowspan="2">机动车道</td><td rowspan="2">铁路轨道</td></tr>
<tr><td>1 kV 以下</td><td>1～10 kV</td></tr>
<tr><td>1.0</td><td>4.0</td><td>6.0</td><td>7.5</td><td>2.5</td><td>1.2</td><td>2.5</td></tr>
<tr><td rowspan="2">最小水平距离/m</td><td colspan="2">架空线电杆与路基边缘</td><td colspan="2">架空线电杆与铁路轨道边缘</td><td colspan="3">架空线边线与建筑物凸出部分</td></tr>
<tr><td colspan="2">1.0</td><td colspan="2">杆高(m)+3.0</td><td colspan="3">1.0</td></tr>
</table>

(10) 架字线路宜采用钢筋混凝土杆或木杆。钢筋混凝土杆不得有露筋、宽度大于 0.4 mm 的裂纹和扭曲；木杆不得腐朽，其梢径不应小于 140 mm。

(11) 电杆埋设深度宜为杆长的 1/10 加 0.6 m，回填土应分层夯实。在松软土质处宜加大埋入深度或采用卡盘等加固。

(12) 直线杆和 15°以下的转角杆，可采用单横担单绝缘子，但跨越机动车道时应采用单横担双绝缘子；15°～45°的转角杆应采用双横担双绝缘子；45°以上的转角杆，应采用十字横担。

(13) 架空线路绝缘子应按下列原则选择：

1) 直线杆采用针式绝缘子；

2) 耐张杆采用蝶式绝缘子。

(14) 电杆的拉线宜采用镀锌铁丝，其截面不应小于 3×ϕ4.0 mm。拉线与电杆的夹角应在 30°～45°之间。拉线埋设深度不得小于 1 m。电杆拉线如从导线之间穿过，应在高于地面 2.5 m 处装设拉线绝缘子。

(15) 因受地形环境限制不能装设拉线时，可采用撑杆代替拉线，撑杆埋设深度不得小于 0.8 m，其底部应垫底盘或石块。撑杆与电杆的夹角宜为 30°。

(16) 接户线在挡距内不得有接头，进线处离地高度不得小于 2.5 m。接户线最小截面应符合表 10-10 规定。接户线线间及与邻近线路间的距离应符合表 10-11 的要求。

表 10-10　　接户线的最小截面

接户线架设方式	接户线长度/m	接户线截面/mm^2	
		铜线	铝线
架空或沿墙敷设	10～25	4.0	6.0
	≤10	2.5	4.0

表 10-11　　接户线线间及与邻近线路间的距离

接户线架设方式	接户线挡距/m	接户线线间距离/mm
架空敷设	≤25	150
	>25	200
沿墙敷设	≤6	100
	>6	150
架空接户线与广播线、电话线交叉时的距离/mm		接户线在上部，600 接户线在下部，300
架空或沿墙敷设的接户线零线和相线交叉时的距离/mm		100

(17) 架空线路必须有短路保护。

采用熔断器做短路保护时，其熔体额定电流不应大于明敷绝缘导线长期连续负荷允许载流量的 1.5 倍。

采用断路器做短路保护时，其瞬动过流脱扣器脱扣电流整定值应小于线路末端单相短路电流。

(18) 架空线路必须有过载保护。

采用熔断器或断路器做过载保护时，绝缘导线长期连续负荷允许载流量不应小于熔断器熔体额定电流或断路器长延时过流脱扣器脱扣电流整定值的 1.25 倍。

2. 配电线路

(1) 配电线路采用熔断器做短路保护时，熔体额定电流应不大于电缆或穿管绝缘导线允许载流量的 2.5 倍，或明敷绝缘导线允许载流量的 1.5 倍。

(2) 配电线路采用自动开关做短路保护时，其过电流脱扣器脱扣电流整定值，应小于线路末端单相短路电流，并应能承受短路时过负荷电流。

(3) 经常过负荷的线路、易燃易爆物邻近的线路、照明线路，应有过负荷保护。

(4) 装设过负荷保护的配电线路，其绝缘导线的允许载流量，应不小于熔断器熔体额定电流或自动开关延长时过流脱扣器脱扣电流整定值的 1.25 倍。

3. 电缆线路敷设

《水电工程施工通用安全技术规程》(SL 398—2007)第4.4.5条规定,电缆线路敷设应遵守下列规定:

(1) 电缆干线应采用埋地或架空敷设,严禁沿地面明设,并应避免机械损伤和介质腐蚀。

(2) 电缆在室外直接埋地敷设的深度应不小于0.6 m,并应在电缆上下各均匀铺设不小于50 mm厚的细砂,然后覆盖砖等硬质保护层。

(3) 电缆穿越建筑物、构筑物、道路、易受机械损伤的场所及引出地面从2 m高度至地下0.2 m处,应加设防护套管。

(4) 埋地敷设电缆的接头应设在地面上的接线盒内,接线盒应能防水、防尘、防机械损伤并应远离易燃、易腐蚀场所。

(5) 橡皮电缆架空敷设时,应沿墙壁或电杆设置,并用绝缘子固定,严禁使用金属裸线作绑线。固定点间距应保证橡皮电缆能承受自重所带来的荷重。橡皮电缆的最大弧垂距地不应小于2.5 m。

(6) 电缆接头应牢固可靠,并应做绝缘包扎,保持绝缘强度,不应承受张力。

4. 室内配线

安装在现场办公室、生活用房、加工厂房等暂设建筑内的配电线路,通称为室内配电线路,简称室内配线。室内配线应遵守下列规定:

(1) 室内配线必须采用绝缘导线或电缆。

(2) 室内配线应根据配线类型采用瓷瓶、瓷(塑料)夹、嵌绝缘槽、穿管或钢索敷设。

潮湿场所或埋地非电缆配线必须穿管敷设,管口和管接头应密封;当采用金属管敷设时,金属管必须做等电位连接,且必须与PE线相连接。

(3) 室内非埋地明敷主干线距地面高度不得小于2.5 m。

(4) 架空进户线的室外端应采用绝缘子固定,过墙处应穿管保护,距地面高度不得小于2.5 m,并应采取防雨措施。

(5) 室内配线所用导线或电缆的截面应根据用电设备或线路的计算负荷确定,但铜线截面不应小于1.5 mm^2,铝线截面不应小于2.5 mm^2。

(6) 钢索配线的吊架间距不宜大于12 m。采用瓷夹固定导线时,导线间距不应小于35 mm,瓷夹间距不应大于800 mm;采用瓷瓶固定导线时,导线间距不应小于100 mm,瓷瓶间距不应大于1.5 m;采用护套绝缘导线或电缆时,可直接敷设于钢索上。

(7) 室内配线必须有短路保护和过载保护,短路保护和过载保护电器与绝缘导线、电缆的选配应符合架空线路(17)条和(18)条的要求。对穿管敷设的绝缘导线线路,其短路保护熔断器的熔体额定电流不应大于穿管绝缘导线长期连续负荷允许载流量的2.5倍。

10.9.4 配电箱与开关箱的使用安全技术

1. 配电箱及开关箱的设置

(1) 配电系统应设置配电柜或总配电箱、分配电箱、开关箱,实行三级配电。

配电系统宜使三相负荷平衡。220 V或380 V单相用电设备宜接入220/380 V三相四线系统；当单相照明线路电流大于 30 A 时，宜采用 220/380 V 三相四线制供电。

室内配电柜的设置应符合本书中配电室章节的描述。

(2) 总配电箱以下可设若干分配电箱；分配电箱以下可设若干开关箱。

总配电箱应设在靠近电源的区域，分配电箱应设在用电设备或负荷相对集中的区域，分配电箱与开关箱的距离不得超过 30 m，开关箱与其控制的固定式用电设备的水平距离不宜超过 3 m。

(3) 每台用电设备必须有各自专用的开关箱，严禁用同一个开关箱直接控制 2 台及 2 台以上用电设备(含插座)。

(4) 动力配电箱与照明配电箱宜分别设置。当合并设置为同一配电箱时，动力和照明应分路配电；动力开关箱与照明开关箱必须分设。

(5) 配电箱、开关箱应装设在干燥、通风及常温场所，不得装设在有严重损伤作用的瓦斯、烟气、潮气及其他有害介质中，亦不得装设在易受外来固体物撞击、强烈振动、液体浸溅及热源烘烤场所。否则，应予清除或做防护处理。

(6) 配电箱、开关箱周围应有足够 2 人同时工作的空间和通道，不得堆放任何妨碍操作、维修的物品，不得有灌木、杂草。

(7) 配电箱、开关箱应采用冷轧钢板或阻燃绝缘材料制作，钢板厚度应为 1.2～2.0 mm，其中开关箱箱体钢板厚度不得小于 1.2 mm，配电箱箱体钢板厚度不得小于 1.5 mm，箱体表面应做防腐处理。

(8) 配电箱、开关箱应装设端正、牢固。固定式配电箱、开关箱的中心点与地面的垂直距离应为 1.4～1.6 m。移动式配电箱、开关箱应装设在坚固、稳定的支架上。其中心点与地面的垂直距离宜为 0.8～1.6 m。

(9) 配电箱、开关箱内的电器(含插座)应先安装在金属或非木质阻燃绝缘电器安装板上，然后方可整体紧固在配电箱。开关箱箱体内，金属电器安装板与金属箱体应做电气连接。

(10) 配电箱、开关箱内的电器(含插座)应按其规定位置紧固在电器安装板上，不得歪斜和松动。

(11) 配电箱的电器安装板上必须分设 N 线端子板和 PE 线端子板。N 线端子板必须与金属电器安装板绝缘，PE 线端子板必须与金属电器安装板做电气连接。

进出线中的 N 线必须通过 N 线端子板连接，PE 线必须通过 PE 线端子板连接。

(12) 配电箱、开关箱内的连接线必须采用钢芯绝缘导线。导线绝缘的颜色标志应按表 10-5 要求配置并排列整齐；导线分支接头不得采用螺栓压接，应采用焊接并做绝缘包扎，不得有外露带电部分。

(13) 配电箱、开关箱的金属箱体、金属电器安装板以及电器正常不带电的金属底座、外壳等必须通过 PE 线端子板与 PE 线做电气连接，金属箱门与金属箱体必须通过采用编织软铜线做电气连接。

(14) 配电箱、开关箱的箱体尺寸应与箱内电器的数量和尺寸相适应，箱内电器安装板板面电器安装尺寸可按照表 10-12 确定。

表 10-12 配电箱、开关箱内电器安装尺寸选择值

间距名称	最小净距/mm
并列电气(含单极熔断器)间	30
电器进、出线瓷管(塑胶管)孔与电器边沿间	15 A,30;20～30 A,50;60 A 以上,80
上、下排电器进出线瓷管(塑胶管)孔间	25
电器进、出线瓷管(塑胶管)孔至板边	40
电器至板边	40

(15) 配电箱、开关箱中导线的进线口和出线口应设在箱体的下底面。

(16) 配电箱、开关箱的进、出线口应配置固定线卡,进出线应加绝缘护套并成束卡固在箱体上,不得与箱体直接接触。移动式配电箱、开关箱的进、出线应采用橡皮护套绝缘电缆,不得有接头。

(17) 配电箱、开关箱外形结构应能防雨、防尘。

2. 电器装置的选择

(1) 配电箱、开关箱内的电器必须可靠、完好,严禁使用破损、不合格的电器。

(2) 总配电箱的电器应具备电源隔离,正常接通与分断电路,以及短路、过载、漏电保护功能。电器设置应符合下列原则:

1) 当总路设置总漏电保护器时,还应装设总隔离开关、分路隔离开关以及总断路器、分路断路器或总熔断器、分路熔断器。当所设总漏电保护器是同时具备短路、过载、漏电保护功能的漏电断路器时,可不设总断路器或总熔断器。

2) 当各分路设置分路漏电保护器时,还应装设总隔离开关、分路隔离开关以及总断路器、分路断路器或总熔断器、分路熔断器。当分路所设漏电保护器是同时具备短路、过载、漏电保护功能的漏电断路器时,可不设分路断路器或分路熔断器。

3) 隔离开关应设置于电源进线端,应采用分断时具有可见分断点,并能同时断开电源所有极的隔离电器。如采用分断时具有可见分断点的断路器,可不另设隔离开关。

4) 熔断器应选用具有可靠灭弧分断功能的产品。

5) 总开关电器的额定值、动作整定值应与分路开关电器的额定值、动作整定值相适应。

(3) 总配电箱应装设电压表、总电流表、电度表及其他需要的仪表。专用电能计量仪表的装设应符合当地供用电管理部门的要求。

装设电流互感器时,其二次回路必须与保护零线有一个连接点,且严禁断开电路。

(4) 分配电箱位装设总隔离开关、分路隔离开关以及总断路器、分路断路器或总熔断器、分路熔断器。其设置和选择应符合《施工现场临时用电安全技术规范》(JGJ 46—2005)第 8.2.2 条要求。

(5) 开关箱必须装设隔离开关、断路器或熔断器,以及漏电保护器。当漏电保护器是同时具有短路、过载、漏电保护功能的漏电断路器时,可不装设断路器或熔断器。隔离开关应采用分断时具有可见分断点,能同时断开电源所有极的隔离电器,并应设置于电源进线端。当断路器是具有可见分断点时,可不另设隔离开关。

(6) 开关箱中的隔离开关只可直接控制照明电路和容量不大于 3.0 kW 的动力电路，但不应频繁操作。容量大于 3.0 kW 的动力电路应采用断路器控制，操作频繁时还应附设接触器或其他启动控制装置。

(7) 开关箱中各种开关电器的额定值和动作整定值应与其控制用电设备的额定值和特性相适应。通用电动机开关箱中电器的规格可按《施工现场临时用电安全技术规范》(JGJ 46—2005)附录 C 选配。

(8) 漏电保护器应装设在总配电箱、开关箱靠近负荷的一侧，且不得用于启动电气设备的操作。

(9) 漏电保护器的选择应符合现行国家标准《剩余电流动作保护器的一般要求》(GB 6829)和《漏电保护器安装和运行的要求》(GB 13955)的规定。

(10) 开关箱中漏电保护器的额定漏电动作电流不应大于 30 mA，额定漏电动作时间不应大于 0.1 s。

使用于潮湿或有腐蚀介质场所的漏电保护器应采用防溅型产品，其额定漏电动作电流不应大于 15 mA，额定漏电动作时间不应大于 0.1 s。

(11) 总配电箱中漏电保护器的额定漏电动作电流应大于 30 mA，额定漏电动作时间应大于 0.1 s，但其额定漏电动作电流与额定漏电动作时间的乘积不应大于 30 mA · s。

(12) 总配电箱和开关箱中漏电保护器的极数和线数必须与其负荷侧负荷的相数和线数一致。

(13) 配电箱、开关箱中的漏电保护器宜选用无辅助电源型(电磁式)产品，或选用辅助电源故障时能自动断开的辅助电源型(电子式)产品。当选用辅助电源故障时不能自动断开的辅助电源型(电子式)产品时，应同时设置缺相保护。

(14) 漏电保护器应按产品说明书安装、使用。对搁置已久重新使用或连续使用的漏电保护器应逐月检测其特性，发现问题应及时修理或更换。

漏电保护器的正确使用接线方法应按图 10-8 选用。

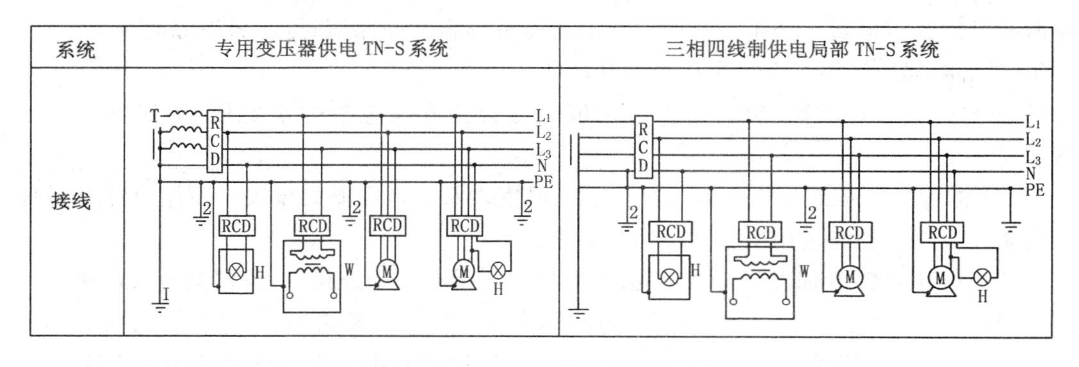

图 10-8　漏电保护器使用接线方法示意

L_1、L_2、L_3——相线；N——工作零线；PE——保护零线、保护线

1——工作接地；2——重复接地

T——变压器；RCD——漏电保护器；H——照明器；W——电焊机；M——电动机

(15) 配电箱、开关箱的电源进线端严禁采用插头和插座做活动连接。

3. 使用与维护

(1) 配电箱、开关箱应有名称、用途、分路标记及系统接线图。

(2) 配电箱、开关箱箱门应配锁,并应由专人负责。

(3) 配电箱、开关箱应定期检查、维修。检查、维修人员必须是专业电工;检查、维修时必须按规定穿、戴绝缘鞋、手套,必须使用电工绝缘工具,并应做检查、维修工作记录。

(4) 对配电箱、开关箱进行定期维修、检查时,必须将其前一级相应的电源隔离开关分闸断电,并悬挂"禁止合闸、有人工作"停电标志牌,严禁带电作业。

(5) 配电箱、开关箱必须按照下列顺序操作:

1) 送电操作顺序为:总配电箱—分配电箱—开关箱;

2) 停电操作顺序为:开关箱—分配电箱—总配电箱。

但出现电气故障的紧急情况可除外。

(6) 施工现场停止作业 1 h 以上时,应将动力开关箱断电上锁。

(7) 开关箱的操作人员必须符合《施工现场临时用电安全技术规范》(JGJ 46—2005)第 3.2.3 条规定。

(8) 配电箱、开关箱内不得放置任何杂物,并应保持整洁。

(9) 配电箱、开关箱内不得随意拉接其他用电设备。

(10) 配电箱、开关箱内的电器配置和接线严禁随意改动。

熔断器的熔体更换时,严禁采用不符合原规格的熔体代替。漏电保护器每天使用前应启动漏电试验按钮试跳一次,试跳不正常时严禁继续使用。

(11) 配电箱、开关箱的进线和出线严禁承受外力,严禁与金属尖锐断口、强腐蚀介质和易燃易爆物接触。

10.9.5 现场照明安全技术

1. 照明设置的一般规定

(1) 在坑、洞、井内作业、夜间施工或作业厂房、料具堆放场、道路、仓库、办公室、食堂、宿舍及自然采光差等场所,应设一般照明、局部照明或混合照明。在一个工作场所内,不得只设局部照明。

(2) 停电后作业人员需要及时撤离现场的特殊工程,例如夜间高处作业工程及自然采光很差的深坑洞工程场所,还必须装设有独立自备电源供电的应急照明。

(3) 对于夜间影响行人和车辆安全通行的在建工程,如开挖的沟、槽、孔洞等,应在其临边设置醒目的红色警戒照明。

对于夜间可能影响飞机及其他飞行器安全通行的高大机械设备或设施,如塔式起重机、外用电梯等,应在其顶端设置醒目的警戒照明。

(4) 根据需要设置不受停电影响的保安照明。

(5) 现场照明应采用高光效、长寿命的照明光源。对需要大面积照明的场所,宜采用高压汞灯、高压钠灯或混光用的卤钨灯。照明器具选择应符合下列规定:

1) 正常湿度时,选用开启式照明器。

2) 潮湿或特别潮湿的场所,应选用密闭型防水、防尘照明器或配有防水灯头的开启式照明器。

3）含有大量尘埃但无爆炸和火灾危险的场所，应采用防尘型照明器。

4）对有爆炸和火灾危险的场所，应按危险场所等级选择相应的防爆型照明器。

5）在振动较大的场所，应选用防振型照明器。

6）对有酸碱等强腐蚀的场所，应采用耐酸碱型照明器。

7）照明器具和器材的质量均应符合有关标准、规范的规定，不得使用绝缘老化或破损的器具和器材。

（6）无自然采光的地下大空间施工场所，应编制单项照明用电方案。

2. 照明供电

（1）一般场所宜选用额定电压为220 V的照明器，对下列特殊场所应使用安全电压照明器：

1）地下工程，有高温、导电灰尘，且灯具距地面高度低于2.5 m等场所的照明，电源电压不应大于36 V。

2）在潮湿和易触及带电体场所的照明电源电压不应大于24 V。

3）在特别潮湿的场所、导电良好的地面、锅炉或金属容器内工作的照明电源电压不应大于12 V。

（2）使用行灯应符合下列要求：

1）电源电压不超过36 V。

2）灯体与手柄连接坚固、绝缘良好并耐热、耐潮湿。

3）灯头与灯体结合牢固，灯头无开关。

4）灯泡外部有金属保护网。

5）金属网、反光罩、悬吊挂钩固定在灯具的绝缘部位上。

（3）远离电源的小面积工作场地、道路照明、警卫照明或额定电压为12～36 V照明的场所，其电压允许偏移值为额定电压值的－10%～5%；其余场所电压允许偏移值为额定电压值的±5%。

（4）照明变压器必须使用双绕组型安全隔离变压器，严禁使用自耦变压器。

（5）照明系统宜使三相负荷平衡，其中每一单相回路上，灯具和插座数量不宜超过25个，负荷电流不宜超过15 A。

（6）携带式变压器的一次侧电源线应采用橡皮护套或塑料护套铜芯软电缆，中间不得有接头，长度不宜超过3 m，其中绿/黄双色线只可作PE线使用，电源插销应有保护触头。

（7）工作零线截面应按下列规定选择：

1）单相二线及二相二线线路中，零线截面与相线截面相同；

2）三相四线制线路中，当照明器为白炽灯时，零线截面不小于相线截面的50%；当照明器为气体放电灯时，零线截面按最大负载相的电流选择；

3）在逐相切断的三相照明电路中，零线截面与最大负载相相线截面相同。

（8）室内、室外照明线路的敷设应符合10.9.3章节要求。

3. 照明装置

（1）照明灯具的金属外壳必须与PE线相连接，照明开关箱内必须装设隔离开关、短路与过载保护电器和漏电保护器，并应符合《施工现场临时用电安全技术规范》(JGJ 46—2005)第8.2.5条和第8.2.6条的规定。

(2) 室外220 V灯具距地面不得低于3 m，室内220 V灯具距地不得低于2.5 m。

普通灯具与易燃物距离不宜小于300 mm；聚光灯、碘钨灯等高热灯具与易燃物距离不宜小于500 mm，且不得直接照射易燃物。达不到规定安全距离时，应采取隔热措施。

(3) 路灯的每个灯具应单独装设熔断器保护。灯头线应做防水弯。

(4) 荧光灯管应采用管座固定或用吊链悬挂。荧光灯的镇流器不得安装在易燃的结构物上。

(5) 碘钨灯及钠、铊、铟等金属卤化物灯具的安装高度宜在3 m以上，灯线应固定在接线柱上，不得靠近灯具表面。

(6) 投光灯的底座应安装牢固，应按需要的光轴方向将枢轴拧紧固定。

(7) 螺口灯头及其接线应符合下列要求：

1) 灯头的绝缘外壳无损伤、无漏电；

2) 相线接在与中心触头相连的一端，零线接在与螺纹口相连的一端。

(8) 灯具内的接线必须牢固，灯具外的接线必须做可靠的防水绝缘包扎。

(9) 暂设工程的照明灯具宜采用拉线开关控制，开关安装位置宜符合下列要求：

1) 拉线开关距地面高度为2～3 m，与出入口的水平距离为0.15～0.2 m，拉线的出口向下；

2) 其他开关距地面高度为1.3 m，与出入口的水平距离为0.15～0.2 m。

(10) 灯具的相线必须经开关控制，不得将相线直接引入灯具。

(11) 对夜间影响飞机或车辆通行的在建工程及机械设备，必须设置醒目的红色信号灯，其电源应设在施工现场总电源开关的前侧，并应设置外电线路停止供电时的应急自备电源。

10.9.6 施工用电人员安全技术

1. 柴油发电机工

(1) 开机检查

开机前柴油发电机工应做好下列检查准备工作：

1) 发电机在启动前，应检查各部整洁情况、接头连接和绝缘情况，配电器和操纵设备应正常，电刷无卡住，各部螺丝应紧固，整流子或滑环应用布擦净。

2) 启动前应检查柴油发电机的储气瓶压力、机油油位、燃油箱油位。

3) 应检查一切连接发电机与线路的开关，励磁机磁场变阻器应在电阻最大位置，发电机及有关设备应完好，临时短路线应拆除。

4) 发电机周围应无障碍物及遗留工具，机内无异物，“盘车”时转动应灵活，可动部分与固定部分有一定的安全距离。各部润滑系统正常，油杯完好无缺。

(2) 运行操作

柴油发电机工柴油发电机运行过程中应遵守下列规定：

1) 发电机在运行时，即使未加励磁，亦应认为带有电压，严禁在线路上作业和用手接触高压线或进行清扫作业。

2）发电机组和配电屏装设的安全保护装置，不应任意拆除。

3）发电机组不应带病作业和超负荷运转，发现不正常情况，应停机检查。

4）发电机运行时，严禁人体接触带电部分。带电作业时，应有绝缘防护措施。

5）发电机运行中，操作人员不应离开机械，应经常倾听机械各部声响，留心观察仪表，并触摸轴承等部分，应无过热现象。发现不正常情况时，应立即停机检查，找出原因、排除故障后方可继续作业。

6）发电机在运行中，严禁任何保养、修理和调整作业。

7）发电机在运行中检查整流子和滑环时，操作工人应穿绝缘胶鞋、戴绝缘手套，并在靠近励磁机和转子滑环的地板上加铺绝缘垫。

8）不应在柴油发电机运行过程中擦拭机组。

9）发电机检修后开始运行前，应对转子与定子之间进行检查，应无工具或其他材料遗留在内。

（3）停机操作

发电机运行时升高的温度不应超过制造厂规定数值，如发现温度过高时，应停机慢慢冷却，查明原因后予以消除。

2. 外线电工

（1）立杆作业

1）外线电工应有两人以上共同作业，其中由一人进行监护，严禁独自一人带电作业。

2）地面立杆作业前应检查作业工器具（如锹、镐、撬棍、抬杠、绳索等），作业工具应齐全可靠。

3）进行换杆作业时，应先用临时拉线将该电杆稳固，方可挖掘电杆基脚，严禁任何人立于电杆倒下的方向。在交通要道上进行换杆时，应选择人车来往稀少的时间进行。

4）起立电杆时，基坑内不应有人停留。拆除撑杆及拉绳的作业，应在电杆基脚充分埋好夯实牢固后进行。

（2）登杆作业

1）登杆准备

① 登杆人员在登杆前，应对杆上情况和上杆后的作业顺序了解清楚，做好准备。

② 登杆前，应检查所用的工器具，如踩板或脚扣、绳索、滑轮、紧线器、工具袋等紧固适用。安全带应完好可靠。

③ 外线电工应穿长袖、长裤工作服，登杆前应将衣袖裤腿扣好扎紧。

④ 电杆根部腐朽或未夯埋牢固、电杆倾斜、拉线不妥时严禁登杆。

⑤ 登杆前应检查杆根埋土深浅，应无晃动现象；如有晃动，采取措施后方可登杆；登杆后，应拴好安全带方可开始作业。

2）登杆操作

① 杆上作业人员应站在踩板、脚扣、固定牢固的踩脚木或牢固的杆构件上。严禁将安全带拴在横担上或磁瓶柱上。

② 在转角杆上作业时，应有防止电线滑出击伤的安全措施。

③ 杆上作业时,严禁上下抛丢任何工器具或材料,应用绳索系吊。

④ 杆上作业应带工具袋,暂时不用的工具和零星材料应放在工具袋内。

⑤ 上下电杆应使用专用登杆工具(如脚扣、踩板),严禁攀缘拉线或抱杆滑下,不应用绳索代替安全带。

⑥ 冬季作业水泥杆上挂霜时,不应使用脚扣登杆。

⑦ 登杆带电作业时,作业人员应穿束袖工作衣、长裤,穿绝缘鞋,戴安全帽,必要时加戴绝缘手套、护目镜。

⑧ 未受过单独带电作业训练的电工,严禁登杆进行带电作业。

⑨ 作业时,应以一线工作为原则,不应同时接触两线。

⑩ 杆顶同时有两个电工作业时,不应身体互相接触或直接传递工具、材料。

⑪ 在元件或线路较多的电杆上作业时,应先用橡皮布或其他绝缘物体,将靠近电工可能接触的导线遮盖。

⑫ 不应直接割断带负荷的线路,如因作业需要应割断时,应将割断处前后另用导线短接好后,方可割断。

⑬ 带电导线断开后,不应同时接触两端的线头。

⑭ 高空紧线时,操作人员应闪开紧线器,并将夹紧螺丝拧紧。

⑮ 高压线路登杆作业,当接到线路已经停电的命令后,登杆前应检查高压试电器安全可靠,并准备好接地线和绝缘手套。

⑯ 登杆到适当高处(安全距离)后,拴好安全带,进行下列作业后方可开始作业。

a. 验电:以高压试电器验证线路确无电压。如高压试电器接触不到时,可用令克棒试验,应无火花及放电声。

b. 放电:先将地线一端接于地线网上,再以地线另一端绕在绝缘棒上与高压线接触数次以消除静电。

c. 接地:将地线分别接于高压电线三相上。

3. 维护电工

(1) 作业准备

1) 作业人员应服装整齐,扎紧袖口,头戴安全帽,脚穿绝缘胶鞋,手戴干燥线手套,不应赤脚、赤膊作业,不应戴金属丝的眼镜,不应用金属制的腰带和金属制的工具套。

2) 作业前,应检查安全防护用具,如试电器、绝缘手套、短路地线、绝缘靴等,并应符合规定。

(2) 维护作业

1) 维护电工作业时,应有两人一起参加,其中一人操作,另一人监护。

2) 常用小工具(如验电笔、钳子、电工刀、螺丝刀、扳手等)应放置于电工专用工具袋中并经常检查,使用时应遵守下列规定:

① 随身佩带,注意保护。

② 按功能正确使用工具;钳子、扳手不应当榔头用。

③ 使用电工刀时,刀口不应对人;螺丝刀不应用铁柄或穿心柄的。

④ 对于工具的绝缘部分应经常进行检查,如有损伤,不能保证其绝缘性能时,不应用

于带电操作，应及时修理或更换。

3）使用梯子，倾斜角应不小于 20°，但也不应大于 60°，底脚应有防滑设施；严禁两人同登一个梯子。

4）工具袋应合适，背带应牢固，漏孔处应及时缝补好。

5）使用人字梯时，夹角应保持 45°左右，梯脚应用软橡皮包住，两平梯间应用链子拉住。必要时派人扶住。

6）室内修换灯头或开关时，应将电源断开，单极拉线开关应控制“火线”。如用螺口灯头，“火线”应接螺口灯头的中心。

7）设备安装完毕，应对设备及接线仔细检查，确认无问题后方可合闸试运转。

8）安装电动机时，应检查绝缘电阻合格，转动灵活，零部件齐全，同时应安装接地线。

9）拖拉电缆应在停电情况下进行。

10）进行停电作业时，应首先拉开刀闸开关，取走熔断器（管），挂上“有人作业，严禁合闸！”的警示标志，并留人监护。

11）在有灰尘或潮湿低洼的地方敷设电线，应采用电缆，如用橡皮线则必须装于胶管中或铁管内。

12）拆除不用的电气设备，不应放在露天或潮湿的地方，应拆洗干净后入库保管，以保证绝缘良好。

13）带熔断器的开关，其熔丝（片）应按负荷电流配装。更换后熔丝（片）的容量，不应过大或过小。更换低压刀闸开关上的熔丝（片），应先拉开闸刀。

14）进户线或屋内电线穿墙时应用瓷管、塑料管。在干燥的地方或竹席墙处，可用胶皮管或缠 4 层以上胶布，且应与易燃物保持可靠的防火距离。

15）敷设在电线管或木线槽内的电线，不应有接头。

16）应经常移动和潮湿的地方（如廊道）使用的电灯软线应采用双芯橡皮绝缘或塑料绝缘软线，并应经常检查绝缘情况。

17）临时炸药库、油库的电线，应用没有接头的电线，严禁把架空明线直接引进库房。库内不应装设开关或熔断丝等易发生火花的电气元件；库内照明应用防爆灯。

18）熔丝或熔片不应削细削窄使用，也不应随意组合和多股使用，更不应使用铜（铝）导线代替熔丝或者熔片。

19）操作刀闸开关及油开关时，应戴绝缘手套，并设专人监护。

20）40 kW 以上电动机，进行试运转时，应配有测量仪表和保护装置。一个电源开关不应同时试验两台以上的电气设备。

21）电气设备试验时，应有接地。电气耐压作业，应穿绝缘靴、戴绝缘手套，并设专人监护。

22）试验电气设备或器具时，应设围栏并挂上“高压危险！止步！”的警示标志，并设专人看守。

23）耐压结束，断开试验电源后，应先对地放电，然后方可拆除接线。

24）准备试验的电气设备，在未做耐压试验前，应先用摇表测量绝缘电阻，绝缘电阻不合格者严禁试验。

25）不应将易燃物和其他物品堆放在干燥室。

26）施工机械设备的电器部分，应由专职电工维护管理，非电气作业人员不应任意拆、卸、装、修。

4. 通信电工

(1) 通信电工应经专业培训，并经考试合格后，方可上岗作业。

(2) 通信电工应熟悉设备技术性能及工具、仪表仪器的使用方法。

(3) 通信设备、线路及杆塔应有可靠的防雷措施。雷雨前后应对防雷设施做认真的检查、测试。

(4) 通信线路与低压交流线路共杆架设时，通信线路应在低压交流线路的下方，与低压交流线路的垂直距离应大于或等于 1.5 m。

(5) 在共杆上施工作业时，应有可靠的安全技术措施。

(6) 应定期对线路、杆塔进行安全检查。

(7) 通信电工还应遵守本章外线电工、维护电工及充电电工的有关安全规定。

5. 充电工

(1) 充电工应经专业培训，考试合格，方可上岗作业。

(2) 不得在蓄电池室内点火、吸烟和安装容易产生电气火花的器具（如开关、插座等），蓄电池室门上应有“危险”、“严禁烟火”等警示标志。

(3) 在配制电解液和向电池中注入电解液时，应遵守以下规定：

1）调配电解液时，应将硫酸徐徐注入蒸馏水内，同时用玻璃棒不断地搅拌，以便混合均匀，迅速散热。不得将蒸馏水向硫酸内倾倒。

2）操作人员应戴防护眼镜、耐酸胶皮手套，要围耐酸胶皮围裙和穿耐酸胶皮靴子。

3）硫酸飞沫落到衣服上、脸上或手上时，应迅速用 5% 的碳酸钠溶液清洗，然后再用清水冲洗。

4）硫酸应保存在玻璃钢或耐酸瓷缸中，缸应放在结实的筐内，筐上应有提耳，以便安全搬运。

(4) 充电设备或安全防护设备发生故障或损坏时，应立即进行修理，并向上级报告。在未修复前，不得使用。

(5) 焊接蓄电池桩头时，可用碳棒电阻焊或气焊，电阻焊用 8～14 V 的低压变电器电压或用 6～12 V 的蓄电池做电源焊接。

(6) 扳手等手工器具，应在手柄上包绝缘层。

(7) 蓄电池充电前应将各部洗净擦干，整齐地放在平台上。连接前应将塞盖打开保持通气孔畅通，同时检查蓄电池内电解液容量，如不足则添加蒸馏水。将通过整流器的直流电，接正负极正确连接。

(8) 充电操作人员应遵守下列规定：

1）作业时不得吸烟。

2）在专门隔离开的地方进食。

3）吃饭前应先洗脸、洗手、刷牙漱口。

4）不得用有伤口的手去直接接触铅的氧化零件。

(9) 在充电完毕后,应立即脱下工作服,洗净手、脸,有条件时可淋浴冲洗。

(10) 废弃的电解液及硫酸应集中保管处理,严禁乱弃乱倒。

6. 汽车电工

(1) 汽车电工应经专业培训,考试合格,方可上岗操作。

(2) 汽车电工应穿戴耐酸碱防护用品。

(3) 车间内应备有苏打水和氨水溶液(含氨 10%),作为中和落在作业人员身上的硫酸之用。

(4) 作业前应遵守以下规定:

1) 检查各种电气设备(充电机、试验台、电烘箱等)及用电器具的接零保护齐全良好,各种插头、开关绝缘良好,如有损坏应及时修复。

2) 检查通风设备良好,发现损坏应及时修复。

3) 检查酸、碱容器及废液排放、处理装置有无异常情况,发现跑、冒、滴、漏及时修理。

4) 检查消防器材齐全、有效,如缺少或失效时,及时增添与更换。

(5) 开始作业前,打开通风设备,将酸蒸汽及时排出户外。

(6) 作业场所不得使用明火与吸烟,电器闸盒应有防护罩。

(7) 搬运蓄电池时,应做到轻搬稳放。

(8) 从事铅作业人员应带过滤式防铅或铅烟口罩,并定期更换或经常清洗所用的滤料。

(9) 饭前及下班后应洗手,用肥皂刷洗,或用 2%～3%醋酸溶液先浸泡 5 min 然后用肥皂刷洗,不得在车间内吸烟、饮食。

(10) 在汽车上拆卸蓄电池时,应先将搭铁线、连接线、电动机线依次拆下,最后拆去蓄电池的固定架。安装蓄电池时则与拆卸反序进行。

(11) 从车上拆下蓄电池进行小修时,应将蓄电池洗净、擦干,然后将塞盖打开,静放 30～40 min,再进行作业。

(12) 按原车规定安装蓄电池连线时,若产生小火花,应立即停止。

(13) 用高功率放电器检查行驶车辆上的蓄电池,应先将蓄电池塞盖打开,静止 30～40 min 后,才进行检查。

(14) 拆卸发电机、电动机时,应先切断电源总开关,或将蓄电池的搭铁线从桩头拆开放好。

(15) 在车上拆装启动电动机时,应按操作规程,轻拿轻放。

(16) 检查车辆电路时,遇有油污和容易着火的部位,应用试灯或电表检查,不得用打火的方法进行检查。

(17) 修理和调整带有高压的电器时,应用绝缘工具进行断电后作业。

(18) 在试验台上试验发电机、电动机时,应紧固夹牢。

10.9.7 电动机械及电动工具使用安全技术

1. 电动建筑机械的使用

(1)《水利水电工程施工通用安全技术规程》(SL 398—2007)第 4.6.1 条规定,电动施工机械和手持电动工具的选购、使用、检查和维修必须遵守下列规定:

① 选购的电动施工机械、手持电动工具和用电安全装置，符合相应的国家标准、专业标准和安全技术规程：并且有产品合格证和使用说明书。

② 建立和执行专人专机负责制，并定期检查和维修保养；

③ 保护零线的电气连接应符合相关要求，对产生振动的设备其保护零线的连接点不少于两处；并按要求装设漏电保护器。

(2) 塔式起重机、室外施工临时电梯、滑升模板的金属操作平台和需要设置避雷装置的井字架等，除应做好保护接零外，还必须按规定做重复接地。设备的金属结构架之间保证电气连接。

(3) 电动建筑机械或手持电动工具的负荷线，必须按其容量选取用无接头的多股铜芯橡皮护套软电缆。每一台电动建筑机械或手持电动工具的开关箱内，除应装设过负荷、短路、漏电保护装置外，还必须装设隔离开关。

(4) 潜水式电机设备的密封性能，应符合《电机低压电器外壳防护等级》(GB 1498)中的IP68级规定。

(5) 移动式机械电机设备使用应符合以下要求：

① 必须装设防溅型漏电保护器。其额定漏电动作电流不应大于15 mA，额定漏电动作时间应小于0.1 s。

② 负荷线应采用耐气候型的橡皮护套铜芯软电缆。

③ 使用电机机械人员必须按规定穿戴绝缘用品，应有专人调整电缆。电缆线长度应不大于50 m。严禁电缆缠绕、扭结和被移动机械跨越。

④ 多台移动式机械并列工作时，其间距不得小于5 m；串列工作时，不得小于10 m。

⑤ 移动机械的操作扶手必须采取绝缘措施。

2. 手持式电动工具的使用

施工现场使用的手持式电动工具主要指电钻、冲击钻、电锤、射钉枪及手持式电锯、电刨、切割机、砂轮等。

手持式电动工具按其绝缘和防触电性能可分为三类，即Ⅰ类工具、Ⅱ类工具、Ⅲ类工具。

(1) 一般场所手持式电动工具的选用。

一般场所(空气湿度小于75%)应选用Ⅱ类手持式电动工具，并应装设额定动作电流不大于15 mA，额定漏电动作时间小于0.1 s的漏电保护器。若采用Ⅰ类手持式电动工具，还必须作保护接零。

① 金属外壳与PE线的连接点不应少于两处；

② 开关箱中的漏电保护器应按潮湿场所对漏电保护的要求设置；

③ 其负荷线插头应具备专用的保护触头，所用插座和插头在结构上应保持一致，避免导电触头和保护触头混用。

(2) 潮湿场所手持式电动工具的选用。

在潮湿场所或金属构架上操作时，必须选用Ⅱ类或由安全隔离变压器供电的Ⅲ类手持式电动工具。严禁使用Ⅰ类手持式电动工具。

使用金属外壳Ⅱ类手持式电动工具时，其金属外壳可与PE线相连接，并设漏电保护。

(3) 狭窄场所手持式电动工具的选用。

狭窄场所(锅炉、金属容器、地沟、管道内等),宜选用带隔离变压器的Ⅰ类手持式电动工具;若选用Ⅱ类手持式电动工具,必须装设防溅的漏电保护器。把隔离变压器或漏电保护器装设在狭窄场所外面,工作时并应有人监护。

(4) 开关箱和控制箱设置的要求。

除一般场所外,在潮湿场所、金属构架上及狭窄场所使用Ⅱ、Ⅲ类手持式电动工具时,其开关箱和控制箱应设在作业场所以外,并有人监护。

(5) 负荷线选择的要求。

手持电动工具的负荷线应采用耐气候型橡皮护套铜芯软电缆,并且不得有接头。

(6) 手持式电动工具的外壳、手柄、负荷线、插头、开关等必须完好无损,使用前必须做空载检查,运转正常方可使用。绝缘电阻不应小于表10-13规定的数值。

表10-13　　　　手持式电动工具绝缘电阻限值

测量部位	绝缘电阻/MΩ		
	Ⅰ类	Ⅱ类	Ⅲ类
带电零件与外壳之间	2	7	1

注:绝缘电阻用500 V兆欧表测量。

(7) 使用手持式电动工具时,必须按规定穿戴绝缘防护用品。

10.9.8 消防水泵的使用安全技术

(1) 消防水泵的漏电保护要符合配电系统关于潮湿场所选用漏电保护器的要求。

(2) 消防水泵电机的负荷线应采用防水橡皮护套铜芯软电缆,长度不应小于1.5 m,且不得承受外力。

(3) 施工现场的消防水泵应采用专用消防配电线路,专用消防配电线路应自施工现场总配电箱的总断路器上端接入,且应保持不间断供电。

10.10 施工现场危险因素防护

施工现场与电气安全相关的危险因素主要有外电线路、易燃易爆物、腐蚀介质、机械损伤,以及强电磁辐射的电磁感应和有害静电等。

10.10.1 外电线路防护

在施工现场周围往往存在一些高、低压电力线路,这些不属于施工现场的外接电力线路统称为外电线路。外电线路一般为架空线路,个别现场也会遇到电缆线路。由于外电线路的位置原已固定,因而其与施工现场的相对距离也难以改变,这就给施工现场作业安全带来了一个不利影响因素。如果施工现场距离外电线路较近,往往会因施工人员搬运物料、器具,尤其是金属料具或操作不慎意外触及外电线路,从而发生触电伤害事故。因此当施工现场邻近外电线路作业时，为了防止外电线路对施工现场作业人员可能造成的触电伤害事故，施工现场必须对其采取相应的防护措施，这种对外电线路触电伤害的防护称为外电线路防护，简称外电防护。

外电防护的技术措施有绝缘、屏护、安全距离、限制放电能量和24 V及以下安全特低电压。上述的五项基本措施具有普遍适用的意义。但是对于施工现场外电防护这种特殊的防护，基本上不存在安全特低电压和限制放电能量的问题。因此其防护措施主要应是做到绝缘、屏护、安全距离。

(1) 保证安全操作距离

1) 在建工程不得在外电架空线正下方施工、搭设作业棚、建造生活设施或堆放构件、架具、材料及其他杂物等。

2) 在建工程(含脚手架)的周边与外电线路的边线之间的最小安全操作距离不应小于表10-14所列数值。

表10-14　在建工程(含脚手架)的周边与架空线路的边线之间最小安全操作距离

外电线路电压等级/kV	<1	1～10	35～110	220	330～500
最小安全操作距离/m	4	6	8	10	15

注：上、下脚手架的斜道不宜设在有外电线路的一侧。

3) 施工现场的机动车道与外电架设线路交叉时，架空线路的最低点与路面间应保持的最小距离如表10-15所列。

表10-15　机动车道与外电架设线路交叉时架空线路的最低点与路面间应保持的最小距离

外电线路电压等级/kV	<1	1～10	35
最小垂直距离/m	6.0	7.0	7.0

4) 起重机的任何部位或被吊物边缘在最大偏斜时与外界架空线路边线之间的最小安全距离应符合表10-16的规定。

表10-16　起重机的任何部位或被吊物边缘在最大偏斜时与外界架空线路边线之间的最小安全距离

安全距离/m \ 电压/ kV	<1	10	35	110	220	330	500
沿垂直方向	1.5	3.0	4.0	5.0	6.0	7.0	8.5
沿水平方向	1.5	2.0	3.5	4.0	6.0	7.0	8.5

5) 施工现场开挖沟槽边缘与外电埋地电缆沟槽边缘之间的距离不得小于0.5 m。

(2) 安全防护措施

绝缘隔离防护措施，可采用木、竹或其他绝缘材料增设屏障、遮栏、围栏等与外电线路实现强制性绝缘隔离，并应悬挂醒目的警告标志牌。架设安全防护设施，必须符合以下要求：

1）架设安全防护设施时，必须经有关部门批准，采用线路暂时停电或其他可靠的安全技术措施，并有电气工程技术人员和专职安全人员监护。

2）防护设施必须与外电线路保持一定的安全距离。安全距离不应小于表 10-17 所列数值。

表 10-17　防护设施与外电线路之间的最小安全距离

外电线路电压等级/kV	≤10	35	110	220	330	500
最小安全距离/m	1.7	2.0	2.5	4.0	5.0	6.0

3）防护设施应坚固、稳定，且对外电线路的隔离防护应达到《外壳防护等级（IP 代码）》（GB/T 4208—2017）规定的 IP30 级，防护设施的缝隙能够防止直径 2.5 mm 固体异物穿越。为防止因电场感应可能使防护设施带电，防护设施不得采用金属材料架设。

对外电线路无法架设防护设施的施工现场，必须与有关部门协商，使外电线路停电、迁移或改变在建工程的位置。否则，严禁强行施工。

（3）外电防护的几种方法

考虑到施工现场的实际情况，外电防护主要有以下几种方法（以下各图中的 L 为防护设施与外电线路的最小安全距离，应满足表 10-11 防护设施与外电线路之间的最小安全距离的要求）：

1）若在建工程不超过高压线 2 m 时，防护设施如图 10-9 所示。

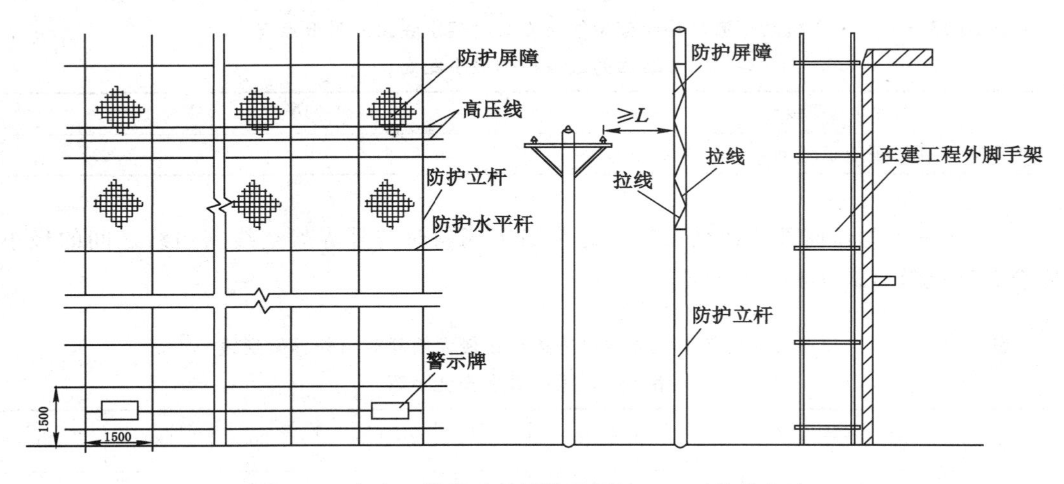

图 10-9　在建工程高于高压线不超过 2 m 时防护方法

若超过高压线 2 m 时，主要考虑超过高压线的作业层掉物，可能引起高压线短路或人员操作过近触及高压线的危险，需设置顶部绝缘隔离防护设施，如图 10-10 所示。

2）当建筑物外脚手架与高压线距离较近，无法单独设防护设施，则可以利用外脚手架防护立杆设置防护设施，即脚手架与高压线路平行的一侧用合格的密目式安全网全部封闭，此侧面的钢管脚手架至少做三处可靠接地，接地电阻应小于 10 Ω。同时在与高压

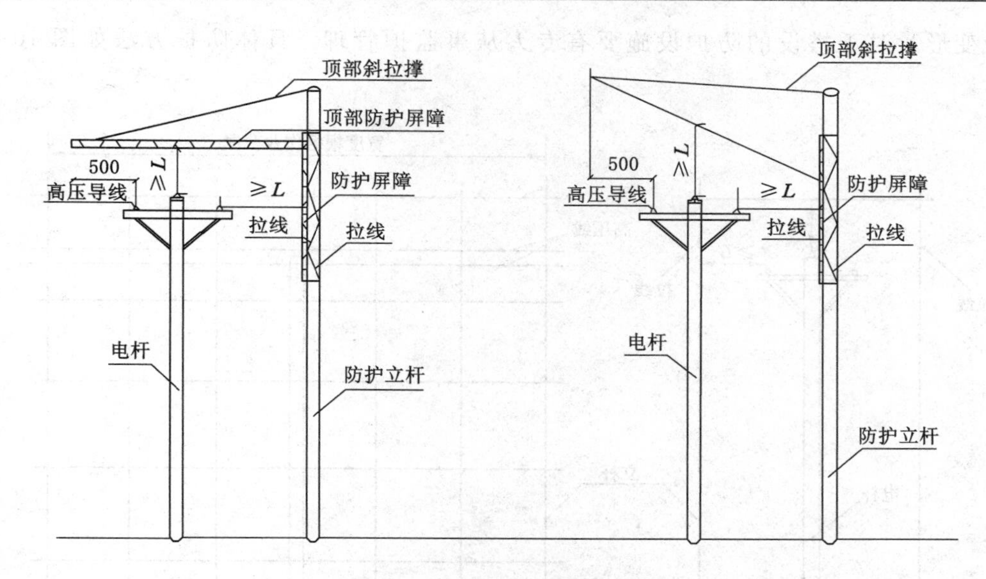

图 10-10　工程高于高压线超过 2 m 时防护方法

线等高的脚手架外侧面，挂设与脚手架外侧面等长，高约 3～4 m 的细格金属网，并把此网用绝缘接地线进行三处可靠接地，接地电阻小于 10 Ω。当建筑物超过高压线 2 m 时，仍需搭设顶棚防护屏障。如在搭设顶棚防护设施有困难时，可在外架上直接搭设防护屏障到外部，如图 10-11 所示。

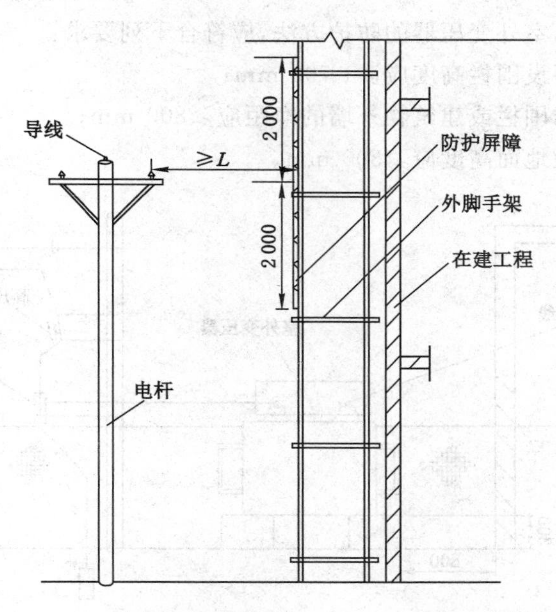

图 10-11　外脚手架与高压线距离较近时防护方法

3）跨越架防护设施。

起重吊装跨越高压线，这时要注意顶棚防护设施应有足够的强度，以免发生断裂、歪斜及变形。对于搭设的防护设施要有专人从事监护管理。具体防护方法如图 10-12 所示。

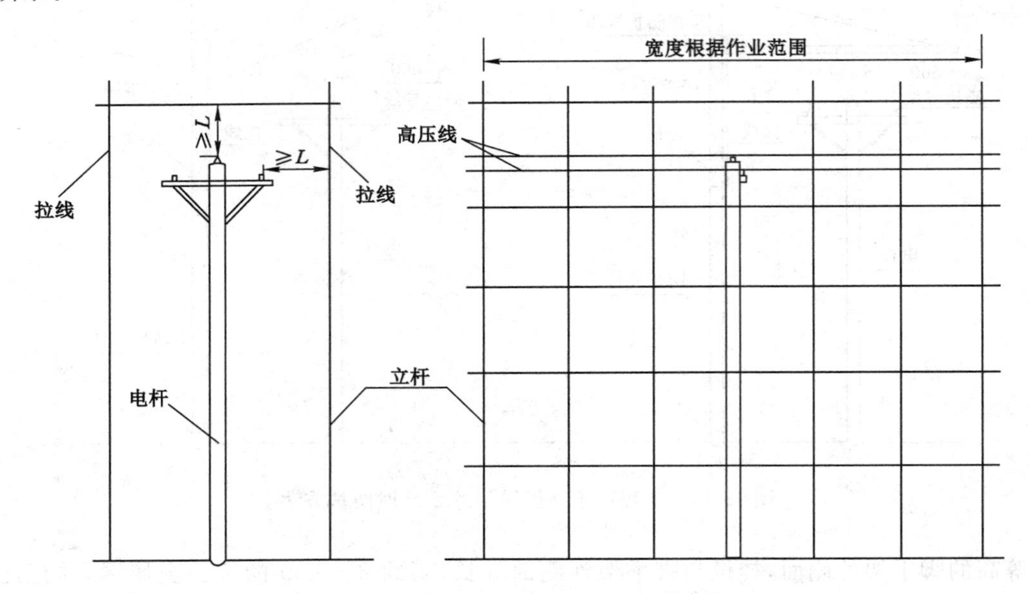

图 10-12　起重吊装跨越高压线防护方法

4）室外变压器的防护。

如图 10-13 所示，室外变压器的防护方法，应符合下列要求：

① 变压器周围要设围栏高度应≥1 700 mm；

② 变压器外廓与围栏或建筑物外墙的净距应≥800 mm；

③ 变压器底部距地面高度应≥300 mm。

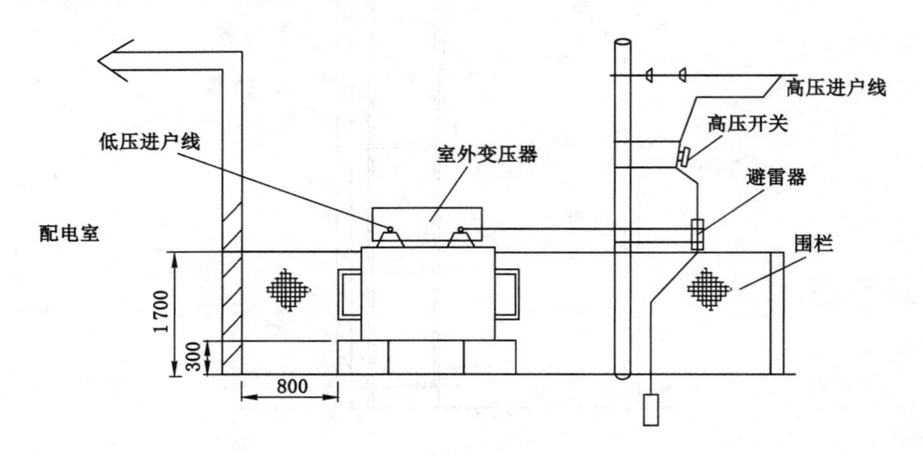

图 10-13　室外变压器的防护方法

5）高压线过路防护。

在一般情况下，穿过高压线下方的道路，其高压线下方可不做防护。但在施工现场情况比较复杂，现场的开挖堆土、斜坡改道等情况较多，这样使高压线的对地距离达不到规范要求的情况下，高压线下方就必须做相应的防护设施，使车辆通过时有高度限制。高压线防护设施与高压线之间的距离应满足最小安全操作距离。具体防护方法如图10-14所示。

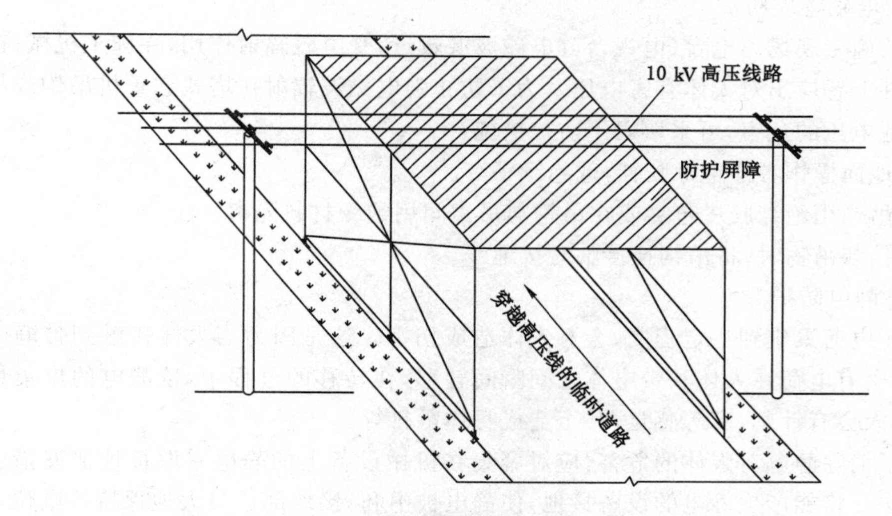

图10-14 高压线过路防护方法

10.10.2 易燃易爆物与腐蚀介质防护

(1) 易燃易爆物防护

电气设备周围不得存放易燃易爆物，防止因电火花或电弧引燃易燃易爆物品，当电气设备周围的易燃易爆物无法清除和回避时，要根据防护类别采取绝热隔温及阻燃隔弧、隔爆等措施，可设置阻燃隔离板和采用防爆电机、电器、灯具等。

(2) 污源和腐蚀介质防护

电气设备现场周围不得存放能对电气设备造成腐蚀作用的酸、碱、盐等污源和介质，电气设备现场周围的污源和腐蚀介质无法清除和回避时，应采取有针对性的隔离接触措施。如在污源和腐蚀介质相对集中的场所，应采用具有相应防护结构、适应相应防护等级的电气设备，采用具有能防雨、防雪、防尘功能的配电装置，导线连接点做防水绝缘包扎，地面上的用电设备采取防止雨水、污水侵蚀措施，酸雨、酸雾和沿海盐雾多的地区采用相应的耐腐电缆代替绝缘导线等。

10.10.3 机械损伤防护

为防止配电装置、配电线路和用电设备可能遭受的机械损伤，可采取以下防护措施：

(1) 配电装置、电气设备应尽量设在避免各种高处坠物物体打击的位置，如不能避开则应在电气设备上方设置防护棚。

(2) 塔式起重机起重臂跨越施工现场配电线路上方应有防护隔离设施。

(3) 用电设备负荷线不得拖地放置。

(4) 电焊机二次线应避免在钢筋网面上拖拉和踩踏。

(5) 穿越道路的用电线路应采取架空或者穿管埋地等保护措施。

(6) 加工废料和施工材料堆场要远离电气设备、配电装置和线路。

10.10.4 电磁感应与静电防护

(1) 电磁感应防护

有的施工现场离电台、电视台等电磁波源较近,受电磁辐射作用,在施工机械、铁架等金属部件上感应出对人体有害电压。为了防止强电磁波辐射在塔式起重机吊钩或吊索上产生对地电压的危害,可采取以下防护措施:

1) 地面操作者穿绝缘胶鞋,戴绝缘手套。

2) 吊钩用绝缘胶皮包裹或在吊钩与吊索间用绝缘材料隔离。

3) 挂装吊物时,将吊钩挂接临时接地线。

(2) 静电防护

静止电荷聚集到一定程度,会对人体造成伤害。这是因为当人体接触到带静电的物体时,就会有电荷在人体和带电体之间瞬间转移,在转移的过程中,依静电的聚集量和转移程度,人会有针刺、麻等感觉,甚至造成身体颤抖等。

为了消除静电对人体的危害,应对聚集在机械设备上的静电采取接地泄漏措施。通常的方法是将能产生静电的设备接地,使静电被中和,接地部位与大地保持等电位。

10.11 安全用电措施和电气防火措施

为了保障施工现场用电安全,除设置合理的用电系统外,还应结合施工现场实际编制并实施相配套的安全用电措施和电气防火措施。

10.11.1 安全用电措施

(1) 安全用电技术措施要点

1) 选用符合国家强制性标准印证的合格设备和器材,不用残缺、破损等不合格产品。

2) 严格按经批准的用电组织设计构建临时用电工程,用电系统要有完备的电源隔离及过载、短路、漏电保护。

3) 按规定定期检测用电系统的接地电阻,相关设备的绝缘电阻和漏电保护器的漏电动作参数。

4) 配电装置装设端正严实牢固,高度符合规定,不拖地设置,不随意改动;进线端严禁插头、插座作活动连接,进出线上严禁搭、挂、压其他物体;移动式配电装置迁移位置时,必须先将其前一级隔离开关分闸断电,严禁带电搬运。

5) 配电线路不得明设于地面,严禁行人踩踏和车辆碾压;线缆接头必须连接牢固,并做防水绝缘包扎,严禁裸露带电线头;不得拖拉线缆,严禁徒手触摸和严禁在钢筋、地面上拖拉带电线路。

6) 用电设备应防止溅水和浸水,已溅水和浸水的设备必须停电处理,未断电时严禁徒手触摸;用电设备移位时,严禁带电搬运,严禁拖拉其负荷线。

7) 照明灯具的选用必须符合使用场所环境条件的要求,严禁将 220 V 碘钨灯作行灯使用。

8）停、送电作业必须遵守以下规则：

① 停、送电指令必须由同一人下达；

② 停电部位的前级配电装置必须分闸断电，并悬挂停电标志牌；

③ 停、送电时应由一人操作，一人监护，并穿戴绝缘防护用品。

编制电气防火措施也应从技术措施和组织措施两个方面考虑，并且也要符合施工现场实际。

（2）安全用电组织措施要点

1）建立用电组织技术制度。

2）建立技术交底制度。

3）建立安全自检制度。

4）建立电工安装、巡检、维修、拆除制度。

5）建立安全培训制度。

10.11.2 电气防火措施

（1）电气防火技术措施要点

1）合理配置用电系统的短路、过载、漏电保护电器。

2）确保PE线连接点的电气连接可靠。

3）在电气设备和线路周围不堆放并清除易燃易爆物和腐蚀介质或做阻燃隔离防护。

4）不在电气设备周围使用火源，特别是在变压器、发电机等场所严禁烟火。

5）在电气设备相对集中场所，如变电所、配电室、发电机室等场所配置可扑灭电器着火的灭火器材。

6）按《施工现场临时用电安全技术规范》(JGJ 46—2005)规定设置防雷装置。

（2）电气防火组织措施要点

1）建立易燃易爆物和腐蚀介质管理制度。

2）建立电气防火责任制，加强电气防火重点场所烟火管制，并设置禁止烟火标志。

3）建立电气防护教育制度，定期进行电气防火知识宣传教育，提高各类人员电气防火意识和电气防火知识水平。

4）建立电气防火检查制度，发现问题，及时处理，不留任何隐患。

5）建立电气火警预报制，做到防患于未然。

6）建立电气防火领导体系及电气防火队伍，学会和掌握扑灭电气火灾的组织和方法。

7）电气防火措施可与一般防火措施一并编制。

考试习题

一、单项选择题（每小题有4个备选答案，其中只有1个是正确选项）

1. 施工现场专用的、电源中性点直接接地的220/380 V三相四线制用电工程中，必须采用的接地接零保护形式是(　　)。

A. TN　　B. TN-S　　C. TN-C　　D. TT

正确答案:B

2. 施工现场用电工程中,PE线重复接地点不应少于(　　)。

A. 一处　　B. 二处　　C. 三处　　D. 四处

正确答案:C

3. 施工现场用电工程中,PE线上每处重复接地的接地电阻值不应大于(　　)。

A. 4 Ω　　B. 10 Ω　　C. 30 Ω　　D. 100 Ω

正确答案:B

4. 施工现场用电工程的基本供配电系统应按(　　)设置。

A. 一级　　B. 二级　　C. 三级　　D. 四级

正确答案:C

5. 施工现场建筑电工属于(　　)人员,必须是经过按国家现行标准考核合格后,持证上岗工作。

A. 用电　　B. 特种作业　　C. 安全管理　　D. 电梯管理

正确答案:B

6. 施工现场中开关箱与用电设备的水平距离不宜超过(　　)。

A. 3 m　　B. 4 m　　C. 5 m　　D. 6 m

正确答案:A

7. 施工现场中分配电箱与开关箱的距离不得超过(　　)。

A. 20 m　　B. 30 m　　C. 40 m　　D. 45 m

正确答案:B

8. 施工现场配电室内配电柜正面操作通道宽度,单列布置或双列背对背布置时不小于(　　),双列面对面布置时不小于2 m。

A. 1 m　　B. 1.5 m　　C. 2 m　　D. 2.5 m

正确答案:B

9. 施工现场用电系统中,PE线的绝缘色应是(　　)。

A. 绿色　　B. 黄色　　C. 淡蓝色　　D. 绿/黄双色

正确答案:D

10. 在施工现场用电工程的用电系统中,作为电源的电力变压器和发电机中性点直接接地的工作接地电阻值,在一般情况下都取不大于(　　)。

A. 4 Ω　　B. 10 Ω　　C. 30 Ω　　D. 100 Ω

正确答案:A

11. 施工现场配电母线和架空配电线路中,标志L_1(A)、L_2(B)、L_3(C)三相相序的绝缘色应是(　　)。

A. 黄、绿、红　　B. 红、黄、绿　　C. 红、绿、黄　　D. 黄、红、绿

正确答案:A

12. 在地沟、管道内等狭窄场所使用手持式电动工具时,宜选用(　　)。

A. Ⅰ类工具　　　　B. 塑料外壳，Ⅱ类工具
C. 金属外壳，Ⅱ类工具　　　　D. Ⅲ类工具

正确答案：A

13. 施工现场含有大量尘埃但无爆炸和火灾危险的场所，属于触电一般场所，必须选用(　　)，以防尘埃影响照明器安全发光。

A. 开启式照明器　　　　B. 防尘型照明器
C. 防爆型照明器　　　　D. 防振型照明器

正确答案：B

14. 在建工程周边与 10 kV 外电线路边线之间的最小安全操作距离应是(　　)。

A. 4 m　　B. 6 m　　C. 8 m　　D. 10 m

正确答案：B

二、多项选择题(每小题至少有 2 个是正确选项)

1. 施工现场临时用电的三项基本原则是(　　)。

A. TN-S 保护系统　　　　B. TN-C 保护系统
C. 三级配电系统　　　　D. 二级漏电保护系统
E. 过载、短路保护系统

正确答案：ACD

2. 施工现场下列哪些情况需要编制用电组织设计？(　　)

A. 用电设备 5 台及以上
B. 用电设备总容量 100 kW 及以上
C. 用电设备总容量 50 kW 及以上
D. 用电设备 10 台及以上
E. 用电设备 5 台及以上，且用电设备总容量 100 kW 及以上

正确答案：AC

3. 下列(　　)属于施工现场临时用电施工组织设计的基本内容。

A. 现场勘测　　　　B. 进行负荷计算
C. 选择变压器　　　　D. 设计防雷装置
E. 制定安全用电措施和电气防火措施

正确答案：ABCDE

4. 施工现场三级配电系统应遵守(　　)规则。

A. 分级分路　　　　B. 动、照分设
C. 压缩配电间距　　　　D. 环境安全
E. 一闸多用

正确答案：ABCD

5. 下列(　　)属于施工现场临时用电安全技术档案的内容。

A. 用电组织设计的全部资料
B. 用电技术交底资料
C. 中小型机械设备使用交底资料

D. 电气设备试、检验凭单和调试记录

E. 电工安装、巡检、维修、拆除工作记录

正确答案：ABDE

6. 采用 TN-S 系统时，PE 线的重复接地设置部位可为(　　)。

A. 总配电箱(配电柜)处

B. 各分路分配电箱处

C. 各分路最远端用电设备开关箱处

D. 大型施工机械设备开关箱处

E. 总漏电保护器的进线端或出线端

正确答案：ABCD

7. 施工现场人工接地体常用的金属材料有(　　)。

A. 圆钢　　B. 钢管　　C. 角钢　　D. 扁钢　　E. 螺纹钢

正确答案：ABCD

8. 施工现场临时用电工程中，接地主要包括(　　)。

A. 工作接地　　B. 临时接地　　C. 保护接地　　D. 重复接地

E. 防雷接地

正确答案：ACDE

9. 以触电危险程度来考虑，施工现场的环境条件通常可分三大类：一般场所、危险场所和高度危险场所。下列属于危险场所的有(　　)。

A. 相对湿度长期处于 75% 以上的潮湿场所

B. 露天并且能遭受雨、雪侵袭的场所

C. 气温高于 30 ℃的炎热场所

D. 有导电粉尘场所，有导电泥、混凝土或金属结构地板场所

E. 施工中常处于水湿润的场所

正确答案：ABCDE

10. Ⅱ类手持电动工具适用的场所有(　　)。

A. 潮湿场所　　B. 金属构件上　　C. 锅炉内　　D. 地沟内　　E. 管道内

正确答案：AB

11. 安全用电组织措施包括要建立哪几项制度？(　　)

A. 用电组织技术制度　　B. 技术交底制度

C. 安全自检制度　　D. 电工安装、巡检、维修、拆除制度

E. 安全培训制度

正确答案：ABCDE

三、判断题(答案 A 表示说法正确，答案 B 表示说法不正确)

1. 配电室内的配电柜或配电线路停电维修时，应挂接地线，并应悬挂“禁止合闸、有人工作”停电标志牌。停送电必须由专人负责。(　　)

正确答案：A

2. 动力配电箱与照明配电箱宜分别设置；若动力与照明合置于同一配电箱内共箱配

电，则动力与照明应分路配电。（ ）

正确答案：A

3. 当施工现场与外电线路共用同一供电系统时，电气设备的接地、接零保护应与原系统保持一致。可以一部分设备做保护接零，另一部分设备做保护接地。（ ）

正确答案：B

4. PE线重复接地的目的，一是降低PE线的接地电阻，二是防止PE线断线而导致接零保护失效。（ ）

正确答案：A

5. 一般场所开关箱中漏电保护器的额定漏电动作电流应不大于30 mA，额定漏电动作时间不应大于0.1 s。（ ）

正确答案：A

6. 开关箱与用电设备之间必须实行“一机一闸”制。（ ）

正确答案：A

7. 漏电保护器应装设在总配电箱、开关箱远离负荷的一侧，且不得用于启动电气设备的操作。（ ）

正确答案：B

8. 施工现场架空线可以架设在树木、脚手架及其他设施上。（ ）

正确答案：B

9. 电缆直接埋地敷设的深度不应小于0.7 m，并应在电缆紧邻上、下、左、右侧均匀敷设不小于50 mm厚的细砂，然后覆盖砖或混凝土板等硬质保护层。（ ）

正确答案：B

10. 塔式起重机的机体已经接地，其电气设备的外露可导电部分可不再与PE线连接。（ ）

11. 隧道、人防工程、有导电灰尘、比较潮湿或灯具离地面高度低于2.5 m等场所的照明，电源电压不应大于36 V。（ ）

正确答案：A

12. 架设安全防护设施时，必须经有关部门批准，采用线路暂时停电或其他可靠的安全技术措施，并有电气工程技术人员和专职安全人员监护。（ ）

正确答案：A

13. 电焊机二次线可以在钢筋网面上拖拉和踩踏。（ ）

正确答案：B

第11章 施工排水

本章要点 施工排水系统是水利水电工程土石方及其他施工作业的基本保证条件之一。本章主要介绍了施工导流、基坑排水以及施工现场排水的施工技艺与安全规定。

主要依据《水利水电工程施工安全防护设施技术规范》(SL 714—2015)、《水利水电工程施工导流设计规范》(SL 623—2013)、《水利工程施工》(李天科主编)、《水利水电工程施工作业人员安全操作规程》(SL 401—2007)等标准、规范和教材。

11.1 施工导流

11.1.1 施工导流的基本方法

施工导流方式大体上可以分为两类:一类是分段围堰法导流,也称为河床外导流,即用围堰一次拦断全部河床,将原河道水流引向河床外的明渠或隧洞等泄水建筑物导向下游;另一类是分段围堰法,也称为河床内导流,即采用分期导流,将河床分段用围堰挡水,使原河道水流分期通过被束窄的河道或坝体底孔、缺口、隧洞、涵洞、厂房等导向下游。

此外,按导流泄水建筑物型式还可以将导流方式分为明渠导流、隧洞导流、涵洞导流、底孔导流、缺口导流、厂房导流等。一个完整的施工导流方案,常由几种导流方式组成,以适应围堰挡水的初期导流、坝体挡水的中期导流和施工拦洪蓄水的后期导流等三个不同导流阶段的需要。

1. 全段围堰法

如图 11-1 所示,采用全段围堰法导流方式,就是在河床主体工程的上下游各建一道拦河围堰,使河水经河床以外的临时泄水道或永久泄水建筑物下泄。主体工程建成或接近建成时,再将临时泄水道封堵。在我国黄河等干流上已建成或在建的许多水利工程采用全段围堰法的导流方式,如龙羊峡、大峡、小浪底以及拉西瓦等水利枢纽,在施工过程中均采用河床外隧洞或明渠导流。

采用全段围堰法导流,主体工程施工过程中受水流干扰小,工作面大,有利于高速施工,上下游围堰还可以兼作两岸交通纽带。但是,这种方法通常需要专门修建临时泄水建筑物(最好与永久建筑物相结合,综合利用),从而增加导流工程费用,推迟主体工程开工日期,可能造成施工过于紧张。

全段围堰法导流,其泄水建筑物类型有以下几种:

(1) 明渠导流

明渠导流是在河岸上开挖渠道，在水利工程施工基坑的上下游修建围堰挡水，将原河水通过明渠导向下游，如图 11-2 所示。

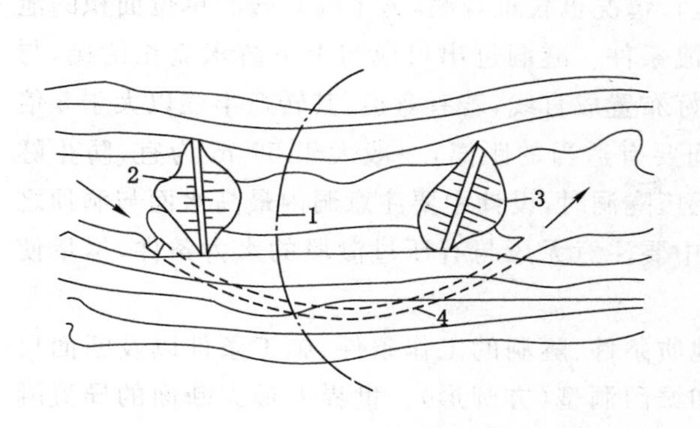

图 11-1 全段围堰法施工导流方式示意图

1——水工建筑物轴线；2——上游围堰；

3——下游围堰；4——导流洞

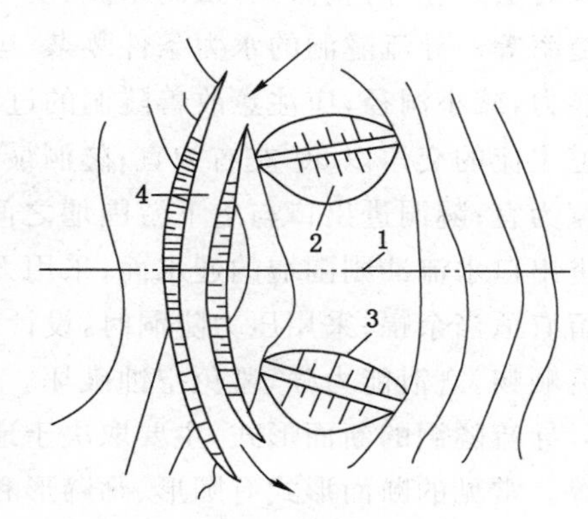

图 11-2 明渠导流示意图

1——水工建筑物轴线；2——上游围堰；

3——下游围堰；4——导流明渠

明渠导流多用于岸坡较缓，有较宽阔滩地或岸坡上有沟溪、老河道可利用，施工导流流量大，地形、地质条件利于布置明渠的工程。明渠导流费用一般比隧洞导流费用少，过流能力大，施工比较简单，因此，在有条件的地方宜采用明渠导流。目前，世界上最大的河床外明渠导流是印度 Tapi(塔壁)河上的 Ukai(乌凯)土石坝的导流明渠，长 1 372 m，梯形断面，渠底最大宽度 235 m，设计导流流量 45 000 m^3/s，实际最大流速 13.72 m/s，浆砌石护坡。

导流明渠的布置，一定要保证水流通畅，泄水安全，施工方便，轴线短，工程量少。明渠进出口应与上下游水流相衔接，与河道主流的交角以小于或等于 30°为宜；到上下游围堰坡脚的距离，以明渠所产生的回流不淘刷围堰地基为原则；明渠水面与基坑水面最短距离要大于渗透破坏所要求的距离；为保证水流畅通，明渠转弯半径不小于渠底宽的 3～5 倍；河流两岸地质条件相同时，明渠宜布置在凸岸，但是，对于多沙河流则可考虑布置在凹岸。导流明渠断面多选择梯形或矩形，并力求过水断面湿周小，渠道糙率低，流量系数大。渠道的设计过水能力应与渠道内泄水建筑物过水能力相匹配。

(2) 隧洞导流

隧洞导流是在河岸中开挖隧洞，在水利工程施工基坑的上下游修筑围堰挡水，将原河水通过隧洞导向下游。隧洞导流多用于山区间流。由于山高谷窄，两岸山体陡峻，无法开挖明渠而有利于布置隧洞。隧洞的造价较高，一般情况下都是将导流隧洞与永久性建筑物相结合，达到一洞多用的目的。通常永久隧洞的进口高程较高，而导流隧洞的进口高程较低，此时，可开挖一段低高程的导流隧洞与永久隧洞低离程部分相连，导流任务完成后，将导流隧洞进口段封堵，这种布置俗称"龙抬头"。

导流隧洞的布置，取决于地形、地质、水利枢纽布置型式以及水流条件等因素。其中地质条件和水力条件是影响隧洞布置的关键因素。地质条件好的临时导流隧洞，一般可以不衬砌或只局部衬砌，有时为了增强洞壁稳定，提高泄水能力，可以采用光面爆破、喷锚支护等施工技术；地质条件较差的导流隧洞，一般都要衬砌，衬砌的作用是承受山岩压力，填塞岩层裂隙，防止渗漏，抵制水流、空气、温度与湿度变化对岩壁的不利影响以及减小洞壁糙率等。导流隧洞的水力条件复杂，运行情况也较难观测，为了提高隧洞单位面积的泄流能力，减小洞径，应注意改善隧洞的过流条件。隧洞进出口应与上下游水流相衔接，与河道主流的交角以30°左右为宜；隧洞最好布置成直线，若有弯道，其转弯半径以大于5倍洞宽为宜；隧洞进出口与上下游围堰之间要有适当的距离，一般大于50 m为宜，防止隧洞进出口水流冲刷围堰的迎水面；采用无压隧洞时，设计中要注意洞内最高水面与洞顶之间留有适当余幅；采用压力隧洞时，设计中要注意无压与有压过渡段的水力条件，尽量使水流顺畅，宣泄能力强，避免空蚀破坏。

导流隧洞的断面形式，主要取决于地质条件、隧洞的工作条件、施工条件以及断面尺寸等。常见的断面形式有圆形、马蹄形和城门洞型（方圆形）。世界上最大断面的导流隧洞是苏联的布烈依土石坝工程右岸的两条隧洞，断面面积均为350 m^2（方圆形，宽17 m，高22 m），导流设计流量达14 600 m^3/s。我国二滩水电站工程的两条导流隧洞，其断面尺寸均为宽17.5 m、高23 m的方圆形（城门洞型），导流设计流量达13 500 m^3/s。

（3）涵管导流

在河岸枯水位以上的岩滩上筑造涵管，然后在水利工程施工基坑上下游修筑围堰挡水，将原河水通过涵管导向下游，如图11-3所示。涵管导流一般用于中、小型土石坝、水闸等工程，分期导流的后期导流也有采用涵管导流的方式。

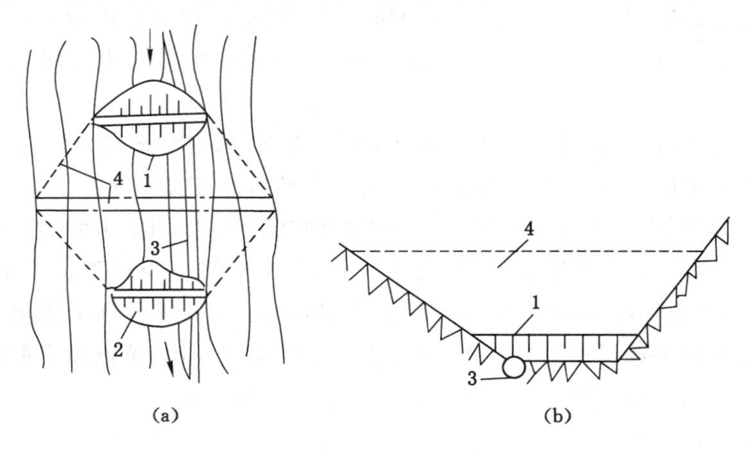

图11-3　涵管导流示意图

(a) 平面图；(b) 上游立视图

1——上游围堰；2——下游围堰；3——导流涵管；4——坝体

与隧洞相比，涵管导流方式具有施工工作面大，施工灵活、方便、速度快，工程造价低等优点。涵管一般为钢筋混凝土结构。当与永久涵管相结合时，采用涵管导流比较合理。在某些情况下，可在建筑物岩基中开挖沟槽，必要时加以衬砌，然后顶部加封混凝土或钢筋混凝土顶拱，形成涵管。

涵管宜布置成直线，选择合适的进出口型式，使水流顺畅，避免发生冲淤、渗漏、空蚀等现象，出口消能安全可靠。多采用截渗环来防止沿涵管的渗漏，截渗环间距一般为10～20 m，环高 1～2 m，厚度 0.5～0.8 m。为减少截渗环对管壁的附加应力，有时将截渗环与涵管管身用缝分离，缝周填塞沥青止水。若不设截渗环，则在接缝处加厚凸缘防渗。为防止集中渗漏，管壁周围铺筑防渗填料，做好反滤层，并保证压实质量。涵管管身伸缩缝、沉陷缝的止水要牢靠，接缝结构能适应一定变形要求，在渗流逸出带做好排水措施，避免产生管涌。特殊情况下，涵管布置在硬土层上时，对涵管地基应做适当处理，防止土层压缩变形产生不均匀沉陷，造成涵管破坏事故。

我国岳城水库土石坝施工期导流时，坝下设置钢筋混凝土方圆形导流涵管 9 条，每条净截面 6 m×6.7 m，竣工后，1 条涵管用于引水发电，其余 8 条各安装闸门控制泄洪，1963 年最大泄洪流量达 3 620 m^3/s。

(4) 渡槽导流

枯水期，在低坝、施工流量不大(通常不超过 20～30 m^3/s)、河床狭窄、分期预留缺口有困难，以及无法利用输水建筑物导流的情况下，可采用渡槽导流。渡槽一般为木质(已较少用)或装配式钢筋混凝土的矩形槽，用支架架设在上下游围堰之间，将原河水或渠道水导向下游。它结构简单，建造迅速，适用于流量较小的情况下。对于水闸工程的施工，采用闸孔设置渡槽较为有利。农田水利工程施工过程中，在不影响渠道正常输水情况下修筑渠系建筑物时，也可以采用这种导流方式。如图 11-4 所示。

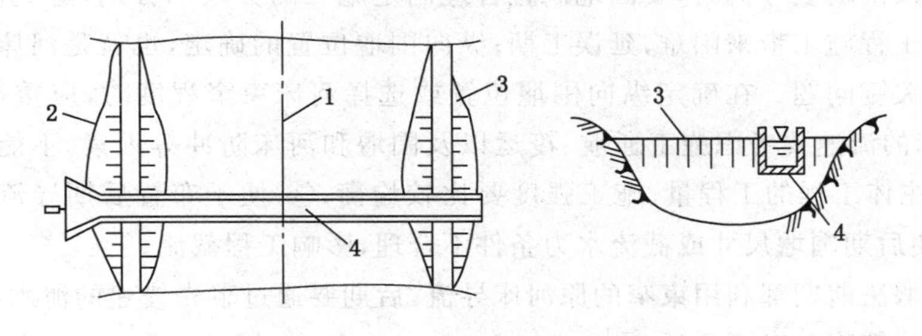

图 11-4 渡槽导流示意图

1——坝轴线；2——上游围堰；3——下游围堰；4——渡槽

2. 分段围堰法

如图 11-5 所示，采用分段围堰法导流方式，就是用围堰将水利工程施工基坑分段分期围护起来，使原河水通过被束窄的河床或主体工程中预留的底孔、缺口导向下游的施工方法。由图 11-5 可以看出，分段围堰法的施工程序是先将河床的一部分围护起来，在这里首先将河床的右半段围护起来，进行右岸第一期工程的施工，河水由左岸被束窄的河床下泄。修建第一期工程时，在建筑物内预留底孔或缺口；然后将左半段河床围护起来，进行第二期工程的施工，此时，原河水经由预留的底孔或缺口宣泄。对于临时泄水底孔，在主体工程建成或接近建成，水库需要蓄水时，要将其封堵。我国长江等流域上已建成或在建的水利工程多采用分段围堰法的导流方式，如新安江、葛洲坝及长江三峡等水利枢纽，在施工过程中均采用分段分期的方式导流。

分段围堰法一般适用于河床宽，流量大，施工期较长的工程；在通航或冰凌严重的河

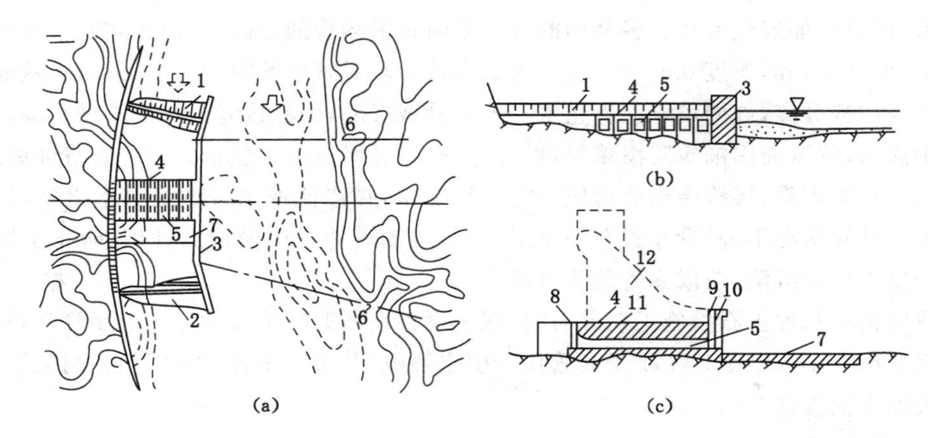

图 11-5　分段围堰法导流方式示意图

(a) 平面图;(b) 下游立视图;(c) 导流底孔纵断面图

1——Ⅰ期上游横向围堰;2——Ⅰ期下游横向围堰;3——1、2 期纵向围堰;4——预留缺口;5——导流底孔;6——2 期上、下游围堰轴线;7——护坦;8——封堵闸门槽;9——工作闸门槽;10——事故闸门槽;11——已浇筑的混凝土坝体;12——未浇筑的混凝土坝体

道上采用这种导流方式更为有利。一般情况下,与全段围堰法相比施工导流费用较低。

采用分段围堰法导流时,要因地制宜合理制定施工的分段和分期,避免由于时、段划分不合理给工程施工带来困难,延误工期;纵向围堰位置的确定,也就是河床束窄程度的选择是一个关键问题。在确定纵向围堰位置或选择河床束窄程度时,应重视下列问题:① 束窄河床的流速要考虑施工通航、筏运以及围堰和河床防冲等因素,不能超过允许流速;② 各段主体工程的工程量、施工强度要比较均衡;③ 便于布置后期导流用的泄水建筑物,不致使后期围堰尺寸或截流水力条件不合理,影响工程截流。

分段围堰法前期都利用束窄的原河床导流,后期要通过事先修建的泄水建筑物导流,常见的泄水建筑物有以下几种。

(1) 底孔导流

混凝土坝施工过程中,采用坝体内预设临时或永久泄水孔洞,使河水通过孔洞导向下游的施工导流方式称为底孔导流。底孔导流多用于分期修建的混凝土闸坝工程中,在全段围堰法的后期施工中,也常采用底孔导流。底孔导流的优点是挡水建筑物上部施工可以不受水流干扰,有利于均衡连续施工,对于修建高坝特别有利。若用坝体内设置的永久底孔作施工导流,则更为理想。其缺点是坝体内设置临时底孔,增加了钢材的用量;如果封堵质量差,不仅造成漏水,还会削弱大坝的整体性;在导流过程中,底孔有被漂浮物堵塞的可能性;封堵时,由于水头较高,安放闸门及止水均较困难。

底孔断面有方圆形、矩形或圆形。底孔的数目、尺寸、高程设置,主要取决于导流流量、截流落差、坝体削弱后的应力状态、工作水头、封堵(临时底孔)条件等因素。长江三峡水利枢纽工程三期截流后,采用 22 个底孔(每个底孔尺寸 6.5 m×8.5 m)导流,进口水头为 33 m 时,泄流能力达 23 000 m^3/s。巴西土库鲁伊(Tucurui)水电站施工期的导流底孔为 40 个,每尺寸为 6.5 m×13 m,泄流能力达 35 000 m^3/s。

底孔的进出水口体型、底孔糙率、闸槽布置、溢流坝段下孔流的水流条件等都会影响底孔的泄流能力。底孔进水口的水流条件不仅影响泄流能力，也是造成空蚀破坏的重要因素。对盐锅峡水电站的施工导流底孔(4 m×9 m)，进口曲线是折线，在该部位设置了两道闸门。1961 年溢流坝溢洪时，封堵了底孔下游出口，仅几天时间，进口闸槽下约 12 m 范围内，底孔的上部及边墩内剥蚀深度达 2.5～3.0 m，中墩被穿通，无法继续使用。底孔泄流时还要防止对下游可能造成的冲刷。当单宽流量较大、消能不善、下游地质条件较差时，底孔泄流后就有可能发生下游向床被冲刷。

对于临时底孔应根据进度计划，按设计要求做好封堵专门设计。

(2) 坝体缺口导流

混凝土坝施工过程中，在导流设计规定的部位和高程上，预留缺口，宣泄洪水期部分流量的临时性辅助导流度汛措施。缺口完成辅助导流任务后，仍按设计要求建成永久性建筑物。

缺口泄流流态复杂，泄流能力难以准确计算，一般以水力模型试验值作参考。进口主流与溢流前沿斜交或在溢流前沿形成回流、旋涡，是影响缺口泄流能力的主要因素。缺口的形式和高程不同，也严重影响泄流的分配。在溢流坝段设缺口泄流时，由于其底缘与已建溢流面不协调，流态很不稳定；在非溢流坝段设缺口泄流时，对坝下游河床的冲刷破坏应予以足够的重视。

在某些情况下，还应做缺口导流时的坝体稳定及局部拉应力的校核。

(3) 厂房导流

利用正在施工中的厂房的某些过水建筑物，将原河水导向下游的导流方式称为厂房导流。

水电站厂房是水电站的主要建筑物之一，由于水电站的水头、流量、装机容量、水轮发电机组型式等因素及水文、地质、地形等条件各不相同，厂房型式各异，布置也各不相同。应根据厂房特点及发电的工期安排，考虑是否需要和可能利用厂房进行施工导流。

厂房导流的主要方式有：① 来水通过未完建的蜗壳及尾水管导向下游；② 来水通过泄水底孔导向下游，底孔可以布置在尾水管上部；③ 来水通过泄水底孔进口，经设置在尾水管锥形体内的临时孔进入尾水管导向下游。我国的大化水电站和西津水电站都采用了厂房导流方式。

以上按全段围堰法和分段围堰法分别介绍了施工导流的几种基本方法。在实际工程中，由于枢纽布置和建筑物型式的不同以及施工条件的影响，必须灵活应用，进行恰当的组合才能比较合理地解决一个工程在整个施工期间的施工导流问题。例如底孔和坝体缺口泄流，并不只适用于分段围堰法导流。在全段围堰法的后期导流中，也常常得到应用；隧洞和明渠泄流，同样并不只适用于全段围堰法导流，也经常被用于分段围堰法的后期导流中。因此，选择一个工程的导流方法时，必须因时因地制宜，绝不能机械死板地套用。

11.1.2 围堰

围堰是围护水工建筑物施工基坑，避免施工过程中受水流干扰而修建的临时挡水建筑物。在导流任务完成以后，如果未将围堰作为永久建筑物的一部分，围堰的存在妨碍永久水利枢纽的正常运行时，应予以拆除。

根据施工组织设计的安排，围堰可围占一部分河床或全部拦断河床。按围堰轴线与水流方向的关系，可分为基本垂直水流方向的横向围堰及顺水流方向的纵向围堰；按围堰是否允许过水，可分为过水围堰和不过水围堰。通常围堰的基本类型是按围堰所用材料划分的。

1. 围堰的基本型式及构造

(1) 土石围堰

在水利工程中，土石围堰通常是用土和石渣（或砾石）填筑而成的。由于土石围堰能充分利用当地材料，构造简单，施工方便，对地形地质条件要求低，便于加高培厚，所以应用较广。

土石围堰的上下游边坡取决于围堰高度及填土的性质。用砂土、黏土及堆石建造土石围堰，一般将堆石体放在下游，砂土和黏土放在上游以起防渗作用。堆石与土料接触带设置反滤，反滤层最小厚度不小于 0.3 m。用砂砾土及堆石建造土石围堰，则需设置防渗体。若围堰较高、工程量较大，往往要考虑将堰体作为土石坝体的组成部分，此时，对围堰质量的要求与坝体填筑质量要求完全相同。

土石坝常用土质斜墙或心墙防渗，如图 11-6 所示。也有用混凝土或沥青混凝土心墙防渗，并在混凝土防渗墙上部接土工膜材料防渗。当河床覆盖层较浅时，可在挖除覆盖层后直接在基岩上浇筑混凝土心墙，但目前更多的工程则是采用直接在堰体上造孔挖槽穿过覆盖层浇筑各种类型的混凝土防渗墙，如图 11-6(c)所示。早期的堰基覆盖层多用黏土铺盖加水泥灌浆防渗，如图 11-6(d)所示。近年来，高压喷射灌浆防渗逐渐兴起，效果较好。

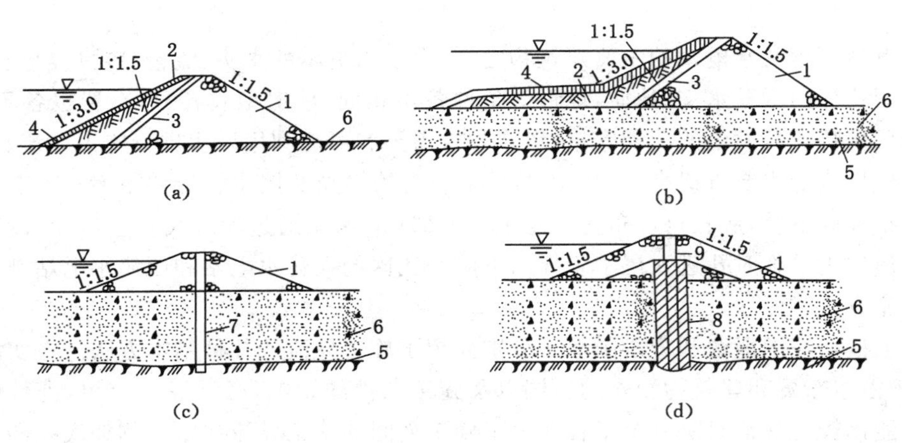

图 11-6　土石围堰示意图

(a) 斜墙式；(b) 带水平铺盖的斜墙式；(c) 垂直防渗墙式；(d) 灌浆帷幕式

1——堆石体；2——黏土斜墙、铺盖；3——反滤层；4——护面；5——隔水层；

6——覆盖层；7——垂直防渗墙；8——灌浆帷幕；9——黏土心墙

土石围堰还可以细分为土围堰和堆石围堰。

土围堰由各种土料填筑或水力冲填而成。按围堰结构分为均质和非均质土围堰，后者设斜墙或心墙防渗，土围堰一般不允许堰顶溢流。堰顶宽度根据堰高、构造、防汛、交通运输等要求确定，一般不小于3 m。围堰的边坡取决于堰高、土料性质、地基条件及堰型等因素。根据不透水层埋藏深度及覆盖层具体条件，选用带铺盖的截水墙防渗或混凝土防渗墙防渗。为保证堰体稳定，土围堰的排水设施要可靠，围堰迎水面水流流速较大时，需设置块石或卵石护坡，土围堰的抗冲能力较差，通常只作横向围堰。

堆石围堰由石料填筑而成，需设置防渗斜墙或心墙，采取护面措施后堰顶可溢流。上、下游坡根据堰高、填石要求及是否溢流等条件决定。溢流的堰体则视溢流单宽流量、上下游水位差、上下游水流衔接条件及堰体结构与护坡类型而定，堰体与岸坡连结要可靠，防止接触面渗漏。在土基上建造堆石围堰时，需沿着堰基面预设反滤层。堰体者与土石坝结合，堆石质量要满足土石坝的质量要求。

(2) 草土围堰

为避免河道水流干扰，用麦草、稻草和土作为主要材料建成的围护施工基坑的临时挡水建筑物，如图11-7(a)所示。

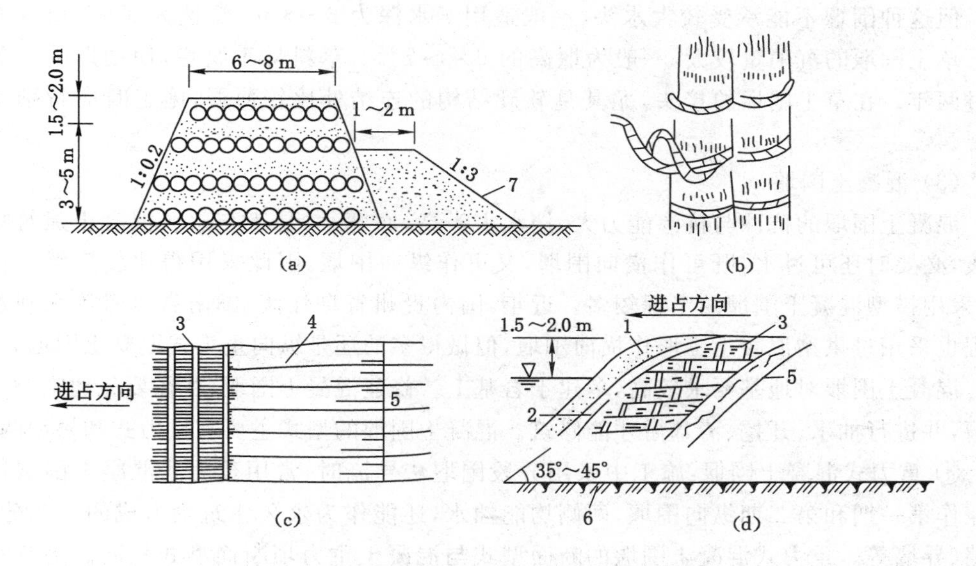

图11-7 草土围堰及其施工过程示意图

(a) 草土围堰；(b) 草捆；(c) 围堰进占平面图；(d) 围堰进占纵断面图

1——黏土；2——散草；3——草捆；4——草绳；5——岸坡或已建堰体；6——河底；7——戗台

我国两千多年以前，就有将草、土材料用于宁夏引黄灌溉工程及黄河堵口工程的记载，在青铜峡、八盘峡、刘家峡及盐锅峡等黄河上的大型水利工程中，也都先后采用过草土围堰这种筑堰型式。

草土围堰底宽约为堰高的2.0～3.0倍，围堰的顶宽一般采用水深的2.0～2.5倍。在堰顶有压重，并能够保证施工质量且地基为岩基时，水深与顶宽比可采用1：1.5。内外边坡按稳定要求核定，为1：0.2～1：0.5。一般每立方米土用草75～90 kg，草土体的密度约为1.1 t/m^3，稳定计算时草与砂卵石、岩石间的摩擦系数分别采用0.4和0.5，草土体的逸出坡降一般控制在0.5左右。堰顶超高取1.5～2.0 m。

草土围堰可在水流中修建，其施工方法有散草法、捆草法和埽捆法，普遍采用的是捆草法。用捆草法修筑草土围堰时，先将两束直径为 0.3～0.7 m、长为 1.5～2.0 m、重约5～7 kg 的草束用草绳扎成一捆，并使草绳留出足够的长度，如图 11-7(b)所示；然后沿河岸在拟修围堰的整个宽度范围内分层铺草捆，铺一层草捆，填一层土料（黄土、粉土、沙壤土或黏土），铺好后的土料只需人工踏实即可，每层草捆应按水深大小叠接 1/3～2/3，这样层层压放的草捆形成一个斜坡，坡角约为 35°～45°，直到高出水面 1 m 以上为止；随后在草捆层的斜坡上铺一层厚 0.20～0.30 m 的散草，再在散草上铺上一层约 0.30 m 厚的土层，这样就完成了堰体的压草、铺草和铺土工作的一个循环；连续进行以上施工过程，堰体即可不断前进，后部的堰体则渐渐沉入河底。当围堰出水后，在不影响施工进度的前提下，争取铺土打夯，把围堰逐步加高到设计高程，如图 11-7(c)、(d)所示。

草土围堰具有就地取材、施工简便、拆除容易、适应地基变形、防渗性能好的特点，特别在多沙河流中，可以快速闭气。在青铜峡水电站施工中，只用 40 d 时间，就在最大水深 7.8 m、流量 1 900 m^3/s、流速 3 m/s 的河流上，建成长 580 m，工程量达 7 万 m^3 的草土围堰。但这种围堰不能承受较大水头，一般适用于水深为 6～8 m，流速为 3～5 m/s 的场合。草土围堰的沉陷量较大，一般为堰高的 6%～7%。草料易于腐烂，使用期限一般不超过两年。在草土围堰的接头，尤其是软硬结构的连结处比较薄弱，施工时应特别予以重视。

(3) 混凝土围堰

混凝土围堰的抗冲与抗渗能力大，挡水水头高，底宽小，易于与永久混凝土建筑物相连接，必要时还可过水，既可作横向围堰，又可作纵向围堰，因此采用得比较广泛。在国外，采用拱型混凝土围堰的工程较多。近年，国内贵州省乌江渡、湖南省凤滩等水利水电工程也采用过拱型混凝土围堰作横向围堰，但做得多的还是纵向重力式混凝土围堰。

混凝土围堰对地基要求较高，多建于岩基上。修建混凝土围堰，往往要先建临时土石围堰，并进行抽水、开挖、清基后才能修筑。混凝土围堰的型式主要有重力式和拱型两种。

① 重力式混凝土围堰：施工中采用分段围堰法导流时，常用重力式混凝土围堰往往可兼作第一期和第二期纵向围堰，两侧均能挡水，还能作为永久建筑物组成的一部分，如隔墙、导墙等。重力式混凝土围堰的断面型式与混凝土重力坝断面型式相同。为节省混凝土，围堰不与坝体接合的部位，常采用空框式、支墩式和框格式等。重力式混凝土围堰基础面一般都设排水孔，以增强围堰的稳定性并可节约混凝土。碾压混凝土围堰投资小、施工速度快、应用潜力巨大。三峡水利枢纽三期上游挡水发电的碾压混凝土围堰，全长 572 m，最大堰高 124 m，混凝土用量 168 万 m^3/月，最大上升高度 23 m，月最大浇筑强度近 40 万 m^3。

② 拱型混凝土围堰：如图 11-8 所示，一般适用在两岸陡峻、岩石坚实的山区或河谷覆盖层不厚的河流上。此时常采用隧洞及允许基坑淹没的导流方案。这种围堰高度较高，挡水水头在 20 m 以上，能适应较大的上下游水位差及单宽流量，技术上也较可靠。通常围堰的拱座是在枯水期水面以上施工的，当河床的覆盖层较薄时也可进行水下清基、立模、浇筑部分混凝土；若覆盖层较厚则可灌注水泥浆防渗加固。堰身的混凝土浇筑则要进行水下施工，难度较高。在拱基两侧要回填部分砂砾料以利灌浆，形成阻水帐幕。有的工程在堆石体上修筑重力式拱型围堰，其布置如图 11-9 所示。围堰的修筑通常从岸边沿

围堰轴线向水中抛填砂砾石或石渣进占；出水后进行灌浆，使抛填的砂砾石体或石渣体固结，并使灌浆帷幕穿透覆盖层直至隔水层；然后在砂砾石体或石渣体上浇筑重力式拱型混凝土围堰。

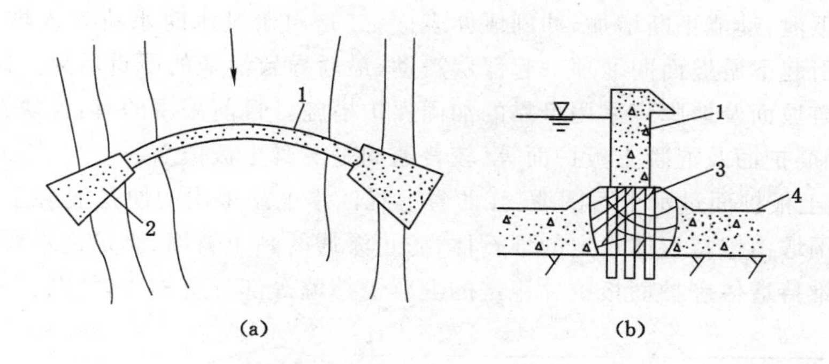

图 11-8 拱形混凝土围堰

(a) 平面图；(b) 横断面图

1——拱身；2——拱座；3——覆盖层；4——地面

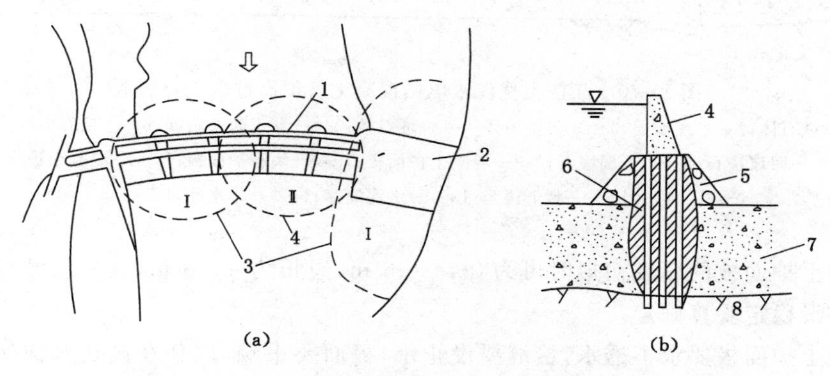

图 11-9 建在堆石体上的重力式拱形混凝土围堰

(a) 平面图；(b) 横断面图

1——主体建筑物；2——水电站；3——一期围堰；4——二期围堰；5——堆石体；6——灌浆帷幕；7——覆盖层；8——隔水层

拱型混凝土围堰与重力式混凝土围堰相比，断面较小，节省混凝土用量，施工速度较快。

(4) 过水围堰

过水围堰是在一定条件下允许堰顶过水的围堰。过水围堰既能担负挡水任务，又能在汛期泄洪，适用于洪枯流量比值大，水位变幅显著的河流。其优点是减小施工导流泄水建筑物规模，但过流时基坑内不能施工。对于可能出现枯水期有洪水而汛期又有枯水的河流，可通过施工强度和导流总费用(包括导流建筑物和淹没基坑的总费用总和)的技术经济比较，选用合理的挡水设计流量。一般情况下，根据水文特性及工程重要性，给出枯水期5%～10%频率的几个流量值，通过分析论证选取，选取的原则是力争在枯水年能全年施工。为了保证堰体在过水条件下的稳定性，还需要通过计算或试验确定过水条件下的最不利流量,作为过水设计流量。

当采用允许基坑淹没的导流方案时,围堰堰顶必须允许过水。如前所述,土石围堰是散粒体结构,是不允许过水的。因为土石围堰过水时,一般受到两种破坏作用:一是水流往下游坡面下泄,动能不断增加,冲刷堰体表面;二是由于过水时水流渗入堆石体所产生的渗透压力引起下游坡面同堰顶一起深层滑动,最后导致溃堰的严重后果。因此,土石过水围堰的下游坡面及堰脚应采用可靠的加固保护措施。目前采用的有:大块石护面、钢丝笼护面、加钢筋护面及混凝土板护面等,较普遍的是混凝土板护面。

① 混凝土板护面过水土石围堰:江西省上犹江水电站采用的便是混凝土板护面过水土石围堰。围堰由维持堰体稳定的堆石体、防止渗透的黏土斜墙、满足过水要求的混凝土护面板以及维持堰体和护面板抗冲稳定的混凝土挡墙等部分所构成,如图 11-10 所示。

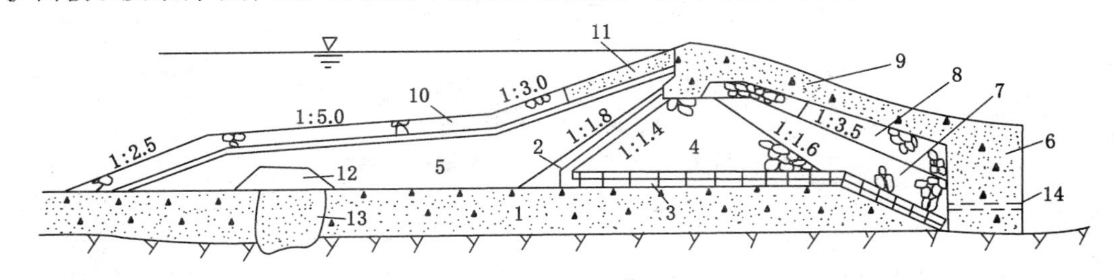

图 11-10　江西上犹江水电站混凝土板护面过水土石围堰

1——堆石体;2——反滤层;3——柴排护体;4——堆石体;5——黏土防渗斜墙;6——毛石混凝土挡墙;7——回填块石;8——干砌块石;9——混凝土护面板;10——块石护面板;11——混凝土护面板;12——黏土顶盖;13——水泥灌浆;14——排水孔

混凝土护面板的厚度初拟时可为 0.4～0.6 m、边长为 4～8 m,其后尺寸应通过强度计算和抗滑稳定验算确定。

混凝土护面板要求不透水,接缝要设止水,板面要平顺,以免在高速水流影响下发生气蚀或位移。为加强面板间的相互牵制作用,相邻面板可用 ϕ(6～16) mm 的钢筋连接在一起。

混凝土护面板可以预制也可以现浇,但面板的安装或浇筑应错缝、跳仓,施工顺序应从下游面坡脚向堰顶进行。

过水土石围堰的修建,需将设计断面分成两期。第一期修建所谓"安全断面",即在导流建筑物泄流情况下,进行围堰截流、闭气、加高培厚,先完成临时断面然后抽水排干基坑,见图 11-11(a),第二期在安全断面挡水条件下修建混凝土挡墙,见图 11-11(b),并继续加高培厚修筑堰顶及下游坡护面等,直至完成设计断面,见图 11-11(c)。

② 加筋过水土石围堰:20 世纪 50 年代以来,为了解决堆石坝的度汛、泄洪问题,国外已成功地建成了多座加筋过水堆石坝,坝高达 20～30 m 左右,坝顶过水泄洪能力近千立方米每秒。加筋过水土石坝解决了堆石体的溢洪过水问题,从而为解决土石围堰过水问题开辟了新的途径。加筋过水土石围堰,如图 11-12 所示,是在围堰的下游坡面上铺设钢筋网,以防坡面的石块被冲走,并在下游部位的堰体内埋设水平向主锚筋以防止下游坡连同堰顶一起滑动。下游面采用钢筋网护面可使护面石块的尺寸减小、下游坡角加大,其造

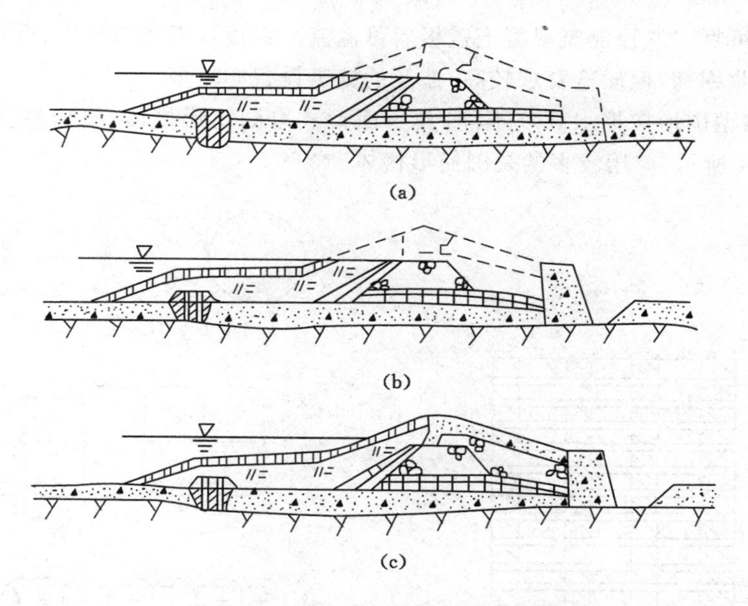

图 11-11 过水围堰施工程序示意图

(a) 一期断面；(b) 二期断面；(c) 设计断面

价低于混凝土板护面过水土石围堰。

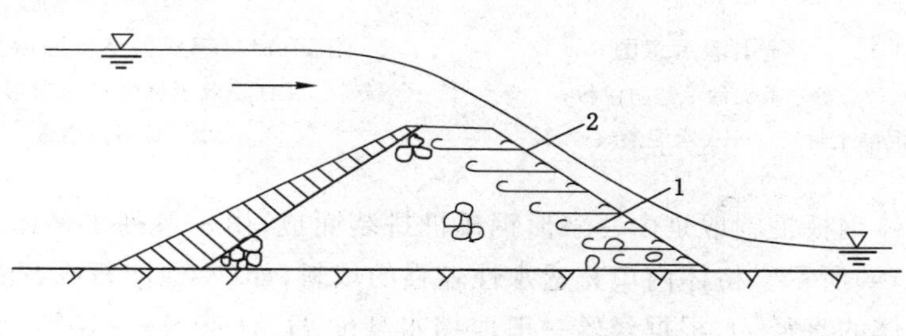

图 11-12 加筋过水土石围堰

1——水平向主锚筋；2——钢筋网

必须指出的是：① 加筋过水土石围堰的钢筋网应保证质量，不然过水时随水挟带的石块会切断钢筋网，使土石料被水流淘刷成坑，造成塌陷，导致溃口等严重事故；② 过水时堰身与两岸接头处的水流比较集中，钢筋网与两岸的连接应十分牢固，一般需回填混凝土直至堰脚处，以利钢筋网的连接生根；③ 过水以后要进行检修和加固。

(5) 木笼围堰

木笼围堰是用方木或两面锯平的圆木叠搭而成的内填块石或卵石的框格结构，具有耐水流冲刷，能承受较高水头，断面较小，既可作为横向围堰，又可作为纵向围堰，其顶部经过适当处理后还可以允许过水，如图 11-13 所示。通常木笼骨架在岸上预制，水下沉放。

木笼需耗用大量木材，造价较高，建造和拆除都比较困难，现已较少使用。

(6) 钢板桩围堰

用钢板桩设置单排、双排或格型体，既可建于岩基，又可建于土基上，抗冲刷能力强，断面小，安全可靠。堰顶浇筑混凝土盖板后可溢流。钢板桩围堰的修建、拆除可用机械施工，钢板桩回收率高，但质量要求较高，涉及的施工设备亦较多。

钢板桩格型围堰按挡水高度不同，其平面型式有圆筒形格体、扇形格体及花瓣形格体，如图 11-14 所示，应用较多的是圆筒形格体。

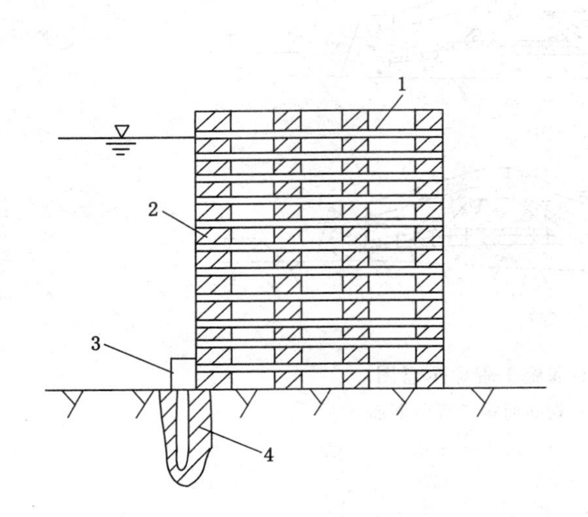

图 11-13　木笼围堰示意图

1——木笼；2——木板夹油毛毡防渗板；

3——水下混凝土封底；4——水泥灌浆帷幕

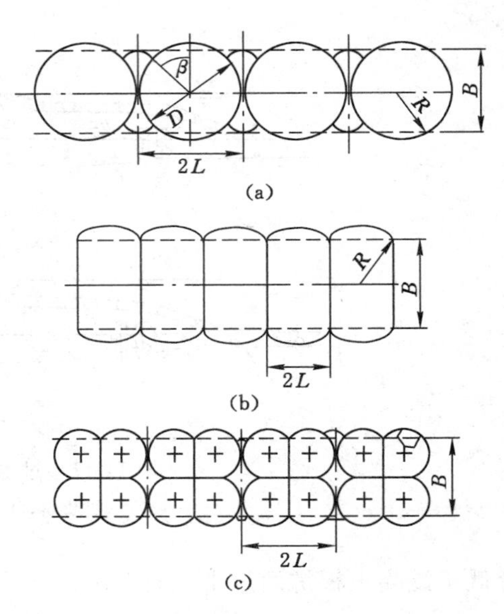

图 11-14　钢板桩格型围堰平面型式

(a) 圆筒形格体；(b) 扇形格体

(c) 花瓣形格体

圆筒形格体钢板桩围堰是由一字形钢板桩拼装而成，由一系列主格体和联弧段所构成，如图 11-14(a)所示。格体内填充透水性较强的填料，如砂、砂卵石或石渣等。

圆筒形格体的直径 D，根据经验一般取挡水高度 H 的 90%～140%，平均宽度 B 为 $0.85D$，$2L$ 为(1.2～1.3)D。圆筒形格体钢板桩围堰不是一个刚性体，而是一个柔性结构，格体挡水时允许产生一定幅度的变位，提高圆筒内填料本身抗剪强度及填料与钢板之间的抗滑能力，有助于提高格体抗剪稳定性。钢板桩锁口由于受到填料侧压力作用，需校核其抗拉强度。

圆筒形格体钢板桩围堰的修建由定位、打设模架支柱、模架就位、安插钢板桩、打设钢板桩、填充料渣、取出模架及其支柱和填充料渣到达设计高程等工序组成。

2. 围堰型式的选择

围堰的基本要求：① 具有足够的稳定性、防渗性、抗冲性及一定的强度；② 造价低，工程量较少，构造简单，修建、维护及拆除方便；③ 围堰之间的接头、围堰与岸坡的连结要安全可靠；④ 混凝土纵向围堰的稳定与强度，需充分考虑不同导流时期，双向先后承受水压的特点。

选择围堰型式时，必须根据当地具体条件，施工队伍的技术水平、施工经验和特长，在满足对围堰基本要求的前提下，通过技术经济分析对比，加以选择。

3. 导流标准

导流建筑物级别及其设计洪水的标准称为导流标准。导流标准是确定导流设计流量的依据，而导流设计流量是选择导流方案、确定导流建筑物规模的主要设计依据。导流标准与工程所在地的水文气象特征、地质地形条件、永久建筑物类型、施工工期等直接相关，需要结合工程实际，全面综合分析其技术上的可行性和经济上的合理性，准确选择导流建筑物级别及设计洪水标准，使导流设计流量尽量符合实际施工流量，以减少风险，节约投资。

(1) 导流时段的划分

施工过程中，随着工程进展，施工导流所用的临时或永久挡水、泄水建筑物(或结构物)也在相应发生变化。导流时段就是按照导流程序划分的各施工阶段的延续时间。

水利工程在整个施工期间都存在导流问题。根据工程施工进度及各个时期的泄水条件，施工导流可以分为初期导流、中期导流和后期导流三个阶段。初期导流即围堰挡水阶段的导流。在围堰保护下，在基坑内进行抽水、开挖及主体工程施工等工作；中期导流即坝体挡水阶段的导流。此时导流泄水建筑物尚未封堵，但坝体已达拦洪高程，具备挡水条件，故改由坝体挡水。随着坝体的升高、库容加大，防洪能力也逐渐增大；后期挡水即从导流泄水建筑物封堵到大坝全面修建到设计高程时段的导流。这一阶段，永久建筑物已投入运行。

通常河流全年流量的变化具有一定的规律性。按其水文特征可分为枯水期、中水期和洪水期。在不影响主体工程施工的条件下，若导流建筑物只负担枯水期的挡水及泄水任务，显然可以大大减少导流建筑物的工程量，改善导流建筑物的工作条件，具有明显的技术经济效益。因此，合理划分导流时段，明确不同时段导流建筑物的工作状态，是既安全又经济地完成导流任务的基本要求。

导流时段的划分与河流的水文特征、水工建筑物的型式、导流方案、施工进度等有关。

一般情况下，土坝、堆石坝和支墩坝不允许过水，因此当施工期较长，而汛期来临前又不能建完时，导流时段就要考虑以全年为标准。此时，按导流标准要求，应该选择一定频率下的年最大流量作为导流设计流量；如果安排的施工进度能够保证在洪水来临前，使坝体达到拦洪高程，则导流时段即可按洪水来临前的施工时段作为划分的依据，并按导流标准要求，该时段内具有一定频率的最大流量即为导流设计流量。当采用分段围堰法导流，后期用临时底孔导流来修建混凝土坝时，一般宜划分为三个导流时段：第一时段河水由束窄河床通过，进行第一期基坑内的工程施工；第二时段河水由导流底孔下泄，进行第二期基坑内的工程施工；第三时段进行底孔封堵，坝体全面升高，河水由永久泄水建筑物下泄，也可部分或完全拦蓄在水库中，直到工程完建。在各时段中，围堰和坝体的挡水高程和泄水建筑物的泄水能力，均应按相应时段内一定频率的最大流量作为导流设计流量。

山区型河流，其特点是洪水期流量大、历时短，而枯水期流量则特别小，因此水位变幅很大。例如上犹江水电站，坝型为混凝土重力坝，坝身允许过水，其所在河道正常水位时水面宽仅 40 m，水深为 6～8 m，当洪水来临时，河宽增加不大，但水深却增大到 18 m。若按一般导流标准要求来设计导流建筑物，不是挡水围堰修得很高，就是泄水建筑物的尺寸要求很大，而使用期又不长，这显然是不经济的。在这种情况下可以考虑采用允许基坑淹没的导流方案，即洪水来临时围堰过水，基坑被淹没，河床部分停工，待洪水过后围堰挡水时，再继续施工。这种方案由于基坑淹没引起的停工天数很短，不致影响施工总进度，而导流总费用（导流建筑物费用与淹没损失费用之和）却较省，所以是合理可行的。

导流总费用最低的导流设计流量，必须经过技术经济比较确定，其计算程序为：

① 根据河流的水文特征，假定一系列的流量值，分别求出泄水建筑物上、下游的水位。

② 根据这些水位决定导流建筑物的主要尺寸、工程量，估算导流建筑物的费用。

③ 估算由于基坑淹没一次所引起的直接和间接损失费用。属于直接损失的有基坑排水费，基坑清淤费，围堰及其他建筑物损坏的修理费，施工机械撤离和返回基坑的费用及无法搬运的机械被淹没后的修理费，道路、交通和通信设施的修理费用，劳动力和机械的窝工损失费等；属于间接损失的项目是，由于有效施工时间缩短，而增加的劳动力、机械设备、生产企业的规模、临时房屋等的费用。

④ 根据历年实测水文资料，用统计超过上述假定流量值的总次数除以统计年数得到年平均超过次数，亦即年平均淹没次数。根据主体工程施工的跨汛年数，即可算得整个施工期内基坑淹没的总次数及淹没损失总费用。

⑤ 绘制流量与导流建筑物费用、基坑淹没损失费用的关系曲线，如图 11-15 的曲线 1 和 2 所示，并将它们叠加求得流量与导流总费用的关系曲线 3。显然，曲线 3 上的最低点，即为导流总费用最低时的导流设计流量。

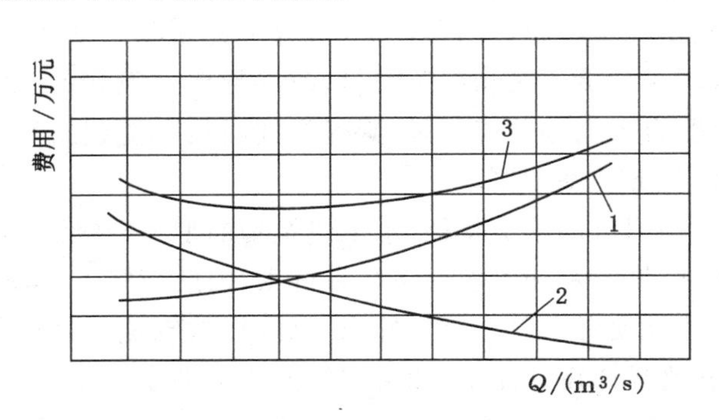

图 11-15　导流建筑物费用、基坑淹没损失费用与导流设计流量的关系

1——导流建筑物费用曲线；2——基坑淹没损失费用曲线；3——导流总费用曲线

（2）导流设计标准

导流设计标准是对导流设计中所采用的设计流量频率的规定。导流设计标准一般随永久建筑物级别以及导流阶段的不同而有所不同，应根据水文特性、流量过程线特性、围堰类型、永久建筑物级别、不同施工阶段库容、失事后果及影响等确定导流设计标准。总的要求是：初期导流阶段的标准可以低一些，中期和后期导流阶段的标准应逐步提高；当要求工程提前发挥效益时，相应的导流阶段的设计标准应适当提高；对于特别重要的工程或下游有重要工矿企业、交通枢纽以及城镇时，导流设计标准亦应适当提高。

《水利水电工程等级划分及洪水标准》（SL 252—2017）根据导流建筑物所保护的对象、失事后果、使用年限和工程规模等指标，将导流建筑物划分为Ⅲ～Ⅴ级，见表 11-1；规定的相应导流建筑物所采用的洪水标准见表11-2；导流阶段度汛洪水标准见表11-3和表11-4。

表11-1　　导流建筑物级别

级别＼项目	保护对象	失事后果	使用年限/a	围堰工程规模	
				堰高/m	库容/亿 m^3
Ⅲ	有特殊要求的Ⅰ级永久建筑物	淹没重要城镇、工矿企业、交通干线或推迟工程总工期及第一台（批）机组发电，造成重大灾害和损失	>3	>50	>1
Ⅳ	Ⅰ、Ⅱ永久建筑物	淹没一半城镇、工矿企业，或影响工程总工期及第一台（批）机组发电，造成重大灾害和损失	1.5～3	15～50	0.1～1.0
Ⅴ	Ⅲ、Ⅳ永久建筑	淹没基坑，但对工程总工期第一台（批）机组发电影响不大，经济损失较小	<1.5	<15	<0.1

表11-2　　导流建筑物洪水标准划分

导流建筑物类型	导流建筑物洪水标准划分		
	Ⅲ	Ⅳ	Ⅴ
	洪水重现期/a		
土石	50～20	20～10	10～5
混凝土	20～10	10～5	5～3

表11-3　　坝体施工期临时度汛洪水标准

坝型	拦洪库容/亿 m^3			
	≥10	<10，≥1.0	<1.0，≥0.1	<1.0
	洪水重现期/a			
土石坝	≥200	200～100	100～50	50～20
混凝土坝	≥100	100～50	50～20	20～10

表11-4　　导流洪水建筑物封堵后坝体度汛洪水标准

坝型		大坝级别		
		Ⅰ	Ⅱ	Ⅲ
		洪水重现期/a		
混凝土坝	设计	200～100	100～50	50～20
	校核	500～200	200～100	100～50
土石坝	设计	500～200	200～100	100～50
	校核	1 000～500	500～200	200～100

4. 围堰的平面布置与堰顶高程

(1) 围堰平面位置

围堰的平面布置是一项很重要的设计任务。如果布置不当,围护基坑的面积过大,会增加排水设备容量;面积过小,会妨碍主体工程施工,影响工期;严重的话,会造成水流不畅,围堰及其基础被水冲刷,直接影响主体工程的施工安全。

根据施工导流方案、主体工程轮廓、施工对围堰的要求以及水流宣泄通畅等条件进行围堰的平面布置。全部拦断河床采用河床外导流方式,只布置上、下游横向围堰;分期导流除布置横向围堰外,还要布置纵向围堰。横向围堰一般布置在主体工程轮廓线以外,并要考虑给排水设施、交通运输、堆放材料及施工机械等留有充足的空间;纵向围堰与上、下游横向围堰共同围住基坑,以保证基坑内的工程施工。混凝土纵向围堰的一部分或全部常作为永久性建筑物的组成部分。围堰轴线的布置要力求平顺,以防止水流产生旋涡淘刷围堰基础。迎水一侧,特别是在横向围堰接头部位的坡脚,需加强抗冲保护。对于松软地基要进行渗透坡降验算,以防发生管涌破坏。纵向围堰在上、下游的延伸视冲刷条件而定,下游布置一般结合泄水条件综合予以考虑。

(2) 堰顶高程

堰顶高程的确定取决于导流设计流量以及围堰的工作条件。

不过水围堰堰顶高程可按下式计算:

$$H_1 = h_1 + h_{b1} + \delta \tag{11-1}$$

$$H_2 = h_2 + h_{b2} + \delta \tag{11-2}$$

式中 H_1、H_2——上、下游围堰堰顶高程,m;

h_1、h_2——上、下游围堰处的设计洪水静水位,m;

h_{b1}、h_{b2}——上、下游围堰处的波浪爬高,m;

δ——安全超高,m,见表 11-5。

表 11-5　　不过水围堰堰顶安全超高下限值　　m

围堰型式	围堰级别	
	Ⅲ	Ⅳ～Ⅴ
土石围堰	0.7	0.5
混凝土围堰	0.4	0.3

上游设计洪水静水位取决于设计导流洪水流量及泄水能力。当利用永久性泄水建筑物导流时,若其断面尺寸及进口高程已给定,则可通过水力计算求出上游设计洪水静水位;当用临时泄水建筑物导流时,可求出不同上游设计洪水静水位时围堰与泄水建筑物总造价,从中选出最经济的上游设计洪水静水位。

上游设计洪水静水位的具体计算方法如下。

当采用渡槽、明渠、明流式隧洞或分段围堰法的束窄河床导流时,设计洪水静水位按下式计算:

$$h_1 = H + h + Z \tag{11-3}$$

式中 H——泄水建筑物进口底槛高程,m;

h——进口处水深,m;

Z——进口水位落差,m。

计算进口处水深,首先应判断其流态。对于缓流,应做水面曲线进行推算,但近似计算时,可采用正常水深;对于急流,可以近似采用临界水深计算。

进口水位落差 Z 可用下式计算:

$$Z=\frac{v^2}{2g\varphi^2}-\frac{v_0^2}{2g} \tag{11-4}$$

式中 v——进口内流速,m/s;

v_0——上游行进流速,m/s;

φ——考虑侧向收缩的流速系数,随紧扣形状不同而变化,一般取0.8～0.85;

g——重力加速度,9.81 m/s²。

当采用隧洞、涵管或底孔导流,并为压力流时,设计洪水静水位按下式计算:

$$h_1=H+h \tag{11-5}$$

$$h=h_p-iL+\frac{v^2}{2g}(1+\sum\xi_1+\xi_2L)-\frac{v_0^2}{2g} \tag{11-6}$$

式中 H——隧洞等进水口底槛高程,m;

h——隧洞进水前水深,m;

h_p——从隧洞出口底槛算起的下游计算水深,当出口实际水深小于洞高时,按85%洞高计算;

$\sum\xi_1$——局部水头损失系数总和;

ξ_2——沿程水头损失系数;

v——洞内平均流速,m/s;

i——隧洞纵向坡降;

L——隧洞长度,m。

下游围堰的设计洪水静水位,可以根据该处的水位-流量关系曲线确定。当泄水建筑物出口较远,河床较陡,水位较低时,也可能不需要下游围堰。

纵向围堰的堰顶高程,要与束窄河段宣泄导流设计流量时的水面曲线相适应。因此,纵向围堰的顶面通常做成倾斜状或阶梯状,其上、下端分别与上、下游围堰同高。

过水围堰的高程应通过技术经济比较确定。从经济角度出发,求出围堰造价与基坑淹没损失之和为最小的围堰高程;从技术角度出发,对修筑一定高度过水围堰的技术水平作出可行性评价。一般过水围堰堰顶高程按静水位加波浪爬高确定,不再加安全超高。

5. 围堰的防渗、防冲

围堰的防渗和防冲是保证围堰正常工作的关键问题,对土石围堰来说尤为突出。一般土石围堰在流速超过3.0 m/s时,会发生冲刷现象,尤其在采用分段围堰法导流时,若围堰布置不当,在束窄河床段的进、出口和沿纵向围堰会出现严重的涡流,淘刷围堰及其基础,导致围堰失事。

如前所述,土石围堰的防渗一般采用斜墙、斜墙接水平铺盖、垂直防渗墙或灌浆帷幕等措施。围堰一般需在水中修筑，因此如何保证斜墙和水平铺盖的水下施工质量是一个关键课题。大量工程实践表明，尽管斜墙和水平铺盖的水下施工难度较高，但只要施工方法选择得当，是能够保证质量的。

围堰遭到冲刷在很大程度上与其平面布置有关，尤其在分段围堰法导流时，水流进入围堰区受到束窄，流出围堰区又突然扩大，这样就不可避免地在河底引起动水压力的重新分布，流态发生急剧改变。此时在围堰的上游转角处产生很大的局部压力差，局部流速显著提高，形成螺旋状的底层涡流，流速方向自下而上，从而淘刷堰脚及基础。为了避免由局部淘刷而导致溃堰的严重后果，必须采取护底措施。一般多采用简易的抛石护底措施来保护堰脚及其基础的局部冲刷。关于围堰区护底的范围及抛石尺寸的大小，应通过水工模型试验确定为宜。解决围堰及其基础的防冲问题，除了抛石护底或其他措施(如柴排)外，还应对围堰的布置给予足够的重视，力求使水流平顺地进、出束窄河段。通常在围堰的上、下游转角处设置导流墙，以改善束窄河段进、出口的水流条件。在大、中型水利水电工程中，纵向围堰一般都考虑作为永久建筑物的隔墩或导水墙的一部分，所以均采用混凝土结构，导流墙实质上是混凝土纵向围堰分别向上、下游的延伸。尽管设置导流墙后，河底最大局部流速有所增加，但混凝土的抗冲能力较强，不会发生冲刷破坏。

11.1.3 截流

施工导流中截断原河道，迫使原河床水流流向预留通道的工程措施称为截流。为了施工需要，有时采用全河段水流截断方式，通过河床外的泄水建筑物把水流导向下游。有时采用河床内分期导流方式，分段把河道截断，水流从束窄的河床或河床内的泄水建筑物导向下游。截流实际上就是在河床中修筑横向围堰的施工。

截流是一项难度比较大的工作，在施工导流中占有重要地位。截流在施工导流中占有重要的地位，如果截流不能按时完成，就会延误整个河床部分建筑物的开工日期；如果截流失败，失去了以水文年计算的良好截流时机，则可能拖延工期达一年。所以在施工导流中，常把截流视为影响工程施工全局的一个控制性项目。

截流之所以被重视，还因为截流本身无论在技术上和施工组织上都具有相当的艰巨性和复杂性。为了成功截流，必须充分掌握河流的水文特性和河床的地形、地质条件，掌握在截流过程中水流的变化规律及其对截流的影响。为了顺利地进行截流，必须在非常狭小的工作面上以相当大的施工强度在较短的时间内进行截流的各项工作，为此必须有极严密的施工组织与措施。特别是大河流的截流工程，事先必须进行缜密的设计和水工模型试验，对截流工作作出充分的论证。此外，在截流开始之前，还必须切实做好器材、设备和组织上的充分准备。

截流的施工过程为：先在河床的一侧或两侧向河床中填筑截流戗堤，这种向水中筑堤的工作也叫进占。戗堤填筑到一定程度，把河床束窄，形成了流速较大的龙口。封端龙口的工作称为合龙。合龙开始之前，为了防止龙口河床或戗堤端部被冲毁，必须对龙口采取防冲加固措施。合龙以后，龙口部位的戗堤虽已高出水面，但堤身仍然漏水，因此须在其迎水面布置防渗设施。在戗堤全线布置防渗设施的工作叫作闭气。最后按设计要求的尺寸将戗堤培高加厚。所以，整个截流过程包括戗堤的进占、龙口范围的加固、合龙、闭气和培高加厚等五项工作。

1. 截流的基本方法

(1) 平堵截流

沿戗堤轴线的龙口架设浮桥或固定式栈桥，或利用缆机等其他跨河设备，并沿龙口全线均匀抛筑戗堤(抛投料形成的堆筑体)，逐渐上升，直至截断水流，戗堤露出水面，如图11-16所示。平堵截流方式的水力条件好，但准备工作量大，造价高。20世纪30年代，苏联学者C.B.伊兹巴什提出对截流有指导意义的理论，从而使平堵截流方式在前苏联及其他一些国家逐渐兴起。世界上平堵截流实际截流量最大的是于1958年10月截流的苏联伏尔加格勒水电站，其实际截流流量达4 500 m^3/s，最大落差2.07 m，最大抛投块体为10 t的混凝土四面，最大抛投强度6.3万m^3/d，截流过程中最大流速5.8 m/s。

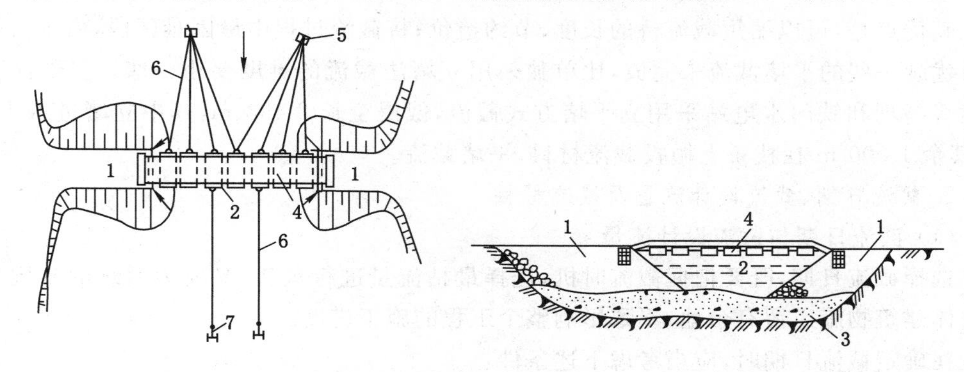

图11-16 平堵法截流示意图

(a) 平面图；(b) 龙口断面图

1——截流戗堤；2——龙口；3——覆盖层；4——浮桥；5——锚墩；6——钢缆；7——铁锚

(2) 立堵截流

由龙口一端向另一端，或由龙口两端向中间抛投截流材料，逐步进占，直至合龙的截流方式，如图11-17所示。立堵截流方式无需架设桥梁，准备工作量小，截流前一般不影响通航，抛投技术灵活，造价较低。但龙口束窄后，水流流速分布不均匀，水力条件较平堵差。立堵截流截流量最大的是我国长江三峡水利枢纽，其实测指标为：流量11 600～8 480 m^3/s，最大流速4.22 m/s；抛投的一部分岩块最大重量达10 t以上；最大抛投强度19.4万m^3/d。

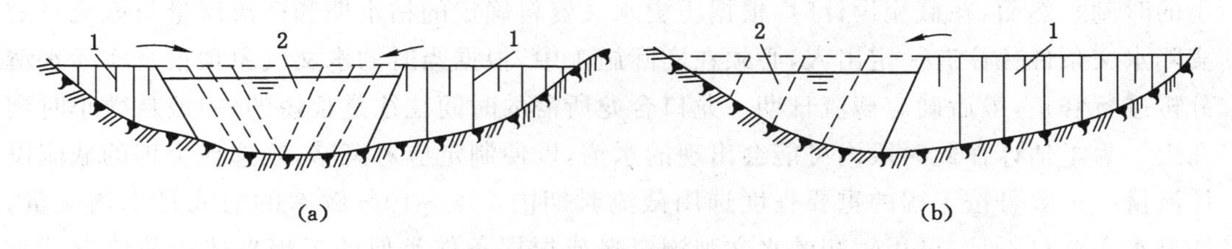

图11-17 立堵法截流示意图

(a) 双向进占；(b) 单向进占

1——截流戗堤；2——龙口

(3) 平立堵截流

平堵与立堵截流相结合、先平堵后立堵的截流方式。这种方式主要是指先用平堵抛石方式保护河床深厚覆盖层,或在深水河流中先抛石垫高河床以减小水深,再用立堵方式合龙完成截流任务。青铜峡水电站原河床砂砾覆盖层厚6~8 m,截流施工中,采取平抛块石护底后,立堵合龙。三峡水利枢纽截流时,最大水深达50 m,用平抛块石垫高河深近40 m后立堵截流成功。

(4) 立平堵截流

立堵截流与平堵截流结合、先立堵后平堵的截流方式。这种截流方式的施工为,先在未设截流栈桥的龙口段用立堵进占,达到预定部位后,再采用平堵截流方式完成合龙任务。其优点是,可以缩短截流桥的长度,节约造价;将截流过程中最困难区段,由水力条件相对优越一些的平堵截流来完成,比单独采用立堵法截流的难度要小一些。多瑙河上捷尔达普高坝和铁门水电站采用立平堵方式截流,戗堤全长2 495 m,其中立堵进占1 495 m,其余1 000 m在栈桥上抛投截流材料,平堵截流。

2. 截流日期、截流设计流量及截流材料

(1) 截流日期与截流设计流量

选择截流日期,既要把握截流时机,选择最枯流量进行截流,又要为后续的基坑工作和主体建筑物施工留有余地,不致影响整个工程的施工进度。

在确定截流日期时,应当考虑下述条件:

1) 截流以后,需要继续加高围堰,完成排水、清基、基础处理等大量基坑工作,并应把围堰或永久建筑物在汛期前抢修到拦洪高程以上。为了保证这些工作的完成,截流日期应尽量提前。

2) 在通航的河流上进行截流,截流日期最好选择在对通航影响最小的时期内。因为截流过程中,航运必须停止,即使船闸已经修好,但因截流时水位变化较大,须暂停航运。

3) 在北方有冰凌的河流上,截流不应在流冰期进行。因为冰凌很容易堵塞河床或导流泄水建筑物,壅高上游水位,给截流带来极大的困难。

此外在截流开始前,应修好导流泄水建筑物,并做好过水准备,如消除影响泄水建筑物正常运行的围堰或其他设施,开挖引水渠,完成截流所需的一切材料、设备、交通道路的准备等。

因此,截流日期一般多选在枯水期间流量已有显著下降的时段,而不一定选在流量最小的时刻。然而,在截流设计时,根据历史水文资料确定的枯水期和截流流量与截流时的实际水文条件往往有一定出入,必须在实际施工中,根据当时的水文气象预报及实际水情分析进行修正,最后确定截流日期。龙口合龙所需的时间往往是很短的,一般从数小时到几天。为了估计在此时段内可能会出现的水情,以便制定应对策略,须选择合理的截流设计流量。一般可按工程的重要程度选用截流时期内5%~10%频率的旬或月平均流量。如果水文资料不足,可用短期的水文观测资料或根据条件类似的工程来选择截流设计流量。无论用什么方法确定截流设计流量,都必须根据当时实际情况和水文气象预报加以修正,按修正后的流量作为指导截流施工的依据,并做好截流的各项准备工作。

(2) 龙口位置与宽度

龙口位置的选择对截流工作的顺利与否有密切关系。选择龙口位置时，需要考虑以下技术要求：

1）一般说来，龙口应设置在河床主流部位，龙口水流力求与主流平顺一致，以使截流过程中河水能顺畅地经龙口下泄。但有时也可以将龙口设置在河滩上，此时，为了使截流时的水流平顺，根据流量大小，应在龙口上、下游沿河流流向开挖引渠。龙口设在河滩上时一些准备工作就不必在深水中进行。这对确保施工进度和施工质量均有益处。

2）龙口应选择在耐冲河床上，以免截流时因流速增大，引起过分冲刷。如果龙口段河床覆盖层较薄时，则应予以清除。

3）龙口附近应有较宽阔的场地，以便合理规划并布置截流运输路线及制作、堆放截流材料的场地。

龙口宽度原则上应尽可能窄一些，这样合龙的工程量较小，截流持续时间也短些，但以不引起龙口及其下游河床的冲刷为限。为了提高龙口的抗冲能力，减少合龙的工程量，须对龙口加以保护。龙口的防护包括护底和裹头。护底一般采用抛石、沉排、竹笼、柴石枕等。裹头就是用石块、块石铁丝笼、黏土麻袋包或草包、竹笼、柴石枕等把戗堤的端部保护起来，以防被水流冲坍。裹头多用于平堵戗堤两端或立堵进占端对面的戗堤。龙口宽度及其防护措施，可根据相应的流量及龙口的抗冲流速来确定。在通航河道上，当截流准备期通航设施尚不能投入运用时，船只仍需在拟截流的龙口通过，这时龙口宽度便不能太窄，流速也不能太大，以免影响航运。

（3）截流材料

截流材料的选择主要取决于截流时可能发生的流速及工地所用开挖、起重、运输等机械设备的能力，一般应尽可能就地取材。在黄河上，长期以来使用梢料、麻袋、草包、石料、土料等作为提防溃口的截流堵口材料；在南方，如四川都江堰，则常用卵石竹笼、砾石和杩槎等作为截流堵河分流的主要材料。国内外大河流截流的实践证明，块石是截流的基本材料。此外，当截流水力条件较差时，还须使用混凝土六面体、四面体、四脚体及钢筋混凝土构架等。

3. 截流水力计算

截流水力计算主要解决两个问题：一是确定截流过程中龙口各水力参数，如单宽流量 q、落差 z 及流速 v 等的变化规律；二是确定截流材料的尺寸或重量。通过水力计算，赶在截流前可以有计划、有目的地准备各种尺寸或重量的截流材料，规划截流现场的场地布置，选择起重及运输设备，而且在截流时，能预先估算出不同龙口宽度的截流参数，以便制定详细的截流施工方案，如抛投截流材料的尺寸、重量、形状、数量及抛投时间和地点等。

在截流过程中，上游来水量，也就是截流设计流量，将分别经由龙口、分水建筑物及戗堤的渗漏下泄，并有一部分拦蓄在水库中。截流过程中，若库容不大，拦蓄在水库中的水量可以忽略不计。对于立堵截流，作为安全因素，也可忽略经由戗堤渗漏的水量。这样，截流时的水量平衡方程式为：

$$Q_0 = Q_1 + Q_2 \tag{11-7}$$

式中　Q_0——截流设计流量，m^3/s；

Q_1——分水建筑物的泄流量，m^3/s；

Q_2——龙口的泄流量(可按宽顶堰计算),m^3/s。

随着截流戗堤的进占,龙口逐渐被束窄,由于经分水建筑物和龙口的泄流量是变化的,但二者之和恒等于截流设计流量。其变化规律是:截流开始时,截流设计流量的大部分经龙口泄流。随着截流戗堤的逐步进占,龙口断面不断缩小,上游水位不断上升,经由龙口的泄流量越来越小,而经由分水建筑物的泄流量则越来越大。龙口合龙闭气以后截流设计流量全部经由分水建筑物泄流。

为了计算方便,可采用图解法。图解时,先绘制上游水位 H_u 与分水建筑物泄流量 Q_1 和不同龙口宽度 B 的泄流量关系曲线,如图 11-18 所示。在绘制曲线时,下游水位可根据截流设计流量,在下游水位-流量关系曲线上查得。这样在同一上游水位情况下,当分水建筑物泄流量与某宽度龙口泄流量之和为 Q_0 时,即可分别得到 Q_1 和 Q_2。

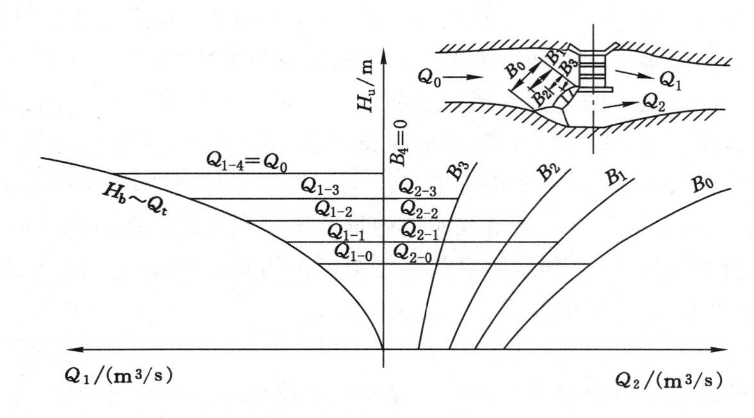

图 11-18 Q_1 与 Q_2 的图解法

根据图解法可同时求得不同龙口宽度时的 H_u、Q_1 和 Q_2 值,在此基础上通过水力学计算即可求得截流过程中龙口诸水力参数的变化规律。由获得的龙口流速,查表 11-6。

表 11-6　　截流材料的适用流速

截流材料	适用流速/(m/s)	截流材料	适用流速/(m/s)
土料	0.5~0.7	3 t 大块石或铁丝笼	3.5
20~30 kg 石块	0.8~1.0	4.5 t 混凝土六面体	4.5
50~70 kg 石块	1.2~1.3	5 t 大块石、大石串或铁丝笼	4.5~5.5
麻袋装土(0.7 m×0.4 m×0.2 m)	1.5	12~15 t 混凝土四面体	7.2
ϕ0.5 m×2 m 装石竹笼	2.0	20 t 混凝土四面体	7.5
ϕ0.6 m×4 m 装石竹笼	2.5~3.0	ϕ1.0 m,长 15 m 的柴石枕	7~8
ϕ0.8 m×6 m 装石竹笼	3.5~4.0		

由于平堵、立堵截流的水力条件非常复杂,尤其是立堵截流,上述计算只能作为初步依据。在大、中型水利水电工程中,截流工程必须进行模型试验。但模型试验对抛投体的稳定也只能给出定性的分析,还不能满足定量要求。放在试验的基础上,还必须参考类似

工程的截流经验,作为修改截流设计的依据。

11.1.4 施工度汛

保护跨年度施工的水利工程,在施工期间安全度过汛期而不遭受洪水损害的措施称为施工度汛。施工度汛,需根据已确定的当年度汛洪水标准,制订度汛规划及技术措施。

1. 施工度汛阶段

水利枢纽在整个施工期间都存在度汛问题,一般分为3个施工度汛阶段:① 基坑在围堰保护下进行抽水、开挖、地基处理及坝体修筑,汛期完全靠围堰挡水,叫作围堰挡水的初期导流度汛阶段;② 随着坝体修筑高度的增加,坝体高于围堰,从坝体可以挡水到临时导流泄水建筑物封堵这一时段,叫作大坝挡水的中期导流度汛阶段;③ 从临时导流泄水建筑物封堵到水利枢纽基本建成,永久建筑物具备设计泄洪能力,工程开始发挥效益这一时段,叫作施工蓄水期的后期导流度汛阶段。施工度汛阶段的划分与前面提到的施工导流阶段是完全吻合的。

2. 施工度汛标准

不同的施工度汛阶段有不同的施工度汛标准。根据水文特征、流量过程线特征、围堰类型、永久性建筑物级别、不同施工阶段库容、失事后果及影响等制订施工度汛标准。特别重要的城市或下游有重要工矿企业、交通设施及城镇时,施工度汛标准可适当提高。由于导流泄水建筑物泄洪能力远不及原河道的泄流能力,如果汛期洪水大于建筑物泄洪能力时,必有一部分水量经过水库调节,虽然使下泄流量得到削减,但却抬高了坝体上游水位。确定坝体挡水或拦洪高程时,要根据规定的拦洪标准,通过调洪演算,求得相应最大下泄量及水库最高水位再加上安全超高,便得到当年坝体拦洪高程。

3. 围堰及坝体挡水度汛

由于土石围堰或土石坝一般不允许堰(坝)体过水,因此这类建筑物是施工度汛研究的重点和难点。

(1) 围堰挡水度汛

截流后,应严格掌握施工进度,保证围堰在汛前达到拦洪度汛高程。若因围堰土石方量太大,汛前难以达到度汛要求的高程时,则需要采取临时度汛措施,如设计临时挡水度汛断面,并满足安全超高、稳定、防渗及顶部宽度能适应抢险子堰等要求。临时断面的边坡必要时应做适当防护,避免坡面受地表径流冲刷。在堆石围堰中,则可用大块石、钢筋笼、混凝土盖面、喷射混凝土层、顶面和坡面钢筋网以及伸入堰体内水平钢筋系统等加固保护措施过水。若围堰是以后挡水坝体的一部分,则其度汛标准应参照永久建筑物施工过程中的度汛标准,其施工质量应满足坝体填筑质量的要求。长江三峡水利枢纽二期上游横向围堰,深槽处填筑水深达60 m,最大堰高82.5 m,上下游围堰土石填筑总量达1 060万 m^3,混凝土防渗墙面积达9.2万 m^2(深槽处设双排防渗墙),要求在截流后的第一个汛期前全部达到度汛高程有困难,放在围堰上游部位设置临时子堰度汛,并在它的保护下施工第二道混凝土防渗墙。

(2) 坝体挡水度汛

水利水电枢纽施工过程中,中、后期的施工导流,往往需要由坝体挡水或拦洪。例如主体工程为混凝土坝的枢纽中,若采用两段两期围堰法导流,在第二期围堰放弃时,未完建的混凝土建筑物，就不仅要担负宣泄导流设计流量的任务，而且还要起一定的挡水作用。又如主体工程为土坝或堆石坝的枢纽，若采用全段围堰隧洞或明渠导流，则在河床断流以后，常常要求在汛期到来以前，将坝体填筑到拦洪高程，以保证坝身能安全度汛。此时由于主体建筑物已开始投入运用，水库已拦蓄一定水量，此时的导流标与临时建筑物挡水时应有所不同。一般坝体挡水或拦洪时的导流标准，视坝型和拦洪库容的大小而定。

度汛措施一般根据所采用的导流方式、坝体能否溢流及施工强度而定。

当采用全段围堰时，对土石坝采用围堰拦洪，围堰必定很宽而不经济，故应将上游围堰作为坝体的一部分。如果用坝体拦洪而施工强度太大，则可采用度汛临时断面进行施工，如图 11-19 所示。如果采用度汛临时断面仍不能在汛前达到拦洪高程，则需降低溢洪道底槛高程，或开挖临时溢洪道，或增设泄洪隧洞等以降低拦洪水位，也可以将坝基处理和坝体填筑分别在两个枯水期内完成。

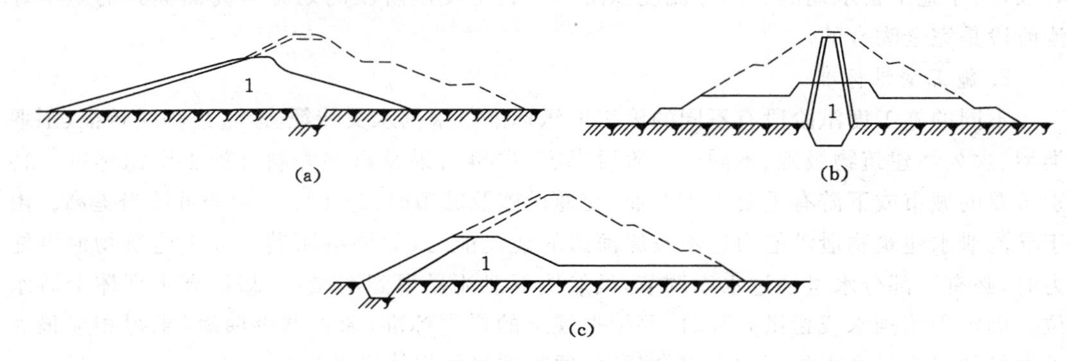

图 11-19　土坝拦洪度汛的临时断面

(a) 均质坝；(b) 心墙坝；(c) 斜墙坝

1——度汛临时断面

对允许溢流的混凝土坝或浆砌石坝，则可采用过水围堰，允许汛期过水而暂停施工也可在坝体中预留底孔或缺口，坝体的其余部分在汛前修筑到拦洪高程以上，以便汛期继续施工。

当采用分段围堰时，汛期一般仍由原束窄河床泄洪。由于泄流段一般有相当的宽度，因而洪水水位较低，可以用围堰拦洪。如果洪水位较高，难以用围堰拦洪时，对于非溢流坝，施工段坝体应在汛前修筑到洪水位以上，并采取好防洪保护措施。对能溢流的坝，则允许坝体过水，或在施工段坝体预留底孔或缺口，以便汛期继续施工。

(3) 临时断面挡水度汛应注意的问题

土坝、堆石坝一般是不允许过水的。若坝身在汛期前不可能填筑到拦洪高程时，可以考虑采用降低溢洪道高程、设置临时溢洪道并用临时断面挡水，或经过论证采用临时坝顶保护过水等措施。

采用临时断面挡水时，应注意以下几点：

1) 在拦洪高程以上顶部应有足够的宽度，以便在紧急情况下，仍有余地抢筑子堰，确保安全。

2) 临时断面的边坡应保证稳定。其安全系数一般应不低于正常设计标准。为防止施工期间由于暴雨冲刷和其他原因而坍坡，必要时应采取简单的防护措施和排水措施。

3）斜罐坝或心墙坝的防渗体一般不允许采用临时断面，以保证防渗体的整体性。

4）上游垫层和块石护坡应按设计要求筑到拦洪高程，如果不能达到要求，则应考虑临时的防护措施。

为满足临时断面的安全要求，在基础治理完毕后，下游坝体部位应按全断面填筑几米后再收坡，必要时应结合设计的反滤排水设施统一安排考虑。

采用临时坝面过水时，应注意以下几点：

1）过水坝面下游边坡的稳定是一个关键，应加强保护或做成专门的溢流堰，例如利用反滤体加固后作为过水坝面溢流堰体等，并应注意堰体下游的防冲保护。

2）靠近岸边的溢流体堰顶高程应适当抬高，以减小坝面单宽流量，减轻水流对岸坡的冲刷。

3）为了避免过水坝面的冲淤，坝面高程一般应低于溢流罐体顶 0.5～2.0 m 或修筑成反坡式坝面。

4）根据坝面过流条件合理选择坝面保护型式，防止淤积物渗入坝体，特别应注意防渗体、反滤层等的保护。

5）必要时上游设置拦污设施，防止漂木、杂物等淤积坝面，撞击下游边坡。

11.1.5　蓄水计划与封堵技术

在施工后期，当坝体已修筑到拦洪高程以上，能够发挥挡水作用时，其他工程项目如混凝土坝已完成了基础灌浆和坝体纵缝灌浆，库区清理、水库坍岸和渗漏处理已经完成，建筑物质量和闸门设施等也均经检验合格。这时，整个工程就进入了所谓完建期。根据发电、灌溉及航运等国民经济各部门所提出的综合要求，应确定竣工运用日期，有计划地进行导流用临时泄水建筑物的封堵和水库的蓄水工作。

（1）蓄水计划

水库的蓄水与导流用临时泄水建筑物的封堵有密切关系，只有将导流用临时泄水建筑物封堵后，才有可能进行水库蓄水。因此，必须制订一个积极可靠的蓄水计划，既能保证发电、灌溉及航运等国民经济各部门所提出的要求，如期发挥工程效益，又要力争在比较有利的条件下封堵导流用的临时泄水建筑物，使封堵工作得以顺利进行。

水库蓄水解决两个问题，一是制订蓄水历时计划，并据此确定水库开始蓄水的日期，即导流用临时泄水建筑物的封堵日期。水库蓄水一般按保证率为 75%～85% 的月平均流量过程线来制订。可以从发电、灌溉及航运等国民经济各部门所提出的运用期限和水位的要求，反推出水库开始蓄水的日期。具体做法是根据各月的来水量减去下游要求的供水量，得出各月份留蓄在水库的水量，将这些水量依次累计，对照水库容积与水位关系曲线，就可绘制水库蓄水高程与历时关系曲线 1（如图 11-20 所示）；二是校核库水位上升过程中大坝施工的安全性，并据此拟定大坝浇筑的控制性进度计划和坝体纵缝灌浆进程。大坝施工安全的校核洪水标准，通常选用 20 年一遇的月平均流量。核算时，以导流用临时泄水建筑物的封堵日期为起点，按选定的洪水标准的月平均流量过程线，用顺推法绘制水库蓄水过程线 2（如图 11-20 所示）。曲线 3（如图 11-20 所示）为大坝分月浇筑高程进度线，它应包络曲线 2，否则，应采取措施加快混凝土浇筑进度，或利用坝身永久底孔、溢流坝段、岸坡溢洪道或泄洪隧洞放水，调节并限制库水位上升。

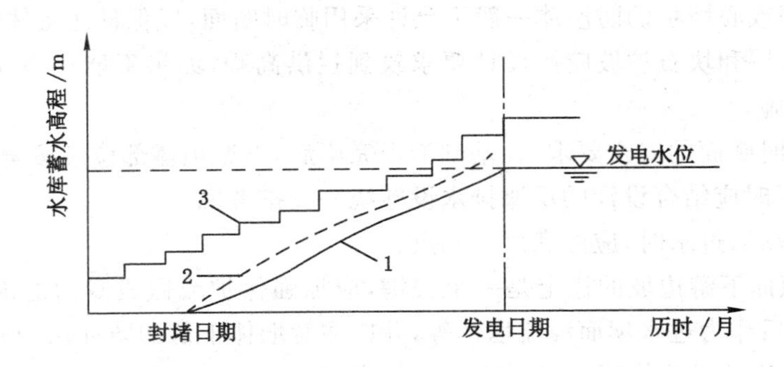

图 11-20　水库蓄水高程与历时关系曲线

1——水库蓄水高程与历时关系曲线；2——导流泄水建筑物封堵后坝体度汛水库蓄水高程与历时关系曲线；3——坝体全线浇筑高程过程线

蓄水计划是施工后期进行施工导流、安排施工进度的主要依据。

(2) 封堵技术

导流用临时泄水建筑物封堵下闸的设计流量，应根据河流水文特征及封堵条件，选用封堵期 5～10 年一遇的月或旬平均流量。封堵工程施工阶段的导流标准，可根据工程的重要性、失事后果等因素在该时段 5%～20%重现期范围内选取。

导流用的泄水建筑物，如隧洞、涵管及底孔等，若不与永久建筑物相结合，在蓄水时都要进行封堵。由于具体工程施工条件和技术特点不同，封堵方法也多种多样。过去多采用金属闸门或钢筋混凝土叠梁：金属闸门耗费钢材；钢筋混凝土叠梁比较笨重，大都需用大型起重运输设备，而且还需要一些预埋件，这对争取迅速完成封堵工作不利。近年来有些工程中也采用了一些简易可行的封堵方法，如利用定向爆破技术快速修筑拟封堵建筑物进口围堰，再浇筑混凝土封堵；或现场浇筑钢筋混凝土闸门；或现场预制钢筋混凝土闸门，再起吊下放封堵等。

导流用底孔一般为坝体的一部分，因此，封堵时需要全孔堵死。而导流用的隧洞或涵管则并不需要全洞堵死，常浇筑一定长度的混凝土塞，就足以起永久挡水作用。混凝土塞的最小长度可根据极限平衡条件由下式求出：

$$l=\frac{KP}{\omega\gamma gf+\lambda c} \tag{11-8}$$

式中　K ——安全系数，一般取 1.1～1.3；

P——作用水头的推力，N；

ω——导流隧洞或涵管的截面面积，m^2；

γ——混凝土重度，kg/m^3；

f——混凝土与岩石(或混凝土接触面)的黏接力，一般取 0.60～0.65；

c——混凝土与岩石(或混凝土接触面)的摩阻系数，一般取$(5\sim20)\times10^4$ Pa；

λ——导流隧洞或涵管的周长，m；

g——重力加速度，m/s^2。

此外，当导流隧洞的断面面积较大时，混凝土塞的浇筑必须考虑降温措施，不然产生的温度裂缝会影响其止水质量。在堵塞导流底孔时，深水堵漏问题也应予以重视。不少工程在封堵的关键时刻，漏水不止，使封堵施工出现紧张和被动局面。

11.1.6 导流方案的选择

一个水利水电工程的施工，从开工到完建往往不是采用单一的导流方法，而是几种导流方法组合起来配合使用，以取得最佳的技术经济效益。整个施工期间各个时段导流方式的组合，通常就称为导流方案。

(1) 导流方案选择

导流方案的选择，受各种因素的影响。一个合理的导流方案，必须在周密地研究各种影响因素的基础上，拟定几个可能的方案，进行技术经济比较，从中选择技术经济指标优越的方案。

选择导流方案时应考虑以下主要因素。

1) 水文条件

河流的流量大小、水位变化的幅度、全年流量的变化情况、枯水期的长短、汛期洪水的延续时间、冬季的流冰及冰冻情况等，均直接影响导流方案的选择。一般来说，对于河床宽、流量大的河流，宜采用分段围堰法导流。对于水位变化幅度大的山区河流，可采用允许基坑淹没的导流方法，在一定时期内通过过水围堰和淹没基坑来宣泄洪峰流量。对于枯水期较长的河流，充分利用枯水期安排工程施工是完全必要的。但对于枯水期不长的河流，如果不利用洪水期进行施工，就会拖延工期，对于流冰的河流应充分注意流冰的宣泄问题，以免凌汛期流冰壅塞，影响泄流，造成导流建筑物失事。

2) 地形条件

坝区附近的地形条件，对导流方案的选择影响很大。对于河床宽阔的河流，尤其在施工期间有通航、过筏要求的河道，宜采用分段围堰法导流。当河床中有天然石岛或沙洲时，采用分段围堰法导流有利于导流围堰的布置，尤其利于纵向围堰的布置。例如，黄河三门峡水利枢纽的施工导流，就曾巧妙地利用了黄河激流中的人门岛、神门岛及其他石岛来布置一期围堰，取得了良好的技术经济效果。长江三峡水利枢纽的围堰布置亦是利用了河床右侧的中堡岛。在河段狭窄、两岸陡峻、山岩坚实的地区，宜采用隧洞导流。至于平原河道，河流的两岸或一岸比较平坦，或有河湾、老河道可以利用时，则宜采用明渠导流。

3) 工程地质及水文地质条件

河流两岸及河床的地质条件对导流方案的选择与导流建筑物的布置有直接影响。若河流两岸或一岸岩石坚硬、风化层薄，且有足够的抗压强度时，则有利于选用隧洞导流。如果岩石的风化层厚且破碎，或有较厚的沉积滩地，则适合于采用明渠导流。当采用分段围堰法导流时，由于河床的束窄，减小了过水断面的面积，使水流流速增大。这时，为了使河床不遭受过大的冲刷，避免把围堰基础淘空，应根据河床地质条件来决定河床可能束窄的程度。对于岩石河床，抗冲刷能力较强，河床允许束窄程度较大，甚至可达到88%，甚至流速增加到7.5 m/s的。但对覆盖层较厚的河床，抗冲刷能力较差，其束窄程度都不到30%，流速仅允许达到3.0 m/s。此外选择围堰型式时，基坑是否允许淹没；是否能利用当地材料修筑围堰等，也都与地质条件有关。水文地质条件则对基坑排水工作和围堰型式的选择有很大关系。因此，为了更好地进行导流方案的选择，要对地质和水文地质勘测工作提出专门要求。

4）水工建筑物的型式及布置

水工建筑物的型式和布置与导流方案相互影响，因此在决定建筑物的型式和枢纽布置时，应该同时考虑并拟定导流方案；而在选定导流方案时，又应该充分利用建筑物型式和枢纽布置方面的特点。如果枢纽组成中有隧洞、渠道、涵管、泄水孔等永久性泄水建筑物，在选择导流方案时应该尽可能加以利用（如图 11-21 所示）。在设计永久性泄水建筑物的断面尺寸并拟定其布置方案时，应该充分考虑施工导流的要求。如果采用分段围堰法修建混凝土坝，应当充分利用水电站与混凝土坝之间或混凝土坝溢流段和非溢流段之间的隔墙作为纵向围堰的一部分，以降低导流建筑物的造价，而且对于第一期工程所修建的混凝土坝，应该核算它是否能够布置二期工程导流构筑物（如底孔、预留缺口等）。黄河三门峡水利枢纽溢流坝段的宽度，主要就是由二期导流条件所控制的。与此同时，为了防止河床冲刷过大，还应核算河床的束窄程度，保证有足够的过水断面来宣泄施工流量。就挡水建筑物的型式来说，土坝、土石混合坝和堆石坝的抗冲能力小，除采用特殊措施外，一般不允许从坝体过水，所以多利用坝体以外的泄水建筑物如隧洞、明渠等或坝体范围内的涵管来导流。这种情况下，通常要求在一个枯水期内将坝体抢筑到拦洪高程以上，以免水流没顶，发生事故。至于混凝土坝，特别是混凝土重力坝，由于抗冲能力较强，允许流速可达 25 m/s，所以不但可以通过底孔泄流，而且还可以通过未完建的坝体过水，大大增加了导流方案选择的灵活性。

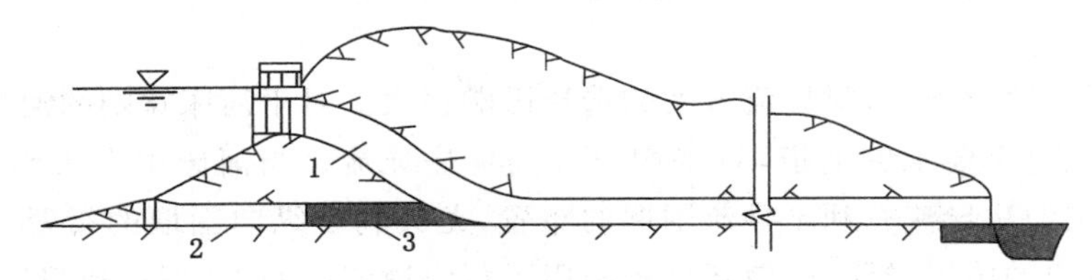

图 11-21　利用永久性隧洞导流

1——永久性隧洞进口段；2——临时导流洞；3——混凝土封堵段

5）施工期间河流的综合利用

施工期间，为了满足通航、筏运、渔业、供水、灌溉以及水电站运转等需求，导流方案的选择比较复杂。如前所述，在通航河流上，大都采用分段围堰法导流。要求河流在束窄以后，河宽仍能便于船只的通行，水深、流速等也要满足通航能力的要求，束窄断面的水深应与船只吃水深度相适应，最大流速一般不得超过 2.0 m/s；遇到特殊情况时，还需与当地航运部门协商研究确定。对于浮运木筏或散材的河流，在施工导流期间要避免木材堵塞泄水建筑物的进口，或者壅塞已束窄的河床导流段。在施工中后期，水库拦洪蓄水时，要注意满足下游供水、灌溉用水和水电站运行的要求。有时为了保证渔业需求，还要修建临时过鱼设施，以便鱼群能正常地洄游。

6）施工进度、施工方法及施工场地布置

水利水电工程的施工进度与导流方案密切相关，通常是根据导流方案才能安排控制性施工进度计划。在水利水电枢纽施工导流过程中，对施工进度起控制作用的关键性时段主要有导流建筑物的完工期限，截断向床水流的时间，坝体拦洪的期限，封堵临时泄水建筑物的时间以及水库蓄水发电的时间等。各项工程的施工方法和施工进度直接影响各时段导流工作的正常进行，后续工程也无法正常施工。例如修建混凝土坝，采用分段围堰法施工时，若导流底孔没有建成就不能截断河床水流并全面修建第二期围堰；若坝体没有达到一定高程且未完成基础及坝身纵缝灌浆以前，就不能封堵底孔，水库便无法按计划正常蓄水。因此，施工方法、施工进度与导流方案三者是密切相关的。

此外，施工场地的布置亦影响导流方案的选择。例如，在混凝土坝施工中，当混凝土生产系统布置在河流一岸时，以采用全段围堰法导流为宜；若采用分段围堰法导流，则应以混凝土生产系统所在的一岸作为第一期工程，避免出现跨越两岸的交通运输问题。

除了综合考虑以上各方面因素以外，在选择导流方案时，还应使主体工程尽早发挥效益，以简化导流程序，降低导流费用，使导流建筑物既简单易行，又安全可靠。

（2）控制性施工进度

根据规定的工期和选定的导流方案，施工过程中会要求各项工程在某时期（如截流前、汛前、下闸或底孔封堵前）必须完成或达到某种程度。依此编制的施工进度表就是控制性施工进度。

绘制控制性施工进度表时，首先应按导流方案在图上标出各导流时段的导流方式和几个起控制作用的日期（如截流、拦洪度汛、下闸或封堵导流泄水建筑物等的日期），然后再确定在这些日期之前各项工程应完成的进度，最后经施工强度论证，制定出各项工程实际最佳进度，并绘制在图表中。

11.2 施工现场排水

（1）大面积场地及地面坡度不大时

1）在场地平整时，按向低洼地带或可泄水地带平整成缓坡，以便排出地表水。

2）场地四周设排水沟，分段设渗水井，以防止场地集水。

（2）大面积场地及地面坡度较大时

在场地四周设置主排水沟，并在场地范围内设置纵横向排水支沟，也可在下游设集水井，用水泵排出。

（3）大面积场地地面遇有山坡地段时

应在山坡底脚处挖截水沟，使地表水流入截水沟内排出场地外。

（4）施工现场排水具体措施

1）施工现场应按标准实现现场硬化处理。

2）根据施工总平面图、规划和设计排水方案及设施，利用自然地形确定排水方向，按规定坡度挖好排水沟。

3）设置连续、通畅的排水设施和其他应急设施，防止泥浆、污水、废水外流或堵塞下水道和排水河沟。

4）若施工现场临近高地，应在高地的边缘（现场上侧）挖好截水沟，防止洪水冲入现场。

5）汛期前做好傍山施工现场边缘的危石处理，防止滑坡、塌方威胁工地。

6）雨期指定专人负责，及时疏浚排水系统，确保施工现场排水畅通。

11.3 基坑排水

围堰建好后，为了尽快创造干地施工条件，需要将基坑内的积水及施工过程中的渗水、降水排到基坑以外。按排水时间和性质，可分为初期排水和经常性排水；按排水方法可分为明式排水（排水沟排水）和人工降低地下水位（暗式排水）。

11.3.1 初期排水

基坑开挖前的初期排水，包括排除围堰完成后的基坑积水和基坑积水排除过程中围堰及基坑的渗水、降水的排除。

初期排水通常采用离心式水泵抽水。抽水时，基坑水位的允许下降速度要视围堰型式、地基特性及基坑内水深而定。水位下降太快，则围堰或基坑边坡中动水压力变化过大，容易引起塌坡；水位下降太慢，则影响基坑开挖时间。因此，一般水位下降速度限制在0.5～1.0 m/昼夜以内，土围堰应小于0.5 m/昼夜；木笼及板桩围堰应小于1.0 m/昼夜。

根据初期排水流量可确定所需排水设备容量，并应妥善布置水泵站，以免由于水泵站布置不当降低排水效果，影响其他工作，甚至被迫中途转移，造成人力、物力及时间上的浪费。一般初期排水可采用固定或浮动的水泵站。当水泵的吸水高度足够时，水泵站可布置在围堰上。水泵的出水管口最好放置于水面以下，可利用虹吸作用减轻水泵的工作，见图 11-22。

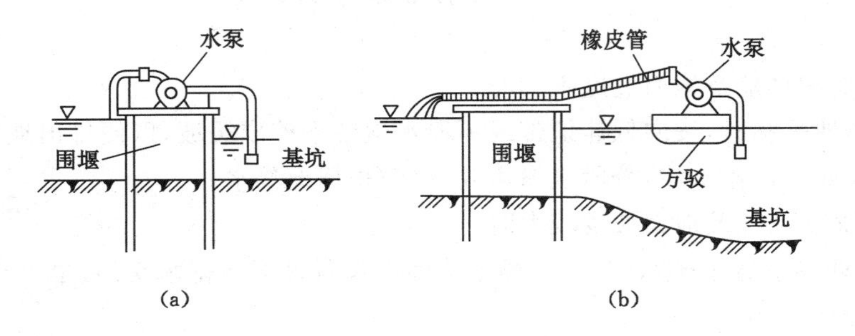

图 11-22 初期抽水站

(a) 固定式；(b) 浮动式

11.3.2 经常性排水

基坑开挖及建筑物施工过程中的经常性排水，包括围堰和基坑渗水、降水、地基岩石冲洗与混凝土养护用废水等的排除。

(1) 明式排水

1）基坑开挖过程中的排水系统布置。基坑开挖过程中布置排水系统，应以不妨碍开挖和运输工作为原则，一般将排水干沟布置在基坑中部，以利两侧出土，见图11-23。随着基坑开挖工作的进展，应逐渐加深排水沟，通常保持干沟深度为1.0～1.5 m，支沟深度为0.3～0.5 m。集水井底部应低于干沟的沟底。

2）基坑开挖完成后修建建筑物时的排水系统布置。修建建筑物时的排水系统，通常布置在基坑四周，见图11-24。排水沟、集水井应布置在建筑物轮廓线外侧，且距离基坑边坡坡脚0.3～0.5 m。排水沟的断面尺寸和底坡大小，取决于排水量的大小。集水井应布置在建筑物轮廓线以外较低的地方，与建筑物外缘的距离必须大于井的深度。井的容积至少要能保证水泵停工10～15 min，而由排水沟流入井中的水量不致浸溢。

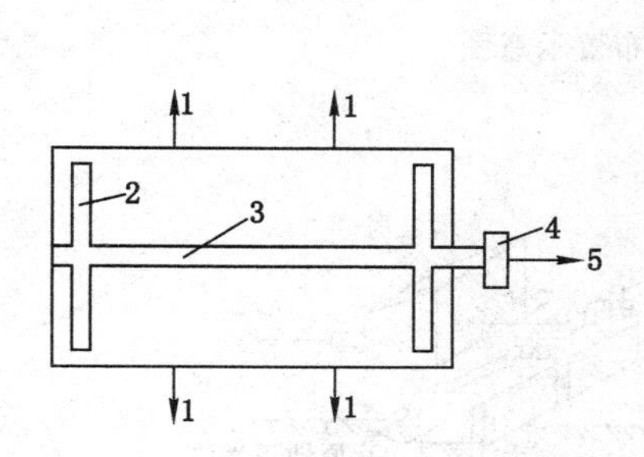

图11-23　基坑开挖过程中的排水系统布置

1——运土方向；2——支沟；3——干沟；4——集水井；5——抽水

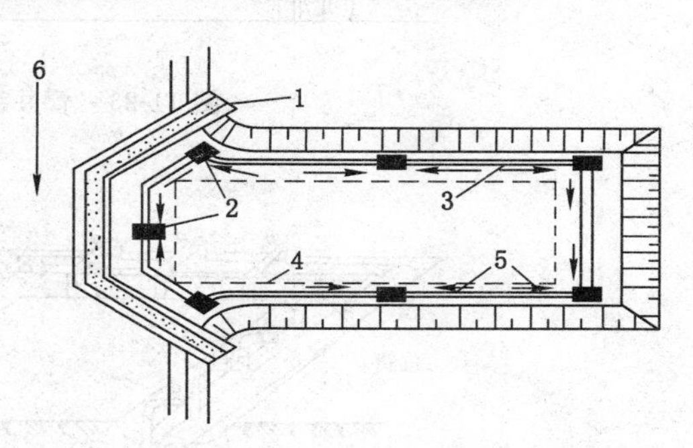

图11-24　修建建筑物时基坑排水系统布置

1——围堰；2——集水井；3——排水沟；4——建筑物轮廓线；5——水流方向；6——河流

（2）人工降低地下水位

经常性排水过程中，常需多次变换排水沟、水泵站的高程和位置，影响开挖。同时，开挖细砂土、砂壤土一类地基时，随着基坑底面下降，地下水渗透压力增大，又易发生边坡塌滑，产生流沙和管涌，给施工带来较大困难。为避免上述缺点，可采用人工降低地下水位方法。根据排水工作原理，人工降低地下水位的方法有管井法和井点法两种。

1）管井法排水

管井法排水，是在基坑周围布置一些单独工作的管井，地下水在重力作用下流入井中，用抽水设备将水抽走，见图11-25。管井按材料分有木管井、钢管井、预制无砂混凝土管井，工程中常用后两种。管井埋设主要采用水力冲填法和钻井法。埋设时要先下套管后下井管。井管下设妥当后，再一边下反滤填料，一边起拔套管。

在要求降低地下水位较大的深井中抽水时，最好采用专用的离心式深井水泵。深井水泵一般适用深度大于20 m的深井，排水效果高，需要井数少。

采用管井法降低地下水位，可大大减少基坑开挖的工程量，提高挖土工效，降低造价，缩短工期。

2）轻型井点排水

轻型井点是一个由井管、集水总管、普通离心式水泵、真空泵和集水箱等组成的排水系统，如图11-26所示。

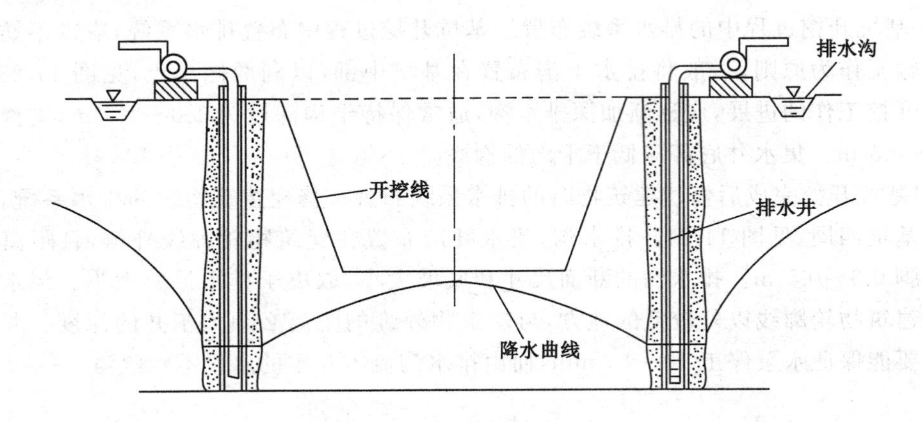

图 11-25　管井法排水布置示意图

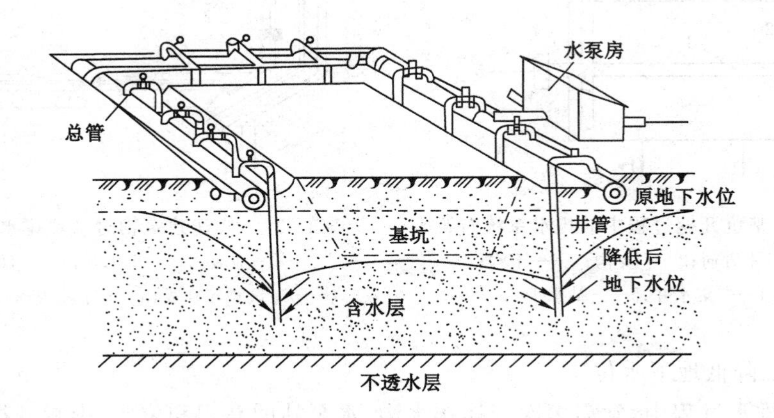

图 11-26　轻型井点降低地下水位示意图

轻型井点系统的井管直径为 38～50 mm，地下水从井管下端的滤水管凭借真空泵和水泵的抽吸作用流入管内，汇入集水总管，流入集水箱，由水泵排出。

井点系统排水时，地下水位的下降深度，取决于集水箱内的真空度与管路的漏气和水力损失，一般下降深度为 3～5 m。

井管安设时，一般用射水法下沉。在距孔口 1.0 m 范围内，需填塞黏土密封，井管与总管的连接也应注意密封，以防漏气。排水工作完成后，可利用杠杆将井管拔出。

11.4　施工排水安全防护

11.4.1　施工导流

(1) 围堰

1) 在施工作业前，对施工人员与作业人员进行安全技术交底，每班召开班前五分钟和危险预知活动，让作业人员明了施工作业程序和施工过程存在的危险因素，作业人员在施工过程中，设置专人进行监护，督促人员按要求正确佩戴劳动防护用品，杜绝不规范工作行为的发生。

2）施工作业前，要求对作业人员进行检查，当天身体状态不佳人员以及个人穿戴不规范（未按正确方式佩戴必需的劳保用品）的人员，不得进行作业；对高处作业人员定期进行健康检查，对患有不适宜高处作业的病人不准进行高处作业。

3）杜绝非专业电工私拉乱扯电线，施工前要认真检查用电线路，发现问题时要有专业电工及时处理。

4）施工设备、车辆由专人驾驶，且从事机械驾驶的操作工人必须进行严格培训，经考核合格后方可持证上岗。

5）施工人员必须熟知本工种的安全操作规程，进入施工现场，必须正确使用个人防护用品，严格遵守“三必须”、“五不准”，严格执行安全防范措施，不违章操作，不违章指挥，不违反劳动纪律。

6）机械在危险地段作业时，必须设明显的安全警告标志，并应设专人站在操作人员能看清的地方指挥。驾机人员只能接受指挥人员发出的规定信号。

7）配合机械作业的清底、平地、修坡等辅助工作应与机械作业交替进行。机上、机下人员必须密切配合，协同作业。当必须在机械作业范围内同时进行辅助工作时，应停止机械运转后，辅助人员方可进入。

8）施工中遇有土体不稳、发生坍塌、水位暴涨、山洪暴发或在爆破警戒区内听到爆破信号时，应立即停工，人机撤至安全地点。当工作场地发生交通堵塞，地面出现陷车（机），机械运行道路发生打滑，防护设施毁坏失效，或工作面不足以保证安全作业时，亦应暂停施工，待恢复正常后方可继续施工。

（2）截流

1）截流过程中的抛填材料开采、加工、堆放和运输等土建作业安全应符合现行《水利水电工程劳动安全与工业卫生设计规范》（GB 50706）、《水电水利工程施工通用安全技术规程》（DL/T 5370）、《水电水利工程土建施工安全技术规程》（DL/T 5371）、《水电水利工程金属结构与机电设备安装安全技术规程》（DL/T 5372）的有关规定。施工作业人员安全应符合《水电水利工程施工作业人员安全技术操作规程》（DL/T 5373）的有关规定。

2）在截流施工现场，应划出重点安全区域，并设专人警戒。

3）截流期间，应对工作区域内进行交通管制。

4）施工车辆与戗堤边缘的安全距离不应小于2.0 m。

5）施工车辆应进行编号。现场施工作业人员应佩戴安全标识，并穿戴救生衣。

（3）度汛

根据《水利水电工程施工安全管理导则》（SL 721—2015）第7.5条规定：

1）项目法人应根据工程情况和工程度汛需要，组织制订工程度汛方案和超标准洪水应急预案，报有管辖权的防汛指挥机构批准或备案。

2）度汛方案应包括防汛度汛指挥机构设置，度汛工程形象，汛期施工情况，防汛度汛工作重点，人员、设备、物资准备和安全度汛措施，以及雨情、水情、汛情的获取方式和通信保障方式等内容。防汛度汛指挥机构应由项目法人、监理单位、施工单位、设计单位主要负责人组成。

3）超标准洪水应急预案应包括超标准洪水可能导致的险情预测、应急抢险指挥机构设置、应急抢险措施应急队伍准备及应急演练等内容。

4）项目法人应和有关参建单位签订安全度汛目标责任书，明确各参建单位防汛度汛责任。

5）施工单位应根据批准的度汛方案和超标准洪水应急预案，制订防汛度汛及抢险措施，报项目法人批准，并按批准的措施落实防汛抢险队伍和防汛器材、设备等物资准备工作，做好汛期值班，保证汛情、工情、险情信息渠道畅通。

6）项目法人在汛前应组织有关参建单位，对生活、办公、施工区域内进行全面检查，对围堰、子堤、人员聚集区等重点防洪度汛部位和有可能诱发山体滑坡、垮塌和泥石流等灾害的区域、施工作业点进行安全评估，制订和落实防范措施。

7）项目法人应建立汛期值班和检查制度，建立接收和发布气象信息的工作机制，保证汛情、工情、险情信息渠道畅通。

8）项目法人每年应至少组织一次防汛应急演练。

9）施工单位应落实汛期值班制度，开展防洪度汛专项安全，检查及时整改发现的问题。

（4）蓄水

《水利水电工程施工安全防护设施技术规范》(SL 714—2015)规定蓄水池的布设应符合以下要求：

1）基础稳固。

2）墙体牢固，不漏水。

3）有良好的排污清理设施。

4）在寒冷地区应有防冻措施。

5）水池上有人行通道并设安全防护装置。

6）生活专用水池须加设防污染顶盖。

11.4.2 施工现场排水

（1）施工区域排水系统应进行规划设计，并应按照工程规模、排水时段等，以及工程所在地的气象、地形、地质、降水量等情况，确定相应的设计标准，作为施工排水规划设计的基本依据。

（2）应考虑施工场地的排水量、外界的渗水量和降水量，配备相应的排水设施和备用设备。施工排水系统的设备、设施等安装完成后，应分别按相关规定逐一进行检查验收，合格后方可投入使用。

（3）排水系统设备供电应有独立的动力电源（尤其是洞内排水），必要时应有备用电源。

（4）排水系统的电气、机械设备应定期进行检查维护、保养。排水沟、集水井等设施应经常进行清淤与维护，排水系统应保持畅通。

（5）在现场周围地段应修设临时或永久性排水沟、防洪沟或挡水堤，山坡地段应在坡顶或坡脚设环形防洪沟或截水沟，以拦截附近坡面的雨水、潜水防止排入施工区域内。

(6) 现场内外原有自然排水系统尽可能保留或适当加以整修、疏导、改造或根据需要增设少量排水沟，以利排泄现场积水、雨水和地表滞水。

(7) 在有条件时，尽可能利用正式工程排水系统为施工服务，先修建正式工程主干排水设施和管网，以方便排除地面滞水和地表滞水。

(8) 现场道路应在两侧设排水沟，支道应两侧设小排水沟，沟底坡度一般为2%～8%，保持场地排水和道路畅通。

(9) 土方开挖应在地表流水的上游一侧设排水沟，散水沟和截水挡土堤，将地表滞水截住；在低洼地段挖基坑时，可利用挖出之土沿四周或迎水一侧、二侧筑0.5～0.8 m高的土堤截水。

(10) 大面积地表水，可采取在施工范围区段内挖深排水沟，工程范围内再设纵横排水支沟，将水流疏干，再在低洼地段设集水、排水设施，将水排走。

(11) 在可能滑坡的地段，应在该地段外设置多道环形截水沟，以拦截附近的地表水，修设和疏通坡脚的原排水沟，疏导地表水，处理好该区域内的生活和工程用水，阻止渗入该地段。

(12) 湿陷性黄土地区，现场应设有临时或永久性的排洪防水设施，以防基坑受水浸泡，造成地基下陷。施工用水、废水应设有临时排水管道；贮水构筑物、灰地、防洪沟、排水沟等应有防止漏水措施，并与建筑物保持一定的安全距离。安全距离：一般在非自重湿陷性黄土地区应不小于12 m，在自重湿陷性黄土地区不小于20 m，对自重湿陷性黄土地区在25 m以内不应设有集水井。材料设备的堆放，不得阻碍雨水排泄。需要浇水的建筑材料，宜堆放在距基坑5 m以外，并严防水流入基坑内。

11.4.3 基坑排水

(1) 排水注意事项：

1) 雨季施工中，地面水不得渗漏和流入基坑，遇大雨或暴雨时及时将基坑内积水排除。

2) 基坑在开挖过程中，沿基坑壁四周做临时排水沟和集水坑，将水泵置于集水坑内抽水。

3) 尽量减少晾槽时间，开挖和基础施作工序紧密连接。

4) 遇到降雨天气，基坑两侧边坡用塑料布苫盖，防止雨水冲刷。

5) 鉴于地表积水，同时施工过程中也可能出现地表的严重积水，因此，进场后根据现场地形修筑挡水设施，修建排水系统确保排水渠道畅通。

(2) 开挖排水沟、集水管施工过程中的几点注意事项：

1) 水利工程整体优先。

排水沟和集水管的设计不用干扰水利工程的整体施工，一定要有坡度，以便集水，水沟的宽度和深度均要与排水量相适应，出于排水的考虑，基坑的开挖范围应当适当扩大。

2) 水泵安排有讲究。

水利工程建成后，要根据抽水的数据结果来选择适当的排水泵，一味的大泵并不一定都好，因为其抽出水量超过其正常的排出水量，其流速过大会抽出大量砂石。并且管壁之间要有过滤器，在管井正常抽水时，其水位不能超过第一个取水含水层的过滤器，以免过滤管的缠丝因氧化、坏损而导致涌沙。

3）防备特殊情况，以备不时之需。

为防止基坑排水任务重，排水要求高，必须准备一些备用的水泵和动力设备，以便在发生突发地质灾害如暴雨或机器故障时能立即补救。有条件的地区还可以采用电力发动水泵，但是供电要及时，还要保证特殊情况发生时，机器设备都能及时撤出，以免损失扩大。

因此，基坑排水工作的科学方案能保证一个水利工程的稳固，并为其施工提供良好的基础条件，妥善处理好基坑的排水问题，可谓之解决水之源、木之本的根基问题。排水系统的科学设计，能够保证地基不受破坏，也能增强地基的承载能力，从长远意义上讲更可以减少水利工程的整体开支，如果基坑排水问题处理不当，会给水利工程的运行带来巨大的安全隐患，增加了将来对水利工程的维护成本，也降低了水利工程的质量。

11.5 施工排水人员安全操作

(1) 水泵作业人员应经过专业培训，并经考试合格后方可上岗操作。

(2) 安装水泵以前，应仔细检查水泵，水管内应无杂物。

(3) 吸水管管口应用莲蓬头，在有杂草与污泥的情况下，应外加护罩滤网。

(4) 安装水泵前应估计可能的最低水位，水泵吸水高度不超过 6 m。

(5) 安装水泵宜在平整的场地，不得直接在水中作业。

(6) 安装好的水泵应用绳索固定拖放或用其他机械放至指定吸水点，不宜由人直接下水搬运。

(7) 开机前的检查准备工作：

1）检查原动机运转方向与水泵符合。

2）检查轴承中的润滑油油量、油位、油质应符合规定，如油色发黑，应换新油。

3）打开吸水管阀门，检查填料压盖的松紧应合适。

4）检查水泵转向应正确。

5）检查联轴器的同心度和间隙，用手转动皮带轮和联轴器，其转动应灵活无杂声。

6）检查水泵及电动机周围应无杂物妨碍运转。

7）检查电气设备应正常。

(8) 正常运行应遵守下列规定：

1）运转人员应带好绝缘手套、穿绝缘鞋才能操作电气开关。

2）开机后，应立即打开出水阀门，并注意观察各种仪表情况，直至达到需要的流量。

3）运转中应做到四勤：勤看（看电流表、电压表、真空表、水压表等）、勤听、勤检查、勤保养。

4）经常检查水泵填料处不得有异常发热、滴水现象。

5）经常检查轴承和电动机外壳温升应正常。

6）在运转中如水泵各部有漏水、漏气、出水不正常、盘根和轴承发热，以及发现声音、温度、流量等不正常时，应立即停机检查。

(9) 停机应遵守下列规定：

1) 停机前应先关闭出水阀门，再行停机。

2) 切断电源，将闸箱上锁，把吸水阀打开，使水泵和水箱的存水放出，然后把机械表面的水、油渍擦干净。

3) 如在运行中突然造成停机，应立即关闭水阀和切断电源，找出原因并处理后方可开机。

考试习题

一、单项选择题（每小题有4个备选答案，其中只有1个是正确选项）

1. 施工现场临近高地，应在（　　）挖好截水沟，防止洪水冲入现场。

A. 高地的边缘（现场上侧）　　B. 高地的边缘（现场下侧）

C. 高地的坡脚（现场上侧）　　D. 高地的坡脚（现场下侧）

正确答案：A

2.（　　）是在河岸上开挖渠道，在水利工程施工基坑的上下游修建围堰挡水，将原河水通过明渠导向下游的导流方法。

A. 涵管导流　　B. 隧洞导流　　C. 明渠导流　　D. 渡槽导流

正确答案：C

3. 依据《水利水电工程施工组织设计规范》，我们将导流建筑物划分为（　　）级。

A. Ⅰ～Ⅳ　　B. Ⅰ～Ⅴ　　C. Ⅰ、Ⅱ　　D. Ⅲ～Ⅴ

正确答案：D

4. 截流施工过程中，施工车辆与戗堤边缘的安全距离不应小于（　　）。

A. 1.0 m　　B. 1.5 m　　C. 2.5 m　　D. 2.0 m

正确答案：D

5. 项目法人应（　　）至少组织一次防汛应急演练。

A. 每年　　B. 每季度　　C. 每半年　　D. 每月

正确答案：A

6. 对自重湿陷性黄土地区在（　　）以内不应设有集水井。

A. 20 m　　B. 30 m　　C. 25 m　　D. 50 m

正确答案：C

7. 在自重湿陷性黄土地区，贮水构筑物、排水构筑物与建筑物之间的安全距离应不小于（　　）。

A. 20 m　　B. 12 m　　C. 25 m　　D. 30 m

正确答案：A

二、多项选择题（每小题至少有2个是正确选项）

1. 用临时坝面过水时，应采取以下防护措施（　　）。

A. 利用反滤体加固后作为过水坝面溢流堰体

B. 靠近岸边的溢流体堰顶高程应适当抬高，以减小坝面单宽流量，减轻水流对岸坡的冲刷

C. 采用防渗体、反滤层等保护措施，防止淤积物渗入坝体

D. 上游设置拦污设施，防止漂木、杂物等淤积坝面，撞击下游边坡

正确答案：ABCD

2. 选择导流方案要考虑（　　）等因素。

A. 地形条件

B. 工程地质及水文地质条件

C. 水工建筑物的型式及布置

D. 施工期间河流的综合利用

正确答案：ABCD

3. 围堰工程在施工作业前，对（　　）进行安全技术交底，每班召开班前五分钟和危险预知活动。

A. 施工人员　　B. 作业人员

C. 安全管理人员　　D. 技术人员

正确答案：AB

4. 依据《水利水电工程施工组织设计规范》，导流建筑物的级别按照（　　）指标进行判定。

A. 保护的对象　　B. 失事后果

C. 使用年限　　D. 工程规模

正确答案：ABCD

三、判断题（答案 A 表示说法正确，答案 B 表示说法不正确）

1. 施工现场雨期指定专人负责，及时疏浚排水系统，确保施工现场排水畅通。（　　）

正确答案：A

2. 施工单位应和有关参建单位签订安全度汛目标责任书，明确各参建单位防汛度汛责任。（　　）

正确答案：B

3. 施工单位应根据批准的度汛方案和超标准洪水应急预案，制订防汛度汛及抢险措施，报项目法人批准。（　　）

正确答案：A

4. 基坑施工中，地表水可以收集到基坑内再排出坑外。（　　）

正确答案：B

第12章　危险化学品安全技术

本章要点　本章主要介绍了水利水电施工企业常用的危险化学品的种类，危险化学品的主要危险特性、预防措施、储存与运输、泄漏控制与销毁处置技术。

主要依据《化学品分类和危险性公示 通则》(GB 13690—2009)、《水利水电工程施工通用安全技术规范》(SL 398—2007)、《常用危险化学品贮存通则》(GB 15603—1995)等标准、规范。

12.1　危险化学品基础知识

危险化学品，是指具有毒害、腐蚀、爆炸、燃烧、助燃等性质，对人体、设施、环境具有危害的剧毒化学品和其他化学品。依据《化学品分类和危险性公示 通则》(GB 13690—2009)，分为物理危险、健康危险和环境危险3大类。

12.1.1　危险化学品的主要危险特性

(1) 燃烧性

爆炸品、压缩气体和液化气体中的可燃性气体、易燃液体、易燃固体、自燃物品、遇湿易燃物品、有机过氧化物等，在条件具备时均可能发生燃烧。

(2) 爆炸性

爆炸品、压缩气体和液化气体、易燃液体、易燃固体、自燃物品、遇湿易燃物品、氧化剂和有机过氧化物等危险化学品均可能由于其化学活性或易燃性引发爆炸事故。

(3) 毒害性

许多危险化学品可通过一种或多种途径进入人体和动物体内，当其在人体累积到一定量时，便会扰乱或破坏肌体的正常生理功能，引起暂时性或持久性的病理改变，甚至危及生命。

(4) 腐蚀性

强酸、强碱等物质能对人体组织、金属等物品造成损坏，接触到人的皮肤、眼睛或肺部、食道等时，会引起表皮组织坏死而造成灼伤。内部器官被灼伤后可引起炎症，甚至会造成死亡。

(5) 放射性

放射性危险化学品通过放出的射线可阻碍和伤害人体细胞活动机能并导致细胞死亡。

12.1.2 危险化学品的事故预防控制措施

1. 危险化学品的中毒、污染事故的预防控制措施

目前，预防危险化学品的中毒、污染事故采取的主要措施是替代、变更工艺、隔离、通风、个体防护和保持卫生。

(1) 替代

选用无毒或低毒的化学品代替有毒有害化学品，选用可燃化学品代替易燃化学品。例如，用甲苯替代喷漆中的苯。

(2) 变更工艺

采用新技术、改变原料配方，消除或降低危险化学品的危害。例如，以往用乙炔制乙醛，采用汞做催化剂，现用乙烯为原料，通过氧化或氧氯化制乙醛，不需用汞做催化剂，通过变更工艺，彻底消除了汞害。

(3) 隔离

将生产设备封闭起来，或设置屏障，避免作业人员直接暴露于有害环境中。最常用的隔离方法是将生产或使用的设备完全封闭起来，使工人在操作中不接触危险化学品，或者把生产设备和操作室隔离开，也就是把生产设备的管线阀门、电控开关放在与生产地点完全隔离的操作室内。

(4) 通风

借助于有效的通风，使作业场所空气中有害气体、蒸气或粉尘的浓度降低，通风分局部排风和全面通风两种。局部排风适用于点式扩散源，将污染源置于通风罩控制范围内；全面通风适用于面式扩散源，通过提供新鲜空气，将污染物分散稀释。

对于点式扩散源，一般采用局部通风；面式扩散源，一般采用全面通风(也称稀释通风)。例如，实验室中的通风橱，采用的通风管和导管为局部通风设备；冶炼厂中熔化的物质从一端流向另一端时散发出有毒的烟和气，两种通风系统都有使用。

(5) 个体防护

个体防护只能作为一种辅助性措施，是一道阻止有害物质进入人体的屏障。防护用品主要有呼吸防护器具、头部防护器具、眼防护器具、身体防护器具、手足防护用品等。

防护用品主要有头部防护器具、呼吸防护器具、眼防护器具、躯干防护用品和手足防护用品等。

(6) 保持卫生

保持卫生包括保持作业场所清洁和作业人员个人卫生两个方面。经常清洗作业场所，对废物、溢出物及时处置；作业人员养成良好的卫生习惯，防止有害物质附着在皮肤上。

2. 危险化学品火灾、爆炸事故的预防措施

防止火灾、爆炸事故发生的基本原则主要有以下三点：

(1) 防止燃烧、爆炸系统的形成

① 替代。

② 密闭。

③ 惰性气体保护。

④ 通风置换。

⑤ 安全监测及连锁。

(2) 消除点火源

能引发事故的点火源有明火、高温表面、冲击、摩擦、自燃、发热、电气火花、静电火花、化学反应热、光线照射等。具体的做法有：

① 控制明火和高温表面。

② 防止摩擦和撞击产生火花。

③ 火灾爆炸危险场所采用防爆电气设备避免电气火花。

(3) 限制火灾、爆炸蔓延扩散的措施

限制火灾、爆炸蔓延扩散的措施包括阻火装置、防爆泄压装置及防火防爆分隔等。

12.1.3　危险化学品的储存和运输安全

1. 危险化学品储存的安全技术和要求

(1) 储存危险化学品必须遵照国家法律、法规和其他有关规定。

(2) 危险化学品必须储存在经公安部门批准设置的专门的危险化学品仓库内，经销部门自管仓库储存危险化学品及储存数量必须经公安部门批准，未经批准不得随意设置危险化学品储存仓库。

(3) 危险化学品露天堆放，应符合防火、防爆的安全要求；爆炸物品、一级易燃物品、遇湿燃烧物品、剧毒物品不得露天堆放。

(4) 储存危险化学品的仓库必须配备有专业知识的技术人员，其库房及场所应设专人管理，管理人员必须配备可靠的个人安全防护用品。

(5) 储存的危险化学品应有明显的标志，同一区域储存两种或两种以上不同级别的危险化学品时，应按最高等级危险化学品的性能标志。

(6) 危险化学品储存方式分为三种：隔离储存、隔开储存、分离储存。

(7) 根据危险化学品性能分区、分类、分库储存。各类危险化学品不得与禁忌物混合储存。

(8) 储存危险化学品的建筑物、区域内严禁吸烟和使用明火。

2. 危险化学品运输的安全技术和要求

化学品在运输中发生事故的情况比较常见，全面了解并掌握有关化学品的安全运输规定，对降低运输事故具有重要意义。

(1) 国家对危险化学品的运输实行资质认定制度，未经资质认定，不得运输危险化学品。

(2) 托运危险物品必须出示有关证明，在指定的铁路、公路交通、航运等部门办理手续。托运物品必须与托运单上所列的品名相符。

(3) 危险物品的装卸人员，应按装运危险物品的性质，佩戴相应的防护用品，装卸时必须轻装轻卸，严禁摔拖、重压和摩擦，不得损毁包装容器，并注意标志，堆放稳妥。

(4) 危险物品装卸前，应对车(船)搬运工具进行必要的通风和清扫，不得留有残渣，对装有剧毒物品的车(船)，卸车(船)后必须洗刷干净。

(5) 装运爆炸、剧毒、放射性、易燃液体、可燃气体等物品，必须使用符合安全要求的运输工具;禁忌物料不得混运;禁止用电瓶车、翻斗车、铲车、自行车等运输爆炸物品。运输强氧化剂、爆炸品及用铁桶包装的一级易燃液体时,没有采取可靠的安全措施时,不得用铁底板车及汽车挂车;禁止用叉车、铲车、翻斗车搬运易燃、易爆液化气体等危险物品;温度较高地区装运液化气体和易燃液体等危险物品,要有防晒设施;放射性物品应用专用运输搬运车和抬架搬运,装卸机械应按规定负荷降低25%的装卸量;遇水燃烧物品及有毒物品,禁止用小型机帆船、小木船和水泥船承运。

(6) 运输爆炸、剧毒和放射性物品,应指派专人押运,押运人员不得少于2人。

(7) 运输危险物品的车辆,必须保持安全车速,保持车距,严禁超车、超速和强行会车。运输危险物品的行车路线,必须事先经当地公安交通部门批准,按指定的路线和时间运输,不可在繁华街道行驶和停留。

(8) 运输易燃、易爆物品的机动车,其排气管应装阻火器,并悬挂"危险品"标志。

(9) 运输散装固体危险物品,应根据性质,采取防火、防爆、防水、防粉尘飞扬和遮阳等措施。

(10) 禁止利用内河以及其他封闭水域运输剧毒化学品。通过公路运输剧毒化学品的,托运人应当向目的地的县级人民政府公安部门申请办理剧毒化学品公路运输通行证。办理剧毒化学品公路运输通行证时,托运人应当向公安部门提交有关危险化学品的品名、数量、运输始发地和目的地、运输路线、运输单位、驾驶人员、押运人员、经营单位和购买单位资质情况的材料。

(11) 运输危险化学品需要添加抑制剂或者稳定剂的,托运人交付托运时应当添加抑制剂或者稳定剂,并告知承运人。

(12) 危险化学品运输企业,应当对其驾驶员、船员、装卸管理人员、押运人员进行有关安全知识培训。驾驶员、装卸管理人员、押运人员必须掌握危险化学品运输的安全知识,并经所在地设区的市级人民政府交通部门考核合格;船员经海事管理机构考核合格,取得上岗资格证,方可上岗作业。

12.1.4 危险化学品的储存和运输安全

1. 泄漏处理及火灾控制

(1) 泄漏处理

1) 泄漏源控制。利用截止阀切断泄漏源,在线堵漏减少泄漏量或利用备用泄料装置使其安全释放。

2) 泄漏物处理。现场泄漏物要及时地进行覆盖、收容、稀释、处理。在处理时,还应按照危险化学品特性,采用合适的方法处理。

(2) 火灾控制

1) 灭火一般注意事项

① 正确选择灭火剂并充分发挥其效能。常用的灭火剂有水、蒸汽、二氧化碳、干粉和泡沫等。由于灭火剂的种类较多,效能各不相同,所以在扑救火灾时,一定要根据燃烧物料的性质、设备设施的特点、火源点部位(高、低)及其火势等情况,要选择冷却、灭火效能特别高的灭火剂扑救火灾,充分发挥灭火剂各自的冷却与灭火的最大效能。

② 注意保护重点部位。例如,当某个区域内有大量易燃易爆或毒性化学物质时,就

应该把这个部位作为重点保护对象，在实施冷却保护的同时，要尽快地组织力量消灭其周围的火源点，以防灾情扩大。

③ 防止复燃复爆。将火灾消灭以后，要留有必要数量的灭火力量继续冷却燃烧区内的设备、设施、建(构)筑物等，消除着火源，同时将泄漏出的危险化学品及时处理。对可以用水灭火的场所要尽量使用蒸汽或喷雾水流稀释，排除空间内残存的可燃气体或蒸气，以防止复燃复爆。

④ 防止高温危害。火场上高温的存在不仅造成火势蔓延扩大，也会威胁灭火人员安全。可以使用喷水降温、利用掩体保护、穿隔热服装保护、定时组织换班等方法避免高温危害。

⑤ 防止毒害危害。发生火灾时，可能出现一氧化碳、二氧化碳、二氧化硫、光气等有毒物质。在扑救时，应当设置警戒区，进入警戒区的抢险人员应当佩戴个体防护装备，并采取适当的手段消除毒物。

2）几种特殊化学品火灾扑救注意事项

① 扑救气体类火灾时，切忌盲目扑灭火焰，在没有采取堵漏措施的情况下，必须保持稳定燃烧。否则，大量可燃气体泄漏出来与空气混合，遇点火源就会发生爆炸，造成严重后果。

② 扑救爆炸物品火灾时，切忌用沙土盖压，以免增强爆炸物品的爆炸威力；另外扑救爆炸物品堆垛火灾时，水流应采用吊射，避免强力水流直接冲击堆垛，以免堆垛倒塌引起再次爆炸。

③ 扑救遇湿易燃物品火灾时，绝对禁止用水、泡沫、酸碱等湿性灭火剂扑救。一般可使用干粉、二氧化碳、卤代烷扑救，但钾、钠、铝、镁等物品用二氧化碳、卤代烷无效。固体遇湿易燃物品应使用水泥、干砂、干粉、硅藻土等覆盖。对镁粉、铝粉等粉尘，切忌喷射有压力的灭火剂，以防止将粉尘吹扬起来，引起粉尘爆炸。

④ 扑救易燃液体火灾时，比水轻又不溶于水的液体用直流水、雾状水灭火往往无效，可用普通蛋白泡沫或轻泡沫扑救；水溶性液体最好用抗溶性泡沫扑救。

⑤ 扑救毒害和腐蚀品的火灾时，应尽量使用低压水流或雾状水，避免腐蚀品、毒害品溅出；遇酸类或碱类腐蚀品最好调制相应的中和剂稀释中和。

⑥ 易燃固体、自燃物品火灾一般可用水和泡沫扑救，只要控制住燃烧范围，逐步扑灭即可。但有少数易燃固体、自燃物品的扑救方法比较特殊。如2,4-二硝基苯甲醚、二硝基萘、萘等是易升华的易燃固体，受热放出易燃蒸气，能与空气形成爆炸性混合物，尤其是在室内，易发生爆炸。在扑救过程中应不时向燃烧区域上空及周围喷射雾状水，并消除周围一切点火源。

2. 废弃物销毁

(1) 固体废弃物的处置

1）危险废弃物。使危险废弃物无害化采用的方法是使它们变成高度不溶性的物质，也就是固化-稳定化的方法。目前常用的固化-稳定化方法有：水泥固化、石灰固化、塑性材料固化、有机聚合物固化、自凝胶固化、熔融固化和陶瓷固化。

2）工业固体废弃物。工业固体废弃物是指在工业、交通等生产过程中产生的固体废弃物。一般工业废弃物可以直接进入填埋场进行填埋。对于粒度很小的固体废弃物，为了防止填埋过程中引起粉尘污染，可装入编织袋后填埋。

（2）爆炸性物品的销毁

凡确认不能使用的爆炸性物品，必须予以销毁，在销毁以前应报告当地公安部门，选择适当的地点、时间及销毁方法。一般可采用以下4种方法：爆炸法、烧毁法、溶解法、化学分解法。

3.有机过氧化物废弃物处理

有机过氧化物是一种易燃、易爆品。其废弃物应从作业场所清除并销毁，其方法主要取决于该过氧化物的物化性质，根据其特性选择合适的方法处理，以免发生意外事故。处理方法主要有：分解，烧毁，填埋。

12.2 水利水电施工企业危险品管理

水利水电施工企业常用危险化学品的种类见表12-1。

表12-1　水利水电工程常见危险化学品种类

序号	储存场所	危险化学品名称	主要危险特性
1	油库、油罐	汽油	燃烧性
2		柴油	燃烧性
3	爆破器材库	炸药	爆炸性
4		导爆管	爆炸性
5		雷管	爆炸性
6		导爆索	爆炸性
7	化学品仓库	丙酮	燃烧性
8		糠醛	燃烧性
9		苯	燃烧性
10		氯	毒害性
11		乙炔	燃烧性
12	化学品仓库	液氨	毒害性
13		卤化氢（盐酸）	腐蚀性
14	其他	易燃固体	燃烧性

12.2.1 水利水电施工企业危险化学品管理一般要求

（1）贮存、运输和使用危险化学品的单位，应建立健全危险化学品安全管理制度，建立事故应急救援预案，配备应急救援人员和必要的应急救援器材、设备、物资，并应定期组织演练。

（2）贮存、运输和使用危险化学品的单位，应当根据消防安全要求，配备消防人员，配置消防设施以及通信、报警装置。

(3) 仓库应有严格的保卫制度,人员出入应有登记制度。

(4) 贮存危险化学品的仓库内严禁吸烟和使用明火,对进入库区内的机动车辆应采取防火措施。

(5) 严格执行有毒有害物品入库验收,出库登记和检查制度。

(6) 使用危险化学品的单位,应根据化学危险品的种类、性质,设置相应的通风、防火、防爆、防毒、监测、报警、降温、防潮、避雷、防静电、隔离操作等安全设施。

(7) 危险化学品仓库四周,应有良好的排水,设置刺网或围墙,高度不小于 2 m,与仓库保持规定距离,库区内严禁有其他可燃物品。

(8) 危险化学品应分类分项存放,堆垛之间的主要通道应有安全距离,不应超量储存。

12.2.2 水利水电施工企业易燃物品的安全管理

1. 易燃物品的储存

(1) 贮存易燃物品的仓库应执行审批制度的有关规定,并遵守下列规定:

1) 库房建筑宜采用单层建筑;应采用防火材料建筑;库房应有足够的安全出口,不宜少于两个;所有门窗应向外开。

2) 库房内不宜安装电器设备,如需安装时,应根据易燃物品性质,安装防爆或密封式的电器及照明设备,并按规定设防护隔墙。

3) 仓库位置宜选择在有天然屏障的地区,或设在地下、半地下,宜选在生活区和生产区年主导风向的下风侧。

4) 不应设在人口集中的地方,与周围建筑物间,应留有足够的防火间距。

5) 应设置消防车通道和与贮存易燃物品性质相适应的消防设施;库房地面应采用不易打出火花的材料。

6) 易燃液体库房,应设置防止液体流散的设施。

7) 易燃液体的地上或半地下贮罐应按有关规定设置防火堤。

(2) 应分类存放在专门仓库内。与一般物品以及性质互相抵触和灭火方法不同的易燃、可燃物品,应分库贮存,并标明贮存物品名称、性质和灭火方法。

(3) 堆存时,堆垛不应过高、过密,堆垛之间,以及堆垛与堤墙之间,应留有一定间距,通道和通风口,主要通道的宽度不应小于 2 m,每个仓库应规定贮存限额。

(4) 遇水燃烧,爆炸和怕冻、易燃、可燃的物品,不应存放在潮湿、露天、低温和容易积水的地点。库房应有防潮、保温等措施。

(5) 受阳光照射容易燃烧、爆炸的易燃、可燃物品,不应在露天或高温的地方存放。应存放在温度较低、通风良好的场所,并应设专人定时测温,必要时采取降温及隔热措施。

(6) 包装容器应当牢固、密封,发现破损、残缺、变形、渗漏和物品变质、分解等情况时,应立即进行安全处理。

(7) 在入库前,应有专人负责检查,对可能带有火险隐患的易燃、可燃物品,应另行存放,经检查确无危险后,方可入库。

(8) 性质不稳定、容易分解和变质以及混有杂质而容易引起燃烧、爆炸的易燃、可燃物品,应经常进行检查、测温、化验,防止燃烧、爆炸。

（9）贮存易燃、可燃物品的库房，露天堆垛，贮罐规定的安全距离内，严禁进行试验、分装、封焊、维修、动用明火等可能引起火灾的作业和活动。

（10）库房内不应设办公室、休息室，不应住人，不应用可燃材料搭建货架；仓库区应严禁烟火。

（11）库房不宜采暖，如贮存物品需防冻时，可用暖气采暖；散热器与易燃、可燃物品堆垛应保持安全距离。

（12）对散落的易燃、可燃物品应及时清除出库。

（13）易燃、可燃液体贮罐的金属外壳应接地，防止静电效应起火，接地电阻应不大于10 Ω。

2. 易燃物品的使用

（1）使用易燃物品，应有安全防护措施和安全用具，建立和执行安全技术操作规程和各种安全管理制度，严格用火管理制度。

（2）易燃、易爆物品进库、出库、领用，应有严格的制度。

（3）使用易燃物品应指定专人管理。

（4）使用易燃物品时，应加强对电源、火源的管理，作业场所应备足相应的消防器材，严禁烟火。

（5）遇水燃烧、爆炸的易燃物品，使用时应防潮、防水。

（6）怕晒的易燃物品，使用时应采取防晒、降温、隔热等措施。

（7）怕冻的易燃物品，使用时应保温、防冻。

（8）性质不稳定、容易分解和变质以及性质互相抵触和灭火方法不同的易燃物品应经常检查，分类存放，发现可疑情况时，及时进行安全处理。

（9）作业结束后，应及时将散落、渗漏的易燃物品清除干净。

12.2.3 水利水电施工企业有毒有害物品的安全管理

1. 有毒有害物品的储存

（1）有毒有害物品贮存库房应符合下列要求：

1）化学毒品应贮存于专设的仓库内，库内严禁存放与其性能有抵触的物品。

2）库房墙壁应用防火防腐材料建筑；应有避雷接地设施，应有与毒品性质相适应的消防设施。

3）仓库应保持良好的通风，有足够的安全出口。

4）仓库内应备有防毒、消毒、人工呼吸设备和备有足够的个人防护用具。

5）仓库应与车间、办公室、居民住房等保持一定安全防护距离。安全防护距离应同当地公安局、劳动、环保等主管部门根据具体情况决定，但不宜少于100 m。

（2）有毒有害物品应储存在专用仓库、专用储存室（柜）内，并设专人管理，剧毒化学品应实行双人收发、双人保管制度。

（3）化学毒品库，应建立严格的进、出库手续，详细记录入库、出库情况。记录内容应包括：物品名称，入库时间，数量来源和领用单位、时间、用途，领用人，仓库发放人等。

（4）对性质不稳定，容易分解和变质以及混有杂质可引起燃烧、爆炸的化学毒品，应经常进行检查、测量、化验、防止燃烧爆炸。

2. 有毒有害物品的使用

(1) 使用有毒物品作业的单位应当使用符合国家标准的有毒物品,不应在作业场所使用国家明令禁止使用的有毒物品或者使用不符合国家标准的有毒物品。

(2) 使用有毒物品作业场所,除应当符合职业病防治法规定的职业卫生要求外,还应符合下列要求:

1) 作业场所与生活场所分开,作业场所不应住人。

2) 有害作业场所与无害作业场所分开,高毒作业场所与其他作业场所隔离。

3) 设置有效的通风装置;可能突然泄漏大量有毒物品或者易造成急性中毒的作业场所,设置自动报警装置和事故通风设施。

4) 高毒作业场所设置应急撤离通道和必要的泄险区。

5) 在其醒目位置,设置警示标志和中文警示说明;警示说明应当载明产生危害的种类、后果、预防以及应急救治措施等内容。

6) 使用有毒物品作业场所应当设置黄色区域警示线、警示标志;高毒作业场所应当设置红色区域警示线、警示标志。

(3) 从事使用高毒物品作业的用人单位,应当配备应急救援人员和必要的应急救援器材、设备、物资,制定事故应急救援预案,并根据实际情况变化对应急救援预案适时进行修订,定期组织演练。

(4) 使用单位应当确保职业中毒危害防护设备、应急救援设施、通信报警装置处于正常适用状态,不应擅自拆除或者停止运行。对其进行经常性的维护、检修,定期检测其性能和效果,确保其处于良好运行状态。

(5) 有毒物品的包装应当符合国家标准,并以易于劳动者理解的方式加贴或者拴挂有毒物品安全标签。有毒物品的包装应有醒目的警示标志和中文警示说明。

(6) 使用化学危险物品,应当根据化学危险物品的种类、性能,设置相应的通风、防火、防爆、防毒、监测、报警、降温、防潮、避雷、防静电、隔离操作等安全设施。并根据需要,建立消防和急救组织。

(7) 盛装有毒有害物品的容器,在使用前后,应进行检查,消除隐患,防止火灾、爆炸、中毒等事故发生。

(8) 化学毒品领用,应遵守下列规定:

1) 化学毒品应经单位主管领导批准,方可领取,如发现丢失或被盗,应立即报告。

2) 使用保管化学毒品的单位,应指定专人负责,领发人员有权负责监督投入生产情况。一次领用量不应超过当天所用数量。

3) 化学毒品应放在专用的厨柜内,并加锁。

(9) 禁止在使用化学毒品的场所,吸烟、就餐、休息等。

(10) 使用化学毒品的工作人员,应穿戴专用工作服、口罩、橡胶手套、围裙、防护眼镜等个人防护用品;工作完毕,应更衣洗手、漱口或洗澡;应定期进行体检。

(11) 使用化学毒品场所、车间还应备有防毒用具、急救设备。操作者应熟悉中毒急救常识和有关安全卫生常识;发生事故应采取紧急措施,保护好现场,并及时报告。

(12) 使用化学毒品场所或车间,应有良好的通风设备,保证空气清洁,各种工艺设备应尽量密闭，并遵守有关的操作工艺规程；工作场所应有消防设施，并注意防火。

（13）工作完毕，应清洗工作场所和用具；按照规定妥善处理废水、废气、废渣。

（14）销毁、处理有燃烧、爆炸、中毒和其他危险的废弃有毒有害物品，应当采取安全措施，并征得所在地公安和环境保护等部门同意。

12.2.4 水利水电施工企业油库的安全管理

（1）应根据实际情况，建立油库安全管理制度、用火管理制度、外来人员登记制度、岗位责任制和具体实施办法。

（2）油库员工应懂得所接触油品的基本知识，熟悉油库管理制度和油库设备技术操作规程。

（3）在油库与其周围不应使用明火；因特殊情况需要用火作业的，应当按照用火管理制度办理用火证，用火证审批人应亲自到现场检查，防火措施落实后，方可批准。危险区应指定专人防火，防火人有权根据情况变化停止用火。用火人接到用火证后，要逐项检查防火措施，全部落实后方可用火。

（4）罐装油品的贮存保管，应遵守下列规定：

1）油罐应逐个建立分户保管账，及时准确记载油品的收、发、存数量，做到账货相符。

2）油罐储油不应超过安全容量。

3）对不同品种不同规格的油品，应实行专罐储存。

（5）桶装油品的贮存保管，应遵守下列规定：

1）保管要求：

① 应执行夏秋、冬春季定量灌装标准，并做到标记清晰、桶盖拧紧、无渗漏。

② 对不同品种、规格、包装的油品，应实行分类堆码，建立货堆卡片，逐月盘点数量，定期检验质量，做到货、卡相符。

③ 润滑脂类，变压器油、电容器油、汽轮机油、听装油品及工业用汽油等应入库保管，不应露天存放。

2）库内堆垛要求：

① 油桶应立放，宜双行并列，桶身紧靠。

② 油品闪点在 28 ℃以下的，不应超过 2 层；闪点在 28～45 ℃的，不应超过 3 层，闪点在 45 ℃以上的，不应超过 4 层。

③ 桶装库的主通道宽度不应小于 1.8 m，垛与垛的间距不应小于 1 m，垛与墙的间距不应小于 0.25～0.5 m。

3）露天堆垛要求：

① 堆放场地应坚实平整，高出周围地面 0.2 m，四周有排水设施。

② 卧放时应做到：双行并列，底层加垫，桶口朝外，大口向上，垛高不超过 3 层；放时要做到：下部加垫，桶身与地面成 75°角，大口向上。

③ 堆垛长度不应超过 25 m，宽度不应超过 15 m，堆垛内排与排的间距，不应小于 1 m；垛与垛的间距，不应小于 3 m。

④ 汽、煤油要斜放，不应卧放。润滑油要卧放，立放时应加以遮盖。

（6）油库消防器材的配置与管理：

1）灭火器材的配置：

① 加油站油罐库罐区，应配置石棉被、推车式泡沫灭火机、干粉灭火器及相关灭火设备。

② 各油库、加油站应根据实际情况制订应急救援预案，成立应急组织机构。消防器材摆放的位置、品名、数量应绘成平面图并加强管理，不应随便移动和挪作他用。

2）消防供水系统的管理和检修：

① 消防水池要经常存满水。池内不应有水草杂物。

② 地下供水管线要常年充水，主干线阀门要常开。地下管线每隔2～3年，要局部挖开检查，每半年应冲洗一次管线。

③ 消防水管线（包括消火栓），每年要做一次耐压试验，试验压力应不低于工作压力的1.5倍。

④ 每天巡回检查消火栓。每月做一次消火栓出水试验。

距消火栓5 m范围内，严禁堆放杂物。

⑤ 固定水泵要常年充水，每天做一次试运转，消防车要每天发动试车并按规定进行检查、养护。

⑥ 消防水带要盘卷整齐，存放在干燥的专用箱里，防止受潮霉烂。每半年对全部水带按额定压力做一次耐压试验，持续5 min，不漏水者合格。使用后的水带要晾干收好。

3）消防泡沫系统的管理和检修：

① 灭火剂的保管：空气泡沫液应储存于温度在5～40 ℃的室内，禁止靠近一切热源，每年检查一次泡沫液沉淀状况。化学泡沫粉应储存在干燥通风的室内，防止潮结。酸碱粉（甲、乙粉）要分别存放，堆高不应超过1.5 m，每半年将储粉容器颠倒放置一次。灭火剂每半年抽验一次质量，发现问题及时处理。

② 对化学泡沫发生器的进出口，每年做一次压差测定；空气泡沫混合器，每半年做一次检查校验；化学泡沫室和空气泡沫产生器的空气滤网，应经常刷洗，保持不堵不烂，隔封玻璃要保持完好。

③ 各种泡沫枪、钩管、升降架等，使用后都应擦净、加油，每季进行一次全面检查。

④ 泡沫管线，每半年用清水冲洗一次；每年进行一次分段试压，试验压力应不小于1.18 MPa，5 min无渗漏。

⑤ 各种灭火机，应避免曝晒、火烤，冬季应有防冻措施，应定期换药，每隔1～2年进行一次筒体耐压试验，发现问题及时维修。

考试习题

一、单项选择题（每小题有4个备选答案，其中只有1个是正确选项）

1. 危险化学品必须储存在经（　　）批准设置的专门的危险化学品仓库内。

A. 水政部门　　B. 政府部门

C. 公安部门　　D. 安监部门

正确答案：C

2. 国家对危险化学品的运输实行资质(　　)制度,未经资质认定,不得运输危险化学品。

A. 备案　　B. 认定　　C. 认证　　D. 审查

正确答案:B

3. 运输爆炸、剧毒和放射性物品,应指派专人押运,押运人员不得少于(　　)人。

A. 1　　B. 2　　C. 3　　D. 4

正确答案:B

4. 危险化学品运输企业的驾驶员、装卸管理人员、押运人员必须掌握危险化学品运输的安全知识,并经所在地设区的市级人民政府(　　)考核合格。

A. 交通部门　　B. 安监部门　　C. 水政部门　　D. 海事部门

正确答案:A

5. 有毒有害物品应储存在专用仓库、专用储存室(柜)内,并设专人管理,(　　)应实行双人收发、双人保管制度。

A. 有毒化学品　　B. 有害化学品

C. 剧毒化学品　　D. 可燃化学品

正确答案:C

6. 油桶露天堆放场地应坚实平整,高出周围地面(　　),四周有排水设施。

A. 0.3 m　　B. 0.2 m　　C. 0.1 m　　D. 0.4 m

正确答案:B

二、多项选择题(每小题至少有2个是正确选项)

1. 禁止利用(　　)运输剧毒化学品。

A. 内河　　B. 封闭水域　　C. 高速公路　　D. 乡村公路

正确答案:AB

2. 危险化学品的主要危险特性(　　)。

A. 燃烧性　　B. 腐蚀性　　C. 爆炸性　　D. 毒害性　　E. 放射性

正确答案:ABCDE

3. 预防危险化学品的中毒、污染事故采取的主要措施有(　　)。

A. 替代　　B. 变更工艺　　C. 隔离性　　D. 个体防护性

E. 通风　　F. 保持卫生

正确答案:ABCDEF

三、判断题(答案A表示说法正确,答案B表示说法不正确)

1. 运输危险化学品的运输企业,员工经行政机构考核合格,取得上岗资格证,方可上岗作业。(　　)

正确答案:B

2. 有机过氧化物废弃物应从作业场所清除并销毁。(　　)

正确答案:A

第 13 章　渠道、闸门与泵站工程

本章要点　本章主要介绍渠系建筑物、闸门和泵站在施工过程总的主要的安全技术，并同时简单介绍了相关的基础知识。

主要依据《建筑土石方工程安全技术规范》(JGJ 180—2009)、《水利水电工程地质勘察规范》(GB 50487—2008)、《水利水电工程施工通用安全技术规程》(SL 398—2007)、《水利水电工程土建施工安全技术规程》(SL 399—2007)、《水利水电工程机电设备安装安全技术规程》(SL 400—2016)、《水利水电工程施工作业人员安全操作规程》(SL 401—2007)、《水利水电工程施工安全防护设施技术规范》(SL 714—2015)等标准、规范。

13.1　渠　道

13.1.1　概述

渠道通常指水渠、沟渠，是水流的通道。这是为满足工农业用水和城市供水等要求，需要从河道取水，通过渠道等输水建筑物将水送达用户。

(1) 渠道的分类

渠道按照用途主要可分为：灌溉渠道、动力渠道、供水渠道、同行渠道和排水渠道等。

(2) 渠道的横断面

渠道横断面的形状，在土基上多采用梯形，两侧边坡根据土质情况和开挖深度或填筑高度确定，一般用 1∶1～1∶2，在岩基上接近矩形。

断面尺寸取决于设计流量和不冲、不淤流速，可根据给定的设计流量、纵坡等用明渠均匀流公式计算确定。

(3) 渠道防渗

实践证明，对渠道进行砌护防渗，不仅可以消除渗漏带来的危害，还能减小渠道糙率，提高输水能力和抗冲能力，进而可以减少渠道断面及渠系建筑物的尺寸。

为减小渗漏量和降低渠床糙率，一般均需在渠床加做护面。护面材料主要有砌石、黏土、灰土、混凝土以及防渗膜等。

(4) 渠道施工

渠道施工包括渠道开挖、渠堤填筑和渠道衬砌。渠道施工的特点是工程量大，施工线路长，场地分散，但工种单纯，技术要求较低。

1）渠道开挖

渠道开挖的施工方法有人工开挖、机械开挖和爆破开挖等。开挖方法的选择取决于技术条件、土壤特性、渠道横断面尺寸、地下水位等因素。渠道开挖的土方多堆在渠道两侧用作渠堤，因此，铲运机、推土机等机械得到广泛的应用。

2）渠道衬护

渠道衬护就是用灰土、水泥土、块石、混凝土、沥青、塑料薄膜等材料在渠道内壁铺砌一衬护层。在选择衬护类型时，应考虑以下原则：防渗效果好，因地制宜，就地取材，施工简便，能提高渠道输水。

① 灰土衬护：灰土施工时，应先将筛后的细土和石灰粉干拌均匀，再加水拌和，然后堆放一段时间，使石灰粉充分熟化，稍干后即可分层铺筑夯实，拍打坡面消除裂缝。灰土夯实后应养护一段时间再通水。

② 砌石衬护：砌石衬砌有三种形式，即干砌块石、干砌卵石和浆砌块石。干砌块石用于土质较好的渠道，主要起防冲作用；浆砌块石用于土质较差的渠道，起抗冲防渗作用。

③ 混凝土衬砌：混凝土衬护有现场浇筑和预制装配两种形式。前者接缝少、造价低，适用于挖方渠段；后者受气候影响条件小，适用于填方渠段。

④ 沥青材料衬护：沥青材料渠道衬护有沥青薄膜和沥青混凝土两大类。沥青薄膜类防渗按施工方法分为现场浇筑和装配式两种。现场浇筑又分为喷洒沥青和沥青砂浆两种。

⑤ 塑料薄膜衬护：塑料薄膜衬砌渠道施工，大致可分为渠床开挖和修整、塑料薄膜的加工和铺设、保护层的填筑等三个施工过程。塑料薄膜的接缝可采用焊接或搭接。

13.1.2 渠道施工的安全注意事项

（1）渠道施工的一般安全技术规定

1）多级边坡之间应设置马道，以利于边坡稳定、施工安全。

2）渠道施工中如遇到不稳定边坡，视地形和地质条件采取适当支护措施，以保证施工安全。

（2）渠道开挖的安全规定

1）应按先坡面后坡脚，自上而下的原则进行施工，不应倒坡开挖。

2）应做好截、排水措施，防止地表水和地下水对边坡的影响。

3）对永久工程应经设计计算确定削坡坡比，制定边坡防护方案。

4）对削坡范围内和周围有影响区域内的建筑物及障碍物等应有妥善的处置或采取必要的防护措施。

5）深度较浅的渠道最好一次开挖成型，如采用反铲开挖，应在底部预留不小于 30 cm 的保护层，采用人工清理。

6）深度较大的渠道一次开挖不能到位时，应自上而下分层开挖。如施工期较长，遇膨胀土或易风化的岩层，或土质较差的渠道边坡，应采取护面或支挡措施。

7）在地下水较为丰富的地质条件下进行渠道开挖，应在渠道外围设置临时排水沟和集水井，并采取有效的降水措施，如深井降水或轻型井点降水，将基坑水位降低至底板以下再进行开挖。在软土基坑进行开挖宜采用钢走道箱铺路，利于开挖及运输设备行走。

8）冻土开挖时，如采用重锤击碎冻土的施工方案，应防止重锤在坑边滑脱，击锤点距坑边应保持1 m以上的距离。

9）用爆破法开挖冻土时，应采用硝铵炸药，冬季施工严禁使用任何甘油类炸药。

10）不同的边坡监测仪器，除满足埋设规定之外，应将裸露地表的电缆加以防护，终端设观测房集中于保护箱，加以标示并上锁锁闭保护。

（3）边坡衬护的安全规定

1）对软土堤基的渠堤填筑前，应按设计对基础进行加固处理，并对加固后的堤基土体力学指标进行检测，在满足设计要求后方可填筑。

2）为保证渠堤填筑断面的压实度，采用超宽30～50 cm的方法。大型碾压设备在碾压作业时，通过试验在满足渠堤压实度的前提下，确定碾压设备距离填筑断面边缘的宽度，保证碾压设备的安全。

3）渠道衬砌应按设计进行，混凝土预制块、干砌石和浆砌石自下而上分层进行施工，渠顶堆载预制块或石块高度宜控制在1.5 m以内，且距坡面边缘1.0 m，防止石料滚落伤人，对软土堤顶应减少堆载。混凝土衬砌宜采用滑模或多功能渠道衬砌机进行施工。

4）当坡面需要挂钢筋网喷混凝土支护时，在挂网之前，应清除边坡松动岩块、浮渣、岩粉以及其他疏松状堆积物，用水或风将受喷面冲洗（吹）干净。

5）脚手架及操作平台的搭设应遵守以下规定：

① 脚手架应根据施工荷载经设计确定，施工常规负荷量不应超过3.0 kPa。脚手架搭成后，须经施工及使用单位技术、质检、安全部门按设计和规范检查验收合格，方准投入使用。

② 高度超过25 m和特殊部位使用的脚手架，应专门设计并报建设单位（监理）审核、批准，并进行技术交底后，方可搭设和使用。

③ 脚手架基础应牢固，禁止将脚手架固定在不牢固的建筑物或其他不稳定的物件之上，在楼面或其他建筑物上搭设脚手架时，均应验算承重部位的结构强度。

④ 脚手架安装搭设应严格按设计图纸实施，遵循自下而上、逐层搭设、逐层加固、逐层上升的原则。

⑤ 脚手架与边坡相连处应设置连墙杆，每18 m设一个点，且连墙杆的竖向间距不应大于4 m。连墙杆采用钢管横杆，与墙体预埋锚筋相连，以增加整体稳定性。

⑥ 脚手架的两端，转角处以及每隔6～7根立杆，应设剪刀撑及支杆，剪刀撑和支杆与地面的角度不应大于60°，支杆的底端埋入地下深度不应小于30 cm。架子高度在7 m以上或无法设支杆时，竖向每隔4 m，水平每隔7 m，应使脚手架牢固地连接在建筑物上。

⑦ 脚手架的支撑杆，在有车辆或搬运器材通过的地方应设置围栏，以免受到通行车辆或搬运器材的碰撞。

⑧ 搭设架子，应尽量避免夜间工作。夜间搭设架子，应有足够的照明，搭设高度不应超过二级高处作业标准。

6）喷射操作手，应佩戴好防护用具，作业前检查供风、供水、输料管及阀门的完好性，对存在的缺陷应及时修理或更换；作业中，喷射操作手应精力集中，喷嘴严禁朝向作业人员。

7）喷射作业应按下列顺序操作：对喷射机先送风、送水，待风压、水压稳定后再送混合料。结束时与上述相反，即先停供料，再停风和水，最后关闭电源。

8）喷射口应垂直于受喷面、喷射头距喷射面距离 50～60 cm 为宜。

9）喷混凝土应采用水泥裹砂“潮喷法”，以减少粉尘污染与喷射回弹量，不宜使用干喷法。

13.2 水　闸

13.2.1 概述

水闸是一种能调节水位、控制流量的低水头的水工建筑物，具有挡水和泄水的双重功能，在防洪、治涝、灌溉、供水、航运、发电等水利工程中占有重要地位，尤其在平原地区的水利建设中，得到广泛的应用。

水闸类型较多，按照其承担的主要任务可分为七类：

（1）进水闸，建在河道、水库或者湖泊的岸边一侧，其任务是为灌溉、发电、供水或其他用来控制引水流量。由于它通常建在渠道的首部，又称渠首闸。

（2）拦河闸，拦河或在渠道上建造，或接近于垂直河流、渠道布置，其任务是拦截河道、抬高水位，控制下泄流量及上游水位。又称节制闸。

（3）排水闸，常见于江河沿岸，用以排除内河或低洼地区对农作物有害的废水和降雨形成的溃水。常建于排水渠末端的冲河堤防处。当江河水位较高时，可以关闸，防止江水向堤内倒灌；当江河水位较低时，可以开闸排涝。

（4）挡潮闸，在沿海地区，潮水沿入海河道上溯，易使两岸土地盐碱化；在汛期受潮水顶托，容易造成内涝；低潮时内河淡水流失无法充分利用。为了挡潮、御咸、排水和蓄淡，在入海河口附近修建的闸，称为挡潮闸。

（5）分洪闸，常建于河道的一侧，在洪峰到来时，用来处理超过下游河道安全泄量的洪水，使之进入预定的蓄洪洼地或湖泊等分洪区，也可分入其他河道或直接分洪入海，及时削减洪峰。

（6）冲沙闸，为排除泥沙而设置，防止泥沙进入取水口造成渠道淤积，或将进入渠道内的泥沙排向下游。

（7）此外，还有为了排除冰块、漂浮物而建造的排冰闸及排污闸等。

按照闸室的结构分类，水闸可分开敞式、胸墙式和封闭式。

水闸由上游连接段、闸室和下游连接段组成。

13.2.2 闸门工程的主要安全注意事项

闸门工程在施工中主要有土石方开挖和填筑、地基处理、闸门、启闭机安装等施工工序。

（1）土石方开挖、填筑的安全规定

1）建筑物的基坑土方开挖应本着先降水、后开挖的施工原则，并结合基坑的中部开挖明沟加以明排。

2）水措施应视工程地质条件而定，在条件许可时，先前进行降水试验，以验证降水方案的合理性。

3）降水期间必须对基坑边坡及周围建筑物进行安全监测，发现异常情况及时研究处理措施，保证基坑边坡和周围建筑物的安全，做到信息化施工。

4）若原有建筑物距基坑较近，视工程的重要性和影响程度，可以采用拆迁或适当的支护处理。基坑边坡视地质条件，可以采用适当的防护措施。

5）在雨季，尤其是汛期必须做好基坑的排水工作，安装足够的排水设备。

6）基坑土方开挖完成或基础处理完成，应及时组织基础隐蔽工程验收，及时浇筑垫层混凝土对基础进行封闭。

7）基坑降水时应符合下列规定：

① 基坑底、排水沟底、集水坑底应保持一定深差。

② 集水坑和排水沟应设置在建筑物底部轮廓线以外一定距离。

③ 基坑开挖深度较大时，应分级设置马道和排水设施。

④ 流砂、管涌部位应采取反滤导渗措施。

8）基坑开挖时，在负温下，挖除保护层后应采取可靠的防冻措施。

9）土方填筑还应遵守下列规定：

① 填筑前，必须排除基坑底部的积水、清除杂物等，宜采用降水措施将基底水位降至0.5 m以下。

② 填筑土料，应符合设计要求。

③ 岸、翼墙后的填土应分层回填、均衡上升。靠近岸墙、翼墙、岸坡的回填土宜用人工或小型机具夯压密实，铺土厚度宜适当减薄。

④ 高岸、翼墙后的回填土应按通水前后分期进行回填，以减小通水前墙体后的填土压力。

⑤ 高岸、翼墙后应布置排水系统，以减少填土中的水压力。

(2) 地基处理的安全规定

1）原状土地基开挖到基底前预留30～50 cm保护层，在建筑施工前，宜采用人工挖出，并使得基底平整，对局部超挖或低区域宜采用碎石回填。基底开挖之前宜做好降排水，保证开挖在干燥状态下施工。

2）对加固地基，基坑降水应降至基底面以下50 cm，保证基底干燥平整，以利地基处理设备施工安全，施工作业和移机过程中，应将设备支架的倾斜度控制在其规定值之内，严禁设备倾覆事故的发生。

3）对桩基施工设备操作人员，应进行操作培训，取得合格证书后方可上岗。

4）在正式施工前，应先进行基础加固的工艺试验，工艺及参数批准后展开施工。成桩后应按照相关规范的规定抽样，进行单桩承载力和复合地基承载力试验，以验证加固地基的可靠性。

(3) 预制构件蒸汽养护规定

① 每天应对锅炉系统进行检查，每批蒸养构件之前，应对通汽管路、阀门进行检查，一旦损坏及时更换。

② 应定期对蒸养池的顶盖的提升桥机或吊车进行检查和维护。

③ 在蒸养过程中，锅炉或管路发现异常情况，应及时停止蒸汽的供应。同时无关人员不应站在蒸养池附近。

④ 浇筑后，构件应停放 2～6 h，停放温度一般为 10～20 ℃。

⑤ 升温速率：当构件表面系数大于等于 6 时，不宜超过 15 ℃/h；表面系数小于 6 时，不宜超过 10 ℃/h。

⑥ 恒温时的混凝土温度，不宜超过 80 ℃，相对湿度应为 90%～100%。

⑦ 降温速率：当表面系数大于等于 6 时，不应超过 10 ℃/h；表面系数小于 6 时不应超过 5 ℃/h；出池后构件表面与外界温差不应大于 20 ℃。

（4）构件安装的安全规定

1）构件起吊前应做好下列准备工作：

① 大件起吊运输应有单项安全技术措施。起吊设备操作人员必须具有特种操作许可证。

② 起吊前应认真检查所用一切工具设备，均应良好。

③ 起吊设备起吊能力应有一定的安全储备。必须对起吊构件的吊点和内力进行详细的内力复核验算。非定型的吊具和索具均应验算，符合有关规定后才能使用。

④ 各种物件正式起吊前，应先试吊，确认可靠后方可正式起吊。

⑤ 起吊前，应先清理起吊地点及运行通道上的障碍物，通知无关人员避让，并应选择恰当的位置及随物护送的路线。

⑥ 应指定专人负责指挥操作人员进行协同的吊装作业。各种设备的操作信号必须事先统一规定。

2）构件起吊与安放应遵守下列规定：

① 构件应按标明的吊点位置或吊环起吊；预埋吊环必须为Ⅰ级钢筋（即 A3 钢），吊环的直径应通过计算确定。

② 不规则大件吊运时，应计算出其重心位置，在部件端部系绳索拉紧，以确保上升或平移时的平稳。

③ 吊运时必须保持物件重心平稳。如发现捆绑松动，或吊装工具发生异样、怪声，应立即停车进行检查。

④ 翻转大件应先放好旧轮胎或木板等垫物，工作人员应站在重物倾斜方向的对面，翻转时应采取措施防止冲击。

⑤ 安装梁板，必须保证其在墙上的搁置长度，两端必须垫实。

⑥ 用兜索吊装梁板时，兜索应对称设置。吊索与梁板的夹角应大于 60°，起吊后应保持水平，稳起稳落。

⑦ 用杠杆车或其他土法安装梁板时，应按规定设置吊点和支垫点，以防梁板断裂，发生事故。

⑧ 预制梁板就位固定后，应及时将吊环割除或打弯，以防绊脚伤人。

⑨ 吊装工作区应严禁非工作人员入内。大件吊运过程中，重物上严禁站人，重物下面严禁有人停留或穿行。若起重指挥人员必须在重物上指挥时，应在重物停稳后站上去，

并应选择在安全部位和采取必要的安全措施。

⑩ 气候恶劣及风力过大时，应停止吊装工作。

3）在闸室上、下游混凝土防渗铺盖上行驶重型机械或堆放重物时，必须经过验算。

4）永久缝施工应遵守下列规定：

① 一切预埋件应安装牢固，严禁脱落伤人。

② 采用紫铜止水片时，接缝必须焊接牢固，焊接后应采用柴油渗透法检验是否渗漏，并须遵守焊接的有关安全技术操作规程。采用塑料和橡胶止水片时，应避免油污和长期曝晒并有保护措施。

③ 对缝使用柔性材料嵌缝处理时，应搭设稳定牢固的安全脚手架，系好安全带逐层作业。

13.3 泵　站

13.3.1 概述

泵站能是通过水泵的工作体(固体、液体或气体)的运动(旋转运动或往复运动等)，把外加的能量(电、热、水、风能或太阳能等)转变成机械能，并传给被抽液体，使液体的位能、压能和动能增加，并通过管道把液体提升到高处，或输送到远处。在生产实践中，水泵的型号规格很多，泵站的类型也各不相同。按泵房能否移动分为固定式泵房和移动式泵房两大类。移动式泵房根据移动方式的不同分为浮船式和缆车式两种类型。

13.3.2 泵站施工注意事项

(1) 水泵的基础施工

1）水泵基础施工有度汛要求时，应按设计及施工需要，汛前完成度汛工程。

2）水泵基础应优先选用天然地基。承载力不足时，宜采取工程加固措施进行基础处理。

3）水泵基础允许沉降量和沉降差，应根据工程具体情况分析确定，满足基础结构安全和不影响机组的正常运行。

4）水泵基础地基如为膨胀土地基，在满足水泵布置和稳定安全要求的前提下，应减小水泵基础底面积，增大基础埋置深度，也可将膨胀土挖除，换填无膨胀性土料垫层，或采用桩基础。膨胀土地基的处理应遵守下列规定：

① 膨胀土地基上泵站基础的施工，应安排在冬旱季节进行，力求避开雨季，否则应采取可靠的防雨水措施。

② 基坑开挖前应布置好施工场地的排水设施，天然地表水不应流入基坑。

③ 应防止雨水浸入坡面和坡面土中水分蒸发，避免干湿交替，保护边坡稳定。可在坡面喷水泥砂浆保护层或用土工膜覆盖地面。

④ 基坑开挖至接近基底设计标高时，应留 0.3 m 左右的保护层，待下道工序开始前再挖除保护层。基坑挖至设计标高后，应及时浇筑素混凝土垫层保护地基，待混凝土达到50%以上强度后，及时进行基础施工。

⑤ 泵站四周回填应及时分层进行。填料应选用非膨胀土、弱膨胀土或掺有石灰的膨胀土；选用弱膨胀土时，其含水量宜为1.1～1.2倍塑限含水量。

(2) 固定式泵站施工安全规定

1) 泵站基坑开挖、降水及基础处理的施工应遵守以下规定：

① 建筑物的基坑土方开挖应本着先降水、后开挖的施工原则，并结合基坑的中部开挖明沟加以明排。

② 降水措施应视工程地质条件而定，在条件许可时，先前进行降水试验，以验证降水方案的合理性。

③ 降水期间必须对基坑边坡及周围建筑物进行安全监测，发现异常情况及时研究处理措施，保证基坑边坡和周围建筑物的安全，做到信息化施工。

④ 若原有建筑物距基坑较近，视工程的重要性和影响程度，可以采用拆迁或适当的支护处理。基坑边坡视地质条件，可以采用适当的防护措施。

⑤ 在雨季，尤其是汛期必须做好基坑的排水工作，安装足够的排水设备。

⑥ 基坑土方开挖完成或基础处理完成，应及时组织基础隐蔽工程验收，及时浇筑垫层混凝土对基础进行封闭。

⑦ 基坑降水时应符合下列规定：

a. 基坑底、排水沟底、集水坑底应保持一定深差。

b. 集水坑和排水沟应设置在建筑物底部轮廓线以外一定距离。

c. 基坑开挖深度较大时，应分级设置马道和排水设施。

d. 流砂、管涌部位应采取反滤层防渗措施。

2) 泵房水下混凝土宜整体浇筑。对于安装大、中型立式机组或斜轴泵的泵房工程，可按泵房结构并兼顾进、出水流道的整体性设计分层，由下至上分层施工。

3) 泵房浇筑，在平面上一般不再分块。如泵房底板尺寸较大，可以采用分期分段浇筑。

4) 泵房钢筋混凝土施工应按照相应规定进行。

(3) 金属输水管道制作与安装安全规定

1) 钢管焊缝应达到标准，且应通过超声波或射线检验，不应有任何渗漏水现象。

2) 钢管各支墩应有足够的稳定性，保证钢管在安装阶段不发生倾斜和沉陷变形。

3) 钢管壁在对接接头的任何位置表面的最大错位：纵缝不应大于2 mm，环缝不应大于3 mm。

4) 直管外表直线平直度可用任意平行轴线的钢管外表一条线与钢管直轴线间的偏差确定：长度为4 m的管段，其偏差不应大于3.5 mm。

5) 钢管的安装偏差值：对于鞍式支座的顶面弧度，间隙不应大于2 mm；滚轮式和摇摆式支座垫板高程与纵横向中心的偏差不应超过±5 mm。

(4) 缆车式泵站施工安全规定

1) 缆车式泵房的岸坡地基必须稳定、坚实。岸坡开挖后应验收合格，才能进行上部结构物的施工。

2) 缆车式泵房的压力输水管道的施工，可根据输水管道的类别，按金属输水管道制作与安装安全规定执行。

3）缆车式泵房的施工应遵守下列规定：

① 应根据设计施工图标定各台车的轨道、输水管道的轴线位置。

② 应按设计进行各项坡道工程的施工。对坡道附近上、下游天然河岸应进行平整，满足坡道面高出上、下游岸坡300～400 mm的要求。

③ 斜坡道的开挖应本着自上而下分层开挖，在开挖过程中，密切注意坡道岩体结构的稳定性，加强爆破开挖岩体的监测。坡道斜面应优先采用光面爆破或预裂爆破，同时对分段爆破药量进行适当控制，以保证坡道的稳定。

④ 开挖的坡面的松动石块，在下层开始施工前，应撬挖清理干净。

⑤ 斜坡道的施工中应搭设完善的供人员上下的梯子，工具及材料运输可采用小型矿斗车运料。

⑥ 在斜坡道上打设插筋，浇筑混凝土，安装轨道和泵车等，均应有完善的安全保障措施，落实后才能施工。

⑦ 坡轨工程如果要求延伸到最低水位以下，则应修筑围堰、抽水、清淤，保证能在干燥情况下施工。

（5）浮船式泵站施工安全规定

1）浮船船体的建造应按内河航运船舶建造的有关规定执行。

2）输水管道沿岸坡敷设，接头应密封、牢固；如设置支墩固定，支墩应设在坚硬的地基上。

3）浮船的锚固设施应牢固，承受荷载时不应产生变形和位移。

4）浮船式泵站位置的选择，应满足下列要求：

① 水位平稳，河面宽阔，且枯水期水深不小于1.0 m。

② 避开顶冲、急流、大回流和大风浪区以及与支流交汇处，且与主航道保持一定距离。

③ 河岸稳定，岸坡坡度在1∶1.5～1∶4。

④ 漂浮物少，且不易受漂木、浮筏或船只的撞击。

5）浮船布置应包括机组设备间、船首和船尾等部分。当机组容量较大、台数较多时，宜采用下承式机组设备间。浮船首尾甲板长度应根据安全操作管理的需要确定，且不应小于2.0 m。首尾舱应封闭，封闭容积应根据船体安全要求确定。

6）浮船的设备布置应紧凑合理，在不增加外荷载的情况下，应满足船体平衡与稳定的要求。不能满足要求时，应采取平衡措施。

7）浮船的型线和主尺度（吃水深、型宽、船长、型深）应按最大排水量及设备布置的要求选定，其设计应符合内河航运船舶设计规定。在任何情况下，浮船的稳性衡准系数不应小于1.0。

8）浮船的锚固方式及锚固设备应根据停泊处的地形、水流状况、航运要求及气象条件等因素确定。当流速较大时，浮船上游方向固定索不应少于3根。

9）船员必须经过专业培训，取得合格船员证件，才可上岗操作。船员应有较好的水性，基本掌握水上自救技能。

考试习题

一、单项选择题(每小题有4个备选答案,其中只有1个是正确选项)

1. 渠道开挖应按先坡面后坡脚,(　　)的原则进行施工,不应倒坡开挖。

A. 自下而上　B. 自左到右　C. 自右到左　D. 自上而下

正确答案:D

2. 渠道衬砌应按设计进行,混凝土预制块、干砌石和浆砌石(　　)分层进行施工。

A. 自下而上　B. 自左到右　C. 自右到左　D. 自上而下

正确答案:A

3. 土方填筑前,必须排除基坑底部的积水、清除杂物等,宜采用降水措施将基底水位降至(　　)以下。

A. 0.8 m　B. 0.7 m　C. 0.5 m　D. 0.6 m

正确答案:C

二、多项选择题(每小题至少有2个是正确选项)

1. 渠道开挖的施工方法有(　　)。

A. 人工开挖　B. 机械开挖　C. 爆破开挖　D. 反坡开挖

正确答案:ABC

2. 渠道衬砌渠顶堆载预制块或石块(　　),防止石料滚落伤人,对软土堤顶应减少堆载。

A. 高度宜控制在1.5 m以内

B. 距坡面边缘1.0 m

C. 高度宜控制在1.0 m以内

D. 距坡面边缘1.5 m

正确答案:AB

3. 按照闸室的结构分类,水闸可分为(　　)。

A. 封闭式水闸　B. 敞式水闸

C. 胸墙式水闸　D. 排水式水闸

正确答案:ABC

4. 泵房按照能否移动分为(　　)两大类。

A. 固定式泵房　B. 移动式泵房

C. 浮船式泵房　D. 缆车式泵房

正确答案:AB

5. 浮船式泵站位置的选择,应满足下列(　　)要求。

A. 水位平稳,河面宽阔,且枯水期水深不小于1.0 m

B. 避开顶冲、急流、大回流和大风浪区以及与支流交汇处,且与主航道保持一定距离

C. 河岸稳定，岸坡坡度在1∶1.5～1∶4

D. 漂浮物少，且不易受漂木、浮筏或船只的撞击

正确答案：ABCD

三、判断题（答案A表示说法正确，答案B表示说法不正确）

1. 对桩基施工设备操作人员，应进行操作培训，取得合格证书后方可上岗。（　）

正确答案：A

2. 建筑物的基坑土方开挖应本着先开挖，后排水的施工原则。（　）

正确答案：B

3. 浮船式泵站的船员应有较好的水性，基本掌握水上自救技能。（　）

正确答案：A

第14章　机电设备安装安全技术

本章要点　本章主要介绍了机电设备安装基础知识和安全管理的要求，同时介绍了泵站主泵房安装、水轮机安装、发电机安装和电气设备安装的注意事项。

主要依据《水利水电工程施工通用安全技术规程》(SL 398—2007)、《水利水电工程土建施工安全技术规程》(SL 399—2007)、《水利水电工程机电设备安装安全技术规程》(SL 400—2016)、《水利水电工程施工作业人员安全操作规程》(SL 401—2007)、《水利水电工程施工安全防护设施技术规范》(SL 714—2015)、《水利水电工程施工安全管理导则》(SL 721—2015)等标准和规范。

14.1　基本规定

水利水电建设施工中，机电设备安装不安全因素较多，并且在这一环节中，操作者不仅在十分复杂、危险的场所进行作业，也必然会在操作中作业过程中接触到各种储存、生产和供给能量的设施、设备，易造成高处坠落、触电、物体打击、坍塌、起重伤害、机械伤害等安全生产事故。为提高水利水电工程机电设备安装安全水平，必须对机电设备安装进行安全生产全过程控制，保障人的安全健康和设备安全。

14.1.1　机电设备安装的安全管理要求

(1) 参建各方应设置安全生产管理机构，按规定配备安全生产管理人员，明确各岗位安全生产职责，建立安全生产责任制。

(2) 参建各方应制定安全生产规章制度，施工单位应制定操作规程。

(3) 项目负责人和安全生产管理人员应具备机电设备安装相应的安全知识和管理能力。应对从业人员进行安全生产教育和培训，未经安全生产教育和培训合格的从业人员不得上岗。特种作业人员必须按国家有关规定经专门的安全作业培训，取得相应资格证书，持证上岗。

(4) 应按有关规定提取、使用安全生产费用。

(5) 参建各方应为从业人员配备合格的安全防护用品和用具，并定期检验或更换。从业人员在施工作业区域内，应正确使用安全防护用品和用具。

(6) 施工前，应编制机电设备安全事故专项应急预案和现场应急处置方案，配备应急物资，组织相关人员进行应急培训。应定期开展应急预案演练。

(7) 工程施工现场危险场所、危险部位应设置明显的符合国家标准的安全警示标志、标牌，告知危险的种类、后果及应急措施等，并定期维护。

(8) 现场办公区、生活区应与作业区分开设置，并保持安全距离，施工现场、生产区、生活区、办公区应按规定配备满足要求且有效的消防设施和器材。

(9) 施工前，应全面检查施工现场、机具设备及安全防护设施等，施工条件应符合安全要求。两个以上施工单位在同一施工现场作业，应签订安全协议并专人负责监督。

(10) 危险性较大的单项工程的施工应编制安全专项施工方案，对于超过一定规模的危险性较大的单项工程，应组织专家对安全专项施工方案进行论证。

(11) 施工前必须进行安全技术交底，按施工方案组织施工。

14.1.2　机电设备安装现场安全防护要求

(1) 施工生产区域应根据工作及工艺要求实行封闭管理。主要进出口处应设有明显的施工警示标志、安全生产和文明施工规定、禁令牌，与施工无关的人员、设备、材料不得进入封闭作业区。

(2) 应结合现场安装部位交面及施工计划，遵循合理使用场地、有利施工、便于管理等基本原则，实行区域定置化管理。

(3) 现场存放设备、材料的场地应平整坚固，设备、材料存放应整齐有序，宜采用活动式栏杆等方式进行隔离，应保证周围通道畅通，且人行通道不应小于 1 m。

(4) 现场的施工设施，应符合防洪、防火、防强风、防雷击、防砸、防坍塌以及职业健康等安全要求。

(5) 现场的排水系统应布置合理，沟、管、网排水应畅通，不得影响道路交通。

(6) 安装现场对预留进人孔、排水孔、吊物孔、放空阀等洞(孔)、坑、沟应加防护栏杆或盖板封闭，并悬挂警示标志。

(7) 高处施工通道、作业平台应铺满，并绑扎牢固；临空面应设置高度不低于 1.2 m 的安全防护栏杆，应设置高度不低于 0.2 m 的挡脚板。

(8) 施工现场脚手架和作业平台搭设应制定专项方案，经审批后方可实施。脚手架和作业平台搭设完成后，应经验收合格后方可使用，并悬挂标示牌。脚手架、平台拆除时，在拆除坠落范围的外侧设有安全围栏与醒目的安全警示标志，现场应设专人监护。

(9) 在电梯井、电缆井等井道口(内)安装作业，应根据作业面积情况，在其下方井道内设置可靠的水平刚性平台或安全网做隔离防护层。

(10) 施工现场的工具房、休息室、临时工棚等应采用活动板式结构，便于移动、拆除，材料、尺寸、颜色应符合现场安全设施标准化要求。

(11) 危险作业场所应按规定设置警戒区、事故报警装置、紧急疏散通道，并悬挂警示标志。

14.1.3　机电设备安装施工工具

1. 电动工具

(1) 使用前，应检查电动工具外观是否完好、无污物。

(2) 检查电动工具绝缘是否良好，电源引线及插头应无破损伤痕。

(3) 检查电动工具零部件应无松动,带电体应清洁、干燥。

(4) 检查电动工具转动轮、转动片应完好、结实、紧固,转动体与非转动体之间应有间隙,无卡阻现象。

(5) 手持式电动工具安全使用应符合下列规定:

1) 在一般场所,应选用Ⅱ类电动工具,当使用Ⅰ类电动工具时,应采取装设漏电保护器、安全隔离变压器等安全保护措施。

2) 在潮湿环境或电阻率偏低的作业场应使用Ⅱ类或Ⅲ类电动工具。如使用Ⅰ类电动工具应装设额定漏电电流不大于 30 mA、动作时间不大于 0.1 s 的漏电保护器。

3) 在狭窄场所,如锅炉、金属容器、管道内等应使用Ⅲ类电动工具,如使用Ⅱ类电动工具应装设动作电流不大于 15 mA、动作时间不大于 0.1 s 的漏电保护器。

(6) 在管道内或通风不良部位使用打磨电动工具时,应布置专用通风设备,并指派专人监护作业。

(7) 电动工具使用中有过热现象,应停止作业。

(8) 使用角磨机、砂轮机时,应戴防护眼镜,应将火星朝向无人无设备的一边。

(9) 使用电动砂轮机应符合下列规定:

1) 砂轮机首次启动时,应点启动,检查电机旋转方向是否正确,工作时旋转方向不应对着设备及通道。

2) 使用砂轮机应先启动,达到正常转速后,再接触工作。

3) 工作托架应安装牢固,托架平台应平整,防护罩应安装完好,应及时调整托架和砂轮外围间隙,间隙不宜大于 5 mm。

4) 作业人员应戴防护眼镜,站在砂轮机的侧面,且用力不应过猛。

5) 大型或重量达到 5 kg 以上的物件,不得在固定砂轮机磨削,砂轮片形状不圆、有裂纹或磨损接近固定夹板时,应及时更换。

(10) 使用砂轮切割机应符合下列规定:

1) 砂轮切割机应放置平稳,坚固件应无松动。

2) 电机及其操作回路绝缘应良好,电机应空转检查转向正确后方可装砂轮机片。

3) 磨切工件应使用夹具夹牢放稳,严禁手拿工件打磨、切割。

4) 砂轮片接触工件应缓慢,用力不得过猛。

5) 砂轮片应符合该机的规格以及质量要求。

2. 螺栓拉伸器

(1) 使用前,应检查各部零件和密封是否良好。

(2) 气压胶管应完好,接头应牢固密封。

(3) 油管应采用无缝钢管或专用高压软管,接头应焊牢和密封。若发现有渗油现象,应及时更换。

(4) 油泵放置应稳固,升压应缓慢。在升压过程中应认真观察螺栓伸长值,油泵压力不得超压。

(5) 拉伸器应放平,不得歪斜。活塞应压到底。在升压过程中,应观察活塞行程,严禁超过工作行程。

(6) 被紧固的螺栓,连续拉伸次数不得超过4次。

(7) 工作人员不得站在拉伸器上方,应选择安全位置。

(8) 拉伸器工作完毕,应先降压排油至零,再拆除拉伸工具螺栓。

3. 起吊工具

(1) 厂内起吊机应集中保管,并健全检查、试验、保养、更新制度,不符合安全要求的工具不得使用。

(2) 钢丝绳使用应符合下列规定:

1) 起吊用钢丝绳应定期检查,不得超负荷使用,当钢丝绳径向磨损、断丝、腐蚀造成直径变小,松股、打结、绳芯外露、整股断裂以及其他损坏达到规定报废标准的应立即报废。

2) 钢丝绳绳套(又称吊头、八股头)索扣编插,在单根吊索中,每一端索扣的插编部分的最小长度不得小于钢丝绳公称直径的15倍,并不小于300 mm。手工插编操作对每一股应至少穿插5次,而且5次中至少有3次应整股穿插。机械操作应3股穿插4次,另外3股穿插5次而成。

3) 吊装时应根据重物尺寸及重量大小选择合适的钢丝绳,并进行校核计算。

(3) 手拉葫芦使用应符合下列规定:

1) 手拉葫芦使用前应进行检查,检查吊钩、链条、轴是否变形损坏;拴挂手拉葫芦时应牢靠,所吊物的重量不得超过葫芦标定安全承载能力。

2) 操作室应先慢慢起升,待受力确认可靠后方可继续工作。拉链人数应根据葫芦起重能力大小决定:起重能力小于50 kN时,拉链人数宜为1人;起重能力不小于50 kN时,拉链人数宜为2人;不得随意增加拉链人数。如遇拉不动时,应检查是否有损坏。

3) 已吊装重物需停留稍长时,应将手拉链拴在起重链上。

(4) 卷扬机使用应符合下列规定:

1) 使用前应检查卷扬机锚固装置是够牢固,检查离合器、制动器是否灵敏、可靠,检查电气设备绝缘是否良好,接地接零应完好正确。

2) 钢丝绳在卷筒上应排列整齐,放出时,卷筒上至少应保留3圈。

3) 工作中应注意监视运转情况,如发现电压下降,触点冒火、温度过高、响声不正常或制动不灵、钢丝绳发生抖动等情况,应立即停车检修。

4) 不得将钢丝绳与带电电线接触,应防止钢丝绳扭结。

(5) 千斤顶的使用应符合下列规定:

1) 使用前应检查千斤顶各部件是否完好,丝杆和螺母磨损超过20%时应报废,机壳和底座有裂缝时严禁使用。液压千斤顶的活塞、阀门应良好无损。

2) 千斤顶不得加长摇柄长度和超负荷使用。

3) 千斤顶顶升工件的最大行程不应超过该产品规定值(当套筒出现红色警戒线时,表示已升至额定高度),或丝杆、或活塞总高度的四分之三。

4) 操作时,千斤顶应放在坚实的基础上,用枕木支垫千斤顶时应与载荷作用线对正,不得歪斜。必要时底部和顶部可同时加垫木防滑。应先将重物稍稍顶起,检查无异常现象,再继续顶升。

5）使用油压千斤顶时，应检查副油箱油位线，如需添加应加入干净无杂质液压油。顶升前应检查换向阀开关是否到位。

6）使用油压千斤顶时，工作人员不得站在保险塞对面，重物顶升后，应用木方将其垫实。

7）用两台及多台千斤顶合抬一重物时，应符合下列规定：

① 尽量选用同一规格、型号的千斤顶。应考虑动载情况下的不均载系数，按总负荷留 20％备用容量，并事先检查和试验所用千斤顶，确认合格后方可投入使用。

② 顶升作业时，应受力均匀，顶点布置应合理，力矩应对称，顶升速度尽可能同步，设专人指挥和监护，使重物平行上升，发现上升不一致时，及时调整重物水平。一般宜采用分离式液压千斤顶，它由一个油泵同时向几个千斤顶供油，可避免受力不均。

8）高处使用千斤顶时，应用绳索系牢，操作人员严禁在千斤顶两侧或下方。

9）顶升重物时，应掌握重物重心，防止倾倒。重物顶起应采取保护措施，随起随垫，保证安全。

10）大型油压千斤顶的油泵站工作时，使用前应检查和试运行合格。

14.1.4 焊接与切割

焊接与切割是施工现场应用较为广泛的金属加工方法。焊接是借助于原子的结合，把两个分离的物体联结成为一个整体的过程，目前应用最多的是金属焊接。切割是利用压力或高温的作用断开物体的连接，把板材或型材等切割成所需形状和尺寸的坯料或工件的过程，它在人们的生产、生活中有着极为重要的作用。

1. 分类

（1）焊接

按照焊接过程中金属所处的状态不同，金属焊接可分为熔焊、压力焊和钎焊三种类型。

1）熔焊

熔焊，又称为熔化焊，即是利用局部加热的方法将连接处的金属加热至熔化状态而完成的一种焊接方法。

熔焊的关键是要有一个热量集中的局部加热源，在加热的条件下，增强了金属原子的功能，促进原子间的相互扩散，当被焊接金属加热至熔化状态形成液态熔池时，原子之间可以充分扩散和紧密接触，当冷却凝固后，即形成牢固的焊接接头。常见的气焊、电弧焊、电渣焊、气体保护焊、等离子弧焊等均属于熔化焊的范畴。

2）压力焊

压力焊，即是在焊接时施加一定的压力，从而完成焊接的一种方法。

压力焊有两种基本形式，一是将被焊金属接触部分加热至塑性状态或局部熔化状态，然后施加一定压力，以使金属原子间相互结合并形成牢固的焊接接头，如锻焊、接触焊、摩擦焊和气压焊等即属于这种类型；二是不进行加热，仅在被焊金属接触面上施加足够大的压力，借助于压力所引起的塑性变形，以使原子间相互接近而获得牢固的压挤接头，这种压力焊的方法有冷压焊、爆炸焊等。

施工现场常用的压力焊主要是电阻焊，即是利用电流通过焊件及接触处产生的电阻热作为热源，将焊件局部加热至塑性或熔化状态，然后在压力下形成焊接接头的一种焊接方法。电阻焊具有生产率高、焊件变形小、作业人员劳动条件好、不需要添加焊接材料、易于自动化等特点，但其设备较一般熔化焊复杂，耗电量也很大，适用的接头形式与可焊工件的厚度（或断面）受到限制。

3）钎焊

钎焊，即是利用熔点比焊接金属低的钎料作填充金属，通过加热将钎料熔化，把处于固态的工件连接到一起的一种焊接方法。焊接时，被焊金属处于固体状态，工件无需受到压力的作用，只需适当加热，依靠液态金属与固态金属之间的原子扩散而形成牢固的焊接接头。

钎焊是一种古老的金属永久连接工艺，但由于钎焊的金属结合机理与熔焊和压力焊不同，并具有一些特殊性能，所以在现代焊接技术中仍占有一定的地位，常见的钎焊方法有烙铁钎焊、火焰钎焊和感应钎焊等多种。

(2) 切割

金属的切割方法很多，分为冷切割和热切割。

1）冷切割包括锯切割、线切割、超高压水切割等，冷切割能够保持现有的材料特性。

2）热切割是利用集中热源使材料分离的一种方法。根据热源的产生情况不同，可分为火焰切割、等离子弧切割、电弧切割和激光切割等，氧气—乙炔切割是建筑施工现场常用的火焰切割方法。

2. 焊接和切割的基本安全规定

(1) 本章适用于焊条电弧焊、埋弧焊、二氧化碳气体保护焊、手工钨极氩弧焊（其他气体保护焊的安全规定可以参照二氧化碳气体保护焊及手工钨极氩弧焊的有关条款）、碳弧气刨、气焊与气割安全操作。

(2) 凡从事焊接与气割的工作人员，应熟知本标准及有关安全知识，并经过专业培训考核取得操作证，持证上岗。

(3) 从事焊接与气割的工作人员应严格遵守各项规章制度，作业时不应擅离职守，进入岗位应按规定穿戴劳动防护用品。

(4) 焊接和气割的场所，应设有消防设施，并保证其处于完好状态。焊工应熟练掌握其使用方法，能够正确使用。

(5) 凡有液体压力、气体压力及带电的设备和容器、管道，无可靠安全保障措施禁止焊割。

(6) 对贮存过易燃易爆及有毒容器、管道进行焊接与切割时，要将易燃物和有毒气体放尽，用水冲洗干净，打开全部管道窗、孔，保持良好通风，方可进行焊接和切割，容器外要有专人监护，定时轮换休息。密封的容器、管道不应焊割。

(7) 禁止在油漆未干的结构和其他物体上进行焊接和切割。禁止在混凝土地面上直接进行切割。

(8) 严禁在贮存易燃易爆的液体、气体、车辆、容器等的库区内从事焊割作业。

(9) 在距焊接作业点火源 10 m 以内，在高空作业下方和火星所涉及范围内，应彻底清除有机灰尘、木材木屑、棉纱棉布、汽油、油漆等易燃物品。如有不能撤离的易燃物品，应采取可靠的安全措施隔绝火星与易燃物接触。对填有可燃物的隔层，在未拆除前不应施焊。

(10) 焊接大件须有人辅助时，动作应协调一致，工件应放平垫稳。

(11) 在金属容器内进行工作时应有专人监护，要保证容器内通风良好，并应设置防尘设施。

(12) 在潮湿地方、金属容器和箱型结构内作业，焊工应穿干燥的工作服和绝缘胶鞋，身体不应与被焊接件接触，脚下应垫绝缘垫。

(13) 在金属容器中进行气焊和气割工作时，焊割炬应在容器外点火调试，并严禁使用漏燃气的焊割炬、管、带，以防止逸出的可燃混合气遇明火爆炸。

(14) 严禁将行灯变压器及焊机调压器带入金属容器内。

(15) 焊接和气割的工作场所光线应保持充足。工作行灯电压不应超过 36 V，在金属容器或潮湿地点工作行灯电压不应超过 12 V。

(16) 风力超过 5 级时禁止在露天进行焊接或气割。风力 5 级以下、3 级以上时应搭设挡风屏，以防止火星飞溅引起火灾。

(17) 离地面 1.5 m 以上进行工作应设置脚手架或专用作业平台，并应设有 1 m 高防护栏杆，脚下所用垫物要牢固可靠。

(18) 工作结束后应拉下焊机闸刀，切断电源。对于气割(气焊)作业则应解除氧气、乙炔瓶(乙炔发生器)的工作状态。要仔细检查工作场地周围，确认无火源后方可离开现场。

(19) 使用风动工具时，先检查风管接头是否牢固，选用的工具是否完好无损。

(20) 禁止通过使用管道、设备、容器、钢轨、脚手架、钢丝绳等作为临时接地线(接零线)的通路。

(21) 高空焊割作业时，还应遵守下列规定：

1) 高空焊割作业须设监护人，焊接电源开关应设在监护人近旁。

2) 焊割作业坠落点场面上，至少 10 m 以内不应存放可燃或易燃易爆物品。

3) 高空焊割作业人员应戴好符合规定的安全帽，应使用符合标准规定的防火安全带，安全带应高挂低用，固定可靠。

4) 露天下雪、下雨或有 5 级大风时严禁高处焊接作业。

3. 焊接场地与设备的安全规定

(1) 焊接场地

1) 焊接与气割场地应通风良好(包括自然通风或机械通风)，应采取措施避免作业人员直接呼吸到焊接操作所产生的烟气流。

2) 焊接或气割场地应无火灾隐患。若需在禁火区内焊接、气割时，应办理动火审批手续，并落实安全措施后方可进行作业。

3) 在室内或露天场地进行焊接及碳弧气刨工作，必要时应在周围设挡光屏，防止弧光伤眼。

4) 焊接场所应经常清扫，焊条和焊条头不应到处乱扔，应设置焊条保温筒和焊条头回收箱，焊把线应收放整齐。

（2）焊接设备

1）电弧焊电源应有独立而容量足够的安全控制系统，如熔断器或自动断电装置、漏电保护装置等。控制装置应能可靠地切断设备最大额定电流。

2）电弧焊电源熔断器应单独设置，严禁两台或以上的电焊机共用一组熔断器，熔断丝应根据焊机工作的最大电流来选定，严禁使用其他金属丝代替。

3）焊接设备应设置在固定或移动式的工作台上，电弧焊机的金属机壳应有可靠的独立的保护接地或保护接零装置。焊机的结构应牢固和便于维修，各个接线点和连接件应连接牢靠且接触良好，不应出现松动或松脱现象。

4）电弧焊机所有带电的外露部分应有完好的隔离防护装置。焊机的接线桩、极板和接线端应有防护罩。

5）焊把线应采用绝缘良好的橡皮软导线，其长度不应超过 50 m。

6）焊接设备使用的空气开关、磁力启动器及熔断器等电气元件应装在木制开关板或绝缘性能良好的操作台上，严禁直接装在金属板上。

7）露天工作的焊机应设置在干燥和通风的场所，其下方应防潮且高于周围地面，上方应设棚遮盖和有防砸措施。

4. 现场施工常用焊接和切割方式

（1）电弧焊

电弧焊即是利用焊材与焊件之间的电弧热量熔化金属之后进行的连接。电弧焊不仅可以焊接各种碳素钢、低合金结构钢、不锈钢、铸铁以及部分高合金钢，还能焊接多种有色金属，如铝、铜、镍及其合金，是一种应用最为广泛的焊接方法。

电弧焊安全注意事项：

1）从事焊接工作时，应使用镶有滤光镜片的手柄式或头戴式面罩。清除焊渣、飞溅物时，应戴平光镜，并避免对着有人的方向敲打。

2）电焊时所使用的凳子应用木板或其他绝缘材料制作。

3）露天作业遇下雨时，应采取防雨措施，不应冒雨作业。

4）在推入或拉开电源闸刀时，应戴干燥手套，另一只手不应按在焊机外壳上，推拉闸刀的瞬间面部不应正对闸刀。

5）在金属容器、管道内焊接时，应采取通风除烟尘措施，其内部温度不应超过 40 ℃，否则应实行轮换作业，或采取其他对人体的保护措施。

6）在坑井或深沟内焊接时，应首先检查有无集聚的可燃气体或一氧化碳气体，如有应排除并保持通风良好。必要时应采取通风除尘措施。

7）电焊钳应完好无损，不应使用有缺陷的焊钳；更换焊条时，应戴干燥的帆布手套。

8）工作时禁止将焊把线缠在、搭在身上或踏在脚下，当电焊机处于工作状态时，不应触摸导电部分。

9）身体出汗或其他原因造成衣服潮湿时，不应靠在带电的焊件上施焊。

（2）埋弧焊

埋弧焊（含埋弧堆焊及电渣堆焊等）是一种电弧在焊剂层下燃烧进行焊接的方法。其固有的焊接质量稳定、焊接生产率高、无弧光及烟尘很少等优点，使其成为压力容器、管段制造、箱型梁柱等重要钢结构制作中的主要焊接方法。

埋弧焊安全注意事项：

1）操作自动焊半自动焊埋弧焊的焊工，应穿绝缘鞋和戴皮手套或线手套。

2）埋弧焊会产生一定数量的有害气体，在通风不良的场所或构件内工作，应有通风设备。

3）开机前应检查焊机的各部分导线连接是否良好、绝缘性能是否可靠、焊接设备是否可靠接地、控制箱的外壳和接线板上的外罩是否完好，埋弧焊用电缆是否满足焊机额定焊接电流的要求，发现问题应修理好后方可使用。

4）在调整送丝机构及焊机工作时，手不应触及送丝机构的滚轮。

5）焊接过程中应保持焊剂连续覆盖，注意防止焊剂突然供不上而造成焊剂突然中断，露出电弧光辐射损害眼睛。

6）焊接转胎及其他辅助设备或装置的机械传动部分，应加装防护罩。在转胎上施焊的焊件应压紧卡牢，防止松脱掉下砸伤人。

7）埋弧焊机发生电气故障时应由电工进行修理，不熟悉焊机性能的人不应随便拆卸。

8）罐装、清扫、回收焊剂应采取防尘措施，防止吸入粉尘。

(3) 二氧化碳保护焊

二氧化碳保护焊是以二氧化碳作为保护系统的一种电弧焊方法，它能用可熔化的细丝焊接汽车上的薄钢板构件、焊补铸铁类壳体零件以及堆焊曲轴等，具有成本低、生产效率高、质量好、易于掌握等特点。

二氧化碳保护焊安全注意事项：

1）凡从事二氧化碳气体保护焊的工作人员应严格遵守本章基本规定和本章焊条电弧焊的规定。

2）焊机不应在漏水、漏气的情况下运行。

3）二氧化碳在高温电弧作用下，可能分解产生一氧化碳有害气体，工作场所应通风良好。

4）二氧化碳气体保护焊焊接时飞溅大，弧光辐射强烈，工作人员应穿白色工作服，戴皮手套和防护面罩。

5）装有二氧化碳的气瓶不应在阳光下曝晒或接近高温物体，以免引起瓶内压力增大而发生爆炸。

6）二氧化碳气体预热器的电源应采用 36 V 电压，工作结束时应将电源切断。

(4) 气焊与切割

气焊和切割是利用助燃气体与可燃气体混合燃烧所释放出的热量作为热源进行金属材料的焊接或切割，是金属材料热加工常用的工艺方法之一。气焊与气割技术在现代工业生产中具有极其重要的地位，用途很广。

气焊，是利用助燃气体与可燃气体的混合气体燃烧火焰作为热源将两个工件的接头部分熔化，并熔入填充金属，熔池凝固后使之成为一个牢固整体的一种熔化焊接方法。

气割，是利用气体火焰的热能将工件切割处预热到一定温度后，喷出高速切割氧流，使材料燃烧并放出热量实现切割的方法。气割的实质是被切割材料在纯氧中燃烧的过程，不是熔化过程。

1）常见易燃与助燃气体

气焊、气割作业所适用的气体可分为助燃气体和可燃气体。常用的助燃气体为氧气，可燃气体为乙炔。

① 氧气。

a. 在常温和标准大气压下，氧气是一种无色、无味、无毒的活泼性助燃气体，是一种强氧化剂。空气中含氧20.9%，气焊与气割作业用的一级纯氧纯度为99.2%，二级纯氧纯度为98.5%。增加氧的纯度和压力会使氧化反应显著加剧，金属的燃点随着氧气压力的增高而降低。

b. 压缩气态氧与矿物油、油脂类接触，会发生氧化反应，产生大量的热，在常温下会发生自燃。氧气几乎能与所有的可燃气体和可燃蒸汽形成爆炸性混合气，而且具有很宽的爆炸极限范围。

② 乙炔。

常温常压下，乙炔（C_2H_2）是一种无色的不饱和碳氢化合物，其结构简式为$CH\equiv CH$，具有较高的键能。纯乙炔在空气中的燃烧温度可达到2 100 ℃左右，在氧气中燃烧时可达到3 600 ℃。乙炔的化学性质很活泼，能起加成、氧化、聚合及金属取代等反应。此外，乙炔的自燃点仅为305 ℃，容易受热自燃。

2）常用气瓶的构造

气瓶是指在正常环境条件下（−40～60 ℃）可重复进行充气使用的，公称工作压力为1.0～30 MPa（表压），公称容积为0.4～1 000 L，盛装永久气体、液化气体或溶解气体的移动式压力容器。

① 氧气瓶。氧气瓶是一种储存、运输高压氧气的高压容器，由瓶体、瓶箍、瓶阀、瓶帽、防震圈等组成。施工现场常用氧气瓶的容积为40 L，在14.7 MPa的压力下，可以贮存6 m^3 的氧气，如图14-1所示。

② 乙炔瓶。乙炔瓶是一种贮存和运输乙炔用的焊接钢瓶，其主要部分是用优质碳素钢或低合金钢轧制而成的圆柱形无缝瓶体。但它既不同于压缩气瓶，也不同于液化气瓶，其外形与氧气瓶相似，但比氧气瓶略短、直径略粗，由瓶体、瓶帽、填料、易熔塞和瓶阀等组成，如图14-2所示。

3）气焊与切割安全注意事项

氧气、乙炔瓶的使用注意事项：

① 气瓶应放置在通风良好的场所，不应靠近热源和电气设备，与其他易燃易爆物品或火源的距离一般不应小于10 m（高处作业时是与垂直地面处的平行距离）。使用过程中，乙炔瓶应放置在通风良好的场所，与氧气瓶的距离不应少于5 m。

② 露天使用氧气、乙炔气时，冬季应防止冻结，夏季应防止阳光直接曝晒。氧气、乙炔气瓶阀冬季冻结时，可用热水或水蒸气加热解冻，严禁用火焰烘烤和用钢材一类器具猛击，更不应猛拧减压表的调节螺丝，以防氧气、乙炔气大量冲出而造成事故。

③ 氧气瓶严禁沾染油脂，检查气瓶口是否有漏气时可用肥皂水涂在瓶口上试验，严

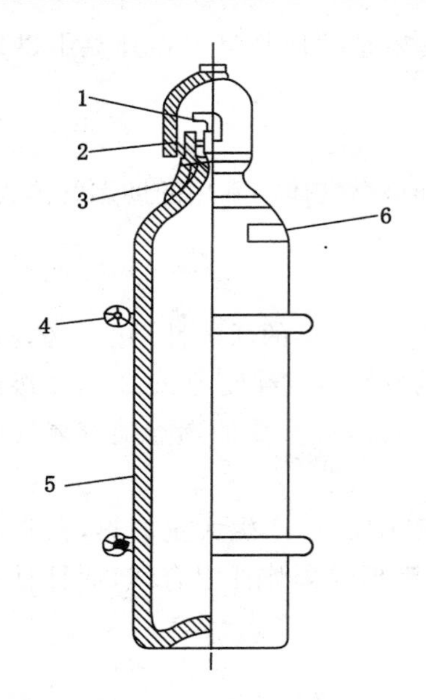

图 14-1　氧气瓶构造示意图

1——气阀；2——瓶帽；3——瓶颈护圈；
4——防震圈；5——瓶体；6——钢印

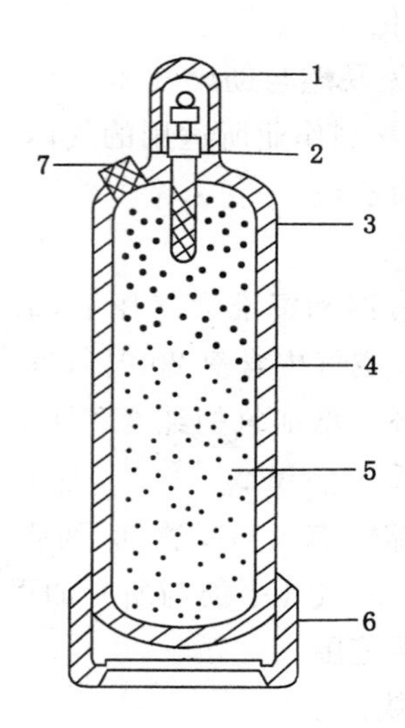

图 14-2　乙炔气瓶构造示意图

1——瓶帽；2——瓶阀；3——分解网；4——瓶体；
5——微孔填料(硅酸钙)；6——底座；7——易熔塞

禁用烟头或明火试验。

④ 氧气、乙炔气瓶如果漏气应立即搬到室外，并远离火源。搬动时手不可接触气瓶嘴。

⑤ 开氧气、乙炔气阀时，工作人员应站在阀门连接的侧面，并缓慢开放，不应面对减压表，以防发生意外事故。使用完毕后应立即将瓶嘴的保护罩旋紧。

⑥ 氧气瓶中的氧气不允许全部用完，至少应留有 0.1～0.2 MPa 的剩余压力，乙炔瓶内气体也不应用尽，应保持 0.05 MPa 的余压。

⑦ 乙炔瓶在使用、运输和储存时，环境温度不宜超过 40 ℃；超过时应采取有效的降温措施。

⑧ 乙炔瓶应保持直立放置，使用时要注意固定，并应有防止倾倒的措施，严禁卧放使用。卧放的气瓶竖起来后需待 20 min 后方可输气。

⑨ 工作地点不固定且移动较频繁时，应装在专用小车上；同时使用乙炔瓶和氧气瓶时，应保持一定安全距离。

⑩ 严禁铜、银、汞等及其制品与乙炔产生接触，应使用铜合金器具时含铜量应低于 70%。

回火防止器的注意事项：

① 应采用干式回火防止器。

② 回火防止器应垂直放置，其工作压力应与使用压力相适应。

③ 干式回火防止器的阻火元件应经常清洗以保持气路畅通；多次回火后，应更换阻火元件。

④ 一个回火防止器应只供一把割炬或焊炬使用，不应合用。当一个乙炔发生器向多个割炬或焊炬供气时，除应装总的回火防止器外，每个工作岗位都须安装岗位式回火防止器。

⑤ 禁止使用无水封、漏气的、逆止阀失灵的回火防止器。

⑥ 回火防止器应经常清除污物防止堵塞，以免失去安全作用。

⑦ 回火器上的防爆膜(胶皮或铝合金片)被回火气体冲破后，应按原规格更换，严禁用其他非标准材料代替。

减压器(氧气表、乙炔表)的安全注意事项：

① 严禁使用不完整或损坏的减压器。冬季减压器易冻结，应采用热水或蒸汽解冻，严禁用火烤，每只减压器只准用于一种气体。

② 减压器内，氧气乙炔瓶嘴中不应有灰尘、水分或油脂，打开瓶阀时，不应站在减压阀方向，以免被气体或减压器脱扣而冲击伤人。

③ 工作完毕后应先将减压器的调整顶针拧松直至弹簧分开为止，再关氧气乙炔瓶阀，放尽管中余气后方可取下减压器。

④ 当氧气、乙炔管、减压器自动燃烧或减压器出现故障，应迅速将氧气瓶的气阀关闭，然后再关乙炔气瓶的气阀。

使用橡胶软管的安全注意事项：

① 氧气胶管为红色，严禁将氧气管接在焊、割炬的乙炔气进口上使用。

② 胶管长度每根不应小于 10 m，以 15～20 m 左右为宜。

③ 胶管的连接处应用卡子或铁丝扎紧，铁丝的丝头应绑牢在工具嘴头方向，以防止被气体崩脱而伤人。

④ 工作时胶管不应沾染油脂或触及高温金属和导电线。

⑤ 禁止将重物压在胶管上。不应将胶管横跨铁路或公路，如需跨越应有安全保护措施。胶管内有积水时，在未吹尽之前不应使用。

⑥ 胶管如有鼓包、裂纹、漏气现象，不应采用贴补或包缠的办法处理，应切除或更新。

⑦ 若发现胶管接头脱落或着火时，应迅速关闭供气阀，不应用手弯折胶管等待处理。

⑧ 严禁将使用中的橡胶软管缠在身上，以防发生意外起火引起烧伤。

焊割炬的使用安全注意事项：

① 工作前应检查焊、割枪各连接处的严密性及其嘴子有无堵塞现象，禁止用纯铜丝(紫铜)清理嘴孔。

② 焊、割枪点火前应检查其喷射能力，是否漏气，同时检查焊嘴和割嘴是否畅通；无喷射能力不应使用，应及时修理。

③ 不应使用小焊枪焊接厚的金属，也不应使用小嘴子割枪切割较厚的金属。

④ 严禁在氧气和乙炔阀门同时开启时用手或其他物体堵住焊、割枪嘴子的出气口，以防止氧气倒流入乙炔管或气瓶而引起爆炸。

⑤ 焊、割枪的内外部及送气管内均不允许沾染油脂，以防止氧气遇到油类燃烧爆炸。

⑥ 焊、割枪严禁对人点火，严禁将燃烧着的焊炬随意摆放，用毕及时熄灭火焰。

⑦ 焊炬熄火时应先关闭乙炔阀，后关氧气阀；割炬则应先关高压氧气阀，后关乙炔阀

和氧气阀以免回火。

⑧ 焊、割炬点火时须先开氧气，再开乙炔，点燃后再调节火焰；遇不能点燃而出现爆声时应立即关闭阀门并进行检查和通畅嘴子后再点，严禁强行硬点以防爆炸；焊、割时间过久，枪嘴发烫出现连续爆炸声并有停火现象时，应立即关闭乙炔再关氧气，将枪嘴浸冷水疏通后再点燃工作，作业完毕熄火后应将枪吊挂或侧放，禁止将枪嘴对着地面摆放，以免引起阻塞而再用时发生回火爆炸。

⑨ 阀门不灵活、关闭不严或手柄破损的一律不应使用。

⑩ 工作人员应戴有色眼镜，以防飞溅火花灼伤眼睛。

14.1.5 廊道、洞室及有限空间作业

(1) 廊道及洞室内安全作业的注意事项

1) 进入人员不得少于两人，并应配备通信和备用便携式照明器具。

2) 作业前应检查周边孔洞的盖板、安全防护栏杆，盖板和护栏应安全牢固。

3) 运输作业时，应规划便于人员通行的安全通道或采取其他保障人员安全逃生的措施。岔道处应设置交通安全警示标志。

4) 地下洞室内存在塌方等安全隐患的部位，应及时处理，并悬挂安全警示标志，无关人员不得入内。

5) 施工廊道应视其作业环境情况，设置安全可靠的通风、除尘、排水等设施，运行人员应坚守岗位。

(2) 在有限空间作业的安全注意事项

1) 严格实行作业审批制度，不得擅自进入有限空间作业。

2) “先通风、再检测、后作业”，通风、检测不合格不得作业。

3) 配备个人防中毒窒息的防护装备，设置安全警示标志，无防护监护措施不得作业。

4) 对作业人员进行安全教育培训，教育培训不合格不得上岗作业。

5) 制定应急措施，现场配备应急装备，不得盲目施救。

14.1.6 起重运输作业安全技术

(1) 机电设备安装中的起重吊装、运输作业施工前应编制专项施工方案和安全技术措施，按程序要求经审批后实施，对于超过一定规模的危险性较大的单项工程，应组织专家对专项方案进行论证。专项方案实施前，应组织进行安全技术交底，并组织专门人员监护实施。

(2) 工作前，认真检查所需的一切工具设备，均应良好。

(3) 起重工应熟悉、正确运用并及时发出各种规定的手势、旗语等信号。多人工作时，应指定一人负责指挥。

(4) 工作前，应根据物件的重量、体积、形状、种类选用适宜的方法。运输大件应符合交通规则规定，配备指挥车，并事先规定前后车辆的联络信号，还应悬挂明显标志(白天宜插红旗，晚上宜悬红灯)。

(5) 各种物件正式起吊前，应先试吊，确认可靠后方可正式起吊。

(6) 使用三脚架起吊时，绑扎应牢固，杆距应相等，杆脚固定应牢靠，不宜斜吊。

(7) 使用滚杠运输时，其两端不宜超出物件底面过长，摆滚杠的人不应站在重物倾斜方向一侧，不应戴手套，应用手指插在滚杠筒内操作。

(8) 拖运物件的钢丝绳穿越道路时，应挂明显警示标志。

(9) 起吊前，应先清理起吊地点及运行通道上的障碍物，通知无关人员避让，作业人员应选择恰当的位置及随物护送的路线。

(10) 吊运时应保持物件重心平稳。如发现捆绑松动，或吊装工具发生异常情况，应立即停车进行检查。

(11) 翻转大件应先放好旧轮胎或木板等垫物，翻转时应采取措施防止冲击，工作人员应站在重物倾斜方向的反面。

(12) 对表面涂油的重物，应将捆绑处油污清理干净，以防起吊过程中钢丝绳滑动。

(13) 起吊重物前，应将其活动附件拆下或固定牢靠，以防因其活动引起重物重心变化或滑落伤人。重物上的杂物应清扫干净。

(14) 吊运装有液体的容器时，钢丝绳应绑扎牢固，不应有滑动的可能性。容器重心应在吊点的正下方，以防吊运途中容器倾倒。

(15) 吊运成批零星小件时，应装箱整体吊运。

(16) 吊运长形等大件时，应计算出其重心位置，起吊时应在长、大部件的端部系绳索拉紧。

(17) 大件起吊运输和吊运危险的物品时，应制订专项安全技术措施，按规定要求审批后，方能施工。

(18) 大件吊运过程中，重物上严禁站人，重物下面严禁有人停留或穿行。若起重指挥人员需要在重物上指挥时，应在重物停稳后站上去，并应选择在安全部位和采取必要的安全措施。

(19) 设备或构件在起吊过程中，应保持其平稳，避免产生歪斜；吊钩上使用的绳索，不应滑动，以保证设备或构件的完好无缺。

(20) 起吊拆箱后的设备或构件时，应对其油漆表面采取防护措施，不应使漆皮擦伤或脱落。

(21) 大型设备的吊运，宜采取解体分部件的吊运方法，边起吊、边组装，其绳索的捆绑应符合设备组装的要求。

(22) 在起吊过程中，绳索与设备或构件的棱角接触部分，均应加垫麻布、橡胶及木块等非金属材料，以保护绳索不受损伤。

(23) 两台起重机抬一台重物时，应遵守下列规定：

1) 根据起重机的额定荷载，计算好每台起重机的吊点位置，最好采用平衡梁抬吊。

2) 每台起重机所分配的荷载不应超过其额定荷载的 75%～80%。

3) 应有专人统一指挥，指挥者应站在两台起重机司机都可以看见的位置。

4) 重物应保持水平，钢丝绳应保持铅直受力均衡。

5) 具备经有关部门批准的安全技术措施。

14.1.7　机电设备安装作业人员安全要求

(1) 作业人员上岗应符合下列规定：

1）上岗前应经安全教育培训并考试合格，熟悉业务，掌握本岗位操作技能。

2）身体体检合格，无职业禁忌。

3）遵守劳动纪律，服从安全员和现场管理人员的指挥和监督，坚守岗位，不酒后上岗。

4）严格执行岗位操作规程。

5）特种作业人员必须持有效的特种作业操作证，配备相应的安全防护用具。

（2）作业人员安全防护应符合下列规定：

1）正确穿戴个人安全防护用品。

2）正确使用防护装置和防护设施，对各种防护装置、防护设施和安全警示标志灯不得任意拆除和随意挪动。

3）遵守岗位责任制和交接班制度，并熟知本工种的安全技术操作规程。多工种联合作业时，应遵守相关工种的安全技术规程。

4）夜间作业时，应保证良好照明，每个施工部位应至少安排两人以上工作，不得单人独立作业。检查密封构件或设备内部时，应使用安全行灯或手动照明。

5）作业前，应认真检查所使用的设备、工器具等，不得使用不符合安全要求的设备和工器具。若发现事故隐患应立即进行整改或向现场管理人员、安全人员报告。

6）施工现场行走应注意安全，严禁攀越脚手架、电气盘柜、通风管道等危险部位。

14.2　泵站主机泵安装的安全技术

14.2.1　水泵部件拆装检查

（1）利用起重机械将水泵吊放至拆装现场，应对水泵进行拆装检查及必要的清洗。设备清扫时，应根据设备特点选择合适的清扫方法和保护措施，防止损坏设备。

（2）拆装现场搭设的临时设施应满足防风、防雨、防尘及消防要求；施工现场应保持清洁并有足够的照明及相应的安全防护设施。

（3）主泵零件结合面的浮锈、油污及所涂保护层应清理消除。使用脱漆剂等清扫设备时，作业人员应戴口罩、防护眼镜和防护手套，严防溅落在皮肤和眼睛上；清扫现场应进行隔离，15 m 范围内不得动火（及打磨）作业；清扫现场应配备足够数量的灭火器。

（4）组合分瓣大件时，应先将一瓣调平垫稳，支点不得少于 3 点。组合第二瓣时，应防止碰撞，工作人员手脚严禁伸入组合面，应对称拧紧组合螺栓，位置均匀对称分布且只数不得少于 4 个，设备垫稳后，方可松开吊钩。

（5）设备翻身时，设备下方应设置方木或软质垫层予以保护。翻身时，钢丝绳与设备棱角接触的位置应垫保护材料，且应设置警戒区，设备下方严禁有人行走或逗留。翻身副钩起吊能力不低设备本身重量的 1.2 倍。

（6）安装设备、工器具和施工材料应堆放整齐，场地应保持清洁，通道畅通，应“工完、料净、场清”，做到文明生产。

14.2.2　水泵固定、转动部分安装

（1）水泵机组安装时，应先安装固定部分、后安装转动部分。各部件在安装过程中，应严格遵守安装安全技术措施要求。

（2）水泵固定部分安装前，应对施工现场的杂物及积水进行清理，并设机坑排水设施，检查合格后方可安装。

（3）施工现场应配备足够的照明，配电盘应设置漏电和过电流保护装置。潮湿部位应使用不大于24 V的照明设备，泵壳内应使用不大于12 V的照明设备，不得将行灯变压器带入泵壳内使用。

（4）水泵固定部件安装前，应预先在底部进水池内安装钢支撑架，钢支撑架的强度应能满足全部承载件重量的2倍，将轮毂、中心叶轮依次吊放在支撑架上，并做好稳固措施。

（5）水泵层标高、中心等位置性标记的标示应清晰、牢靠，且进行有效防护。

（6）伸缩节、进水锥管、底座安装时，应保证充足照明，千斤顶、拉伸器等应固定牢靠。

（7）吊装水泵主轴时，应采取防止主轴起吊时发生旋转措施，在主轴下法兰处垫设方木加以防护，人员撤离至安全位置。

（8）在泵主轴吊装接近填料函法兰口处，在法兰四周应采用合适的橡胶板或纸质板条导向防护，并保证四周间隙均匀。

（9）连接主轴和叶轮时，应有专人指挥。楔紧螺栓连接时应使用配套的力矩扳手或专用工具。叶轮运位时，楔子应对称、均匀楔紧。确认支撑平稳后，方可松去吊钩。在四周设置防护栏，并悬挂警示标志。

14.2.3　水泵主轴和电机主轴连接

（1）吊装时，应对起重机械和专用吊具进行全面检查，制动系统应重新进行调整试验，应有专人指挥，指挥人员和操作人员应配备专用通信设备。

（2）当电机主轴完成试吊并提升到一定高度后，可清扫电机主轴法兰和水泵主轴等部位，如需用扁铲或平光机打磨时，应戴防护眼镜。需要采用电焊、气焊作业时应及时清除化学溶剂、抹布等易燃物后再进行作业，并有专人监护。

（3）电机主轴应缓慢穿过定子和下机架中心，定子周围应采用合适的导向橡胶板或纸质板条导向防护，保证四周间隙均匀。站在定子上方的人员应选择合适的站立位置，不得踩踏定子绕组。

（4）联轴采用锤击法紧回螺栓时，扳手应紧靠，与螺母配合尺寸应一致。锤击人员与扶扳手的人员成错开角度。高处作业时，应搭设牢固的工作平台，扳手及工器具应用绳索系住。

14.2.4　定子、转子吊装

（1）定子安装

1）起吊定子时，应对桥机及轨道进行检查、维护和保养。

2）起吊平衡梁与定子组装时，连接螺栓应用专用扳手紧固。

3）应核对定子吊装方位，清除障碍物，检查、测量吊钩的提升高度是否满足起吊要求。

4）起重指挥、操作人员及其他相关人员应明确分工，各司其职。吊运中，噪声较大的施工应暂停作业。

5）定子安装调整时，应在对称、均布的八个方向各放置一个千斤顶，配以钢支撑进行定子径向调整，严禁超负荷使用千斤顶，同时应检测定子局部变形。

（2）转子吊装

1）转子吊装准备工作应符合下列规定：

① 吊装前，应对起重机械和吊具进行全面检查，制动系统应重新进行调整试验。采用两台桥机吊装时，应制定专项吊装方案，进行并车试验，并保证起吊电源可靠。

② 吊装前，应制定安全技术措施和应急预案，并进行安全技术交底，指定专人统一指挥。

③ 转子吊装前，应计算好起吊高度，制定好起吊路线，并应清理路线内妨碍吊装的障碍物。

④ 吊具安装完成后，应经过认真检查、确认连接正确到位无误后，方可进行吊装。

⑤ 吊转子使用的导向橡胶或纸质板条、对讲机等有关工器具应准备就绪。

2）转子吊装应符合下列规定：

① 应缓慢起升转子，原位进行 3 次起落试验，检查桥机主钩制动情况，必要时进行调整。

② 当转子完成试吊提升到一定的高度后，可清扫法兰、制动环等转子底部各部位，用扁铲或砂轮机打磨时，应戴防护眼镜。

③ 当转子吊装定子时，应缓慢下降，硬度计定子上方周围派人手持导向橡胶板或纸质板条插入定子、转子空气间隙中，并不停上下抽动，预防定子、转子碰撞挤伤。定子上方宜采用专用工作平台，供人员站立，不得踩踏定子绕组。

④ 应利用起重机械配合进行转子下法兰与下端轴上法兰对正调整。采用锤击法紧固螺栓时，扳手应紧靠，与螺母配合尺寸应一致。锤击人员与扶扳手的人员成错开角度。高处作业时，应搭设牢固的工作平台，扳手应用绳索系住。

⑤ 吊装过程中严禁将手伸入组合面之间。

14.2.5 电机、水泵机组清扫、检查、喷漆

（1）电机设备

1）设备清扫时，应根据设备特点，选择合适的清扫工具及清洗溶剂。

2）安装场地应满足设备清扫组装时的防雨、防尘及消防等要求，清扫现场应配备足量的通风设施和消防器材。

（2）水泵机组

1）清扫水泵壳体和电机时，应做好空气压缩机开机前的准备工作，保证各连接部位紧固，各部位阀门应开闭灵活，安全防护装置应齐全可靠。

2）清扫、喷漆时，作业人员应配戴口罩或防毒面具。

3）工作场地应配备充足的消防器材。施工场地应通风良好，必要时设置通风设施加强通风。

4）喷漆时 15 m 范围内严禁有明火作业。

5）所用的溶剂、油漆取用后，容器应及时盖严。油漆、汽油、酒精、香蕉水等以及其他易燃有毒材料，应分别设储藏室密封存放，专人保管，严禁烟火。

6）工作结束后，应整理工器具，将工作场地散落的危险物品清理干净。

14.3 水电站水轮机安装的安全技术

14.3.1 水轮机的清扫与组合

1）设备清扫时，应根据设备的特点，选择合适的清扫工具和清洗溶剂。

2）露天场所清扫组装设备，应搭设临时工棚。工棚应满足设备清扫组装时的防雨、防尘及消防要求。

3）组合分瓣大件时，应先将一瓣调平垫稳，支点不得少于3点。组合第二瓣时，应防止碰撞，工作人员手脚严禁伸入组合面，应对称拧紧组合螺栓，位置均匀对称分布且只数不得少于4个，设备垫稳后，方可松开吊钩。

4）设备翻身时，设备下方应设置方木或软质垫层予以保护。翻身时，钢丝绳与设备棱角接触的位置应垫保护材料，且应设置警戒区，设备下方严禁有人行走或逗留。翻身副钩起吊能力不低于设备本身重量的1.2倍。

5）采用锤击法紧固螺栓时，扳手应紧靠，与螺母配合尺寸应一致。锤击人员与扶扳手的人员成错开角度。高处作业时，应搭设牢固的工作平台，扳手应用绳索系住。

6）用加热法紧固组合螺栓时，作业人员应戴防护手套，防止烫伤。直接用加热棒加热螺栓时，工件应做好接地保护，加热所用的电源应配备漏电保护开关，作业人员应穿绝缘鞋、佩戴绝缘手套。

7）进入转轮体内或轴孔内等封闭空间清扫时，不应单独作业，且连续作业时间不宜过长，应配备符合要求的通风设备和个人防护用品，转轮体内或轴孔内存在可燃气体及粉尘时，应使用防爆器具，并设专人监护。

8）用液压拉伸工具紧固组合螺栓时，操作前应检查液压泵、高压软管及接头是否完好。升压应缓慢，如发现渗漏，应立即停止作业，操作人员应避开喷射方向。升压过程中，严防活塞超过工作行程；操作人员应站在安全位置，严禁将头和手伸到拉伸器上方。

9）有力矩要求的螺栓连接时，应使用有配套的力矩扳手或专用工具进行连接，不得使用呆扳手或配以加长杆的方法进行拧紧。

10）应定期对起吊设备的吊钩、钢丝绳、限位器进行检查，确定系统是否可靠，班前班后应做好设备常规检查、设备运行记录和交班记录，使用过程中应经常保养，避免碰撞。

14.3.2 埋件安装

（1）尾水管安装

1）尾水管安装前，应对施工现场的杂物、积水进行清理排除，并设置机轮机坑排水设施。

2）潮湿部位应使用不大于24 V照明设备和灯具，尾水管衬内应使用不大于12 V的照明设备和灯具，不应将行灯变压器带入尾管内使用。

3）在安装部位应设置必要的人行通道、工作平台和爬梯，爬梯应设扶手，通道及工作临边应设置护栏和安全网等设施。

4）在尾水管内作业时，使用电焊机、角磨机等电气设备时，应对设备电缆（线）进行检查，不得有破损现象。电缆（线）应悬挂布置，不得随意拖曳，避免损坏电缆（线）造成漏电。

5）拆除平台、爬梯等设施时，应采取可靠的防倾覆、防坠落安全措施。

6）尾水管内支撑拆除应符合下列规定：

① 拆除前，除拆除工作所用的跳板外，其他可燃材料应全部清除出去，并确保尾水管内通风良好。

② 内支撑拆除前应制订拆除方案，并进行安全技术交底。

③ 内支撑拆除应从上向下逐层拆除。

④ 爬梯应固定牢固，并设有护笼。

⑤ 内支撑平台应采用防火材料，并配有消防器材，平台上不得存放拆除的内支撑。以尾水管内支撑作为安全平台时，应对内支撑的安全强度进行验算，并对内支撑焊缝进行检查。

⑥ 不得将拆除的内支撑直接丢入尾水管下部。

⑦ 内支撑吊出前，应对绳索绑扎情况进行检查；吊出机坑时，施工人员应及时撤离。

7）尾水管防腐涂漆应符合下列规定：

① 尾水管里衬防腐涂擦时，应使用不大于 12 V 的照明设备和灯具。

② 尾水管里衬防腐涂漆时，现场严禁有明火作业。

③ 防腐涂漆现场应布置足够的消防设施。

④ 涂漆工作平台及脚手架应经联合验收，并悬挂验收合格证书方可拉入使用。

⑤ 防腐施工时，施工人员应配备防毒面具及其他防护用具，现场应设置通风及除尘等设施。

（2）座环与蜗壳安装

1）施工部位应按相关规定架设牢固的工作平台和脚手架。

2）使用电动工具对分瓣座环焊接坡口进行打磨处理时，应遵循有关安全操作规程要求。

3）采用双机抬吊或土法等非常规手段吊装座环时，应编制起重专项方案。专项方案应按程序经审批后实施。

4）安装蜗壳时，焊在蜗壳环节上的吊环位置应合适，吊环应采用双面焊接且强度满足起吊要求。蜗壳各环节就位后，应用临时拉紧工具固定，下部用千斤顶支牢，然后方可松去吊钩。蜗壳挂装时，当班应按要求完成加固工作。

5）蜗壳各焊缝的压板等调整工具，应焊接牢固。

6）在蜗壳内进行防腐、环氧灌浆或打磨作业时，应配备照明、防火、防毒、通风及除尘等设施。

7）埋件焊缝探伤时，应采取必要的安全防护措施。探伤作业应设置警戒线和警示标志，进行射线探伤时，作业部位周围施工人员应撤离。

8）埋件需在现场机加工时，应遵守机加工设备的相关安全规程。

14.3.3 导水机构安装

(1) 机坑清扫、测定和导水机构预装时,机坑内应搭设牢固的工作平台。

(2) 导叶吊装时,作业人员注意力应集中,严禁站在固定导叶与活动导叶之间,防止挤伤。

(3) 吊装顶盖等大件前,组合面应清扫干净、磨平高点,吊至安装位置0.4~0.5 m处,再次检查清扫安装面,此时吊物应停稳,桥机司机和起重人员应坚守岗位。

(4) 在蜗壳内工作时,应随身携带便携式照明设备。

(5) 导叶工作高度超过2 m时,研磨立面间隙和安装导叶密封应在牢固的工作平台上进行。

(6) 水轮机室和蜗壳内的通道应保持畅通,不得将吊物作为交通通道或排水通道。

(7) 采用电镀或刷镀对工件缺陷进行处理时,作业人员应做好安全防护。采用金属喷涂法处理工件缺陷时,应做好防护,防止高温灼伤。

14.3.4 转轮安装

(1) 转浆式转轮组装应符合下列规定:

1) 使用制造厂提供的专用工具安装部件时,应首先了解其使用方法,并检查有无缺陷和损坏情况。

2) 转轮各部件装配时,吊点应选择合适,吊装应平稳,速度应缓慢均匀。作业人员应服从统一指挥。

3) 装配叶片传动机构时,每吊装一件都应临时固定牢靠。

4) 用桥机紧固螺栓时,应事先计算出紧固力矩,选好匹配的钢丝绳和卡扣。紧固过程中,应设置有效的监控手段,扳手与钢丝绳夹角宜为75°~105°。导向滑轮位置应合适,并应采取防止扳手滑出或钢丝绳绷出的措施。

5) 使用电加热器紧固螺栓时,应事先检查加热器与加热装置绝缘是否良好。作业人员应戴绝缘手套,并遵守操作规程。

6) 砂轮机翻身时,应做好钢丝绳的防护工作,防止钢丝绳损伤。

(2) 混流式转轮组装应符合下列规定:

1) 分瓣转轮组装时,应预先将支墩调平固定。卡栓烘烤时应派专人对烘箱温度进行监测,卡栓安装时应佩戴防护手套。

2) 混流式分瓣转轮刚度试验时,力源应安全可靠,支承块焊接应牢固,工作人员应站在安全位置,服从统一指挥。

3) 在专用临时棚内焊接分瓣转轮时,应有专门的通风排烟消防措施。当连续焊接超过8 h时,作业人员应轮流休息。

4) 进行静平衡实验时,应在转轮下方设置方木垫或钢支墩。焊接转轮配重块时,应将平衡球与平衡板脱离或连接专用接地线。

(3) 转轮吊装应符合下列规定:

1) 轴流式机组安装时,转轮室内应清理干净。混流式机组安装时,应在基础环下搭设工作平台,直到充水前拆除,平台应将锥管完全封闭。

2）轴流式转轮吊入机坑后，如需用悬吊工具悬挂转轮，悬挂应可靠，并经检查验收后，方可继续施工。

3）贯流式转轮操作油管安装好后进行动作试验时，转轮室内应派专人监护。

4）大型水轮机转轮在机坑内调整，宜采用桥机辅助和专用工具进行调整的方法，应避免强制顶靠或锤击造成设备的损伤，甚至损坏。

5）在机坑内进行主轴水平度、垂直度测量时，在主轴法兰上的人员应系安全带。

6）进入主轴内进行清扫、焊接、设备安装等作业，应设置通风、照明、消防等设施，焊接应设专用接地线。

7）转轮吊装时机坑及转轮室应有充足安全照明。

8）转轮室工作人员应不少于3人，并配备便携式照明器具，不得一人单独工作。

14.3.5 水导轴承与主轴密封安装

(1) 零部件存放及安装地点，应有充足照明，并配备必要的电压不大于36 V的安全行灯。

(2) 水导轴承油槽做煤油渗漏试验时，应有防漏、防火的安全措施，不得将任何火种带入工作场所，机坑内不得进行电焊或电气试验。

(3) 轴瓦吊装方法应稳妥可靠，单块瓦重40 kg以上应采用手拉葫芦等机械方法吊运。

(4) 导轴承油槽上端盖安装完成后，应对密封间隙进行防护。

(5) 在水轮机转动部分进行电焊作业时，应安装专用接地线，以保证转动部分处于良好的接地状态。

(6) 密封装置安装应排除作业部位的积水、油污及杂物。与其他工作上下交叉作业时，中间应设防护板。

(7) 使用手拉葫芦安装导轴承或密封装置时，手拉葫芦应固定牢靠，部件绑扎应牢靠，吊装应平稳，工作人员应服从统一指挥。

14.3.6 接力器安装

(1) 现场分解接力器或安装、拆装有弹簧预压力的零件时，应防止弹簧突然弹出伤人；拆装活塞涨圈时，应使用专用工具。

(2) 接力器安装时，吊装应平衡，不得碰撞。

(3) 油压试验应符合下列规定：

1）接力器应支垫稳固；试压区域应设置警戒线。

2）应使用校验合格的压力表，管路应完好，接头、法兰连接应牢固、无渗漏。

3）使用电动油泵加压时，应装设经相关检测单位检验合格的安全阀，以防止油压过高。

4）操作时应分级缓慢升压，停泵稳压后方可进行检查。

5）遇有缺陷需拆卸处理时，应将油压降到零并排油后进行。补焊处理时，应有专人监护。

6）工作人员不得站在堵板、法兰、焊口、丝扣处对面，或在其附近停留。

7）试验场地应配置消防器材，试验区不得进行动火及打磨作业。

（4）进入回油箱及压油罐内清扫时，应采取充足的供氧、通风措施，施工照明应采用 12 V 低压照明灯具。

（5）调速器调试阶段，应成立专门的指挥领导小组，负责协调统一。导水机构动作时，相关部位应停止其他一切工作，人员撤离，并设专人监护。

（6）调速器无水调试完成后，应投入机械锁定，关闭系统主供油阀，并悬挂“禁止操作，有人工作”标志牌。

（7）调速器有水调试应按厂家相关安全规定进行，并服从机组启动试运行委员会统一指挥。

14.3.7　进水阀及筒形阀安装

（1）蝴蝶阀和球阀安装应符合下列规定：

1）组装蝴蝶阀活门用的方木支墩应牢靠，并相互连成整体。

2）蝴蝶阀和球阀平压阀、排气阀等操作阀门安装前应进行密封试验。试验时阀门应支承牢固。

3）真空破坏阀进行压力检查时，应固定好弹簧，防止弹簧弹出伤人。操作过程中应防止手或杂物进入密封面之间。

4）伸缩节安装时，钢管与活动法兰之间配合间隙应保持均匀，密封压环应均匀、对称压紧。

5）蝴蝶阀和球阀动作试验前，应检查铜管内和活门附近有无障碍物及人员。试验时应在进入门处挂“禁止入内”警示标志，并设专人监护。

6）进入蝴蝶阀和球阀、钢管内检查或工作时应关闭油源，投入机械锁锭，并挂上“有人工作，禁止操作”警示标志，并设人监护。

7）进水阀有水调试应按厂家相关安全规定进行，并服从机组启动试运行委员会统一指挥。

（2）筒形阀安装应符合下列规定：

1）筒体组装时，组装支墩应与基础固定牢靠。

2）筒体组装后，应对其水平及圆度进行检查。当圆度超差时，应按设计要求进行处理，不宜采用火焰校正。

3）接力器清扫检查时，应做好人员、设备安全防护，零部件组装前应对清扫好的精密部件进行防尘保护。

4）活塞杆与筒体连接后应进行垂直度测量，需在活塞杆底部加设垫片时，垫片应进行可靠固定。

5）机坑内工作部位应设置防护栏及防护网，并布置充足的安全照明。

6）导向板等部件打磨时，操作人员应戴防护镜，使用电气设备应做好触电防护措施。

7）筒形阀在无水动作试验前，应对筒形阀及其导向板等进行彻底清扫，保持通信畅通。监测人员严禁将头、手伸入筒体下方。

8）动作试验过程中，如筒阀出现卡阻或抖动，应立即停止试验，查明原因，消除问题。

9）筒形阀无水调试完毕，在蜗壳内进行导水机构安装工作前，应将筒形阀置全开位置，安装机械锁定螺栓，撤除系统油压，关闭筒形阀系统主供油阀并悬挂“禁止操作，有人工作”标志牌。

10）筒形阀有水调试期间每次调试工作完成后，应将筒形阀关闭，并切换至“切除”控制方式，挂“禁止操作”的安全标志。

14.4 水电站发电机安装的安全技术

14.4.1 发电机设备清扫与检查

（1）设备清扫时，应根据设备特点，选择合适的清扫工具及清扫液，防止损坏设备。

（2）清扫连续作业时间不宜过长，应配备符合要求的通风设备和个人防护用品，密封空间内存在可燃气体和粉尘时，应使用防爆器具，设专人监护。

（3）清扫现场应配备足量的消防器材。

（4）露天场所清扫设备，应搭设临时工棚，工棚应满足防雨、防尘及消防等要求。

14.4.2 基础埋设

（1）在发电机机坑内工作，应符合高处作业有关安全技术规定。

（2）下部风洞盖板、下机架及风闸基础埋设时，应架设脚手架、工作平台及安全防护栏杆，并应与水轮机室有隔离防护措施，不得将工具、混凝土渣等杂物掉入水轮机室。

（3）向机坑中传送材料或工具时，应用绳子或吊篮传送，不得抛掷传送。

（4）上层排水不得影响水轮机设备和工作。

（5）在机坑中进行电焊、气割作业时，应有防火措施，作业前应检查水轮机室及以下是否有汽油、抹布和其他易燃物，并在水轮机室设专人监护。作业完成后应检查水轮机室有无高温残留物，监护人员应彻底检查作业面下层，确认无隐患后，方可撤离。

（6）修凿混凝土时，作业人员应戴防护眼镜，手锤、钢钎应拿牢，不得戴手套工作，并应做好周围设备的防护工作。

14.4.3 定子组装及安装

（1）分瓣定子组装应符合下列规定：

1）定子基础清扫及测定时，应制定防止落物或坠落的措施，遵守机坑作业安全技术要求。

2）定子在安装间进行组装时，组装场地应整洁干净。临时支墩应平稳牢固，调整用楔子板应有 2/3 的接触面。测圆架的中心基础板应埋设牢靠。

3）定子在机坑内组装时，机坑外围应设置安全栏杆和警示标志，栏杆高度应满足安全要求。

4）机坑内工作平台应牢固，孔洞应封堵，并设置安全网和警示标志。使用测圆架调整定子中心和圆度时，测圆架的基础应有足够的刚度，并与工作平台分开设置，工作平台应有可靠的梯子和栏杆。

5）分瓣定子起吊前应确保起吊工具安全可靠，钢丝绳无断丝、磨损，吊运应有专人负责和专人指挥。

6）分瓣定子组合，第一瓣定子就位时，应临时固定牢靠，经检查确认垫稳后，方可松开吊钩。此后应每吊一瓣定子与前一瓣定子组合成整体，组合螺栓全部套上，均匀地拧紧 1/3 以上的螺栓，并支垫稳妥后，方可松开吊钩，直到组合成整体。

7）定子组合时，作业人员的手严禁伸进组合面之间。上下定子应设置爬梯，不得踩踏线圈。紧固组合螺栓时，应有可靠的工作平台和栏杆。

8）对定子机座组合缝进行打磨时，作业人员应戴防护镜和口罩。

9）在定子的任何部位施焊或气割时，应遵守焊接安全操作规程并派专人监护，严防火灾。

（2）定子安装和调整应符合下列规定：

1）定子吊装应编制专项安全技术措施及应急预案，并成立专门的组织机构。

2）定子吊装前应对桥机进行全面检查，逐项确认，应确保桥机电源正常可靠。

3）定子吊装时，应由专人负责统一指挥；定子起吊前应检查桥机起升制动器。

4）定子安装调整时，测量中心的求心器装置应装在发电机层。测量人员在机坑内的工作平台，应有一定的刚度要求，且应有上下梯子、走道及栏杆等。

5）定子在机坑调整工程中，应在孔洞部位搭设安全网，高处作业人员必须系安全带。

14.4.4　转子组装

转子支架组装和焊接应符合下列规定：

1）转子支架组焊场地应通风良好，配备灭火器材。

2）中心体、轮臂或圆盘支架焊缝坡口打磨时，操作人员应佩戴口罩、防护镜等防护用品。

3）轮臂或圆盘支架挂装时，中心体应先调平并支撑平稳牢固。轮臂或圆盘支架对称挂装，垫、放稳后，应穿入 4 个以上螺栓，并初步拧紧后方可松去吊钩。

4）作业人员上下转子支架应设置爬梯。

5）在专用临时棚内焊接转子支架时，应有专门的通风排烟及消防措施。

6）轮臂连接或圆盘组装时，轮臂或圆盘支架的扇形体与中心体应连接可靠并垫平稳后，方可松开吊钩。

7）转子焊接时，应设置专用引弧板，引弧部位材质应与母材相同。不应在工件上引弧。焊接完成后，应割除引弧板并对焊接接口部位进行打磨。

8）对焊缝进行探伤检查时，应设置警戒线和警示标志。

9）转子喷漆前应对转子进行彻底清扫，转子上不得有任何灰尘、油污或金属颗粒。对非喷漆部位应进行防护。

10）涂料存放场、喷漆场地应通风良好，并配备相应的灭火器材。设置明显的防火安全警示标志，喷漆场地应隔离。

14.4.5　机组整体清扫、喷漆

（1）转子、定子喷漆前应将定子上下通风沟槽内用干燥无油的压缩空气清扫干净。油漆不得堵塞定子、转子通风槽或减小通风槽的截面积。

（2）喷漆时应戴口罩或防毒面具。

（3）工作场地应配有灭火器材等消防器材，并保持通风良好，必要时应设置通风设施

加强通风。

(4) 喷漆时附近严禁有明火作业。

(5) 工作时照明应装防爆灯,开关的带电部分不得裸露。

(6) 所用的溶剂、油漆取用后应将容器及时盖严。油漆、汽油、酒精、香蕉水等以及其他易燃有毒材料,应分别密封存放,专人保管,附近不得有明火作业。

(7) 剩余的油漆应分类收集,密闭存放,妥善处理。

(8) 工作结束后,应整理工器具,将工作场地及储藏室清理干净,如发现遗留或散落的危险易燃品,应及时清除干净。

考试习题

一、单项选择题(每小题有4个备选答案,其中只有1个是正确选项)

1. 机电设备安装现场存放设备、材料的场地应平整坚固,设备、材料存放应整齐有序,宜采用活动式栏杆等方式进行隔离,应保证周围通道畅通,且人行通道不应小于(　　)。

A. 1.5 m　　B. 1 m　　C. 2 m　　D. 1.2 m

正确答案:B

2. 高处施工通道、作业平台等临空面应设置高度不低于(　　)的安全防护栏杆,应设置高度不低于(　　)的挡脚板。

A. 1.1 m,0.1 m　　B. 1.2 m,0.2 m
C. 1.2 m,0.15 m　　D. 1.5 m,0.2 m

正确答案:B

3. 钢丝绳绳套索扣编插,在单根吊索中,每一端索扣的插编部分的最小长度(　　)。

A. 不得小于钢丝绳公称直径的15倍,并不小于300 mm
B. 不得小于钢丝绳公称直径的15倍
C. 不小于300 mm
D. 以上均可

正确答案:A

4. 钢丝绳在卷筒上应排列整齐,放出时,卷筒上至少应保留(　　)圈。

A. 6　　B. 2　　C. 4　　D. 3

正确答案:D

5. 电焊把线应采用绝缘良好的橡皮软导线,其长度不应超过(　　)。

A. 70 m　　B. 50 m　　C. 60 m　　D. 30 m

正确答案:B

6. 二氧化碳保护焊气体预热器的电源应采用(　　)电压,工作结束时应将电源切断。

A. 12 V　　B. 36 V　　C. 24 V　　D. 50 V

正确答案:B

7. 氧气瓶中的氧气不允许全部用完至少应留有(　　)的剩余压力。

A. 0.1～0.2 MPa　　B. 0.2～0.3 MPa

C. 0.1～0.3 MPa　　D. 0.2～0.4 MPa

正确答案:A

8. 乙炔瓶内气体不应用尽,应保留(　　)的余压。

A. 0.5 MPa　　B. 0.05 MPa　　C. 0.1 MPa　　D. 0.01 MPa

正确答案:B

9. 焊、割炬点火时须(　　),点燃后再调节火焰。

A. 一起开　　B. 先开氧气,再开乙炔

C. 先开乙炔,再开氧气　　D. 以上均可

正确答案:B

10. 焊割炬工作人员应佩戴(　　),以防飞溅火花灼伤眼睛。

A. 平镜　　B. 风镜　　C. 有色眼镜　　D. 以上均可

正确答案:C

11. 廊道及洞室内作业时,作业人员不得少于(　　),并应配备通信和备用便携式照明器具。

A. 两人　　B. 三人　　C. 四人　　D. 均可

正确答案:A

12. 组合分瓣大件时,应先将一瓣调平垫稳,支点不得少于(　　)点。

A. 5　　B. 4　　C. 3　　D. 2

正确答案:C

13. 设备翻身时,翻身副钩起吊能力不低于设备本身重量的(　　)倍。

A. 2.0　　B. 1.5　　C. 1.0　　D. 1.2

正确答案:D

14. 转子吊装应缓慢起升转子,原位进行(　　)次起落试验,检查桥机主钩制动情况,必要时进行调整。

A. 5　　B. 4　　C. 3　　D. 2

正确答案:C

15. 轴瓦吊装方法应稳妥可靠,单块瓦重(　　)以上应采用手拉葫芦等机械方法吊运。

A. 30 kg　　B. 40 kg　　C. 50 kg　　D. 60 kg

正确答案:B

二、多项选择题(每小题至少有2个是正确选项)

1. 在潮湿环境或电阻率偏低的作业场应使用(　　)类或电动工具。

A. Ⅱ类　　B. Ⅲ类

C. Ⅰ类电动工具应装设额定漏电电流不大于30 mA,动作时间不大于0.1 s的漏电保护器

D. Ⅰ类

正确答案：ABC

2. 在狭窄场所，如锅炉、金属容器、管道内等应使用(　　)电动工具。

A. Ⅱ类　　B. Ⅰ类　　C. Ⅲ类

D. Ⅱ类电动工具应装设动作电流不大于 15 mA，动作时间不大于 0.1 s 的漏电保护器

正确答案：CD

3. 高处使用千斤顶时，应用绳索系牢，操作人员严禁在千斤顶(　　)。

A. 前方　　B. 下方　　C. 两侧　　D. 后方

正确答案：BC

4. 高空焊割作业时，应采取(　　)安全防护措施。

A. 高空焊割作业须设监护人，焊接电源开关应设在监护人近旁

B. 焊割作业坠落点场面上，至少 10 m 以内不应存放可燃或易燃易爆物品

C. 高空焊割作业人员应戴好符合规定的安全帽

D. 高空焊割作业人员应使用符合标准规定的防火安全带

正确答案：ABCD

5. 有限空间作业时，需采取(　　)安全措施。

A. 严格实行作业审批制度，不得擅自进入有限空间作业

B. "先通风、再检测、后作业"，通风、检测不合格不得作业

C. 配备个人防中毒窒息的防护装备，设置安全警示标志，无防护监护措施不得作业

D. 对作业人员进行安全教育培训，教育培训不合格不得上岗作业

E. 制定应急措施，现场配备应急装备，不得盲目施救

正确答案：ABCDE

6. 机组整体清扫应采取(　　)安全措施。

A. 转子、定子喷漆前应将定子上下通风沟槽内用干燥无油的压缩空气清扫干净

B. 喷漆时应戴口罩或防毒面具

C. 喷漆时附近严禁有明火作业

D. 工作时照明应装防爆灯，开关的带电部分不得裸露

正确答案：ABCD

三、判断题(答案 A 表示说法正确，答案 B 表示说法不正确)

1. 两个以上施工单位在同一施工现场作业，应签订安全协议并专人负责监督。(　　)

正确答案：A

2. 使用砂轮切割机时，检查电机及其操作回路绝缘良好，方可装砂轮机片。(　　)

正确答案：B

3. 风力超过 6 级时禁止在露天进行焊接或气割。(　　)

正确答案：B

4. 乙炔瓶应保持直立放置，严禁卧放使用。(　　)

正确答案:A

5. 廊道及洞室内作业时,配备通信和备用便携式照明器具的作业人员可以单独进入。
（　　）

正确答案:B

6. 大件吊运过程中,重物上严禁站人。（　　）

正确答案:A

7. 喷漆时 10 m 范围内严禁有明火作业。（　　）

正确答案:B

第15章　事故案例

15.1　坍塌事故案例

15.1.1　某地铁站隧洞开挖坍塌事故

某地铁站基坑坍塌事故，造成17人死亡、4人失踪、24人受伤。

（1）事故经过

某地铁站基坑内49名施工人员工作时，基坑西侧的连续墙突然发生位移、扭曲和局部断裂，受损连续墙长达75 m左右，总重400余吨的支撑钢管倒塌，造成自来水和污水管破裂，大量淤泥、河水和自来水瞬间涌入深达15 m、正在进行基坑开挖和底板施工的作业现场，发生重大坍塌事故，造成正在作业施工的人员17人死亡、4人失踪、24人受伤。

（2）事故原因

1）直接原因

① 土方超挖：设计文件规定，基坑开挖至支撑设计标高以下0.5 m时，必须停止开挖，及时设置支撑，不得超挖。但实际开挖时，在拟设置最下一道支撑时，有的地段已挖至基坑底，支撑架设和垫层浇筑不及时。

② 支撑体系存在薄弱环节：设计单位没有提供支撑钢管与地下连续墙的连接节点详图及钢管连接点大样，没有提出相应的技术要求，也没有对钢支撑与地连墙预埋件提出焊接要求，实际上是没有进行焊接，引起局部范围地连墙产生过大侧向位移，造成有的支撑轴力过大及严重偏心，导致支撑体系失稳。

监测工作处于失效状态：11月15日前，地面最大沉降已达316 mm，测斜管测得18 m处最大位移43.7 mm，11月13日时最大侧向位移已达65 mm，均早已超过报警值，但均未报警。

2）间接原因

① 原方案设计时，设计单位曾提出基坑底部下要进行条状搅拌桩加固，后施工单位建议用降水固结沉降，取代抽条加固措施，设计单位在施工图设计时提出：

a. 基坑内地下水降低到结构内部构件最低点以下1 m处，并大于基坑底面以下3 m。

b. 基坑开挖前进行降水试验，并应提前4周进行降水。

c. 地面沉降超过报警值时，应停止降水，并及时上报。但实际施工时并未完全执行。

② 未根据当地软土特点，综合判断及合理推荐选用基坑支护设计参数，力学参数选用偏高，降低了基坑体系的安全储备。

监理对不符合设计要求及规范的严重问题制止不力。

(3) 事故教训

1) 应该完善设计,保证安全系数,基坑支护工程设计应该认真勘查现场状况,了解、确认地质情况、地下和基坑周边环境,科学地确定各种计算荷载,确定合理的支护方式,并充分考虑季节性施工等因素,确定合理的安全系数。

2) 需要认真执行建设部《防止坍塌事故的若干规定》,必须针对工程特点编制施工组织设计,编制质量、安全技术措施,经审批后才能实施。

3) 应该按照建设部《危险性较大分部分项工程安全管理办法》,执行关于基坑工程相关规定。

4) 加强降排水管理,制订合理的降排水方案。

5) 切实落实基坑监测措施,需要及时把检测数据汇总分析,若有问题要及时处置。

15.1.2　隧道塌方处理发生坍塌伤亡事故

某隧道塌方处理发生坍塌伤亡事故,造成1人死亡、1人受伤。

(1) 事故经过

隧道长1 920 m,已完成开挖1 147 m、衬砌607 m,2007年6月2日上午9时,D221+430～433段隧道左侧发生坍塌,将已施工的支护结构完全破坏,最终形成一个长约10 m、宽约8 m的坍穴,坍穴高度无法观测,坍塌体总量约400 m^3,没有发生人身伤亡。

6月6日,确定塌方处理方案是:先堆填作业平台,然后按照"打管棚—立拱喷浆—回填混凝土—二次衬砌"的原则处理。6月7日至24日期间,施工完成了堆填作业平台、钢拱架临时加固、打套拱,安装36根管棚(回填灌注混凝土)、挂钢筋网、形成钢拱架护拱喷射混凝土等作业。计划于6月26日完成塌方段拱架架立、喷混凝土等支护工作,6月27日开始向钢拱架背后的坍穴内灌注混凝土回填。

6月25日12时30分,作业工人开始进行喷射混凝土作业。约15时15分,DK221+432～434处顶部突然发生大块岩石滑落,滑落石块最大块粒径超过2 m,大部分粒径在1～1.5 m左右,瞬间将该处已施做好的支护结构砸垮,两榀钢拱架顶部被砸断,拱架背后管径为96 mm、壁厚为6 mm的管棚被砸断5根、砸弯4根,钢拱架和管棚严重扭曲。当时,附近有值班工长和安全员各1人,另有10名工人正在进行拱架喷护作业,坍塌造成1人死亡、1人受伤。

(2) 事故原因

1) 直接原因

① 通过对坍穴和坍体的观察,发现隧道左侧拱部开挖轮廓线以外,有一条厚度约50 cm青灰色岩脉,岩脉侵入带围岩严重风化,节理裂隙发育,结构面较多,大块坍体表面有灰白色胶质物,坍体中夹有白色粉状小块;可见由于岩脉的存在,隧道DK221+430～440左侧和左拱部围岩岩体完整性被严重破坏,但在坍塌之前,由于仅在隧道左侧拱部出露面积较小的一块表面有灰白色胶质物的岩体,容易使人产生错误判断。加之,2007年5月28日至6月1日夜间连续下暴雨,地下水得到大量补给,并渗流到隧道DK221+430～440段,是发生本次塌方的一个诱因。

② 对隧道围岩变化缺乏正确认识,对围岩等级的判定存在较大误差,过分迷信设计

图纸对围岩的分类和描述，没有认识到较长的Ⅱ级围岩段中出现的局部软弱断层破碎带的危害性，导致采用的支护参数不够强，不能满足实际围岩变形情况的需要。

围岩量测数据未反映围岩的真实变形情况，未起到指导施工的作用。

2）间接原因

① 施工现场技术管理薄弱，技术措施失当，没有抓住主要矛盾，从而不能果断采取更强有力的措施，遏止围岩变形的发展。

② 没有按程序办事，发现问题没有及时向业主、设计、监理单位上报。

③ 没有把握好大原则，没有把施工安全放在第一位，害怕采用拱架支护会侵入二衬断面，患得患失，没有正确处理好安全、质量、进度、效益的关系。

④ 管理体系运转不够正常，各职能部门工作衔接不紧密，信息沟通不及时。

（3）事故教训

本次事件，如果现场施工技术人员和管理人员对围岩变化有正确的认识，重视程度够，能够抓住重点，不患得患失，把握安全第一的大原则，果断采取更强有力的支护措施，能够及时向相关单位报告从而拿出合理的处理措施，塌方是可以避免的。

① 加强各级管理人员的责任心，使施工管理体系有效运行。

② 隧道施工应认真研究隧道所处地的实际围岩条件，不能拘泥于设计图纸的地质描述，要有预见围岩可能产生较大变形甚至发生坍塌的能力，要做好预防坍塌的措施，根据地质情况的变化调整施工参数。

③ 要按程序办事，要将围岩变化的情况及时报业主、设计、监理单位。加强信息流通工作。

④ 要加强技术人员和管理人员的业务学习，提高他们的业务水平和思想认识水平。

⑤ 加强监控量测工作，在隧道围岩自稳性较差的地段应增设量测断面，量测数据应准确可靠，能起到指导施工的作用。

⑥ 加强安全教育工作，让参与工程施工的每个人都有安全第一的观念，尤其是在处理突发事件时，要坚持这样一种观念。

15.2 爆破事故案例

某水电站爆破致3人死亡事故。

（1）事故过程

该水电站为民营股份制企业，在建设中将装机容量由批复的250 kW变更为400 kW，于2009年8月正式投产。由于装机扩大，为了增加引水，业主请人在半山腰开凿了6条隧洞（长度分别为26 m、28 m、35 m、59 m、60 m、400 m）。2010年6月1日21:00，当第6条隧洞掘进至72 m时发生了爆炸。事发前日中午，3名施工人员在爆破时忘记把放在隧道门口的开关拉下，当日凌晨就在没有拉下开关的情况下直接接雷管，导致爆炸事故发生。

（2）事故性质

未经相关部门的审批，私自扩建，轻易取得了民爆物品；无爆破资格；未使用起爆器，违规使用照明线引爆，造成事故的发生。经调查认定，该水电站爆炸事故是一起安全生产责任事故。

(3) 事故原因

直接原因是水电站业主聘请没有建设资质和爆破资质的朱某从事爆破作业，朱某及其聘请人员违规使用照明电源起爆炸药而造成这起较大事故。

间接原因包括以下几方面：

1) 县水利局安全检查不够到位，对在建水电站建设施工管理不到位，核定装机容量250 kW，实际装机扩大为400 kW，对该电站业主擅自变更设计监管不到位，对该电站违法扩容试运行期间的违法施工监督检查不足，对在建水电站施工安全管理制度落实情况监管不到位。

2) 县公安局落实安全检查不够到位，未能全面落实民爆物品使用的跟踪管理工作，导致对违反民爆物品管理的行为监管不够，对审批的民爆物品使用流向情况掌握不全面，对探矿企业使用民爆物品数量监控不严，对民爆物品使用人员培训力度不够，对辖区派出所的指导督促力度不够。

3) 镇政府对辖区内矿山、小水电站的安全生产整治工作认识不够深刻，对安全生产责任落实不够到位，对全镇矿山、小水电站等企业的安全生产排查存在漏洞，检查不够全面、整顿不力，尤其是3月25日到该电站检查时，未能发现该电站存在私自开挖隧道等非法施工行为，对电站、矿山等企业的监管存在脱节的问题。

(4) 事故预防措施

1) 爆破作业应统一指挥，统一信号，专人警戒并划定安全警戒区。爆破作业时施工现场警戒防护，防止施工人员和机械设备因爆破作业时产生飞石、冲击波、炮烟尘等造成人员伤亡和财物损失。

2) 爆破应经爆破人员检查，确认安全后，其他人员方能进入现场。爆破后，可能有盲炮、危石等安全隐患，须经爆破人员检查排除，确认安全后其他人员方可进入现场。洞挖、通风不良的狭窄场所，应在通风排烟、恢复照明及安全处理后，方可进行其他作业。洞挖、通风不良的狭窄场所，因爆破后炮烟尘不易排出，须经通风排烟，使其施工现场的氧气含量和烟尘浓度达到规定的安全标准，方可进行其他作业施工。

3) 孔内爆破。孔内爆破是覆盖层钻进时的一种辅助手段，配合其他钻进方法，利于穿透大直径的孤石和漂石，也用于事故处理。孔内爆破必须保证安全生产，特别是施工人员人身安全。爆破药包的包装必须由持证专业人员在距离钻场50 m以外安全范围进行作业。药包与孔口安全距离在水下作业时应大于3 m，干孔作业应大于5 m。

4) 地下相向开挖的两端在相距30 m以内时，装炮前应通知另一端暂停工作，退到安全地点。当相向开挖的两端相距15 m时，一端应停止掘进，单头贯通。斜井相向开挖，除遵守上述规定外，应对贯通尚有5 m长地段自上端向下打通。

5) 露天爆破时，雷雨天气不得使用电雷管启爆。在视线不好的大雾天气、黄昏或夜间不得进行露天爆破。露天爆破时的安全距离，当炮眼直径为42 mm以内，平地水平距离为200 m，山地水平距离为300 m。

6) 严禁用照明线起爆。照明线若绝缘破损，裸露线头相碰，则构成回路，会产生电火花而造成无准备的爆炸，因此严格禁止用照明线起爆。

7）瞎炮的处理。用掏勺轻轻掏出炮泥，到达预定标志应立即停止，装入启爆药引爆。禁止采用强行拉导火线或雷管脚线的办法处理。当班瞎炮应由当班炮工亲自处理，无关人员一律撤到安全地点。若本班来不及处理，应详细移交给下班。瞎炮未经处理，不得进行正常作业。

15.3　触电事故案例

某圩闸站地质勘查三脚架触电致6人死亡事故。

（1）事故过程

2011年8月16日下午14:00左右，以河南省某水利勘测公司内退职工杜某（59岁）为组长的7人勘探作业班组（其余6人为杜某亲戚或邻居），进行圩闸站地质勘查工作。在勘查完成一孔钻探工作后，竖直移动勘探三脚架至下一孔位时（每两人一组抬起一脚，共6人），不慎使三脚架顶端触及上方10 kV高压线，导致6人当场死亡，负责扯绳的1人在施救时被电击伤。

（2）事故原因分析

《水利水电工程钻探规程》（SL 291—2003）中关于钻探设备安装和拆迁有下列规定：竖立和拆卸钻架应在机长统一指挥下进行。立放钻架时，左右两边设置牵引绷绳以防翻倒，严禁钻架自由摔落。滑车应设置保护装置。轻型钻架的整体搬迁，应在平坦地区进行，高压电线下严禁整体搬迁。本事故中，作业者严重违反了“高压电线下严禁整体搬迁”的规定，钻架触及高压线，导致触电事故的发生。当高压线电压等级很高时，即使没有触及，但当与高压线较近时，高电压也会击穿空间而使人触电，因此，不但绝对不能碰触，还必须保持足够的安全距离。

（3）事故预防措施

高处作业、高压线路下作业时应保持足够的安全距离。《水利水电工程施工通用安全技术规程》（SL 398—2007）对各种作业情况下与高压线路的安全距离进行如下明确规定。

1）在建工程（含脚手架）的外侧边缘与外电架空线路的边线之间应保持不小于表15-1要求的安全操作距离。

表15-1　在建工程（含脚手架）的外侧边缘与外电架空线路的边线之间最小安全操作距离表

外电线路电压等级/kV	<1	1～10	35～110	154～220	330～500
最小安全操作距离/m	4	6	8	10	15

注：上、下脚手架的斜道严禁搭设在有外电线路的一侧。

2）在带电体附近进行高处作业时，距带电体的最小安全距离，应满足表15-2的要求。

表 15-2　　带电体附近高处作业时最小安全距离表

电压等级/kV	≤10	20～35	44	60～110	154	220	330
工器具、安装构件、接地线等与带电体的距离/m	2.0	3.5	3.5	4.0	5.0	5.0	6.0
工作人员的活动范围与带电体的距离/m	1.7	2.0	2.2	2.5	3.0	4.0	5.0
整体组立杆塔与带电体的距离	应大于倒杆距离(自杆塔边缘到带电体的最近侧为塔高)						

3）施工现场的机动车道与外电架空线路交叉时,架空线路的最低点与路面的垂直距离不应小于表 15-3 的规定。

表 15-3　　施工现场的机动车道与外电架空线路交叉时的最小垂直距离表

外电线路电压/kV	<1	1～10	35
最小垂直距离/m	6	7	7

15.4　模板工程事故案例

中庭模板支架倒塌事故。

2005 年 9 月 5 日,北京市某工程项目,在混凝土浇筑时,中庭楼盖模板支撑系统发生坍塌,造成 8 人死亡,21 人受伤。图 15-1 为事故现场图。

图 15-1　模板支架倒塌事故现场

(1) 事故经过

如图 15-2 所示,事故发生在现场 9～11 轴(宽 2×8.4 m)和 B～E 轴处,总长度为25.2 m。该处为 21.8 m 高的中庭,顶板为支于四周框架梁上的预应力现浇空心楼板(厚 550 mm、板内预埋 ϕ400 mm,长 500 mm 的 GBF 管),面积为 23.36 m^2,其南侧边梁 KL17 的截面尺寸为 850 mm×950 mm、北侧边梁 KL22 的截面尺寸为 1 000 mm×1 300 mm、东西两侧边梁 K27 和 K30 的截面尺寸均为 600 mm×600 mm。其顶板面积为 423.36 m^2，预计浇筑混凝土的总量为 198.6 m^3。

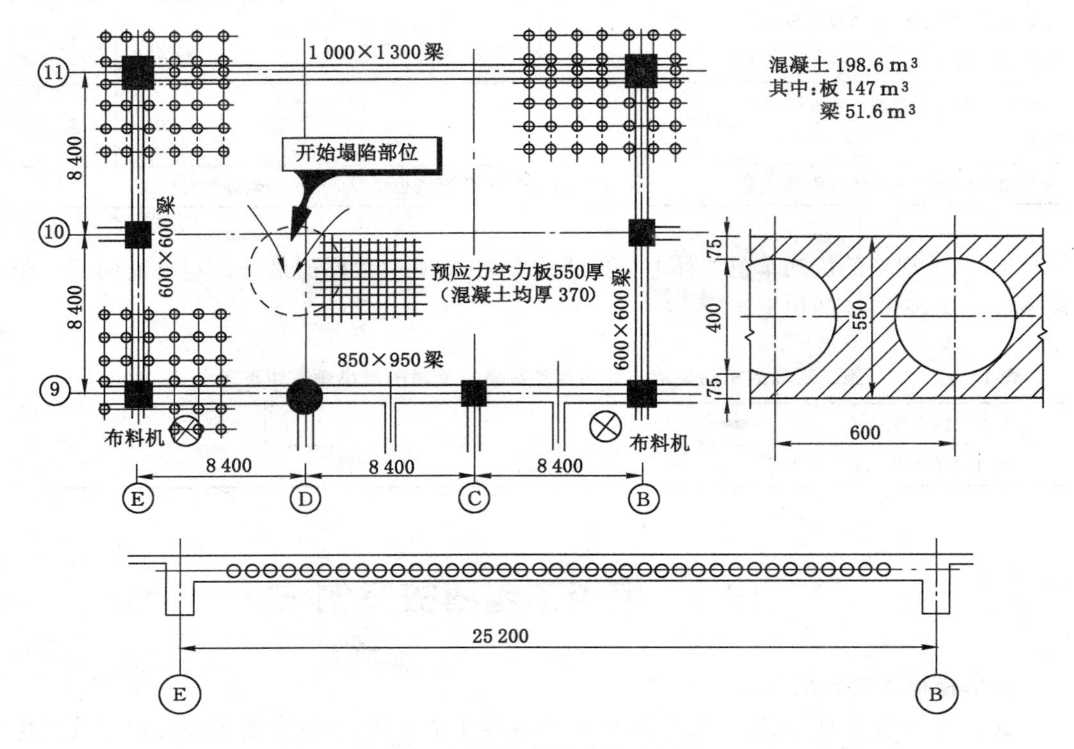

图 15-2　模架倒塌事故平面图

混凝土采用混凝土输送泵和 2 台布料机浇筑，两台布料机分别设在⑨轴外(南面)靠近东西两侧的边梁处，北侧布料机覆盖不到的部位采用溜槽进行混凝土的辅助浇筑。

施工过程中，出于对种种因素的考虑，在中庭楼盖的三面邻跨楼盖均未浇筑混凝土的情况下，现场贸然决定首先浇筑中庭楼盖混凝土。

混凝土浇筑从 9 月 5 日 17:00 时开始，至 22:10 时，混凝土浇筑工作接近完成，此时，中庭楼盖的中偏西南部位突然发生谷陷式垮塌。据现场人员描述，当时看到楼板成 V 形下折情况，支架立杆多波弯曲并迅速扭转。随即，9～11 轴/B～E 轴间的整个预应力空心楼板连同布料机一起发生垮塌，砸落在地下一层顶板上，整个过程只持续了数秒钟。落下的混凝土、钢筋、模板及模板支架绞缠在一起，形成 0.5～2.0 m 厚度不等的堆集层。

事故发生后，相邻 8～9/B～D 轴跨的模板、钢筋向中庭下陷，粗大的梁钢筋从圆形柱子中被拉出 1 m 左右，地下一层顶板局部严重破坏、下沉，其下支架严重变形、歪斜，但西南角⑦～⑧轴/B～C 轴间的支架则基本未遭破坏。

事故共造成 8 名工人不幸遇难，21 名工人不同程度地受到了伤害。

模板支架坍塌后，支架与钢筋、模板、混凝土胶合在一起，无法辨认测量，且为了抢险需要而被切割且运走，现场已遭受严重破坏，使对被破坏的架体检查难以进行。但从其施工安排中得知，其施工是连同周边邻跨一起考虑并进行的，支架也是一起搭设起来的，因此，参照其相邻支架搭设质量及中庭边部残留的支架搭设情况，结合所搜集到的实物证据、技术资料和询问调查，调查组因此作出了相对客观的调查结论。

图15-3、图15-4、图15-5和图15-6是事故发生后，调查组人员对现场勘测时拍摄的几张照片，从这几张照片上不难看出，现场在模板支架搭设、使用及管理过程中存在着严重漏洞，以至发生事故。

图15-3 残存支架缺少构造措施

图15-4 残存支架顶部立杆自由段过长

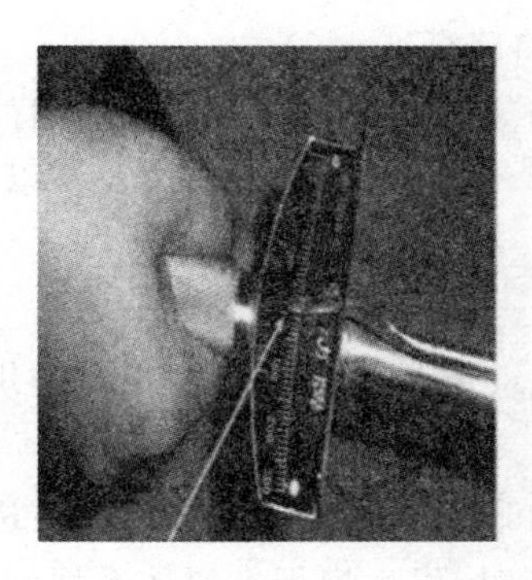

图15-5 扣件螺栓拧紧力矩不足20 N·m

图15-6 扣件损坏严重

（2）事故原因

该模板支架系采用钢管和扣件搭设而成的，经有关人员现场勘查与调查，发现了以下几个问题：

1）模板支架在专项施工方案未经审核批准前即开始搭设，当专项施工方案第二次报送监理单位审核时，该出事部位的模板支架已经全部搭设完成；

2）该模板支架属于高大模板支撑系统，按照规定应组织专家对其专项施工方案进行论证，但项目部没有据此安排并实施；

3）监理单位虽然没有在专项施工方案送审稿上签字确认，但也没有制止该出事部位的模板支架搭设和混凝土浇筑工作，事实上已然默认了施工单位的模板支架搭设和混凝土浇筑工作；

4）模板支架搭设完成后，施工单位和监理单位均未对架体进行验收，并且在未经验收的情况下，施工单位便组织实施了混凝土浇筑工作；

5）未经批准的专项施工方案中，未对支架立杆伸出顶部水平杆的长度作出规定，现场大多为 1.8 m，有的甚至达到了 2.75 m；

6）支架中间未按规定设置竖向剪刀撑，未设置水平剪刀撑，水平杆也未与周边结构进行拉结；

7）局部存在支撑立杆不落地现象，很多立杆直接搭设在下一步距的水平杆上，立杆搭接接长现象较为普遍；

8）架体搭设过程中，未按照要求在纵、横两个方向上设置水平杆，有的方向上连续 3 步缺少水平杆；

9）扫地杆设置普遍过高，大多数的扫地杆距地面为 500 mm，且没有按照要求在纵、横两个方向上设置扫地杆；

10）扣件的拧紧力矩普遍达不到 40 N·m，多数只有 20 N·m，最低的只有 10 N·m，达不到 40～65 N·m 的要求（当拧紧力矩为 30 N·m 时，承载力要比 50 N·m 时降低 20%）；

11）扣件的产品质量存在严重问题，标准螺杆的长度应当达到 14 mm，现场抽样实测，其大多数为 11～13 mm，有的只有 9 mm，根本无法拧紧；

12）按照要求应采用 ϕ48.3×3.6 mm 的钢管，而现场所有的钢管，其实际壁厚以 2.9 mm 的居多（壁厚每减少 0.25 mm 时，其稳定承载力将降低 6.5%）；

13）可调托撑的丝杠偏小，按照要求，其直径应为 ϕ36 mm 及以上，现场抽样实测，多数为 ϕ30 mm～ϕ32.7 mm，而且可调托撑的钢板较薄，按照标准应为 6 mm 及以上，现场抽样实测，多数只有 4.3 mm，有的只有 3 mm。

（3）事故处理

2007 年 4 月 2 日，北京市第一中级人民法院对北京市某工程项目模板支架坍塌事故一案进行了终审宣判，李某等 5 人被判刑。

法院认为，由于李某等 5 人的违规行为，导致 2005 年 9 月 5 日 22 时许，在进行高大厅堂顶盖模板支架预应力混凝土空心板现场浇筑施工时，发生模板支撑体系坍塌事故。

法院认定，身为项目总工程师的李某作为模板支架施工设计方案审核人，在该方案尚未批准的情况下，便要求劳务队按该方案搭设模板支架；项目技术工程师杨某明知模板支架施工设计方案存在问题，但其对违反工作程序的施工搭建行为未采取措施，从而使模板支撑体系存在严重安全隐患；项目经理胡某在模板支架施工方案未经监理方书面批准且支架搭建工程未经监理方验收合格的情况下，对违反程序进行的模板支架施工不予制止，并组织进行混凝土浇筑作业；项目总监理工程师吕某未按规定履行职责，在明知模板支架施工设计方案未经审批、已搭建的模板支架存在严重安全隐患的情况下，默许项目部进行模板支架施工；项目监理工程师吴某未认真履行职责，在明知模板支架施工设计方案未经审批、已搭建的模板支架存在严重安全隐患且施工方已进行混凝土浇筑的情况下，不予制止。

北京市第一中级人民法院以李某、杨某、胡某，吕某、吴某的行为构成重大责任事故罪，终审判处李某有期徒刑四年，杨某、胡某有期徒刑三年六个月，吕某、吴某有期徒刑三年，缓刑三年。

参考文献

[1] 住房和城乡建设部工程质量安全监管司.建设工程安全生产技术[M].2版.北京:中国建筑工业出版社,2008.

[2] 栾启亭,王东升.建筑工程安全生产技术[M].2版.青岛:中国海洋大学出版社,2012.

[3] 建筑施工手册编写组.建筑施工手册[M].2版.北京:中国建筑工业出版社,2004.

[4] 中国安全生产协会注册安全工程师工作委员会,中国安全生产科学研究院.安全生产技术(2011版)[M].北京:中国大百科全书出版社,2011.

[5] 山东省二级建造师继续教育培训教材编委会.水利工程施工技术[M].徐州:中国矿业大学出版社,2008.

[6] 韦庆辉.水利水电工程施工技术[M].北京:中国水利水电出版社,2014.

[7] 水利部安全监督司,水利部建设管理与质量安全中心.水利水电工程建设安全生产管理[M].北京:中国水利水电出版社,2014.